U0879578

电工与电子技术

主　编　肖　军　刘晓志

科学出版社
北　京

内容简介

本书是根据电工学课程教学基本要求编写而成，主要内容包括电路的基本概念和基本定律、电路的分析方法、线性电路的暂态分析、交流电路、三相交流电路、供电配电与安全用电、半导体器件、基本放大电路、集成运算放大器及其应用、门电路和组合逻辑电路、触发器和时序逻辑电路、直流稳压电源。

本书可作为高等院校工科非电类专业本科电工学课程的教材或教学参考书，也可供工程技术人员参考，还可供对电工电子技术有兴趣的读者自学使用。

图书在版编目(CIP)数据

电工与电子技术 / 肖军，刘晓志主编. —北京：科学出版社，2018.11
ISBN 978-7-03-059016-9

Ⅰ. ①电… Ⅱ. ①肖… ②刘… Ⅲ. ①电工技术-高等学校-教材 ②电子技术-高等学校-教材 Ⅳ. ①TM ②TN

中国版本图书馆 CIP 数据核字（2018）第 227800 号

责任编辑：王喜军 张培静 / 责任校对：蒋 萍
责任印制：吴兆东 / 封面设计：壹选文化

科学出版社出版
北京东黄城根北街 16 号
邮政编码：100717
http://www.sciencep.com
北京九州迅驰传媒文化有限公司印刷
科学出版社发行 各地新华书店经销
*
2018 年 11 月第 一 版 开本：787×1092 1/16
2025 年 3 月第五次印刷 印张：22 1/4
字数：528 000

定价：60.00 元
（如有印装质量问题，我社负责调换）

前　言

电工学课程是高等院校工科非电类专业本科生必修的一门重要的专业技术基础课，是一门体系严谨、理论性和实践性都很强的课程，涵盖了电工电子领域的基本知识、基本理论和基本的实践技能。随着科学技术的发展，各专业对电工学课程提出了越来越高的要求。本教材从适应教学改革的需要和市场经济对人才培养的要求出发，从体系结构及内容的安排上进行了科学规划和调整，精简基本放大电路的内容，增加集成运算放大电路应用和集成数字电路应用的内容，体现了电工学教材要与国际接轨、要面向世界的办学指导思想。本教材内容更加丰富，安排更加合理，可以帮助读者深入地理解和更好地掌握教材中有关电工电子技术的基本概念、分析方法和设计方法，也有利于读者自学。

通过该课程的学习，使学生对电工电子技术的应用和发展概况有比较全面地了解，为学生学习后续专业课程及从事有关的工程技术工作及科学研究工作打下一定的理论基础和实践基础。

本教材是依据国家教育部电子信息科学与电气信息类基础课程教学指导分委员会指定的电工学课程的基本要求，结合高等院校本科学生的实际情况而编写。在编写过程中，我们把内容的重点放在培养学生的分析问题能力、解决问题能力和创新能力上，对于基本概念、基本理论、工作原理、分析方法等都作了必要的阐述和解释，并通过实例及例题从理论上和实际应用上加以说明，便于学生对所学理论能更好地理解和掌握。

全书共 12 章。参加本书编写工作的有肖军、刘晓志、吴春俐、李丹、孙静、李世平、孟令军等，肖军、刘晓志任主编。

由于作者水平有限，书中难免出现不妥之处，恳请读者批评指正。

编　者

2018 年 5 月

目　录

第 1 章　电路的基本概念和基本定律

电能因具有易于变换、传输及控制的特点而在社会各个领域中得以广泛应用。电的应用要通过各种电器件（electric device）构成电路来实现。为了正确、合理和更有成效地利用电能，就必须具备有关电路的基本知识。

本章讨论电路的基本概念和基本定律，主要内容包括：电路组成及电路模型；电流、电压和功率等电路主要物理量；电源的工作状态；欧姆定律及基尔霍夫定律；理想电路元件。本章内容是分析与计算电路的基础。虽然本章的内容一般都以直流电路为例，但这些电路理论同样适用于交流电路。

1.1　电路及电路模型

1.1.1　电路的分类

顾名思义，电路（electric circuit）是电流流经的路径。电路种类繁多，简单的如电阻串、并联电路、照明电路等，而较复杂的电路常称为网络。

依据供电电源的形式，电路可分为直流（direct current，DC）电路和交流（alternating current，AC）电路：直流电一般指大小和方向都不随时间变化的电压或电流，即恒定直流，有时也泛指单方向脉动或缓慢变化的电量；交流电泛指大小和方向随时间做周期性变化的电压或电流。

依照国家标准，用大写字母表示直流物理量，如电压 U、电流 I、电动势 E、功率 P 等；用小写字母表示大小或方向随时间变化的物理量，如电压 u、电流 i、电动势 e、功率 p 等。如图 1.1 所示的电流波形中，图 1.1（a）是恒定直流；图 1.1（b）是脉动直流；图 1.1（c）是正弦规律变化的交流电流；图 1.1（d）、图 1.1（e）是非正弦波形的交流电流。

按照电路中元件的性质，电路可分为线性电路（linear circuit）和非线性电路（nonlinear circuit）：线性电路可用线性代数方程或线性微分（积分）方程来描述；非线性电路无法用线性方程来描述，如大部分含半导体电子元件的电路就属于非线性电路。

根据电路所处理的信号性质，电路又可分为模拟电路（analog circuit）和数字电路（digital circuit）：模拟电路处理随时间连续变化的模拟信号；数字电路处理脉冲数字信号，是不随时间连续变化的跃变信号。

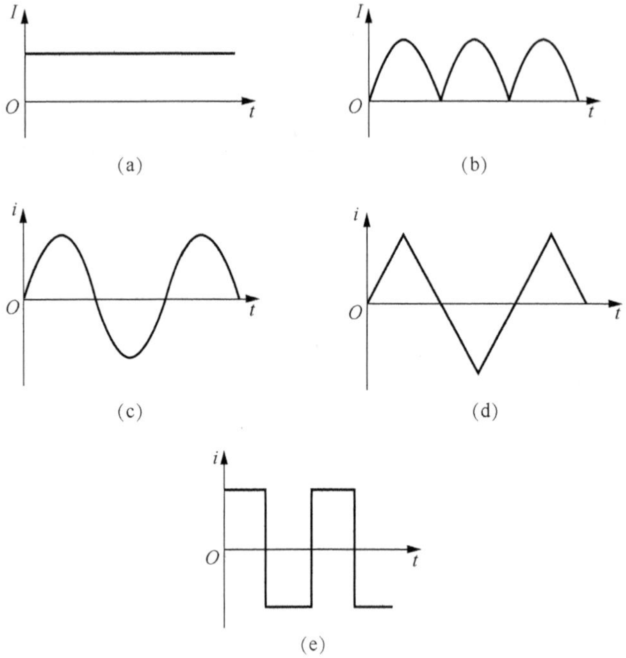

图 1.1　不同电路中电流的波形

1.1.2　电路的组成及作用

实际电路是由各种电工设备或元器件按一定方式连接而构成的。不论是简单的还是复杂的电路，一般由电源（source）、负载（load）和中间环节三个部分组成。

电源：电源提供电能，是将热能、核能、水能、化学能等其他形式的能量转换成电能的设备，如发电机、蓄电池等。除此之外，能够产生和输出电信号的各种信号源也统称为电源，信号源是将声音、温度、压力等物理量转换为相应的电信号（电压、电流或其他电参数）的设备，如话筒、接收天线等。

负载：吸收或转换电能，是取用电能并将其转换成机械能、热能、光能等其他形式能量的设备，如电动机、电炉和照明灯等。扬声器和显像管等一类接收和转换信号的设备也是负载。

中间环节：是连接电源和负载的部分，对电能进行输送和分配，对信号进行传递和处理，对电路进行保护等。中间环节最简单的可以是两根导线，也可以是由输电线路、变压器和开关等设备组成，复杂的中间环节可以包括一个庞大的控制系统。

电路的一个作用是实现电能的传输、转换与分配。如电力系统中的电路，发电机作为电源，将热能或原子能等转换成电能，经中间环节（输电线和变压器等）升压传输到各变电站，再经变电站变压器降压后送到用户的各种取用电能的设备，各用户负载将电能分别转换成光能、机械能、热能等。

电路的另一个作用是完成信号的传递和处理。如无线电接收设备的电路，收音机的天线把接收到的载有语言、音乐的电磁波转换成相应的电信号，通过中间的放大电路等对信号进行传递与处理，送到扬声器还原为声音信号。

电路中电源或信号源推动电路工作，称为电路的激励（excitation）；由激励在电路各部分产生的电压和电流称为响应（response）。在已知电路结构及电路元器件参数的条件下，分析电路的激励和响应之间的关系就是电路分析的内容。

1.1.3　电路模型

构成实际电路的电工设备或元器件的电磁性质比较复杂，大多数元器件同时存在多种电磁效应，不易于分析理解。为了便于分析实际电路问题并用数学描述，对实际电路元器件进行抽象、简化，突出其主要电磁性质而忽略次要因素，将其本质特征用理想化的电路元件近似代替。

每一种理想电路元件只表示一种电磁特性，如用电阻元件表示消耗电能的电磁特性；用电容元件表示存储电场能量的电磁特性；用电感元件表示存储磁场能量的电磁特性。每种理想电路元件均有各自精确的数学定义形式，因此使得用数学方法分析电路成为可能。本书常用的理想电路元件主要有电阻元件、电容元件、电感元件和理想电源元件（电压源、电流源）等，后面将逐一加以介绍。

电路模型（circuit model）就是用理想电路元件及其组合代替实际电路的电工设备或元器件，把实际电路的本质特征抽象出来所形成的理想化的电路。以后电路分析、研究的对象都是指电路模型，简称电路。用规定的电路图形符号表示各种理想电路元件，得到的电路模型图就是电路图。

图 1.2（a）就是一个简单的实际电路，其中，干电池（电源）经导线（中间环节）向灯泡（负载）供电。相应的电路模型可由如图 1.2（b）所示的电路图表示，其中，电池理想化后可用内阻为 R_S、源电压为 U_S 的电压源代替；灯泡可用电阻值为 R 的电阻元件代替，连线是理想化的导线（电阻值为零）。

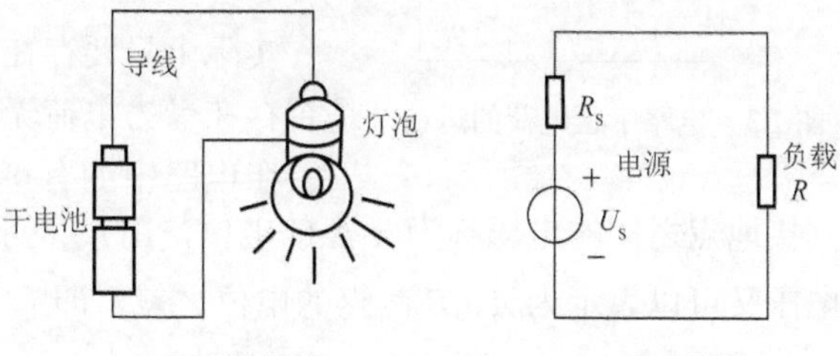

（a）实际电路　　（b）电路模型

图 1.2　简单的实际电路及其电路模型

建立电路模型是电路分析的基础，无论是简单的还是复杂的实际电路，都可以抽象成理想电路元件组成的电路模型。

1.2　电路的主要物理量

电路分析中常用到的主要物理量包括电流（current）、电压（voltage）、电位（potential）、电动势（electro motive force，EMF）、电功率（power）等，它们的定义在物理学中描述得很清楚，在此仅简要说明其基本概念。

1.2.1　电流、电压及其参考方向

1. 电流

电路中电荷的定向有规则运动形成电流。单位时间内通过导体横截面的电荷量定义为电流强度，简称电流，用 i 表示。如果电流强度不随时间变化，则这种恒定电流简称为直流，用大写字母 I 表示。

在国际单位制（SI）中，电流单位为安培，简称安（A），有时还用千安（kA）、毫安（mA）、微安（μA）等单位，各单位间换算关系为

$$1\text{kA}=10^3\text{A},1\text{mA}=10^{-3}\text{A},1\mu\text{A}=10^{-6}\text{A}$$

物理学中，电流的实际方向规定为正电荷运动的方向。

2. 电压

电压是衡量电场力移动电荷做功的能力的物理量。如图 1.3 所示，电场力把单位正电荷从 A 点移到 B 点所做的功就是 A 点到 B 点间的电压，用 u_{AB} 表示；直流时表示为 U_{AB}。

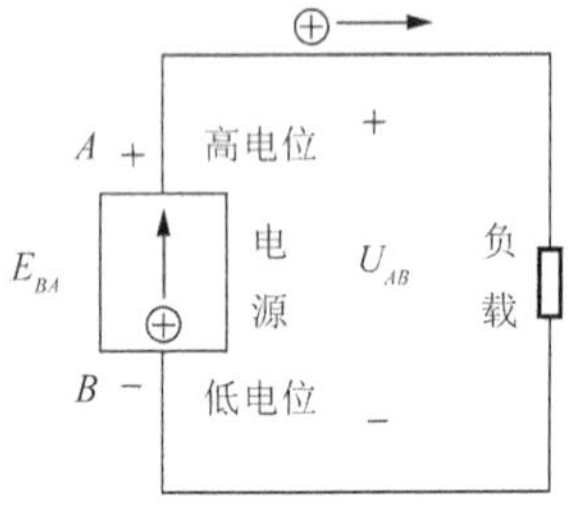

图 1.3　电路中正电荷的运动

在国际单位制中，电压的单位为伏特，简称伏（V），有时还用千伏（kV）、毫伏（mV）、微伏（μV）等单位，各单位间换算关系为

$$1\text{kV}=10^3\text{V},1\text{mV}=10^{-3}\text{V},1\mu\text{V}=10^{-6}\text{V}$$

实际上只要存在电场，电场中两点之间就有电压，而与是否存在受力电荷无关。

在电路中如有接地点（零电位点），则电路中任一点 A 到接地点之间的电压称为 A 点的电位，用 u_A 表示；直流时表示为 U_A。A 点到 B 点间的电压又可以表示为 A、B 两点的电位之差，即

$$u_{AB}=u_A-u_B \text{ 或 } U_{AB}=U_A-U_B \text{（直流电路中）} \tag{1.1}$$

电压的实际方向规定为电场力移动正电荷的方向，是由高电位端指向低电位端，即电位降低的方向。

3. 参考方向

电路中电流、电压的实际方向是客观存在的，对于一些一目了然的简单电路可以直接确定。但在分析计算较为复杂的电路时，往往很难事先直接判断出某一段电路或某一元件上电流、电压的实际方向；而且对于大小和方向都随时间变化的交流电，在电路图中更是无法直接表示出电流、电压的真实方向。因此，在分析计算电路时，可先任意选定电流、电压的一个方向作为“参考方向”，或称为假定正方向。

在电路图中用箭头来标出电流的参考方向；用“+”“−”极性来表示电压的参考方向，“+”极性端称为高电位端，“−”极性端称为低电位端。图 1.4 是设定的电路元件中电流 i 及其两端电压 u 的参考方向。

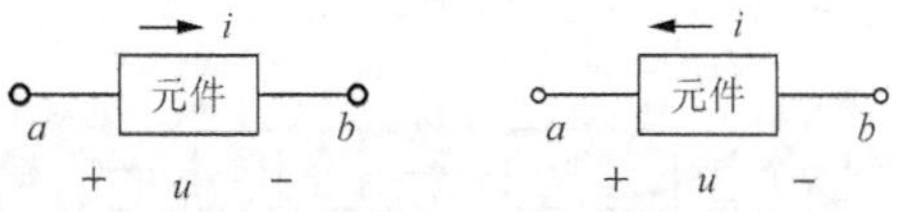

(a) 关联参考方向　　(b) 非关联参考方向

图 1.4　参考方向的表示方法

电路中电流和电压的参考方向在设定时都具有任意性，二者彼此独立。如果将一段电路中电流和电压的参考方向选为一致，称为关联的参考方向。如图 1.4（a）所示电路中电压 u 参考方向与电流 i 参考方向相同（都是从 a 到 b），因此，电压与电流的参考方向是关联参考方向。如图 1.4（b）所示电路中电压 u 参考方向与电流 i 参考方向相反，因此是非关联参考方向。

由于所选的电流、电压的参考方向不一定与实际的方向一致，所以有如下规定：如果电流、电压的实际方向与参考方向一致，则电流、电压的值为正；反之，如果实际方向与参考方向相反，则值为负。因此，在参考方向设定好之后，电流、电压成为代数量，其值有正负之分，并且根据电流、电压的正负值也能反映出电流、电压的实际方向。

例如，在图 1.4（a）中，若 $i>0$，表明电流的实际方向与参考方向是一致的，即从 a 流向 b；若 $u<0$，则表明电压的实际方向与参考方向是相反的，即从高电位 b 点（实际“+”极性）指向低电位 a 点（实际“−”极性）。

电压、电流的参考方向还可以用双下标表示，例如 U_{ab} 表示 a、b 两点之间电压的参考方向是从 a 指向 b，也就是 a 点的参考极性为“+”、b 点的参考极性为“−”；而 U_{ba} 表示参考方向选为由 b 指向 a，因此 $U_{ab}=-U_{ba}$。

以后在进行电路分析时，完全不必先考虑电流、电压的实际方向如何，而一定要先设定出它们的参考方向，根据参考方向求解电路，计算结果的正负值与设定的参考方向相结合，就能明确地表示出电路任何时刻的电流、电压的大小和实际方向。

1.2.2　电位

电位是电路中非常重要的概念。在分析某些复杂电路时，应用电位的概念，可使计算简单方便。在电子电路中，更是常用电位的概念来分析问题，例如通过晶体管三个电极的电位高低来分析晶体管的工作状态。

前文中提过，电路中任一点到接地点（零电位点）之间的电压称为该点的电位。在分析计算电路时，常常假定电路中某一点的电位为零，该点称为参考点，则电路中任一点到参考点间的电压即为该点的电位。电路中参考点（设定的零电位点）也可以称为接地点（并非真与大地相接），用符号“⊥”表示。

需要说明的是，电路中参考点是可以任意选定的，一经确定之后，电路中其他各点的电位就确定了。但是如果参考点改变，其他各点的电位亦随之改变。在电路中不指明参考点而谈某点的电位是没有意义的。

例 1.1　电路如图 1.5 所示，已知 $U_{AC}=5\text{V}$，$U_{AB}=2\text{V}$，试分别以 A 点和 B 点为参考

点，求 A、B、C 各点的电位及电压 U_{BC}。

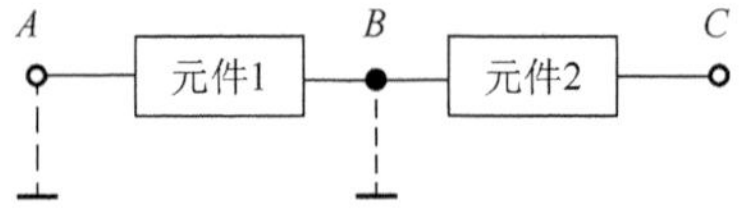

图 1.5　例 1.1 图

解：若取 A 点为参考点，即 $U_A = 0\text{V}$，则

$$U_B = U_{BA} = -U_{AB} = -2\text{V}$$
$$U_C = U_{CA} = -U_{AC} = -5\text{V}$$
$$U_{BC} = U_B - U_C = -2-(-5) = 3\text{V}$$

若取 B 点为参考点，即 $U_B = 0\text{V}$，则

$$U_A = U_{AB} = 2\text{V}$$
$$U_C = U_A - U_{AC} = 2-5 = -3\text{V}$$
$$U_{BC} = U_B - U_C = 0-(-3) = 3\text{V}$$

由此可见，参考点选择的不同，电路中同一点的电位也会随之而变，即电位的高低是相对的；而两点间的电压（即电位差）是不变的，是绝对的。

引入电位概念后，有时不画电源而采用电位表示的电路来简化电路图的画法，这一点在电子电路的分析中得以广泛应用。如图 1.6（a）所示的电路可以简化为如图 1.6（b）或图 1.6（c）所示电路，不画出电源，各端标以相应的电位值。

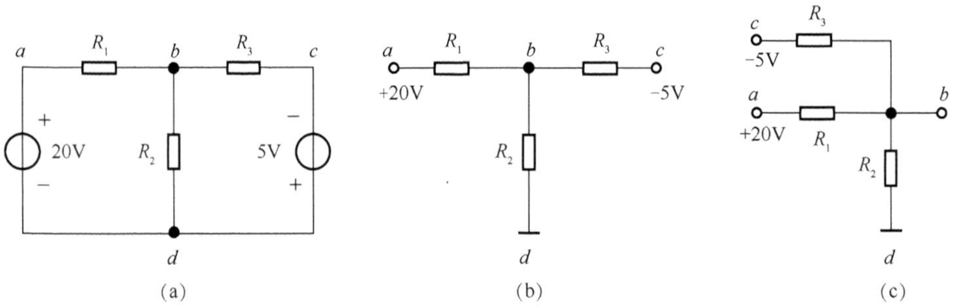

图 1.6　用电位表示的电路

1.2.3　电动势

电动势是表示电源性质的物理量。如图 1.3 所示电路，在电源外部，电场力推动正电荷从电源正极流出，最后流回电源的负极。为了在电路中保持持续的电流，电源内部存在的电源力将正电荷从电源的负极移到正极。电动势在数值上等于电源力将单位正电荷从低电位端（图 1.3 中的 B 点）经电源内部移到高电位端（图 1.3 中的 A 点）所做的功，用 e 表示；直流时表示为 E。

电动势的单位与电压的单位相同。

电动势的实际方向规定为电源内部由低电位端指向高电位端，即电位升高的方向。

同电流、电压一样，在电路图上所标的电动势的方向是参考方向（极性）。

如果忽略电源内电阻的作用，当电源的电动势与端电压的参考方向选择相反时，如图 1.7 所示，电动势 E_{ba} 的方向由 b 指向 a，而电源端电压 U_{ab} 的方向由 a 指向 b，有 $E_{ba}=U_{ab}$，即电源的端电压等于它的电动势。

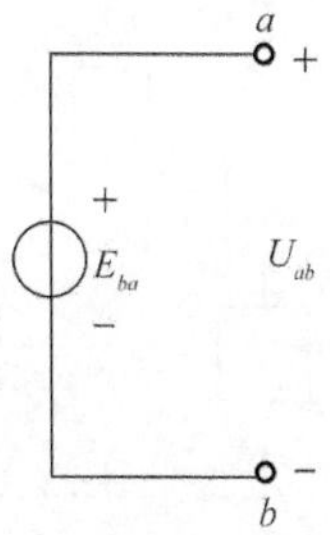

图 1.7 电源的电动势与端电压

1.2.4 功率

电路中的功率是用以衡量电能转换或传输速率的物理量。正电荷从电路元件的高电位端移到低电位端是电场力对正电荷做了功，该元件消耗了电能；正电荷从电路元件的低电位端移到高电位端是电源力克服电场力做了功，即该元件将其他形式的能量转换成电能释放出来。将单位时间内电路消耗或发出的电能定义为该电路的功率，用 p 表示；直流时表示为 P。

根据焦耳定律可以推导出元件的功率等于电压和电流的乘积，即

$$p=ui \text{ 或 } P=UI \text{（直流电路中）} \tag{1.2}$$

在国际单位制中，当电压单位为伏（V）、电流单位为安（A）时，功率的单位为瓦特，简称瓦（W），有时还用千瓦（kW）、兆瓦（MW）、毫瓦（mW）等单位，各单位间换算关系为

$$1\text{kW}=10^3\text{W}, 1\text{MW}=10^6\text{W}, 1\text{mW}=10^{-3}\text{W}$$

分析电路时，根据元件上电压和电流的实际方向可以判断出该元件在电路中是电源（或起电源作用）还是负载（或起负载作用）。若元件上电压和电流的实际方向是一致的，即实际上电流是从高电位端流向低电位端，则元件取用（吸收或消耗）功率，起负载作用；若元件上电压和电流的实际方向不一致，即实际上电流是从低电位端流入，从高电位端流出，则元件发出功率，起电源作用。

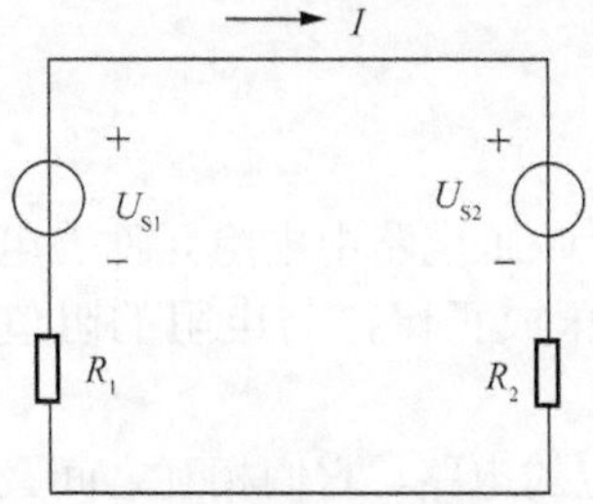

图 1.8 电路中的功率平衡

在一个完整的电路内，功率服从能量守恒原理，即电源总的发出功率等于负载总的取用功率。如图 1.8 所示电路，已知电流 I 的实际方向与参考方向一致，即实际电流从 U_{S1} 的高电位端（正极）流出，从低电位端（负极）流入，所以 U_{S1} 起电源作用，发出功率；而电流从 U_{S2} 的高电位端流入，从低电位端流出，所以 U_{S2} 起负载作用，取用功率；电阻 R_1 和 R_2 都是负载，消耗功率。因此，电路中的功率平衡关系为

$$U_{S1}I=U_{S2}I+I^2R_1+I^2R_2$$

例 1.2 如图 1.9（a）所示电路，各元件上电流和电压的参考方向已在图中标出。已知 $U_1=-4\text{V}, U_2=8\text{V}, U_3=-3\text{V}, U_4=7\text{V}, U_5=-4\text{V}, I_1=-2\text{A}, I_3=-1\text{A}, I_5=1\text{A}$。试判断各元件是吸收功率还是发出功率，并验证电路的功率平衡。

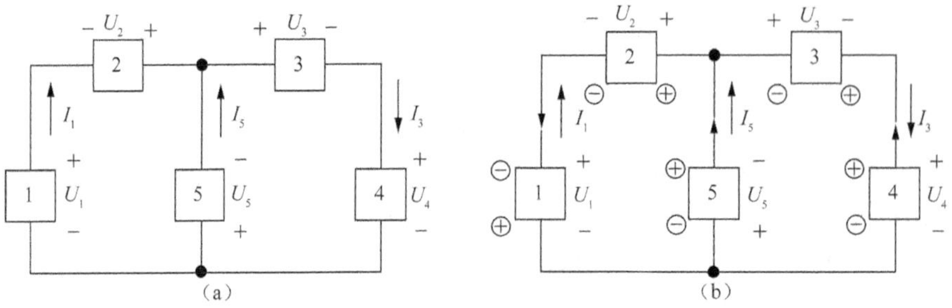

图 1.9 例 1.2 图

解：当电流、电压的参考方向与实际方向一致时，其值为正，反之为负，则根据已知的物理量代数值可得各元件上电流、电压的实际方向，如图 1.9（b）所示，其中，实际电流方向标注在导线上；实际电压方向加圈表示。

因为元件 1 上电压与电流的实际方向相反，即实际的电流从高电位端流出，所以该元件起电源作用，发出功率；而元件 2 上电压与电流的实际方向一致，即实际的电流从高电位端流向低电位端，因此，该元件起负载作用，吸收功率。

同理，可以得出其他元件的判断结果，即元件 4、5 发出功率；元件 2、3 吸收功率。

电源发出功率的数值为

$$|U_1I_1|+|U_4I_3|+|U_5I_5|=19\text{W}$$

负载吸收功率的数值为

$$|U_2I_1|+|U_3I_3|=19\text{W}$$

可以看出二者相等，因此验证了功率平衡关系。

1.3 欧 姆 定 律

欧姆定律（Ohm’s law）是分析电路的基本定律之一，反映了电路中电阻元件上电压和电流的约束关系，即流过电阻的电流与电阻两端的电压成正比，与电阻的阻值成反比。

由于电压和电流是具有方向的物理量，同时对某一个特定的电路，它们相互之间又是有联系的，因此，选取不同的电压、电流参考方向，便有不同的欧姆定律形式。

如图 1.10（a）和图 1.10（b）所示电路，电压参考方向与电流的参考方向一致，即电压和电流是关联参考方向，则欧姆定律用公式表示为

$$I=\frac{U}{R}\text{或}U=IR \tag{1.3}$$

如图 1.10（c）和图 1.10（d）所示电路，电压的参考方向与电流的参考方向不一致，即电压和电流是非关联参考方向，则欧姆定律用公式表示为

$$I=-\frac{U}{R}\text{或}U=-IR \tag{1.4}$$

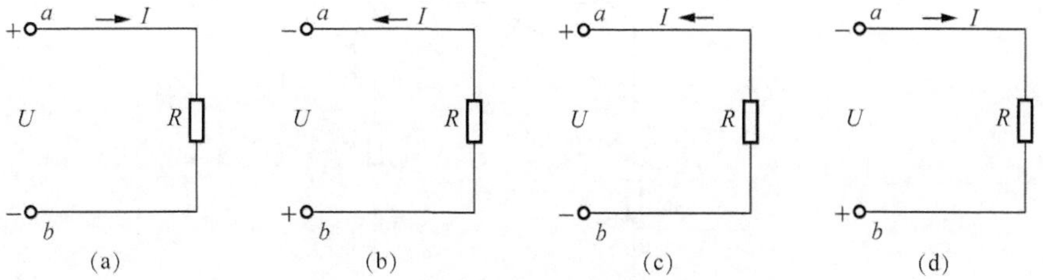

图 1.10　欧姆定律的不同形式

例 1.3　应用欧姆定律求如图 1.11 所示的各电路中未知的电压 U、电流 I 及电阻 R。

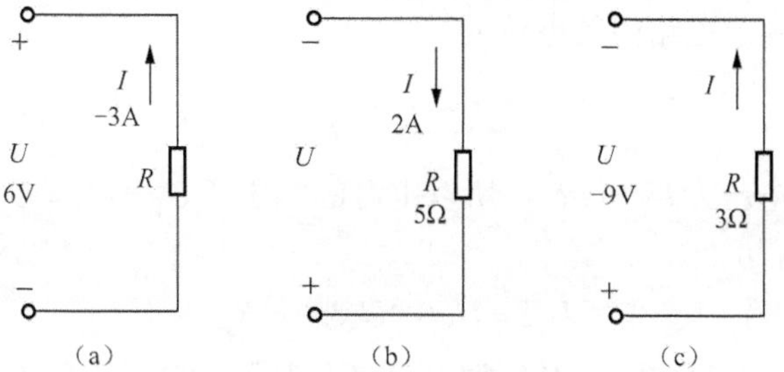

图 1.11　例 1.3 图

解： 如图 1.11（a）所示电路，U、I 是非关联参考方向，由式（1.4）可得

$$R = -\frac{U}{I} = -\frac{6}{-3} = 2\Omega$$

如图 1.11（b）所示电路，U、I 也是非关联参考方向，由式（1.4）可得

$$U = -IR = -2 \times 5 = -10\text{V}$$

如图 1.11（c）所示电路，U、I 是关联参考方向，由式（1.3）可得

$$I = \frac{U}{R} = \frac{-9}{3} = -3\text{A}$$

1.4　电路的基本工作状态

电路在不同的工作条件下会处于不同的状态，并具有不同的特点。

1.4.1　通路

图 1.12 是一个简单直流电路，图中，U_S 为电源的源电压，R_S 为内阻，R_L 为负载电阻。当开关 S 闭合时，电源与负载接通，电路中有电流流动及能量的传输和转换，此时电源发出功率，负载取用功率。电路的这一状态称为通路（closed circuit）。通路时，电源向负载输出电功率，从电源的角度出发可以称为电源处于带负载工作状态或电源有载工作。

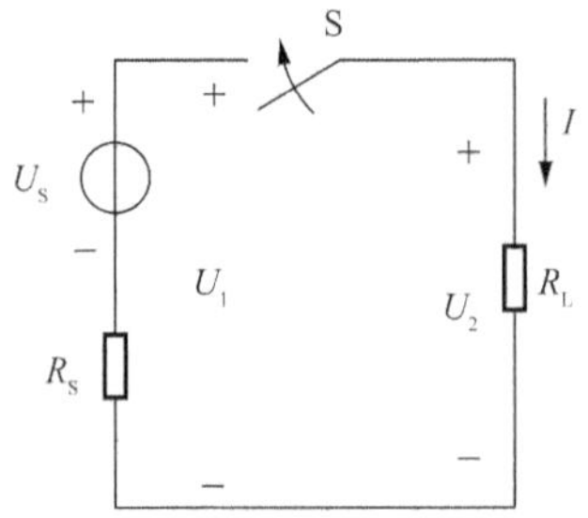

图 1.12　通路状态

通路时，电源内部和线路上都有功率损耗。当线路上的导线电阻很小时，其功率损耗可以忽略不计。由于电路中的电流为

$$I = \frac{U_S}{R_S + R_L} \tag{1.5}$$

而负载电阻两端的电压为$U_2 = IR_L$，所以电源的端电压$U_1 = U_2 = U_S - IR_S$。电路中的功率平衡式为

$$U_1 I = U_2 I = U_S I - I^2 R_S \tag{1.6}$$

式中，$U_S I$为电源产生的功率；$I^2 R_S$为电源内部内阻上损耗的功率；$U_1 I$为电源输出的功率；$U_2 I = I^2 R_L$为负载从电源取用的功率。

如果电源内阻R_S很小，那么电源的端电压U_1及负载的端电压U_2基本不变，当负载增加时，负载所取用的电流和功率都增加，即电源输出的功率和电流都相应增加。因此，电源输出的功率和电流的大小取决于负载的大小。

电路接通后，无论是电源、负载还是连接导线，电路中的各种电气设备都处于工作状态，全面考虑电气设备的可靠性、安全性及使用寿命等因素，其功率、工作电压和允许通过的电流都要有一个限额，这种限额称为电气设备的额定值（rated value）。额定值表示电气设备的正常工作条件和工作能力，是电气设备的生产厂家为使其产品能在给定的工作条件下正常运行而规定的容许值。因为电压过高，电气设备的绝缘将会击穿，若电流过大将产生很大热量，会烧毁电源或其他电气设备，所以为了电气设备安全可靠地运行，都要有规定的电压、电流和功率等的额定值。

电气设备的额定值一般标示在铭牌上或写在产品说明书中，使用电气设备之前应先了解其额定值。需要注意的是，电气设备在实际使用时，电压、电流和功率等的实际值不一定等于它们的额定值，而是由实际工作情况决定。例如额定值为 220V/60W 的电灯接在额定电压为 220V 的电源上，若电源电压波动，加在电灯上的电压不是 220V，则电灯实际的功率就不是 60W 了。

当电气设备通过的电流等于其额定电流时，称为满载，也称为额定状态。超过额定电流时，称为过载（超载），如果电气设备使用不当，电流、电压和功率等可能超过其额定值，将会降低电气设备使用寿命，严重时会导致设备损坏。如果电气设备的电压、电流远小于额定值时，电气设备不会正常运行，并且也不能充分利用设备的工作能力。

1.4.2　开路

当某一部分电路与电源断开，其中没有电流，也不存在能量的传输和转换，称这部分电路所处的状态为开路（open circuit），也称为断路状态。如图 1.13 所示电路中的开关 S 断开时，电源与负载未接成闭合电路，这就是电路的开路状态，从电源的角度看也可以称为电源处于空载状态。

开路时的电路一般特点如图 1.14 所示：开路处的电流 I 为零；开路处的端电压（称为开路电压 U_{oc}）取决于电路具体情况。

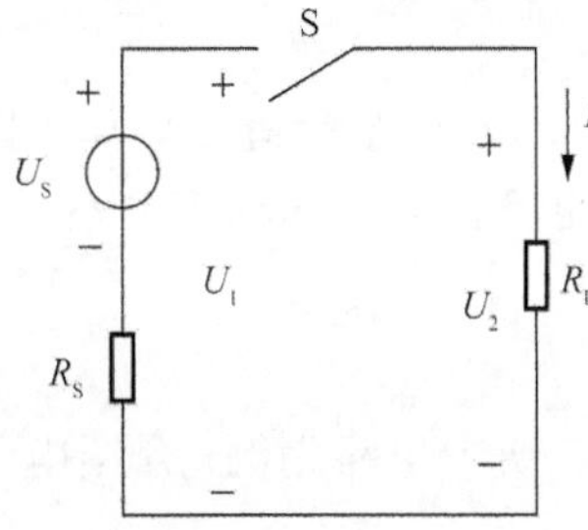

图 1.13　开路状态

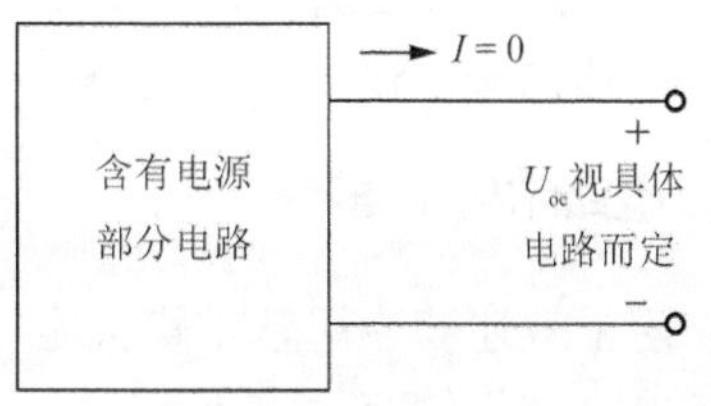

图 1.14　开路特点

对于如图 1.13 所示的电源空载状态，电路中的电流 I 等于零；电源不输出功率，电源内部也没有功率损耗；电源的端电压 U_1 也就是开路电压 U_{oc}，与源电压 U_S 相等；负载上的电压 U_2 及功率都为零。

1.4.3　短路

若某一部分电路的两端用电阻可以忽略不计的导线或开关连接起来，则该部分电路中的电流全部被导线或开关所旁路，称这部分电路所处的状态为短路（short circuit）或短接状态。如图 1.15 所示电路就是电源两端或负载两端直接连在一起的短路状态。

短路时的电路一般特点如图 1.16 所示：短路处的电压 U 为零；短路处的电流（称为短路电流 I_{sc}）取决于电路具体情况。

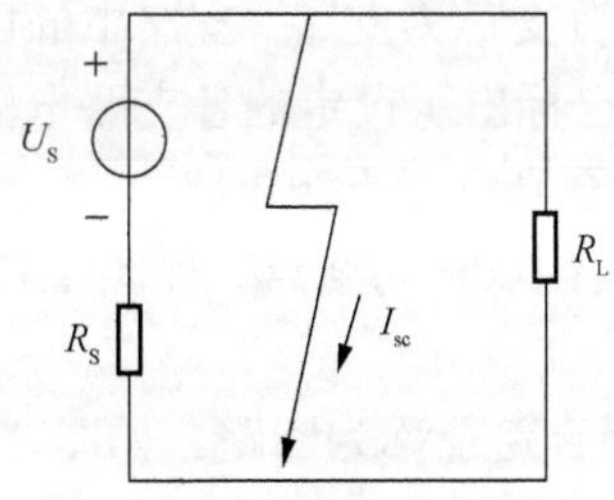

图 1.15　短路状态

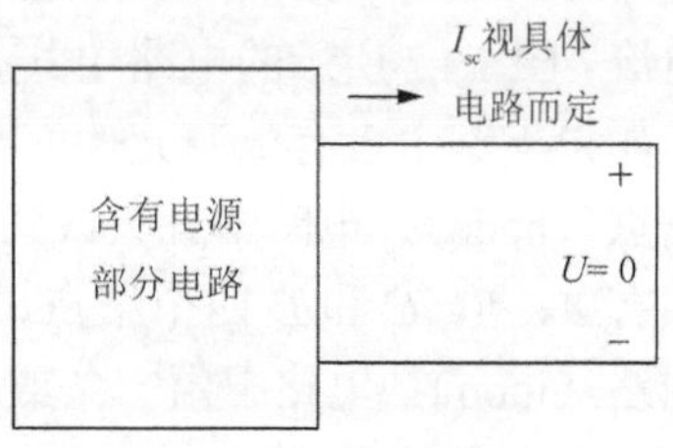

图 1.16　短路特点

对于如图 1.15 所示的电源短路状态，电路中的电流从电源流出经过短路点和电源内阻 R_S 构成回路，短路电流为 $I_{sc}=\dfrac{U_S}{R_S}$，不再流过负载；电源的端电压等于零；电源产生的电能全被电源内阻消耗。

因为一般电源的内阻 R_S 很小，所以短路电流 I_{sc} 很大。如果电源短路状态不迅速排除，则超过额定电流若干倍的短路电流会使电源设备烧毁。因此，电源短路是一种非常危险的电路状态，工作中应尽量预防避免发生电源短路的严重事故。

有时因某种需要，可以将电路中的某一段短接或进行某种短路实验，这种情况一般不会引起不良后果。

1.5　基尔霍夫定律

除了欧姆定律之外，基尔霍夫定律（Kirchhoff's law）也是分析与计算电路的基本定律，包括电流定律和电压定律，概括了电路结构对电流、电压的约束关系。

1.5.1　电路结构术语

为便于叙述和应用基尔霍夫定律，首先以如图 1.17 所示电路为例，介绍电路中常用的描述电路结构的有关术语。

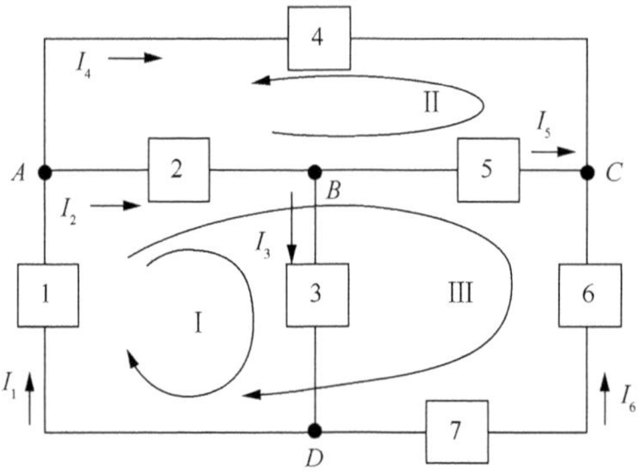

图 1.17　电路结构举例

支路（branch）：把电路中流过同一个电流的每个分支称为支路。支路中的电流称为支路电流。图 1.17 所示的电路中共有六条支路，图中已标出了设定的各支路电流的参考方向。如果支路中含有电源元件，则称为有源支路；否则称为无源支路。

结点（node）：电路中三条或三条以上支路相连接的点称为结点。如图 1.17 所示电路中共有 *A*、*B*、*C* 和 *D* 四个结点。

回路（loop）：电路中由一条或多条支路组成的闭合路径称为回路。如图 1.17 所示电路中共有七个回路，如 *ABDA*、*ABCA* 和 *ABCDA* 等都是回路，也可用回路Ⅰ、回路Ⅱ和回路Ⅲ等表示，并以“↙”符号为标记。

网孔（mesh）：平面电路的单孔回路（即回路内部不含有其他支路）称为网孔。网孔是最简单的回路。如图 1.17 所示电路中共有 *ABDA*、*BCDB* 和 *ABCA* 三个网孔。

所谓平面电路（planar circuit），是指将电路画在平面上，能够做到除结点之外，各支路都不相交的电路，否则称为非平面电路（nonplanar circuit）。如图 1.17 所示的平面电路中，回路 *ABCDA* 内含有 *BD* 支路，所以不是网孔。

1.5.2　基尔霍夫电流定律

基尔霍夫电流定律（Kirchhoff's current law，KCL）也称为基尔霍夫第一定律，用以描述电路中连接在同一结点上的各支路电流之间的关系。因为电流具有连续性，所以在电路中的任何一点（包括结点）都不能堆积电荷。基尔霍夫电流定律指出：在任一瞬间，流入电路中任一结点的电流之和等于从该结点流出的电流之和，即

$$\sum I_{流入} = \sum I_{流出} \tag{1.7}$$

如图 1.17 所示电路，已设定了各支路的电流参考方向。对于结点 *A*，流入的电流是 I_1，流出的电流是 I_2 和 I_4，根据 KCL 可以写出结点电流方程为

$$I_1 = I_2 + I_4$$

也可改写成

$$I_1 - I_2 - I_4 = 0 \text{ 或 } I_2 + I_4 - I_1 = 0$$

因此，基尔霍夫电流定律还可表述为：在任一瞬间，流入（或流出）任一结点的电流代数和恒等于零，即

$$\sum I_k = 0 \text{（} I_k \text{ 表示第 } k \text{ 条支路电流）} \tag{1.8}$$

其中，若规定参考方向流入结点的电流取正值，则参考方向流出结点的电流就取负值。反之亦可。

对于如图 1.17 所示电路中 *B*、*C* 和 *D* 三个结点，应用 KCL 分别列出结点电流方程，即

结点 *B*：$I_2 = I_3 + I_5$；结点 *C*：$I_4 + I_5 + I_6 = 0$；结点 *D*：$I_3 = I_1 + I_6$

可以看出，四个结点电流方程中任一个方程可以由另外三个方程导出，说明四个方程中只有三个是独立的。一般来说，若一个电路有 *N* 个结点，则可以列出 *N*−1 个独立的结点电流方程。

基尔霍夫电流定律通常应用于结点，但也可推广应用于广义结点，即电路中用假想的封闭圈包围起来的某一部分电路。在任一瞬间，流入广义结点的电流之和等于由该广义结点流出的电流之和。

如图 1.18 所示的由虚线封闭圈包围的三角形电路，可以将其看作是一个广义结点。封闭圈中有三个结点，应用 KCL 可列出三个结点的电流方程如下：

$$I_1 = I_{12} - I_{31}$$
$$I_2 = I_{23} - I_{12}$$
$$I_3 = I_{31} - I_{23}$$

将以上三个方程相加，便可得到

$$I_1 + I_2 + I_3 = 0$$

可见，通过广义结点的电流关系满足基尔霍夫电流定律。

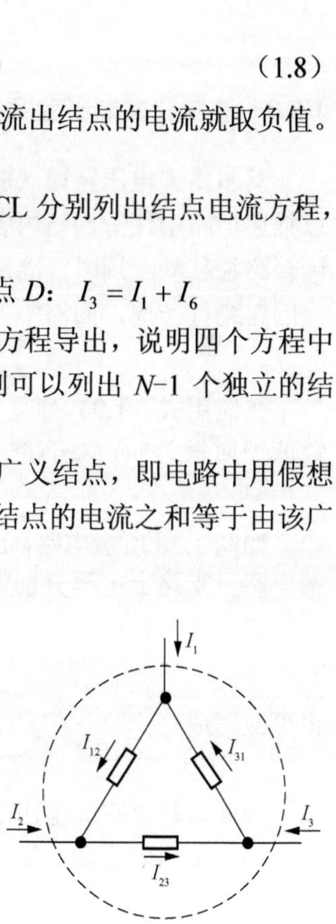

图 1.18　广义结点

例 1.4　电路如图 1.19 所示，已知 $I_1=1\text{A}$, $I_2=2\text{A}$, $I_5=3\text{A}$, $I_6=10\text{A}$ ，求图中未知的支路电流。

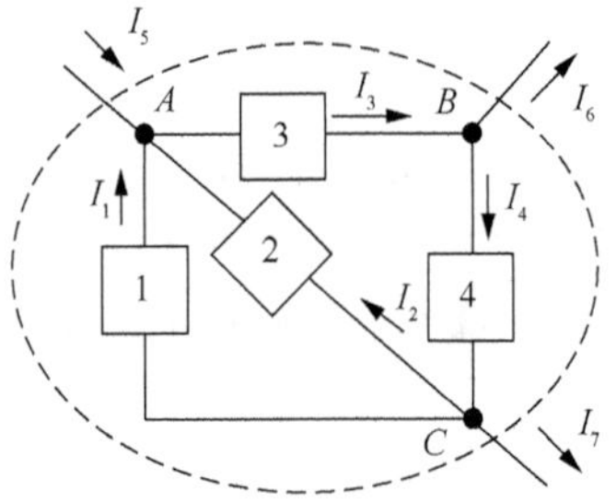

图 1.19　例 1.4 图

解： 应用基尔霍夫电流定律，对电路的各结点列电流方程，可得

结点 A： $I_3=I_1+I_2+I_5=6\text{A}$

结点 B： $I_4=I_3-I_6=-4\text{A}$

结点 C： $I_7=I_4-I_1-I_2=-7\text{A}$

如果此题只求 I_7 ，可以对封闭圈包围的广义结点列写 KCL 方程，直接可得

$$I_7=I_5-I_6=-7\text{A}$$

1.5.3　基尔霍夫电压定律

基尔霍夫电压定律（Kirchhoff's voltage law，KVL）也称为基尔霍夫第二定律，用以描述电路中任一回路内各支路电压间的关系。因为能量守恒，所以单位正电荷沿任一闭合路径移动一周时，能量交换总和为零。基尔霍夫电压定律指出：在任一瞬间，沿任一回路绕行一周，回路中各支路电压的代数和恒等于零，即

$$\sum U_k=0 \text{（} U_k \text{ 表示第 } k \text{ 条支路电压）} \tag{1.9}$$

在应用式（1.9）列写 KVL 回路电压方程时，首先需要选定回路的绕行方向（顺时针或逆时针），若 U_k 的参考方向与回路绕行方向相同， U_k 前面取“+”号；否则，取“−”号。

如图 1.20 所示电路，已设定了各支路上元件的电压参考方向。对于回路Ⅰ，包含三条支路，支路上电压分别为 U_1 、 U_2 和 U_3 ，选取顺时针的绕行方向，根据 KVL 可以写出回路电压方程为

$$-U_1+U_2+U_3=0$$

也可改写成

$$U_1=U_2+U_3$$

因此，基尔霍夫电压定律还可表述为：在任一瞬间，沿任一回路绕行一周，电压升之和等于电压降之和，即

$$\sum U_{\text{电压升}}=\sum U_{\text{电压降}} \tag{1.10}$$

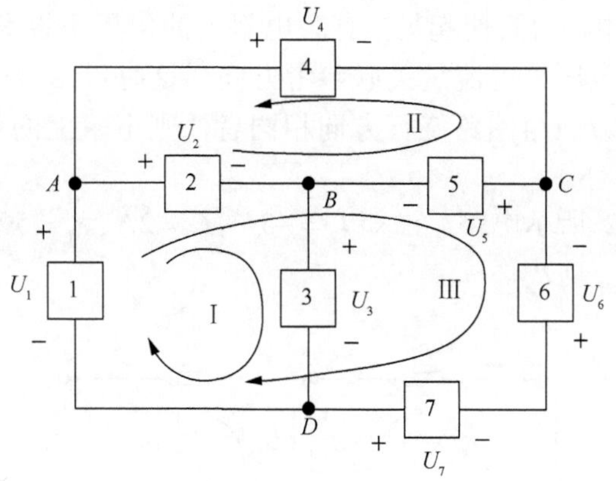

图 1.20　KVL 示例

对于如图 1.20 所示电路中的回路Ⅲ，取顺时针绕行方向，应用 KVL 列出的回路电压方程为

$$-U_1+U_2-U_5-U_6-U_7=0$$

也可改写成

$$U_1=U_2-U_5-U_6-U_7$$

可以看出，A、D 两点之间的电压U_1通过回路Ⅰ或回路Ⅲ的电压方程均可计算。

基尔霍夫电压定律体现出，在任何电路中，任意两点之间的电压具有确定性，与计算时所取的路径无关。由此可以得出一个结论：电路中任意 A、B 两点之间的电压等于沿着从 A 点到 B 点的任意一个路径上各段电压的代数和。

基尔霍夫电压定律通常应用于闭合回路，但也可推广应用到电路中任一未闭合的假想回路，此时需要将开口处的电压列入 KVL 方程，则在任一瞬间，沿假想回路绕行一周，回路中各部分电压的代数和恒等于零。

如图 1.21 所示电路，A、D 间开路，$ABCDA$ 虽然没有构成电流流通路径，但可以作为假想回路，仍然适用基尔霍夫电压定律，按照图示的绕行方向，可得假想回路的 KVL 方程为

$$U_1+U_2-U_3-U=0$$

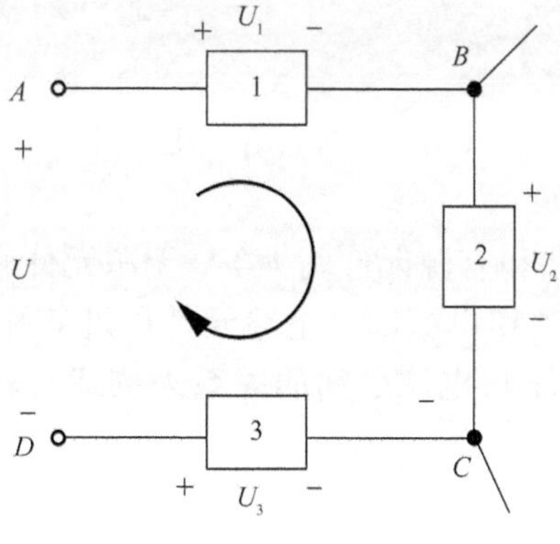

图 1.21　假想回路

在电路分析过程中，为简便起见，有时电阻上的电压不设参考方向，只设定电流的参考方向，即默认电压、电流是关联参考方向，这时可结合欧姆定律列写 KVL 回路电压方程：凡电流方向与回路绕行方向相同者，则电阻上的电压取“+”号；反之取“-”号。

例 1.5　如图 1.22 所示电路，已知 $I_2=-3\text{A}$, $I_3=2\text{A}$, $R_1=5\Omega$, $R_3=4\Omega$, $U_{CD}=18\text{V}$, $U_{\text{S2}}=40\text{V}$ ，求 I_1、U_{S1} 及 R_2。

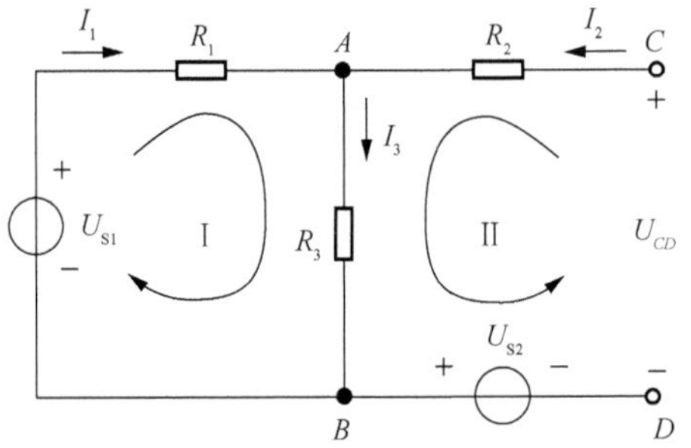

图 1.22　例 1.5 图

解：对于结点 A，应用 KCL 列出结点电流方程，即

$$I_1+I_2=I_3$$

代入数据计算，可得

$$I_1=I_3-I_2=2-(-3)=5\text{A}$$

对于回路Ⅰ，应用 KVL 列出回路电压方程，即

$$I_1R_1+I_3R_3-U_{\text{S1}}=0$$

代入数据计算，可得

$$U_{\text{S1}}=I_1R_1+I_3R_3=5\times5+2\times4=33\text{V}$$

对于假想回路Ⅱ，依照 KVL 的推广应用，可写出假想回路的电压方程为

$$I_2R_2+I_3R_3+U_{\text{S2}}-U_{CD}=0$$

因此可求出

$$R_2=\frac{U_{CD}-I_3R_3-U_{\text{S2}}}{I_2}=\frac{18-2\times4-40}{-3}=10\Omega$$

1.6　电 路 元 件

电路元件分为无源元件和有源元件两大类，无源元件有电阻元件、电容元件和电感元件；有源元件有电压源和电流源。电路元件通过其端子与外电路相连接，元件的性质通常用端口处的电压与电流之间的关系来描述，称为伏安特性（volt-ampere characteristic）。

1.6.1　电阻元件

电阻元件（resistor）是表征电路元件消耗电能这一物理性能的理想电路元件。电阻元件可以分为线性电阻和非线性电阻。若电阻两端的电压与通过电阻的电流成正比，即比值是一个常数，这样的电阻称为线性电阻；否则称为非线性电阻。

线性电阻元件在电路中的符号如图 1.23（a）所示，线性电阻的阻值是常数，不随电压或电流而变动。任一瞬间线性电阻的伏安特性总是服从欧姆定律，即电压和电流是关联参考方向时，有

$$U = IR \tag{1.11}$$

因此，线性电阻元件的伏安特性曲线是通过 U–I 坐标系原点、斜率为 $1/R$ 的一条直线，如图 1.23（b）所示。

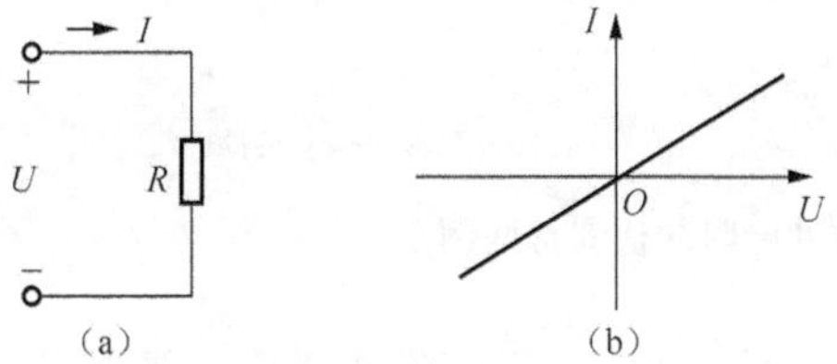

图 1.23　线性电阻及其伏安特性曲线

电阻元件是一种耗能元件，其能量转换过程是不可逆的。当电压、电流是关联参考方向时，电阻元件消耗的功率为

$$P = UI = I^2R = \frac{U^2}{R} \tag{1.12}$$

电阻（resistance）的单位是欧姆，简称欧（Ω），当电阻两端的电压为 1V、通过电阻的电流为 1A 时，其电阻值为 1Ω。大阻值的电阻则常用千欧（kΩ）或兆欧（MΩ）做单位。

电阻的倒数称为电导，用 G 表示，即

$$G = \frac{1}{R} \tag{1.13}$$

电导的单位为西门子，简称西（S）。

非线性电阻的电阻值不是常数，而是随着电压或电流变动。非线性电阻的伏安特性曲线不是直线，一般不能用数学式准确表示出来，而是通过实验方法得出。例如白炽灯灯丝的材料是钨，其阻值随温度高低（电流大小）而变；半导体二极管等效电阻的阻值随二极管两端所加电压而变，相应的伏安特性曲线如图 1.24 所示。

非线性电阻元件的电阻有两种表示方式。一种称为静态电阻，即伏安特性曲线上各点的电压 U 与电流 I 之比。如图 1.25 所示，工作点 Q 处的静态电阻为

$$R_Q = \frac{U_Q}{I_Q} \tag{1.14}$$

另一种称为动态电阻，等于伏安特性曲线在工作点处的电压对电流的导数，即工作

点附近电压微变量与电流微变量之比的极限。如图 1.25 所示，工作点 Q 处的动态电阻为

$$r_Q = \lim_{\Delta I \to 0} \frac{\Delta U}{\Delta I} = \frac{\mathrm{d}U}{\mathrm{d}I} \tag{1.15}$$

也等于伏安特性曲线在工作点 Q 处切线斜率的倒数。

若无特殊说明，本书中所提及的电阻都指线性电阻。

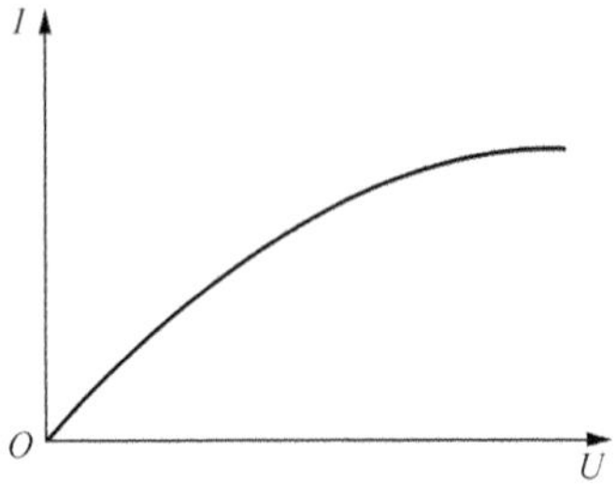

（a）白炽灯灯丝伏安特性曲线

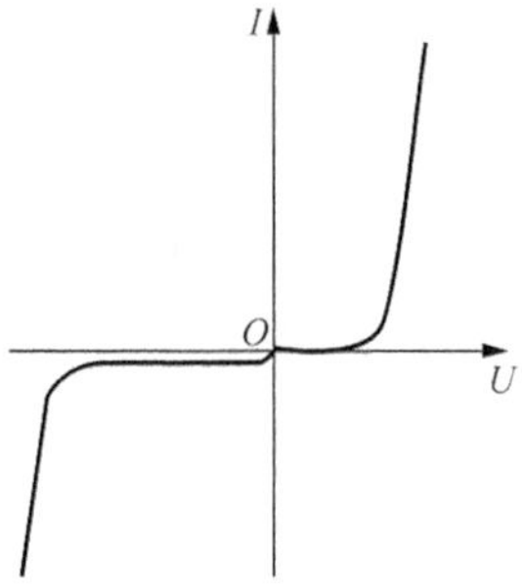

（b）二极管伏安特性曲线

图 1.24　非线性电阻的伏安特性例子

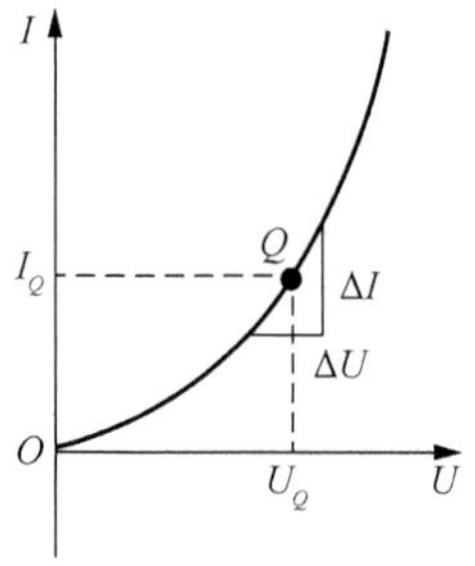

图 1.25　静态电阻与动态电阻

1.6.2　电容元件

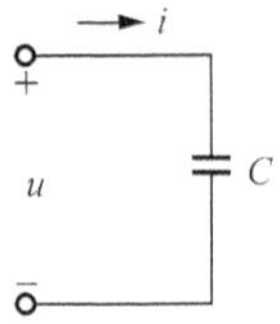

图 1.26　电容元件

电容元件（capacitor）是由存储电荷或者说存储电场能量的物理过程抽象出来的理想元件。如图 1.26 所示的线性电容元件，若其两端电压为 u，所储电荷为 q，则电容定义为

$$C = \frac{q}{u} \tag{1.16}$$

电容（capacitance）是表征电容元件存储电荷的能力。电容的单位是法拉，简称法（F），实际应用中常采用微法（μF）或皮法（pF）做单位，它们之间的关系为

$$1\mathrm{F} = 10^6 \mu\mathrm{F} = 10^{12} \mathrm{pF}$$

当电容元件上电荷量或电压发生变化时，在电路中会产生电流。如果电容元件上电压、电流是关联参考方向，如图 1.26 所示，则电压、电流之间的关系为

$$i = \frac{\mathrm{d}q}{\mathrm{d}t} = C\frac{\mathrm{d}u}{\mathrm{d}t} \tag{1.17}$$

即电容元件中的电流与其两端电压的变化率成正比。如果电容元件上电压、电流是非关联参考方向，则有

$$i = -C\frac{\mathrm{d}u}{\mathrm{d}t} \tag{1.18}$$

若电容元件的两端电压 u 是直流电压时，$\frac{\mathrm{d}u}{\mathrm{d}t}$ 为零，因此，电流 i 为零，即电容元件对直流相当于开路，或者说电容有隔断直流（简称隔直）的作用。

电容元件是一种储能元件，当其两端电压 u 增大时，电荷 q 将增加，电容充电，将

电能存储在元件的电场中；u 减小时，q 将减少，电容放电，将存储的能量释放。任一瞬间，电容元件中的储能可表示为

$$W_C = \int_0^t ui\mathrm{d}t = \int_0^u Cu\mathrm{d}u = \frac{1}{2}Cu^2 \tag{1.19}$$

由此可见，电容元件在任一时刻的储能，只取决于该时刻电容元件的电压值。电容元件通过其两端电压的变化，进行电场能量的转换，其本身不消耗所吸收的能量。

1.6.3　电感元件

电感元件（inductor）是由电流产生磁通和磁场能量存储的物理过程抽象出来的理想元件，如忽略电阻的线圈的理想化模型就是电感元件。如图 1.27 所示的线性电感元件，若其通过电流为 i，磁通链为 ψ，则电感定义为

$$L = \frac{\psi}{i} \tag{1.20}$$

电感（inductance）是表征电感元件产生磁通的能力。电感的单位是亨利，简称亨（H），有时也用毫亨（mH）。

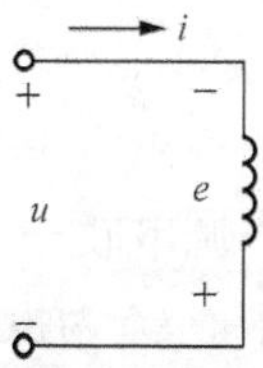

图 1.27　电感元件

当电感元件中的电流 i 发生变化时，产生的磁通也相应变化，根据电磁感应定律，在其两端将有感应电动势 e 产生，感应电动势的方向与电流的方向一致。

如果电感元件上电压、电流是关联参考方向，如图 1.27 所示，则电压、电流之间的关系为

$$u = -e = \frac{\mathrm{d}\psi}{\mathrm{d}t} = L\frac{\mathrm{d}i}{\mathrm{d}t} \tag{1.21}$$

即电感元件的两端电压与其通过电流的变化率成正比。如果电感元件上电压、电流是非关联参考方向，则有

$$u = -L\frac{\mathrm{d}i}{\mathrm{d}t} \tag{1.22}$$

若电感元件中通过的电流 i 是直流时，$\dfrac{\mathrm{d}i}{\mathrm{d}t}$ 为零，因此，电压 u 为零，即电感元件对直流相当于短路。

电感元件也是一种储能元件，当通过电感的电流 i 增大时，电感将电能变为磁场能量存储在元件的磁场中；i 减小时，电感将存储的磁场能量变为电能释放。任一瞬间，电感元件中的储能可表示为

$$W_L = \int_0^t ui\mathrm{d}t = \int_0^i Li\mathrm{d}i = \frac{1}{2}Li^2 \tag{1.23}$$

由此可见，电感元件在任一时刻的储能，只取决于该时刻电感元件的电流值。电感元件通过其中电流的变化，进行电能与磁场能量的转换，其本身不消耗所吸收的能量。

1.6.4　电压源

理想电压源的符号如图 1.28（a）所示，图中，U_S 为给定的源电压，并且正极性端

（“+”）的电位高于负极性端（“-”）的电位。理想电压源的伏安特性曲线如图 1.28（b）所示。理想电压源具有以下特点：

（1）无论负载如何变化，理想电压源输出的端电压恒定不变，即 U 始终和源电压 U_S 相等，因此，理想电压源又简称为恒压源。

（2）理想电压源的输出电流由外电路决定。当负载变化时，理想电压源的输出电流也随着变化。

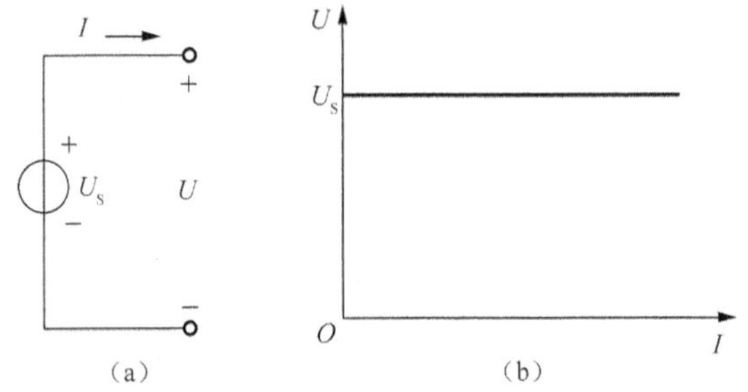

图 1.28　理想电压源及其伏安特性曲线

理想电压源在实际中是不存在的，任何一个实际电源，内部总存在一定的电阻。由恒压源串联一个电阻组成的电源模型即为电压源（voltage source），如图 1.29（a）所示，图中，U_S 为恒压源的源电压，串联的电阻 R_S 称为电压源的内阻。

由图 1.29（a）可知，电压源的伏安特性表达式为

$$U = U_S - IR_S \tag{1.24}$$

式中，U_S 和 R_S 对给定的电压源来说是常数，因此，U 和 I 是线性关系，可以用一条直线表示，如图 1.29（b）所示。可以看出，R_S 越大，直线斜率越大；R_S 越小，电压源的伏安特性曲线就越接近恒压源的伏安特性曲线［图 1.29（b）中虚线］。

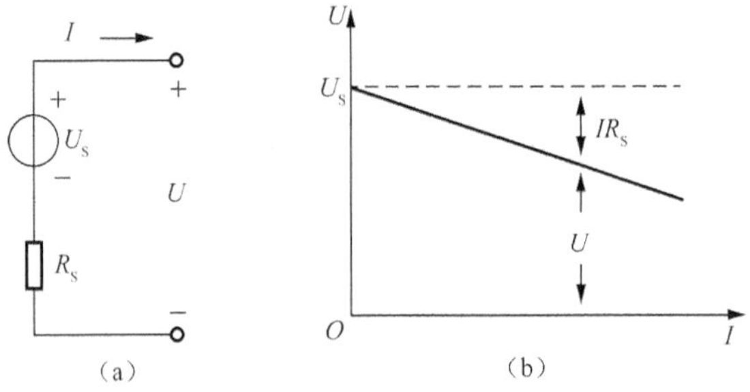

图 1.29　电压源及其伏安特性曲线

当电源外接负载时，表示电源伏安特性的曲线又称为电源的外特性。当负载开路时，$I = 0$，此时电源输出的端电压称为开路电压 U_{oc}；当负载短路时，$U = 0$，此时电源输出的电流称为短路电流 I_{sc}。

当电压源外接负载时，从电压源外特性可以看出，电压源的开路电压 $U_{oc} = U_S$，短路电流 $I_{sc} = \dfrac{U_S}{R_S}$。随着负载增加（电流 I 变大），内阻 R_S 上的电压降增加，电源端电压 U

减小。因此，电压源内阻 R_S 越小，输出电流变化时，电源端电压变化越小，即输出电压越稳定，称为电源带负载的能力强。

理想电压源可以认为是内阻等于零的电压源。实际上，当电压源的内阻远远小于负载电阻时，电压源内阻可以忽略，此时实际电压源可看作是理想电压源。由于实际电压源的内阻很小，发生短路时输出电流非常大，会烧坏电源，因此，实际电压源不允许短路。

1.6.5　电流源

理想电流源的符号如图 1.30（a）所示，图中，I_S 为给定的源电流。理想电流源的伏安特性曲线如图 1.30（b）所示。理想电流源具有以下特点：

（1）无论负载如何变化，理想电流源输出的电流恒定不变，即 I 始终和源电流 I_S 相等，因此，理想电流源又简称为恒流源。

（2）理想电流源的输出电压由外电路决定。当负载变化时，理想电流源的输出电压也随着变化。

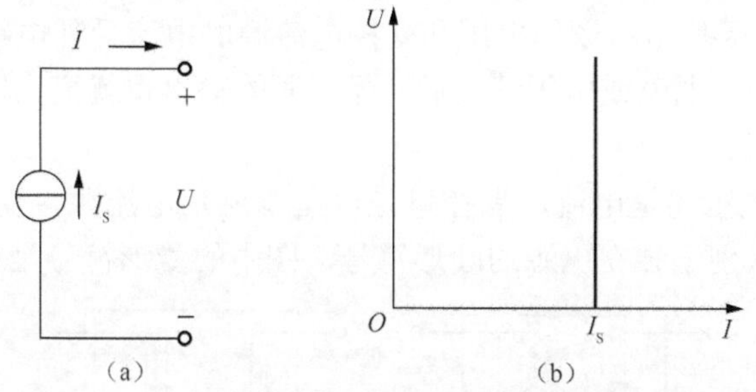

图 1.30　理想电流源及其伏安特性曲线

理想电流源在实际中也是不存在的。由恒流源并联一个电阻组成的电源模型即为电流源（current source），如图 1.31（a）所示，图中，I_S 为恒流源的源电流，并联的电阻 R_S 是电流源的内阻。

由图 1.31（a）可知，电流源的伏安特性可表示为

$$I = I_S - \frac{U}{R_S} \tag{1.25}$$

式中，I_S 和 R_S 对给定的电流源来说是常数，因此，U 和 I 是线性关系，可以用一条直线表示，如图 1.31（b）所示。可以看出，R_S 越大，电流源的伏安特性曲线就越接近恒流源的伏安特性曲线［图 1.31（b）中虚线］。

当电流源外接负载时，若负载开路，$I = 0$，则电流源的开路电压 $U_{oc} = I_S R_S$；若负载短路，$U = 0$，则电流源的短路电流 $I_{sc} = I_S$。

从电流源外特性可以看出，只有在电流源短路时，源电流全部成为输出电流。电流源有载工作时，源电流的一部分将被内阻分流。因此，电流源内阻 R_S 越大，输出电压变化时，电源输出电流越稳定。

理想电流源可以认为是内阻无穷大的电流源。实际上，当电流源的内阻远远大于负载电阻时，可将实际电流源看作理想电流源。

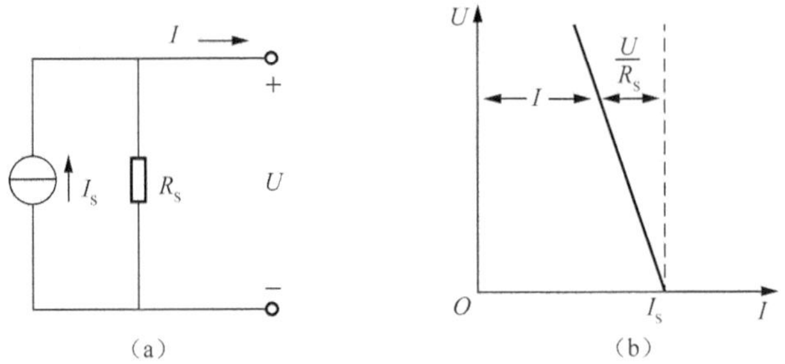

图 1.31　电流源及其伏安特性曲线

1.6.6　受控电源

前面讨论的电压源和电流源，其源电压和源电流不受外电路的影响，是独立的，故称为独立电源（independent source）。独立电源在电路中起着“激励”作用，因为有了它才能在电路中产生电流和电压。除独立电源外还有一种非独立的受控电源，简称受控源（controlled source）。受控电压源的电压和受控电流源的电流受外电路中其他部分的电流或电压控制，当控制的电流或电压消失后，受控源的输出也就变为零，即受控源本身不直接起“激励”作用。

根据控制量是电压还是电流，受控量是电压源还是电流源，受控源分为如图 1.32 所示的四种形式，区别于独立电源的圆形符号，图中的菱形符号是受控源符号。

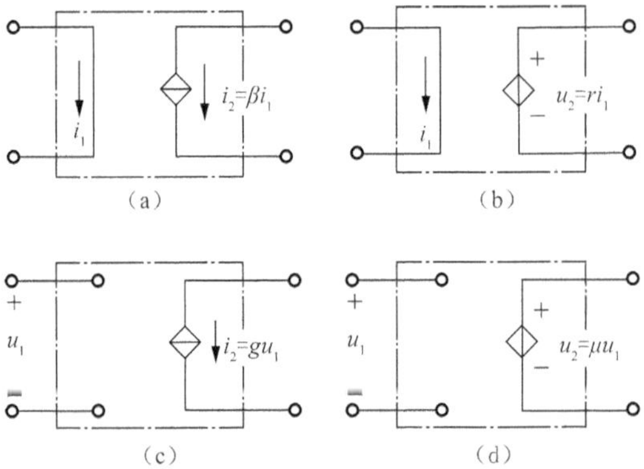

图 1.32　受控电源模型

图 1.32（a）是电流控制电流源（current controlled current source，CCCS），受控电流源的电流 i_2 由外电路中某一电流 i_1 控制，其中，β 是一个无量纲的系数。

图 1.32（b）是电流控制电压源（current controlled voltage source，CCVS），受控电压源的电压 u_2 由外电路中某一电流 i_1 控制，其中，系数 r 具有电阻的量纲。

图 1.32（c）是电压控制电流源（voltage controlled current source，VCCS），受控电流源的电流 i_2 由外电路中某一电压 u_1 控制，其中，系数 g 具有电导的量纲。

图 1.32（d）是电压控制电压源（voltage controlled voltage source，VCVS），受控电压源的电压 u_2 由外电路中某一电压 u_1 控制，其中，μ是一个无量纲的系数。

当控制系数β、r、g 和μ为常数时，受控量与控制量成正比，称为线性受控源。

像理想的独立电压源和电流源一样，图 1.32 中菱形符号代表的受控源也是理想的，理想受控电压源的内阻为零，理想受控电流源的内阻为无穷大。

习　题

1.1　已知某电路中 A、B 两点之间的电压 $U_{AB}=-5\text{V}$，那么 A、B 两点中哪点电位高？

1.2　如图 1.33 所示，以 B 点为参考点时，已知 $U_A=-8\text{V}, U_C=3\text{V}$，求电压 U_{AC}；若改以 C 点为参考点，求 A、B 两点电位及电压 U_{AC}。

1.3　某电路中的一部分如图 1.34 所示，已知 $I=-2\text{A}, U_1=3\text{V}$，元件 2 发出功率 20W，元件 3 消耗功率 10W。（1）判断元件 1 是电源还是负载，并求其功率；（2）求电压 U_2 和 U_3。

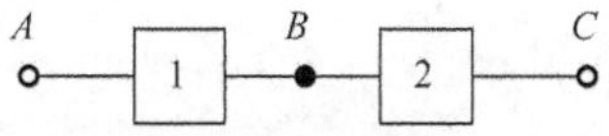

图 1.33　习题 1.2 图

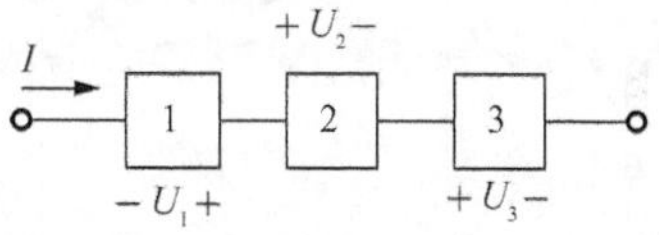

图 1.34　习题 1.3 图

1.4　如图 1.35 所示部分电路，各电流参考方向如图所示，若已知各电阻阻值及电流值，写出计算电压 U_{AB}、U_{BC}、U_{AD}、U_{CD} 的表达式。

1.5　如图 1.36 所示电路，求电流 I。

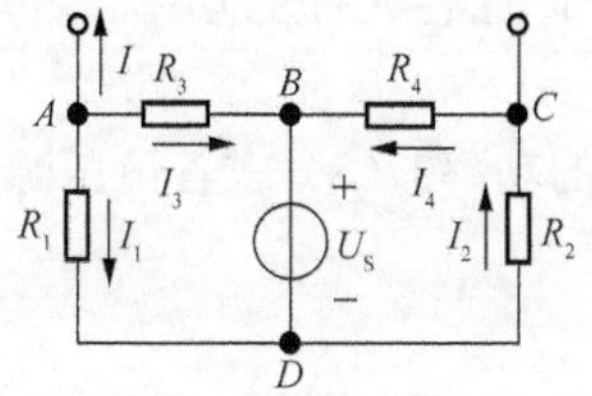

图 1.35　习题 1.4 图

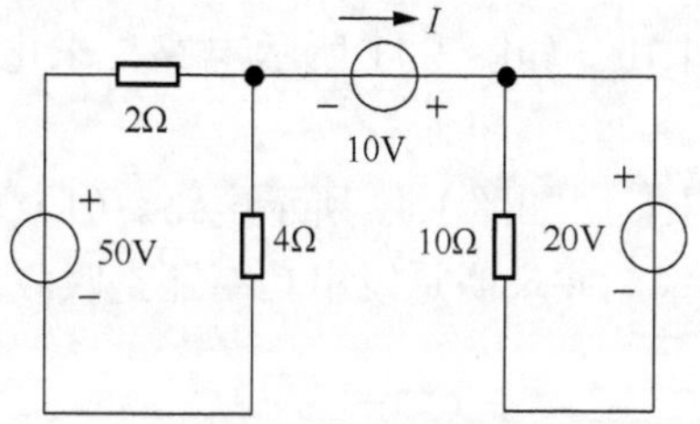

图 1.36　习题 1.5 图

1.6　如图 1.37 所示电路，求电压 U_{ab}。

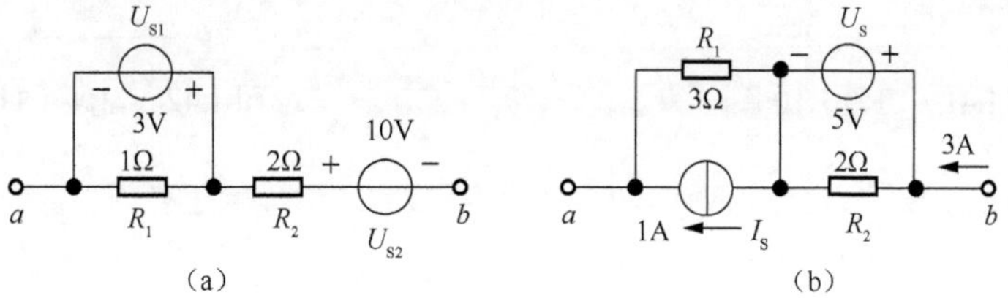

（a）　　（b）

图 1.37　习题 1.6 图

1.7　如图 1.38 所示电路，以 E 点为参考点，求 A、B、C、D 各点电位。

1.8　如图 1.39 所示电路，求 A、B 两点之间的电压 U_{AB} 及电流 I_1、I_2。

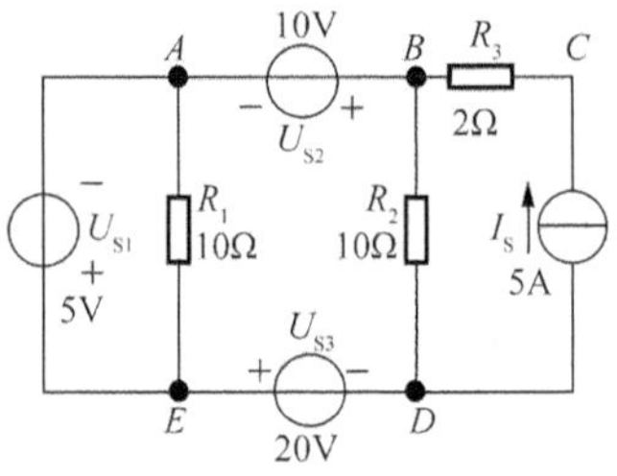

图 1.38　习题 1.7 图

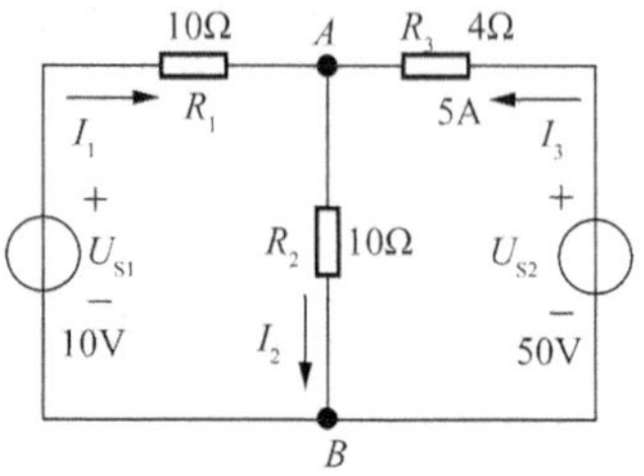

图 1.39　习题 1.8 图

1.9　如图 1.40 所示电路，a、b 两点之间的电压 U_{ab} 各为多少？

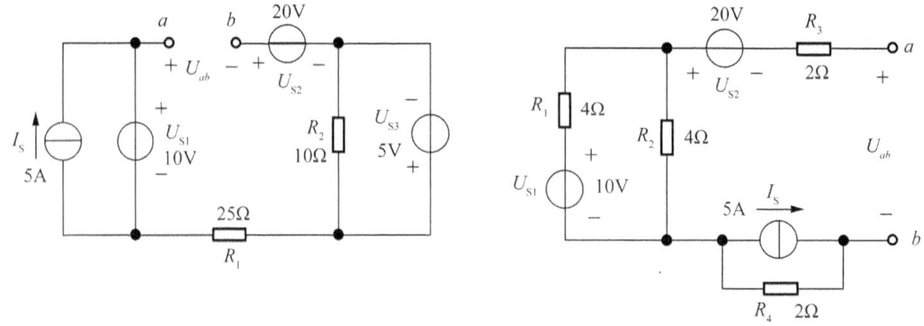

(a)　　(b)

图 1.40　习题 1.9 图

1.10　如图 1.41 所示电路，求电流 I 及电压 U，计算各元件的功率，并验证功率平衡。

1.11　如图 1.42 所示电路。（1）求每个电阻消耗的功率；（2）求各恒压源、恒流源的功率，并说明是发出功率还是吸收功率。

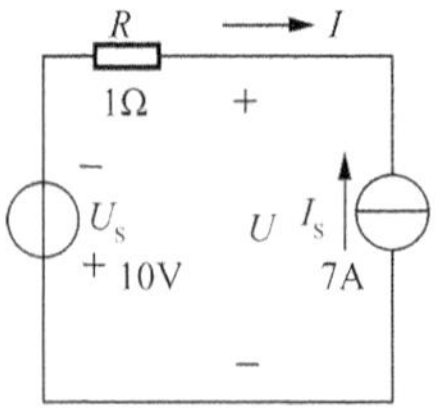

图 1.41　习题 1.10 图

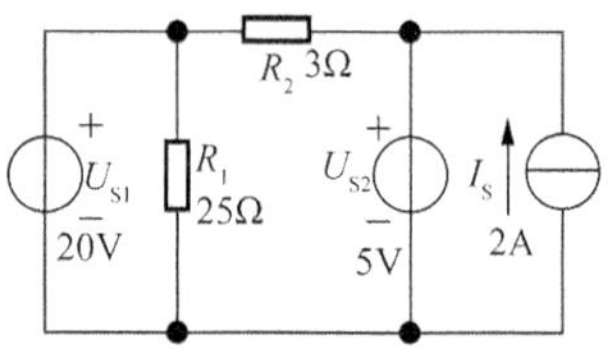

图 1.42　习题 1.11 图

第 2 章　电路的分析方法

对电路的分析通常是已知电路的结构和参数，求解电路中的未知物理量。由于电路的结构形式多种多样，有些电路比较简单，如单网孔的或经电阻的串、并联能等效变换为单网孔的电路，利用欧姆定律和基尔霍夫定律可直接进行分析计算；而有些电路比较复杂，分析计算非常麻烦。本章将根据电路的结构和特点，以直流电路为例，归纳出一些常用的分析过程简单、计算快捷的简便电路分析方法。本章的电路分析方法也同样适用于交流电路。

2.1　电路的等效变换

等效在电路分析中是非常重要的概念。对于复杂电路，有时需要根据电路元件的联结特点来简化电路。电路等效变换即是将结构复杂的电路用结构简单的电路代替，达到简单方便地进行电路分析与计算的目的。

2.1.1　二端网络及等效的概念

在分析电路时，可以把电路的某一部分作为一个整体进行分析，如果这部分电路只有两个接线端与外部电路相连，则称其为二端网络（two-terminal network），也称为一端口网络（one-port network）。若二端网络内部含有电源，则称为有源二端网络；否则称为无源二端网络。理解二端网络是认识等效的基础。

如图 2.1 所示，二端网络 N_1 和 N_2 均由电路元件互相联结组成，其内部结构不相同，但从接线端口上看，如果它们对同一个外电路来说电压、电流关系相同，即端子 a-b 以右的部分具有相同的伏安特性，则称 N_1 和 N_2 是相互等效的二端网络。当 N_1 和 N_2 两者互相代替时，对外电路的作用效果是相同的，不会改变外电路原来的工作状态。

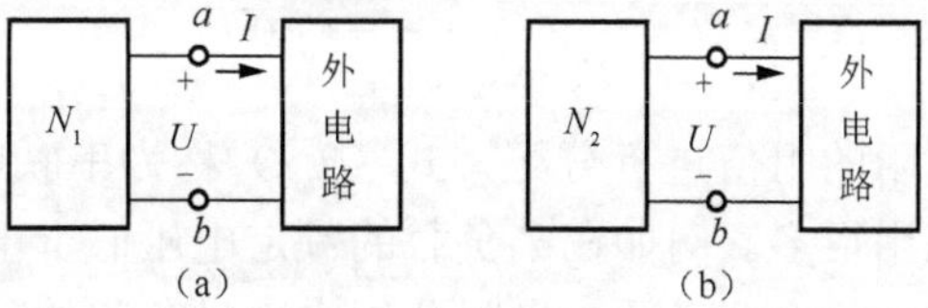

图 2.1　等效的概念

从二端网络的角度看，两个二端网络等效是指对二端网络的外部电路而言，即“对外等效”，而两个二端网络的内部工作状态并不相同。如图 2.2 所示，可以用一个等效电阻 R 来代替由若干电阻相互联结构成的二端网络 N_2 在电路中的作用，即用 R 代替 N_2 后，不改变其余部分电路（图 2.2 中网络 N_1）的电压和电流，即对外电路来说被化简的电阻网络 N_2 与等效电阻 R 具有相同的伏安特性。

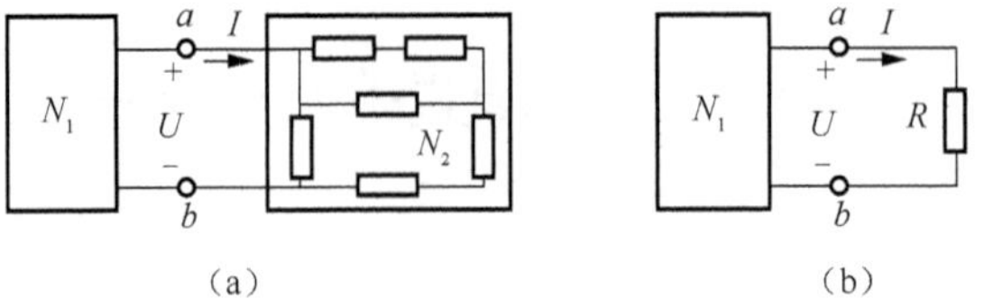

图 2.2　等效电阻

2.1.2　电阻串联、并联的等效变换

串联（series connection）与并联（parallel connection）是电阻元件连接的基本方式，在此仅扼要地说明它们的基本概念并不加证明地给出一些结论。

如果两个或更多个电阻一个接一个地顺序相连，无分支，且这些电阻上通过同一个电流，则这种连接方式称为串联。

如图 2.3 所示，n 个串联的电阻可用一个等效电阻 R 代替，等效电阻等于各个串联的电阻之和，即

$$R = R_1 + R_2 + \cdots + R_n \tag{2.1}$$

显然，串联后的等效电阻必大于任一个串联的电阻。

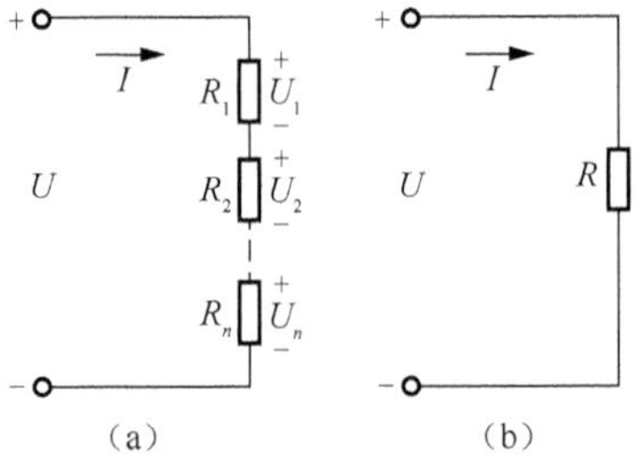

图 2.3　电阻串联及其等效电阻

串联的每个电阻上的电压与电阻的阻值成正比，如图 2.3（a）所示电路中的电阻 R_i $(i=1,2,\cdots,n)$上的电压为

$$U_i = \frac{R_i}{R_1 + R_2 + \cdots + R_n} U \tag{2.2}$$

总电压根据各个串联电阻的阻值进行分配，式（2.2）称为串联电阻的分压公式。

电阻串联的实际应用很多。例如在某负载的额定电压低于电源电压的情况下，可根据需要将一个电阻与该负载串联，通过电阻分压来满足负载的额定电压要求。又如有些情况下为了避免在负载中流过过大电流，可根据需要与该负载串联一个限流电阻。

如果两个或更多个电阻的两端分别连接在两个公共的结点，即这些电阻处于同一个电压下，则这种连接方式称为并联。一般用符号“ // ”简记并联关系，如 $R_1 // R_2$ 表示电阻 R_1 与 R_2 并联。

如图 2.4 所示，n 个并联的电阻可用一个等效电阻 R 代替，等效电阻的倒数等于各个并联电阻的倒数之和，即

$$\frac{1}{R}=\frac{1}{R_1}+\frac{1}{R_2}+\cdots+\frac{1}{R_n} \tag{2.3}$$

并联后的等效电导为

$$G=G_1+G_2+\cdots+G_n \tag{2.4}$$

显然，并联后的等效电阻小于任一个并联的电阻。

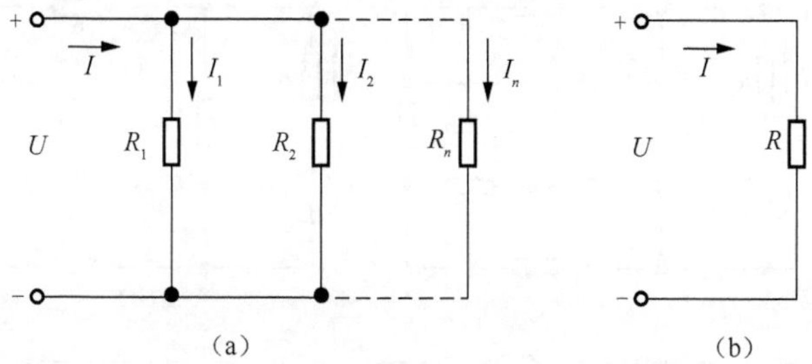

图 2.4　电阻并联及其等效电阻

并联的每个电阻中的电流与电阻的阻值成反比，与电阻的电导值成正比，如图 2.4（a）所示电路中电阻 $R_i\,(i=1,2,\cdots,n)$ 中的电流为

$$I_i=\frac{I}{R_i\left(\dfrac{1}{R_1}+\dfrac{1}{R_2}+\cdots+\dfrac{1}{R_n}\right)}=\frac{G_i}{G_1+G_2+\cdots+G_n}I \tag{2.5}$$

式（2.5）称为并联电阻的分流公式。

通常情况下负载都是并联使用的。由于不同的负载并联工作时处于同一电压下，因此，其中任何一个负载的工作情况基本不受其他负载的影响。

当电路中既有电阻的串联，又有电阻的并联，可称为电阻的混联。对于复杂的混联电路，有时通过串联、并联电阻的等效合并可使电路得以简化。

例 2.1　如图 2.5（a）所示电路，已知各电阻阻值及源电压 U_S，求电流 I。

解： 如图 2.5（a）所示电路中，电阻 R_1、R_3 并联；R_4、R_5 并联；R_8、R_9 并联，可分别用等效电阻 R_{13}、R_{45}、R_{89} 代替，因此得到如图 2.5（b）所示的等效电路。根据式（2.3）计算各等效电阻，可得

$$R_{13}=\frac{R_1R_3}{R_1+R_3},R_{45}=\frac{R_4R_5}{R_4+R_5},R_{89}=\frac{R_8R_9}{R_8+R_9}$$

如图 2.5（b）所示电路中，电阻 R_{89} 与 R_7 串联后与 R_6 并联，可用等效电阻 R_{6789} 代替，即

$$R_{6789}=R_6\,/\!/\,(R_7+R_{89})=\frac{R_6(R_7+R_{89})}{R_6+(R_7+R_{89})}$$

得到的等效电路如图 2.5（c）所示。

如图 2.5（c）所示电路中，电阻 R_{6789} 与 R_{45} 串联后与 R_{13} 并联，再与 R_2 串联，用等

效电阻 R_{eq} 代替，即

$$R_{eq}=R_2+[R_{13}\,/\!/\,(R_{6789}+R_{45})]=R_2+\frac{R_{13}(R_{6789}+R_{45})}{R_{13}+(R_{6789}+R_{45})}$$

得到的等效电路如图 2.5（d）所示。

如图 2.5（d）所示简化电路，可容易地计算出电流 I 为

$$I=\frac{U_S}{R_{eq}}$$

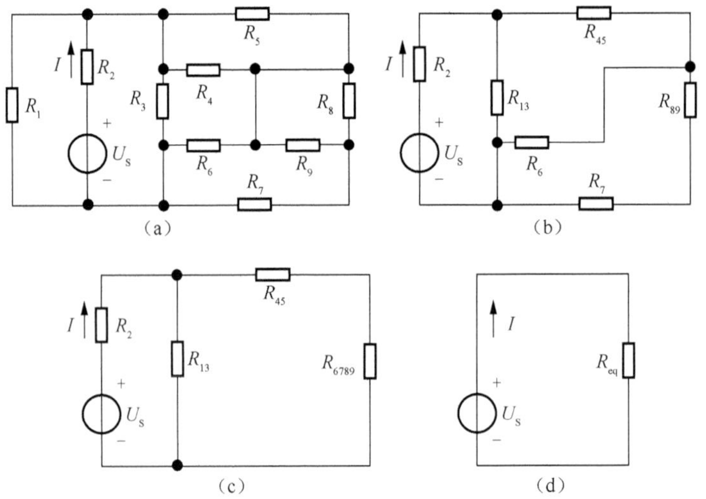

图 2.5　例 2.1 图

2.1.3　电阻星形联结与三角形联结的等效变换

在实际电路中，电阻元件还存在一些既非串联又非并联的连接方式，如图 2.6 所示的一种具有桥形结构的电路，不能用电阻的串、并联等效来直接化简计算。

如图 2.6 所示电路，R_1、R_2、R_6 三个电阻一端连接在一起，称这种连接方式为星形（Y形）联结；R_1、R_4、R_6 三个电阻首尾相连，构成一个闭合的三角形状，称这种连接方式为三角形（△形）联结。类似地，R_2、R_3、R_5 也构成Y形联结，而 R_2、R_5、R_6 也构成△形联结。电路中 R_1、R_2、R_5、R_4 四个电阻首尾相连，而中间由 R_6 像桥一样相互连接，称这种连接方式为桥式联结。星形联结、三角形联结及桥式联结是实际电路元件常见的连接方式。

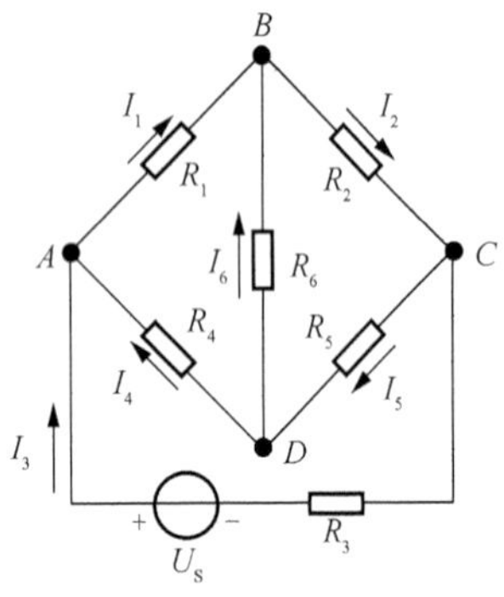

图 2.6　电桥结构的电路

如图 2.7（a）所示的Y形联结网络与如图 2.7（b）所示的△形联结网络都是通过三个端子与外部相连，当两种连接方式的电阻之间满足一定关系时，它们在端子 1、2、3 以外的伏安特性可以相同，则这两种网络可以相互代替，而不影响其他部分的电压与电流。也就是说，对外部电路而言，电阻

的Y形联结与△形联结在一定条件下可以相互等效变换。Y-△等效变换的条件是：两个网络的对应端子之间具有相同的电压 U_{12}、U_{23} 和 U_{31}，而流入对应端子的电流分别相等。

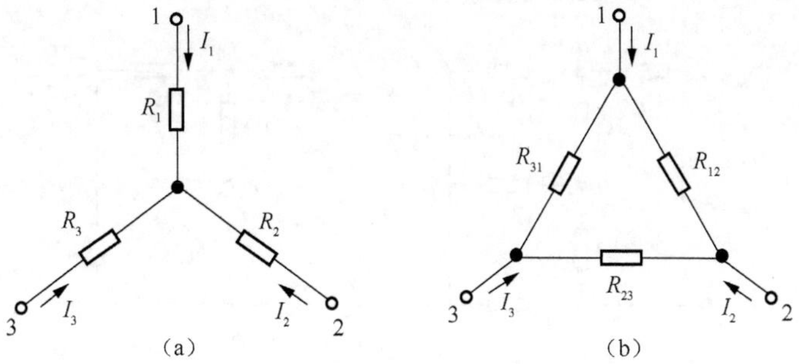

图 2.7　电阻的Y形-△形等效变换

Y形联结与△形联结的等效变换应用于电路分析中利于电路的简化。下面将结合如图 2.7 所示电路，根据Y-△等效变换的条件，直接给出等效变换的关系表达式。读者也可根据基尔霍夫定律及欧姆定律自行推导得出结论。

对外部电路而言，Y形联结电阻网络可由△形联结电阻网络等效代替，其等效变换公式为

$$\begin{cases} R_{12} = \dfrac{R_1R_2 + R_2R_3 + R_3R_1}{R_3} \\ R_{23} = \dfrac{R_1R_2 + R_2R_3 + R_3R_1}{R_1} \\ R_{31} = \dfrac{R_1R_2 + R_2R_3 + R_3R_1}{R_2} \end{cases} \tag{2.6}$$

即根据已知的Y形联结电阻网络，确定与其等效的△形联结电阻网络的简记关系式为

$$\triangle形电阻 = \frac{Y形电阻两两乘积之和}{Y形不相邻电阻}$$

对外部电路而言，△形联结电阻网络也可由Y形联结电阻网络等效代替，其等效变换公式为

$$\begin{cases} R_1 = \dfrac{R_{12}R_{31}}{R_{12}+R_{23}+R_{31}} \\ R_2 = \dfrac{R_{23}R_{12}}{R_{12}+R_{23}+R_{31}} \\ R_3 = \dfrac{R_{31}R_{23}}{R_{12}+R_{23}+R_{31}} \end{cases} \tag{2.7}$$

即根据已知的△形联结电阻网络，确定与其等效的Y形联结电阻网络的简记关系式为

$$\text{Y形电阻}=\frac{\text{△形相邻电阻的乘积}}{\text{△形电阻之和}}$$

例 2.2　求如图 2.8（a）所示二端网络的等效电阻。

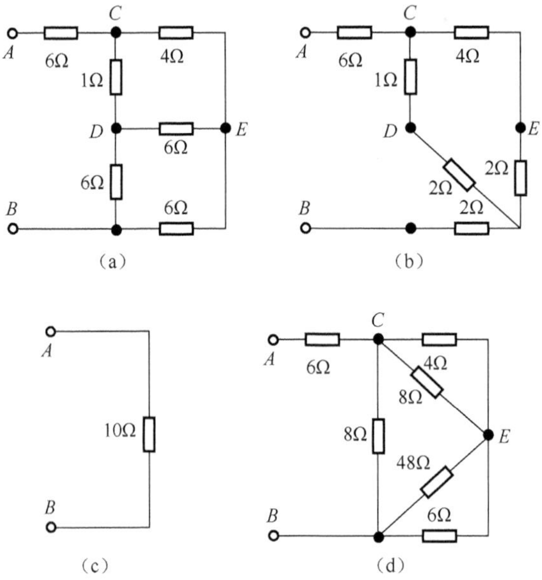

图 2.8　例 2.2 图

解：将图 2.8（a）中结点 B、D、E 之间的△形联结电阻用Y形联结电阻等效代替，根据式（2.7）计算等效变换后电阻，如图 2.8（b）所示。对图 2.8（b）即可用电阻的串、并联化简求出如图 2.8（c）所示最终的等效电阻：

$$R=6\Omega+[(4\Omega+2\Omega)\,/\!/\,(1\Omega+2\Omega)]+2\Omega=10\Omega$$

本题的另一种方法是将图 2.8（a）中结点 B、C、E 之间的以结点 D 为公共联结点的Y形联结电阻用△形联结电阻代替，如图 2.8（d）所示，进而再用电阻串、并联方法也可得出如图 2.8（c）所示最终的等效电阻：

$$R=6\Omega+\{8\Omega\,/\!/\,[(4\Omega\,/\!/\,8\Omega)+(6\Omega\,/\!/\,48\Omega)]\}=10\Omega$$

当然本题还存在其他Y形或△形联结的等效变换可求出等效电阻，解法不唯一，只是变换的难易程度不同。

2.1.4　电压源串联、电流源并联的等效变换

根据基尔霍夫电压定律，几个电压源串联可用一个电压源等效代替。等效电压源的源电压为各串联电压源源电压的代数和，其中各串联电压源源电压的极性和等效电压源源电压极性相同者取正，相反者取负；而等效电压源的内阻等于各串联电压源内电阻之和。

如图 2.9 所示，n 个串联的电压源，其等效电压源的源电压为

$$U_S = U_{S1} - U_{S2} + \cdots + U_{Sn} = \sum_{i=1}^{n} U_{Si} \tag{2.8}$$

式中，与 U_S 电压极性相同的 U_{Si} 前取“+”号，反之取“-”号。这个等效关系对内阻为零的理想电压源同样适用，即串联的理想电压源可以合并为一个理想电压源。

n 个串联的电压源，其等效电压源的内阻为

$$R = R_1 + R_2 + \cdots + R_n \tag{2.9}$$

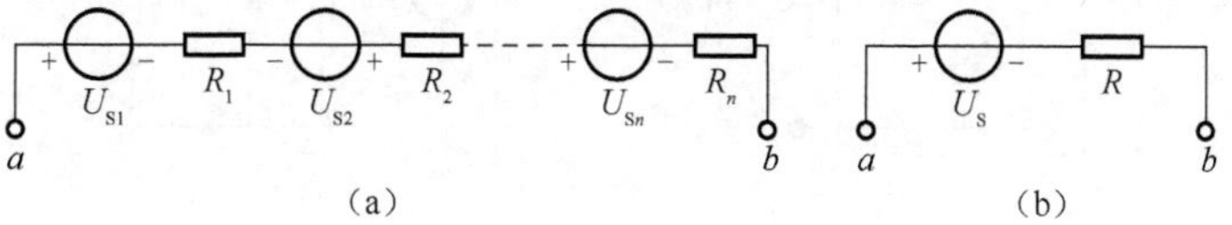

图 2.9　串联的电压源及其等效变换

根据基尔霍夫电流定律，几个电流源并联可用一个电流源等效代替。等效电流源的源电流等于各并联电流源源电流的代数和，即各并联电流源源电流的方向和等效电流源源电流方向相同者取正，相反者取负；而等效电流源的内阻等于各并联电流源内阻并联的等效电阻。

如图 2.10 所示，n 个并联的电流源，其等效电流源的源电流为

$$I_S = I_{S1} - I_{S2} + \cdots + I_{Sn} = \sum_{i=1}^{n} I_{Si} \tag{2.10}$$

式中，与 I_S 电流方向相同的 I_{Si} 前取“+”号，反之取“-”号。这个等效关系对没有内阻的理想电流源同样适用，即并联的理想电流源可以合并为一个理想电流源。

n 个并联的电流源，其等效电流源的内阻为

$$R = R_1 /\!/ R_2 /\!/ \cdots /\!/ R_n \tag{2.11}$$

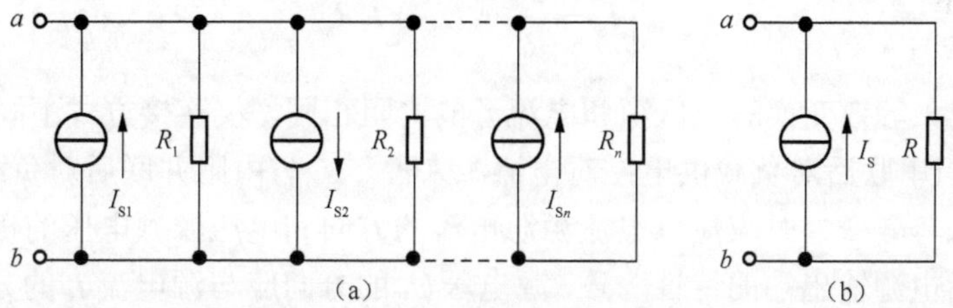

图 2.10　并联的电流源及其等效变换

应当注意：并联的理想电压源必须电压相等且极性一致，否则违背 KVL，不能并联；串联的理想电流源必须电流相等且方向一致，否则违背 KCL，不能串联。

2.1.5　电压源与电流源的等效变换

如果电压源的外特性［图 1.29（b）］和电流源的外特性［图 1.31（b）］是相同的，说明当用电压源和电流源分别对同一电路或负载供电时，两个电源输出的电流及端电压完全相同，则这两个电源作用是等效的，两者之间可以进行互换。

如图 2.11（a）和图 2.11（b）所示电路的虚线框中分别是电压源和电流源，它们分别对同一负载电阻 R_L 供电，两电路中负载 R_L 的两端电压 U 相同、电流 I 相同，因此对负载而言，电压源、电流源这两个二端网络具有相同的伏安特性，是等效的二端网络。

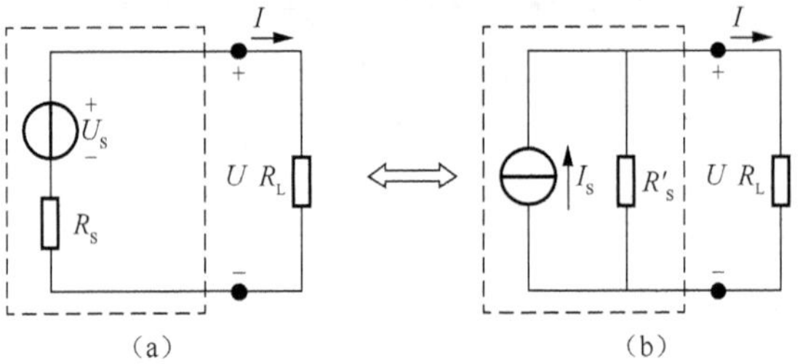

图 2.11　电压源和电流源的等效变换

对于图 2.11（a），应用基尔霍夫电压定律，有

$$U = U_S - IR_S \tag{2.12}$$

对于图 2.11（b），应用基尔霍夫电流定律，有

$$I = I_S - \frac{U}{R'_S} \tag{2.13}$$

如果令 $R_S = R'_S$，并且令电压源的短路电流 $\frac{U_S}{R_S} = I_S$，即等于电流源的源电流；或令电流源的开路电压 $I_S R'_S = U_S$，即等于电压源的源电压，则式（2.12）与式（2.13）完全相同。

因此，电压源和电流源等效变换的关系式为

$$\begin{cases} R_S = R'_S \\ I_S = \dfrac{U_S}{R_S} \text{或} U_S = I_S R'_S \end{cases} \tag{2.14}$$

可以看出，等效变换的电压源和电流源的内阻相同，仅连接方式不同。对电压源来说，U_S 与内阻串联后对负载供电；对电流源来说，I_S 与内阻并联后对负载供电。

进行电源等效变换时应注意电流源源电流的方向和电压源源电压的极性。为了保持等效变换前后电源输出端的特性一致，源电压 U_S 的方向应与源电流 I_S 的方向相反，即 I_S 的方向是从 U_S 的“−”端指向“+”端。

虽然电压源与电流源之间可以等效互换，但是这种等效关系只对外电路是成立的，对电源内部没有等效的关系。如图 2.11 所示，等效的电压源与电流源都开路时，$I = 0$，电压源内阻上不损耗功率；而电流源内部仍有电流，内阻上有功率损耗 $I_S^2 R'_S$，所以对电源内部没有等效的关系。

另外由式（2.14）不难发现：理想电压源和理想电流源本身之间没有等效关系。这是因为理想电压源的内阻等于零，其短路电流为无穷大；而理想电流源的内阻无穷大，其开路电压为无穷大，都不能得到有限的数值，所以两者之间不存在等效变换条件，不能进行等效变换。

例 2.3　如图 2.11（a）所示，电压源源电压 $U_S = 20V$，内阻 $R_S = 5\Omega$，负载电阻 $R_L = 15\Omega$。（1）试求与此电压源等效的电流源，计算负载电阻两端电压 U 和负载中电流 I；（2）计算两种等效电源内阻的功率损耗。

解：（1）与电压源等效的电流源电路如图 2.11（b）所示。

等效电流源的源电流为

$$I_S = \frac{U_S}{R_S} = \frac{20}{5} = 4A$$

等效电流源的内阻与电压源内阻数值相同，即 $R_S' = 5\Omega$。

如图 2.11（a）所示电压源电路，有

$$I = \frac{U_S}{R_S + R_L} = \frac{20}{5+15} = 1A$$

$$U = IR_L = 1 \times 15 = 15V$$

如图 2.11（b）所示电流源电路，有

$$I = \frac{R_S'}{R_S' + R_L} \cdot I_S = \frac{5}{5+15} \times 4 = 1A$$

$$U = IR_L = 1 \times 15 = 15V$$

由此可见，电压源和等效变换得到的电流源对外电路是等效的。

（2）电压源的内阻功率损耗为

$$\Delta P_S = I^2 R_S = 1^2 \times 5 = 5W$$

电流源的内阻功率损耗为

$$\Delta P_S' = \frac{U^2}{R_S'} = \frac{15^2}{5} = 45W$$

由此可见，电压源和等效变换得到的电流源在电源内部是不等效的。

2.2　电源等效变换法

电源等效变换法是利用电压源和电流源等效变换的方法分析电路。凡是恒压源与电阻串联的电路，都可以当作电压源；凡是恒流源与电阻并联的电路，都可以当作电流源。当电路中存在着多个电源时，可以根据电路结构特点，对适当的电压源、电流源进行相应的等效变换，并将串联的电压源合并、并联的电流源合并，使电路得以简化，有利于进一步分析计算。

使用电源等效变换的方法进行电路分析时，应注意待求支路不得参与变换。

另外，与理想电压源直接并联的元件或支路对外电路不起作用，可视作不存在；与理想电流源直接串联的元件对外电路也不起作用，亦可视作不存在。因此，在计算外电路时，可以将与理想电压源直接并联的元件或支路除去（断开），并不影响该并联部分电路两端的电压；也可将与理想电流源直接串联的元件除去（短接），并不影响该串联支路中的电流。但是要注意上述元件或支路在计算理想电源内部的物理量时不能除去。

例 2.4　电路如图 2.12（a）所示，利用电源等效变换方法求电流 I。

解： 首先，将电压源（12V,3Ω）转换为电流源（4A,3Ω），如图 2.12（b）所示。

然后，将图 2.12（b）中并联的两个电流源（4A,3Ω）和（6A,6Ω）合并为一个电流源（2A,2Ω），如图 2.12（c）所示。

最后，将图 2.12（c）中两个电流源（2A,2Ω）和（3A,4Ω）分别转换为电压源（4V,2Ω）和（12V,4Ω），如图 2.12（d）所示。

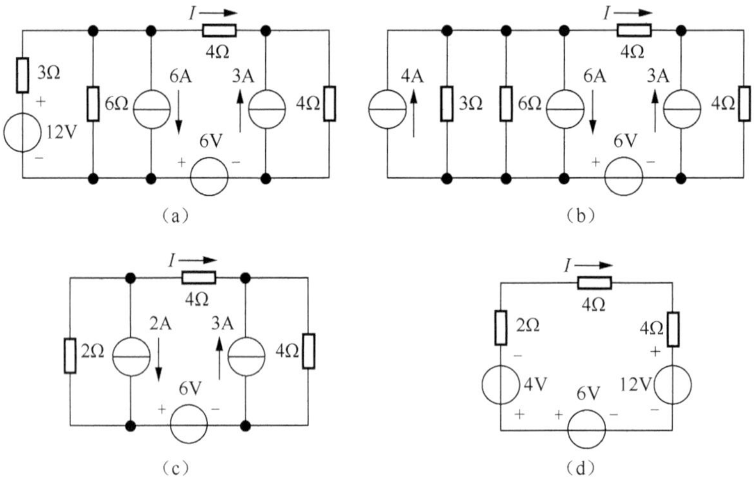

图 2.12　例 2.4 图

利用基尔霍夫定律及欧姆定律，由如图 2.12（d）所示化简后的电路可求出电流为

$$I=\frac{6-4-12}{2+4+4}=-1\text{A}$$

对于一个电路是由若干恒压源和电阻构成的单一回路，如图 2.12（d）所示，可推导出计算电流的表达式为

$$I=\frac{\sum U_{\text{S}}}{\sum R} \tag{2.15}$$

其中，与电流 I 参考方向相反的 U_{S} 前取“+”号，反之取“−”号。

例 2.5　如图 2.13（a）所示电路，已知 $U_{\text{S1}}=5\text{V}$，$U_{\text{S2}}=10\text{V}$，$I_{\text{S}}=2\text{A}$，$R_1=R_3=2\Omega$，$R_2=1\Omega$，$R_4=5\Omega$。（1）利用电源等效变换法求电流 I；（2）计算理想电流源 I_{S} 两端的电压 U_{IS} 和理想电压源 U_{S2} 中的电流 I_{US}，并判断它们在电路中是发出功率还是取用功率。

解：（1）对理想电流源 I_{S} 和理想电压源 U_{S2} 来说，待求电流所在的 R_2 支路是外电路。因此，与 I_{S} 直接串联的 R_1、U_{S1} 对其不起作用，与 U_{S2} 直接并联的 R_4 对其也不起作用，去掉这些元件得到简化的电路如图 2.13（b）所示。

将图 2.13（b）中的电压源（U_{S2}, R_3）等效变换成电流源（I_{S2}, R_3），得到如图 2.13（c）所示电路，其中

$$I_{\text{S2}}=\frac{U_{\text{S2}}}{R_3}=\frac{10}{2}=5\text{A}$$

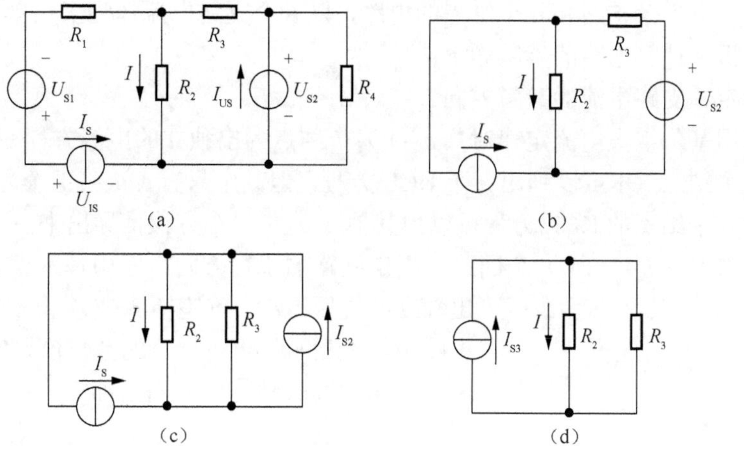

图 2.13　例 2.5 图

进一步，合并 I_S 和 I_{S2} 这两个并联的理想电流源，得到如图 2.13（d）所示电路，其中

$$I_{S3} = I_{S2} - I_S = 5 - 2 = 3\text{A}$$

利用并联电阻的分流公式，可求得电阻 R_2 上的电流为

$$I = I_{S3} \cdot \frac{R_3}{R_2 + R_3} = 3 \times \frac{2}{1+2} = 2\text{A}$$

（2）需要注意的是，求理想电流源 I_S 两端电压和理想电压源 U_{S2} 中电流时，与 I_S 直接串联的 R_1、U_{S1} 及与 U_{S2} 直接并联的 R_4 不能去除，因此不能用如图 2.13（b）所示简化的电路。

如图 2.13（a）所示电路，对左侧 U_{S1} — R_1 — R_2 — I_S 回路应用基尔霍夫电压定律，即可求得理想电流源 I_S 两端的电压为

$$U_{IS} = U_{S1} - I_S R_1 + IR_2 = 5 - 2 \times 2 + 2 \times 1 = 3\text{V}$$

如图 2.13（a）所示电路，对 U_{S2} 下端结点应用基尔霍夫电流定律，即可求得理想电压源 U_{S2} 中的电流为

$$I_{US} = I + I_S + \frac{U_{S2}}{R_4} = 2 + 2 + \frac{10}{5} = 6\text{A}$$

根据理想电流源 I_S 和理想电压源 U_{S2} 的实际两端电压极性和实际电流方向，可判断出 U_{S2} 发出功率，为电源；而 I_S 取用功率，在电路中起负载的作用。

2.3　支路电流法

支路电流法（branch current analysis）是分析电路的最基本的方法。该方法是以电路中的支路电流作为未知量，应用基尔霍夫电流定律和电压定律分别对电路的结点和回路列出独立的结点电流方程和回路电压方程，由此求解出各未知支路电流。所谓独立方程就是后写的方程不能由先列出的方程所导出，也就是新方程要有新的未知量。

对一个具有 b 条支路和 n 个结点的电路，以 b 个支路电流作为未知量，则用支路电流法进行分析、计算电路的步骤如下：

（1）设定各支路电流的参考方向。

（2）应用基尔霍夫电流定律对（$n-1$）个结点列出独立的电流方程。

对于 n 个结点，本可以列出 n 个 KCL 方程，但其中只有（$n-1$）个方程是独立的，这是因为第 n 个结点的 KCL 方程可以由其他（$n-1$）个方程推导出来。

然后，选取（$b-n+1$）个回路，指定回路的绕行方向，应用基尔霍夫电压定律列出独立的电压方程。在有 b 条支路和 n 个结点的平面电路中，单孔回路（即网孔）的数目恰好等于 $b-n+1$，因此，通常选取网孔作为列出独立 KVL 方程的回路。

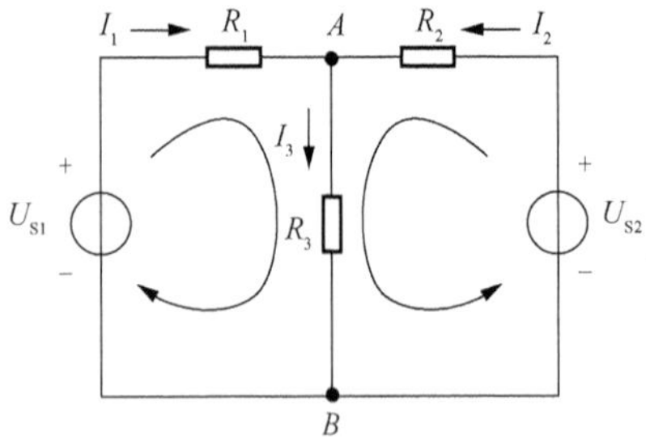

图 2.14　支路电流法

最后，联立上述 b 个独立方程，求解该方程组，即可得到各个支路电流。

如图 2.14 所示电路，支路数 $b=3$，结点数 $n=2$，设定三个未知支路电流 I_1、I_2、I_3 参考方向如图 2.14 所示。

由于电路具有两个结点，应用 KCL 只能列出 $n-1=1$ 个独立的结点电流方程。

对结点 A 列出的电流方程为

$$I_1+I_2-I_3=0$$

电路中有两个网孔，按照图 2.14 中所示的绕行方向，应用 KVL 可列出 2 个独立的回路电压方程。

对左网孔列出的电压方程为

$$I_1R_1+I_3R_3=U_{S1}$$

对右网孔列出的电压方程为

$$I_2R_2+I_3R_3=U_{S2}$$

联立求解上述三个方程，即可得出三个支路电流。

例 2.6　电路如图 2.15 所示，已知 $U_S=11V$, $I_S=1A$, $R_1=1\Omega$, $R_2=2\Omega$, $R_3=3\Omega$，试用支路电流法求各支路电流。

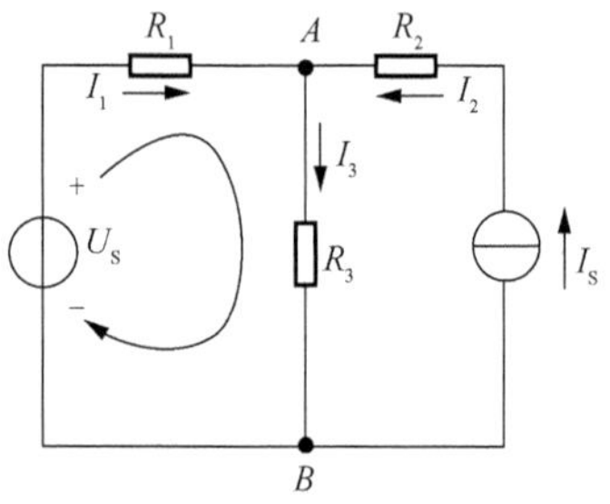

图 2.15　例 2.6 图

解：各支路电流的参考方向及选取的回路绕行方向如图 2.15 所示。因为理想电流源支路的电流为已知，即 $I_2=I_S=1A$，故只需列出 2 个独立方程来求解其他支路电流。由于理想电流源两端电压未知，故不能选取包含有理想电流源支路的回路列电压方程。因此，选取结点 A 列 KCL 方程，选取左网孔列 KVL 方程，可得

$$\begin{cases} I_1+I_S=I_3 \\ I_1R_1+I_3R_3-U_S=0 \end{cases}$$

代入已知数据，即可解得 $I_1 = 2\text{A}$, $I_3 = 3\text{A}$ 。

例 2.7　如图 2.16 所示桥式电路，已知各电阻的阻值及理想电压源的源电压，试用支路电流法求各支路电流。

解：此电路的支路数 $b = 6$ ，结点数 $n = 4$ 。各支路电流的参考方向如图 2.16 所示，选取三个网孔顺时针的回路绕行方向，因此，应用基尔霍夫定律可列出以下六个方程：

结点 A：$I_3 + I_4 = I_1$

结点 B：$I_1 + I_6 = I_2$

结点 C：$I_2 = I_3 + I_5$

网孔 $ABDA$：$I_1R_1 - I_6R_6 - U_{S2} + I_4R_4 = 0$

网孔 $BCDB$：$I_2R_2 + I_5R_5 + I_6R_6 = 0$

网孔 $ADCA$：$-I_4R_4 + U_{S2} - I_5R_5 + I_3R_3 - U_{S1} = 0$

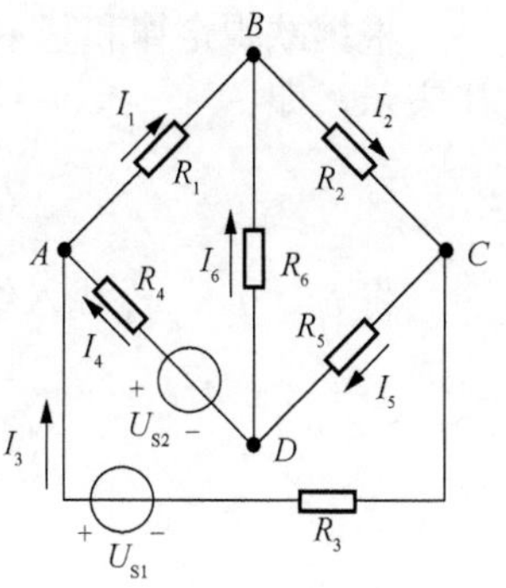

图 2.16　例 2.7 图

联立上述方程，求解可得各支路电流。

由此题可见，当电路的支路数较多时，求解支路电流所需方程的个数较多，计算过程较为繁复。若只求其中一条支路的电流时，用支路电流法计算很不方便。

2.4　结点电压法

在电路中任意选择某一结点作为参考结点（设其电位为零），其他结点与此参考结点之间的电压（即各结点相对于参考结点的电位）称为结点电压。结点电压法（node voltage analysis）以结点电压为未知量，根据基尔霍夫电流定律和支路伏安特性建立结点电压的方程，解出结点电压后再求支路电流。对于支路数较多而结点数较少的电路，结点电压法比支路电流法计算简便，需要求解的方程个数少。

2.4.1　双结点电路

如图 2.17 所示电路只有两个结点，而支路较多，先求出 A 和 B 两点之间的结点电压 U_{AB} ，再求支路电流。

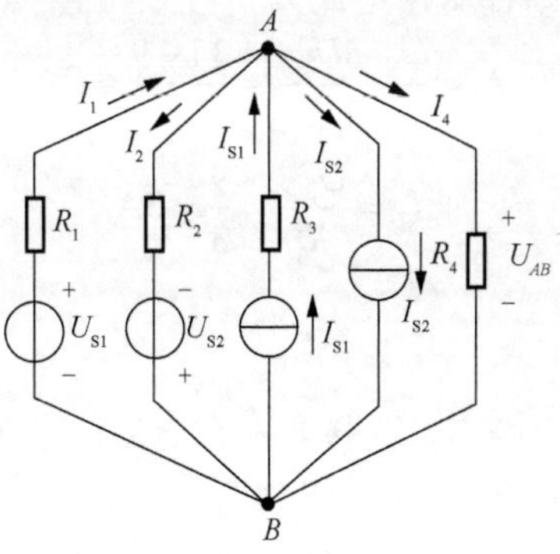

图 2.17　只有两个结点的复杂电路

如图 2.17 所示，对结点 A 应用基尔霍夫电流定律，有

$$I_1 - I_2 + I_{S1} - I_{S2} - I_4 = 0$$

根据欧姆定律和基尔霍夫电压定律，将除恒流源源电流之外的各支路电流用结点电压表示，即

$$I_1 = \frac{U_{S1} - U_{AB}}{R_1}, I_2 = \frac{U_{S2} + U_{AB}}{R_2}, I_4 = \frac{U_{AB}}{R_4}$$

将 I_1、I_2、I_4 代入结点 A 的 KCL 方程并整理，可以得出

$$U_{AB} = \frac{\dfrac{U_{S1}}{R_1} - \dfrac{U_{S2}}{R_2} + I_{S1} - I_{S2}}{\dfrac{1}{R_1} + \dfrac{1}{R_2} + \dfrac{1}{R_4}} = \frac{\sum \dfrac{U_S}{R} + \sum I_S}{\sum \dfrac{1}{R}} \tag{2.16}$$

也可以利用电源等效变换的方法，即将图 2.17 中电压源等效变换成电流源，然后将并联的电流源合并，进而求得式（2.16）表示的双结点电路的结点电压 U_{AB} 计算公式。

在式（2.16）中，分母为各支路等效电阻的倒数之和，各项总为正，注意这里不包括与理想电流源直接串联的电阻；分子为各支路短路电流的代数和，其中，电压源源电压的极性与结点电压的极性相同时取正号，否则取负号；电流源源电流的方向与结点电压的方向相反时取正号，否则取负号。如 U_{S1} 与 U_{AB} 皆上"+"下"−"，极性相同，取正号，而 U_{S2} 与 U_{AB} 极性相反取负号；I_{S1} 方向由 B 流向 A，与 U_{AB} 方向相反，取正号，而 I_{S2} 与 U_{AB} 方向相同，取负号。

例 2.8　电路同例 2.6，试用结点电压法计算各支路电流。

解：恒流源支路的电流为已知，即 $I_2 = I_S = 1\text{A}$。设结点电压 U_{AB} 如图 2.18 所示。

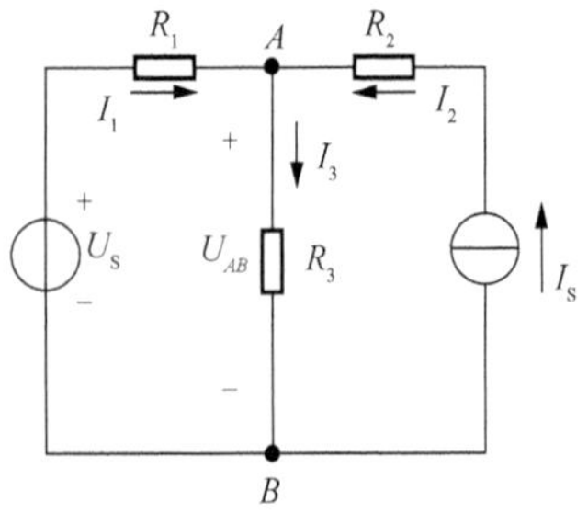

图 2.18　例 2.8 图

如图 2.18 所示电路中，利用式（2.16）直接计算结点电压 U_{AB}，即

$$U_{AB} = \frac{\dfrac{U_S}{R_1} + I_S}{\dfrac{1}{R_1} + \dfrac{1}{R_3}} = \frac{\dfrac{11}{1} + 1}{\dfrac{1}{1} + \dfrac{1}{3}} = 9\text{V}$$

则各支路电流为

$$I_1 = \frac{U_S - U_{AB}}{R_1} = \frac{11 - 9}{1} = 2\text{A}$$

$$I_3 = \frac{U_{AB}}{R_3} = \frac{9}{3} = 3\text{A}$$

2.4.2　多结点电路

对于多结点电路，如 n 个结点，选择参考结点后，建立（$n-1$）个结点电压的方程，解出结点电压后再求各支路电流。

如图 2.19 所示电路，选择结点 D 为参考结点，结点 A、B、C 的结点电压分别用 U_{n1}、U_{n2}、U_{n3} 表示。对结点 A、B、C 分别应用基尔霍夫电流定律，得到的结点电流方程为

$$\begin{cases}I_1+I_{S2}-I_3-I_5=0\\I_3-I_2-I_4=0\\I_4+I_5+I_{S1}-I_{S2}=0\end{cases}$$

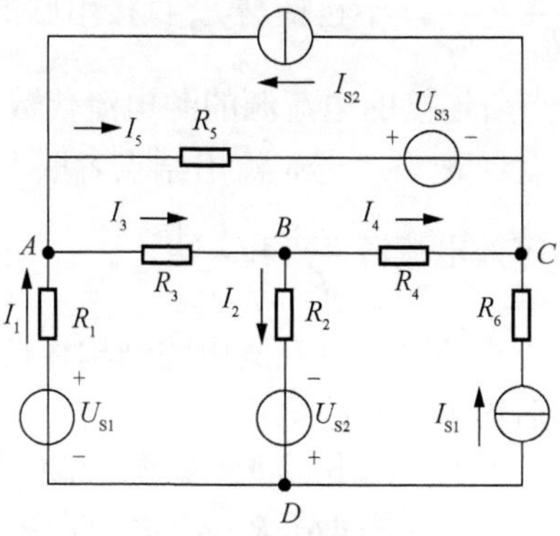

图 2.19　结点电压法

除理想电流源支路外，将其他的支路电流用有关的结点电压表示，即

$$I_1=\frac{U_{S1}-U_{n1}}{R_1},I_2=\frac{U_{n2}+U_{S2}}{R_2},I_3=\frac{U_{n1}-U_{n2}}{R_3}$$

$$I_4=\frac{U_{n2}-U_{n3}}{R_4},I_5=\frac{U_{n1}-U_{n3}-U_{S3}}{R_5}$$

将各支路电流表达式代入上述 KCL 结点电流方程，经过整理，可以得到如下以结点电压为未知量的方程：

$$\begin{cases}\left(\frac{1}{R_1}+\frac{1}{R_3}+\frac{1}{R_5}\right)U_{n1}-\frac{1}{R_3}U_{n2}-\frac{1}{R_5}U_{n3}=\frac{U_{S1}}{R_1}+\frac{U_{S3}}{R_5}+I_{S2}\\-\frac{1}{R_3}U_{n1}+\left(\frac{1}{R_2}+\frac{1}{R_3}+\frac{1}{R_4}\right)U_{n2}-\frac{1}{R_4}U_{n3}=-\frac{U_{S2}}{R_2}\\-\frac{1}{R_5}U_{n1}-\frac{1}{R_4}U_{n2}+\left(\frac{1}{R_4}+\frac{1}{R_5}\right)U_{n3}=I_{S1}-I_{S2}-\frac{U_{S3}}{R_5}\end{cases}$$

此方程可简写为

$$\begin{cases}G_{11}U_{n1}+G_{12}U_{n2}+G_{13}U_{n3}=I_{Sn1}\ （结点A）\\G_{21}U_{n1}+G_{22}U_{n2}+G_{23}U_{n3}=I_{Sn2}\ （结点B）\\G_{31}U_{n1}+G_{32}U_{n2}+G_{33}U_{n3}=I_{Sn3}\ （结点C）\end{cases}\qquad(2.17)$$

式中，G_{11}、G_{22}、G_{33} 称为各结点的自导（self conductance），自导总是正的，等于与该结点相连的所有支路电导的总和。如结点 A 的自导为

$$G_{11}=G_1+G_3+G_5=\frac{1}{R_1}+\frac{1}{R_3}+\frac{1}{R_5}$$

$G_{12}=G_{21}$、$G_{13}=G_{31}$、$G_{23}=G_{32}$ 称为结点间的互导（mutual conductance），互导总是负的，等于连接两结点之间的共有支路电导之和的负值。如结点 A 和结点 B 之间的互导为

$$G_{12}=G_{21}=-G_3=-\frac{1}{R_3}$$

需要特别注意的是，自导与互导中都不包括与理想电流源直接串联的电导。如结点 C 的自导为 $G_{33}=G_4+G_5=\frac{1}{R_4}+\frac{1}{R_5}$，不包括与 I_{S1} 直接串联的 $G_6=\frac{1}{R_6}$。

I_{Sn1}、I_{Sn2}、I_{Sn3} 为各结点所连接的电流源的源电流代数和，其中包括电压源经等效变换形成的电流源，流入结点者取“+”号，流出结点者取“−”号。如结点 A 除了有 I_{S2} 流入外，还有电压源形成的等效电流源 $\frac{U_{S1}}{R_1}$ 和 $\frac{U_{S3}}{R_5}$。

用结点电压法分析多结点电路时，可观察电路结构直接写出式（2.17）形式的结点电压方程，求解出结点电压后再求各支路电流。

例 2.9　如图 2.20 所示电路，已知 $U_S=21V$，$I_S=4A$，$R_1=R_2=2\Omega$，$R_3=3\Omega$，$R_4=6\Omega$。试用结点电压法求各支路电流。

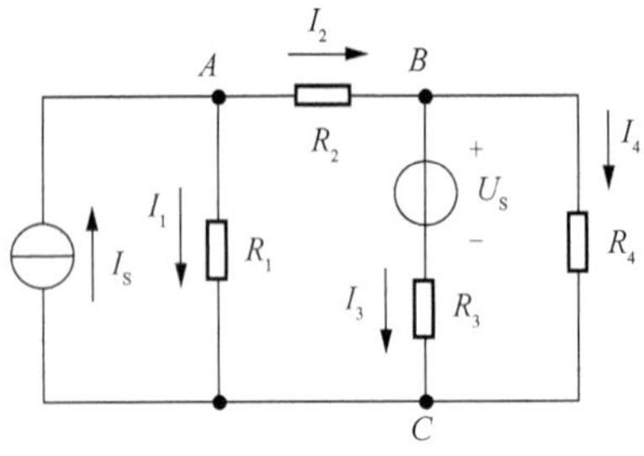

图 2.20　例 2.9 图

解： 以结点 C 为参考结点，设结点 A 和 B 的结点电压分别为 U_A 和 U_B，则根据式（2.17）可得结点电压方程为

$$\begin{cases}\left(\frac{1}{R_1}+\frac{1}{R_2}\right)U_A-\frac{1}{R_2}U_B=I_S\\ -\frac{1}{R_2}U_A+\left(\frac{1}{R_2}+\frac{1}{R_3}+\frac{1}{R_4}\right)U_B=\frac{U_S}{R_3}\end{cases}$$

代入数据计算可得结点电压为

$$U_A=10V,U_B=12V$$

除恒流源支路电流为已知外，其他各支路电流为

$$I_1=\frac{U_A}{R_1}=\frac{10}{2}=5A,I_2=\frac{U_A-U_B}{R_2}=\frac{10-12}{2}=-1A$$

$$I_3=\frac{U_B-U_S}{R_3}=\frac{12-21}{3}=-3A,I_4=\frac{U_B}{R_4}=\frac{12}{6}=2A$$

如果电路中存在理想电压源支路，即没有电阻与之串联，通常增设理想电压源中的电流作为附加未知量，然后仍然按结点列方程，最后增加结点电压与理想电压源电压之间的约束关系，使方程数与未知量数相等。如果电路中理想电压源支路只有一条，可选择理想电压源的一端作为参考结点，则其另一端的结点电压就是已知的。

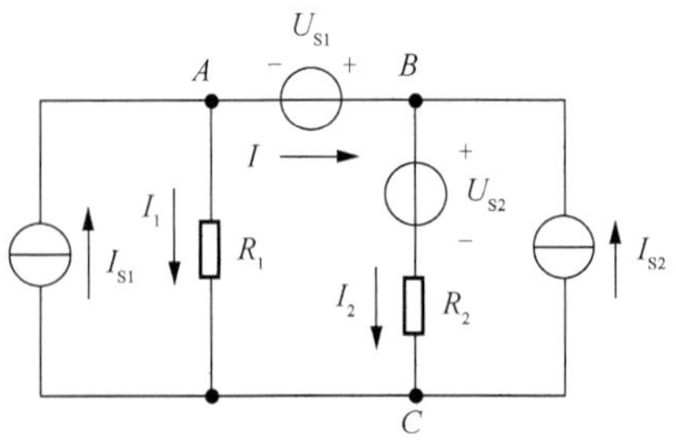

图 2.21　例 2.10 图

例 2.10　如图 2.21 所示电路，已知 $U_{S1}=4V$，$U_{S2}=6V$，$I_{S1}=5A$，$I_{S2}=3A$，$R_1=1\Omega$，$R_2=2\Omega$。试用

结点电压法求支路电流 I_1 和 I_2。

解：此电路中理想电压源 U_{S1} 作为一条支路连接于 A 和 B 两个结点之间。

方法一　以结点 C 为参考结点，结点 A 和 B 的结点电压分别为 U_A 和 U_B，并设理想电压源中的电流为 I，则根据式（2.17）可得结点电压方程为

$$\begin{cases}\dfrac{1}{R_1}U_A = I_{S1} - I \\ \dfrac{1}{R_2}U_B = \dfrac{U_{S2}}{R_2} + I_{S2} + I\end{cases}$$

增加一个结点电压和电压源电压之间的约束关系，即

$$U_B - U_A = U_{S1}$$

代入数据计算可得

$$U_A = 6\text{V}, U_B = 10\text{V}, I = -1\text{A}$$

利用结点电压求出的各支路电流为

$$I_1 = \frac{U_A}{R_1} = 6\text{ A}, I_2 = \frac{U_B - U_{S2}}{R_2} = 2\text{ A}$$

方法二　选取理想电压源的一端如结点 A 为参考结点，结点 B 和 C 的结点电压分别为 U_B 和 U_C，则 $U_B = U_{S1} = 4\text{V}$，而结点 C 的结点电压方程为

$$\left(\frac{1}{R_1} + \frac{1}{R_2}\right)U_C - \frac{1}{R_2}U_B = -\frac{U_{S2}}{R_2} - I_{S1} - I_{S2}$$

解得

$$U_C = -6\text{V}$$

由结点电压求出各支路电流为

$$I_1 = -\frac{U_C}{R_1} = 6\text{A}, I_2 = \frac{U_B - U_C - U_{S2}}{R_2} = 2\text{A}$$

2.5　叠 加 原 理

叠加原理（superposition principle）是线性电路的重要性质之一，也是分析线性电路的普遍原理。

在多个电源同时作用的线性电路中，任何一条支路的电流或电压都是各个电源单独作用时在该支路中所产生的电流或电压的代数和，这就是叠加原理的内容。

所谓电源单独作用，是指一次计算的电路中只保留一个电源，将其他电源做零值处理，即将理想电压源做短路处理，其源电压为零；将理想电流源做开路处理，其源电流为零，但所有电源的内阻应保留不变。

用叠加原理求解多个电源作用的电路时，首先将电路分解成每个电源单独作用的电路，并在每个电路中标注待求解的电流或电压分量的参考方向，然后在每个电路中求出相应的电流或电压分量，最后将各电流或电压分量进行叠加。

现以一个简单电路来进一步说明叠加原理。如图 2.22（a）所示电路，其中每个支

路电流都是由U_S和I_S共同作用产生的。图 2.22（b）是电源U_S单独作用的电路，在各支路产生的电流分别为I_1'、I_2'和I_3'，此时电源I_S做零值处理。图 2.22（c）是电源I_S单独作用的电路，在各支路产生的电流分别为I_1''、I_2''和I_3''，此时电源U_S做零值处理。

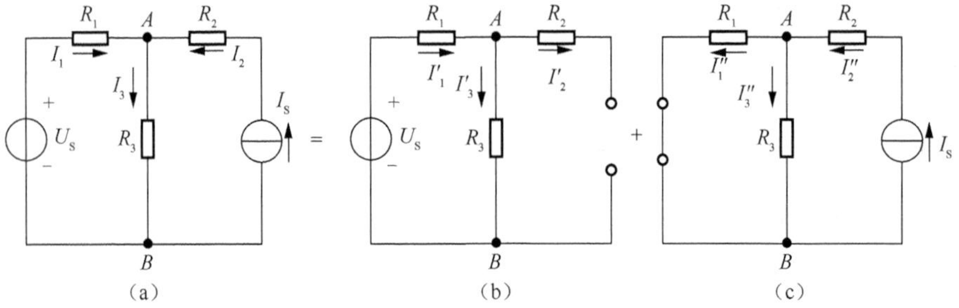

图 2.22　叠加原理

在叠加时，由U_S和I_S共同作用产生的支路电流待求量（总量）为两部分分量的代数和，这便是叠加原理的含义。将各分量叠加时，分量的参考方向与总量的参考方向一致时取正号；否则取负号。因此，在图 2.22 中，有

$$\begin{cases} I_1 = I_1' - I_1'' \\ I_2 = -I_2' + I_2'' \\ I_3 = I_3' + I_3'' \end{cases} \tag{2.18}$$

例 2.11　电路如图 2.23（a）所示，已知$U_S = 24V$，$I_S = 8A$，$R_1 = 2\Omega$，$R_2 = 6\Omega$，$R_3 = 12\Omega$。用叠加原理计算各支路电流，并求电阻R_1所消耗的功率。

解：利用叠加原理将图 2.23（a）分解为图 2.23（b）和图 2.23（c），则

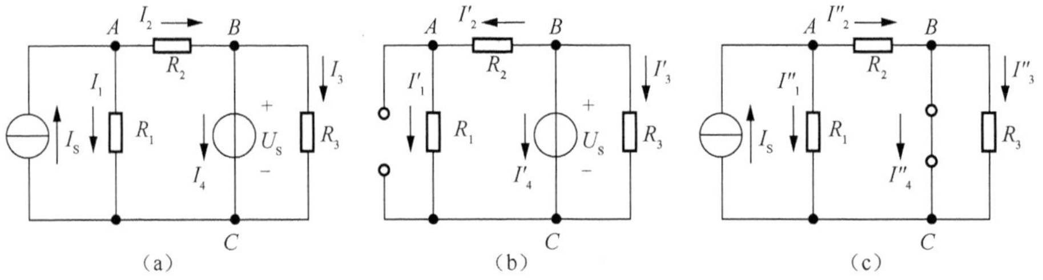

图 2.23　例 2.11 图

U_S单独作用时，电路如图 2.23（b）所示，可求出

$$I_1' = I_2' = \frac{U_S}{R_1 + R_2} = 3A\ ,\ I_3' = \frac{U_S}{R_3} = 2A\ ,\ I_4' = -I_3' - I_2' = -5A$$

I_S单独作用时，电路如图 2.23（c）所示，利用并联电阻分流公式可求出

$$I_1'' = \frac{I_S \cdot G_1}{G_1 + G_2} = 6A\ ,\ I_2'' = I_4'' = \frac{I_S \cdot G_2}{G_1 + G_2} = 2A\ ,\ I_3'' = 0$$

U_S、I_S共同作用时，根据叠加原理，有

$$\begin{cases} I_1 = I_1' + I_1'' = 9\text{A} \\ I_2 = -I_2' + I_2'' = -1\text{A} \\ I_3 = I_3' + I_3'' = 2\text{A} \\ I_4 = I_4' + I_4'' = -3\text{A} \end{cases}$$

电阻 R_1 所消耗的功率为

$$P_{R1} = I_1^2 R_1 = 162\text{W}$$

应注意叠加原理只适用于线性电路，且只适于电压和电流的计算，在计算功率时不能应用叠加原理。显然

$$P_{R1} = I_1^2 R_1 = (I_1' + I_1'')^2 R_1 \neq I_1'^2 R_1 + I_1''^2 R_1$$

这是因为电流与功率之间不是线性关系。

例 2.12　电路同例 2.10，用叠加原理计算电阻 R_1 中的电流 I_1。

解： 应用叠加原理时，并不一定要每次一个电源单独作用，而是根据电路结构，可以采取“电源分组作用”来求解电路。

如图 2.24（a）所示电路，可以将此电路分解成如图 2.24（b）所示的两个恒压源同时作用电路和如图 2.24（c）所示的两个恒流源同时作用电路，从而简化解题过程。

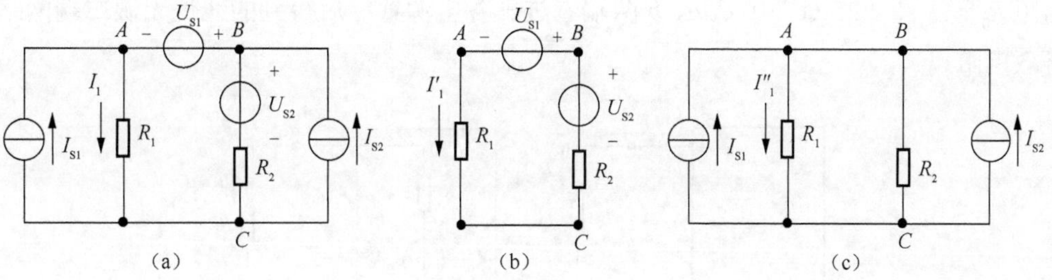

图 2.24　例 2.12 图

由图 2.24（b）求得

$$I_1' = \frac{U_{S2} - U_{S1}}{R_1 + R_2} = \frac{2}{3}\text{A}$$

由图 2.24（c）求得

$$I_1'' = \frac{(I_{S1} + I_{S2})G_1}{G_1 + G_2} = \frac{16}{3}\text{A}$$

根据叠加原理，有

$$I_1 = I_1' + I_1'' = 6\text{A}$$

2.6　等效电源定理

前面已介绍了二端网络的概念，通常情况下，一个无源二端网络可以等效为一个电阻；而一个线性有源二端网络在其端口处保持输出电压和输出电流不变即伏安特性等效

的前提下，可以等效为电源，这就是等效电源定理。

由于电源可以用两种不同的电路模型表示，故线性有源二端网络可以等效成一个电压源，也可以等效成一个电流源，相应地等效电源定理有戴维宁定理（Thévenin's theorem）和诺顿定理（Norton's theorem），它们是对线性有源二端网络进行化简的重要定理。如果只需要计算复杂电路中某一元件或支路的电流或电压时，应用等效电源定理将待求的元件或支路以外的线性有源二端网络等效成一个电源，可以使复杂电路的分析计算简化。

2.6.1　戴维宁定理

任何一个线性有源二端网络，对其外部电路来说，都可以用一个等效电压源代替。等效电压源的源电压等于有源二端网络的开路电压（open-circuit voltage）；等效电压源的内阻等于有源二端网络中所有电源作用等于零（理想电压源短接，其源电压为零；理想电流源开路，其源电流为零）后所得无源二端网络的等效电阻。这就是戴维宁定理。

戴维宁定理可用如图 2.25 所示电路来说明：图 2.25（a）中的线性有源二端网络可以用图 2.25（b）中的等效电压源代替，其中，源电压 U_{oc} 等于图 2.25（c）中有源二端网络两个出线端 a、b 之间的开路电压，即将负载电阻 R_L 断开后 a、b 两端之间的电压；内阻 R_0 等于图 2.25（d）中从 a、b 两端看进去各电源置零后得到的线性无源二端网络的等效电阻。

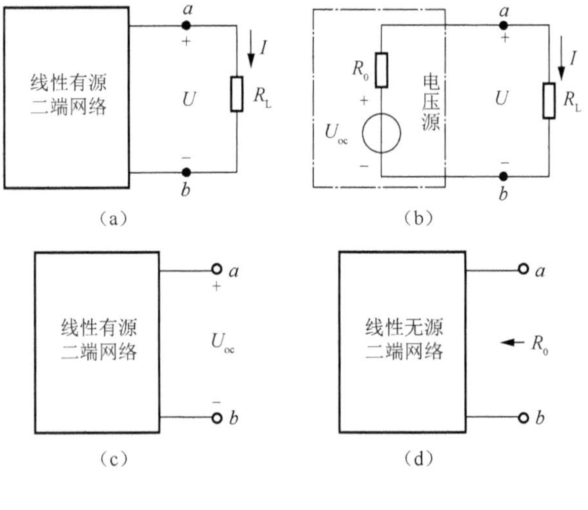

图 2.25　戴维宁定理

用戴维宁定理求解电路时，首先将待求支路从电路中移除，余下的部分是一个有源二端网络，将其等效成电压源，然后将待求支路与此等效电压源连接起来，计算待求支路的电流或电压。如图 2.25（a）所示电路中待求支路 R_L 的电流及电压可由如图 2.25（b）所示电路计算，即

$$I = \frac{U_{oc}}{R_0 + R_L}, \quad U = \frac{U_{oc} \cdot R_L}{R_0 + R_L} \tag{2.19}$$

例 2.13　电路同例 2.6，用戴维宁定理计算电流 I_3。

解：将如图 2.26（a）所示的电路移除待求的 R_3 支路，得到如图 2.26（b）所示的线性有源二端网络，应用戴维宁定理将其等效成电压源，等效电压源的源电压即 A、B 间的开路电压 U_{oc}：

$$U_{oc} = I_S R_1 + U_S = 1 \times 1 + 11 = 12\text{V}$$

将如图 2.26（b）所示的有源二端网络中所有电源做零值处理，得到如图 2.26（c）所示的线性无源二端网络，可求出等效电压源的内阻，即从 A、B 两端看进去的无源二端网络的等效电阻 R_0：

$$R_0 = R_1 = 1\Omega$$

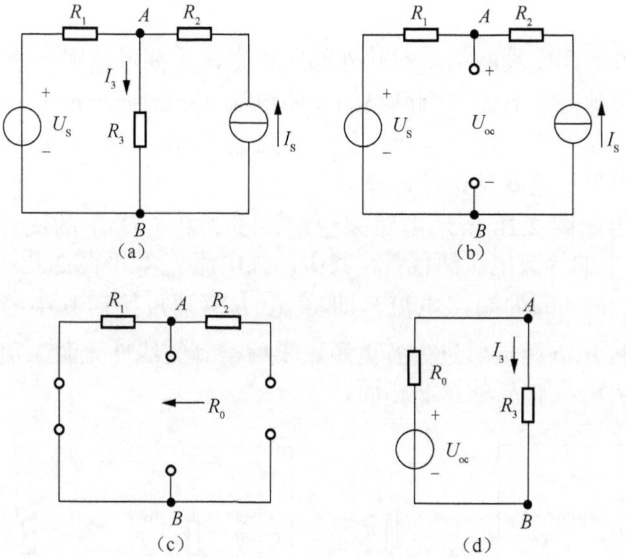

图 2.26　例 2.13 图

由如图 2.26（d）所示的等效电路，可求得

$$I_3 = \frac{U_{oc}}{R_0 + R_3} = \frac{12}{1+3} = 3\text{A}$$

例 2.14　电路同例 2.10，用戴维宁定理计算电阻 R_1 中的电流 I_1。

解：将如图 2.27（a）所示的电路移除待求的 R_1 支路，得到如图 2.27（b）所示的线性有源二端网络。等效电压源的源电压即 A、C 间的开路电压 U_{oc}：

$$U_{oc} = -U_{S1} + U_{S2} + (I_{S1} + I_{S2})R_2 = 18\text{V}$$

等效电压源的内阻即从 A、C 两端看进去的无源二端网络的等效电阻 R_0：

$$R_0 = R_2 = 2\Omega$$

由如图 2.27（c）所示的等效电路，可求得

$$I_1 = \frac{U_{oc}}{R_0 + R_1} = 6A$$

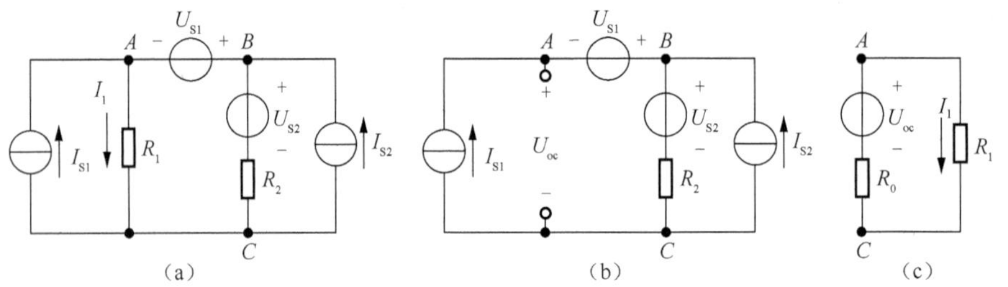

图 2.27　例 2.14 图

2.6.2　诺顿定理

任何一个线性有源二端网络，对其外部电路来说，都可以用一个等效电流源代替。等效电流源的源电流等于有源二端网络的短路电流（short-circuit current），等效电流源的内阻等于有源二端网络中所有电源不作用（源电压短路、源电流开路）时得到的无源二端网络的等效电阻。这就是诺顿定理。

诺顿定理可用如图 2.28 所示电路来说明：图 2.28（a）中的线性有源二端网络可以用图 2.28（b）中的等效电流源代替，其中，源电流 I_{sc} 等于图 2.28（c）中有源二端网络两个出线端 a、b 之间的短路电流，即将 a、b 两端短接后其中的电流；内阻 R_0 等于图 2.28（d）中从 a、b 两端看进去各电源置零后得到的线性无源二端网络的等效电阻。诺顿定理和戴维宁定理中 R_0 的求法相同。

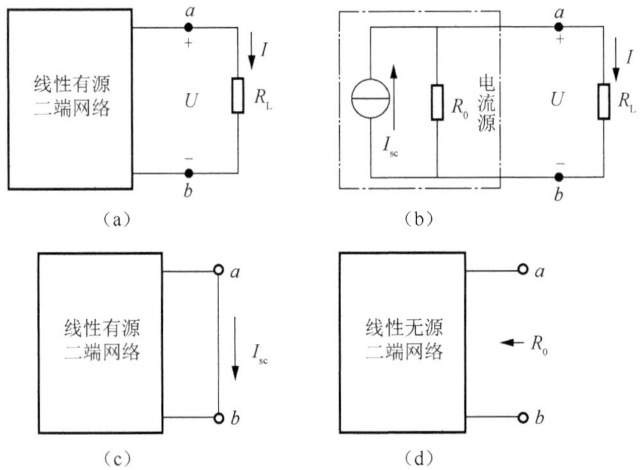

图 2.28　诺顿定理

例 2.15　电路同例 2.6，用诺顿定理计算电流 I_3。

解：将如图 2.29（a）所示的电路移除待求的 R_3 支路，得到线性有源二端网络，应

用诺顿定理将其等效成电流源时，等效电流源的源电流即如图 2.29（b）所示的 A、B 间的短路电流 I_{sc}：

$$I_{sc}=\frac{U_S}{R_1}+I_S=\frac{11}{1}+1=12\text{A}$$

由图 2.29（c），可求出等效电流源的内阻，即从 A、B 两端看进去的线性无源二端网络的等效电阻 R_0：

$$R_0=R_1=1\Omega$$

由如图 2.29（d）所示的等效电路，可求得

$$I_3=\frac{I_{sc}\cdot R_0}{R_0+R_3}=\frac{12\times 1}{1+3}=3\text{A}$$

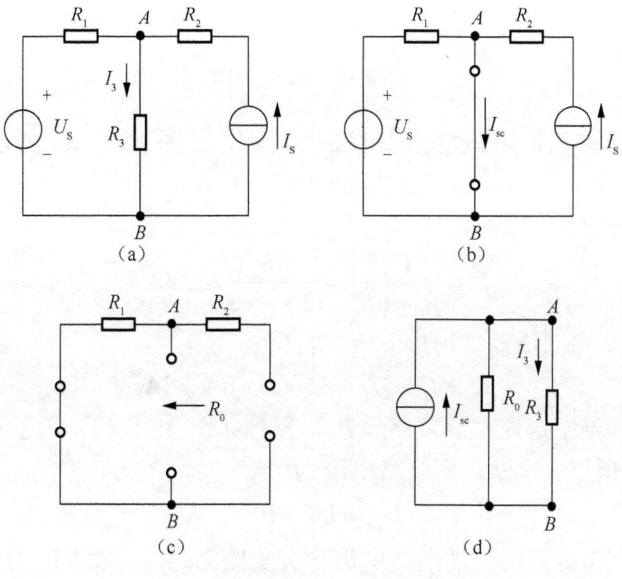

图 2.29　例 2.15 图

2.7　受控电源电路的分析

对含有受控电源的线性电路，可以用前面几节描述的电路分析方法进行分析与计算，但应考虑受控电源的特性，因为受控电源与独立电源不同，当控制量为零时，受控电源的源电压或源电流也为零，所以应注意对电路做处理或等效变换时必须保留受控源的控制量，在任何情况下都不应该去掉控制量与受控量之间的关系。

例 2.16　电路如图 2.30（a）所示，已知 $U_S=10\text{V}, R_1=2\Omega, R_2=3\Omega$，求 I_2。

解：方法一　如图 2.30（a）所示电路，分别对上部结点及 U_S—R_1—R_2 回路应用基尔霍夫定律，有

$$\begin{cases}I_1+5I_1=I_2\\U_S=I_1R_1+I_2R_2\end{cases}$$

代入已知数据，可得

$$\begin{cases} I_1 + 5I_1 = I_2 \\ 10 = 2I_1 + 3I_2 \end{cases}$$

因此，解方程组可求出 $I_2 = 3\text{A}$ 。

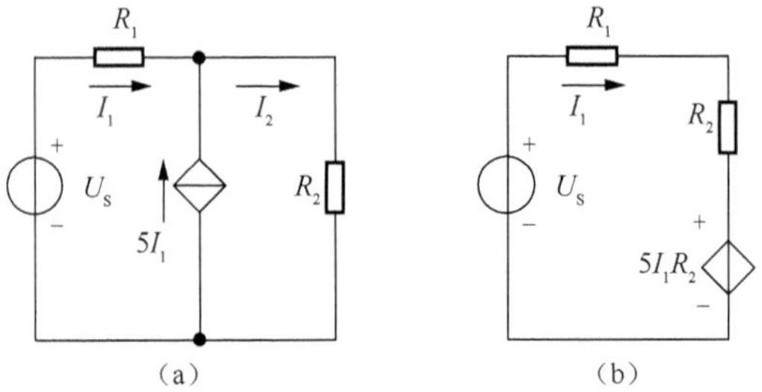

图 2.30　例 2.16 图

方法二　将受控电流源等效变换为受控电压源，如图 2.30（b）所示，根据 KVL，有

$$U_S = I_1R_1 + I_1R_2 + 5I_1R_2$$

代入已知数据，可得

$$I_1 = \frac{U_S}{R_1 + 6R_2} = \frac{10}{2 + 6 \times 3} = 0.5\text{A}$$

如图 2.30（a）所示电路，根据 KCL 可求出

$$I_2 = I_1 + 5I_1 = 6I_1 = 6 \times 0.5 = 3\text{A}$$

方法三　用戴维宁定理求解。移除 R_2，得到如图 2.31（a）所示有源二端网络，因为 $I_{1o} + 5I_{1o} = 0$ ，所以 $I_{1o} = 0$ ，则开路电压为

$$U_{oc} = U_S = 10\text{V}$$

由于除去独立电源后的二端网络中仍含有受控电源，一般不能用电阻的串、并联等效变换计算等效电源的内阻，可以采用开路电压除以短路电流的方法。

如图 2.31（b）所示电路，有源二端网络的短路电流为

$$I_{sc} = I_{1s} + 5I_{1s} = 6I_{1s} = 6\frac{U_S}{R_1} = 6 \times \frac{10}{2} = 30\text{A}$$

所以等效电源的内阻为

$$R_0 = \frac{U_{oc}}{I_{sc}} = \frac{10}{30} = \frac{1}{3}\Omega$$

根据如图 2.31（c）所示的戴维宁等效电路，可求出

$$I_2 = \frac{U_{oc}}{R_0 + R_2} = \frac{10}{\frac{1}{3} + 3} = 3\text{A}$$

等效电源的内阻还可以采用外加电压法计算，即在除去独立电源的二端网络端口处加一电压 U，求出相应的端口电流 I，则电压 U 与电流 I 的比值就是该二端网络的等效电阻。

如图 2.32 所示电路，由于 $I=-(I_1'+5I_1')=-6I_1'$，且 $U=-I_1'R_1=-2I_1'$，所以等效内阻为

$$R_0=\frac{U}{I}=\frac{-2I_1'}{-6I_1'}=\frac{1}{3}\Omega$$

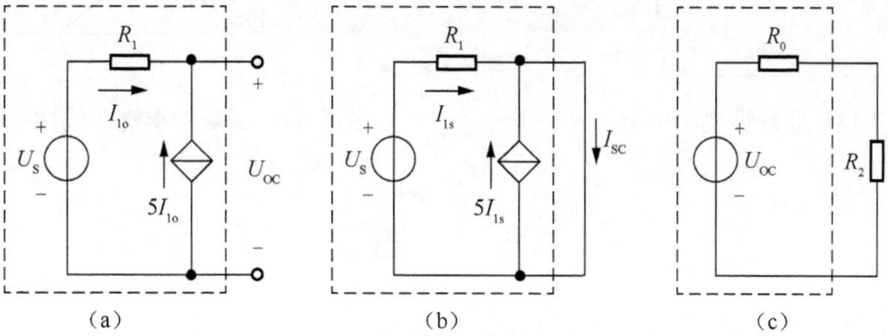

图 2.31　戴维宁定理求解受控源电路

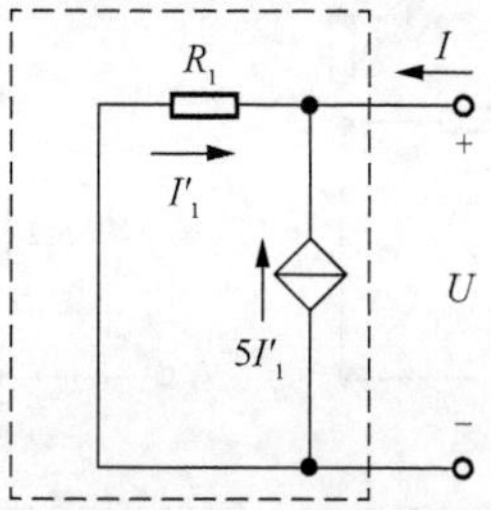

图 2.32　外加电压法求二端网络等效电阻

2.8　非线性电阻电路的分析

非线性电阻电路的分析主要采用图解法，即根据基尔霍夫定律及非线性电阻元件的伏安特性曲线用作图的方法求解结果。

如图 2.33 所示的含有非线性电阻元件 R_2 的电路，若已知源电压 U_S、线性电阻 R_1 及如图 2.34 所示的非线性电阻 R_2 的伏安特性曲线 $I(U)$，则电路中的电流或电压用图解法求解，具体过程如下：

如图 2.33 所示电路，应用基尔霍夫电压定律并对线性电阻应用欧姆定律，可以得到

$$U_2=U_S-U_1=U_S-I_1R_1 \tag{2.20}$$

即对非线性电阻 R_2 来说，其两端电压 U_2 与其中电流 I_1 满足式（2.20）的直线方程。

在图 2.34 的坐标系中作出式（2.20）所描述的电压、电流关系的直线：令电流为零，得到横轴上的截距为 U_S；令电压为零，得到纵轴上的截距为 $\frac{U_S}{R_1}$。直线与伏安特性曲线的交点 Q 的坐标，就是图 2.33 电路中的电流 I_1 及非线性电阻两端的电压 U_2。

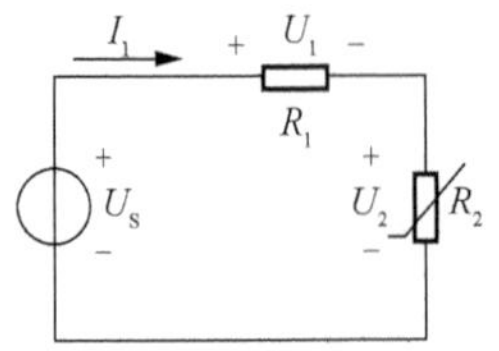

图 2.33　非线性电阻电路

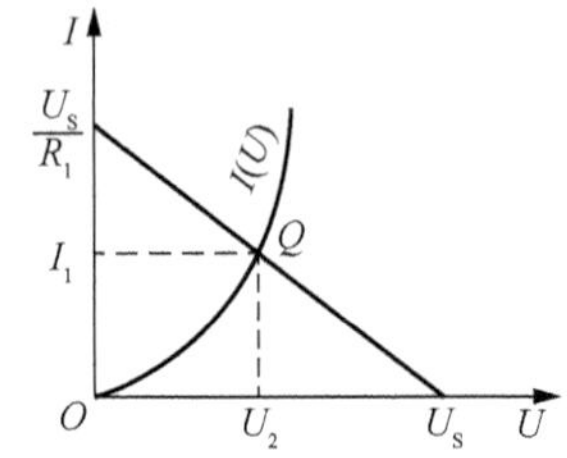

图 2.34　图解法求解非线性电阻电路

习　　题

2.1　求如图 2.35 所示无源二端网络的等效电阻。

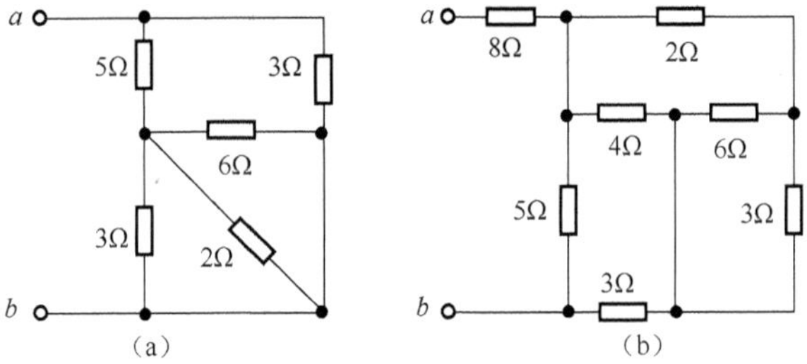

图 2.35　习题 2.1 图

2.2　有源二端网络如图 2.36 所示，利用电压源与电流源的等效变换，将图 2.36（a）用一个等效电流源表示；图 2.36（b）用一个等效电压源表示。

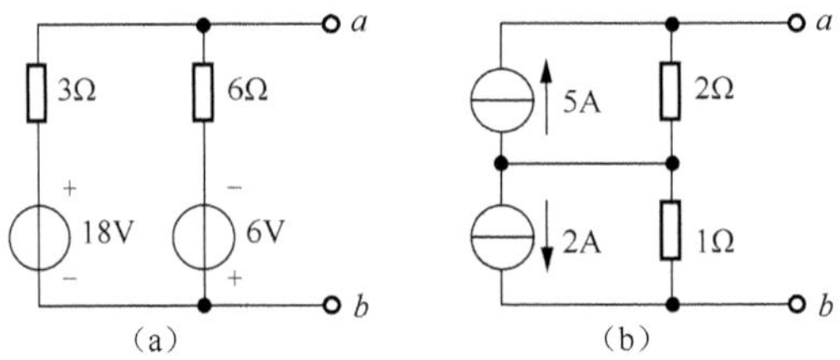

图 2.36　习题 2.2 图

2.3　将如图 2.37 所示的有源二端网络分别用等效电压源和等效电流源表示。

2.4　如图 2.38 所示电路，用电源等效变换法求电流 I。

2.5　如图 2.39 所示电路，用电源等效变换法求电压 U。

2.6　用支路电流法求如图 2.40 所示电路各支路电流。

2.7　如图 2.41 所示电路，其中部分电阻值和支路电流值已知，求电阻 R 和恒压源 U_{S1}、U_{S2} 的值。

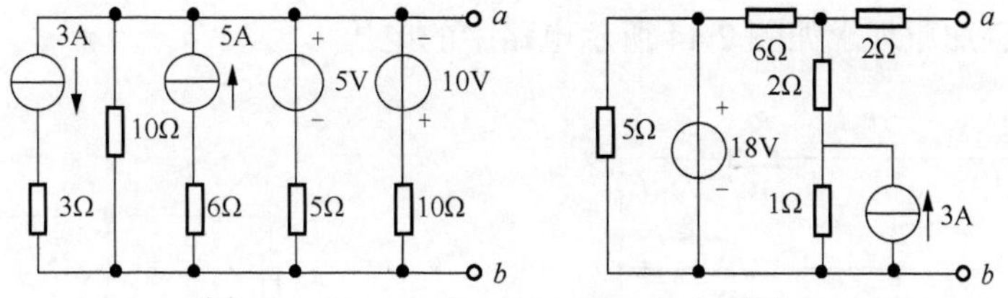

（a）　　（b）

图 2.37　习题 2.3 图

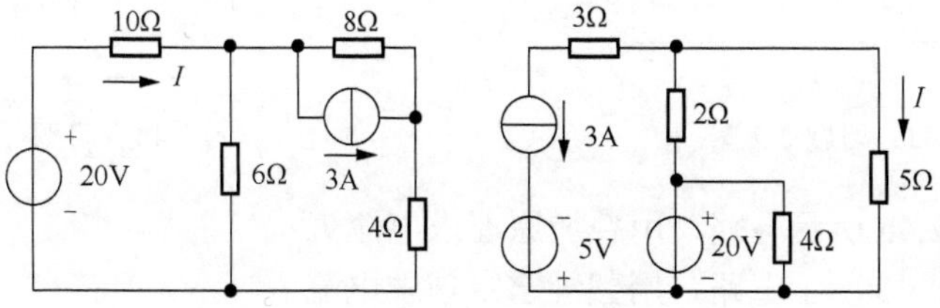

（a）　　（b）

图 2.38　习题 2.4 图

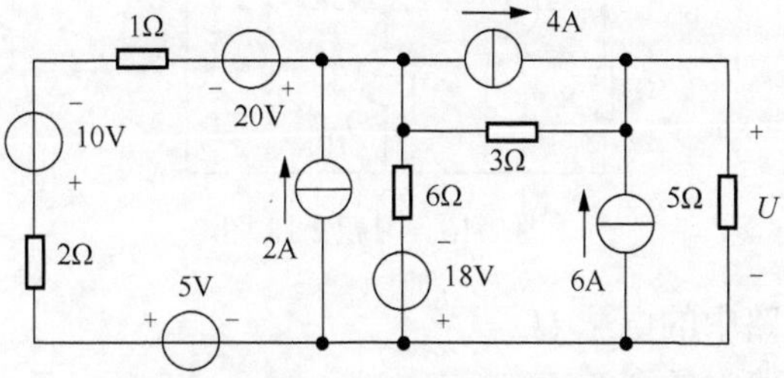

图 2.39　习题 2.5 图

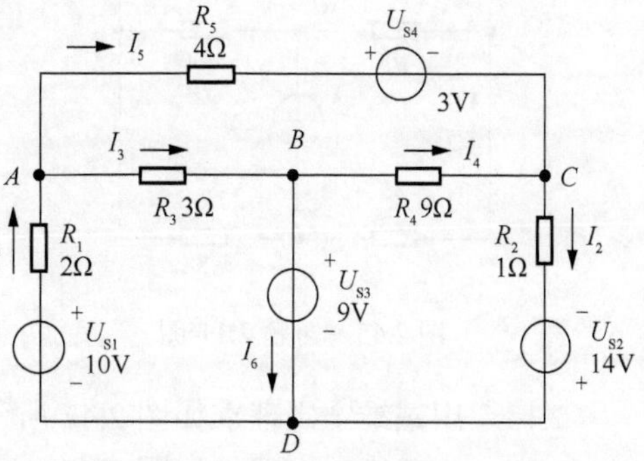

图 2.40　习题 2.6 图

2.8　用结点电压法求如图 2.42 所示电路中的电流 I_1、I_2 和 I_3。

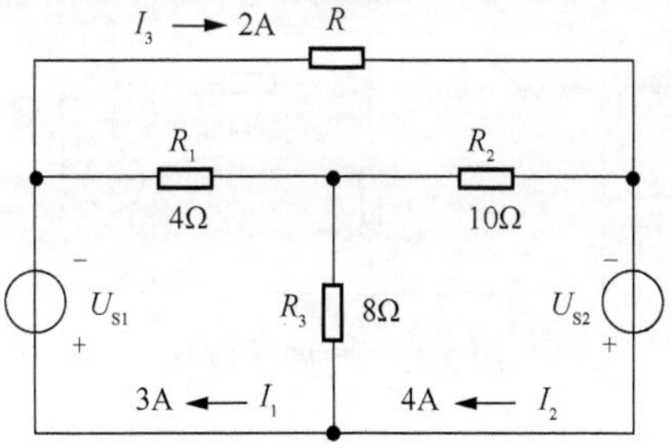

图 2.41　习题 2.7 图

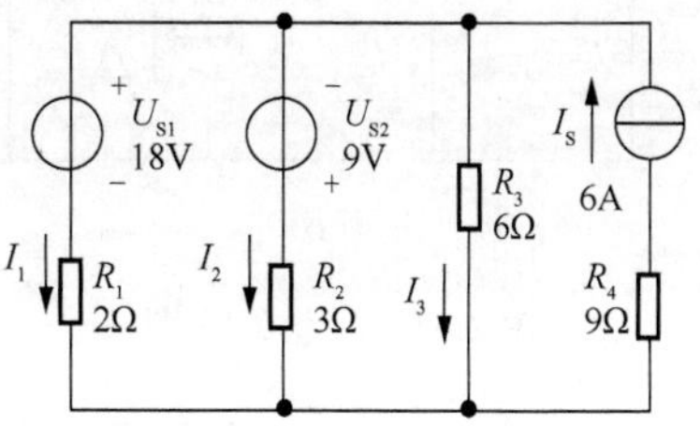

图 2.42　习题 2.8 图

2.9　用结点电压法求如图 2.43 所示电路中的各支路电流。

2.10　用叠加原理求如图 2.44 所示电路中的电压 U。

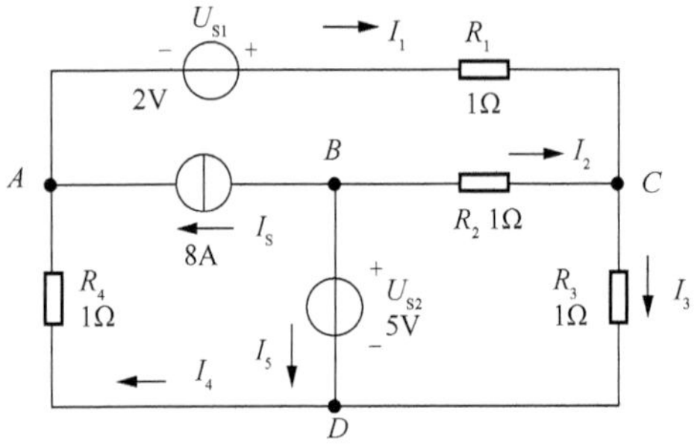

图 2.43　习题 2.9 图

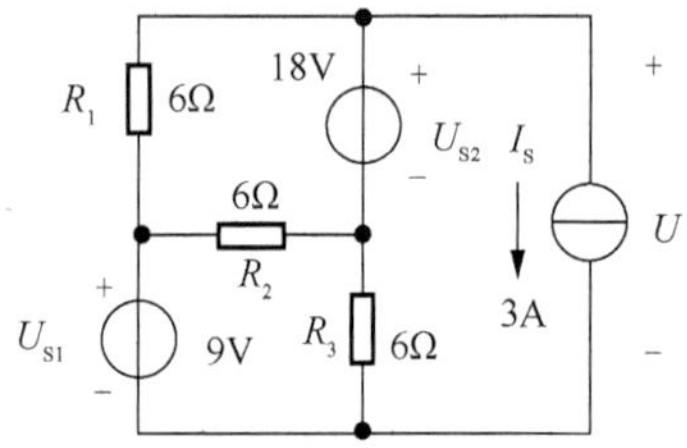

图 2.44　习题 2.10 图

2.11　如图 2.45 所示电路，用叠加原理求电流 I。

2.12　如图 2.46 所示电路，用戴维宁定理求电流 I。

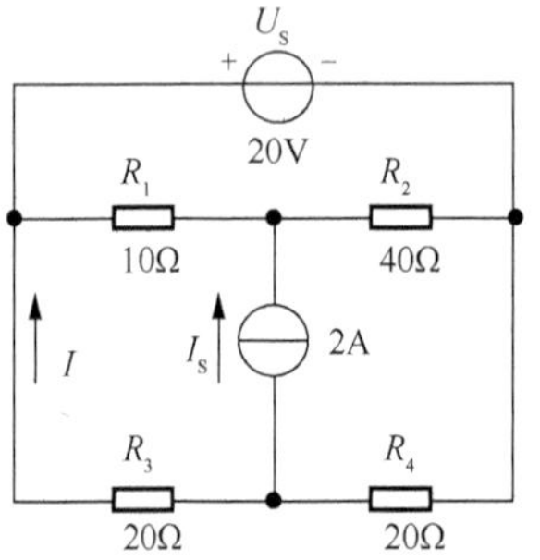

图 2.45　习题 2.11 图

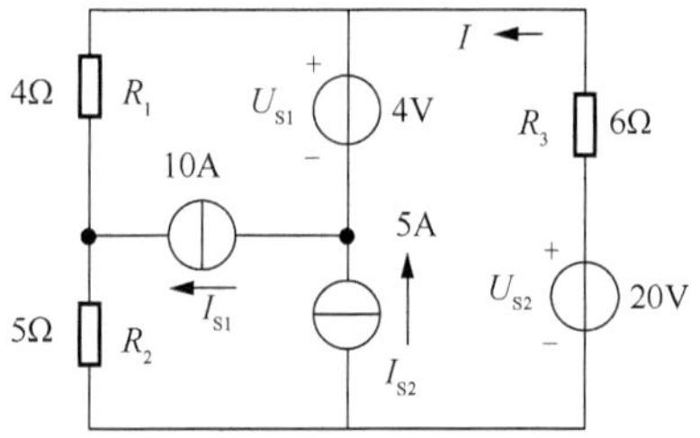

图 2.46　习题 2.12 图

2.13　用戴维宁定理求如图 2.47 所示电路中的电压 U。

2.14　用戴维宁定理求如图 2.48 所示电路中的电流 I。

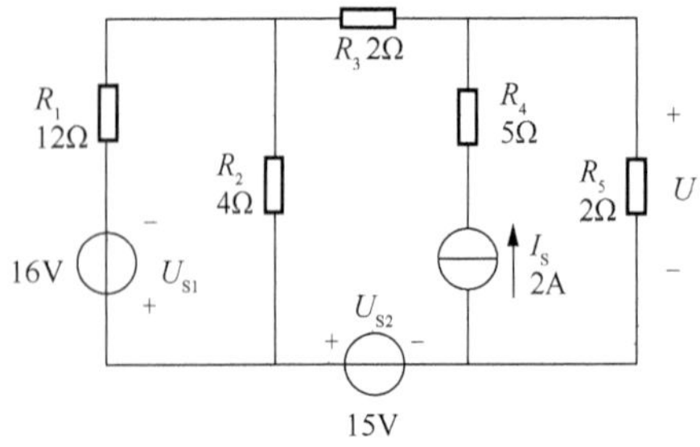

图 2.47　习题 2.13 图

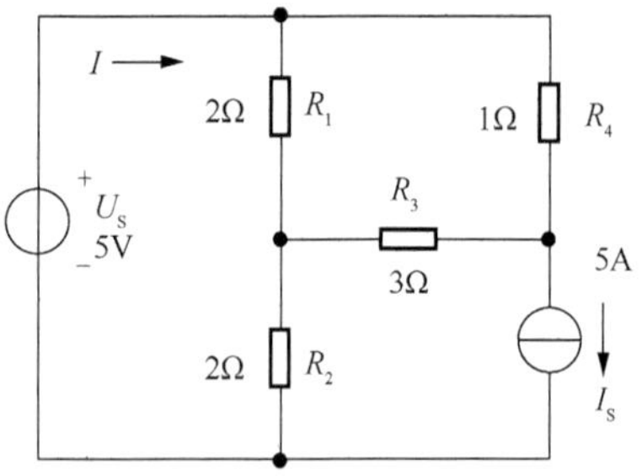

图 2.48　习题 2.14 图

2.15　用诺顿定理求图 2.47 所示电路中的电压 U。

2.16　用诺顿定理求图 2.48 所示电路中的电流 I。

2.17　如图 2.49 所示电路。求：（1）电流 I_4、I_5；（2）电位 U_A、U_B；（3）恒流源 I_{S1} 的功率，并判断其是电源还是负载。

2.18　如图 2.50 所示电路。求：（1）电流 I_3；（2）电位 U_A；（3）恒压源 U_{S1}、恒流源 I_{S2} 及恒流源 I_{S3} 的功率，并说明是否是发出功率。

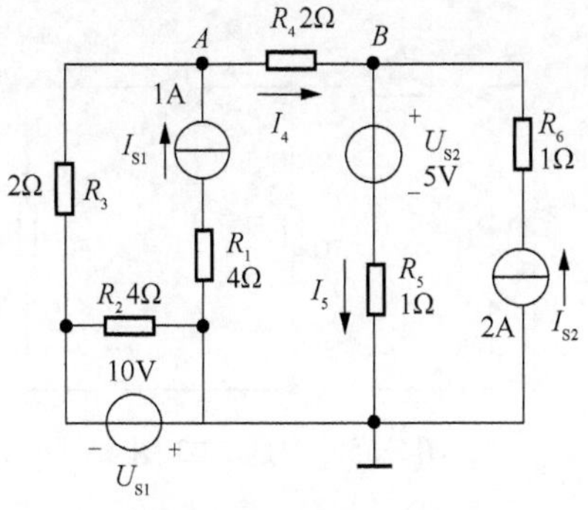

图 2.49　习题 2.17 图

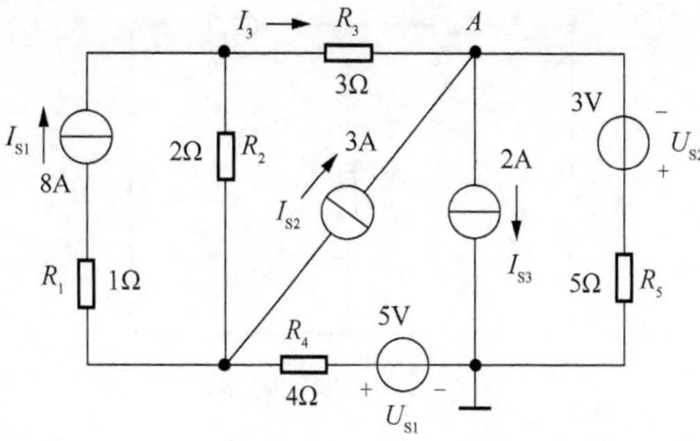

图 2.50　习题 2.18 图

2.19　如图 2.51 所示电路，已知 U_{AB}=−8V。求：（1）电流 I；（2）恒压源的源电压 U_S；（3）恒压源 U_S 及恒流源 I_{S2} 的功率，并说明是发出功率还是吸收功率。

2.20　电路如图 2.52 所示。求：（1）电流 I_3；（2）恒流源 I_S 的功率。

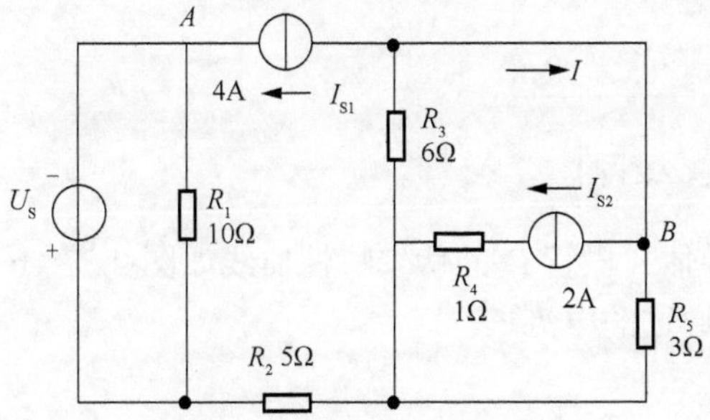

图 2.51　习题 2.19 图

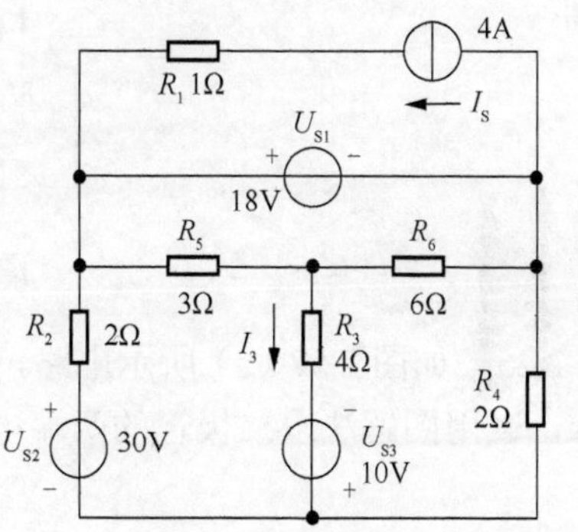

图 2.52　习题 2.20 图

2.21　如图 2.53 所示电路。求：（1）电流 I；（2）电位 U_A 和 U_B；（3）恒流源 I_S 及恒压源 U_{S2} 的功率，并说明是发出功率还是吸收功率。

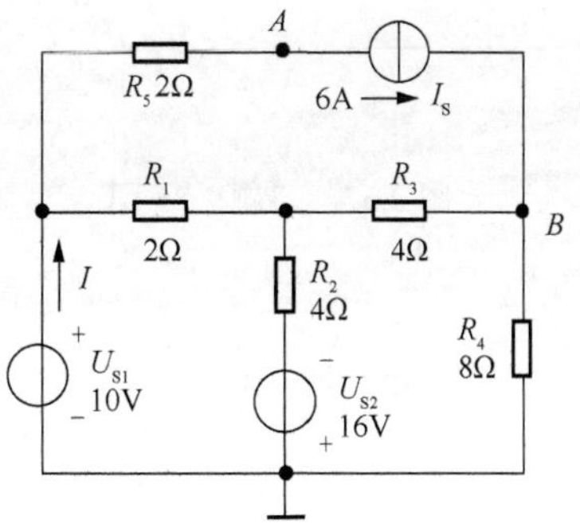

图 2.53　习题 2.21 图

2.22　如图 2.54 所示电路，求电压 U 及恒流源 I_S 的端电压 U_{IS}。

2.23　如图 2.55 所示电路，求电压 U。

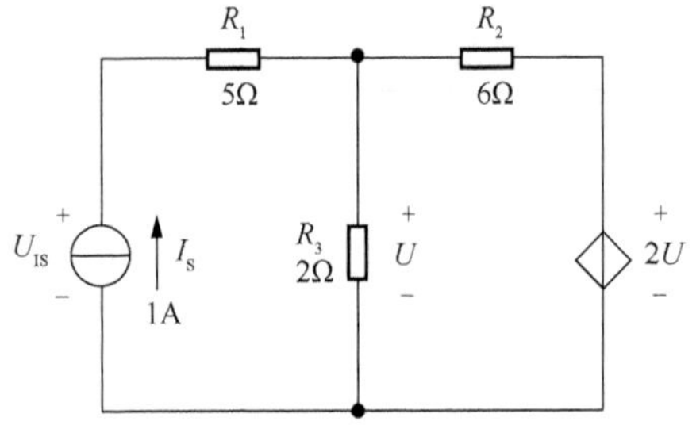

图 2.54　习题 2.22 图

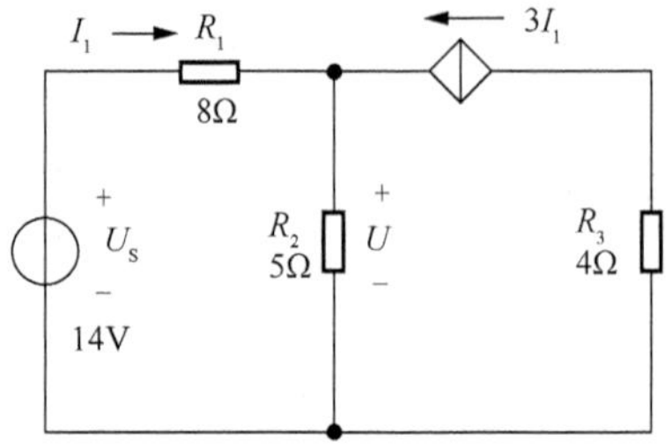

图 2.55　习题 2.23 图

2.24　如图 2.56 所示电路，试问电阻 R_L 为何值时电流 I_L=−1A？

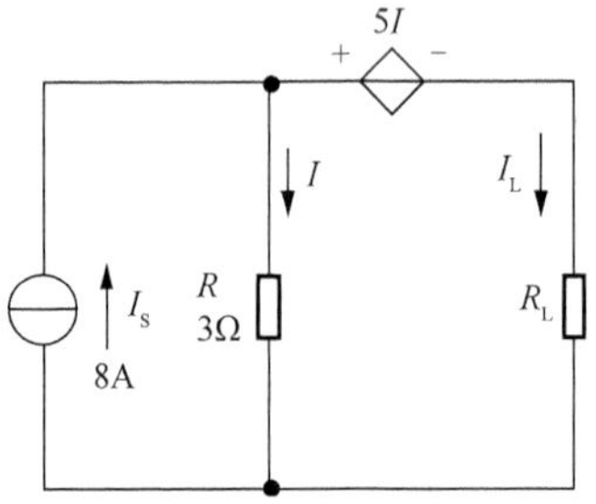

图 2.56　习题 2.24 图

2.25　如图 2.57（a）所示电路，其中半导体二极管 D 的伏安特性曲线如图 2.57（b）所示，试用图解法求二极管的两端电压 U 及通过的电流 I。

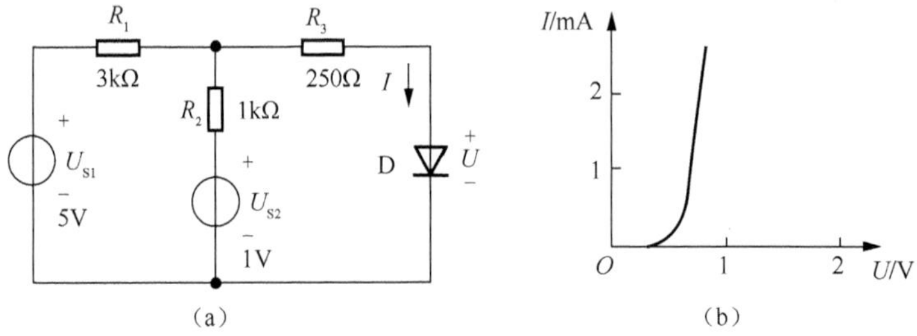

图 2.57　习题 2.25 图

第 3 章　线性电路的暂态分析

上一章所讨论的电路都是处于稳定的工作状态，简称稳态（steady state），即电路中的电流和电压在给定的条件下处于某一稳定的数值。

当电路的条件发生改变时，如电路的结构或参数发生变化，将使电路改变原来的工作状态。对于含有电容或电感等储能元件的电路，这种工作状态的转变需要经历一个过程。

本章主要分析直流电源激励下的 RC 一阶电路和 RL 一阶电路在工作状态转变过程中电压与电流随时间的变化规律。

3.1　电路的暂态过程及换路定律

3.1.1　暂态过程

如果电路的条件改变，可能使电路中的电压及电流发生变化。对于纯电阻电路，电路会在瞬间从一种稳定状态转变到另一种稳定状态。但对于含有电容或电感等储能元件的电路，电路从原来的一种稳定状态到另一种新的稳定状态的变化往往不能瞬间完成，要经历一定的时间。

如图 3.1（a）所示，开关 S 处于位置 b，此时电容两端电压 $u_C = 0$。将开关 S 扳至位置 a 时，RC 串联电路与直流电源 U_S 接通，U_S 经电阻 R 给电容 C 充电，电容电压 u_C 逐渐增大，直到 $u_C = U_S$ 时充电结束，充电过程中充电电流 i_c 由大逐渐减小到零。如图 3.1（b）所示，将开关从位置 a 扳至位置 b 后，电容 C 通过电阻 R 放电，其电压 u_C 由原来的 U_S 逐渐减小到零，放电结束，放电过程中放电电流 i_f 也由大逐渐减小到零。由此可见，电容的充电或放电都要经历一个过渡过程。电路的这种过渡过程往往为时短暂，因此又称为暂态（transient state）过程。

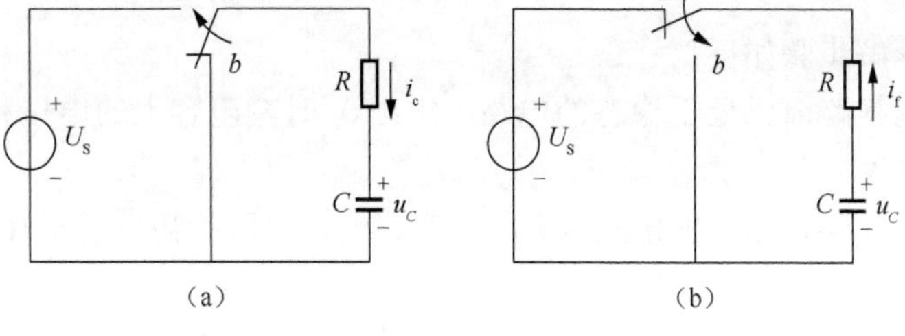

图 3.1　RC 电路中的充、放电过程

3.1.2　换路定律

电路的接通、切断、短路、电源电压变化或电路元件参数的改变等所有电路条件的改变统称为换路（commutation）。

换路破坏了电路原有的稳定状态，迫使电路中各部分的电压、电流发生变化，以求达到新的稳定状态，并且换路时电路中储能元件的能量的存储和释放需要一定的时间，不能跃变。

电容元件上存储的电场能量为$W_C=\frac{1}{2}Cu^2$，由于换路时电场能量不能跃变，所以电容元件上的电压不能跃变；电感元件上存储的磁场能量为$W_L=\frac{1}{2}Li^2$，由于换路时磁场能量不能跃变，所以电感元件中的电流不能跃变。

用$t=0$表示换路时刻，$t=0_-$表示换路前最后一瞬间，即换路前的终了时刻，$t=0_+$表示换路后的最初瞬间，即换路后的初始时刻，$t\geqslant 0$表示换路后暂态过程时间，$t=\infty$表示换路后达到新的稳态时间。这里0_-和0_+在数值上都等于零，但0_-时刻对应的电路为换路之前的电路，而0_+时刻对应的电路为换路之后的电路，换路所经历的时间为0_-到0_+。

换路定律的内容描述为：在换路瞬间，电容上的电压不能跃变，电感中的电流不能跃变。换路定律还可用数学表达式表示，在0_-时刻到0_+时刻的换路瞬间，有

$$\begin{cases} u_C(0_+)=u_C(0_-) \\ i_L(0_+)=i_L(0_-) \end{cases} \tag{3.1}$$

3.2　初始值与稳态值的计算

电路的暂态过程是由换路后瞬间（$t=0_+$）开始到电路达到新的稳定状态（$t=\infty$）时结束。$t=0_+$时电路中的电压和电流值称为暂态过程的初始值，而$t=\infty$时的值称为稳态值。换路后电路中各电压及电流将由初始值逐渐变化到稳态值，因此，确定初始值和稳态值是暂态分析非常关键的一步。

3.2.1　初始值的计算

初始值的求解步骤如下：

首先，根据换路前已处于稳态的电路，求出0_-时刻电容上的电压和电感中的电流，即$u_C(0_-)$和$i_L(0_-)$。

其次，根据换路定律，即由式（3.1），确定电容电压的初始值$u_C(0_+)$和电感电流的初始值$i_L(0_+)$。

最后，根据0_+时刻等效电路，利用欧姆定律、基尔霍夫定律来计算其他各个电流和电压的初始值。

0_+时刻等效电路的画法如下：若换路前储能元件储有能量，则将电容元件用电压为

$u_C(0_+)$的理想电压源代替，将电感元件用电流为$i_L(0_+)$的理想电流源代替；若换路前储能元件没有储能，$u_C(0_+)=0$, $i_L(0_+)=0$，则将电容元件短路、电感元件开路。

例 3.1　如图 3.2（a）所示电路，开关断开前电路已处于稳态，$t=0$时开关断开。已知$U_S=5V$, $I_S=6A$, $R_1=R_2=R_3=2\Omega$。求换路后电路中各电压和电流的初始值。

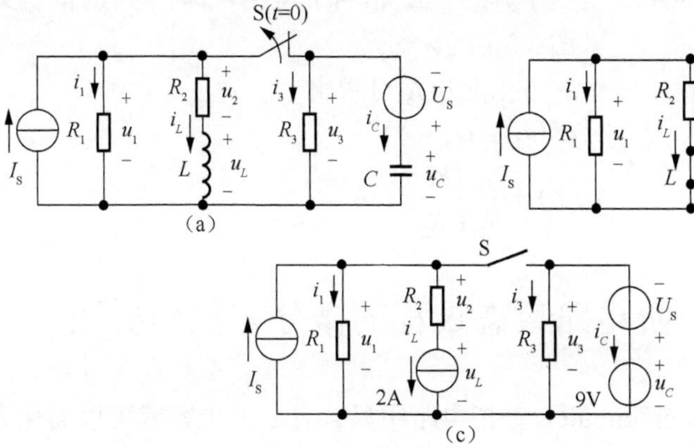

图 3.2　例 3.1 图

解：换路前$t=0_-$时刻的电路处于稳态，在直流电源作用的电路中电容元件C可视为开路、电感元件L可视为短路，如图 3.2（b）所示，可求出

$$i_L(0_-)=\frac{I_S}{3}=\frac{6}{3}=2A$$

$$u_C(0_-)=U_S+i_L(0_-)R_2=5+2\times2=9V$$

根据换路定律，可知

$$u_C(0_+)=u_C(0_-)=9V, i_L(0_+)=i_L(0_-)=2A$$

换路后0_+时刻等效电路如图 3.2（c）所示，此时电容元件用理想电压源代替，源电压数值为$u_C(0_+)=9V$；电感元件用理想电流源代替，源电流数值为$i_L(0_+)=2A$，方向如图 3.2（c）所示。由该电路可求得其他各电量的初始值如下：

$$i_1(0_+)=I_S-i_L(0_+)=6-2=4A$$

$$i_3(0_+)=\frac{u_C(0_+)-U_S}{R_3}=\frac{9-5}{2}=2A$$

$$i_C(0_+)=-i_3(0_+)=-2A$$

$$u_1(0_+)=i_1(0_+)R_1=4\times2=8V$$

$$u_2(0_+)=i_L(0_+)R_2=2\times2=4V$$

$$u_3(0_+)=i_3(0_+)R_3=2\times2=4V$$

$$u_L(0_+)=u_1(0_+)-u_2(0_+)=8-4=4V$$

3.2.2　稳态值的计算

在直流电源作用的电路中，当电路达到稳态时，电容元件C可视为开路、电感元件L可视为短路，根据换路后电路处于新的稳态时（$t=\infty$）的等效电路计算各电压和电流

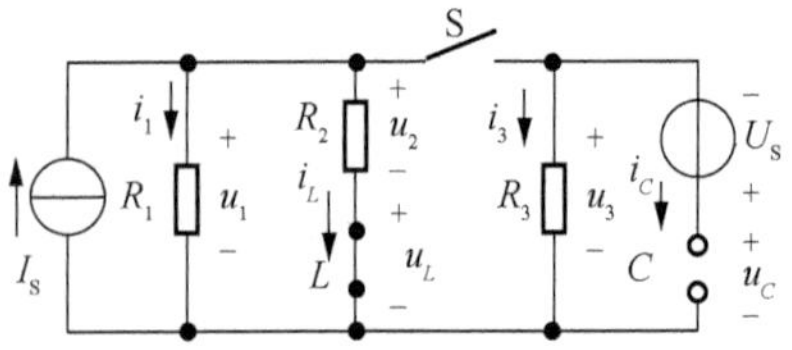

图 3.3　例 3.2 图

的稳态值。

例 3.2　计算例 3.1 中电路开关 S 断开后 u_C 和 i_L 的稳态值。

解： 开关 S 断开后，电路达到新的稳态时，C 相当于开路、L 相当于短路，即 $t=\infty$ 时的等效电路如图 3.3 所示。

由此电路可求出

$$u_C(\infty)=U_S=5\text{V}$$

$$i_L(\infty)=\frac{I_S\cdot R_1}{R_1+R_2}=3\text{A}$$

3.3　*RC* 一阶电路暂态过程的微分方程分析法

RC 一阶电路（first-order circuit）是指电路中只含有一个电容或可以简化为一个电容的 *RC* 电路。

将电源加在电路上，称为激励。电路在激励或储能元件所存储能量的作用下所产生的电流、电压称为响应。对暂态过程中电压与电流随时间的变化规律的研究，称为电路的暂态分析。

本节采用微分方程分析法分析 *RC* 一阶电路的暂态过程，也称为经典法。这种方法是根据电路结构，采用欧姆定律和基尔霍夫定律列出以时间为自变量的微分方程，然后利用已知的初始条件求解微分方程以得出电路的响应的一种暂态分析方法。

3.3.1　零输入响应

在电路的稳态过程中，响应都是由电源作用产生的，而暂态过程中则不同，一个换路后不含电源的电路也会存在响应，例如一个已充电的电容通过电阻放电产生的放电电流。零输入响应（zero-input response）就是指换路后的电路中没有电源激励，即输入信号为零时，由储能元件的初始储能引起的电路响应。

如图 3.4 所示电路，换路前开关 S 合在 a 端，电路处于稳态，电容元件已充电，其两端电压记作 U_0，则 $U_0=u_C(0_-)=U_S$；在 $t=0$ 时，开关 S 切换到 b 端的位置，电路发生换路，电容与电源断开，电容元件通过电阻放电。这里电容元件放电过程中电路相应的响应即为零输入响应。

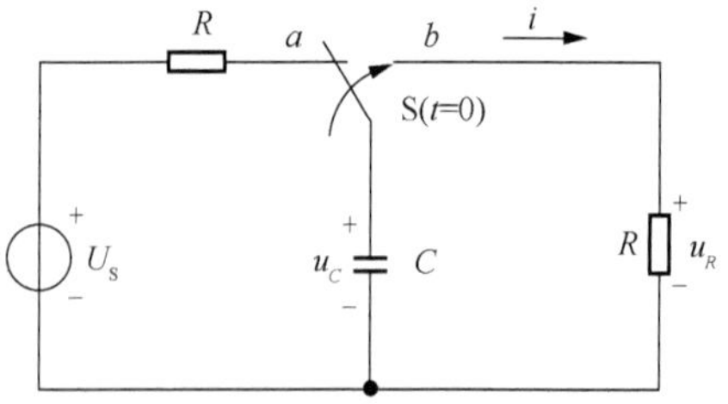

图 3.4　*RC* 一阶电路的零输入响应

当 $t>0$ 时，电荷越放越少，u_C 越来越低，放电电流 i 也越来越小。从能量的角度考虑，电容存储的电场能量转化为热能在电阻中消耗掉，最后能量耗尽，u_C 和 i 都衰减到零，即 $u_C(\infty)=0$，$i(\infty)=0$。

下面通过求解电路的微分方程来分析 $t \geqslant 0$ 时电压 u_C 和电流 i 的具体变化规律。根据换路定律可知

$$u_C(0_+) = u_C(0_-) = U_0 = U_S \tag{3.2}$$

换路后放电电流的初始值为

$$i(0_+) = \frac{u_C(0_+)}{R} = \frac{U_0}{R}$$

按图 3.4 中标明的电容电压和电阻电压的参考方向，可列出换路后的 KVL 方程：

$$u_C - u_R = 0$$

由于电容上的电压、电流参考方向不一致，而电阻上的电压、电流参考方向一致，所以各元件的电压、电流关系为

$$i = -C\frac{\mathrm{d}u_C}{\mathrm{d}t}, u_R = iR$$

代入上述 KVL 方程，可得

$$RC\frac{\mathrm{d}u_C}{\mathrm{d}t} + u_C = 0 \tag{3.3}$$

式（3.3）是一阶常系数线性齐次微分方程，求解该方程的过程如下：

列出特征方程为

$$RCp + 1 = 0 \tag{3.4}$$

求出特征根为

$$p = -\frac{1}{RC} \tag{3.5}$$

则式（3.3）描述的微分方程的通解为

$$u_C(t) = A\mathrm{e}^{pt} = A\mathrm{e}^{-\frac{t}{RC}} \tag{3.6}$$

式中，A 为积分常数，需根据初始条件，即式（3.2）来确定：

$$u_C(0_+) = A\mathrm{e}^0 = A = U_0$$

所以电容电压的零输入响应，即式（3.3）的解为

$$u_C(t) = u_C(0_+)\mathrm{e}^{-\frac{t}{RC}} = U_0\mathrm{e}^{-\frac{t}{RC}} \quad (t \geqslant 0) \tag{3.7}$$

电路中电阻电压的零输入响应为

$$u_R(t) = u_C(t) = U_0\mathrm{e}^{-\frac{t}{RC}} \tag{3.8}$$

电路中放电电流的零输入响应可由电阻或电容中电流与电压关系求得，即

$$\begin{aligned} i(t) &= \frac{u_R(t)}{R} = \frac{U_0}{R}\mathrm{e}^{-\frac{t}{RC}} \\ &= -C\frac{\mathrm{d}u_C}{\mathrm{d}t} = \frac{U_0}{R}\mathrm{e}^{-\frac{t}{RC}} \end{aligned} \tag{3.9}$$

电容电压、放电电流随时间的变化规律如图 3.5 所示。从图 3.5 中可以看出，电压、电流的变化曲线都是从初始值开始，随着时间的增长按同一指数规律逐渐衰减到零。

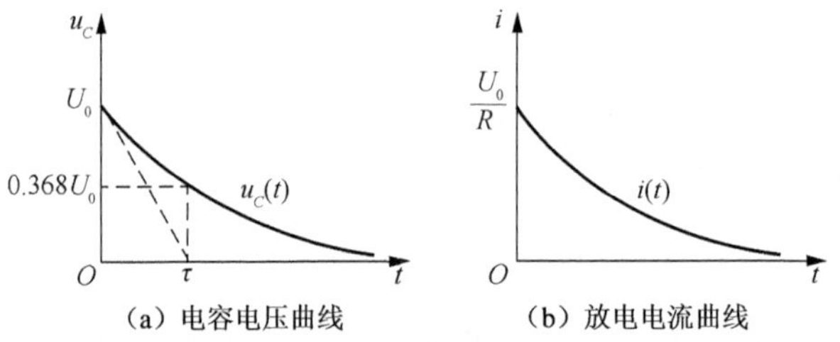

（a）电容电压曲线　　（b）放电电流曲线

图 3.5　零输入响应曲线

令

$$\tau = RC \tag{3.10}$$

称为 RC 一阶电路的时间常数(time constant)，它具有时间的量纲。当电阻单位为欧（Ω），电容单位为法（F）时，τ 的单位为秒（s）。

从式（3.7）、式（3.9）中可以看出，$u_C(t)$ 和 $i(t)$ 衰减的快慢与初始值的大小无关，只由时间常数 τ 决定。

下面分析时间常数 τ 对放电时间的影响。根据式（3.7）可得

$$u_C(t_0+\tau)=U_0\mathrm{e}^{-\frac{t_0+\tau}{\tau}}=U_0\mathrm{e}^{-1}\mathrm{e}^{-\frac{t_0}{\tau}}=\mathrm{e}^{-1}u_C(t_0)\approx 0.368u_C(t_0)$$

所以从任意时刻 t_0 开始，当电压大约下降到 t_0 时刻电压的 36.8%所经历的时间就是时间常数。若 $t_0=0$，则时间常数 τ 为电容电压从初始值 U_0 衰减到 $0.368U_0$ 所需要的时间，如图 3.5（a）所示。

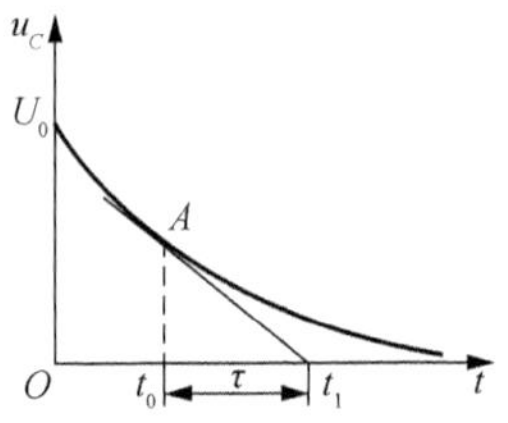

图 3.6　由响应曲线求时间常数

另外，由于在任意时刻 t_0，电容电压 $u_C(t)$ 的变化率为

$$\left.\frac{\mathrm{d}u_C}{\mathrm{d}t}\right|_{t=t_0}=-\frac{U_0}{\tau}\mathrm{e}^{-\frac{t_0}{\tau}}=-\frac{u_C(t_0)}{\tau}$$

如图 3.6 所示，在电容电压响应曲线上过对应 t_0 时刻的 A 点作切线与横轴交于 t_1，可以证明，t_1-t_0 等于电路的时间常数 τ。过初始点的切线与横轴也相交于 τ，如图 3.5（a）所示。

放电过程中电容电压 u_C 在不同时间的衰减情况，如表 3.1 所示。

表 3.1　电容电压随时间变化的数值表

t	$u_C(t)=U_0\mathrm{e}^{-\frac{t}{\tau}}$	t	$u_C(t)=U_0\mathrm{e}^{-\frac{t}{\tau}}$
0	U_0	4τ	$0.018U_0$
τ	$0.368U_0$	5τ	$0.007U_0$
2τ	$0.135U_0$	⋮	⋮
3τ	$0.05U_0$	∞	0

由表 3.1 可以看出，电容电压在理论上要经过无限长的时间才能衰减到零，但实际上只要经过 $4\tau\sim5\tau$ 的时间，电容电压将衰减至初始值 U_0 的 1.8%～0.7%，从而可以认为放电过程基本结束。

时间常数 τ 的大小，反映了一阶电路暂态过程进展的快慢。图 3.7 画出了在同一初始值下对应三个不同时间常数（$\tau_1<\tau_2<\tau_3$）的 u_C 放电曲线，从图中可以看出，时间常数越大，电容电压衰减越慢，这是由于电容量 C 越大，则存储的能量越多；电阻值 R 越大，则放电电流越小，这都促使放电过程变慢。因此，在实际应用中可根据电路要求改变 RC 参数，调节放电过程的快慢。

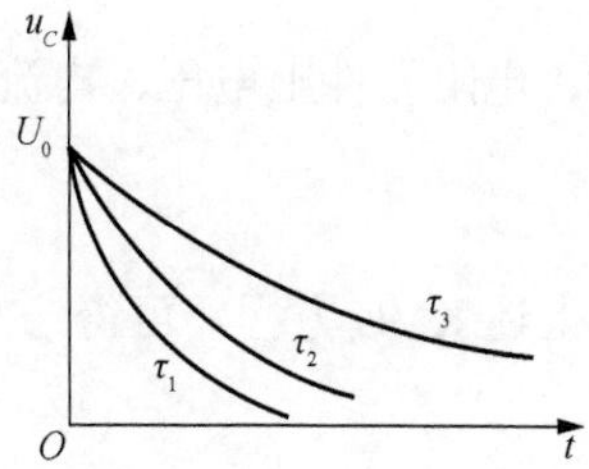

图 3.7　不同时间常数对应的 u_C 变化曲线

例 3.3　如图 3.8 所示电路，已知 $U_S=5V$, $R_1=1k\Omega$, $R_2=4k\Omega$, $C=10\mu F$，开关 S 在位置 a 时电路处于稳态。在 $t=0$ 时开关扳至位置 b，求换路后的电容电压 u_C 和电流 i。

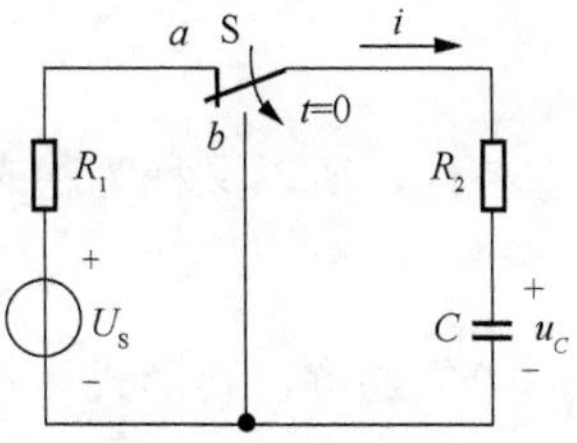

图 3.8　例 3.3 图

解：先求电容电压的初始值 U_0，由换路定律可知

$$U_0=u_C(0_+)=u_C(0_-)=U_S=5V$$

换路后，电路的时间常数为

$$\tau=R_2C=4\times10^3\times10\times10^{-6}=0.04s$$

根据式（3.7），可得换路后电容电压的零输入响应为

$$u_C(t)=U_0e^{-\frac{t}{\tau}}=5e^{-25t}V$$

由于电流 i 与电压 u_C 参考方向一致，因此由式（1.17）可得

$$i(t)=C\frac{du_C}{dt}=10\times10^{-6}\times5\times(-25)e^{-25t}A=-1.25e^{-25t}mA$$

3.3.2　零状态响应

零状态响应（zero-state response）是指储能元件在换路前未存储能量，即电容初始电压或电感初始电流为零，换路后，电路接通电源，由电源激励引起的电路响应。

如图 3.9 所示电路，开关 S 闭合前，电路处于稳态，电容电压等于零，即电路处于零状态。在 $t=0$ 时，合上开关 S，电路与电源接通，电源 U_S 经电阻 R 向电容 C 充电。这里电容元件充电过程中电路对于输入激励的响应即为零状态响应。

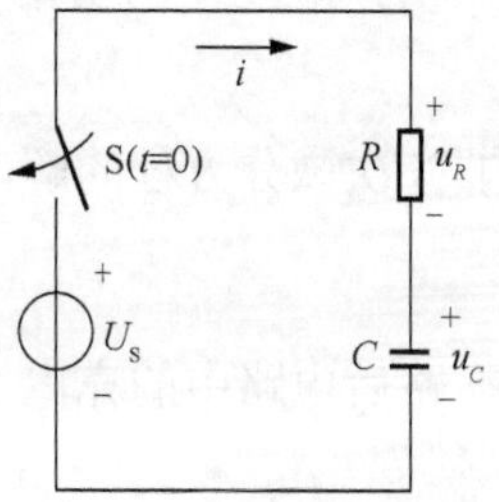

图 3.9　RC 一阶电路的零状态响应

如图 3.9 所示电路，开关闭合后，由换路定律知 $u_C(0_+)=u_C(0_-)=0$，充电电流初始值 $i(0_+)=\dfrac{U_S-u_C(0_+)}{R}=\dfrac{U_S}{R}$，随着电容电压的增加，充电电流逐渐减小，当电容电压与 U_S 相等时，充电电流 $i=0$，电路将达到新的稳态，过渡过程结束。

下面对暂态过程中电压 u_C 和电流 i 的具体变化规律进行分析。根据基尔霍夫电压定律，可列出 $t\geqslant0$ 时电路中的回路电压方程为

$$u_C + u_R = U_S$$

电容、电阻元件上电压、电流参考方向一致，所以各元件的电压电流关系为

$$i = C\frac{du_C}{dt}, u_R = iR$$

代入上述 KVL 方程，可得

$$RC\frac{du_C}{dt} + u_C = U_S \tag{3.11}$$

式（3.11）是一个一阶常系数线性非齐次微分方程，它的解由特解 u'_C 和通解 u''_C 两部分构成：

$$u_C = u'_C + u''_C \tag{3.12}$$

微分方程的特解 u'_C 与外加输入激励的形式相同，设 $u'_C = K$，代入式（3.11），可得 $K = U_S$，因此特解为

$$u'_C = U_S$$

可以看出，特解 u'_C 就是 $t = \infty$ 时的稳态值，它反映了电路的稳态特性，所以又称为稳态响应。

u''_C 为微分方程式（3.11）对应的齐次微分方程 $RC\frac{du_C}{dt} + u_C = 0$ 的通解，其形式与式（3.6）相同，即

$$u''_C = Ae^{-\frac{t}{RC}}$$

通解 u''_C 是一个按指数规律衰减的物理量，仅存在于暂态过程中，所以又称为暂态响应。

微分方程式（3.11）的解，即电容电压为

$$u_C = u'_C + u''_C = U_S + Ae^{-\frac{t}{RC}} \tag{3.13}$$

式中，积分常数 A 由初始条件来确定。将 $u_C(0_+) = 0$ 代入式（3.13），可得

$$A = -U_S$$

所以非齐次微分方程的解，即电容电压的零状态响应为

$$u_C(t) = U_S - U_S e^{-\frac{t}{RC}} = U_S(1 - e^{-\frac{t}{\tau}}) \tag{3.14}$$

换路后电路中的充电电流为

$$i(t) = C\frac{du_C}{dt} = \frac{U_S}{R}e^{-\frac{t}{\tau}} \tag{3.15}$$

电阻上的电压为

$$u_R(t) = iR = U_S e^{-\frac{t}{\tau}} \tag{3.16}$$

电容电压 u_C 随时间的变化曲线如图 3.10（a）所示，充电电流 $i(t)$ 与电阻电压 $u_R(t)$ 的变化曲线如图 3.10（b）所示。

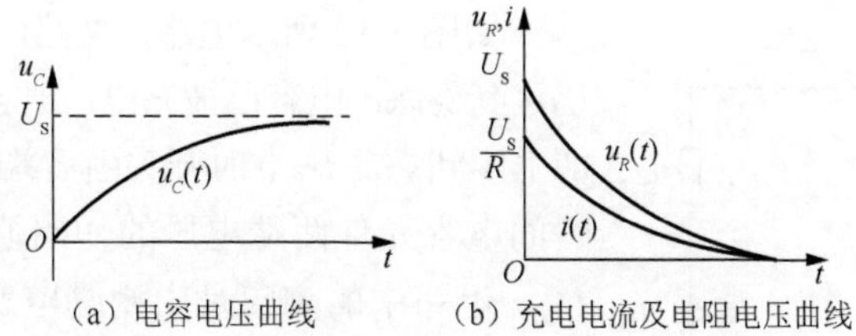

（a）电容电压曲线　（b）充电电流及电阻电压曲线

图 3.10　零状态响应曲线

RC 电路充电过程的快慢决定于电路的时间常数 $\tau = RC$ 。同 RC 电路的零输入响应一样，经过 5τ 左右的时间，就可认为电路达到稳定状态，电容充电过程基本结束。

例 3.4　如图 3.11（a）所示电路，已知 $U_S = 5\text{V}, R_1 = 1\text{k}\Omega, R_2 = 4\text{k}\Omega, C = 10\mu\text{F}$，开关 S 闭合前电路处于稳态，在 $t = 0$ 时开关 S 闭合，求开关闭合后的电压 u_C 。

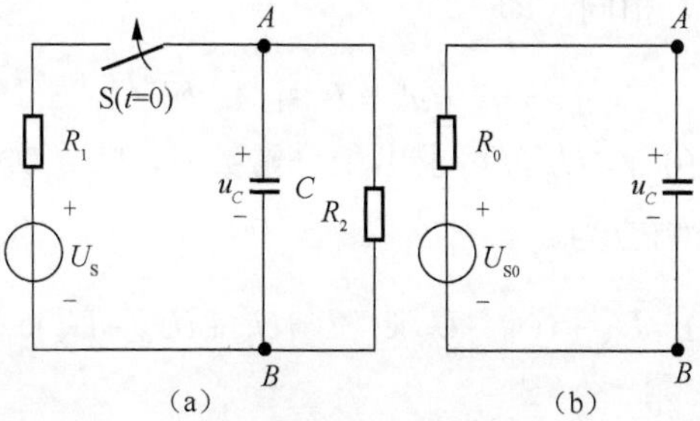

（a）　（b）

图 3.11　例 3.4 图

解： 电容电压初始值 $u_C(0_+) = u_C(0_-) = 0$ 。

开关闭合后，对除去电容支路外的有源二端网络应用戴维宁定理等效为一个电压源，得到换路后的等效电路如图 3.11（b）所示。电压源的源电压也就是图 3.11（a）中除去电容支路后 A、B 间的开路电压，即

$$U_{S0} = \frac{U_S \cdot R_2}{R_1 + R_2} = \frac{5 \times 4}{1 + 4} = 4\text{V}$$

电压源的内阻为

$$R_0 = R_1 \mathbin{/\mkern-6mu/} R_2 = \frac{R_1 R_2}{R_1 + R_2} = \frac{1 \times 4}{1 + 4} = 0.8\text{k}\Omega$$

时间常数为

$$\tau = R_0 C = 0.8 \times 10^3 \times 10 \times 10^{-6} = 0.008\text{s} = 8\text{ms}$$

根据式（3.14），可得电路换路后电容电压的零状态响应为

$$u_C(t) = U_{S0}(1 - \text{e}^{-\frac{t}{\tau}}) = 4(1 - \text{e}^{-125t})\ \text{V}$$

3.3.3　全响应

电路换路后，储能元件的初始存储能量不为零并且有电源激励作用时电路的响应，称为全响应（complete response）。零输入响应与零状态响应都属于全响应的特殊情况。

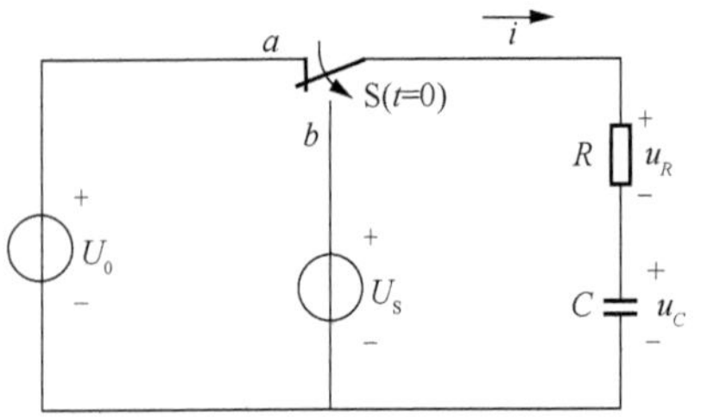

图 3.12　*RC* 一阶电路的全响应

如图 3.12 所示电路，换路前，开关 S 合在 *a* 端且已达到稳态，电容已被充电，电容电压为 $u_C(0_-)=U_0$，即非零状态。$t=0$ 时开关由 *a* 端切换到 *b* 端，换路后瞬间电容元件两端电压的初始值为 $u_C(0_+)=u_C(0_-)=U_0$，电路中的响应是由激励电源 U_S 和电容初始储能 $u_C(0_+)$ 两部分共同作用产生的，这时的响应即为 *RC* 一阶电路的全响应。

现仍采用经典的微分方程分析法分析全响应。换路后，根据 KVL 和元件电压、电流关系，对换路后的电路列出微分方程为

$$U_S = iR + u_C = RC\frac{du_C}{dt} + u_C \tag{3.17}$$

方程解的形式与式（3.13）相同，即

$$u_C = u_C' + u_C'' = U_S + Ae^{-\frac{t}{RC}}$$

代入初始条件 $u_C(0_+)=u_C(0_-)=U_0$，可求出积分常数 $A=U_0-U_S$。

电路中电容电压的全响应为

$$u_C(t) = U_S + (U_0 - U_S)e^{-\frac{t}{RC}} = U_S + (U_0 - U_S)e^{-\frac{t}{\tau}} \tag{3.18}$$

式中，稳态响应为

$$u_C' = U_S$$

暂态响应为

$$u_C'' = (U_0 - U_S)e^{-\frac{t}{\tau}}$$

所以全响应可以表示为

全响应=稳态响应+暂态响应

将式（3.18）改写后可得

$$u_C(t) = U_0e^{-\frac{t}{\tau}} + U_S(1 - e^{-\frac{t}{\tau}}) \tag{3.19}$$

显然，式（3.19）中等号右边第一项即为式（3.7），是放电的零输入响应，可记为 u_{Cf}；第二项为式（3.14），是充电的零状态响应，可记为 u_{Cc}。因此，全响应又可以表示成

全响应=零输入响应+零状态响应

这是叠加原理在电路暂态分析中的体现，在求全响应时，电容元件的初始状态 U_0 和电源激励 U_S 分别单独作用时产生的零输入响应和零状态响应的叠加，即为全响应。

根据式（3.18），由稳态响应和暂态响应相加而成的全响应 $u_C(t)$ 随时间变化的曲线如图 3.13 所示。图 3.13（a）是 $U_S > U_0$ 时，$u_C(t)$ 由初始值 U_0 增长到稳态值 U_S，电容元件处于继续充电过程。图 3.13（b）是 $U_S < U_0$ 时，$u_C(t)$ 由初始值 U_0 衰减到稳态值 U_S，电容元件处于放电过程。

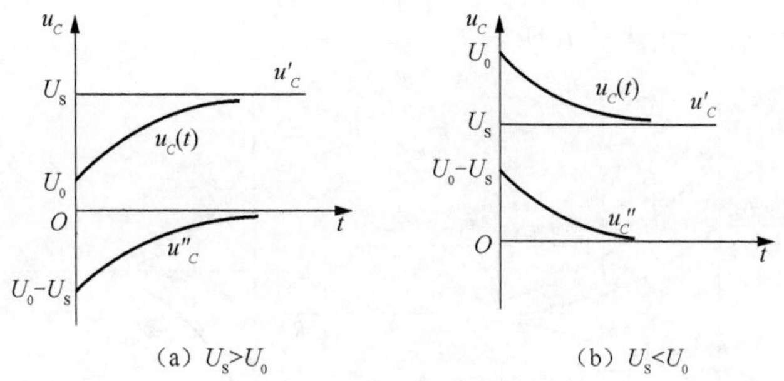

图 3.13　电容电压响应曲线

电路中的电流为

$$i(t)=C\frac{\mathrm{d}u_C}{\mathrm{d}t}=\frac{U_S-U_0}{R}\mathrm{e}^{-\frac{t}{\tau}} \tag{3.20}$$

$i(t)$随时间变化曲线如图 3.14 所示，当$U_S>U_0$时，$i(t)$是充电电流；当$U_S<U_0$时，$i(t)$是放电电流。无论电容充电还是放电，达到稳态时，电流$i(t)$都将趋于零。

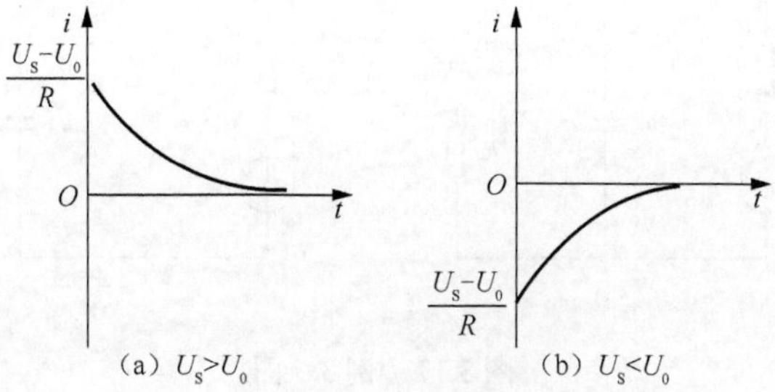

图 3.14　电流 $i(t)$ 响应曲线

根据式（3.19），全响应还可由零输入响应和零状态响应叠加而成，因此，$u_C(t)$随时间变化曲线又可如图 3.15 所示，其中，曲线①为零输入响应；曲线②为零状态响应；曲线③为全响应。

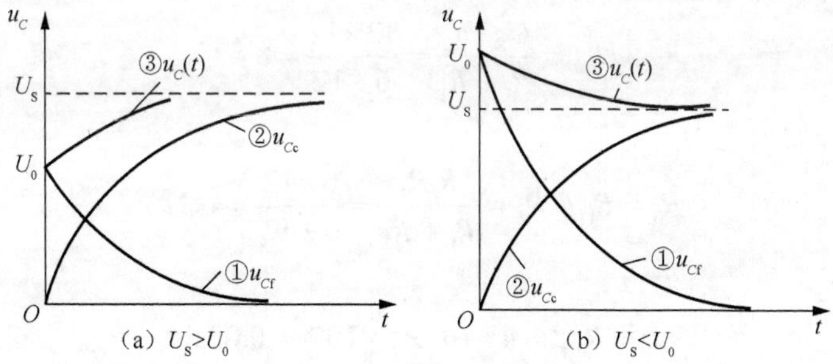

图 3.15　电容电压响应曲线

根据式（3.20），全响应电流$i(t)$也可以由零输入响应i_f和零状态响应i_c叠加而成

$$i(t)=i_f+i_c=\frac{-U_0}{R}\mathrm{e}^{-\frac{t}{\tau}}+\frac{U_S}{R}\mathrm{e}^{-\frac{t}{\tau}} \tag{3.21}$$

其随时间变化曲线也可如图 3.16 所示。

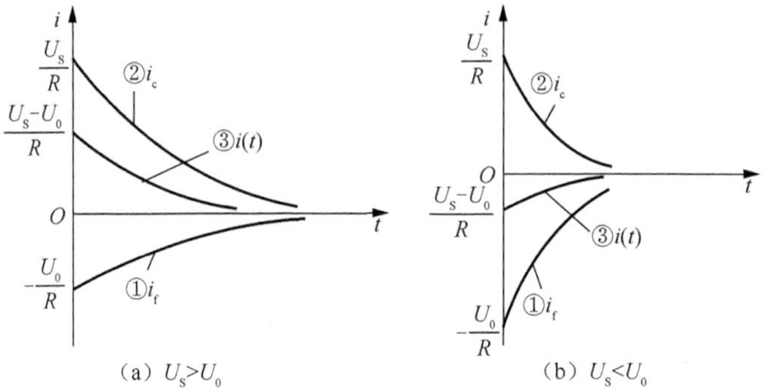

图 3.16　电流 $i(t)$ 响应曲线

例 3.5　电路如图 3.17（a）所示，已知 $U_S=12V, R_1=6k\Omega, R_2=12k\Omega, C=5\mu F$，换路前电路处于稳态，$t=0$ 时开关 S 闭合。求 $t\geqslant 0$ 时的电压 $u_C(t)$。

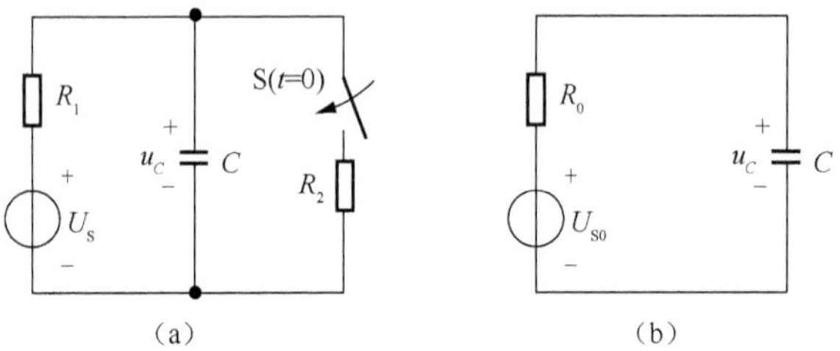

图 3.17　例 3.5 图

解：电容电压的初始值为

$$U_0=u_C(0_+)=u_C(0_-)=U_S=12V$$

开关闭合后，对除去电容支路外的二端网络应用戴维宁定理等效变换为一个电压源，如图 3.17（b）所示。

等效电压源的源电压为

$$U_{S0}=\frac{U_S\cdot R_2}{R_1+R_2}=\frac{12\times 12}{6+12}=8V$$

等效电压源的内阻为

$$R_0=R_1\ /\!/\ R_2=\frac{R_1R_2}{R_1+R_2}=\frac{6\times 12}{6+12}=4k\Omega$$

时间常数为

$$\tau=R_0C=4\times 10^3\times 5\times 10^{-6}=0.02s$$

根据式（3.18），可得电路换路后电容电压的全响应为

$$u_C(t)=u_C'+u_C''=U_{S0}+(U_0-U_{S0})e^{-\frac{t}{\tau}}=8+4e^{-50t}V$$

式中，稳态响应为 $u_C'=8V$；暂态响应为 $u_C''=4e^{-50t}V$。

根据式（3.19），电容电压的全响应还可表示为

$$u_C(t)=u_{Cf}+u_{Cc}=U_0\mathrm{e}^{-\frac{t}{\tau}}+U_{S0}(1-\mathrm{e}^{-\frac{t}{\tau}})$$
$$=12\mathrm{e}^{-50t}+8(1-\mathrm{e}^{-50t})=8+4\mathrm{e}^{-50t}\mathrm{V}$$

式中，零输入响应为$u_{Cf}=12\mathrm{e}^{-50t}\mathrm{V}$；零状态响应为$u_{Cc}=8(1-\mathrm{e}^{-50t})\mathrm{V}$。

电容电压的各响应曲线如图 3.18 所示。

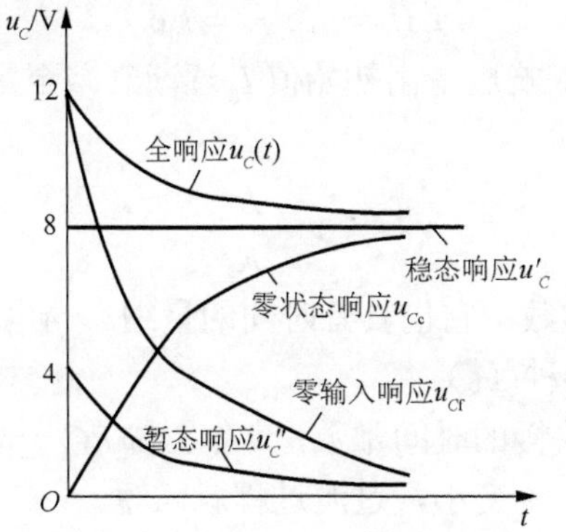

图 3.18　电容电压 $u_C(t)$ 响应曲线

3.4　*RL* 一阶电路暂态过程的微分方程分析法

电感元件 L 也是储能元件，因此 RL 电路在换路时也会产生暂态过程。

3.4.1　零输入响应

如图 3.19 所示电路，换路前开关 S 合在 a 端，电路处于稳态，电感元件已储有能量，其中，电流记作 I_0，则 $I_0=i_L(0_-)=\dfrac{U_S}{R_S+R}$；在 $t=0$ 时，开关 S 切换到 b 端的位置，电路发生换路，电感与电源断开，电感元件上存储的磁场能量通过电阻释放，电路相应的响应即为零输入响应。达到稳态时，电感电流 $i_L(\infty)=0$。

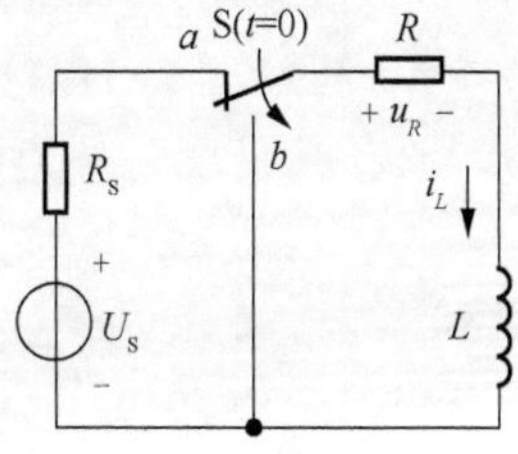

图 3.19　*RL* 一阶电路的零输入响应

下面分析 $t\geqslant 0$ 时电流 i_L 和电压 u_L、u_R 的变化规律。换路后，根据基尔霍夫电压定律和元件电压、电流关系，列出微分方程为

$$u_L+u_R=L\frac{\mathrm{d}i_L}{\mathrm{d}t}+Ri_L=0 \tag{3.22}$$

这也是一个一阶线性常系数齐次微分方程，其特征方程为

$$Lp+R=0$$

故特征根为

$$p=-\frac{R}{L}$$

微分方程的通解为

$$i_L(t) = Ae^{pt} = Ae^{-\frac{R}{L}t}$$

式中，积分常数 A 由初始条件来确定，即

$$i_L(0_+) = i_L(0_-) = I_0 = A$$

所以电感电流的零输入响应为

$$i_L(t) = I_0 e^{-\frac{R}{L}t} = I_0 e^{-\frac{t}{\tau}} \tag{3.23}$$

可以看出电感电流的零输入响应是由初始值 I_0 逐渐衰减至零。

式（3.23）中，

$$\tau = \frac{L}{R} \tag{3.24}$$

称为 RL 一阶电路的时间常数，它也具有时间的量纲。当电阻单位为欧（Ω），电感单位为亨（H）时，τ 的单位为秒（s）。

τ 也是决定电流衰减快慢的时间常数，其意义与 RC 一阶电路的时间常数相同。τ 增大，过渡过程的时间增长；τ 变小，过渡过程就缩短。

电感两端的电压为

$$u_L(t) = L\frac{di_L}{dt} = -RI_0 e^{-\frac{t}{\tau}} \tag{3.25}$$

电阻两端的电压为

$$u_R(t) = -u_L(t) = RI_0 e^{-\frac{t}{\tau}} \tag{3.26}$$

各电流、电压随时间变化曲线如图 3.20 所示。

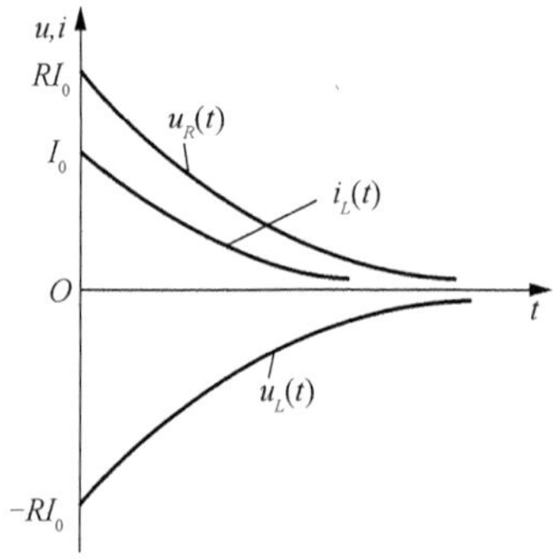

图 3.20　RL 一阶电路的零输入响应曲线

例 3.6　如图 3.21 所示电路，电路已达到稳态。已知 $U_S = 10V$, $R_1 = 2\Omega$, $R_2 = 5\Omega$, $L = 100mH$, $t = 0$ 时，将开关 S 断开，试求 $t \geqslant 0$ 时的电流 $i_L(t)$ 及电压 $u_L(t)$ 。

解：电感电流的初始值为

$$I_0 = i_L(0_+) = i_L(0_-) = \frac{U_S}{R_1} = \frac{10}{2} = 5A$$

换路后，电路时间常数为

$$\tau = \frac{L}{R_2} = \frac{100\times10^{-3}}{5} = 0.02\text{s}$$

由式（3.23）可得$t \geqslant 0$时的电感电流为

$$i_L(t) = I_0\text{e}^{-\frac{t}{\tau}} = 5\text{e}^{-50t}\text{A}$$

电感电压为

$$u_L(t) = L\frac{\text{d}i_L}{\text{d}t} = 100\times10^{-3}\times5\times(-50)\text{e}^{-50t} = -25\text{e}^{-50t}\text{V}$$

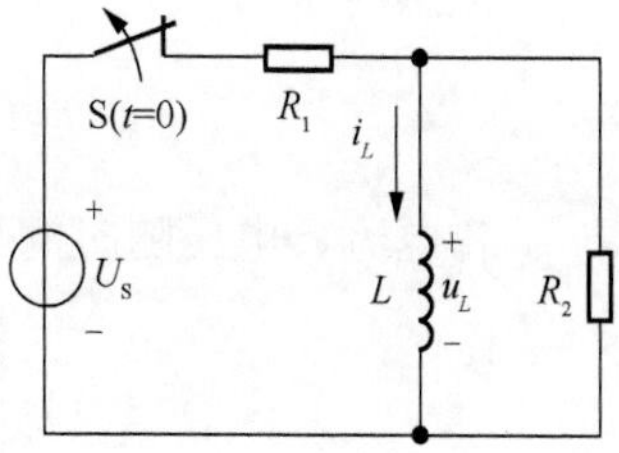

图 3.21　例 3.6 图

3.4.2　零状态响应

如图 3.22 所示电路，开关 S 闭合前电感没有初始储能，即电感电流$i_L(0_-)=0$，电路处于零状态。$t=0$时，开关 S 闭合，电路中产生的响应为零状态响应。

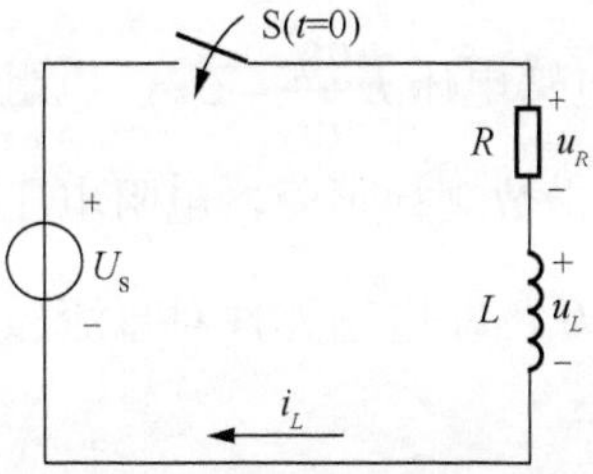

图 3.22　RL 一阶电路的零状态响应

由于电感电流的初始值为

$$i_L(0_+) = i_L(0_-) = 0$$

开关 S 闭合后，根据基尔霍夫电压定律和元件电压、电流关系，列出微分方程为

$$u_L + u_R = L\frac{\text{d}i_L}{\text{d}t} + Ri_L = U_\text{S} \tag{3.27}$$

此一阶线性非齐次微分方程的解也由特解i_L'和通解i_L''两部分构成。

特解取电感电流的稳态值，即

$$i_L' = i_L(\infty) = \frac{U_\text{S}}{R} = I$$

通解与对应的齐次微分方程的通解形式相同，即

$$i_L'' = A\text{e}^{-\frac{Rt}{L}} = A\text{e}^{-\frac{t}{\tau}}$$

所以式（3.27）的微分方程的解为

$$i_L(t) = i_L' + i_L'' = I + A\text{e}^{-\frac{R}{L}t}$$

由初始条件$i_L(0_+) = i_L(0_-) = 0$可确定积分常数A，即

$$A = -I = -\frac{U_\text{S}}{R}$$

则电感电流的零状态响应为

$$i_L(t) = i_L' + i_L'' = I - I\text{e}^{-\frac{R}{L}t} = \frac{U_\text{S}}{R}(1-\text{e}^{-\frac{t}{\tau}}) \tag{3.28}$$

式中，时间常数为$\tau = \frac{L}{R}$；稳态响应为$i_L' = \frac{U_\text{S}}{R}$；暂态响应为$i_L'' = -\frac{U_\text{S}}{R}\text{e}^{-\frac{t}{\tau}}$。

电阻电压为

$$u_R(t) = i_L R = U_\text{S}(1-\text{e}^{-\frac{t}{\tau}}) \tag{3.29}$$

电感电压为

$$u_L(t) = L\frac{\mathrm{d}i_L}{\mathrm{d}t} = U_\mathrm{S}\mathrm{e}^{-\frac{t}{\tau}} \tag{3.30}$$

各电流、电压随时间变化的曲线如图 3.23 所示。

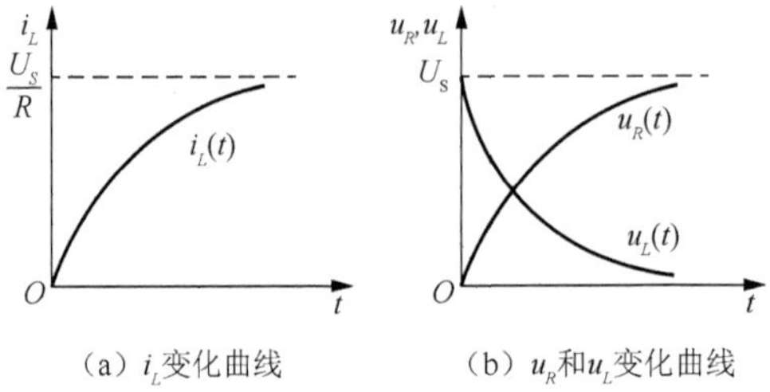

图 3.23　RL 一阶电路的零状态响应曲线

从图 3.23 中可以看出，在换路瞬间电感电流 $i_L = 0$，电感电压 $L\frac{\mathrm{d}i_L}{\mathrm{d}t} = U_\mathrm{S}$，电阻电压 $u_R = 0$。随着时间增加，电感电流逐渐上升，电感电压按指数规律下降，电阻电压随之上升。达到稳态时，电感电流 $i_L(\infty) = \frac{U_\mathrm{S}}{R}$，电感电压 $u_L = 0$，即电感元件对直流激励作用相当于短路，电源电压 U_S 就会全部降在电阻 R 上。

例 3.7　如图 3.24（a）所示电路，换路前电路已达到稳态，已知 $R_1 = 3\Omega, R_2 = 2\Omega, R_3 = 6\Omega, U_\mathrm{S} = 12\mathrm{V}, L = 100\mathrm{mH}, t = 0$ 时开关闭合，试求 $t \geqslant 0$ 时的电感电流 $i_L(t)$。

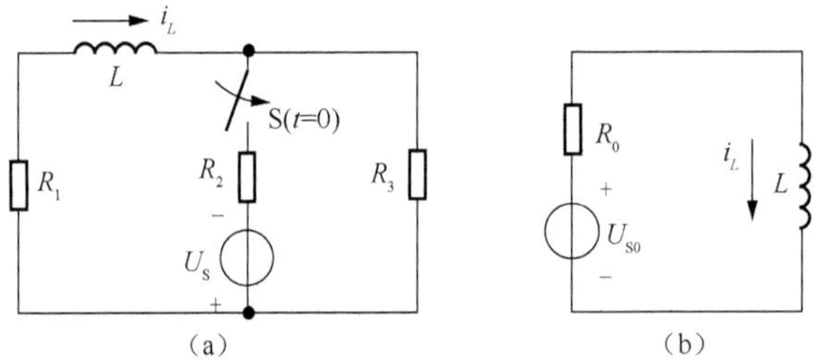

图 3.24　例 3.7 图

解：电感电流的初始值 $i_L(0_+) = i_L(0_-) = 0$。

开关闭合后，对除去电感元件外的二端网络应用戴维宁定理等效变换为一个电压源，如图 3.24（b）所示。

等效电压源的源电压为

$$U_{\mathrm{S0}} = \frac{U_\mathrm{S} \cdot R_3}{R_2 + R_3} = \frac{12 \times 6}{2 + 6} = 9\mathrm{V}$$

等效电压源的内阻为

$$R_0 = R_1 + R_2 \,/\!/\, R_3 = R_1 + \frac{R_2 R_3}{R_2 + R_3} = 3 + \frac{2 \times 6}{2 + 6} = 4.5\Omega$$

电路的时间常数为

$$\tau = \frac{L}{R_0} = \frac{100 \times 10^{-3}}{4.5} = \frac{1}{45} \text{s}$$

根据式（3.28），可得电路换路后电感电流的零状态响应为

$$i_L(t) = \frac{U_{S0}}{R_0}(1 - e^{-\frac{t}{\tau}}) = 2(1 - e^{-45t}) \text{ A}$$

3.4.3　全响应

如图 3.25 所示 RL 一阶电路，在开关 S 闭合前电路处于稳态。电感元件具有初始储能，$t = 0$ 时，开关 S 闭合，电路中的响应是由激励电源 U_S 和电感初始储能 $i_L(0_+)$ 两部分共同作用产生的，这时的响应即为 RL 一阶电路的全响应。

电感电流的初始值为

$$I_0 = i_L(0_+) = i_L(0_-) = \frac{U_S}{R_1 + R}$$

换路后，电感电流的稳态值为

$$I = i_L(\infty) = \frac{U_S}{R}$$

$t \geqslant 0$ 时，电路的微分方程和式（3.27）相同，参照 3.3.3 及 3.4.2 小节一阶线性非齐次微分方程的求解方法，可知微分方程的解为

$$i_L(t) = i'_L + i''_L = I + (I_0 - I)e^{-\frac{t}{\tau}} \tag{3.31}$$

式中，时间常数为 $\tau = \frac{L}{R}$；稳态响应为 $i'_L = I$；暂态响应为 $i''_L = (I_0 - I)e^{-\frac{t}{\tau}}$，两者相加即为电感电流的全响应。

全响应时间曲线如图 3.26 所示。由于图 3.25 中的具体情况是 $I > I_0$，故电感电流全响应的时间曲线是上升的。从 I_0 开始增长，最后趋近于稳态值 I。

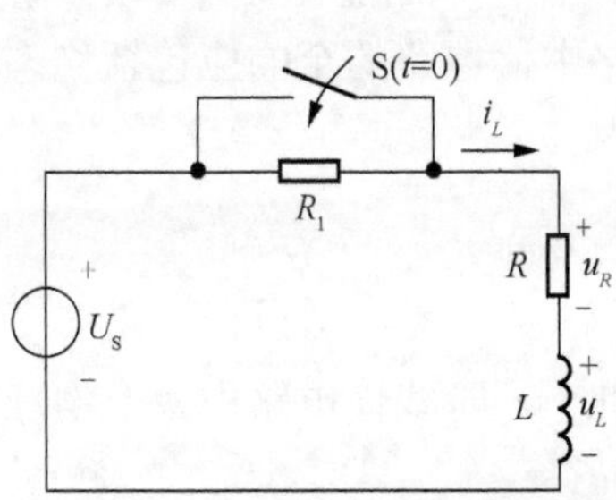

图 3.25　RL 一阶电路的全响应

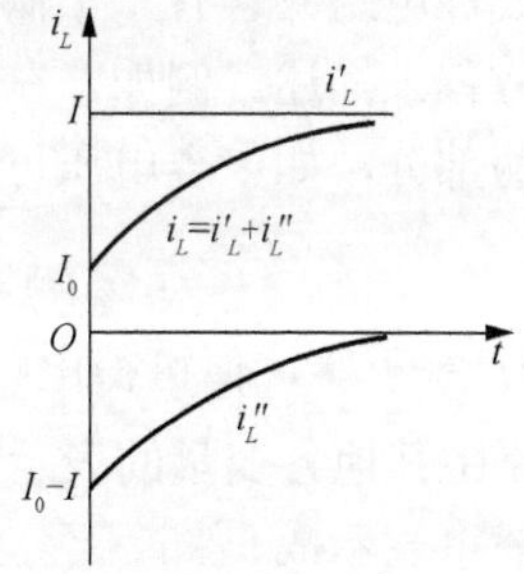

图 3.26　电感电流 $i_L(t)$ 的全响应曲线

电感电流 i_L 的全响应还可利用零输入响应和零状态响应叠加的方法，即

全响应=零输入响应+零状态响应

因此，由式（3.23）及式（3.28），可得电感电流 i_L 的全响应为

$$i_L(t) = I_0 e^{-\frac{t}{\tau}} + I(1 - e^{-\frac{t}{\tau}}) \tag{3.32}$$

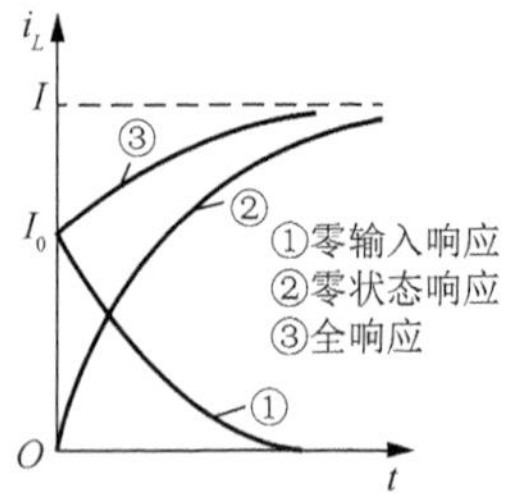

图 3.27　$i_L(t)$ 的响应曲线

式中，等号右边第一项为零输入响应 $i_{Lf} = I_0 e^{-\frac{t}{\tau}}$；第二项为零状态响应 $i_{Lc} = I(1 - e^{-\frac{t}{\tau}})$。因此电流 i_L 的全响应时间变化曲线也可如图 3.27 所示。

例 3.8　如图 3.25 所示电路，换路前电路已处于稳态，已知 $U_S = 200V$，$R_1 = 8\Omega$，$R = 12\Omega$，$L = 0.6H$，$t = 0$ 时开关 S 闭合，试求 S 闭合后经过多长时间电感电流达到 15A。

解： 电感电流的初始值为

$$I_0 = i_L(0_+) = i_L(0_-) = \frac{U_S}{R_1 + R} = \frac{200}{8 + 12} = 10A$$

换路后，电感电流的稳态值为

$$I = i_L(\infty) = \frac{U_S}{R} = \frac{200}{12} \approx 16.67A$$

时间常数为

$$\tau = \frac{L}{R} = \frac{0.6}{12} = 0.05s$$

由式（3.31）可得出 S 闭合后电感中电流的全响应为

$$i_L(t) = I + (I_0 - I)e^{-\frac{t}{\tau}} = 16.67 + (10 - 16.67)e^{-\frac{t}{0.05}} = 16.67 - 6.67e^{-20t} A$$

当电流达到 15A 时，有

$$15 = 16.67 - 6.67e^{-20t}$$

可解出经过的时间为 $t \approx 0.07s$。

3.5　一阶线性电路暂态分析的三要素法

一阶线性电路只含有一个储能元件或可等效为只含一个储能元件，可用一阶常系数线性微分方程来描述。例如，在前述的 *RC* 一阶电路中，电路的全响应包括稳态响应和暂态响应两部分，如电容电压可由式（3.18）表示为

$$u_C(t) = u'_C + u''_C = U_S + (U_0 - U_S)e^{-\frac{t}{\tau}}$$

式中，若 U_S 等于零，便可得电路的零输入响应；若 U_0 等于零，即可得电路的零状态响应。而电路中其他各变量的表示方法与此类似，因此，一阶线性电路中各个物理变量的全响应一般可表示成

$$f(t) = f(\infty) + [f(0_+) - f(\infty)]e^{-\frac{t}{\tau}} \tag{3.33}$$

式中，$f(t)$ 为任一电压或电流的响应；$f(\infty)$ 为换路后电压或电流的稳态值；$f(0_+)$ 为换路后电压或电流的初始值；τ 为换路后一阶线性电路的时间常数。

由式（3.33）可以看出，暂态过程中电压和电流都是按指数规律变化的，当 $f(0_+)$、$f(\infty)$ 和 τ 确定后，一阶线性电路响应的表达式也就被唯一地确定了。因此，称 $f(0_+)$、

$f(\infty)$ 和 τ 为三要素，利用三要素求解一阶线性电路暂态过程的方法就称为暂态分析的三要素法。该方法只要求出电路中的三个要素，即可根据式（3.33）直接写出电路响应的表达式，而不必再建立电路微分方程逐步求解。需要注意的是，三要素法只适用于在直流电源作用下的 RC 或 RL 一阶线性电路。

三要素法求解电路的具体步骤如下：

（1）计算初始值 $f(0_+)$ 。初始值的计算方法如 3.2.1 小节所述。

（2）计算稳态值 $f(\infty)$ 。稳态值是换路后电路处于新的稳态时的电压、电流值，计算方法如 3.2.2 小节所述。

（3）计算时间常数 τ 。在 RC 一阶电路中，$\tau = R_0C$ ；在 RL 一阶电路中，$\tau = \dfrac{L}{R_0}$ 。

这里 R_0 为换路后的电路中从储能元件（电容或电感）两端看进去的无源二端网络（将理想电压源短路，理想电流源开路）的等效电阻。

（4）将上述三要素代入式（3.33），即可求得电路的响应。

例 3.9　电路如图 3.28（a）所示，已知 $U_S = 5V$, $I_S = 1mA$, $R_1 = R_2 = 10k\Omega$, $C = 10\mu F$ ，换路前电路处于稳态，$t = 0$ 时将开关 S_1 闭合、S_2 断开。求换路后的电压 $u_C(t)$ 和电流 $i(t)$ 的全响应表达式。

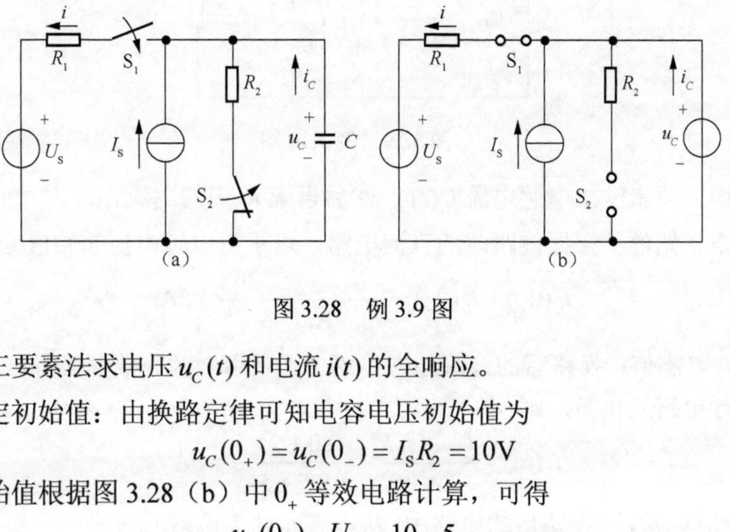

图 3.28　例 3.9 图

解： 用三要素法求电压 $u_C(t)$ 和电流 $i(t)$ 的全响应。

（1）确定初始值：由换路定律可知电容电压初始值为

$$u_C(0_+) = u_C(0_-) = I_S R_2 = 10V$$

电流初始值根据图 3.28（b）中 0_+ 等效电路计算，可得

$$i(0_+) = \frac{u_C(0_+) - U_S}{R_1} = \frac{10-5}{10} = 0.5mA$$

（2）确定稳态值：根据换路后电路可求得稳态值为

$$u_C(\infty) = I_S R_1 + U_S = 15V$$

$$i(\infty) = I_S = 1mA$$

（3）确定时间常数：换路后的电路中，从电容元件 C 两端看进去的无源二端网络（U_S 短路、I_S 开路）的等效电阻为 $R_0 = R_1 = 10k\Omega$ ，所以时间常数为

$$\tau = R_0 C = 10 \times 10^3 \times 10 \times 10^{-6} = 0.1s$$

（4）将三要素代入式（3.33），可得 $u_C(t)$ 及 $i(t)$ 的全响应为

$$u_C(t)=u_C(\infty)+[u_C(0_+)-u_C(\infty)]\mathrm{e}^{-\frac{t}{\tau}}=15+(10-15)\mathrm{e}^{-\frac{t}{0.1}}=15-5\mathrm{e}^{-10t}\mathrm{V}$$

$$i(t)=i(\infty)+[i(0_+)-i(\infty)]\mathrm{e}^{-\frac{t}{\tau}}=1+(0.5-1)\mathrm{e}^{-\frac{t}{0.1}}=1-0.5\mathrm{e}^{-10t}\mathrm{mA}$$

本题用三要素法可以只求电压 $u_C(t)$ 的全响应，然后对换路后的电路，根据基尔霍夫电压定律及欧姆定律，求出电流 $i(t)$ 的全响应表达式为

$$i(t)=\frac{u_C(t)-U_\mathrm{S}}{R_1}=\frac{15-5\mathrm{e}^{-10t}-5}{10}=1-0.5\mathrm{e}^{-10t}\mathrm{mA}$$

电流 $i(t)$ 的全响应还可以通过下式计算：

$$i(t)=I_\mathrm{S}+i_C=I_\mathrm{S}-C\frac{\mathrm{d}u_C}{\mathrm{d}t}=1-0.5\mathrm{e}^{-10t}\mathrm{mA}$$

例 3.10　电路如图 3.29 所示，换路前电路已处于稳态，已知 $U_\mathrm{S}=20\mathrm{V}$，$I_\mathrm{S}=2\mathrm{A}$，$R_1=R_2=5\Omega$，$L=10\mathrm{mH}$，$t=0$ 时开关 S 闭合。求 S 闭合后电感电流 $i_L(t)$ 及电阻 R_2 中的电流 $i_2(t)$。

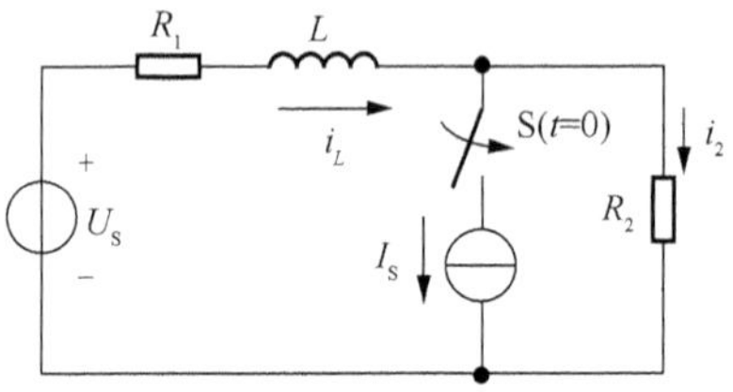

图 3.29　例 3.10 图

解： 先用三要素法求电感电流 $i_L(t)$，然后再求 R_2 中的电流 $i_2(t)$。

（1）确定初始值：根据换路前的直流电路，可求得电感电流初始值为

$$i_L(0_+)=i_L(0_-)=\frac{U_\mathrm{S}}{R_1+R_2}=\frac{20}{5+5}=2\mathrm{A}$$

（2）确定稳态值：换路后的直流稳态电路中，利用电源等效变换将电流源等效变换为电压源进行电路的化简，则

$$i_L(\infty)=\frac{U_\mathrm{S}+I_\mathrm{S}R_2}{R_1+R_2}=\frac{20+2\times5}{5+5}=3\mathrm{A}$$

（3）确定时间常数：换路后的电路中，从电感元件 L 两端看进去的无源二端网络（U_S 短路、I_S 开路）的等效电阻为 $R_0=R_1+R_2=5+5=10\Omega$，所以时间常数为

$$\tau=\frac{L}{R_0}=\frac{10\times10^{-3}}{10}=0.001\mathrm{s}$$

（4）用三要素法可求出 S 闭合后电感中电流的全响应为

$$i_L(t)=i_L(\infty)+[i_L(0_+)-i_L(\infty)]\mathrm{e}^{-\frac{t}{\tau}}=3+(2-3)\mathrm{e}^{-\frac{t}{0.001}}=3-\mathrm{e}^{-1000t}\mathrm{A}$$

式中，稳态响应为 $i_L'=3\mathrm{A}$；暂态响应为 $i_L''=-\mathrm{e}^{-1000t}\mathrm{A}$；零输入响应为 $i_{L\mathrm{f}}=2\mathrm{e}^{-1000t}\mathrm{A}$；零状态响应为 $i_{L\mathrm{c}}=3(1-\mathrm{e}^{-1000t})\mathrm{A}$。

在换路后的电路中，由基尔霍夫电流定律，可得 R_2 中电流为

$$i_2(t) = i_L(t) - I_S = 3 - e^{-1000t} - 2 = 1 - e^{-1000t}\ \text{A}$$

3.6　暂态过程的应用

在电子技术中，存在着很多利用电路中的暂态实现应用要求的实用电路。例如，用 RC 一阶电路组成的微分电路或积分电路，就是利用 RC 一阶电路的暂态过程，获得输入电压和输出电压的特定关系。

3.6.1　微分电路

图 3.30 是 RC 一阶电路，电路的时间常数 $\tau = RC$。在电路的输入端 u_i 加上如图 3.31（a）所示的矩形脉冲电压，脉冲宽度为 t_p，周期为 T，幅值为 U。电阻两端的电压作为输出电压 u_o。

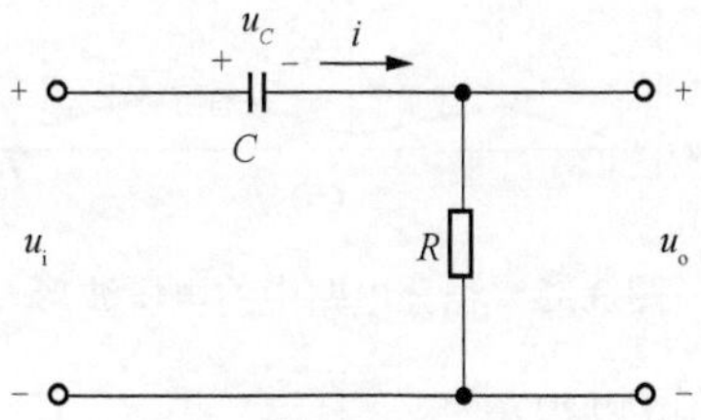

图 3.30　微分电路

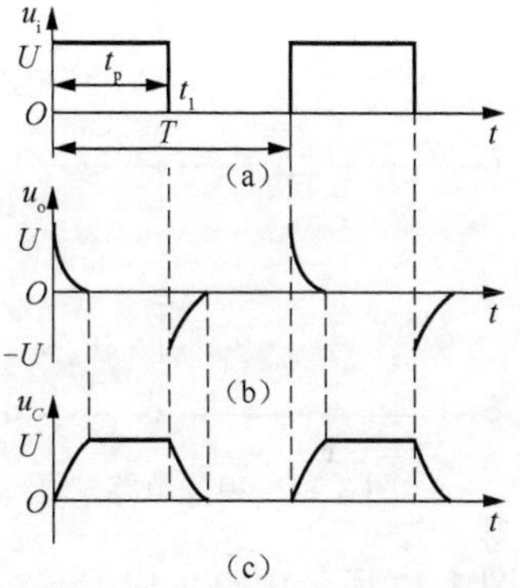

图 3.31　微分电路中的电压波形

若适当地选择电路参数，使电容元件的充、放电时间常数与输入信号 u_i 的脉冲宽度相比满足 $\tau \ll t_p$，则电路的暂态过程非常短。

在 $t = 0$ 时，u_i 从零跃变到 $+U$，此时 u_C 初始值为 0，而 u_o 初始值为 U，电路中产生零状态响应，即电容元件 C 开始充电。由于电路的暂态过程很短，故 u_C 很快充电到 $+U$，而 u_o 很快衰减到零。电阻两端的输出电压 u_o 是一个正尖脉冲，如图 3.31（b）、图 3.31（c）所示。

在 $t = t_1$ 时，u_i 突然下降到零，此时输入端不是开路，而是短路。由于 u_C 不能跃变，所以 u_C 初始值为 $+U$，而 u_o 初始值为 $-U$，电路中产生零输入响应，即电容元件 C 开始放电。u_C 很快衰减到零，而输出电压 u_o 也很快变到零，如图 3.31 所示，输出电压 u_o 是一个负尖脉冲。

如图 3.30 所示电路，根据基尔霍夫电压定律，可以得出

$$u_o + u_C = u_i$$

在 $\tau \ll t_p$ 条件下，$u_o \ll u_C$，因而 $u_C \approx u_i$。于是根据元件电压电流关系可得

$$u_o = iR = RC\frac{du_C}{dt} \approx RC\frac{du_i}{dt} \tag{3.34}$$

式（3.34）表明，输出电压u_o与输入电压u_i近似满足微分关系，故称为微分电路。在脉冲电路中，常常用微分电路将矩形脉冲变换为尖脉冲，作为触发信号。

必须指出，如果不满足$\tau \ll t_p$条件，尽管 RC 电路形式一样，但输出电压不是尖脉冲，电路则成为一般的阻容电路。

3.6.2　积分电路

如果将图 3.30 电路中电阻元件 R 和电容元件 C 位置交换一下，便构成另一个应用十分广泛的电路，如图 3.32 所示的积分电路。输入电压u_i仍然是矩形波，如图 3.33（a）所示，电容两端电压作为输出电压u_o，并且适当地选择电路参数，使电路的时间常数$\tau \gg t_p$。

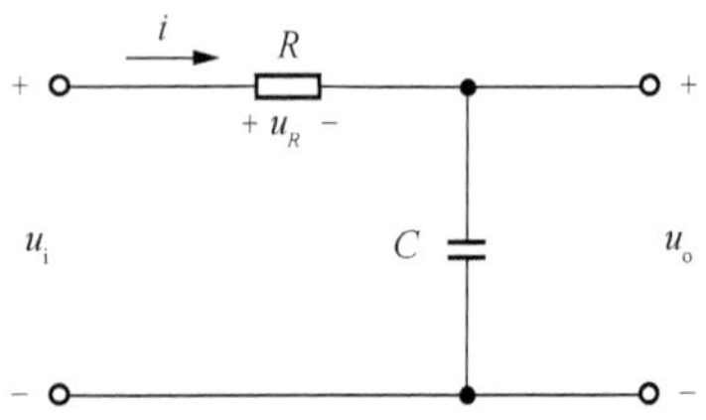

图 3.32　积分电路

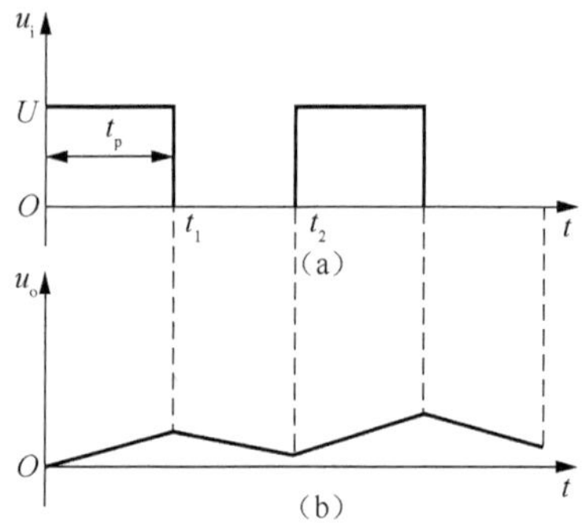

图 3.33　积分电路中的电压波形

如图 3.32 所示电路，根据基尔霍夫电压定律，可以得出

$$u_i = u_R + u_o$$

由于$\tau \gg t_p$，电容元件的充、放电进行得很慢，如图 3.33（b）所示。在第一个脉冲作用期间，电容电压也就是输出电压u_o很小，故$u_i \approx u_R$。于是根据元件电压电流关系可得

$$u_i \approx iR = RC\frac{du_o}{dt}$$

从而

$$u_o \approx \frac{1}{RC}\int u_i dt \tag{3.35}$$

式（3.35）表明，输出电压u_o与输入电压u_i近似满足积分关系，故称为积分电路。经过几个周期后，充电时电压的初始值和放电时电压的初始值基本稳定，输出端输出一个幅值很小的锯齿波电压。时间常数τ愈大，充、放电越是缓慢，输出端所得到的锯齿波电压的线性也就越好。

在脉冲电路中，可应用积分电路把矩形脉冲变换为锯齿波电压，作扫描等用。

习　　题

3.1　如图 3.34 所示电路，开关原来合在 a 端时电路处于稳定状态。（1）开关由 a 端切换到 b 端，求 i_1、i_2、u_{R1}、u_{R2}、u_L、u_C 的初始值和稳态值；（2）当开关合在 b 端电路达到稳态后，再将开关由 b 端切换到 c 端，试求上述各量的初始值和稳态值。

3.2　如图 3.35 所示电路，开关 S 断开前电路处于稳态，$t=0$ 时将开关断开，求开关刚刚断开一瞬间各支路电流及电容两端电压 u_C 与恒流源两端电压 U_{IS} 的值。

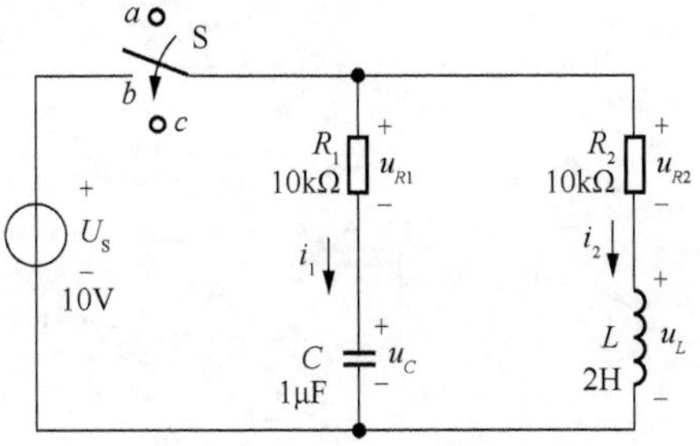

图 3.34　习题 3.1 图

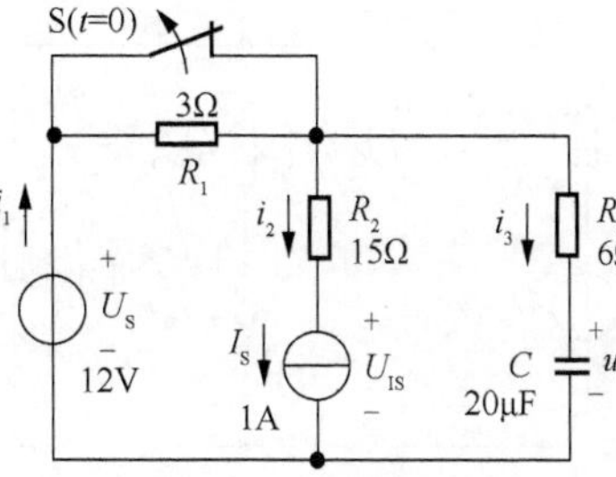

图 3.35　习题 3.2 图

3.3　如图 3.36 所示电路，在开关 S 闭合前处于稳态，求开关闭合后电感中电流 i_L 的初始值和稳态值。

3.4　如图 3.37 所示电路，电路已处于稳态。$t=0$ 时，将开关 S 断开，试求 $t\geqslant 0$ 时电容电压 $u_C(t)$ 及电流 $i_2(t)$。

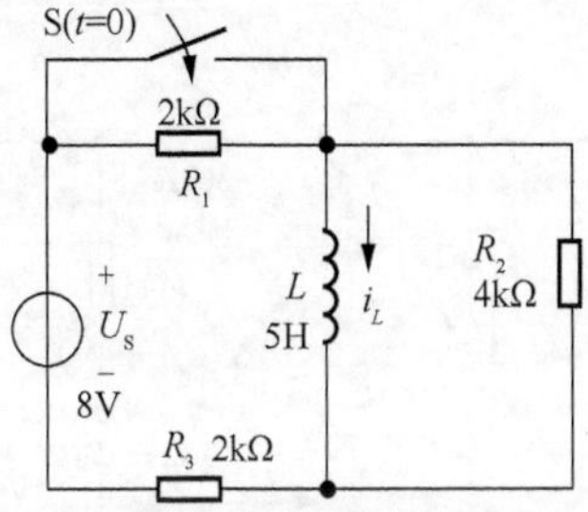

图 3.36　习题 3.3 图

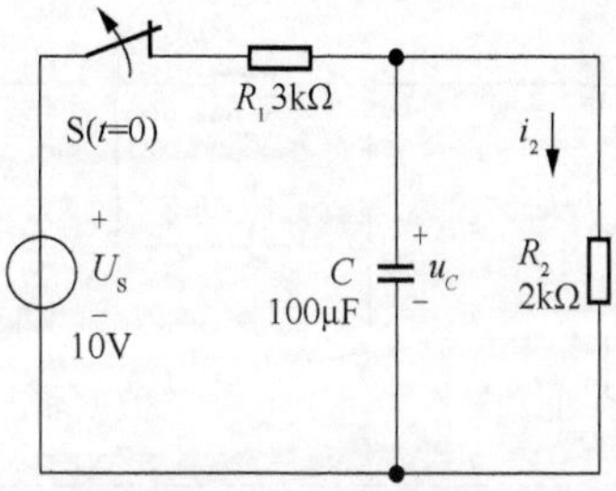

图 3.37　习题 3.4 图

3.5　如图 3.38 所示电路，电路已处于稳态，若要求电容两端的电压 u_C 在开关闭合后最少 10ms、最多 50ms 达到 12V，求电阻 R_3 的调节范围。

3.6　如图 3.39 所示电路，开关 S 在 $t=0$ 时闭合，已知开关闭合后电容两端的电压为 $u_C(t)=5+10e^{-20t}$V。求 $u_C(0_-)$、I_S 和电容 C 的值。

3.7　如图 3.40 所示电路，开关未断开前，电路已处于稳态，$t=0$ 时断开开关 S，试求：（1）电感中电流 $i_L(t)$；（2）电感两端电压 $u_L(t)$。

3.8　如图 3.41 所示电路，开关 S 闭合前电路已处于稳态。$t=0$ 时合上开关 S，求：$t=4$ms 时电阻 R_3 两端的电压 u_3。

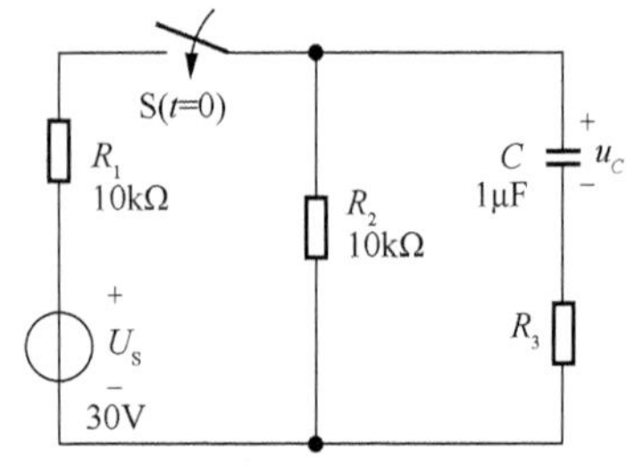

图 3.38　习题 3.5 图

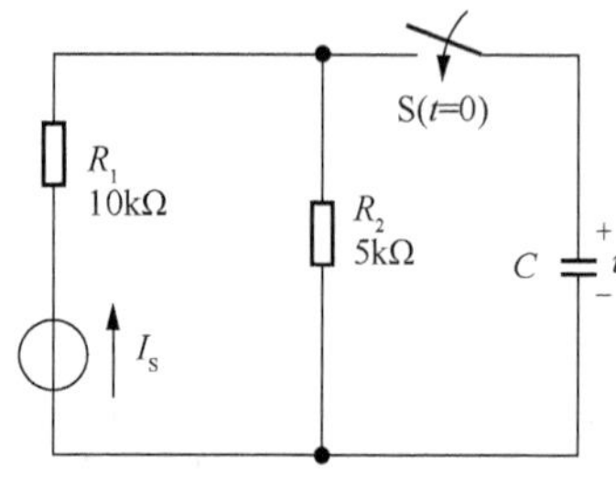

图 3.39　习题 3.6 图

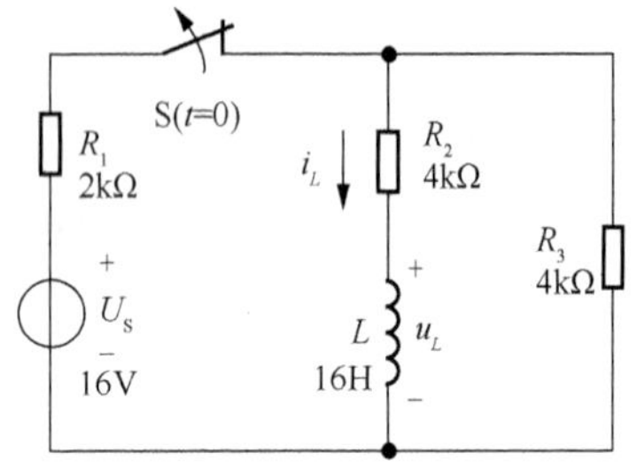

图 3.40　习题 3.7 图

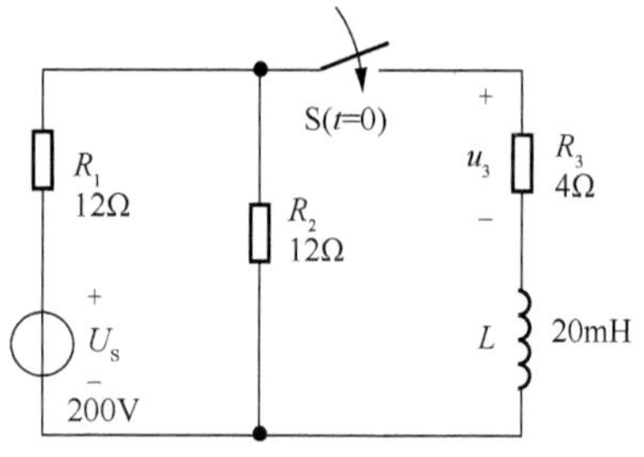

图 3.41　习题 3.8 图

3.9　如图 3.42 所示电路，开关 S 闭合前电路已处于稳态。$t=0$ 时合上开关，试求 S 闭合后：(1) 电容电压 $u_C(t)$ 及电流 $i_2(t)$ 的表达式；(2) 画出 $u_C(t)$ 的零输入响应、零状态响应及全响应曲线。

3.10　如图 3.43 所示电路，在换路前已处于稳态，试求换路后 $u_C(t)$ 及 $i(t)$ 的全响应表达式。

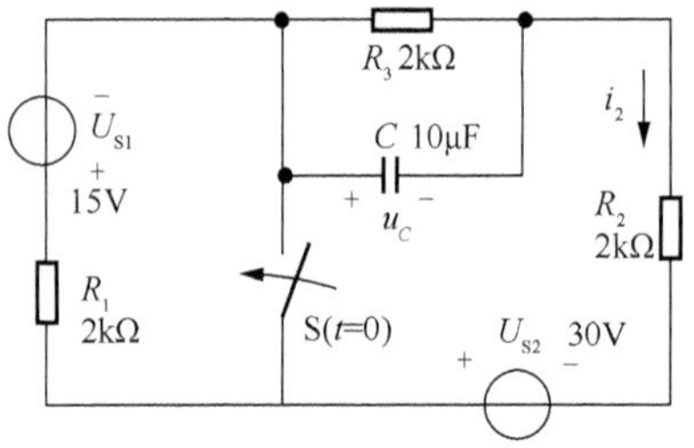

图 3.42　习题 3.9 图

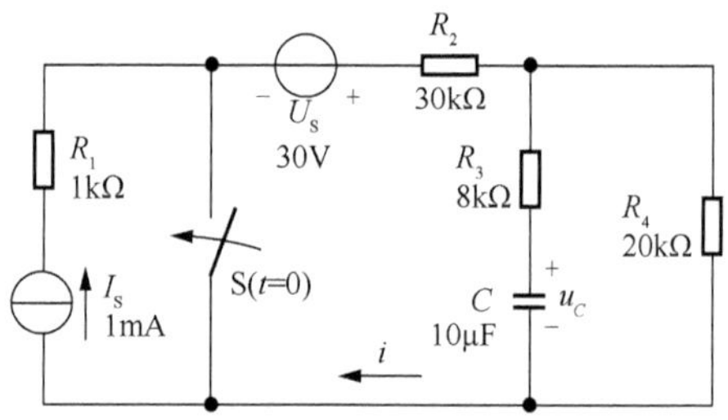

图 3.43　习题 3.10 图

3.11　如图 3.44 所示电路，换路前电路已处于稳态。求换路后电路中的电流 i_C、i_1、i_2 和 i_3。

3.12　如图 3.45 所示电路，开关 S 合在 a 端时，电路处于稳态。$t=0$ 时，开关扳至 b 端处，求 $t \geqslant 0$ 时的 $u_C(t)$ 及 $i_R(t)$。

3.13　如图 3.46 所示电路，开关 S 闭合前电路已处于稳态，$t=0$ 时开关闭合。求开关闭合后恒流源 I_S 两端电压 U_{IS} 的全响应表达式，并分解成零输入响应和零状态响应，画出相应的响应曲线。

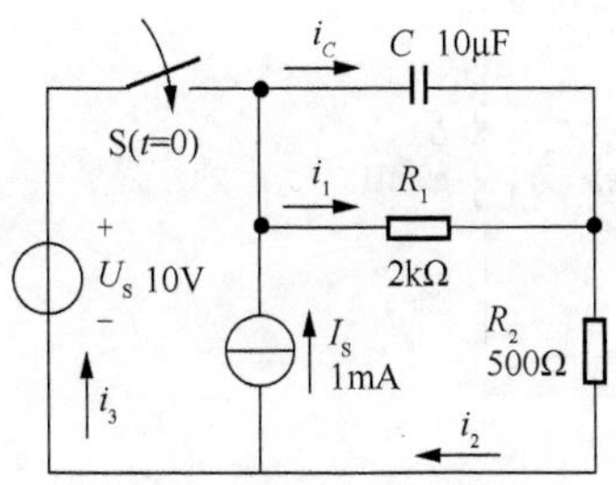

图 3.44　习题 3.11 图

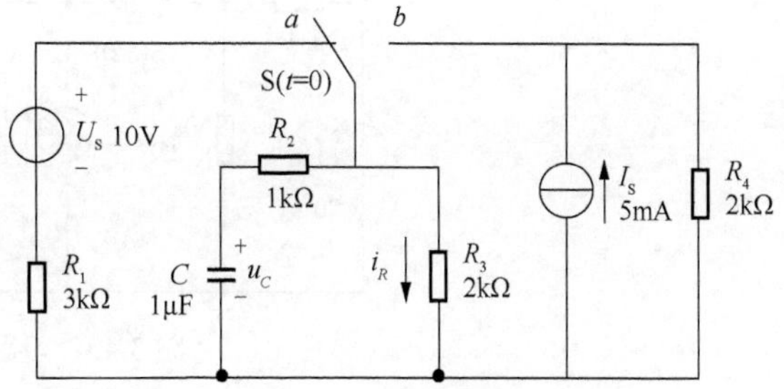

图 3.45　习题 3.12 图

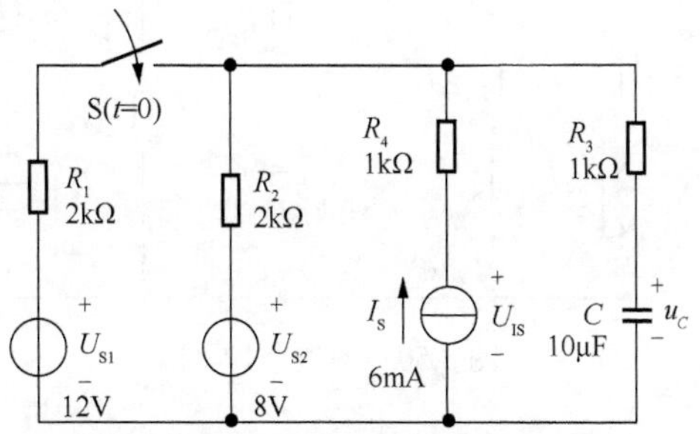

图 3.46　习题 3.13 图

3.14　如图 3.47 所示电路，开关 S 闭合前电路已处于稳态，$t=0$ 时开关闭合。求开关闭合后的电流 i_L 和电压 u_1。

3.15　如图 3.48 所示电路，开关 S 闭合前电路已处于稳态，$t=0$ 时开关闭合。求开关闭合后的电压 u_1 和 u_L。

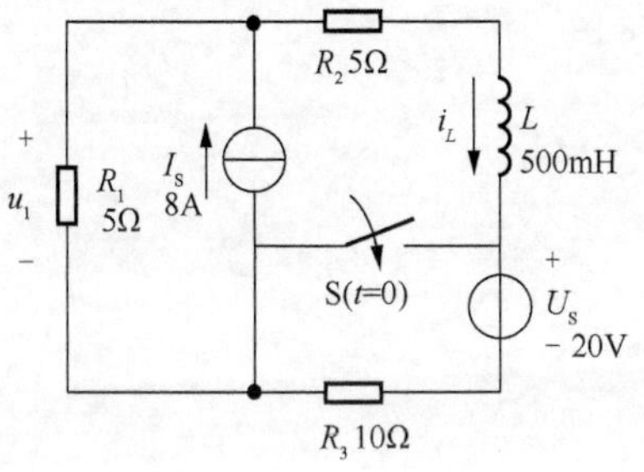

图 3.47　习题 3.14 图

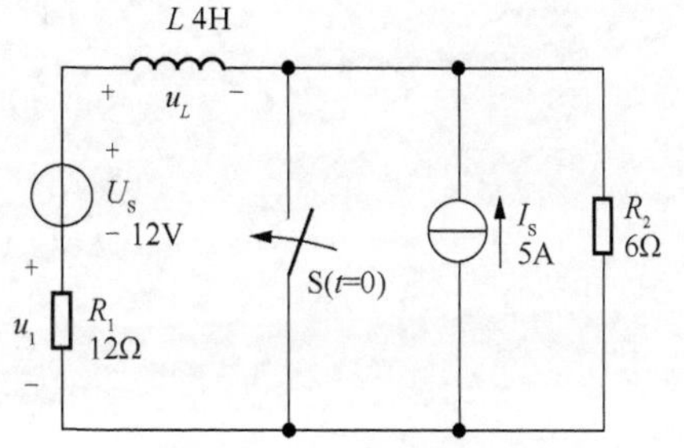

图 3.48　习题 3.15 图

3.16　如图 3.49 所示电路，开关 S 断开前电路已处于稳态，$t=0$ 时开关断开。（1）求换路后的电流 $i_L(t)$，并画出其零输入响应、零状态响应及全响应曲线；（2）求换路后的电压 $u_3(t)$。

3.17　如图 3.50 所示电路，开关 S 断开前电路已处于稳态，$t=0$ 时将开关 S 断开。求 S 断开后：（1）电容电压 $u_C(t)$ 及电感电流 $i_L(t)$；（2）电压 $u_2(t)$ 及电流 $i_4(t)$。

3.18　如图 3.51 所示电路，开关 S 闭合于 a 端时电路已处于稳态，在 $t=0$ 时将开关切换到 b 端，求换路后电容两端电压 $u_C(t)$ 及电感中电流 $i_L(t)$。

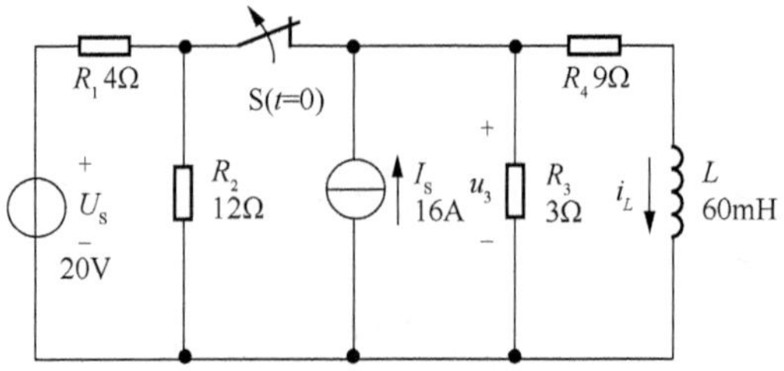

图 3.49　习题 3.16 图

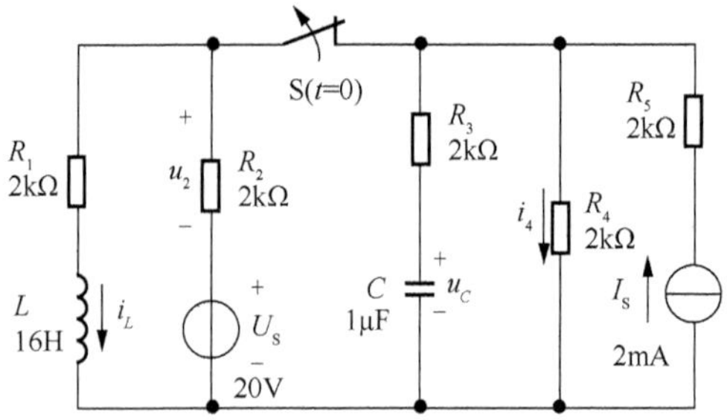

图 3.50　习题 3.17 图

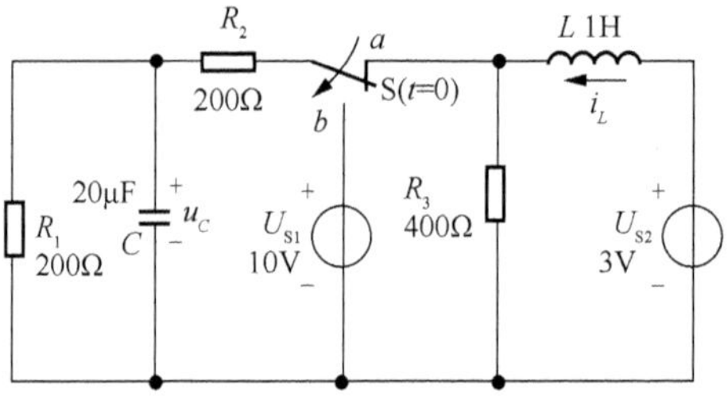

图 3.51　习题 3.18 图

第4章　交 流 电 路

工农业生产及日常生活中最为广泛应用的是交流电。在交流电路中，电流、电压、电动势的大小与方向随时间作周期性交替变化，若电路含有正弦电源而且电路各部分的电流和电压按正弦规律变化，则所研究电路称为正弦交流电路。交流发电机产生的电动势和正弦信号发生器输出的电压信号都是按正弦规律变化的。一般所说的交流电，都是指正弦交流电。

正弦交流电是目前供电和用电的主要形式。正弦交流电的广泛应用，有其理论和技术上的原因。如同频率正弦量的加、减、微分、积分后仍为同频率的正弦量，这样电路各部分的电压、电流波形相同；正弦量波形光滑，不像非正弦周期量含有高次谐波，因而有利于电气设备运行；正弦交流电在输送时可以利用变压器升压，以减小在远距离输送过程中的电能损耗；在使用时可根据需要降压，以满足各种不同设备电压需要，有利于安全供电；正弦交流发电机和电动机结构相对简单、运行平稳可靠、维护方便等。在一些需要直流电的场合，可通过整流的方法将交流电变换成直流电；在电子技术中，可将一些非正弦周期信号通过分解为不同频率的正弦量来进行分析。由于正弦交流电应用十分广泛，所以它是电工技术中的重要研究内容。

本章首先介绍正弦交流电的基本概念和表示方法，然后从单一参数电路出发，讨论电路中电压、电流之间关系及功率、能量交换的基本理论，从而得出正弦交流电路的基本分析方法，最后简要介绍了非正弦周期信号电路的谐波分析方法。

4.1　正弦交流电的基本概念

在交流电路中，电压和电流随时间周期性地改变方向和大小，在电路分析中同样需要设定电压、电流的参考方向并分别以“+、-”号或箭标表示，如图4.1所示电路中设定的交流电压、电流的参考方向。当电压或电流的实际方向与参考方向相同时，相应的正弦函数处于正半周，其值为正；当电压或电流的实际方向与参考方向相反时，相应的正弦函数处于负半周，其值为负。若实际方向在某一瞬间与假设的参考方向一致，则在这一瞬间电压和电流值为正，表示u、i在正半周；若实际方向在某一瞬间与假设的参考方向相反，则在这一瞬间电压和电流值为负，表示u、i在负半周。只有选定了参考方向才能说明任一瞬间电流、电压的正负。

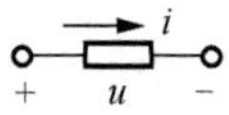

图4.1　交流电的正方向

4.1.1　正弦量的三要素

以正弦交流电压为例，正弦量的波形图如图 4.2 所示。正弦量还可以用时间 t 的正弦函数来表示，其数学表达式为

$$u(t) = U_{\mathrm{m}} \sin(\omega t + \psi) \tag{4.1}$$

式中，$u(t)$ 为正弦电压随时间变化的瞬时值；U_{m} 为幅值或者最大值；ω 为正弦电压的角频率；ψ 为正弦电压在 t=0 时的相位，称为初相位。

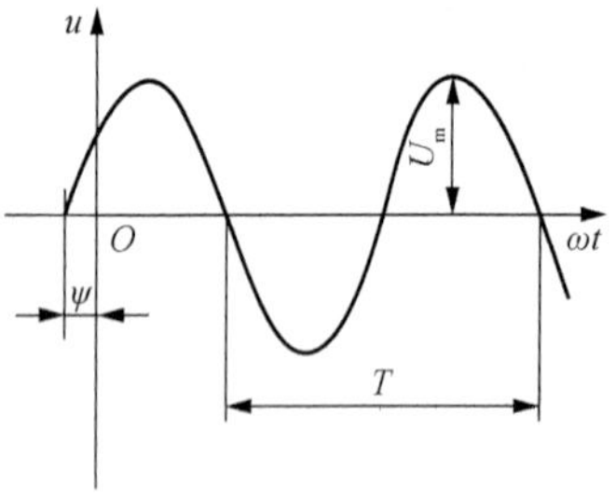

图 4.2　正弦交流电波形图

U_{m}、ω 和 ψ 分别用来表示一个正弦量的大小、变化速度和初始状态。对任一正弦量，当其幅值、角频率和初相位确定以后，该正弦量就可以完全确定下来。因此幅值、角频率和初相位是区别不同正弦量的依据，称为正弦量的三要素。

1. 周期、频率和角频率

正弦量变化一周所需的时间称为周期，用 T 表示，单位为秒（s）。每秒正弦量变化的次数称为频率，用 f 表示，单位是赫兹（Hz）。因为正弦量重复一次需 T 秒，所以频率和周期互为倒数，即

$$f = \frac{1}{T} \text{ 或 } T = \frac{1}{f} \tag{4.2}$$

正弦量表达式中的 ω 表示每经过单位时间，瞬时相位所增加的角度，称为角频率。因为正弦量每经过一个周期的时间，相应的相位增加 2π 弧度，所以角频率为

$$\omega = \frac{2\pi}{T} = 2\pi f \tag{4.3}$$

其单位为弧度/秒（rad/s）。

周期、频率和角频率都是反映正弦量变化快慢的量。T 越小，f 越大，ω 越大，正弦量循环变化越快；反之变化越慢。

我国电力工业标准频率是 50Hz，称为工频，通常的交流电动机和照明负载都采用这种频率。有些国家，如美国、日本等，采用 60Hz 作为电力工业标准频率。

在其他不同的技术领域内使用着各种不同的频率，千赫（kHz）和兆赫（MHz）是在高频下常用的频率单位。例如，航空工业用的交流电频率是 400Hz；在电加热方面用的中频炉使用的频率是 500～8000Hz；高频炉的频率是 200～300kHz；无线电工程的频率高达 500kHz～300GHz。

正弦量变化的快慢也可用弧度 ωt 表示。时间和弧度的对应关系，如图 4.3 所示。

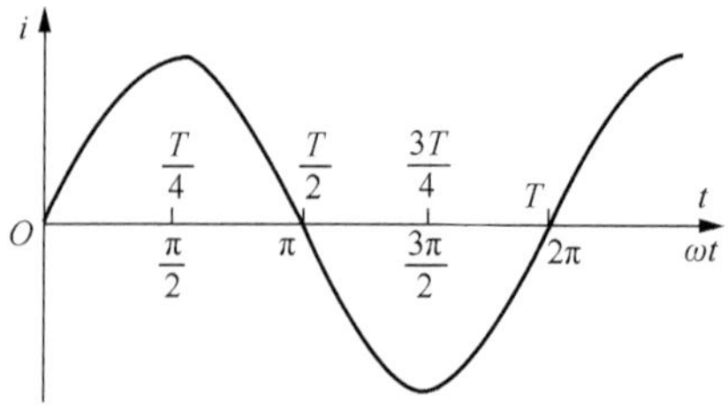

图 4.3　正弦量波形图的不同横坐标

2. 瞬时值、幅值（最大值）和有效值

正弦量在任一瞬间的值称为瞬时值，用小写字母表示，如 u、i、e 分别表示电压、电流和电动势的瞬时值。它们是时间的函数，大小随时间按正弦规

律变化。瞬时值中最大的值称为幅值或最大值，用带下标 m 的大写字母来表示，如 U_{m}、I_{m}、E_{m} 分别表示电压、电流和电动势的最大值。

正弦量的大小一般不用瞬时值，也不用幅值计量，而是用有效值来衡量。有效值是从电流的热效应来规定的，因为在电工技术中，电流常表现出其热效应。不论是周期性变化的电流还是直流电流，只要它们在相等的时间内通过同一电阻产生的热效应相等，就把他们的安培值看作是相等的。

如图 4.4 所示，有效值的规定是：假设一个周期性电流 i 通过一个电阻 R 时，在一个周期内产生热量 Q_a，和一个恒定的直流电流 I 通过这个电阻 R 时，在相同的时间内产生的热量 Q_d 相等，即直流电流 I 和周期电流 i 产生的热效应是等效的，则把该直流电流的数值大小 I 定义为这个周期电流 i 的有效值。

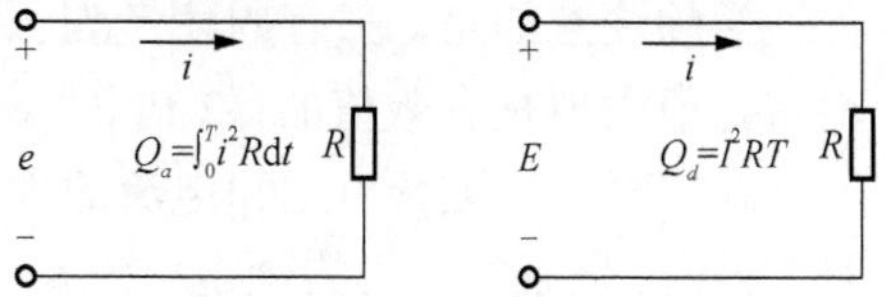

图 4.4　有效值的规定

根据焦耳–楞次定律，周期电流 i 通过电阻 R，在一个周期 T 内所产生的热量为

$$Q_a=\int_0^T i^2 R\mathrm{d}t$$

恒定的直流电流 I 通过相同电阻 R，在相同时间内产生的热量为

$$Q_d=I^2RT$$

根据有效值的规定，令 $Q_d=Q_a$，即

$$I^2RT=\int_0^T i^2R\mathrm{d}t$$

由此，可得出周期电流 i 的有效值为

$$I=\sqrt{\frac{1}{T}\int_0^T i^2\mathrm{d}t} \tag{4.4}$$

由式（4.4）可知，有效值是由周期电流瞬时值的平方在一个周期内的平均值再取平方根计算出来的，因此，有效值又称方均根值，该定义对正弦量和非正弦周期量都适用。有效值用大写字母来表示，如 U、I、E 分别表示电压、电流和电动势的有效值。

当周期电流为正弦量时，设 $i=I_{\mathrm{m}}\sin(\omega t+\psi)$ 代入式（4.4），可得

$$\begin{aligned}I&=\sqrt{\frac{1}{T}\int_0^T[I_{\mathrm{m}}\sin(\omega t+\psi)]^2\mathrm{d}t}\\&=I_{\mathrm{m}}\sqrt{\frac{1}{T}\int_0^T\frac{[1-\cos(2\omega t+2\psi)]\mathrm{d}t}{2}}\\&=I_{\mathrm{m}}\sqrt{\frac{1}{2T}\left[t-\frac{\sin(2\omega t+2\psi)}{2\omega}\right]_0^T}=\frac{I_{\mathrm{m}}}{\sqrt{2}}\end{aligned}$$

同理，对于正弦电压和正弦电动势，也有类似的结论，即正弦交流电的电流、电压和电动势的有效值为

$$\begin{cases} I=\dfrac{I_m}{\sqrt{2}} \text{ 或 } I_m=\sqrt{2}I \\ U=\dfrac{U_m}{\sqrt{2}} \text{ 或 } U_m=\sqrt{2}U \\ E=\dfrac{E_m}{\sqrt{2}} \text{ 或 } E_m=\sqrt{2}E \end{cases} \tag{4.5}$$

必须注意的是，只有周期量为正弦函数时，式（4.5）的关系才成立，即对于正弦量而言，最大值是有效值的$\sqrt{2}$倍。

在工程上，正弦电压和电流的大小一般皆指其有效值。如通常所说的交流电源电压是 220V，交流电动机的额定电流是 15A 等都是指有效值。一般交流电压表和电流表的读数，常按正弦量的有效值刻度，即表的读数就是被测物理量的有效值。

3. 相位、初相位和相位差

设正弦量

$$i=I_m\sin(\omega t+\psi)$$

式中，随时间连续变化的角度$\omega t+\psi$称为正弦量的相位角，简称相位，它反映出正弦量变化的进程。时间t不同，相位角$\omega t+\psi$不同，瞬时值i也不同。ψ为t=0 时正弦量的相位，称为初相位，它反映了正弦量在t=0 时的状态。初相位不同，正弦量的初始值也不同。

相位和初相位的单位为弧度（rad）或度（°）。画波形图时，一般横坐标用弧度表示。初相位的取值范围通常为$|\psi|\leqslant\pi$，图 4.5 给出了不同初相位的正弦电流$i=I_m\sin(\omega t+\psi)$的波形。

若规定正弦量由负到正的零点为其变化起点，t=0 的时刻为计时起点，则初相位ψ就是变化起点到计时起点的角度。如图 4.5（a）所示，变化起点与计时起点重合，则ψ等于零；如图 4.5（b）所示，变化起点在计时起点的左边，则ψ为正；如图 4.5（c）所示，变化起点在计时起点的右边，则ψ为负。

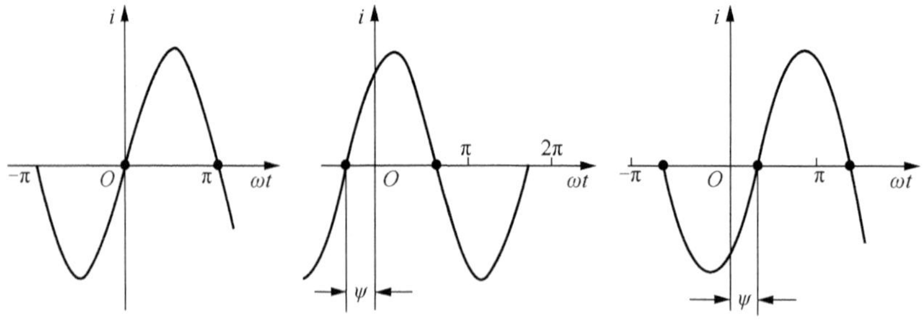

图 4.5　正弦量的初相位

两个同频率正弦量的相位之差，称为相位差，用φ表示。例如，两个同频率的正弦量u、i分别为

$$u=U_m\sin(\omega t+\psi_u)$$

$$i = I_m \sin(\omega t + \psi_i)$$

则u和i之间的相位差为

$$\varphi=(\omega t + \psi_u) - (\omega t + \psi_i)=\psi_u - \psi_i$$

因此，两个同频率正弦量的相位差也就是它们的初相位之差。

相位差与时间无关，用来描述两个同频率正弦量的超前、滞后关系，如图4.6所示。

当$\psi_u > \psi_i$时，$\varphi=\psi_u - \psi_i > 0$，则称$u$超前于$i$ φ角，意为u比i先达到正最大值，如图4.6（a）所示。

当$\psi_u < \psi_i$时，$\varphi=\psi_u - \psi_i < 0$，则称$u$滞后于$i$ $|\varphi|$角，即u比i后达到正最大值，如图4.6（b）所示。

如果$\psi_u=\psi_i , \varphi=\psi_u - \psi_i=0$，则称$u$和$i$同相位（简称同相），如图4.6（c）所示。

如果$\varphi=\psi_u - \psi_i=\pm\pi$，则称$u$和$i$反相位（简称反相），如图4.6（d）所示。

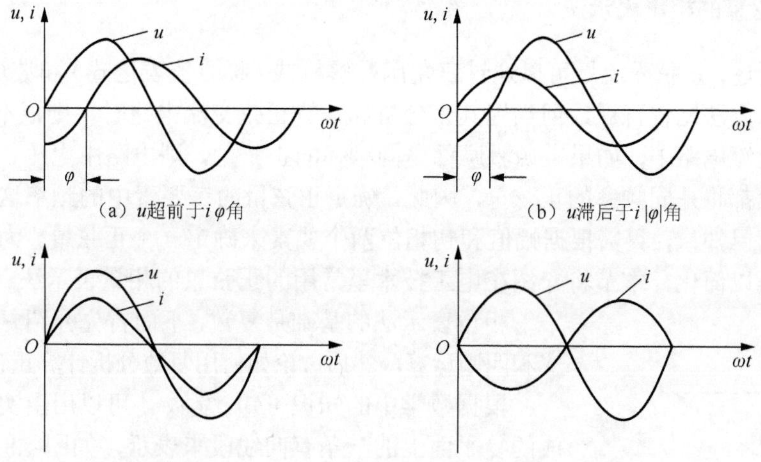

（a）u超前于i φ角　（b）u滞后于i $|\varphi|$角

（c）u和i同相　（d）u和i反相

图4.6　正弦量的相位差

例 4.1　已知工频正弦交流电压u的波形如图4.7所示。试求：（1）周期、角频率；（2）初相位；（3）幅值、有效值、瞬时值表达式。

解：已知频率f=50Hz。

（1）由式（4.2），可得正弦交流电压的周期为

$$T = \frac{1}{f} = \frac{1}{50} = 0.02\text{s}$$

由式（4.3），可得正弦交流电压的角频率为

$$\omega = 2\pi f = 2\pi \times 50 \approx 314\text{rad/s}$$

（2）由于如图4.7所示正弦电压的变化起点在计时起点的右边，所以初相位为负，其值为

$$\psi = -\frac{2\pi}{3}\text{rad}$$

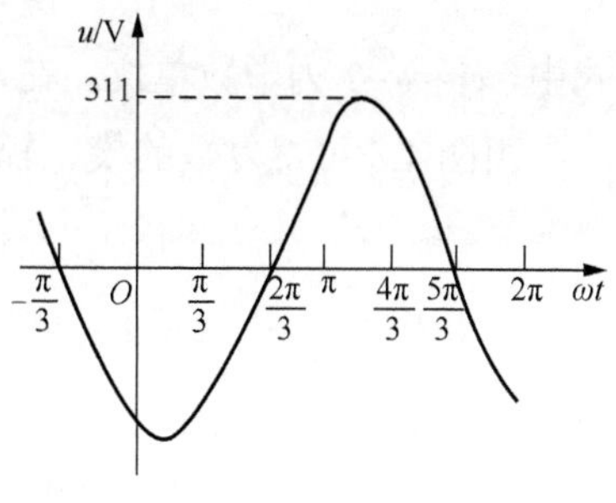

图4.7　例4.1图

（3）由波形图可知，幅值$U_m = 311\text{V}$，根据式（4.5），

可得有效值为

$$U=\frac{U_{\mathrm{m}}}{\sqrt{2}}=\frac{311}{\sqrt{2}}\approx 220\mathrm{V}$$

因为已经求出了正弦电压的三要素，所以瞬时值表达式为

$$u=U_{\mathrm{m}}\sin(\omega t+\psi)=311\sin\left(314t-\frac{2\pi}{3}\right)\mathrm{V}$$

例 4.2　已知$u=220\sqrt{2}\sin(314t-30°)\mathrm{V}$，$i=22\sqrt{2}\sin(314t+60°)\mathrm{A}$，求$u$和$i$之间的相位差。

解： u和i之间的相位差为

$$\varphi=\psi_u-\psi_i=-30°-60°=-90°$$

即电压滞后电流90°，或者说电流超前电压90°。

4.1.2　正弦量的相量表示法

如前所述，正弦交流量可以通过三角函数解析式（瞬时值表达式）和波形图来描述，这两种表示方法比较直观，但当用其来分析和计算正弦交流电路时，则很不方便。

线性交流电路中，如果电源激励都是同频率的正弦量，则电路中电压、电流的全部稳态响应也都将是同频率的正弦量，因此，确定正弦量的三要素中的频率这个要素可以作为不变的已知量，只需根据幅值和初相位两个要素来确定一个正弦量。为使电路的分析、计算得以简化，本节将介绍在电工技术里常用的正弦量的相量表示法。

相量表示法的基础是复数，下面首先介绍复数的基本形式和四则运算，然后讨论如何用复数分析计算正弦交流电路。

根据数学中的知识可知，复数A可以用由实轴和虚轴构成的复平面上的一条有向线段来表示，如图 4.8 所示。为了与一般的复数相区别，把表示正弦量的复数称为相量，并在大写字母上面加“·”，记为$\dot{A}$。

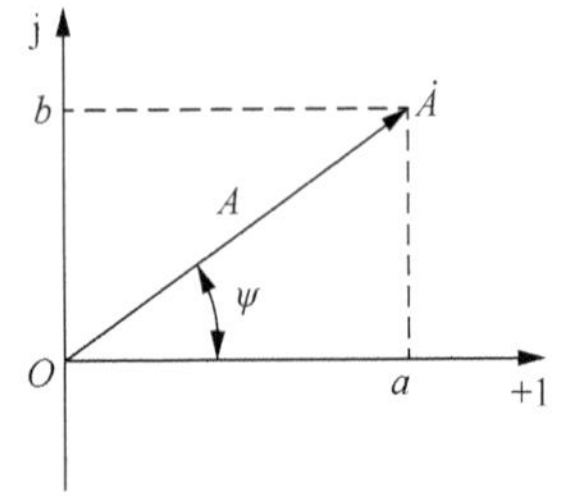

图 4.8　复平面及相量表示法

相量$\dot{A}$的长度A称为复数的模；$\dot{A}$与实轴的夹角ψ称为复数的辐角。相量$\dot{A}$在实轴上的投影为a，在虚轴上的投影为b，a与b分别称为复数的实部与虚部。

于是，相量$\dot{A}$有下述复数表达形式：

$$\dot{A}=a+\mathrm{j}b\text{（复数的代数式）}$$

式中，$\mathrm{j}=\sqrt{-1}$为虚数单位。在电工技术中用j表示虚部，是为了避免与电流i相混淆。

由图 4.8 可得复数的模、辐角与实部、虚部之间的关系为

$$A=\sqrt{a^2+b^2},\quad \psi=\arctan\frac{b}{a} \tag{4.6}$$

$$a=A\cos\psi,\quad b=A\sin\psi \tag{4.7}$$

所以，相量$\dot{A}$还可表示为

$$\dot{A}=A\cos\psi+\mathrm{j}A\sin\psi\text{（复数的三角函数式）}$$

根据欧拉公式

$$\cos\psi=\frac{e^{j\varphi}+e^{-j\varphi}}{2},\sin\psi=\frac{e^{j\varphi}-e^{-j\varphi}}{2}$$

有

$$e^{j\psi}=\cos\psi+j\sin\psi$$

因此，相量$\dot{A}$又可表示为

$$\dot{A}=Ae^{j\psi}\text{（复数的指数式）}$$

$$\dot{A}=A\angle\psi\text{（复数的极坐标式）}$$

用$\angle\psi$代替$e^{j\psi}$，是电工上的习惯用法。

对于同一个相量，其复数的几种表达形式可以进行互相转换，究竟采用哪种表示法，视具体运算方便而定。

由于

$$j=\cos 90°+j\sin 90°=e^{j90°}=1\angle 90°$$

$$-j=\cos 90°-j\sin 90°=e^{-j90°}=1\angle -90°$$

任一相量乘以j时，其模不变，辐角增大90°，即向前（逆时针）旋转90°；乘以-j时，其模不变，辐角减小90°，即向后（顺时针）旋转90°。因此，把j称为旋转90°算子。

复数进行四则运算时，一般加、减运算采用代数式，分别把实部与实部相加减，虚部与虚部相加减；乘、除运算一般采用极坐标形式（或指数式），相乘时，模和模相乘，辐角相加；相除时，模和模相除，辐角相减。如有两个复数：

$$\dot{A}_1=a_1+jb_1=A_1e^{j\psi_1},\ \dot{A}_2=a_2+jb_2=A_2e^{j\psi_2}$$

则它们进行四则运算时，有

$$\dot{A}_1\pm\dot{A}_2=(a_1\pm a_2)+j(b_1\pm b_2)$$

$$\dot{A}_1\cdot\dot{A}_2=A_1A_2e^{j(\psi_1+\psi_2)}=A_1A_2\angle(\psi_1+\psi_2)$$

$$\frac{\dot{A}_1}{\dot{A}_2}=\frac{A_1}{A_2}e^{j(\psi_1-\psi_2)}=\frac{A_1}{A_2}\angle(\psi_1-\psi_2)$$

由图4.8可看出，若用复数的模表示正弦量的大小（幅值或有效值），用复数的辐角表示正弦量的初相位，则这个复数就可用来表示正弦量。如$\dot{U}_m$和$\dot{I}_m$分别表示电压和电流的最大值相量；$\dot{U}$和$\dot{I}$分别表示电压和电流的有效值相量。

将同频率的正弦量用相量表示方法画在同一复平面中的图称为相量图。相量图可明确表示同一电路中各正弦量（电压、电流）的相位和大小关系。用平行四边形法则，同样可以方便地进行相量的加减运算。

以正弦电流$i=I_m\sin(\omega t+\psi)=\sqrt{2}I\sin(\omega t+\psi)$为例，其用复数表示的最大值相量表达式为

$$\dot{I}_m=I_me^{j\psi}=I_m\angle\psi=I_m(\cos\psi+j\sin\psi)\tag{4.8}$$

有效值相量表达式为

$$\dot{I}=Ie^{j\psi}=I\angle\psi=I(\cos\psi+j\sin\psi)\tag{4.9}$$

相量图如图4.9所示。

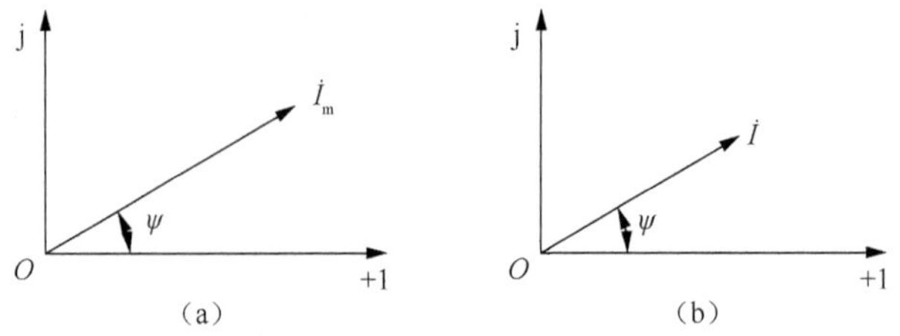

图 4.9　相量图

例 4.3　已知频率为 50Hz 的正弦电流相量的复数表达式为 $\dot{I}=(-3+\mathrm{j}4)\mathrm{A}$，求其瞬时值表达式。

解：角频率为

$$\omega=2\pi f=2\pi\times 50=314\mathrm{rad/s}$$

根据式（4.6），可得有效值为

$$I=\sqrt{(-3)^2+4^2}=5\mathrm{A}$$

初相位为

$$\psi=\arctan\frac{4}{-3}=126.9^\circ$$

所以，瞬时值表达式为

$$i=5\sqrt{2}\sin(314t+126.9^\circ)\ \mathrm{A}$$

例 4.4　已知 $i=14.14\sin(314t+\frac{\pi}{6})\mathrm{A}, u=311.1\sin(314t-\frac{\pi}{3})\mathrm{V}$，求 i、u 的相量表达式及相量图。

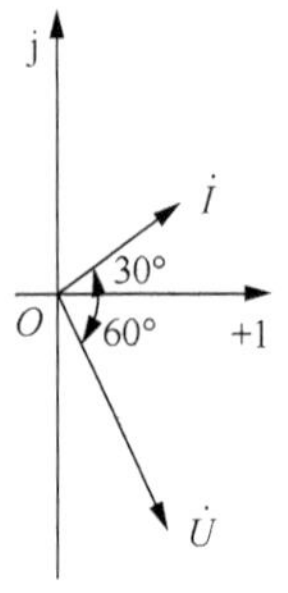

图 4.10　例 4.4 相量图

解：由已知，可得

$$\dot{I}=\frac{14.14}{\sqrt{2}}\mathrm{e}^{\mathrm{j}30^\circ}=10\mathrm{e}^{\mathrm{j}30^\circ}=10\angle 30^\circ\mathrm{A}$$

$$\begin{aligned}\dot{U}&=\frac{311.1}{\sqrt{2}}\left[\cos(-60^\circ)+\mathrm{j}\sin(-60^\circ)\right]\\&=110-\mathrm{j}190.5=220\mathrm{e}^{-\mathrm{j}60^\circ}=220\angle-60^\circ\mathrm{V}\end{aligned}$$

相量如图 4.10 所示。

例 4.5　已知两个同频率正弦电流 $i_1=10\sin(314t+45^\circ)\mathrm{A}$，$i_2=6\sin(314t+30^\circ)\mathrm{A}$，试用相量法求两个电流之和 $i=i_1+i_2$。

解：电流 i_1、i_2 的最大值相量分别为

$$\dot{I}_{1\mathrm{m}}=10\angle 45^\circ\mathrm{A}\ ,\ \dot{I}_{2\mathrm{m}}=6\angle 30^\circ\mathrm{A}$$

则

$$\begin{aligned}\dot{I}_{\mathrm{m}}&=\dot{I}_{1\mathrm{m}}+\dot{I}_{2\mathrm{m}}=10\angle 45^\circ+6\angle 30^\circ\\&=(10\cos 45^\circ+\mathrm{j}10\sin 45^\circ)+(6\cos 30^\circ+\mathrm{j}6\sin 30^\circ)\\&=(7.07+\mathrm{j}7.07)+(5.2+\mathrm{j}3)\\&=12.27+\mathrm{j}10.07\\&=15.87\angle 39.38^\circ\mathrm{A}\end{aligned}$$

所以，所求电流为

$$i = 15.87\sin(314t + 39.38°)\text{A}$$

需要指出的是：基尔霍夫定律对正弦量的瞬时值和相量形式仍成立。因此，在正弦交流电路图中标注正弦量时，一般使用瞬时值或相量符号。

4.2 单一参数的正弦交流电路

用来表征电路元件基本性质的物理量称为电路参数。电阻、电感和电容是交流电路的三个基本参数。在恒定的直流电路中，磁场和电场都是恒定的，电路在稳定状态下，电感元件可视作短路，电容元件可视作开路，因此可以不考虑它们的影响，只需考虑电路中电阻元件的作用。但在交流电路中，因电压和电流是不断交变的，磁场和电场总在变化，这就必须考虑电感元件和电容元件对电路所起的作用。

只具有一种电路参数的电路称为单一参数电路。实际的电路总是同时存在电阻、电感和电容效应的，但当电路中只有一种电路参数起主要作用，而其余电路参数可以忽略不计时，就可以把这个电路看成是单一参数电路。

分析交流电路的目的在于确定电路中电压与电流之间的大小和相位关系，并讨论电路中能量的转换和功率问题。掌握单一参数交流电路的分析方法和基本规律，是分析复杂交流电路的基础。

4.2.1 电阻电路

1. 电压和电流之间的关系

电阻元件与正弦交流电源相接组成的电阻电路如图 4.11（a）所示。

设正弦交流电源电压 u 为

$$u = U_{\text{m}}\sin\omega t$$

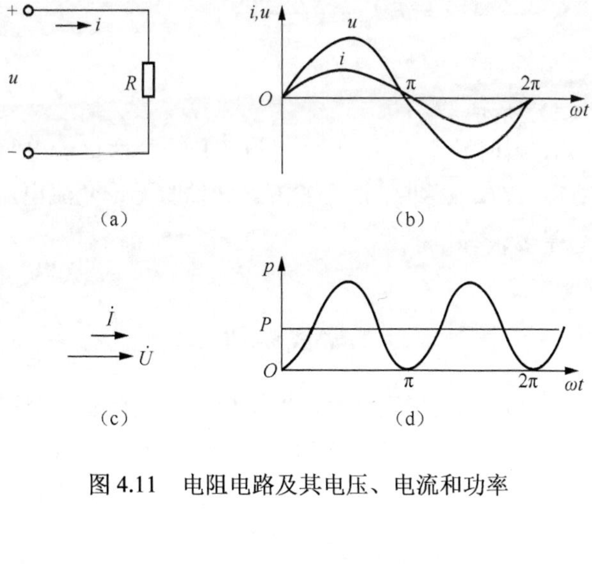

图 4.11 电阻电路及其电压、电流和功率

欧姆定律对交流瞬时值也成立，即

$$i=\frac{u}{R}=\frac{U_{\mathrm{m}}}{R}\sin\omega t=I_{\mathrm{m}}\sin\omega t \tag{4.10}$$

可以看出，电阻元件上的电压和电流为同频率的正弦量，并且电流 i 和电压 u 同相位，即 u 和 i 之间的相位差 $\varphi=0$。电压和电流的波形图如图 4.11（b）所示。

由式（4.10）可知

$$I_{\mathrm{m}}=\frac{U_{\mathrm{m}}}{R} \text{ 或 } I=\frac{U}{R} \tag{4.11}$$

这说明电阻元件上正弦量的最大值和有效值都满足欧姆定律。

如果用复数表示正弦量，则电阻元件上电压和电流的有效值相量表示为

$$\dot{U}=U\mathrm{e}^{\mathrm{j}\psi}=U\angle 0^{\circ}$$

$$\dot{I}=I\mathrm{e}^{\mathrm{j}\psi}=\frac{U}{R}\mathrm{e}^{\mathrm{j}0^{\circ}}=\frac{U}{R}\angle 0^{\circ}$$

相量图如图 4.11（c）所示。因此有

$$\dot{U}=\dot{I}R \tag{4.12}$$

通常将式（4.12）称为欧姆定律的相量表示法，即电阻元件上正弦电压和电流的相量关系也满足欧姆定律。

2. *功率*

在任意瞬间，电压瞬时值 u 和电流瞬时值 i 的乘积，称为瞬时功率，用小写字母 p 表示，即

$$p=u\cdot i \tag{4.13}$$

电阻元件的瞬时功率为

$$\begin{aligned}p=u\cdot i&=U_{\mathrm{m}}\sin\omega t\cdot I_{\mathrm{m}}\sin\omega t\\&=U_{\mathrm{m}}I_{\mathrm{m}}\sin^2\omega t\\&=U_{\mathrm{m}}I_{\mathrm{m}}\frac{1-\cos 2\omega t}{2}\\&=UI-UI\cos 2\omega t\end{aligned} \tag{4.14}$$

其波形图如图 4.11（d）所示。

由式（4.14）可知，瞬时功率 p 由一个常量 UI 和一个两倍于电源频率的周期交变量 $UI\cos 2\omega t$ 两部分组成，且在任意时刻，$p\geqslant 0$。这说明无论交流电压、电流的大小和方向如何变化，电阻总是要消耗电能。

瞬时功率也可以写成

$$p=i^2R \text{ 或 } p=\frac{u^2}{R} \tag{4.15}$$

在实际应用中，更常用的是平均功率。平均功率是电路在一个周期内消耗电能的平均速率，即瞬时功率在一个周期内的平均值，用大写字母 P 表示，单位是 W 或 kW。

电阻元件的平均功率为

$$P=\frac{1}{T}\int_0^T p\mathrm{d}t=\frac{1}{T}\int_0^T UI(1-\cos 2\omega t)\mathrm{d}t$$
$$=UI=I^2R=\frac{U^2}{R} \tag{4.16}$$

平均功率又称有功功率，反映了电阻负载实际消耗了的电能。通常所说的功率，就是指平均功率。如一只标有“220V 100W”的灯泡，就是指灯泡接220V额定电压时，平均功率为100W。

4.2.2 电感电路

1. 电压和电流之间的关系

电感元件与正弦交流电源相接组成的电感电路如图4.12（a）所示。

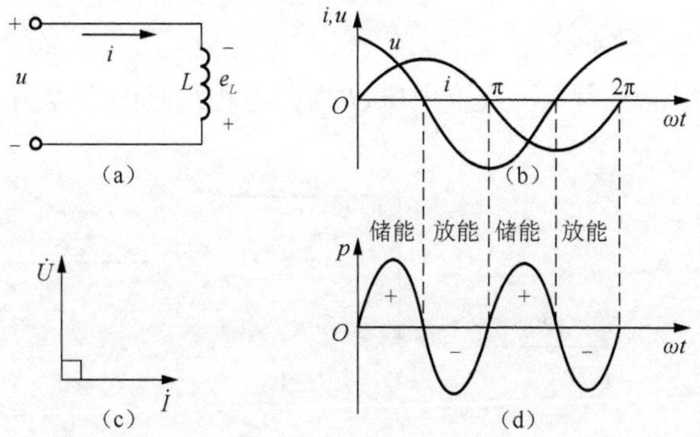

图4.12 电感电路及其电压、电流和功率

如图4.12（a）所示的电压u、电流i和感应电动势e_L的正方向，有

$$u=-e_L=L\frac{\mathrm{d}i}{\mathrm{d}t}$$

设电感元件中通过的正弦交流电流i为

$$i=I_\mathrm{m}\sin\omega t$$

则

$$u=L\frac{\mathrm{d}i}{\mathrm{d}t}=L\frac{\mathrm{d}(I_\mathrm{m}\sin\omega t)}{\mathrm{d}t}$$
$$=\omega LI_\mathrm{m}\cos\omega t$$
$$=U_\mathrm{m}\sin(\omega t+90^\circ) \tag{4.17}$$

可见，电感元件上的电压和电流为同频率的正弦量，且电压u超前于电流i 90°，即u和i之间的相位差$\varphi=90^\circ$。电压和电流的波形图如图4.12（b）所示。

由式（4.17）可以得出

$$U_\mathrm{m}=I_\mathrm{m}\omega L=I_\mathrm{m}X_L$$

式中，

$$X_L = \omega L = 2\pi f L \tag{4.18}$$

则电感元件上电压和电流的有效值之间的关系为

$$U = IX_L \tag{4.19}$$

式（4.19）与欧姆定律形式相同。式中，X_L 称为感抗，它体现了电感元件阻碍交流电流的性质。显然 X_L 与频率 f 成正比，频率越高，感抗越大。在直流电路中，f=0，故 X_L=0，因此电感对直流可视为短路。当频率 f 的单位为 Hz，电感 L 的单位为 H 时，感抗 X_L 的单位为 Ω。

如果用复数表示正弦量，则电感元件上电压和电流的有效值相量表示为

$$\dot{I} = I\angle 0^\circ$$

$$\dot{U} = U\angle 90^\circ = IX_L\angle 90^\circ$$

相量图如图 4.12（c）所示。因此，电压和电流的有效值相量之间的关系表达式为

$$\dot{U} = \mathrm{j}X_L\dot{I} \text{ 或 } \dot{I} = \frac{\dot{U}}{\mathrm{j}X_L} = -\mathrm{j}\frac{\dot{U}}{X_L} \tag{4.20}$$

式中，$\mathrm{j}X_L$ 为感抗的复数形式。

当电流 $\dot{I}$ 的初相位不为零，或以电压 $\dot{U}$ 为参考相量时的相量图，如图 4.13 所示。

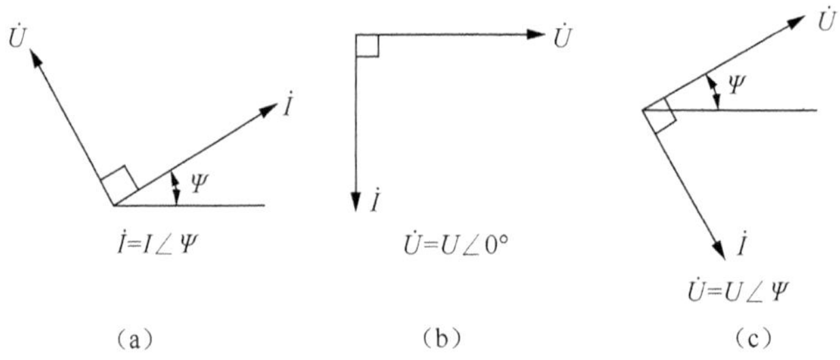

图 4.13　电感电路的电压、电流相量图

2. 功率

电感元件的瞬时功率为

$$\begin{aligned} p = ui &= U_\mathrm{m}\sin(\omega t + 90^\circ)\cdot I_\mathrm{m}\sin\omega t \\ &= U_\mathrm{m}I_\mathrm{m}\cos\omega t\sin\omega t = \frac{U_\mathrm{m}I_\mathrm{m}}{2}\sin 2\omega t = UI\sin 2\omega t \end{aligned} \tag{4.21}$$

即电感元件的瞬时功率是一个幅值为 UI、角频率为 2ω 的正弦量，如图 4.12（d）所示。当 $p>0$ 时，电感从电源取用能量转化为磁能，存储在磁场中；当 $p<0$ 时，电感将磁场中存储的能量释放给电源，即电感以两倍于电源频率的速度不断地与电源进行能量的交换。

电感元件的平均功率（有功功率）为

$$P = \frac{1}{T}\int_0^T p\mathrm{d}t = \int_0^T UI\sin 2\omega t\mathrm{d}t = 0 \tag{4.22}$$

即在电感电路中，没有能量的消耗，只有电感和电源之间能量的互相交换。

瞬时功率的幅值反映了能量交换规模的大小，称为无功功率（reactive power），用

大写字母Q表示。电感电路的无功功率又称为感性无功功率，记作Q_L。由式（4.21）可知，它在数值上等于电压、电流有效值的乘积，即

$$Q_L = UI = I^2 X_L = \frac{U^2}{X_L} \tag{4.23}$$

为了与有功功率相区别，无功功率的单位用乏（var[①]）或千乏（kvar）表示。

在这里，电感元件与后面要讲的电容元件都是储能元件，它们与电源进行能量互换是工作所需。这对电源来说是一种负担，但对储能元件本身来说，没有能量损耗，故将往返于电源和储能元件之间的功率命名为无功功率，而平均功率也称为有功功率。

例 4.6 将$L=0.1\text{H}$的电感线圈（设其电阻为 0）接在$U=100\text{V}$的工频电源上，若电源电压的初相位为30°，求电流的瞬时值和无功功率。

解：感抗为

$$X_L = 2\pi f L = 2\times 3.14\times 50\times 0.1 = 31.4\Omega$$

$$\dot{I} = \frac{\dot{U}}{\text{j}X_L} = \frac{100\angle 30^\circ}{\text{j}31.4} = \frac{100\angle 30^\circ}{31.4\angle 90^\circ} = 3.18\angle -60^\circ\text{A}$$

因此，电流的瞬时值为

$$i = 3.18\sqrt{2}\sin(314t - 60^\circ)\ \text{A}$$

无功功率为

$$Q_L = UI = 100\times 3.18 = 318\,\text{var}$$

4.2.3 电容电路

1. 电压和电流之间的关系

一个线性电容元件与正弦交流电源相连组成的电容电路，如图 4.14（a）所示。

设正弦交流电源电压u为

$$u = U_\text{m}\sin\omega t$$

则

$$\begin{aligned} i &= C\frac{\text{d}u}{\text{d}t} = C\frac{\text{d}(U_\text{m}\sin\omega t)}{\text{d}t} \\ &= U_\text{m}\omega C\cos\omega t \\ &= I_\text{m}\sin(\omega t + 90^\circ) \end{aligned} \tag{4.24}$$

可见，电容元件上的电压和电流也为同频率的正弦量，且电流i超前于电压u 90°，或者说电压u滞后于电流i 90°，即u和i之间的相位差$\varphi = -90^\circ$。电压和电流的波形图如图 4.14（b）所示。

由式（4.24）可以得出

$$I_\text{m} = U_\text{m}\omega C = \frac{U_\text{m}}{X_C}$$

式中，

① 1var=1W。

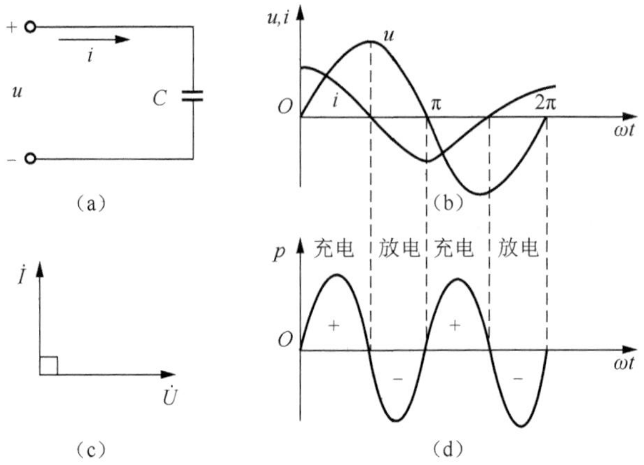

图 4.14　电容电路及其电压、电流和功率

$$X_C=\frac{1}{\omega C}=\frac{1}{2\pi fC}\tag{4.25}$$

则电容元件上电压和电流的有效值之间的关系为

$$I=\frac{U}{X_C}\tag{4.26}$$

可见，式（4.26）也与欧姆定律形式相同。式中，X_C 称为容抗。显然 X_C 与频率 f 成反比，频率越低，容抗越大。在直流电路中，$X_C=\infty$，表明电容对直流可视为开路；相反，频率越高，容抗越小，因此，电容具有“隔直传交”的作用。当频率 f 的单位为 Hz，电容 C 的单位为 F 时，容抗 X_C 的单位为 Ω。

如果用复数表示正弦量，则电容元件上电压和电流的有效值相量表示为

$$\dot{U}=U\angle 0^\circ$$

$$\dot{I}=I\angle 90^\circ=\frac{U}{X_C}\angle 90^\circ$$

相量图如图 4.14（c）所示。因此，电压和电流的有效值相量之间的关系表达式为

$$\dot{I}=\frac{\dot{U}}{-\mathrm{j}X_C}=\mathrm{j}\frac{\dot{U}}{X_C}\text{或}\dot{U}=-\mathrm{j}X_C\dot{I}\tag{4.27}$$

式中，$-\mathrm{j}X_C$ 为容抗的复数形式。

当电压 $\dot{U}$ 的初相位为任意角度，或以电流 $\dot{I}$ 为参考相量时的相量图，读者可自行分析画出，以加深理解。

2. 功率

电容元件的瞬时功率为

$$\begin{aligned}p&=ui=U_\mathrm{m}\sin\omega t\cdot I_\mathrm{m}\sin(\omega t+90^\circ)\\&=U_\mathrm{m}I_\mathrm{m}\sin\omega t\cos\omega t=\frac{U_\mathrm{m}I_\mathrm{m}}{2}\sin 2\omega t=UI\sin 2\omega t\end{aligned}\tag{4.28}$$

同电感元件一样，电容元件的瞬时功率也是一个幅值为 UI、角频率为 2ω 的正弦量，

如图4.14（d）所示。当$p>0$时，电容充电，从电源取用电能并将其存储在电场中；当$p<0$时，电容放电，将电场中存储的能量释放给电源，即电容以两倍于电源频率的速度不断地与电源进行能量的交换。

电容元件的平均功率（有功功率）为

$$P=\frac{1}{T}\int_0^T p\mathrm{d}t=\frac{1}{T}\int_0^T UI\sin 2\omega t\mathrm{d}t=0 \tag{4.29}$$

说明电容电路中，也没有能量的消耗，只有电容和电源之间能量的互相交换。

电容电路能量交换的规模，用容性无功功率Q_C来衡量，数值上仍等于瞬时功率的最大值。由式（4.28）可知，它也是电压、电流有效值的乘积。为与感性无功功率Q_L相区别，Q_C取负值，即

$$Q_C=-UI=-I^2X_C=-\frac{U^2}{X_C} \tag{4.30}$$

Q_C的单位也为乏（var）或千乏（kvar）。

例 4.7　将C=160μF的电容器接在220V的工频电源上，求电路中的电流和无功功率。

解：容抗为

$$X_C=\frac{1}{2\pi fC}=\frac{1}{2\times 3.14\times 50\times 160\times 10^{-6}}\approx 20\Omega$$

电流为

$$I=\frac{U}{X_C}=\frac{220}{20}=11\mathrm{A}$$

无功功率为

$$Q_C=-UI=-220\times 11=-2420\,\mathrm{var}=-2.42\mathrm{kvar}$$

4.3　简单正弦交流电路的分析

实际电路中，R、L、C几种电路参数往往可能同时存在，各电路元件的连接关系可能是串联，也可能是并联，还可能是串并联构成的混联。分析交流电路的基本依据依然是基尔霍夫定律。对正弦交流电路来说，电压、电流的瞬时值和相量形式都满足基尔霍夫定律。

本节将在单一参数电路的基础上，研究由一个正弦交流电源供电的简单交流电路。

4.3.1　电阻、电感与电容元件串联的交流电路

电阻、电感和电容相串联的交流电路如图4.15所示，其中，各电压、电流分别用瞬时值符号及相量符号来标注。

1. 电压与电流之间的关系

串联电路的特点是各元件流过同一电流。为方便起见，设电路中电流为

$$i=I_\mathrm{m}\sin\omega t$$

如图 4.15（a）所示，根据基尔霍夫电压定律列出回路电压方程，并将单一参数电路中电压、电流的关系代入，可得 *RLC* 串联电路的电压、电流瞬时值关系式为

$$
\begin{aligned}
u &= u_R + u_L + u_C \\
&= iR + L\frac{\mathrm{d}i}{\mathrm{d}t} + \frac{1}{C}\int i\mathrm{d}t \\
&= I_\mathrm{m}R\sin\omega t + I_\mathrm{m}X_L\sin(\omega t + 90^\circ) + I_\mathrm{m}X_C\sin(\omega t - 90^\circ)
\end{aligned}
\tag{4.31}
$$

同理，如图 4.15（b）所示，可得电压、电流的相量关系式为

$$\dot{U} = \dot{U}_R + \dot{U}_L + \dot{U}_C = \dot{I}R + \mathrm{j}X_L\dot{I} - \mathrm{j}X_C\dot{I} = \dot{I}[R + \mathrm{j}(X_L - X_C)] \tag{4.32}$$

令

$$Z = R + \mathrm{j}(X_L - X_C) \tag{4.33}$$

则

$$\dot{U} = \dot{I}Z \text{ 或 } Z = \frac{\dot{U}}{\dot{I}} \tag{4.34}$$

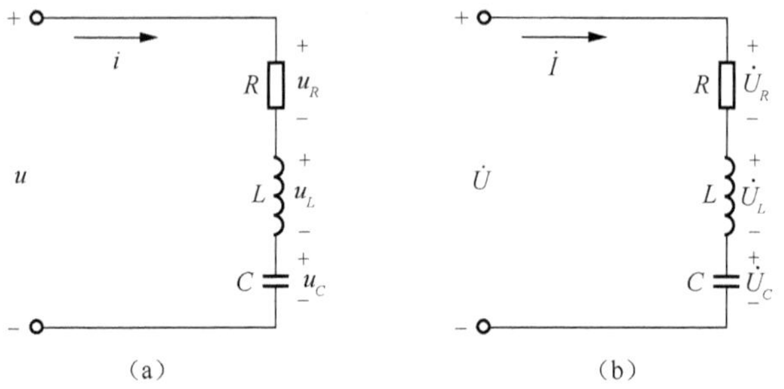

图 4.15　*RLC* 串联交流电路

式（4.34）与欧姆定律的相量表示法形式相同。式中，Z 称为复阻抗（complex impedance），其实部为电阻 R，虚部为感抗与容抗的差 $X_L - X_C = X$，X 称为电抗。应注意复阻抗不是正弦量的复数表示，而只是复数计算量，所以书写时，字母 Z 上面不加“·”。电抗、复阻抗的单位都为Ω。

复阻抗体现 *RLC* 串联交流电路的性质，表示电路电压相量与电流相量之间的关系。由式（4.34），可知

$$Z = \frac{U}{I}\angle(\psi_u - \psi_i) = |Z|\angle\varphi$$

式中，复数 Z 的模 $|Z|$ 称为电路的阻抗，它反映了电压和电流的大小关系，其值是电压与电流的有效值之比，即

$$|Z| = \frac{U}{I} \tag{4.35}$$

复数 Z 的辐角 φ 称为阻抗角，它反映了电压与电流的相位关系，是电压超前于电流的角度，即电压与电流的相位差

$$\varphi = \psi_u - \psi_i$$

由式（4.33），可得

$$|Z| = \sqrt{R^2 + (X_L - X_C)^2} \tag{4.36}$$

$$\varphi = \arctan\frac{X_L - X_C}{R} = \arctan\frac{X}{R} \tag{4.37}$$

由此可见，阻抗的单位仍为Ω，并且电阻 R、电抗 X（$=X_L - X_C$）和阻抗$|Z|$的大小满足一个直角三角形的三边关系，如图 4.16 所示，将此直角三角形称为阻抗三角形。

在频率 f 一定时，阻抗角 φ 的大小和正负，是由电路参数决定的，即 $X_L > X_C$ 时，$\varphi > 0$，电压超前电流 φ 角，电路为感性的；$X_L < X_C$ 时，$\varphi < 0$，电流超前电压 φ 角，电路为容性的；$X_L = X_C$ 时，$\varphi = 0$，电压与电流同相位，电路为电阻性的。因此，根据阻抗角的正、负，就可以判断电路的性质。

画串联电路的相量图时，以电流 $\dot{I} = I\angle 0°$ 为参考相量，则电阻上的电压 $\dot{U}_R$ 与电流 $\dot{I}$ 同相；电感上的电压 $\dot{U}_L$ 超前于电流 $\dot{I}$ 90°；电容上的电压 $\dot{U}_C$ 滞后于电流 $\dot{I}$ 90°。假定 $U_L > U_C$，利用平行四边形法则将 $\dot{U}_R$、$\dot{U}_L$、$\dot{U}_C$ 相加，其合成相量即为 RLC 串联电路的总电压 $\dot{U}$。相量图如图 4.17 所示。电压 $\dot{U}$ 与电流 $\dot{I}$ 的夹角即为相位差 φ。

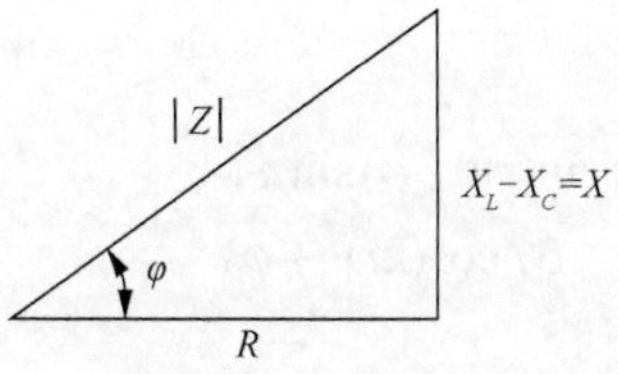

图 4.16　阻抗三角形

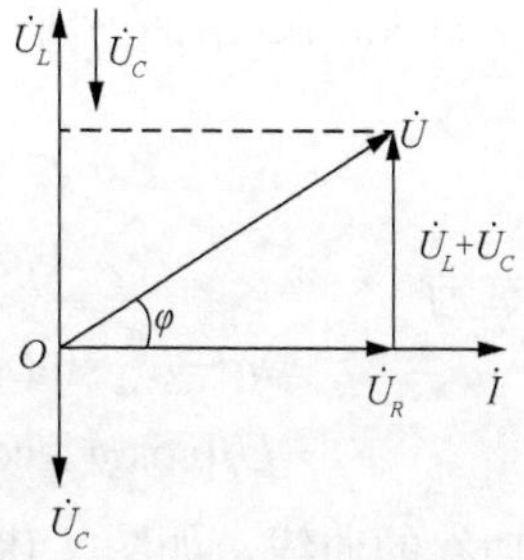

图 4.17　RLC 串联电路相量图

由图（4.17）可知，电压相量 $\dot{U}$、$\dot{U}_R$ 及（$\dot{U}_L + \dot{U}_C$）构成了一个直角三角形，称为电压三角形，如图 4.18 所示。

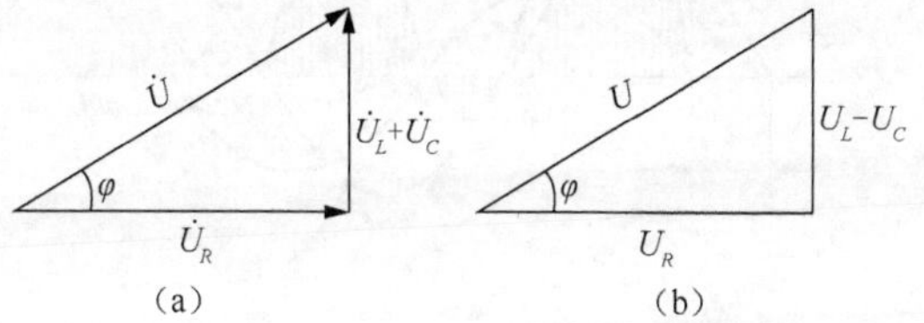

图 4.18　电压三角形

利用电压三角形，可得出 RLC 串联电路的电压、电流有效值之间的关系式为

$$\begin{aligned} U &= \sqrt{U_R^2 + (U_L - U_C)^2} \\ &= \sqrt{(IR)^2 + (IX_L - IX_C)^2} \\ &= I\sqrt{R^2 + (X_L - X_C)^2} \\ &= I|Z| \end{aligned} \tag{4.38}$$

可见，与式（4.35）结论相同。

将电压三角形中各部分电压除以电流，也可得到如图 4.16 所示的阻抗三角形，所以 *RLC* 串联电路中的阻抗三角形与电压三角形相似。

由式（4.33）的复阻抗的定义可知：

当 $X_C=0$ 时，$Z=R+\mathrm{j}X_L$，为 *RL* 串联电路；

当 $X_L=0$ 时，$Z=R-\mathrm{j}X_C$，为 *RC* 串联电路；

当 $X_L=X_C=0$ 时，$Z=R$，为电阻电路；

当 $R=X_C=0$ 时，$Z=\mathrm{j}X_L$，为电感电路；

当 $R=X_L=0$ 时，$Z=-\mathrm{j}X_C$，为电容电路。

所以说，*RLC* 串联电路是一个典型电路，而 *RL* 串联、*RC* 串联和单一参数电路，都是它的特例。

2. 功率

设 *RLC* 串联电路中的电流、端电压分别为

$$i=I_\mathrm{m}\sin\omega t$$

$$u=U_\mathrm{m}\sin(\omega t+\varphi)$$

则瞬时功率为

$$\begin{aligned}p=ui&=U_\mathrm{m}\sin(\omega t+\varphi)\cdot I_\mathrm{m}\sin\omega t=2UI\sin(\omega t+\varphi)\sin\omega t\\&=UI[\cos\varphi-\cos(2\omega t+\varphi)]=UI\cos\varphi-UI\cos(2\omega t+\varphi)\end{aligned}$$

瞬时功率的曲线，如图 4.19 所示。

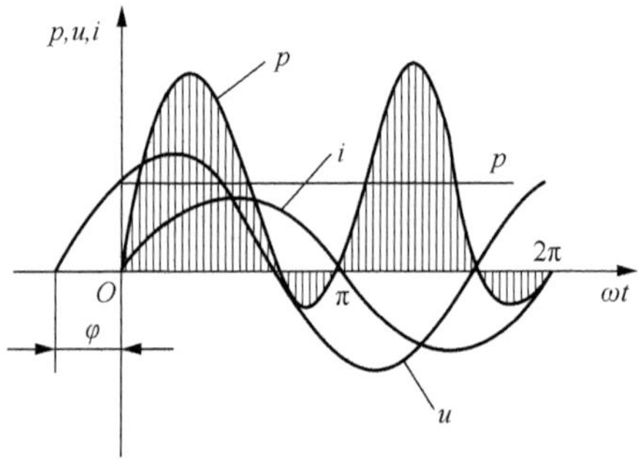

图 4.19　*RLC* 串联电路中的 u、i 与 p

可以看出 *RLC* 串联电路的瞬时功率曲线与三个单一参数电路中的瞬时功率曲线都不同，不再像纯电阻电路那样无负值，也不再像纯电感和纯电容电路那样对称于时间轴，而是有正有负，且正负两部分面积不等。说明 *RLC* 串联电路中即有电阻消耗能量，同时也有储能元件与电源之间进行能量的相互转换。

有功功率，也就是平均功率为

$$
\begin{aligned}
P &= \frac{1}{T}\int_0^T p\mathrm{d}t \\
&= \frac{1}{T}\int_0^T [UI\cos\varphi - UI\cos(2\omega t+\varphi)]\mathrm{d}t \\
&= UI\cos\varphi
\end{aligned} \tag{4.39}
$$

式中，$\cos\varphi$ 称为功率因数；φ 角又称功率因数角，φ 角是 $\dot{U}$ 与 $\dot{I}$ 的相位差，也是电路的阻抗角。

可见，交流电路的有功功率，不仅与电压、电流有效值的乘积有关，而且还受功率因数大小的影响。功率因数大小由电路参数决定。

如图 4.18 所示的电压三角形，有

$$\cos\varphi = \frac{U_R}{U}$$

代入式（4.39），有

$$P = UI\cos\varphi = IU_R = I^2 R = \frac{U_R^2}{R} \tag{4.40}$$

即交流电路的有功功率就是电阻上的功率，反映了电路中电阻消耗电能。

由如图 4.17 所示的 *RLC* 串联电路的相量图可知，$\dot{U}_R$ 与 $\dot{I}$ 同相位，所以把 $\dot{U}_R$ 称为电压 $\dot{U}$ 的有功分量，而把垂直于 $\dot{I}$ 的（$\dot{U}_L+\dot{U}_C$）称为电压 $\dot{U}$ 的无功分量。因为在数值上（$\dot{U}_L+\dot{U}_C$）的大小为（U_L-U_C），且由电压三角形可知 $U_L-U_C=U\sin\varphi$，所以无功功率为

$$
\begin{aligned}
Q &= UI\sin\varphi = (U_L - U_C)I \\
&= U_L I - U_C I \\
&= I^2 X_L - I^2 X_C \\
&= Q_L + Q_C
\end{aligned} \tag{4.41}
$$

即交流电路的无功功率 Q 是感性无功功率 Q_L 和容性无功功率 Q_C 的代数和，说明 Q_L 和 Q_C 在电路中是互相补偿的。与有功功率不同，无功功率是有正负的，对于感性电路，Q 为正值；对于容性电路，Q 为负值。

在电工电子技术中，将正弦交流电路的端电压的有效值 U 和端电流的有效值 I 的乘积称为视在功率，或表观功率，用大写字母 S 表示：

$$S = UI = I^2|Z| \tag{4.42}$$

视在功率的单位为伏安（V·A）或千伏安（kV·A）。

视在功率用于表示一些交流电气设备的容量。有些电气设备的容量是不能用有功功率来表示的，如某些发电机和变压器，因为它们所带负载的功率因数是未知的，所以用视在功率来表示容量。视在功率表示最大可能输出的功率。如额定电压为 U_N、额定电流为 I_N 的电源设备的额定容量为 $S_N = U_N I_N$。

显然，有功功率、无功功率和视在功率满足

$$\begin{cases} P = S\cos\varphi \\ Q = S\sin\varphi \\ S = \sqrt{P^2 + Q^2} \end{cases} \tag{4.43}$$

这种关系也可以用图 4.20（a）所示的功率三角形来描述，其中

$$\varphi = \arctan\frac{Q}{P} = \arctan\frac{U_L - U_C}{U_R} = \arctan\frac{X_L - X_C}{R}$$

可见功率三角形、电压三角形、阻抗三角形是三个相似三角形，如图 4.20（b）所示。

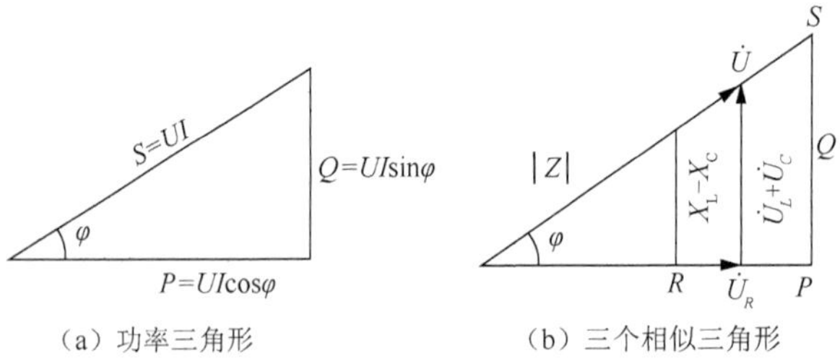

图 4.20　功率三角形及其与电压三角形、阻抗三角形的相似性

例 4.8　在由电阻、电感和电容元件串联所组成的电路中，已知 $R = 30\Omega$，$L = 127\text{mH}$，$C = 40\mu\text{F}$，电源电压 $u = 220\sqrt{2}\sin(314t + 20°)\text{ V}$。求：（1）电流的有效值与瞬时值表达式；（2）各元件上电压的有效值与瞬时值表达式；（3）各电压、电流的相量图；（4）电路的有功功率和无功功率。

解：方法一　相量图解法

要画出正弦量的相量图，必须知道正弦量的有效值及其初相位。相量图解法是将电路参数用阻抗表示，先求出电路中各正弦量的有效值，再利用 R、L、C 上电压、电流的相位关系确定各正弦量的初相位，进而由相量图再求出正弦量的其他形式。

感抗为

$$X_L = \omega L = 314 \times 0.127 \approx 40\Omega$$

容抗为

$$X_C = \frac{1}{\omega C} = \frac{1}{314 \times 40 \times 10^{-6}} \approx 80\Omega$$

阻抗为

$$|Z| = \sqrt{R^2 + (X_L - X_C)^2} = \sqrt{30^2 + (40 - 80)^2} = 50\Omega$$

（1）电流有效值为

$$I = \frac{U}{|Z|} = \frac{220}{50} = 4.4\text{A}$$

阻抗角，即 u、i 相位差为

$$\varphi = \arctan\frac{X_L - X_C}{R} = \arctan\frac{40 - 80}{30} = -53.1°$$

所以，i 超前 u 53.1°，则

$$i = 4.4\sqrt{2}\sin(314t + 20^\circ + 53.1^\circ) = 4.4\sqrt{2}\sin(314t + 73.1^\circ)\ \text{A}$$

（2）各元件上电压的有效值为

$$U_R = IR = 4.4 \times 30 = 132\text{V}$$
$$U_L = IX_L = 4.4 \times 40 = 176\text{V}$$
$$U_C = IX_C = 4.4 \times 80 = 352\text{V}$$

由于电阻元件上u、i同相位；电感元件上u超前i 90°；电容元件上u滞后i 90°，因此，有

$$u_R = 132\sqrt{2}\sin(314t + 73.1^\circ)\ \text{V}$$
$$u_L = 176\sqrt{2}\sin(314t + 73.1^\circ + 90^\circ) = 176\sqrt{2}\sin(314t + 163.1^\circ)\ \text{V}$$
$$u_C = 352\sqrt{2}\sin(314t + 73.1^\circ - 90^\circ) = 352\sqrt{2}\sin(314t - 16.9^\circ)\ \text{V}$$

方法二　相量解析法（复数运算法）

相量解析法是将正弦量用相量（复数形式）表示，电路参数用复阻抗表示，利用相量形式的欧姆定律$\dot{U} = \dot{I}Z$和基尔霍夫定律$\sum \dot{I} = 0$、$\sum \dot{U} = 0$求解电路，其中的运算为复数运算。

复阻抗为

$$Z = R + \text{j}(X_L - X_C) = 30 + \text{j}(40 - 80) = 50\angle -53.1^\circ\Omega$$

（1）电流有效值相量为

$$\dot{I} = \frac{\dot{U}}{Z} = \frac{220\angle 20^\circ}{50\angle -53.1^\circ} = 4.4\angle 73.1^\circ\text{A}$$

所以电流的有效值为$I = 4.4\text{A}$；瞬时值为$i = 4.4\sqrt{2}\sin(314t + 73.1^\circ)\ \text{A}$

（2）各元件上电压的有效值相量为

$$\dot{U}_R = \dot{I}R = 4.4\angle 73.1^\circ \times 30 = 132\angle 73.1^\circ\ \text{V}$$
$$\dot{U}_L = \dot{I}(\text{j}X_L) = 4.4\angle 73.1^\circ \times 40\angle 90^\circ = 176\angle 163.1^\circ\ \text{V}$$
$$\dot{U}_C = \dot{I}(-\text{j}X_C) = 4.4\angle 73.1^\circ \times 80\angle -90^\circ = 352\angle -16.9^\circ\ \text{V}$$

所以，各元件上电压的有效值、瞬时值分别为

$$U_R = 132\text{V}, u_R = 132\sqrt{2}\sin(314t + 73.1^\circ)\ \text{V}$$
$$U_L = 176\text{V}, u_L = 176\sqrt{2}\sin(314t + 163.1^\circ)\ \text{V}$$
$$U_C = 352\text{V}, u_C = 352\sqrt{2}\sin(314t - 16.9^\circ)\ \text{V}$$

（3）相量图如图4.21所示。

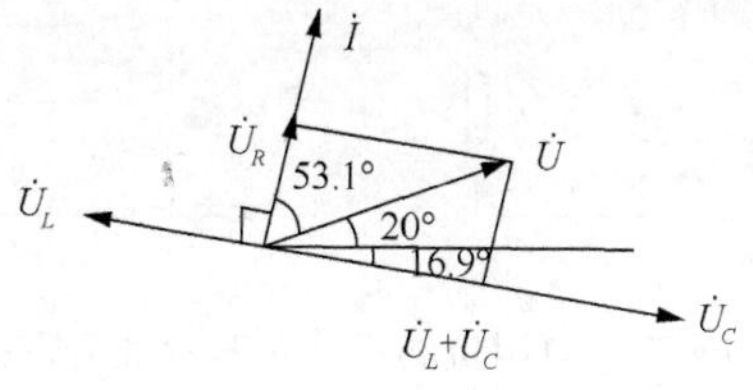

图4.21　例4.8相量图

（4）有功功率为

$$P = UI\cos\varphi = 220\times4.4\times\cos(-53.1^\circ) = 581\text{W}$$

无功功率为

$$Q = UI\sin\varphi = 220\times4.4\times\sin(-53.1^\circ) = -774\text{var}$$

或

$$P = I^2R = 4.4^2\times30 = 581\text{W}$$

$$Q = I^2(X_L - X_C) = 4.4^2\times(40-80) = -774\text{var}$$

例 4.9　如图 4.22 所示的 RC 串联电路，已知电源频率 $f = 995\text{Hz}$，$R = 16\text{k}\Omega$，$C = 0.01\mu\text{F}$，试求 $\dot{U}$ 与 $\dot{U}_R$ 的相位差。

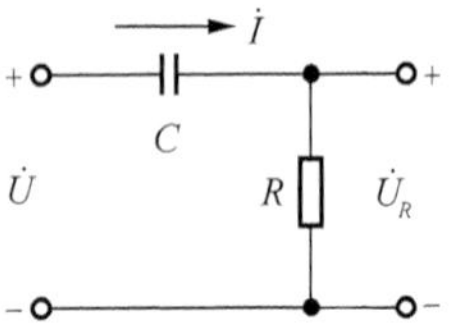

图 4.22　例 4.9 图

解： RC 串联电路是 RLC 串联电路的特例。

容抗为

$$X_C = \frac{1}{2\pi fC} = \frac{1}{2\times3.14\times995\times0.01\times10^{-6}} \approx 16\text{k}\Omega$$

电路的阻抗角，也是 $\dot{U}$ 与 $\dot{I}$ 的相位差为

$$\varphi = \psi_u - \psi_i = \arctan\frac{-X_C}{R} = \arctan\frac{-16}{16} = -45^\circ$$

由于电阻 R 上的电压 $\dot{U}_R$ 与电流 $\dot{I}$ 同相位，$\dot{U}$ 与 $\dot{I}$ 的相位差即是所求的 $\dot{U}$ 与 $\dot{U}_R$ 的相位差。

4.3.2　复阻抗的串联、并联与混联

在直流电路中，若干电阻的串联、并联或混联都可等效变换为一个电阻。在正弦交流电路中，由 R、L、C 构成的无源网络也可以用一个复阻抗等效。

1. 复阻抗的串联

由若干个复阻抗串联的电路，如图 4.23 所示。注意电路中 Z_1、Z_2、…、Z_n 表示复阻抗，而不是电阻。

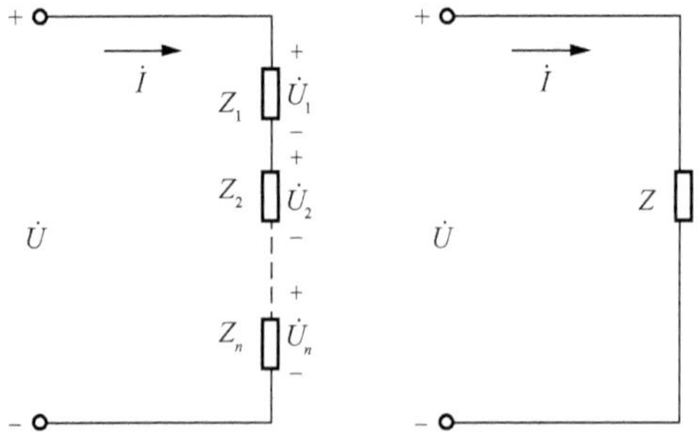

图 4.23　复阻抗的串联及其等效复阻抗

根据欧姆定律和基尔霍夫电压定律的相量形式，有

$$\begin{aligned}\dot{U} &= \dot{U}_1 + \dot{U}_2 + \cdots + \dot{U}_n \\ &= \dot{I}Z_1 + \dot{I}Z_2 + \cdots + \dot{I}Z_n \\ &= \dot{I}(Z_1 + Z_2 + \cdots + Z_n) \\ &= \dot{I}Z \end{aligned} \tag{4.44}$$

由此可见，若干个串联的复阻抗可用一个等效复阻抗来代替，等效复阻抗等于串联的各复阻抗之和，即

$$\begin{aligned}Z &= Z_1 + Z_2 + \cdots + Z_n \\ &= R_1 + \mathrm{j}(X_{L1} - X_{C1}) + R_2 + \mathrm{j}(X_{L2} - X_{C2}) + \cdots + R_n + \mathrm{j}(X_{Ln} - X_{Cn}) \\ &= \sum R + \mathrm{j}\sum(X_L - X_C)\end{aligned} \tag{4.45}$$

等效复阻抗的阻抗值、阻抗角分别为

$$\begin{aligned}|Z| &= \sqrt{(\sum R)^2 + [\sum(X_L - X_C)]^2} \\ \varphi &= \arctan\frac{\sum(X_L - X_C)}{\sum R}\end{aligned} \tag{4.46}$$

各电压与电流的有效值大小关系分别为

$$U_k = I|Z_k| \quad (k = 1, 2, \cdots, n) \tag{4.47}$$

注意，一般来讲$|Z| \neq |Z_1| + |Z_2| + \cdots + |Z_n|$。

复阻抗$Z_k(k = 1, 2, \cdots, n)$上的电压相量为

$$\dot{U}_k = \frac{Z_k}{Z_1 + Z_2 + \cdots + Z_n}\dot{U} \tag{4.48}$$

式（4.48）为相量形式的串联电路分压公式。

在正弦交流电路中，有功功率和无功功率满足功率的可加性，电路中总的有功功率等于电路中各部分的有功功率之和，总的无功功率等于电路中各部分的无功功率之和，但在一般情况下，视在功率不满足可加性。

对于复阻抗串联电路来说，总有功功率为串联的各复阻抗有功功率的算术和，总无功功率为串联的各复阻抗无功功率的代数和，即

$$\begin{aligned}P &= UI\cos\varphi = P_1 + P_2 + \cdots + P_n \\ Q &= UI\sin\varphi = Q_1 + Q_2 + \cdots + Q_n \\ S &= UI = \sqrt{P^2 + Q^2}\end{aligned} \tag{4.49}$$

注意一般情况下，$S \neq S_1 + S_2 + \cdots + S_n$。

例 4.10　两个复阻抗串联$Z_1 = \mathrm{j}20\,\Omega$，$Z_2 = (10 - \mathrm{j}10)\Omega$，接入$\dot{U} = 100\angle 60°\mathrm{V}$的电源上，求：（1）电路中的电流；（2）各复阻抗上的电压；（3）有功功率、无功功率和视在功率。

解：$Z_1 = \mathrm{j}20 = 20\angle 90°\Omega$，$Z_2 = 10 - \mathrm{j}10 = 10\sqrt{2}\angle -45°\Omega$。

等效复阻抗为

$$Z = Z_1 + Z_2 = \mathrm{j}20 + 10 - \mathrm{j}10 = 10 + \mathrm{j}10 = 10\sqrt{2}\angle 45°\Omega$$

（1）电流为

$$\dot{I}=\frac{\dot{U}}{Z}=\frac{100\angle 60^{\circ}}{10\sqrt{2}\angle 45^{\circ}}=5\sqrt{2}\angle 15^{\circ}\text{A}$$

（2）电压为

$$\dot{U}_1=\dot{I}Z_1=5\sqrt{2}\angle 15^{\circ}\times 20\angle 90^{\circ}=100\sqrt{2}\angle 105^{\circ}\text{V}$$

$$\dot{U}_2=\dot{I}Z_2=5\sqrt{2}\angle 15^{\circ}\times 10\sqrt{2}\angle -45^{\circ}=100\angle -30^{\circ}\text{V}$$

（3）有功功率为

$$P=UI\cos\varphi=100\times 5\sqrt{2}\times\cos 45^{\circ}=500\text{W}$$

无功功率为

$$Q=UI\sin\varphi=100\times 5\sqrt{2}\times\sin 45^{\circ}=500\text{var}$$

视在功率为

$$S=UI=100\times 5\sqrt{2}=500\sqrt{2}\text{V}\cdot\text{A}$$

或

$$P=P_1+P_2=I^2R_1+I^2R_2=(5\sqrt{2})^2\times 0+(5\sqrt{2})^2\times 10=500\text{W}$$

$$Q=Q_1+Q_2=I^2X_L+(-I^2X_C)=(5\sqrt{2})^2\times 20-(5\sqrt{2})^2\times 10=500\text{var}$$

$$S=\sqrt{P^2+Q^2}=\sqrt{500^2+500^2}=500\sqrt{2}\text{V}\cdot\text{A}$$

还可以用以下方法求功率 P_1、P_2、Q_1、Q_2：

$$P_1=U_1I\cos\varphi_1=100\sqrt{2}\times 5\sqrt{2}\times\cos 90^{\circ}=0\text{W}$$

$$P_2=U_2I\cos\varphi_2=100\times 5\sqrt{2}\times\cos(-45^{\circ})=500\text{W}$$

$$Q_1=U_1I\sin\varphi_1=100\sqrt{2}\times 5\sqrt{2}\times\sin 90^{\circ}=1000\text{var}$$

$$Q_2=U_2I\sin\varphi_2=100\times 5\sqrt{2}\times\sin(-45^{\circ})=-500\text{var}$$

2. 复阻抗的并联

由若干个复阻抗并联的电路，如图 4.24 所示。

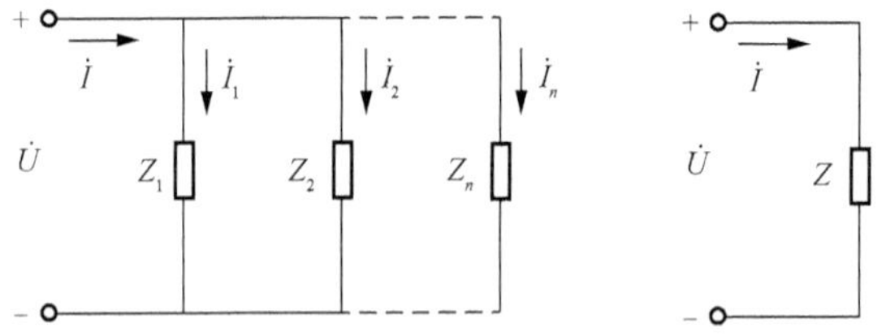

图 4.24　复阻抗的并联及其等效复阻抗

根据欧姆定律和基尔霍夫电流定律的相量形式，显然有

$$\dot{I}=\dot{I}_1+\dot{I}_2+\cdots+\dot{I}_n=\frac{\dot{U}}{Z_1}+\frac{\dot{U}}{Z_2}+\cdots+\frac{\dot{U}}{Z_n}=\frac{\dot{U}}{Z}\tag{4.50}$$

由此可见，若干个并联的复阻抗可用一个等效复阻抗来代替，等效复阻抗的值满足

$$\frac{1}{Z}=\frac{1}{Z_1}+\frac{1}{Z_2}+\cdots+\frac{1}{Z_n} \tag{4.51}$$

复阻抗并联电路功率的计算方法和复阻抗串联电路功率的计算方法相同，具体参见式（4.49）。

复阻抗并联电路的相量图常常以电压$\dot{U}$为参考相量，画出各支路电流，再合成总电流。例如，图4.25是三个复阻抗并联的电路中各电流初相位不同情况下的相量图。

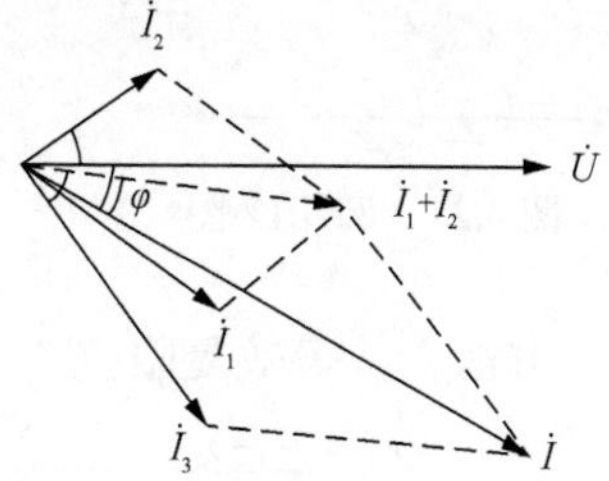

图4.25 复阻抗并联电路相量图

例4.11 如图4.26（a）所示的*RLC*并联电路，已知$R=10\Omega$，$X_L=15\Omega$，$X_C=8\Omega$，电路端电压$\dot{U}=220\angle-30°\text{V}$，求电流$\dot{I}_R$、$\dot{I}_L$、$\dot{I}_C$和$\dot{I}$；并画出电压、电流的相量图。

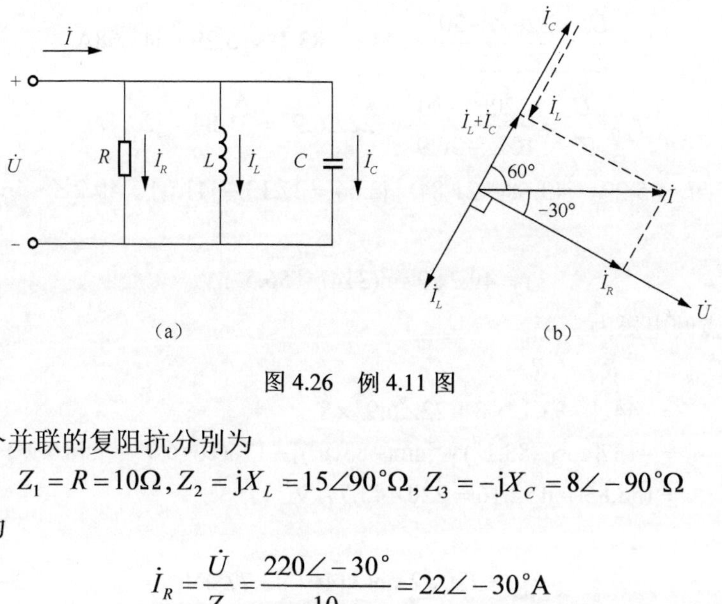

图4.26 例4.11图

解：三个并联的复阻抗分别为

$$Z_1=R=10\Omega,Z_2=\text{j}X_L=15\angle 90°\Omega,Z_3=-\text{j}X_C=8\angle-90°\Omega$$

各支路电流为

$$\dot{I}_R=\frac{\dot{U}}{Z_1}=\frac{220\angle-30°}{10}=22\angle-30°\text{A}$$

$$\dot{I}_L=\frac{\dot{U}}{Z_2}=\frac{220\angle-30°}{15\angle 90°}=14.7\angle-120°\text{A}$$

$$\dot{I}_C=\frac{\dot{U}}{Z_3}=\frac{220\angle-30°}{8\angle-90°}=27.5\angle 60°\text{A}$$

则总电流为

$$\begin{aligned}\dot{I}&=\dot{I}_R+\dot{I}_L+\dot{I}_C=22\angle-30°+14.7\angle-120°+27.5\angle 60°\\&=(19-\text{j}11)+(-7.35-\text{j}12.8)+(13.75+\text{j}23.8)\\&=25.4+\text{j}0=25.4\angle 0°\text{A}\end{aligned}$$

电压、电流的相量图如图4.26（b）所示。

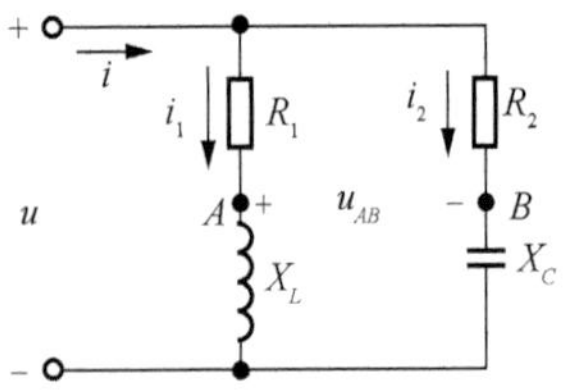

图 4.27　例 4.12 图

例 4.12　电路如图 4.27 所示，已知 $R_1=3\Omega, R_2=8\Omega, X_L=4\Omega, X_C=6\Omega$，$u=220\sqrt{2}\sin(314t-30^\circ)$ V，求电流 i 和电压 u_{AB}，以及电路的有功功率、无功功率和视在功率。

解：并联支路的复阻抗分别为

$$Z_1=R_1+\mathrm{j}X_L=3+\mathrm{j}4=5\angle53.1^\circ\,\Omega$$

$$Z_2=R_2-\mathrm{j}X_C=8-\mathrm{j}6=10\angle-36.9^\circ\,\Omega$$

电流相量 $\dot{I}$ 可通过以下两种方法求解。

方法一　等效复阻抗

$$Z=\frac{Z_1Z_2}{Z_1+Z_2}=\frac{5\angle53.1^\circ\times10\angle-36.9^\circ}{3+\mathrm{j}4+8-\mathrm{j}6}=\frac{50\angle16.2^\circ}{11.18\angle-10.3^\circ}=4.46\angle26.5^\circ\,\Omega$$

$$\dot{I}=\frac{\dot{U}}{Z}=\frac{220\angle-30^\circ}{4.47\angle26.5^\circ}=49.2\angle-56.5^\circ\mathrm{A}$$

方法二　各支路电流

$$\dot{I}_1=\frac{\dot{U}}{Z_1}=\frac{220\angle-30^\circ}{5\angle53.1^\circ}=44\angle-83.1^\circ=5.29-\mathrm{j}43.68\mathrm{A}$$

$$\dot{I}_2=\frac{\dot{U}}{Z_2}=\frac{220\angle-30^\circ}{10\angle-36.9^\circ}=22\angle6.9^\circ=21.84+\mathrm{j}2.64\mathrm{A}$$

$$\dot{I}=\dot{I}_1+\dot{I}_2=5.29-\mathrm{j}43.68+21.84+\mathrm{j}2.64=27.13-\mathrm{j}41.04=49.2\angle-56.5^\circ\mathrm{A}$$

所以

$$i=49.2\sqrt{2}\sin(314t-56.5^\circ)\mathrm{A}$$

A、B 两点间电压为

$$\begin{aligned}\dot{U}_{AB}&=-\dot{I}_1R_1+\dot{I}_2R_2\\&=-44\angle-83.1^\circ\times3+22\angle6.9^\circ\times8\\&=-132[\cos(-83.1^\circ)+\mathrm{j}\sin(-83.1^\circ)]+176(\cos6.9^\circ+\mathrm{j}\sin6.9^\circ)\\&=158.85+\mathrm{j}152.16=220\angle43.77^\circ\mathrm{V}\end{aligned}$$

故

$$u_{AB}=220\sqrt{2}\sin(314t+43.77^\circ)\mathrm{V}$$

有功功率为

$$P=UI\cos\varphi=220\times49.2\times\cos26.5^\circ=9.68\mathrm{kW}$$

无功功率为

$$Q=UI\sin\varphi=220\times49.2\times\sin26.5^\circ=4.84\mathrm{kvar}$$

视在功率为

$$S=UI=220\times49.2\approx10.82\mathrm{kV\cdot A}$$

或

$$P=P_1+P_2=I_1^2R_1+I_2^2R_2=(44)^2\times3+(22)^2\times8=9.68\mathrm{kW}$$

$$Q=Q_1+Q_2=I_1^2X_L-I_2^2X_C=(44)^2\times4-(22)^2\times6=4.84\mathrm{kvar}$$

$$S=\sqrt{P^2+Q^2}=\sqrt{9.68^2+4.84^2}\approx10.82\mathrm{kV\cdot A}$$

还可以用以下方法求功率P_1、P_2、Q_1、Q_2：

$$P_1 = UI_1\cos\varphi_1 = 220\times44\times\cos53.1^\circ = 5.81\text{kW}$$
$$P_2 = UI_2\cos\varphi_2 = 220\times22\times\cos(-36.9^\circ) = 3.87\text{kW}$$
$$Q_1 = UI_1\sin\varphi_1 = 220\times44\times\sin53.1^\circ = 7.74\text{kvar}$$
$$Q_2 = UI_2\sin\varphi_2 = 220\times22\times\sin(-36.9^\circ) = -2.9\text{kvar}$$

3. 复阻抗的混联

所谓复阻抗的混联是指复阻抗既有串联也有并联的电路。求解复阻抗混联电路的方法就是利用复阻抗串联、并联的关系，合理地应用电路的基本定律和分析方法，列出相量方程求解。

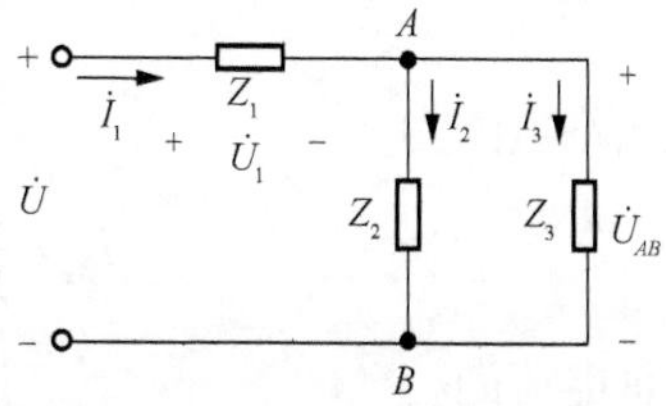

图4.28 复阻抗的混联

复阻抗混联的典型结构如图4.28所示，根据欧姆定律和基尔霍夫定律的相量形式，可以得出此混联电路中各部分电压、电流之间的关系，而功率的计算方法和复阻抗串联、并联电路功率的计算方法相同。

如图4.28所示电路，混联的复阻抗也可以用一个等效复阻抗代替，等效复阻抗为

$$Z = Z_1 + \frac{Z_2Z_3}{Z_2+Z_3} = |Z|\angle\varphi$$

各支路电流关系满足基尔霍夫电流定律，即

$$\dot{I}_1 = \dot{I}_2 + \dot{I}_3$$

各部分电压关系满足基尔霍夫电压定律，即

$$\dot{U} = \dot{U}_1 + \dot{U}_{AB}$$

根据欧姆定律，可得出各复阻抗上电压、电流之间的关系分别为

$$\dot{U} = \dot{I}_1 Z\ ,\dot{U}_1 = \dot{I}_1 Z_1\ ,\dot{U}_{AB} = \dot{I}_2 Z_2 = \dot{I}_3 Z_3$$

有功功率、无功功率及视在功率分别为

$$\begin{aligned}P &= UI_1\cos\varphi\\ &= P_1+P_2+P_3 = U_1I_1\cos\varphi_1 + U_{AB}I_2\cos\varphi_2 + U_{AB}I_3\cos\varphi_3\\ Q &= UI_1\sin\varphi\\ &= Q_1+Q_2+Q_3 = U_1I_1\sin\varphi_1 + U_{AB}I_2\sin\varphi_2 + U_{AB}I_3\sin\varphi_3\\ S &= UI_1 = \sqrt{P^2+Q^2}\end{aligned}$$

需要说明的是，上述表达式中的φ既是等效复阻抗Z的阻抗角，也是$\dot{U}$、$\dot{I}_1$的相位差，还是电路的功率因数角，而φ_1、φ_2、φ_3分别是三个复阻抗的阻抗角。

例4.13 复阻抗混联电路如图4.29（a）所示，已知$R_1 = R_2 = X_L = X_{C1} = X_{C2} = 1\Omega$，$\dot{I}_1 = 2\angle0^\circ\text{A}$，求：（1）电流$\dot{I}_2$、$\dot{I}$和电压$\dot{U}$；（2）相量图；（3）有功功率、无功功率和视在功率。

解：（1）复阻抗并联部分的两端电压为

$$\dot{U}_{AB} = \dot{I}_1(R_1 - \text{j}X_{C1}) = 2\angle0^\circ\times(1-\text{j}) = 2\sqrt{2}\angle-45^\circ\ \text{V}$$

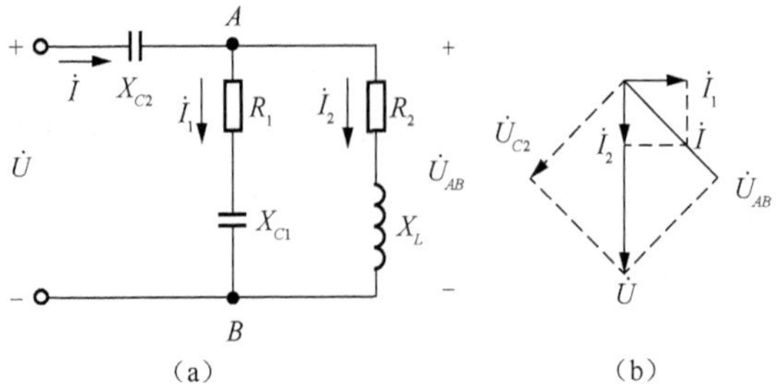

图 4.29　例 4.13 图

支路电流为

$$\dot{I}_2 = \frac{\dot{U}_{AB}}{R_2 + \mathrm{j}X_L} = \frac{2\sqrt{2}\angle -45^\circ}{1+\mathrm{j}} = 2\angle -90^\circ \mathrm{A}$$

总电流为

$$\dot{I} = \dot{I}_1 + \dot{I}_2 = 2\angle 0^\circ + 2\angle -90^\circ = 2 - \mathrm{j}2 = 2\sqrt{2}\angle -45^\circ \mathrm{A}$$

设 X_{C2} 上的电压、电流参考方向是关联参考方向，则有

$$\dot{U}_{C2} = \dot{I}(-\mathrm{j}X_{C2}) = 2\sqrt{2}\angle -45^\circ \times 1\angle -90^\circ = 2\sqrt{2}\angle -135^\circ \mathrm{V}$$

电路端电压为

$$\dot{U} = \dot{U}_{C2} + \dot{U}_{AB} = 2\sqrt{2}\angle -135^\circ + 2\sqrt{2}\angle -45^\circ = 4\angle -90^\circ \mathrm{V}$$

（2）相量图如图 4.29（b）所示。

（3）$\dot{U}$ 、$\dot{I}$ 的相位差 $\varphi = \psi_u - \psi_i = -90^\circ - (-45^\circ) = -45^\circ$ ，则

有功功率为

$$P = UI\cos\varphi = 4 \times 2\sqrt{2} \times \cos(-45^\circ) = 8\mathrm{W}$$

无功功率为

$$Q = UI\sin\varphi = 4 \times 2\sqrt{2} \times \sin(-45^\circ) = -8\,\mathrm{var}$$

视在功率为

$$S = UI = 4 \times 2\sqrt{2} = 8\sqrt{2}\mathrm{V\cdot A}$$

各种功率还可由下式计算：

$$P = P_1 + P_2 = I_1^2 R_1 + I_2^2 R_2 = 2^2 \times 1 + 2^2 \times 1 = 8\mathrm{W}$$

$$Q = Q_1 + Q_2 + Q_3 = -I_1^2 X_{C1} + I_2^2 X_L - I^2 X_{C2}$$

$$= -2^2 \times 1 + 2^2 \times 1 - 2\sqrt{2}^2 \times 1 = -8\,\mathrm{var}$$

$$S = \sqrt{P^2 + Q^2} = \sqrt{8^2 + (-8)^2} = 8\sqrt{2}\mathrm{V\cdot A}$$

例 4.14　如图 4.30（a）所示电路，已知 $I_1 = I_2 = 10\mathrm{A}$, $U = 100\mathrm{V}$ ，且 u 与 i 同相，求 I、R、X_L及X_C。

解： 设参考相量 $\dot{U}_{AB} = U_{AB}\angle 0^\circ \mathrm{V}$ ，则根据电阻、电容上电压、电流的相位关系，可知

$$\dot{I}_1 = 10\angle 90^\circ \mathrm{A}\,,\ \dot{I}_2 = 10\angle 0^\circ \mathrm{A}$$

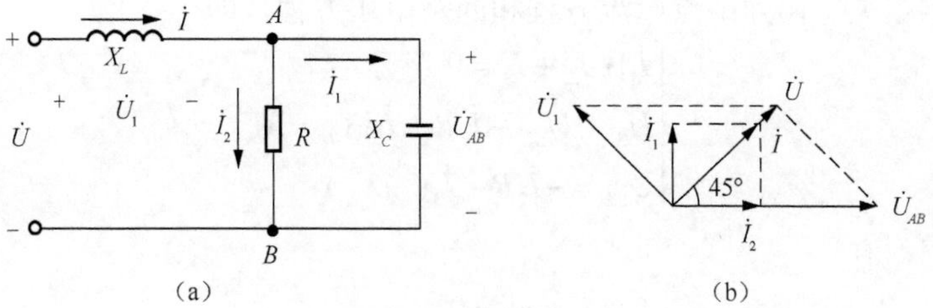

图 4.30 例 4.14 图

利用 KCL，可得

$$\dot{I}=\dot{I}_1+\dot{I}_2=10\angle 90^\circ+10\angle 0^\circ=10\sqrt{2}\angle 45^\circ \text{A}$$

所以

$$I=10\sqrt{2}\text{A}$$

根据题意，$\dot{U}$ 与 $\dot{I}$ 同相，则

$$\dot{U}=100\angle 45^\circ \text{V}$$

电感元件上$\dot{U}_1$超前 $\dot{I}$ 90°，且利用 KVL，有$\dot{U}=\dot{U}_1+\dot{U}_{AB}$，因此可画出相量图如图 4.30（b）所示。

由相量图可得

$$\dot{U}_1=100\angle 135^\circ \text{V}\ ,\dot{U}_{AB}=100\sqrt{2}\angle 0^\circ \text{V}$$

因此，可得

$$R=\frac{U_{AB}}{I_2}=\frac{100\sqrt{2}}{10}=10\sqrt{2}\Omega$$

$$X_C=\frac{U_{AB}}{I_1}=\frac{100\sqrt{2}}{10}=10\sqrt{2}\Omega$$

$$X_L=\frac{U_1}{I}=\frac{100}{10\sqrt{2}}=5\sqrt{2}\Omega$$

4.4 复杂交流电路的分析

对于正弦交流电路，若正弦量用相量表示，电路参数用复阻抗表示，则前面介绍的基本定律和分析方法在正弦交流电路中同样适用。因此复杂交流电路也可以应用线性电路的分析方法，如支路电流法、戴维宁定理、叠加原理等来分析与计算。注意在有多个正弦交流电源的电路中，我们只考虑各电源频率相同的情况。

下面通过例题具体说明复杂交流电路的分析与计算。

例 4.15 电路如图 4.31 所示，已知$\dot{U}_{S1}=\dot{U}_{S2}=220\angle 0^\circ \text{V}$，$R=X_L=X_C=22\Omega$，求各支路电流。

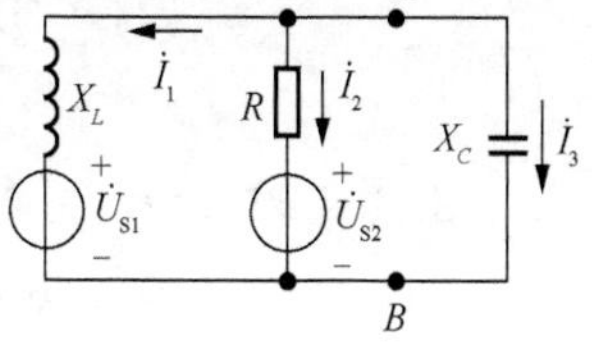

图 4.31 例 4.15 图

解：方法一 支路电流法

根据基尔霍夫定律列结点电流方程和回路电压方程，即

$$\begin{cases}\dot{I}_1+\dot{I}_2+\dot{I}_3=0\\ \dot{U}_{S1}-\dot{U}_{S2}-\dot{I}_2R+\dot{I}_1\mathrm{j}X_L=0\\ \dot{U}_{S2}=-\dot{I}_2R+\dot{I}_3(-\mathrm{j}X_C)\end{cases}$$

代入已知数据，有

$$\begin{cases}\dot{I}_1+\dot{I}_2+\dot{I}_3=0\\ -22\dot{I}_2+\mathrm{j}22\dot{I}_1=0\\ 220\angle 0^\circ=-22\dot{I}_2+\dot{I}_3(-\mathrm{j}22)\end{cases}$$

解此方程组，可得

$$\dot{I}_1=10\angle-180^\circ\mathrm{A}\,,\ \dot{I}_2=10\angle-90^\circ\mathrm{A}\,,\ \dot{I}_3=10\sqrt{2}\angle 45^\circ\mathrm{A}$$

方法二　结点电压法

A、B 间结点电压为

$$\dot{U}_{AB}=\frac{\dfrac{\dot{U}_{S1}}{\mathrm{j}X_L}+\dfrac{\dot{U}_{S2}}{R}}{\dfrac{1}{\mathrm{j}X_L}+\dfrac{1}{R}+\dfrac{1}{-\mathrm{j}X_C}}=\frac{\dfrac{220\angle 0^\circ}{\mathrm{j}22}+\dfrac{220\angle 0^\circ}{22}}{\dfrac{1}{\mathrm{j}22}+\dfrac{1}{22}+\dfrac{1}{-\mathrm{j}22}}=220\sqrt{2}\angle-45^\circ\mathrm{V}$$

则电路中各支路电流为

$$\dot{I}_1=\frac{\dot{U}_{AB}-\dot{U}_{S1}}{\mathrm{j}X_L}=\frac{220\sqrt{2}\angle-45^\circ-220\angle 0^\circ}{22\angle 90^\circ}=10\angle-180^\circ\mathrm{A}$$

$$\dot{I}_2=\frac{\dot{U}_{AB}-\dot{U}_{S2}}{R}=\frac{220\sqrt{2}\angle-45^\circ-220\angle 0^\circ}{22}=10\angle-90^\circ\mathrm{A}$$

$$\dot{I}_3=\frac{\dot{U}_{AB}}{-\mathrm{j}X_C}=\frac{220\sqrt{2}\angle-45^\circ}{22\angle-90^\circ}=10\sqrt{2}\angle 45^\circ\mathrm{A}$$

例 4.16　用戴维宁定理计算例 4.15 中的电流 $\dot{I}_3$。

解： 如图 4.31 所示的电路应用戴维宁定理可化为图 4.32（a）所示的等效电路。由图 4.32（b），可求出回路电流：

$$\dot{I}=\frac{\dot{U}_{S1}-\dot{U}_{S2}}{\mathrm{j}X_L+R}=\frac{220\angle 0^\circ-220\angle 0^\circ}{22\mathrm{j}+22}=0\mathrm{A}$$

因此，等效电源的电压为

$$\dot{I}_1=\frac{\dot{U}_{AB}-\dot{U}_{S1}}{\mathrm{j}X_L}=\frac{220\sqrt{2}\angle-45^\circ-220\angle 0^\circ}{22\angle 90^\circ}=10\angle-180^\circ\mathrm{A}$$

$$\dot{U}_0=\dot{U}_{AB0}=\dot{U}_{S2}=220\angle 0^\circ\mathrm{V}$$

由图 4.32（c），可求出等效电源的复阻抗为

$$Z_0=R\,/\!/\,(\mathrm{j}X_L)=\frac{R\cdot\mathrm{j}X_L}{\mathrm{j}X_L+R}=\frac{22\times 22\angle 90^\circ}{22\mathrm{j}+22}=11\sqrt{2}\angle 45^\circ\Omega$$

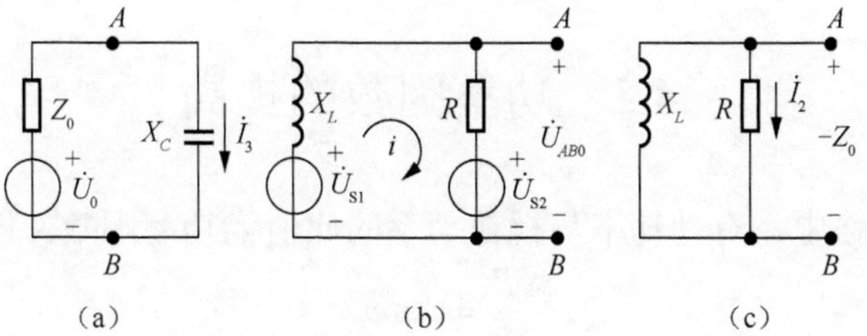

图 4.32 例 4.16 图

由图 4.32（a），可求出电流：

$$\dot{I}_3=\frac{\dot{U}_0}{-\mathrm{j}X_C+Z_0}=\frac{220\angle 0^\circ}{-22\mathrm{j}+11\sqrt{2}\angle 45^\circ}=10\sqrt{2}\angle 45^\circ\mathrm{A}$$

例 4.17 电路如图 4.33（a）所示，已知 $R=X_L=X_C=22\Omega$，$u_{S1}=220\sqrt{2}\sin 314t\,\mathrm{V}$，$U_{S2}=220\mathrm{V}$，试求各支路电流。

解：图 4.33（a）是交直流电源并存的复杂电路，应用叠加原理求解。

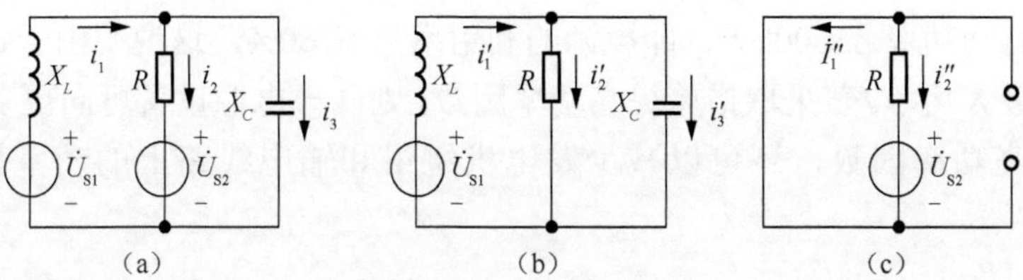

图 4.33 例 4.17 图

交流电源 u_{S1} 单独作用时，电路如图 4.33（b）所示，各电流相量为

$$\dot{I}_1'=\frac{\dot{U}_{S1}}{\mathrm{j}X_L+\dfrac{R\cdot(-\mathrm{j}X_C)}{R-\mathrm{j}X_C}}=\frac{220\angle 0^\circ}{\mathrm{j}22+\dfrac{22\cdot(-\mathrm{j}22)}{22-\mathrm{j}22}}=10\sqrt{2}\angle-45^\circ\mathrm{A}$$

$$\dot{I}_2'=\dot{I}_1'\times\frac{-\mathrm{j}X_C}{R-\mathrm{j}X_C}=\frac{10\sqrt{2}\angle-45^\circ\times 22\angle-90^\circ}{22-\mathrm{j}22}=10\angle-90^\circ\mathrm{A}$$

$$\dot{I}_3'=\dot{I}_1'-\dot{I}_2'=10\sqrt{2}\angle-45^\circ-10\angle-90^\circ=10\mathrm{A}$$

直流电源 U_{S2} 单独作用时，电路如图 4.33（c）所示，各电流为

$$I_1''=I_2''=\frac{U_{S2}}{R}=\frac{220}{22}=10\mathrm{A}$$

$$I_3''=0\mathrm{A}$$

交流电源 u_{S1} 和直流电源 U_{S2} 共同作用时，各支路电流为

$$i_1=i_1'-I_1''=\sqrt{2}\times 10\sqrt{2}\sin(314t-45^\circ)-10=-10+20\sin(314t-45^\circ)\mathrm{A}$$

$$i_2=i_2'-I_2''=10\sqrt{2}\sin(314t-90^\circ)-10=-10+10\sqrt{2}\sin(314t-90^\circ)\mathrm{A}$$

$$i_1=i_3'+I_3''=10\sqrt{2}\sin 314t+0=10\sqrt{2}\sin 314t\mathrm{A}$$

4.5　功率因数的提高

在正弦交流电路中，有功功率与视在功率的比值为功率因数，即

$$\frac{P}{S}=\cos\varphi$$

功率因数是正弦交流电路中一个非常重要的物理量，其大小决定于负载的性质。功率因数的提高在实际应用中有着非常重要的经济意义。

4.5.1　提高功率因数的意义

首先，提高功率因数，可以提高电源设备的利用率。

因为用视在功率表示的电源设备的容量 S_N 是一定的，由 $P=S\cos\varphi$ 可知，电源能够输出的有功功率 P 与功率因数 $\cos\varphi$ 成正比。例如一台发电机的容量 $S_N=75000\text{kV}\cdot\text{A}$，若功率因数 $\cos\varphi=1$，则发电机输出有功功率为 75000kW；若功率因数 $\cos\varphi=0.6$，则发电机只能输出有功功率 45000kW，即电源的利用率只有 60%，这说明由于 $\cos\varphi$ 低，发电机不能输出最大功率。若采取措施提高功率因数，则同一电源设备可向更多负载供电。

其次，提高功率因数，还可以减少发电机绕组和输电线路上的功率损耗和电压损失。

因为 $I=\dfrac{P}{U\cos\varphi}$，当输电线路的电压 U 和传输的有功功率 P 一定时，输电线上的电流 I 与功率因数 $\cos\varphi$ 成反比。$\cos\varphi$ 越高，电流 I 越小。设发电机绕组和线路电阻为 r，则功率损耗为 I^2r，电压损失 ΔU 为 Ir。因此，功率因数提高可以使电流通过输电线产生的功率损耗和电压损失也减小。

在供电系统电路中，大量使用的是感性负载，如交流电动机、感应炉、日光灯等，功率因数都较低。例如，作为动力的交流异步电动机，满载时功率因数为 0.7～0.85，轻载时只有 0.4～0.5，空载时甚至只有 0.2；日光灯电路的功率因数为 0.3～0.5；感应炉的功率因数也小于 1。这是造成实际电路中功率因数不高的主要原因。

作为工业上很重要的技术经济指标的功率因数，一般要求为 0.85～0.9。因此，在保证负载正常工作的前提下，提高功率因数是必须要解决的问题。应注意的是，这里所说的提高功率因数是指提高线路的功率因数，而不是提高某一感性负载的功率因数。

4.5.2　提高功率因数的方法

提高功率因数，首先要改善负载本身的工作状态，设计要合理，安排使用要恰当。例如，在选择异步电动机时，尽量使其在满载下工作，减少轻载和空载工作，即要避免“大马拉小车”现象。

对于感性负载，通常采用在其两端并联电容的方法，来补偿无功功率，使功率因数提高，该电容称为补偿电容。电路原理图和相量图如图 4.34 所示。图中，R、L 为感性负载的等效电阻和电感，C 为补偿电容，通常采用的是电力电容器。

由如图4.34(b)所示相量图可知，并联电容以前，线路的阻抗角为负载的阻抗角φ_{RL}，线路的功率因数即为负载的功率因数$\cos\varphi_{RL}$（较低），线路中的电流为负载的电流I_{RL}（较大）；并联电容以后，$\dot{I}_{RL}$不变，线路中的电流$\dot{I}=\dot{I}_{RL}+\dot{I}_C$，由于电容上的电流$\dot{I}_C$超前于电压$\dot{U}$ 90°，抵消掉了部分感性负载电流的无功分量，使得线路的总电流I减小，$\dot{I}$滞后于$\dot{U}$的φ角也减小，故$\cos\varphi>\cos\varphi_{RL}$，线路的功率因数得以提高。

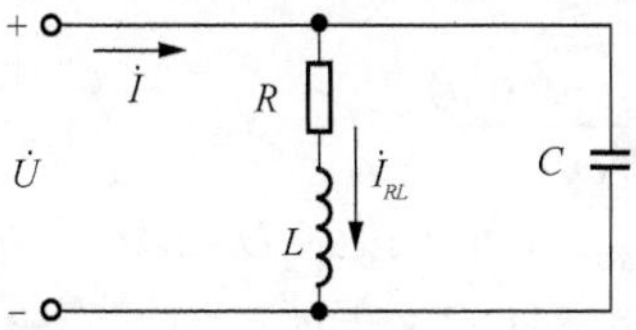

（a）电路图

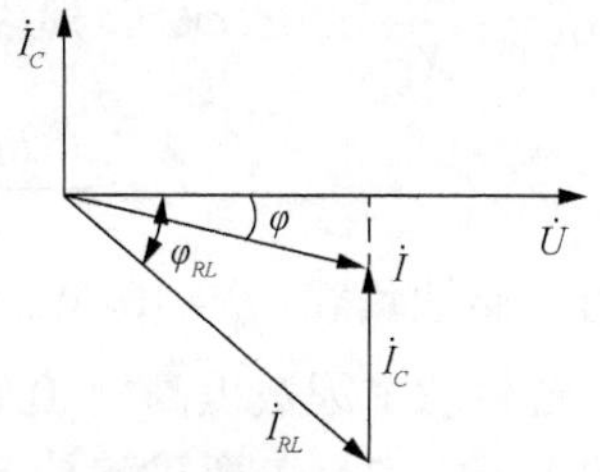

（b）相量图

图4.34 感性负载并联电容提高功率因数

由于电容是并联在感性负载两端的，负载的两端电压不变，负载的工作状况也不会发生变化，即$I_{RL}=\dfrac{U}{\sqrt{R^2+X_L^2}},\cos\varphi_{RL}=\dfrac{R}{\sqrt{R^2+X_L^2}}$都不变，所以并联电容来提高功率因数不影响负载正常工作。因此，这里所讲的提高功率因数，是指提高电源或电网的功率因数，不是提高某个电感性负载的功率因数。

从能量角度来说，在感性负载两端并联了电容以后，感性负载的部分无功功率与电容的无功功率相互补偿，减少了电源与负载之间的无功能量交换。就是说，能量的互换主要发生在电感性负载和电容器之间，这样电源能量能够得到充分利用。

还应该指出，由于电容是不消耗能量的，所以并联电容前后，电路的有功功率不变。即有

$$P=I_{RL}U\cos\varphi_{RL}=IU\cos\varphi$$

从相量图上也可以看出$I_{RL}\cos\varphi_{RL}=I\cos\varphi$。

已知电路的有功功率P、电压U，把功率因数由$\cos\varphi_{RL}$提高到$\cos\varphi$所需并联的补偿电容C的计算方法如下：

方法一 利用相量图求解

由图4.34（b）可知

$$I_C=I_{RL}\sin\varphi_{RL}-I\sin\varphi \tag{4.52}$$

由于$I_{RL}=\dfrac{P}{U\cos\varphi_{RL}},I=\dfrac{P}{U\cos\varphi}$，则

$$C=\frac{1}{\omega X_C}=\frac{1}{\omega\dfrac{U}{I_C}}=\frac{I_C}{\omega U} \tag{4.53}$$

方法二 通过无功功率求解

感性负载的无功功率为

$$Q_L = P\tan\varphi_{RL}$$

并联电容后电路总无功功率为

$$Q = P\tan\varphi$$

所以，需补偿的电容无功功率为

$$Q_C = Q - Q_L = P(\tan\varphi - \tan\varphi_{RL})$$

又 $Q_C = -UI_C = -\dfrac{U^2}{X_C} = -U^2\omega C$ ，所以

$$C = \frac{P(\tan\varphi_{RL} - \tan\varphi)}{U^2\omega} \tag{4.54}$$

例 4.18　有一感性负载，P=10kW, $\cos\varphi_{RL} = 0.6$ ，接到 U=220V、f=50Hz 的正弦交流电源上。（1）若将功率因数提高到 0.9，求需并联多大的电容，并比较并联电容前后线路中总电流的大小；（2）若要求将功率因数从 0.9 进一步提高到 1，求还需并联多大电容；若并联的电容继续增加，功率因数将会如何变化？

解：（1） $\cos\varphi_{RL} = 0.6$ 时， $\varphi_{RL} = 53.1°$ ； $\cos\varphi = 0.9$ 时， $\varphi = 25.8°$ 。

由式（4.54），可得

$$C = \frac{P}{\omega U^2}(\tan\varphi_{RL} - \tan\varphi) = \frac{10\times10^3}{2\pi\times50\times220^2}(\tan 53.1° - \tan 25.8°) \approx 558.3\mu\text{F}$$

并联电容前的线路电流，即负载电流为

$$I_{RL} = \frac{P}{U\cos\varphi_{RL}} = \frac{10\times10^3}{220\times0.6} \approx 75.76\ \text{A}$$

并联电容后的线路总电流为

$$I = \frac{P}{U\cos\varphi} = \frac{10\times10^3}{220\times0.9} \approx 50.51\ \text{A}$$

即并联电容后线路的总电流减小了。

（2）功率因数从 0.9 提高到 1，需再增加的电容值为

$$C = \frac{10\times10^3}{2\pi\times50\times220^2}(\tan 25.8° - \tan 0°) = 292.9\mu\text{F}$$

通过并联电容提高功率因数，在理论上可以达到以下三种情况：

并联电容后的电路仍为感性，$\cos\varphi < 1$，称为欠补偿。本例中可以看出，欠补偿时，电容越大，功率因数越高。

功率因数提高到 1 时，电路呈电阻性，称为全补偿。

并联的电容继续增加，电路将呈容性， $\cos\varphi < 1$，称为过补偿。过补偿时，随电容的增加，功率因数将降低。

4.6　交流电路中的谐振

由电阻、电感、电容三种基本元件组成的交流电路，可能呈现感性或容性，还可能呈电阻性。如果调节电路参数或电源频率，使电感和电容的作用互相抵消，电路显示纯

电阻性，即此时电路的端电压与端电流同相，这种现象叫做电路的谐振。根据电路的连接方式不同，谐振分串联谐振和并联谐振两种。

4.6.1　串联谐振（电压谐振）

如图 4.35（a）所示的 *RLC* 串联电路，电路的等效复阻抗为

$$Z = R + \mathrm{j}(X_L - X_C)$$

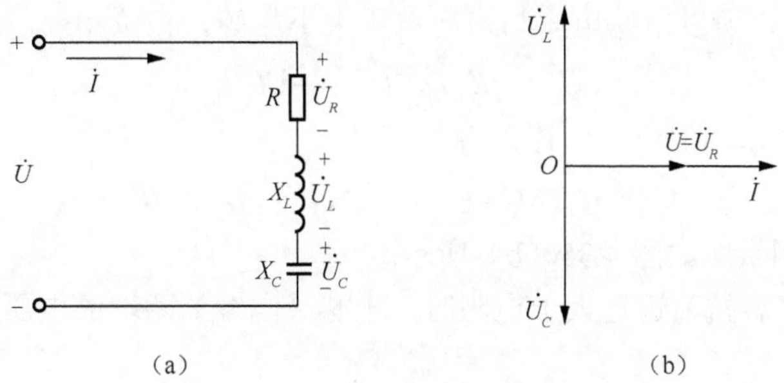

图 4.35　*RLC* 串联电路及谐振相量图

1. 串联谐振的条件

若电路的感抗和容抗相等，即 $X_L = X_C$，则

$$\varphi = \arctan\frac{X_L - X_C}{R} = 0$$

此时电源电压 $\dot{U}$ 与电路中的电流 $\dot{I}$ 同相位，电路呈现纯电阻性，说明电路中发生串联谐振现象。

由此，可得串联谐振条件 $X_L = X_C$，即

$$\omega_0 L = \frac{1}{\omega_0 C} \tag{4.55}$$

谐振角频率和谐振频率分别为

$$\omega_0 = \frac{1}{\sqrt{LC}}, f_0 = \frac{1}{2\pi\sqrt{LC}} \tag{4.56}$$

可见，当电源频率和电路参数 L 和 C 满足以上关系时，电路发生串联谐振。

由式（4.56）可知，谐振频率 f_0 的大小完全是由电路本身的参数决定的，是电路本身的固有性质，称为谐振电路的固有频率。每一个 *RLC* 串联电路都对应一个谐振频率。当电源频率一定时，改变电路的参数 L 或 C，使 $\omega L = \dfrac{1}{\omega C}$，即可使电路发生谐振；当电路参数一定时，改变电源频率，使之与电路的固有频率相等，也可使电路产生谐振，这个过程称为调谐。

2. 串联谐振的特征

串联谐振具有以下特征：

（1）电路的阻抗$|Z_0|$最小。电源电压U一定时，电流I_0最大，即

$$|Z_0| = \sqrt{R^2 + (X_L - X_C)^2} = R$$

$$I = I_0 = \frac{U}{|Z_0|} = \frac{U}{R}$$

所以，R越小，谐振电流越大。

（2）电源电压$\dot{U}$等于电阻电压$\dot{U}_R$。

由于$X_L = X_C$，所以电感电压与电容电压大小相等，相位相反，即

$$\dot{U}_L = \mathrm{j}X_L\dot{I}_0,\quad \dot{U}_C = -\mathrm{j}X_C\dot{I}_0$$

因此，根据基尔霍夫电压定律，有

$$\dot{U} = \dot{U}_R + \dot{U}_L + \dot{U}_C = \dot{I}R + \mathrm{j}X_L\dot{I} - \mathrm{j}X_C\dot{I} = \dot{I}R = \dot{U}_R$$

电压与电流相量图如图4.35（b）所示。

（3）当感抗（容抗）远远大于电阻时，电感（电容）两端的电压将比电源电压大很多，即

$$X_L = X_C \gg R\text{时},\quad U_L = U_C \gg U_R = U$$

将电感或电容上的电压与电源电压之比，称为电路的品质因数，用Q表示，即串联谐振时，

$$Q = \frac{U_L}{U} = \frac{U_C}{U} = \frac{X_L}{R} = \frac{X_C}{R} = \frac{\omega_0 L}{R} = \frac{1}{\omega_0 CR} \tag{4.57}$$

由于串联谐振能在电感和电容上产生高于电源很多倍的电压，因此，串联谐振又称为电压谐振。

（4）电源电压$\dot{U}$与电流$\dot{I}$同相，电路对电源呈电阻性；电源供给的能量全部被电阻所消耗。

串联谐振时，电路的有功功率、无功功率分别为

$$P = UI\cos\varphi = IU = I^2R$$

$$Q = UI\sin\varphi = Q_L + Q_C = 0$$

这表明，串联谐振时，电源不向电路输送无功功率。而电感中的无功功率与电容中的无功功率大小相等、互相补偿。磁场能量与电场能量进行互换。

3. 电路参数、电流、电压与频率的关系曲线

在RLC串联电路中，当改变电源频率时，电路中的电路参数、电流和电压等各量都将随频率而变。

电路参数与频率的关系曲线如图4.36所示，图中，感抗为$X_L = \omega L$，容抗为$X_C = \dfrac{1}{\omega C}$，电抗为$X = X_L - X_C$，阻抗为

$$|Z| = \sqrt{R^2 + (X_L - X_C)^2} = \sqrt{R^2 + \left(\omega L - \frac{1}{\omega C}\right)^2}$$

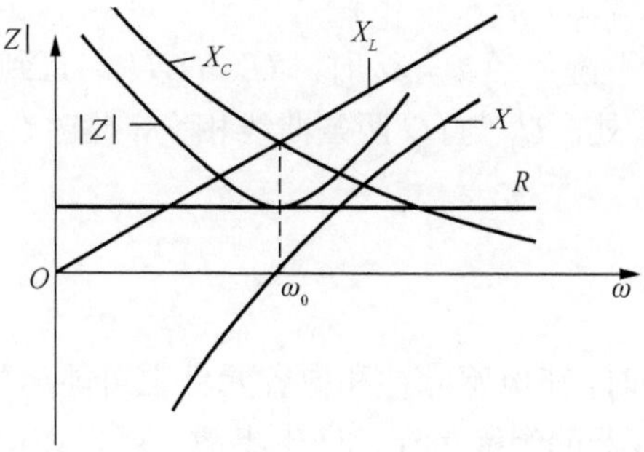

图 4.36　电路参数与频率的关系曲线

可以看出，当$\omega=\omega_0$时，即电路发生串联谐振时，$X_L=X_C$,X=0，$|Z|$有一个最小值R。

电路中电流为

$$I=\frac{U}{|Z|}=\frac{U}{\sqrt{R^2+\left(\omega L-\dfrac{1}{\omega C}\right)^2}}$$

因此，在电源电压 U 和电路参数R、L、C一定的条件下，电流随频率变化的曲线如图 4.37 所示。可以看出，当$\omega=\omega_0$时，由于阻抗$|Z|=R$最小，所以电流最大。

品质因数Q值越大，如图 4.37 所示的谐振曲线就越尖锐；而Q值越小，电流I的峰值I_0就越小。

电路中电感电压U_L和电容电压U_C与频率之间的关系可表示为

$$U_L=\frac{\omega LU}{\sqrt{R^2+\left(\omega L-\dfrac{1}{\omega C}\right)^2}},U_C=\frac{U}{\omega C\sqrt{R^2+(\omega L-\dfrac{1}{\omega C})^2}}$$

所以，U_L与U_C随频率变化的曲线如图 4.38 所示。

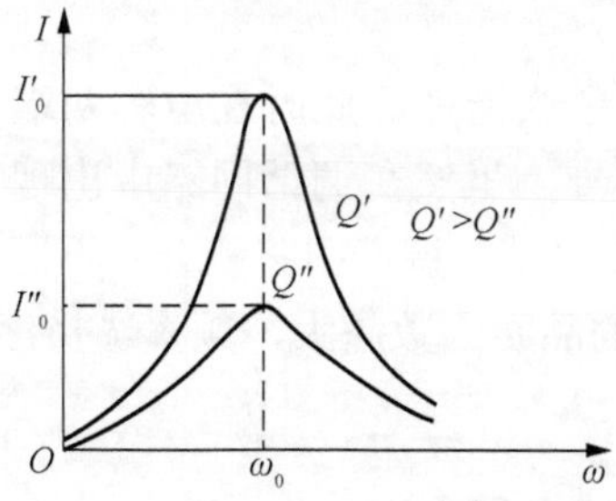

图 4.37　电流与频率的关系曲线

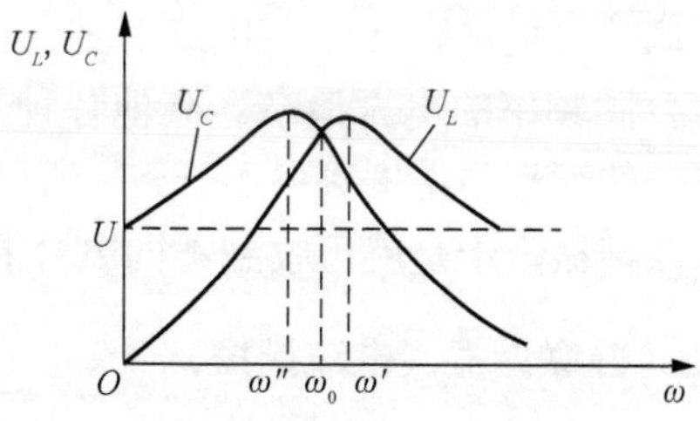

图 4.38　电压与频率的关系曲线

对于电感电压U_L来说，当$\omega=0$时，$U_L=0$；当ω增加时，感抗X_L和电流I都在增大，所以U_L也增大；当$\omega=\omega_0$时，$U_L=QU$；当$\omega>\omega_0$时，电流I过了最大值开始下降，但开始下降的速度不是很快，而U_L随着X_L线性增大，在某一ω'处，U_L有一个最大值；此后I的下降多于X_L的增长，U_L减小；当$\omega=\infty$时，$U_L=U$。

对于电容电压U_C，当$\omega=0$时，$U_C=U$；当ω开始增加时，容抗X_C的减小不如电

流 I 增大的快，总的结果是 U_C 增大；在某一 ω'' 处（$\omega'' < \omega_0$），U_C 有一个最大值；此后随着 ω 的增加，U_C 开始下降；当 $\omega = \omega_0$ 时，$U_C = QU$；直到 $\omega = \infty$ 时，$U_C = 0$。

要注意谐振点 $\omega = \omega_0$ 处，U_L 与 U_C 两条曲线相交，此时 U_L、U_C 较大，但并不是 U_C 和 U_L 的最大值。

4. 串联谐振的应用

如前所述，串联谐振时，在电感元件和电容元件上可能产生高电压。若电压 U_L 或 U_C 过高，可能将线圈或电容器的绝缘击穿，产生事故，所以在电力系统中，必须注意避免谐振。但在无线电工程中，常利用串联谐振的这个特点，在某个频率上获得高电压。

在无线电接收设备中，常利用串联谐振来选择电台信号，即从各种微弱的信号电压中，获得较强的某一频率的信号。例如，收音机的调谐回路如图 4.39（a）所示。它由电感线圈 L 和可变电容 C 组成，L_1 为天线线圈。

由于每一个电台都有自己的广播频率，不同电台发射出不同的电磁波信号，在收音机的天线回路中就产生各自的感应电动势。由于天线回路与 LC 调谐回路之间的互感作用，在 LC 调谐回路中将感应出许多频率不同的电动势 e_1、e_2、…，其等效电路如图 4.39（b）所示。

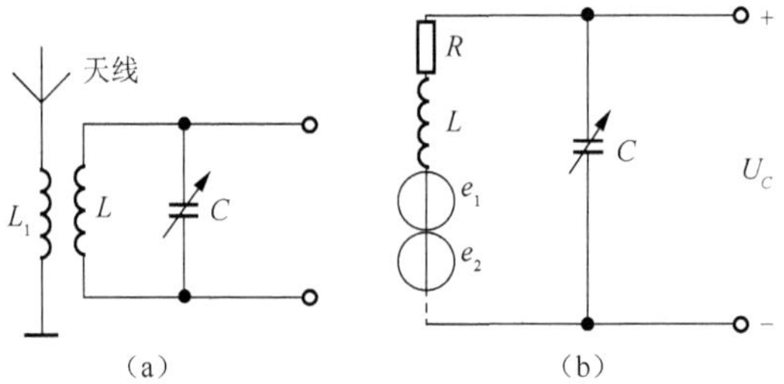

图 4.39　调谐回路

调节可变电容 C，使电路对某一电台频率发生串联谐振，此时在电容两端产生与该电台同频率的电压最高。其他各种不同频率的信号，虽然在调谐回路中出现，但由于它们的频率与谐振频率不一致，所以不显著。调节 C 值，调谐回路就会对不同频率发生串联谐振，于是就可收到不同电台的节目。电路的品质因数越大，频率选择性越好。

4.6.2　并联谐振（电流谐振）

图 4.40（a）是一个具有电阻 R 和电感 L 的线圈与电容器 C 组成的并联电路。

1. 并联谐振的条件

如图 4.40（a）所示电路的等效复阻抗为

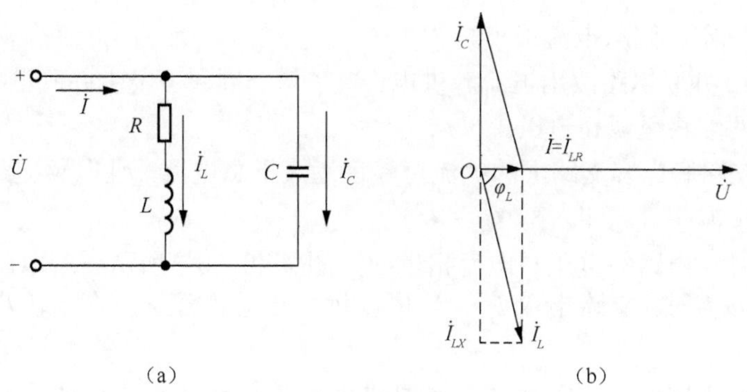

图 4.40　并联电路及其相量图

$$Z=\frac{(R+\mathrm{j}\omega L)\cdot\frac{1}{\mathrm{j}\omega C}}{R+\mathrm{j}\omega L+\frac{1}{\mathrm{j}\omega C}}=\frac{1}{\frac{R}{R^2+(\omega L)^2}+\mathrm{j}\left[\omega C-\frac{\omega L}{R^2+(\omega L)^2}\right]} \tag{4.58}$$

电路发生谐振时，其电压 $\dot{U}$ 与电流 $\dot{I}$ 同相位，阻抗角为零，则式（4.58）中的虚部分量必等于零：

$$\omega_0 C-\frac{\omega_0 L}{R^2+(\omega_0 L)^2}=0$$

由此可解出

$$\omega_0=\frac{1}{\sqrt{LC}}\sqrt{1-\frac{CR^2}{L}},\ f_0=\frac{1}{2\pi\sqrt{LC}}\sqrt{1-\frac{CR^2}{L}}$$

通常，线圈的电阻很小，若忽略不计，则并联谐振角频率和谐振频率分别为

$$\omega_0=\frac{1}{\sqrt{LC}},\ f_0=\frac{1}{2\pi\sqrt{LC}} \tag{4.59}$$

当电源频率与电路参数 L 和 C 之间满足式（4.59）时，电路发生谐振。由此可见，调节 f 或 L 或 C 都能使电路发生并联谐振。

2. 并联谐振的特征

并联谐振具有以下特征：

（1）电路的阻抗 Z_0 最大。电源电压一定时，总电流最小。

根据式（4.58）及式（4.59），并联谐振时电路的总阻抗 Z_0 为

$$Z_0=\frac{R^2+{\omega_0}^2L^2}{R}=\frac{L}{RC} \tag{4.60}$$

在 $R\ll\omega_0 L$ 条件下，其值接近于最大，并相当于一个纯电阻。当 $R=0$ 时，Z_0 趋近于无穷大。

电路总电流为

$$\dot{I}=\frac{\dot{U}}{Z_0}=\frac{\dot{U}}{\frac{L}{RC}}$$

若电压 $\dot{U}$ 一定，则总电流很小。

如果图 4.40 并联电路改用恒流源供电，当在某一频率下发生并联谐振时，电路阻抗很大，则电路两端将呈现高电压。

（2）电感支路和电容支路上的电流可能远远大于总电流，且电感支路电流的无功分量与电容支路电流相等，即 $I_L \sin\varphi_L = I_C$。

并联谐振时，电路的电压与电流相量图如图 4.40（b）所示。若电压 $\dot{U}$ 一定，在谐振情况下 $R \ll \omega_0 L$ 时，支路电流 I_L、I_C 可以远大于总电流 I，故并联谐振又称电流谐振。

并联谐振时电路的品质因数 Q，就是谐振时各支路电流（I_C 或 I_L）比总电流 I_0 大的倍数，即

$$Q = \frac{I_C}{I_0} = \frac{U \cdot \omega_0 C}{\dfrac{U}{\dfrac{L}{RC}}} = \frac{\omega_0 L}{R} = \frac{1}{\omega_0 CR} \tag{4.61}$$

（3）电源电压 $\dot{U}$ 与电流 $\dot{I}$ 同相，电路对电源呈电阻性；电源供给的能量全部被电阻所消耗。

并联谐振时，总阻抗相当于一个纯电阻。电源只向电路提供有功功率，电感与电容互换无功功率。

3. 电路阻抗、电流与频率的关系曲线

并联谐振曲线如图 4.41 所示。电路阻抗 $|Z|$ 随频率变化的特性曲线与串联谐振时相反，在谐振点 $\omega = \omega_0$ 处，$|Z| = Z_0$ 最大（$R \ll \omega_0 L$ 时）。当电压一定时，电流 I 与阻抗 $|Z|$ 成反比。

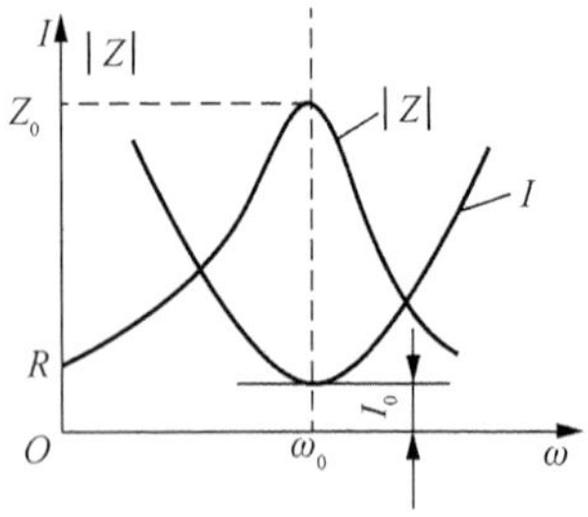

图 4.41　并联谐振曲线

4. 并联谐振的应用

并联谐振时，电感、电容支路上的电流可能远远大于总电流。谐振的大电流可能给电气设备造成损坏，所以在电力系统中，应尽量避免谐振。但也可以利用这个特点，进行频率选择。

在某些无线电接收设备中，常利用并联谐振选择有用的信号，消除杂波干扰。图 4.42 是超外差收音机的中频（465kHz）放大器并联选频电路。放大器相当于受控电流源，对该中频讯号，LC 电路产生并联谐振，在 L（C）两端获得较大的讯号电压，通过互感输出给下一级放大器。

如图 4.43 所示的滤波电路，LC 组成并联谐振电路，调整电容 C，使其对某频率谐振，则在该频率下 LC 部分的电路阻抗最大，即满足谐振频率的信号主要降落在 LC 上，而在负载电阻 R 上降落较少，起到滤波作用。

在电子技术中，串联、并联谐振都有着广泛的应用。

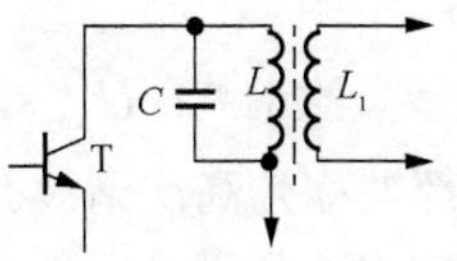

图 4.42 并联选频电路

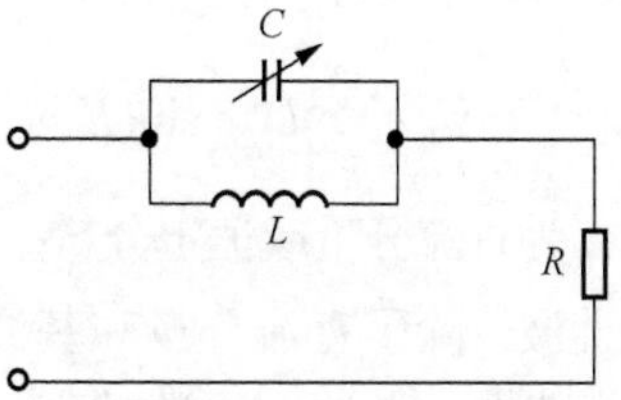

图 4.43 滤波电路

4.7 非正弦周期信号的交流电路

在生产和科研中所用的电源主要是正弦交流电。但在实际应用的交流电路中，除了正弦交流信号外，还常常会遇到非正弦周期性变化的电压和电流信号。图 4.44（a）是整流电路中的全波整流电压波形；图 4.44（b）是示波器中的锯齿波电压波形；图 4.44（c）是三角波；图 4.44（d）是矩形波。这些信号都是周期性变化的，统称为非正弦周期信号。

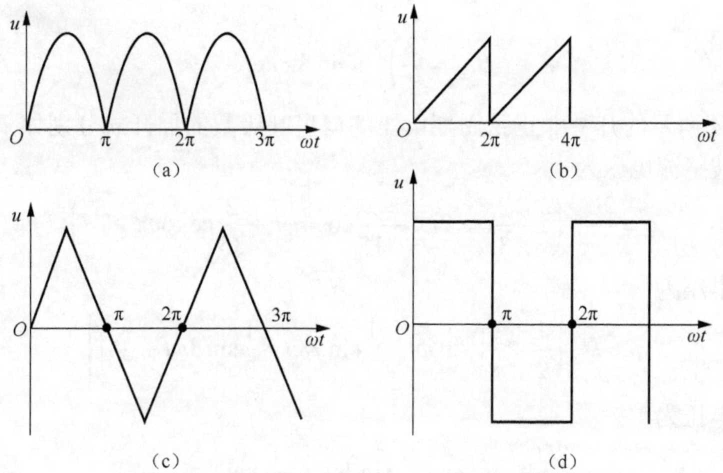

图 4.44 几种非正弦周期信号的波形

在线性电路中，一般利用傅里叶级数展开的方法，将非正弦的周期信号分解为直流分量和一系列不同频率的正弦信号分量之和，然后利用叠加原理，分析研究各分量单独对线性电路的作用，这种方法称为谐波分析法。

在数学分析中已经指出：一切满足狄利赫里条件（即周期函数在一个周期内只含有有限个极值点及有限个第一类不连续点）的周期函数都可以分解为傅里叶级数。在电工技术中的非正弦周期信号，不论电动势、电压或电流，通常都满足这个条件，因此，只要知道其数学解析式或波形，都可以展开成傅里叶级数形式。

如角频率为 ω 的非正弦周期电压 u，可分解为

$$u = U_0 + U_{1m}\sin(\omega t+\psi_1) + U_{2m}\sin(2\omega t+\psi_2)+\cdots+U_{Km}\sin(K\omega t+\psi_K)$$
$$= U_0 + \sum_{K=1}^{\infty} U_{Km}\sin(K\omega t+\psi_K) \quad (4.62)$$

式中，U_0为直流分量或恒定分量；$U_{1m}\sin(\omega t+\psi_1)$为基波或一次谐波；$U_{Km}\sin(K\omega t+\psi_K)$为$K$次谐波。除了直流分量和基波外，其余的各次谐波都被称为高次谐波。由于傅里叶级数的收敛性，谐波的次数越高，其幅值越小，所以次数很高的谐波一般可忽略。

利用三角变换可将式（4.62）化成下列形式：

$$u = U_0 + \sum_{k=1}^{\infty}(A_{Km}\cos K\omega t + B_{Km}\sin K\omega t) \quad (4.63)$$

式中，

$$A_{Km} = U_{Km}\sin\psi_K\ ;\quad B_{Km} = U_{Km}\cos\psi_K \quad (4.64)$$

将一非正弦周期信号展开成式（4.63）形式的傅里叶级数，关键在于求出傅里叶系数U_0、A_{Km}、B_{Km}。可以证明，U_0、A_{Km}、B_{Km}可由下式确定：

$$U_0 = \frac{1}{T}\int_0^T u\mathrm{d}t$$
$$A_{Km} = \frac{2}{T}\int_0^T u\cos K\omega t\mathrm{d}t \quad (4.65)$$
$$B_{Km} = \frac{2}{T}\int_0^T u\sin K\omega t\mathrm{d}t$$

如图 4.44 所示的几种非正弦周期电压的傅里叶级数的展开式分别如下：

单相全波整流电压为

$$u = \frac{2U_m}{\pi}\left(1-\frac{2}{3}\cos 2\omega t-\frac{2}{15}\cos 4\omega t-\frac{2}{35}\cos 6\omega t-\cdots\right)$$

锯齿波电压为

$$u = U_m\left[\frac{1}{2}-\frac{1}{\pi}\left(\sin\omega t+\frac{1}{2}\sin 2\omega t+\frac{1}{3}\sin 3\omega t+\cdots\right)\right]$$

三角波电压为

$$u = \frac{8U_m}{\pi^2}\left(\sin\omega t-\frac{1}{9}\sin 3\omega t+\frac{1}{25}\sin 5\omega t-\cdots\right)$$

矩形波电压为

$$u = \frac{4U_m}{\pi}\left(\sin\omega t+\frac{1}{3}\sin 3\omega t+\frac{1}{5}\sin 5\omega t+\cdots\right)$$

非正弦周期电流i在一个周期内的平均值就是其直流分量，有效值可由定义计算可得，即

$$I = \sqrt{\frac{1}{T}\int_0^T i^2\mathrm{d}t}$$

经计算后得出

$$I = \sqrt{I_0^2 + I_1^2 + I_2^2 + \cdots}$$

式中，$I_1=\dfrac{I_{1m}}{\sqrt{2}}, I_2=\dfrac{I_{2m}}{\sqrt{2}},\cdots$ 为基波、二次谐波、……的有效值。

同理，非正弦周期电压 u 的有效值为

$$U=\sqrt{U_0^2+U_1^2+U_2^2+\cdots}$$

应用谐波分析法，分析、求解非正弦周期信号线性电路的步骤如下：

(1)首先将电路中给定的非正弦周期信号分解为傅里叶级数，可利用查表方法求得。傅里叶级数为无穷级数，高次谐波取到哪一项为止，要看所需精度而定。

(2) 分别计算信号直流分量和若干不同频率谐波分量对电路单独作用时的响应。

由于各次谐波频率不同，计算感抗和容抗时应注意频率变化：

直流分量作用时，电路中的电容视为开路，电感视为短路；

基波作用时，感抗为 $X_{L1}=\omega L$，容抗为 $X_{C1}=\dfrac{1}{\omega C}$（$\omega$ 为基波频率）；

K 次谐波作用时，$X_{LK}=K\omega L=KX_{L1}, X_{CK}=\dfrac{1}{K\omega C}=\dfrac{1}{K}X_{C1}$。

(3) 利用叠加原理求出叠加后的总响应。叠加时应注意，不同频率的正弦谐波分量是不能用相量图或复数式相加减的，只能用瞬时值表达式或正弦波形图来进行。

例 4.19 电路如图 4.45（a）所示，输入电压是单相工频全波整流的电压波形，如图 4.45（b）所示。已知 $U_m=220\sqrt{2}\text{V}, R=200\Omega, C=50\mu\text{F}$，求输出电压 u_0。

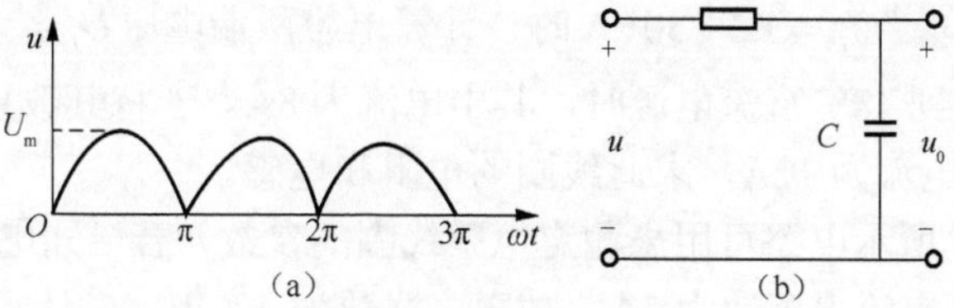

图 4.45 例 4.19 图

解： $\omega=2\pi f=100\pi\ \text{rad/s}$。

单相全波整流电压 u 的傅里叶级数展开式为

$$u=\frac{2U_m}{\pi}\left[1-\frac{2}{3}\cos 2\omega t-\frac{2}{15}\cos 4\omega t-\cdots\right]$$

$$=\frac{2\times 220\sqrt{2}}{\pi}\left[1-\frac{2}{3}\sin(200\pi t+90^\circ)-\frac{2}{15}\sin(400\pi t+90^\circ)-\cdots\right]$$

$$=198-132\sin(200\pi t+90^\circ)-26.4\sin(400\pi t+90^\circ)-\cdots$$

应用谐波分析法，为简便起见，只计算到二次谐波，即直流分量 $U_0=198\text{V}$，二次谐波 $u_2=-132\sin(200\pi t+90^\circ)=132\sin(200\pi t-90^\circ)\text{V}$，则

U_0 单独作用时，电容视为开路，输出电压为

$$u_{00}=U_0=198\text{V}$$

u_2 单独作用时，$X_{C2}=\dfrac{1}{2\omega C}=\dfrac{1}{200\pi\times 50\times 10^{-6}}=32\Omega$，输出电压为

$$\dot{U}_{02m} = \dot{U}_{2m} \cdot \frac{-jX_{C2}}{R - jX_{C2}}$$

$$= 132\angle -90° \times \frac{32\angle -90°}{200 - j32} = 20.85\angle -171° \text{V}$$

根据叠加原理，可得

$$u_0 = u_{00} + u_{02}$$

$$= 198 + 20.85\sin(200\pi t - 171°)\text{V}$$

习　　题

4.1　已知正弦电流 $i = 5\sqrt{2}\sin(314t - 60°)\text{A}$，求最大值、有效值、角频率、周期、初相角及该正弦量的相量表达式，并画出波形图。

4.2　正弦交流电压和电流的相量图如图 4.46 所示，已知 $U = 220\text{V}, I_1 = 10\text{A}, I_2 = 10\text{A}, \omega = 314\text{rad/s}$。试分别用复数式、三角函数式及波形图表示。

4.3　已知 $u_1 = 8\sin(\omega t + 60°)\text{V}$，$u_2 = 6\sin(\omega t - 30°)\text{V}$，$i_1 = 10\sqrt{2}\sin(\omega t + 60°)\text{A}$，$i_2 = 10\sqrt{2}\sin(\omega t - 60°)\text{A}$，试用相量法计算：（1）$u = u_1 + u_2$；（2）$i = i_1 - i_2$；（3）$u_1$、$i_2$之间的相位差。

4.4　单一电容电路中，已知 $C = 4\mu\text{F}$，$f = 50\text{Hz}$。（1）当 $u_C = 220\sqrt{2}\sin\omega t\,\text{V}$ 时，求电容中电流 i_C；（2）当 $\dot{I}_C = 1\angle -30°\,\text{A}$ 时，计算电容两端电压 $\dot{U}_C$，并画相量图。

4.5　一线圈接到 48V 直流电源时，其中电流为 8A。若将其改接于 120V、50Hz 的正弦交流电源上，电流为 12A，求此线圈的电阻和电感。

4.6　如图 4.47 所示电路可用来测定电感线圈的参数。若已知电源频率为 50Hz，电压表读数为 110V，电流表读数为 5A，功率表读数为 400W，试计算线圈的 R 及 L。

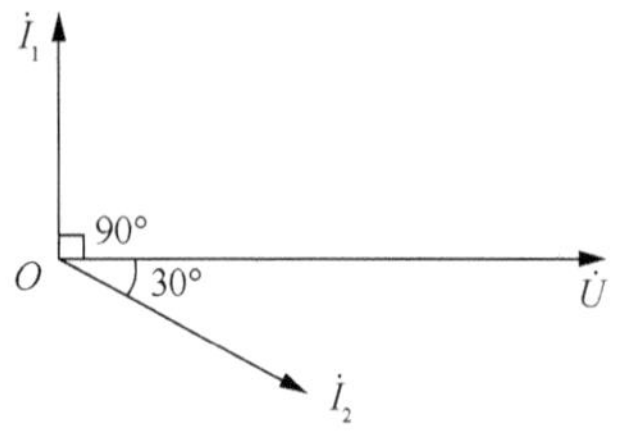

图 4.46　习题 4.2 图

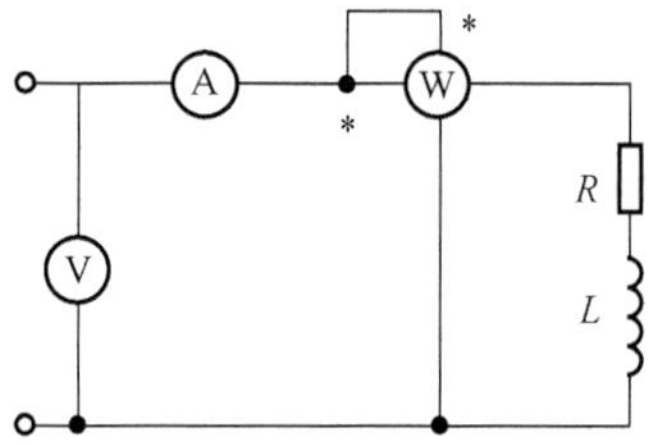

图 4.47　习题 4.6 图

4.7　如图 4.48 所示电路，试画出各电压、电流相量图，并计算电路中各电压表、电流表的读数。

4.8　如图 4.49 所示电路，已知 $I_1 = 3\text{A}, I_2 = 4\text{A}$。（1）若 $Z_1 = R, Z_2 = -jX_C$，此时 I=?（2）若 $Z_1 = R$，问 Z_2 为何参数，才能使 I 最大？此时 I=? （3）若 $Z_1 = jX_L$，问 Z_2 为何值时，I 最小？此时 $I = ?$

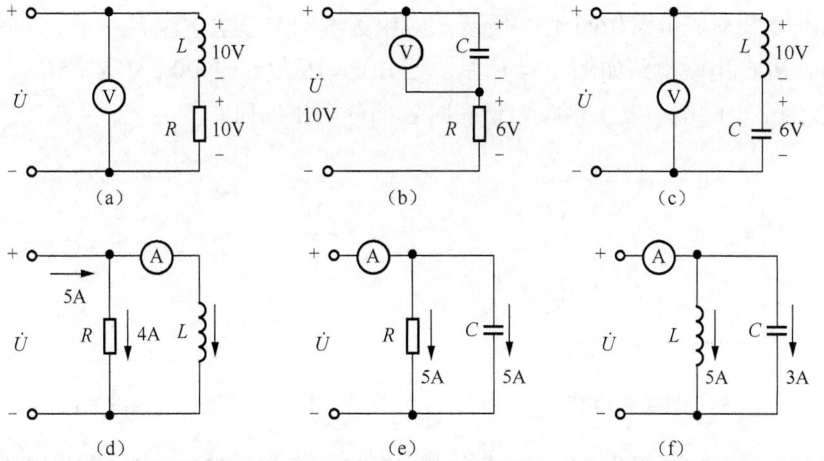

图 4.48　习题 4.7 图

4.9　已知一线圈的电阻为6Ω，感抗为8Ω，该线圈与电容器串联接到正弦交流电压源。如果外接电压源电压的有效值恰好等于线圈电压的有效值，求容抗。

4.10　如图 4.50 所示电路，已知 $R = X_L = X_C$，电流表 A_1 的读数为10A。画出相量图并求其他各电流表读数。

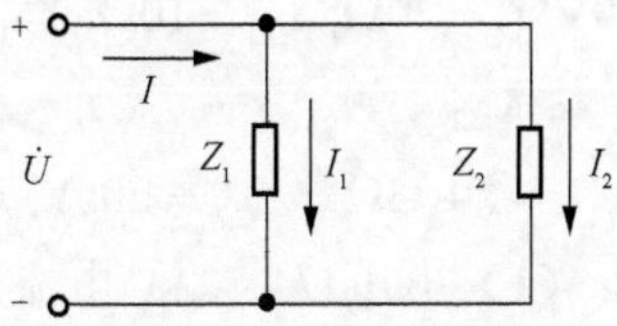

图 4.49　习题 4.8 图

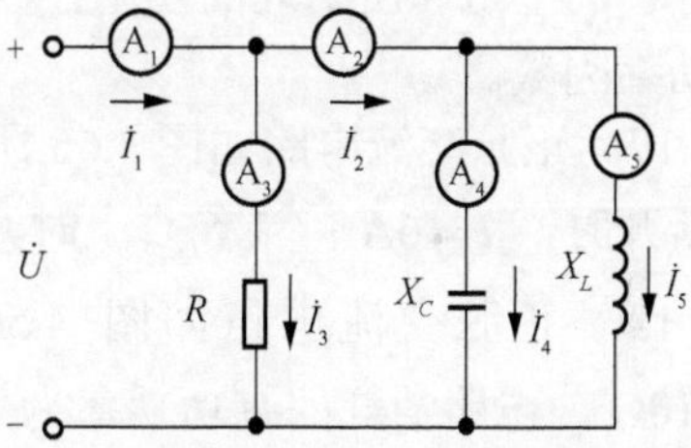

图 4.50　习题 4.10 图

4.11　如图 4.51 所示电路，日光灯和白炽灯并联接在 220V、50Hz 的电源上。日光灯是 220V、40W 的，功率因数为 0.5；白炽灯是 220V、100W 的，功率因数为 1，求 i_1、i_2、i 并画出其相量图。

4.12　如图 4.52 所示电路，已知 $I_1 = 10\text{A}, I_2 = 10\sqrt{2}\text{A}, U = 200\text{V}, R = 5\Omega$，$R_2 = X_L$。试求 I、X_C、X_L及R_2。

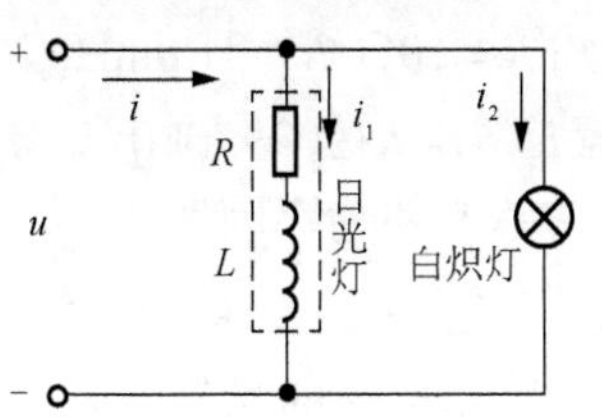

图 4.51　习题 4.11 图

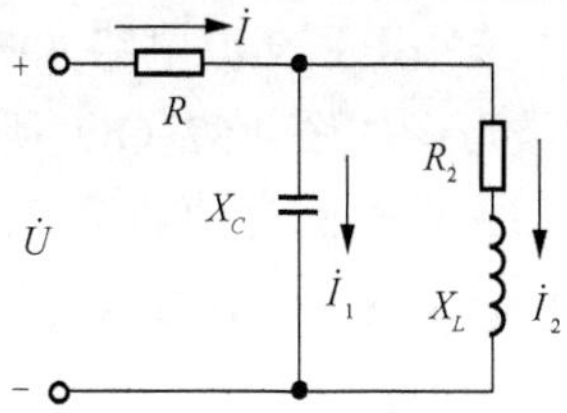

图 4.52　习题 4.12 图

4.13　复杂交流电路如图 4.53 所示，应用戴维宁定理求电流 $\dot{I}$ 。

4.14　RLC 串联电路如图 4.54 所示。已知 $u = 10\sqrt{2}\sin 2000\pi t\,\mathrm{V}, R = 5\Omega$, $L = 0.01\mathrm{H}$ 。问电容 C 为多少时电路发生谐振？谐振时各部分电压如何？

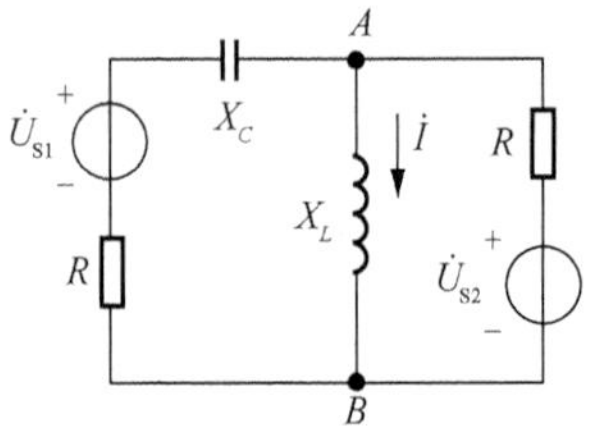

图 4.53　习题 4.13 图

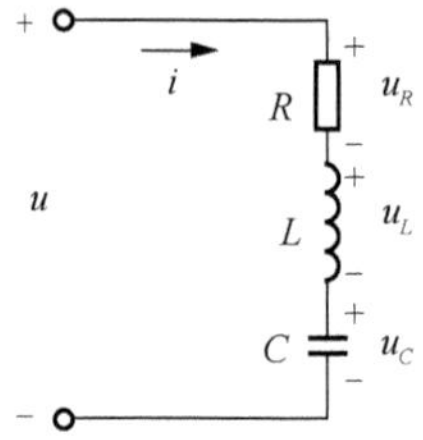

图 4.54　习题 4.14 图

4.15　一线圈的电阻为 3Ω，电感为 12.75mH，接入 120V、50Hz 的电源上。(1) 求线圈中的电流和所消耗的功率；(2) 并联接入一个电容器时，已知整个电路的功率因数恰好为 1，问接入的电容是多少微法？(3) 再并联接入一个电阻，已测得总电流为 20A，问接入的电阻是多少欧？

4.16　将一日光灯接于 220V 交流电源点燃后，已测得灯管两端的电压为 58V，镇流器两端的电压为 205V，镇流器消耗的功率为 4W，电路中电流为 0.35A。试求：(1) 灯管的电阻和所消耗的功率；(2) 镇流器的电阻和电感；(3) 整个电路所消耗的功率及功率因数。

4.17　正弦交流电路如图 4.55 所示，已知 $U = 120\mathrm{V}, R = 20\Omega, X_{L1} = 10\Omega, X_{C1} = 30\Omega$ 。当 S 断开时， $I = 6\mathrm{A}$ ；当 S 合上时， $I = 0\mathrm{A}$ 。求 X_{L2} 及 X_{C2} 。

4.18　正弦交流电路如图 4.56 所示，已知 $X_{C1} = 20\sqrt{3}\Omega$, $X_{C2} = 20\Omega$, $R = 10\Omega$, $X_L = 10\Omega$ ，电路消耗的有功功率为 $P = 500\mathrm{W}$ ，试求：(1) 电压 $\dot{U}$ ；(2) 电流 $\dot{I}_1$、$\dot{I}_2$、$\dot{I}_3$ ；(3) 画出全部电压、电流的相量图。

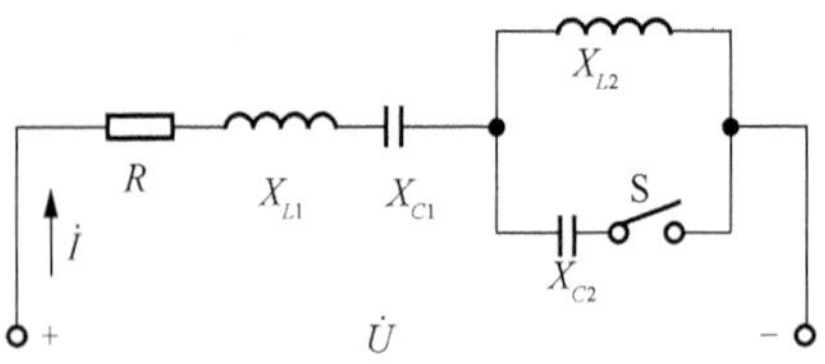

图 4.55　习题 4.17 图

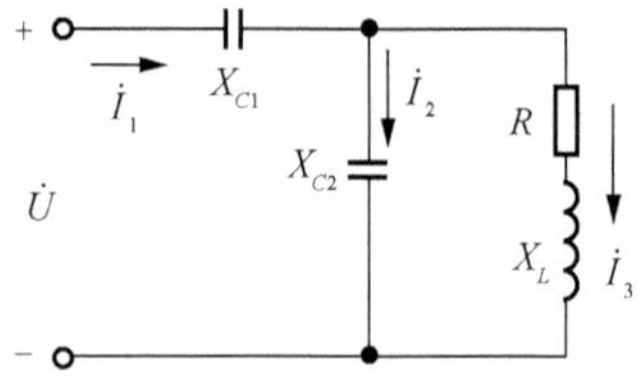

图 4.56　习题 4.18 图

4.19　工频正弦交流电路如图 4.57 (a) 所示，已知 $R = 10\Omega, L = 31.8\mathrm{mH}, C = 318\mu\mathrm{F}$ ，电压 u 的波形图如图 4.57 (b) 所示。试求：(1) 电流 i_1、i_2、i ；(2) 画出 i_1、i_2、i、u 的相量图；(3) 电路的有功功率 P、无功功率 Q、视在功率 S 和功率因数 $\cos\varphi$ 。

4.20　如图 4.58 所示正弦交流电路，已知 $u_{AB} = 100\sqrt{2}\sin\omega t\,\mathrm{V}, R = 10\Omega$, $X_C = 10\Omega$, $X_L = 20\Omega$ 。试求：(1) i_1、i_2、i 和 u ；(2) 画出全部电压和电流的相量图。

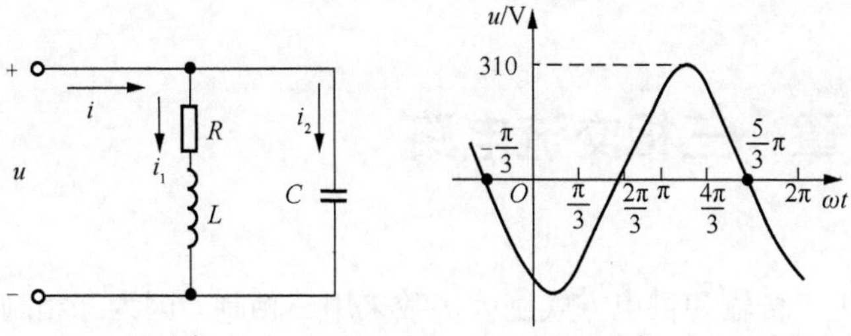

（a）　　　　　　　　（b）

图 4.57　习题 4.19 图

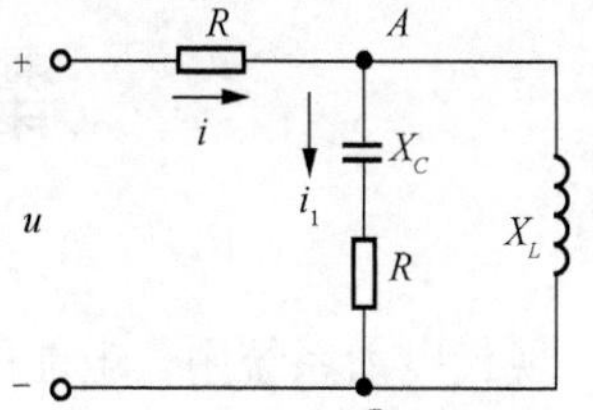

图 4.58　习题 4.20 图

4.21　求图 4.59 中各电压波形的平均值和有效值。

4.22　如图 4.60 所示电路，已知 $u=(60+100\sin\omega t+30\sqrt{2}\sin 2\omega t)\text{V}$，$R=30\Omega$，$X_L=30\Omega$。试求：（1）电流 i；（2）电流的平均值和有效值。

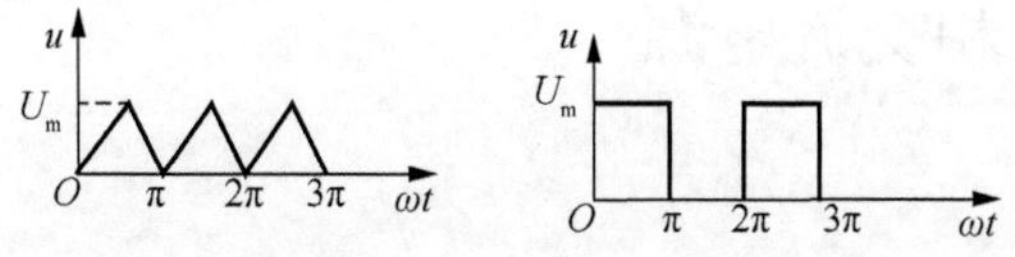

（a）　　　　　　　（b）

图 4.59　习题 4.21 图

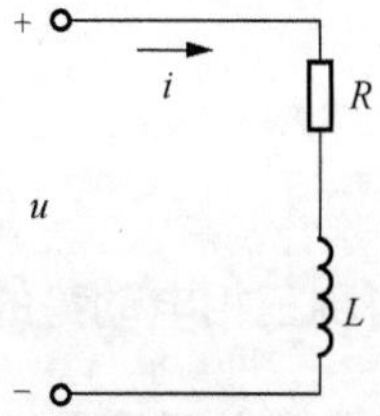

图 4.60　习题 4.22 图

第 5 章　三相交流电路

现代电力系统中，电能的产生、传输和供电方式绝大多数采用三相制。因为三相制系统具有许多优点，例如，三相交流电易于获得；三相交流发电机比同功率的单相交流发电机体积小、成本低；在传输距离、电压、功率均相同的情况下，三相输电比单相输电节省材料，更经济；广泛应用于电力拖动的三相交流电动机结构简单、性能良好、可靠性高等，所以三相交流电路得以广泛应用。

本章主要介绍三相电路的基本概念，针对三相负载的连接使用问题，着重讨论三相交流电路的分析与计算方法。

5.1　三相交流电源

5.1.1　对称三相电动势的产生

三相交流电源是由三相交流发电机产生的。三相交流发电机的原理示意图如图 5.1 所示。三相交流发电机主要由定子和转子两部分组成。在定子的槽中对称装置三个完全相同的绕组（线圈）U_1U_2、V_1V_2、W_1W_2，称为三相电枢绕组，其中，U_1、V_1、W_1 称为绕组的首端或始端，U_2、V_2、W_2 称为末端或终端，每相绕组的首端（或末端）之间彼此相隔120°。

发电机转子铁心上绕有励磁绕组，在绕组中通入直流电流时，便产生两个磁极的磁场。选择合适的极面形状和励磁绕组的安装位置，可使定子与转子之间空气隙中的磁感应强度按正弦规律分布。当转子（磁极）在原动机的拖动下以角速度 ω 匀速旋转时，每相定子电枢绕组依次被磁力线切割，在三相电枢绕组中感应出随时间按正弦规律变化的交流电动势。三相电动势的参考方向如图 5.2 所示，均由末端指向首端，其中，e_1、e_2、e_3 分别为绕组 U_1U_2、V_1V_2、W_1W_2 中的感应电动势。由于三个绕组完全相同，只是在空间位置上彼此相隔120°，所以这三个感应电动势的频率相同、幅值相等、相位上彼此相差120°。

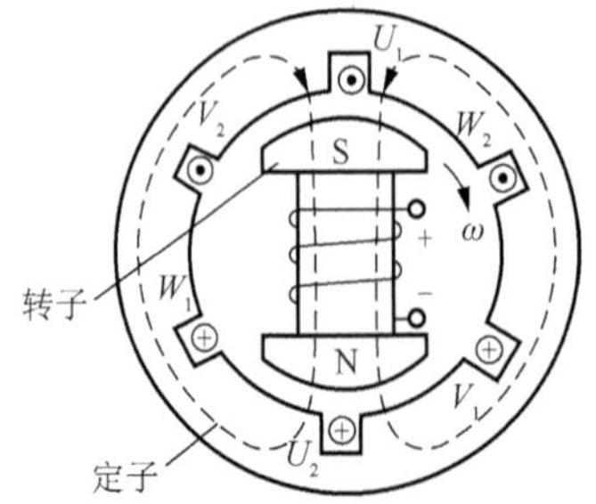

图 5.1　三相交流发电机原理图

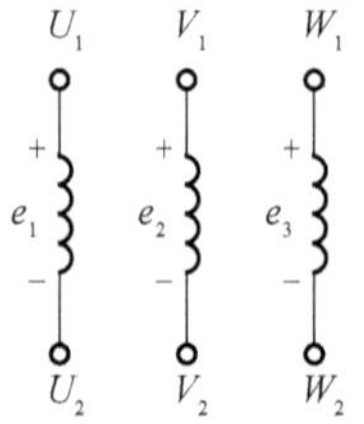

图 5.2　三相电枢绕组中的感应电动势

三相电动势的三角函数式表示为

$$\begin{cases} e_1 = E_m \sin \omega t \\ e_2 = E_m \sin(\omega t - 120°) \\ e_3 = E_m \sin(\omega t - 240°) = E_m \sin(\omega t + 120°) \end{cases} \tag{5.1}$$

也可用相量式表示为

$$\begin{cases} \dot{E}_1 = E\angle 0° = E \\ \dot{E}_2 = E\angle -120° = E\left(-\dfrac{1}{2} - \mathrm{j}\dfrac{\sqrt{3}}{2}\right) \\ \dot{E}_3 = E\angle 120° = E\left(-\dfrac{1}{2} + \mathrm{j}\dfrac{\sqrt{3}}{2}\right) \end{cases} \tag{5.2}$$

三相电动势的波形图和相量图如图 5.3 所示。

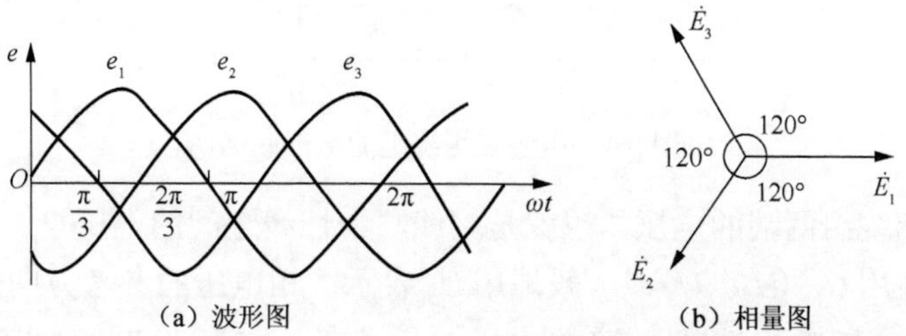

图 5.3　三相电动势的波形图和相量图

上述三个正弦电动势的频率相同、幅值相等、在相位上彼此互差120°，这样的一组电动势，称为对称三相电动势。

由对称三相电动势组成的三相交流电源，向负载提供三相正弦交流电能。

三相正弦交流电到达正向幅值的先后次序称为相序。如图 5.3 所示的三相电动势的相序是$e_1 - e_2 - e_3$，称为正（顺）序。反之，若相序是$e_3 - e_2 - e_1$，则称为负（逆）序。在以后的分析中，如无特殊说明，三相电源的相序均指正序。

由式（5.1）、式（5.2）及图 5.3 很容易得出，任意瞬间三相对称电动势的瞬时值之和及相量之和都等于零，即

$$\begin{cases} e_1 + e_2 + e_3 = 0 \\ \dot{E}_1 + \dot{E}_2 + \dot{E}_3 = 0 \end{cases} \tag{5.3}$$

这是一个非常重要的结论：对于三个频率、幅值都相等，但彼此间相位互差 120°的正弦量（电动势或电压、电流），即对称的三相正弦量（电动势或电压、电流），它们的瞬时值之和或相量之和必为零。

5.1.2　电源三相绕组的连接

三相交流发电机产生的三相电源相当于三个独立的正弦交流电源，但在实际应用中，三相发电机的三相电枢绕组要连接成一个整体后再对外供电。电源三相绕组的连接方式通常采用星形联结。

如果把三相发电机三个定子绕组的末端U_2、V_2、W_2接在一起，成为一个公共点N，由绕组首端U_1、V_1、W_1引出三根连接线，这种连接法称为星形联结，如图 5.4 所示。星形联结时，公共点N称为中性点，若中性点接地，则称为零点。从中性点引出的连接线称为中性线或零线，从绕组首端U_1、V_1、W_1引出的三根线称为端线，俗称火线，分别用L_1线、L_2线、L_3线来表示。这种具有中性线的三相供电线路称为三相四线制。若不引出中性线，则称为三相三线制。

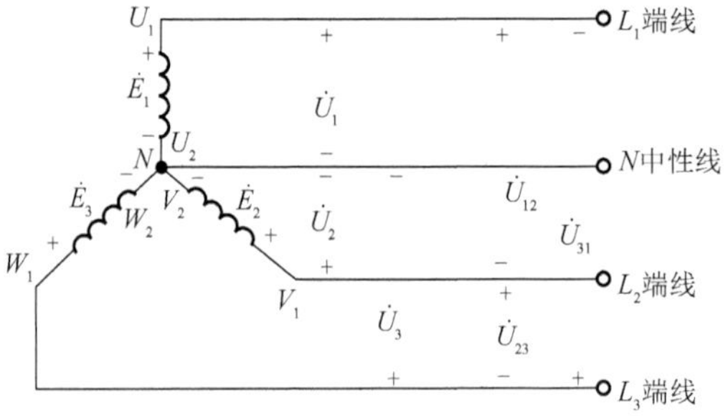

图 5.4　电源三相绕组的星形联结

发电机每相绕组两端的电压，也就是端线与中性线之间的电压$\dot{U}_1$、$\dot{U}_2$、$\dot{U}_3$称为相电压，其有效值用U_1、U_2、U_3或一般地用U_P表示。相电压的参考方向规定为从端线到中性线的方向。任意两端线之间的电压$\dot{U}_{12}$、$\dot{U}_{23}$、$\dot{U}_{31}$称为线电压，其有效值用U_{12}、U_{23}、U_{31}或一般地用U_L表示。线电压下标注明的顺序表示线电压的参考方向。如线电压U_{12}，其参考方向是由L_1线指向L_2线。三个线电压的下标顺序习惯表示为 12、23、31。各电压的参考方向如图 5.4 所示。

若忽略内阻抗压降，则三相交流电源的相电压等于三相电动势。以相电压u_1为参考相量，有

$$\begin{cases} u_1 = U_{\mathrm{m}} \sin \omega t \\ u_2 = U_{\mathrm{m}} \sin(\omega t - 120^\circ) \\ u_3 = U_{\mathrm{m}} \sin(\omega t - 240^\circ) = U_{\mathrm{m}} \sin(\omega t + 120^\circ) \end{cases}$$

也可用相量式表示为

$$\begin{cases} \dot{U}_1 = U\angle 0^\circ = U \\ \dot{U}_2 = U\angle -120^\circ = U\left(-\dfrac{1}{2} - \mathrm{j}\dfrac{\sqrt{3}}{2}\right) \\ \dot{U}_3 = U\angle 120^\circ = U\left(-\dfrac{1}{2} + \mathrm{j}\dfrac{\sqrt{3}}{2}\right) \end{cases}$$

因此，相电压也是对称的。

如图 5.4 所示，电源绕组星形联结，线电压与相电压之间的关系可根据基尔霍夫电压定律确定，即

$$\begin{cases}\dot{U}_{12}=\dot{U}_1-\dot{U}_2\\ \dot{U}_{23}=\dot{U}_2-\dot{U}_3\\ \dot{U}_{31}=\dot{U}_3-\dot{U}_1\end{cases} \tag{5.4}$$

则三个线电压相量分别为

$$\begin{cases}\dot{U}_{12}=\dot{U}_1-\dot{U}_2=U\left(1+\dfrac{1}{2}+\mathrm{j}\dfrac{\sqrt{3}}{2}\right)=\sqrt{3}U\angle 30^\circ\\ \dot{U}_{23}=\dot{U}_2-\dot{U}_3=U\left(-\dfrac{1}{2}-\mathrm{j}\dfrac{\sqrt{3}}{2}+\dfrac{1}{2}-\mathrm{j}\dfrac{\sqrt{3}}{2}\right)=\sqrt{3}U\angle -90^\circ\\ \dot{U}_{31}=\dot{U}_3-\dot{U}_1=U\left(-\dfrac{1}{2}+\mathrm{j}\dfrac{\sqrt{3}}{2}-1\right)=\sqrt{3}U\angle 150^\circ\end{cases} \tag{5.5}$$

由式（5.5）可知，线电压也是对称的。表示线电压与相电压有效值大小的一般关系式为

$$U_\mathrm{L}=\sqrt{3}U_\mathrm{P} \tag{5.6}$$

式中，U_L、U_P分别为线电压、相电压的有效值，即星形联结时线电压有效值等于相电压有效值的$\sqrt{3}$倍。

上述关系也可以由相量图来求出。先作出$\dot{U}_1$、$\dot{U}_2$、$\dot{U}_3$相量，而后根据式（5.4）分别作出线电压$\dot{U}_{12}$、$\dot{U}_{23}$、$\dot{U}_{31}$相量，如图 5.5 所示。

由如图 5.5 所示相量图可得

$$\begin{cases}\dot{U}_{12}=\sqrt{3}\dot{U}_1\angle 30^\circ\\ \dot{U}_{23}=\sqrt{3}\dot{U}_2\angle 30^\circ\\ \dot{U}_{31}=\sqrt{3}\dot{U}_3\angle 30^\circ\end{cases} \tag{5.7}$$

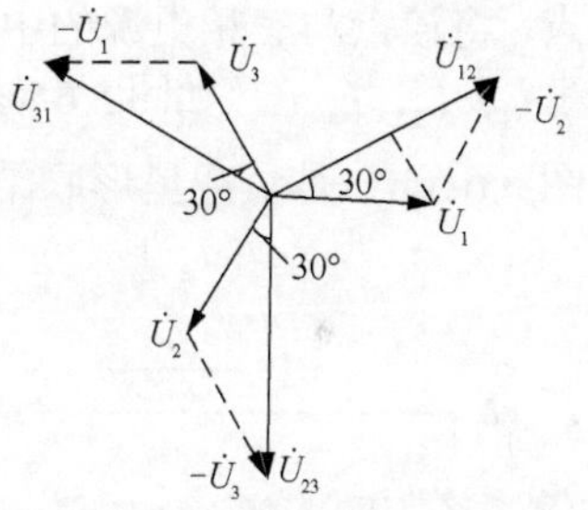

图 5.5　电源绕组星形联结时的电压相量图

由式（5.7）或相量图可见，三个线电压对称，并且在相位上分别超前于各自对应的相电压 30°，即$\dot{U}_{12}$超前$\dot{U}_1$ 30°，$\dot{U}_{23}$超前$\dot{U}_2$ 30°，$\dot{U}_{31}$超前$\dot{U}_3$ 30°。

由上面分析可知，当发电机（或变压器）的绕组连接成星形并构成三相四线制供电线路时，可以为负载提供两种电压：相电压和线电压。例如，通常低压配电系统中的相电压为 220V、线电压为 380V。若相电压为 380V，则线电压为 660V（$660=\sqrt{3}\times 380$）。在我国，相电压为 220V、线电压为 380V 的三相四线制供电线路用得最为普遍。

当发电机（或变压器）的绕组连成星形时，不一定都引出中性线。

5.2　三相电路中负载的连接

负载有单相和三相之分，电灯、家用电器、单相电动机等只需单相电源供电即可工作，均为单相负载，而工业生产中的动力负载（如三相异步电动机）、三相电阻炉等均属于三相负载。

三相电路中的负载一般又可分为两类。一类是对称负载，其特征是各相负载完全相同，具有相同的参数，每相负载的复阻抗相等，即

$$Z_1 = Z_2 = Z_3 = |Z| \angle\varphi \tag{5.8}$$

其中，$R_1 = R_2 = R_3$，且 $X_1 = X_2 = X_3$（性质相同）。如三相异步电动机、三相电阻炉等均属于对称负载。

另一类是非对称负载，为了使三相电源供电均衡，通常将电灯、家用电器等单相负载大致平均分配到三相电源的三个相上，各相负载的复阻抗一般不相等。

三相电路中的负载也可以连接成星形或三角形。负载如何连接，应视其额定电压而定。如果负载的额定电压不等于电源电压，则需用变压器获得所需额定电压。每相负载首、末两端之间的电压，称为负载的相电压，任意两相负载首端之间的电压，称为负载的线电压。

5.2.1　负载的星形联结

1. 三相四线制

如果把三个负载 Z_1、Z_2、Z_3 的一端连在一起，成为一个公共点 N'，该点称为负载的中性点，将该点与三相电源的中性点 N 连接，而各相负载的另一端分别连接在三相电源的端线 L_1、L_2、L_3 上，如图 5.6（a）所示。这种连接方式就是负载星形联结的三相四线制电路。图 5.6（b）是负载星形联结三相四线制电路的另一种常见画法。

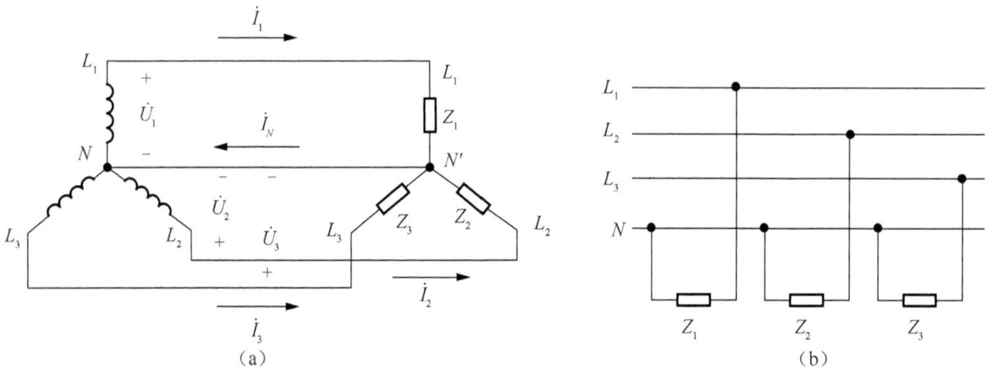

图 5.6　负载星形联结的三相四线制电路

当忽略连接导线阻抗时，负载中性点的电位等于电源中点电位，负载的线电压就是电源的线电压，而每相负载的相电压也就等于电源的相电压。因此对于星形联结的负载，不论负载对称与否，负载上总能得到对称的相电压。

三相电路中，各端线中的电流称为线电流，如图 5.6 所示电路中的 $\dot{I}_1$、$\dot{I}_2$、$\dot{I}_3$。线电流的正方向规定为从电源流向负载。各相负载中的电流称为相电流，相电流的正方向可根据相电压的极性定出，一般与相电压的正方向一致。流过中性线的电流称为中性线电流，用 $\dot{I}_N$ 表示，并规定其正方向为从负载中性点到电源中性点。由图 5.6 可看出，负

载星形联结时，相电流等于相应的线电流，一般用 I_L 表示线电流，I_P 表示相电流，则

$$I_L = I_P \tag{5.9}$$

在三相四线制电路中，计算每相负载中电流的方法与单相电路一样，即相电流为

$$\dot{I}_1 = \frac{\dot{U}_1}{Z_1}, \dot{I}_2 = \frac{\dot{U}_2}{Z_2}, \dot{I}_3 = \frac{\dot{U}_3}{Z_3} \tag{5.10}$$

各相电流的有效值分别为

$$I_1 = \frac{U_1}{|Z_1|}, I_2 = \frac{U_2}{|Z_2|}, I_3 = \frac{U_3}{|Z_3|} \tag{5.11}$$

各相负载的电压与电流之间的相位差分别为

$$\varphi_1 = \arctan\frac{X_1}{R_1}, \varphi_2 = \arctan\frac{X_2}{R_2}, \varphi_3 = \arctan\frac{X_3}{R_3} \tag{5.12}$$

中性线电流等于各相电流的相量和，即

$$\dot{I}_N = \dot{I}_1 + \dot{I}_2 + \dot{I}_3 \tag{5.13}$$

如果三相电路的负载为对称负载，由于电源电压对称，则由式（5.11）、式（5.12）可知：三个相电流的有效值相等，各相电压与电流之间相位差也相同，即

$$I_1 = I_2 = I_3$$

$$\varphi_1 = \varphi_2 = \varphi_3$$

故三个相电流也是对称的，其电压和电流相量图如图 5.7 所示（假设负载为感性负载）。此时，中性线电流为零，即 $\dot{I}_N = \dot{I}_1 + \dot{I}_2 + \dot{I}_3 = 0$，中性线不再起作用，可以省去。

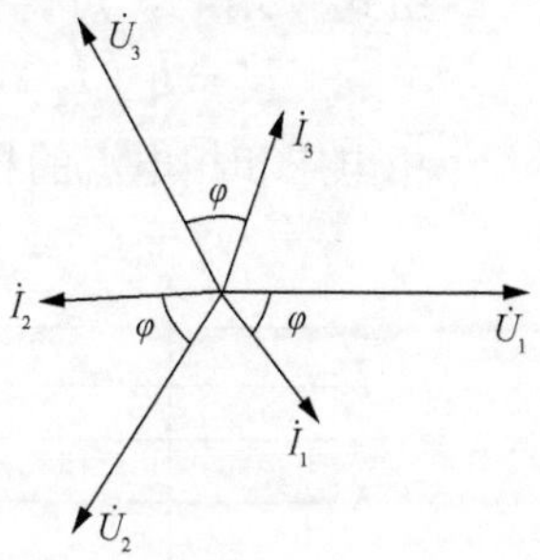

图 5.7　星形联结对称负载的电压和电流相量图

因此，从上述分析可知，计算对称负载的星形联结电路时，由于三相电源和负载的对称性，各相电压、电流都是对称的。只要计算出某一相的电压、电流，其他两相就可以根据对称关系直接写出。即三相对称电路的计算可归结为一相来计算。

一般情况下负载是不对称的，但由于有中性线，使负载的相电压与相应的电源相电压相等，因此负载的相电压仍然对称，但因负载不对称，所以相电流是不对称的，因此中性线电流也不再为零，可利用式（5.10）、式（5.13）分别计算各相电流和中性线电流。

例 5.1　在三相四线制电路中，已知电源线电压为 380V，对称三相负载星形联结，每相负载的电阻为 30Ω，感抗为 40Ω，求各相电流。

解：因负载对称，故只计算一相（如 L_1 相）即可。

电源相电压

$$U_P = \frac{U_L}{\sqrt{3}} = \frac{380}{\sqrt{3}} = 220\text{V}$$

设 $\dot{U}_1$ 为参考相量，即 $\dot{U}_1 = 220\angle 0°\text{V}$，则

$$\dot{I}_1=\frac{\dot{U}_1}{Z_1}=\frac{220\angle 0^\circ}{30+\mathrm{j}40}=4.4\angle-53.1^\circ\mathrm{A}$$

利用对称性，可直接写出

$$\dot{I}_2=4.4\angle(-53.1^\circ-120^\circ)=4.4\angle-173.1^\circ\mathrm{A}$$

$$\dot{I}_2=4.4\angle(-53.1^\circ+120^\circ)=4.4\angle 66.9^\circ\mathrm{A}$$

相电压和相电流的相量图如图 5.7 所示。

例 5.2　三相四线制照明负载(纯电阻)电路如图 5.8 所示，已知电源相电压为 220V，各相负载 $R_1=50\Omega, R_2=100\Omega, R_3=200\Omega$，试计算各相电流和中性线电流。

解：电源电压对称，设 $\dot{U}_1$ 为参考相量，则

$$\dot{U}_1=220\angle 0^\circ\mathrm{V}, \dot{U}_2=220\angle-120^\circ\mathrm{V}, \dot{U}_3=220\angle 120^\circ\mathrm{V}$$

负载不对称，根据式（5.11）计算各相电流为

$$\dot{I}_1=\frac{\dot{U}_1}{Z_1}=\frac{220\angle 0^\circ}{50}=4.4\angle 0^\circ\mathrm{A}$$

$$\dot{I}_2=\frac{\dot{U}_2}{Z_2}=\frac{220\angle-120^\circ}{100}=2.2\angle-120^\circ\mathrm{A}$$

$$\dot{I}_3=\frac{\dot{U}_3}{Z_3}=\frac{220\angle 120^\circ}{200}=1.1\angle 120^\circ\mathrm{A}$$

由式（5.14），可得中性线电流为

$$\dot{I}_N=\dot{I}_1+\dot{I}_2+\dot{I}_3=4.4\angle 0^\circ+2.2\angle-120^\circ+1.1\angle 120^\circ=2.9\angle-19.1^\circ\mathrm{A}$$

相电压和相电流的相量图如图 5.9 所示。

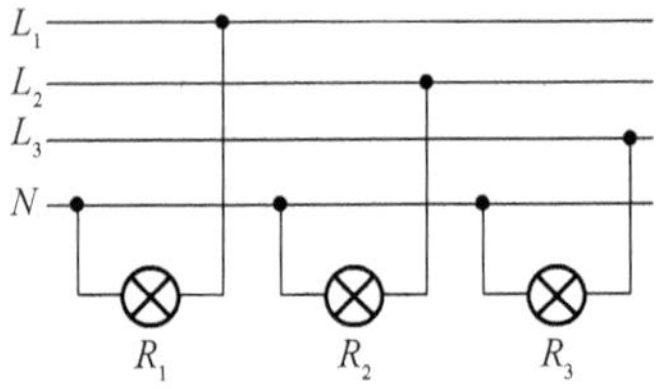

图 5.8　例 5.2 图

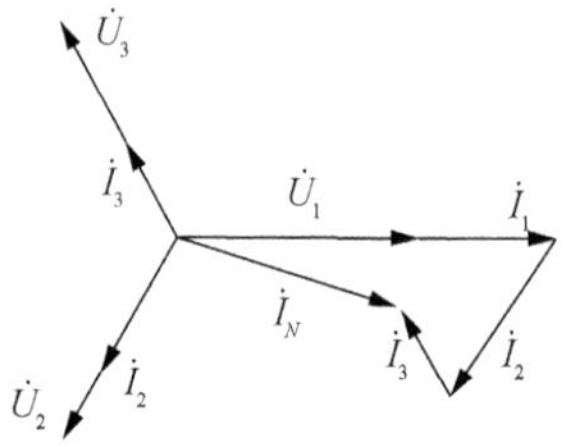

图 5.9　例 5.2 相量图

2. 三相三线制

三相四线制电源去掉中性线后便成为三相三线制电源，这种供电方式称为三相三线制，如图 5.10 所示。

如果三相电路的负载为对称负载，由前面分析已知，对称负载作三相四线制星形联结时，其中性线电流为零，中性线上实际没有电流通过，所以中性线可以除去，构成三相三线制连接方式。这时电源中点和负载中点电位仍相同，每相负载相电压仍等于电源相电压，因此，无论有无中性线都不影响三相对称负载正常工作。计算此类电路时，方法与三相四线制完全相同，即可归结为一相来计算，其他两相根据对称关系直接写出。

工农业生产中常用的三相异步电动机是三相对称负载，因此，三相三线制供电线路在动力用电中得到广泛应用。

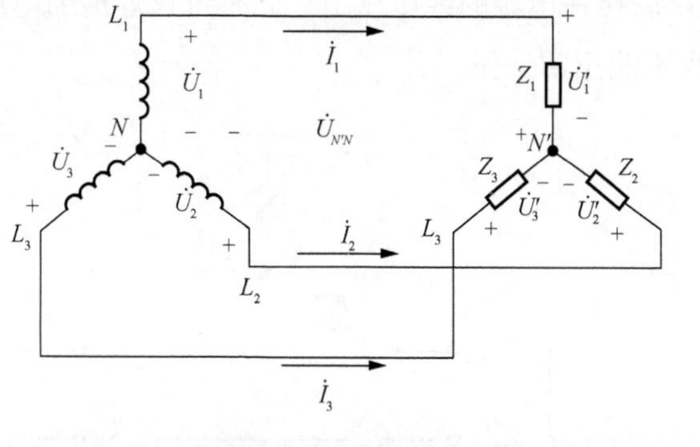

图 5.10　负载星形联结的三相三线制电路

如果三相电路的负载为不对称负载，则如图 5.10 所示电路实际上是一个复杂的交流电路，但它只有两个结点，因此可以采用结点电压法进行分析、计算。即先求出 N' 点和 N 点之间的电压：

$$\dot{U}_{N'N}=\frac{\dfrac{\dot{U}_1}{Z_1}+\dfrac{\dot{U}_2}{Z_2}+\dfrac{\dot{U}_3}{Z_3}}{\dfrac{1}{Z_1}+\dfrac{1}{Z_2}+\dfrac{1}{Z_3}} \tag{5.14}$$

然后，根据基尔霍夫电压定律求出负载各相电压：

$$\dot{U}_1'=\dot{U}_1-\dot{U}_{N'N},\dot{U}_2'=\dot{U}_2-\dot{U}_{N'N},\dot{U}_3'=\dot{U}_3-\dot{U}_{N'N} \tag{5.15}$$

负载各相电流为

$$\dot{I}_1=\frac{\dot{U}_1'}{Z_1},\dot{I}_2=\frac{\dot{U}_2'}{Z_2},\dot{I}_3=\frac{\dot{U}_3'}{Z_3} \tag{5.16}$$

因为负载不对称，所以即使电源电压是对称的，式（5.14）中 N' 点和 N 点之间的电压也不可能等于零，如图 5.11 所示的相量图表明，中性点 N' 和 N 的位置不重合，一般把这种现象称为中性点电位的位移。

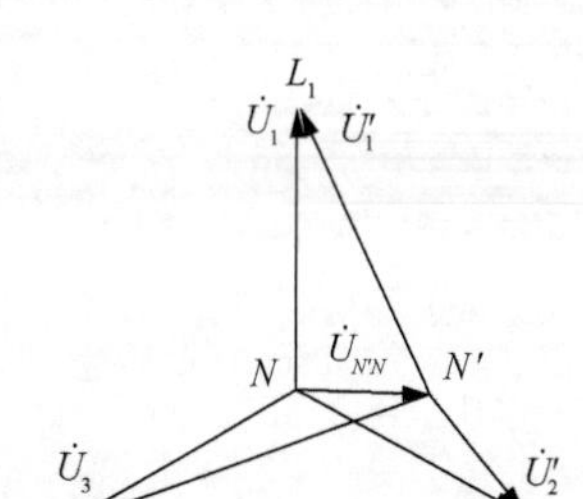

图 5.11　中性点电位位移

因此，在三相三线制电路中，当负载不对称时，电源中性点和负载中性点的电位不再相等，即 N 点和 N' 点之间将出现电位差，因而各相负载的相电压也不再保持对称关系。这势必引起有的负载两端的相电压高于负载额定电压，有的负载两端的相电压低于负载额定电压，致使负载不能正常工作甚至被损坏。下面以如图 5.12 所示的照明灯泡情况为例加以说明。

如图 5.12 所示电路，若已知三相对称电源的线电压为 380V，各灯泡的额定电压为 220V，功率为 100W，则在图 5.12（a）中，因为是三相四线制，各灯泡两端的电压为电源相电压 220V，等于其额定电压，所以灯泡正常工作；在图 5.12（b）中，因为是三相三线制，且 L_1 相负载短路，因此 L_2 相、L_3 相灯泡两端所加的电压为电源线电压 380V，超过了额定电压而可能损坏；在图 5.12（c）中，仍然是三相三线制，但 L_1 相断路，因此 L_2 相、L_3 相灯泡串联接在电源的线电压上，此时每只灯泡的电压为 190V，低于额定电压而亮度变暗，也不能正常工作。

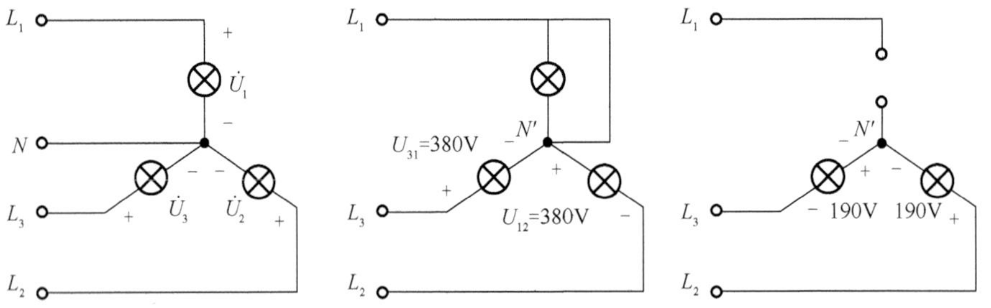

图 5.12　负载不同连接方式时的电压分配情况

由以上分析可看出，当三相负载不对称时，中性线绝对不能去掉，否则负载上的相电压会出现不对称现象。所以，中性线的作用就是保证星形联结的不对称负载的相电压对称。例如照明负载，必须采用三相四线制供电，为了保证不对称负载上的各相电压是对称的，实际应用中不允许中性线上接入开关和保险丝，以免断开。

例 5.3　如图 5.13 所示电路可用来测定电源相序，称为相序指示器电路。一个电容器和两个灯泡接成星形联结，电容容抗与灯泡电阻相等。设电容接在 L_1 相，试证：灯光较亮的灯泡接的是正序的 L_2 相。

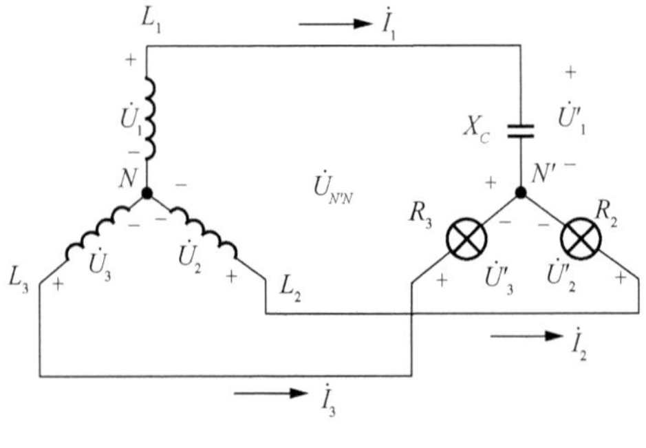

图 5.13　例 5.3 图

证明：设电源相电压 $\dot{U}_1 = U_P\angle 0^\circ, X_C = R_2 = R_3 = R$ 。

N' 点和 N 点之间的电压为

$$\dot{U}_{N'N} = \frac{\dfrac{\dot{U}_1}{-jX_C}+\dfrac{\dot{U}_2}{R_2}+\dfrac{\dot{U}_3}{R_3}}{\dfrac{1}{-jX_C}+\dfrac{1}{R_2}+\dfrac{1}{R_3}} = \frac{\dfrac{U_P\angle 0^\circ}{-jR}+\dfrac{U_P\angle -120^\circ}{R}+\dfrac{U_P\angle 120^\circ}{R}}{\dfrac{1}{-jR}+\dfrac{1}{R}+\dfrac{1}{R}} = (-0.2+j0.6)U_P$$

各相负载的相电压为

$$\dot{U}_1' = \dot{U}_1 - \dot{U}_{N'N} = U_P - (-0.2 + j0.6)U_P = 1.34U_P\angle -26.6°$$

$$\dot{U}_2' = \dot{U}_2 - \dot{U}_{N'N} = U_P\left(-\frac{1}{2} - j\frac{\sqrt{3}}{2}\right) - (-0.2 + j0.6)U_P = 1.49U_P\angle -101.6°$$

$$\dot{U}_3' = \dot{U}_3 - \dot{U}_{N'N} = U_P\left(-\frac{1}{2} + j\frac{\sqrt{3}}{2}\right) - (-0.2 + j0.6)U_P = 0.4U_P\angle 138.4°$$

明显地，负载的相电压不再对称，因而各相电流不同，灯的亮度也不同。

负载各相电流的有效值分别为

$$I_1 = \frac{U_1'}{X_C} = \frac{1.34U_P}{X_C}, I_2 = \frac{U_2'}{R} = \frac{1.49U_P}{R}, I_3 = \frac{U_3'}{R} = \frac{0.4U_P}{R}$$

由于 $I_2 > I_3$，所以 L_2 相灯较亮。

5.2.2　负载的三角形联结

负载依次连接在三相电源的两根端线之间，称为负载的三角形联结，如图 5.14 所示。

因为每相负载接于电源的两根端线之间，所以各相负载的相电压就是电源的线电压。无论负载对称与否，负载的相电压 $\dot{U}_P'$ 总是对称的，即

$$\dot{U}_P' = U_L$$

而流过各相负载的相电流相量为 $\dot{I}_{12}$、$\dot{I}_{23}$、$\dot{I}_{31}$，规定相电流的正方向与相电压的极性一致，即 1 到 2、2 到 3、3 到 1，各端线中的线电流为 $\dot{I}_1$、$\dot{I}_2$、$\dot{I}_3$，其正方向仍规定从电源到负载，如图 5.14 所示。

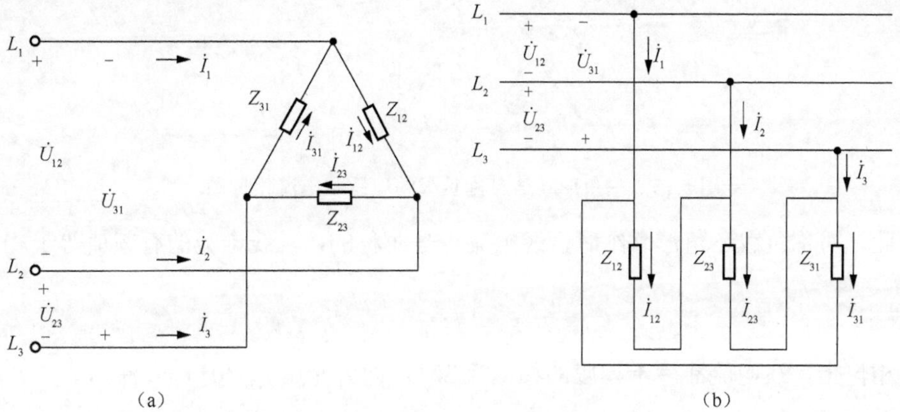

图 5.14　负载的三角形联结

计算负载相电流的方法与单相电路一样，即相电流为

$$\dot{I}_{12} = \frac{\dot{U}_{12}}{Z_{12}}, \dot{I}_{23} = \frac{\dot{U}_{23}}{Z_{23}}, \dot{I}_{31} = \frac{\dot{U}_{31}}{Z_{31}} \tag{5.17}$$

各相电流的有效值分别为

$$I_{12} = \frac{U_{12}}{|Z_{12}|}, I_{23} = \frac{U_{23}}{|Z_{23}|}, I_{31} = \frac{U_{31}}{|Z_{31}|} \tag{5.18}$$

各相负载的电压与电流之间的相位差分别为

$$\varphi_{12}=\arctan\frac{X_{12}}{R_{12}},\varphi_{23}=\arctan\frac{X_{23}}{R_{23}},\varphi_{31}=\arctan\frac{X_{31}}{R_{31}} \tag{5.19}$$

由图 5.14，根据基尔霍夫电流定律，可知电路中的线电流为

$$\begin{cases}\dot{I}_1=\dot{I}_{12}-\dot{I}_{31}\\ \dot{I}_2=\dot{I}_{23}-\dot{I}_{12}\\ \dot{I}_3=\dot{I}_{31}-\dot{I}_{23}\end{cases} \tag{5.20}$$

如果三角形联结的负载为对称负载，由于电源电压对称，则由式（5.17）可知相电流必然是对称的。设负载为感性负载，阻抗角为φ，根据式（5.17）、式（5.20）可画出负载相电压（即电源线电压）、相电流、线电流的相量图，如图 5.15 所示。由相量图，可以得到

$$\begin{cases}I_1=\sqrt{3}I_{12}，\ \dot{I}_1\text{滞后}\ \dot{I}_{12}\ 30^\circ\\ I_2=\sqrt{3}I_{23}，\ \dot{I}_2\text{滞后}\ \dot{I}_{23}\ 30^\circ\\ I_3=\sqrt{3}I_{31}，\ \dot{I}_3\text{滞后}\ \dot{I}_{31}\ 30^\circ\end{cases}$$

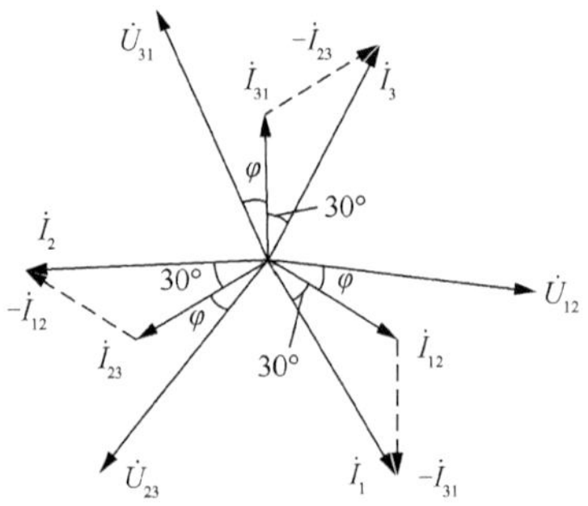

图 5.15　三角形联结对称负载的电压和电流相量图

因此，对称负载三角形联结时，线电流也是对称的，且线电流的有效值等于相电流的$\sqrt{3}$倍，即

$$I_L=\sqrt{3}I_P \tag{5.21}$$

在相位上，线电流滞后于相应的相电流30°，即$\dot{I}_1$滞后$\dot{I}_{12}$ 30°、$\dot{I}_2$滞后$\dot{I}_{23}$ 30°、$\dot{I}_3$滞后$\dot{I}_{31}$ 30°。

计算对称负载三角形联结的三相电路时，可归结为一相来计算，其他两相根据对称关系直接推算出即可。

当不对称负载作三角形联结时，由于电源的线电压是对称的，所以负载相电压总是对称的，但此时相电流不再对称。需要根据式（5.17）分别计算每相电流，然后根据式（5.20）计算各线电流。很明显，负载不对称时，各线电流一般也不对称。

例 5.4　如图 5.16（a）所示电路，电源线电压$u_{12}=380\sqrt{2}\sin 314t\,\text{V}$，三相对称负载$Z_{12}=Z_{23}=Z_{31}=80+\text{j}60\Omega$。求：（1）各相电流及线电流，画出电压、电流相量图；（2）负载Z_{31}断开时的各相电流及线电流，画出电压、电流相量图。

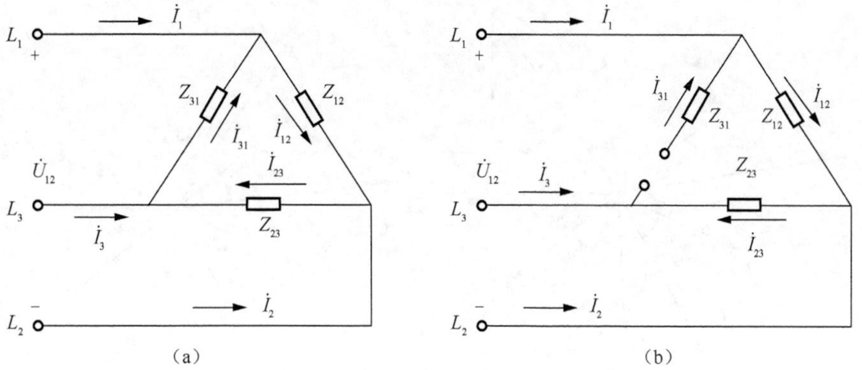

图 5.16　例 5.4 图

解：（1）如图 5.16（a）所示电路，由于负载对称，因此只需计算一相电流即可，其余各相电流、线电流可由对称性及相电流、线电流的关系直接推出。

相电流为

$$\dot{I}_{12}=\frac{\dot{U}_{12}}{Z_{12}}=\frac{380\angle 0^\circ}{80+\mathrm{j}60}=\frac{380\angle 0^\circ}{100\angle 36.9^\circ}=3.8\angle-36.9^\circ\mathrm{A}$$

由相电流对称性可得

$$\dot{I}_{23}=3.8\angle(-36.9^\circ-120^\circ)=3.8\angle-156.9^\circ\mathrm{A}$$

$$\dot{I}_{31}=3.8\angle(-36.9^\circ+120^\circ)=3.8\angle 83.1^\circ\mathrm{A}$$

由于对称负载三角形联结，故线电流 $I_\mathrm{L}=\sqrt{3}I_\mathrm{P}$，且相位上滞后相应的相电流 30°，则线电流为

$$\dot{I}_1=\sqrt{3}\dot{I}_{12}\angle-30^\circ=3.8\sqrt{3}\angle(-36.9^\circ-30^\circ)=6.58\angle-66.9^\circ\mathrm{A}$$

由线电流对称性可得

$$\dot{I}_2=6.58\angle(-66.9^\circ-120^\circ)=6.58\angle-186.9^\circ\mathrm{A}=6.58\angle 173.1^\circ\mathrm{A}$$

$$\dot{I}_3=6.58\angle(-66.9^\circ+120^\circ)=6.58\angle 53.1^\circ\mathrm{A}$$

电压、电流相量图如图 5.17（a）所示。

（2）负载 Z_{31} 断开时，电路如图 5.16（b）所示，此时负载不对称。

负载 Z_{31} 上电流为零，而负载 Z_{12}、负载 Z_{23} 上电流没有改变，即

$$\dot{I}_{12}=3.8\angle-36.9^\circ\mathrm{A}\,,\ \dot{I}_{23}=3.8\angle-156.9^\circ\mathrm{A}\,,\ \dot{I}_{31}=0\mathrm{A}$$

根据式（5.20），可得各线电流为

$$\dot{I}_1=\dot{I}_{12}-\dot{I}_{31}=3.8\angle-36.9^\circ\mathrm{A}$$

$$\dot{I}_2=\dot{I}_{23}-\dot{I}_{12}=3.8\angle-156.9^\circ-3.8\angle-36.9^\circ=6.58\angle 173.1^\circ\mathrm{A}$$

$$\dot{I}_3=\dot{I}_{31}-\dot{I}_{23}=-3.8\angle-156.9^\circ=3.8\angle 23.1^\circ\mathrm{A}$$

电压、电流相量图如图 5.17（b）所示。

综上所述，三相负载既可以接成星形也可以接成三角形，究竟如何连接，应根据负载的额定电压和电源电压的数值而定，务必使每相负载所承受的电压等于其额定电压。

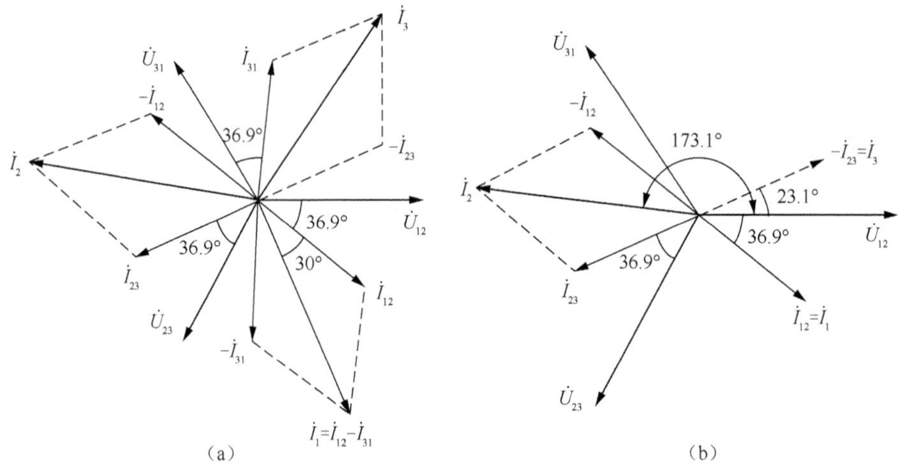

图 5.17　电压、电流相量图

5.3　三相电路的功率

单相电路中计算有功功率的公式是

$$P = UI\cos\varphi$$

三相电路中，三相负载所吸收的总有功功率应等于各相负载所吸收的有功功率之和。

负载星形联结时，

$$P = P_1 + P_2 + P_3 = U_1 I_1 \cos\varphi_1 + U_2 I_2 \cos\varphi_2 + U_3 I_3 \cos\varphi_3$$

负载三角形联结时，

$$P = P_{12} + P_{23} + P_{31} = U_{12} I_{12} \cos\varphi_{12} + U_{23} I_{23} \cos\varphi_{23} + U_{31} I_{31} \cos\varphi_{31}$$

当三相负载对称时，不论负载星形联结还是三角形联结，各相负载的电压相等，电流相等，相电压与相电流的相位差也相同，故各相负载所吸收的功率必相等。因此，三相电路的功率等于三倍的单相功率，即

$$P = 3P_{\text{P}} = 3U_{\text{P}} I_{\text{P}} \cos\varphi \qquad (5.22)$$

当对称负载星形联结时，有

$$U_{\text{L}} = \sqrt{3}U_{\text{P}}, I_{\text{L}} = I_{\text{P}}$$

当对称负载三角形联结时，有

$$U_{\text{L}} = U_{\text{P}}, I_{\text{L}} = \sqrt{3}I_{\text{P}}$$

因此，不论对称负载是星形联结还是三角形联结，如将上述关系代入式（5.22），均有

$$P = \sqrt{3}U_{\text{L}} I_{\text{L}} \cos\varphi \qquad (5.23)$$

通常三相电路中线电压和线电流的数值比较容易测量，所以多用式（5.23）计算三相功率。

同理可得，在负载对称情况下，三相电路的无功功率和视在功率分别为

$$Q = 3U_{\mathrm{P}} I_{\mathrm{P}} \sin\varphi = \sqrt{3} U_{\mathrm{L}} I_{\mathrm{L}} \sin\varphi \qquad (5.24)$$

$$S = 3U_{\mathrm{P}} I_{\mathrm{P}} = \sqrt{3} U_{\mathrm{L}} I_{\mathrm{L}} \qquad (5.25)$$

使用式（5.23）、式（5.24）和式（5.25）计算三相对称电路功率时，应注意式中的U_{L}、I_{L}是线电压、线电流的有效值，而φ则是相电压与相电流的相位差，即每相负载的阻抗角。

当三相负载不对称时，不能使用以上几个公式来计算功率，而应分别计算各相功率，即

$$\begin{cases} P = P_1 + P_2 + P_3 \\ Q = Q_1 + Q_2 + Q_3 \\ S = \sqrt{P^2 + Q^2} \end{cases} \qquad (5.26)$$

式中，各有功功率都是正值，而无功功率对感性负载为正值，容性负载为负值。

必须注意，三相总视在功率在一般情况下不等于各相视在功率之和。

例 5.5　三相对称负载接入线电压为 380V 的三相电源，每相负载的电阻$R = 6\Omega$，感抗$X_L = 8\Omega$。求负载在星形联结和三角形联结两种情况下，电路的有功功率。

解：三相电源线电压U_{L}为 380V，则相电压U_{P}为 220V。

每相负载阻抗为

$$|Z| = \sqrt{R^2 + X_L^2} = \sqrt{6^2 + 8^2} = 10\Omega$$

负载的功率因数为

$$\cos\varphi = \frac{R}{|Z|} = \frac{6}{10} = 0.6$$

负载星形联结时，线电流为

$$I_{\mathrm{L}} = I_{\mathrm{P}} = \frac{U_{\mathrm{P}}}{|Z|} = \frac{220}{10} = 22\mathrm{A}$$

三相总有功功率为

$$P = \sqrt{3} U_{\mathrm{L}} I_{\mathrm{L}} \cos\varphi = \sqrt{3} \times 380 \times 22 \times 0.6 = 8.7\mathrm{kW}$$

负载三角形联结时，负载相电压为电源线电压，即$U'_{\mathrm{P}} = U_{\mathrm{L}} = 380\mathrm{V}$。线电流为

$$I_{\mathrm{L}} = \sqrt{3} I_{\mathrm{P}} = \sqrt{3}\frac{U'_{\mathrm{P}}}{|Z|} = \sqrt{3} \times \frac{380}{10} = 66\mathrm{A}$$

三相总有功功率为

$$P = \sqrt{3} U_{\mathrm{L}} I_{\mathrm{L}} \cos\varphi = \sqrt{3} \times 380 \times 66 \times 0.6 = 26\mathrm{kW}$$

上述结果表明，当三相电源的线电压不变、负载阻抗不变的条件下，负载三角形联结时的相电压为星形联结时相电压的$\sqrt{3}$倍，而三角形联结时所消耗的功率为星形联结时的 3 倍。所以，若本应连接成星形的负载误接成三角形，则负载会因功率和电流过大而烧坏。

习　题

5.1　如图 5.18 所示三相电路，已知电源线电压 U_L=380V , R=X_L=X_C=22Ω 。(1) 三相负载是否为对称负载？(2) 求各相电流及中性线电流；(3) 画出相量图；(4) 如果中性线电流方向选得与图上相反，那么结果有何不同？用相量图说明。

5.2　如图 5.19 所示三相电路，已知电源线电压 U_L=380V , $R_1 = R_2 = R_3 = 22\Omega$, $X_C = 38\Omega$ 。(1) 求各线电流；(2) 画相量图。

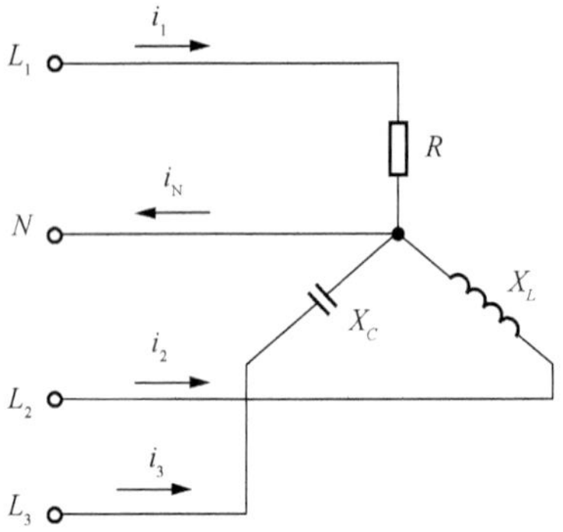

图 5.18　习题 5.1 图

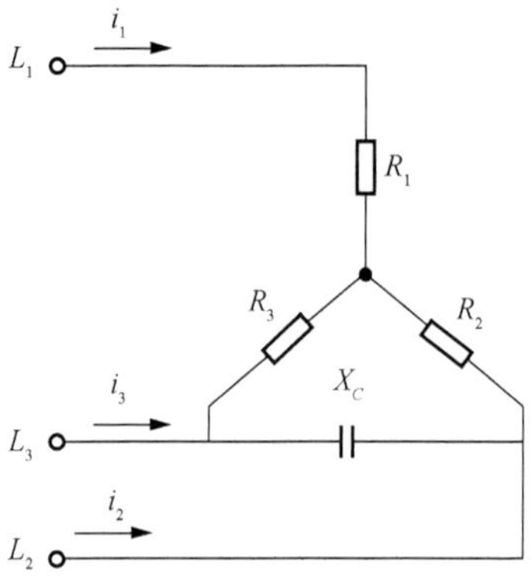

图 5.19　习题 5.2 图

5.3　如图 5.20 所示三相电路，已知 $R_1 = 20\Omega, R_2 = R_3 = 16\Omega, X_L = X_C = 12\Omega$ 。现接于线电压为 380V 的三相四线制电源上。(1) 求各线电流、中性线电流、电路总的有功功率及无功功率；(2) 若 L_1 线断开，求各线电流及中性线电流；(3) 若 L_3 线断开，求各线电流及中性线电流；(4) 若 L_1 线及中性线均断开，求各线电流；(5) 若中性线断开，求各线电流。

5.4　如图 5.21 所示三相电路，电路参数同习题 5.3，已知 $u_{12} = 380\sqrt{2}\sin(314t + 30°)$V 。求：(1) 各相电流及线电流；(2) 电路总的有功功率、无功功率及视在功率。

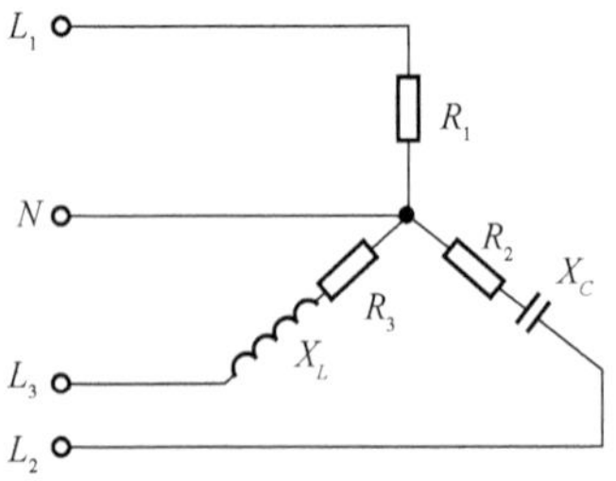

图 5.20　习题 5.3 图

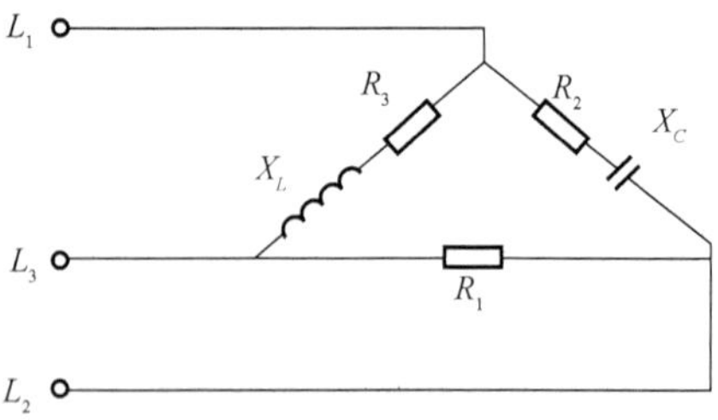

图 5.21　习题 5.4 图

5.5　如图 5.22 所示电路是对称负载三角形联结，三个电流表读数均为 38A。求：(1) L_1 线断时，各表读数；(2) L_1、L_2 线之间的负载断开时，各表读数；(3) 若正常工作时测得三相总功率 P=21.66kW，电源线电压为 380V，求每相电阻及电抗值。

5.6　图 5.23 是三相对称负载，测得$U = 380\text{V}$, $I = 22\text{A}$ ，又知三相总功率 $P = 7260\text{W}$ 。试求：（1）每相负载的电阻、电抗、阻抗和功率因数；（2）如果 L_1 相负载被短路，此时电流表的读数和三相总功率将变为多少？对负载有何影响？

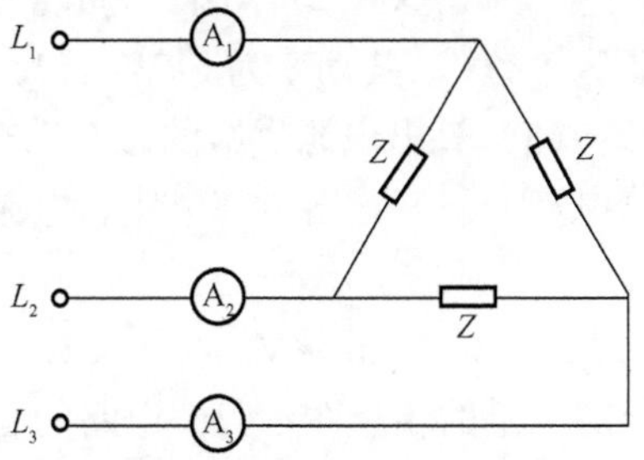

图 5.22　习题 5.5 图

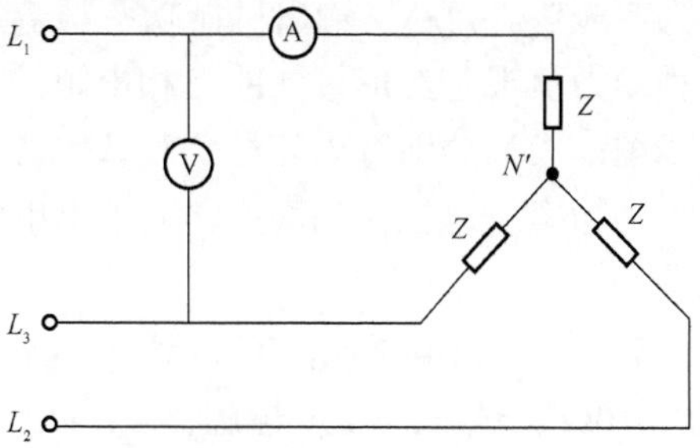

图 5.23　习题 5.6 图

5.7　如图 5.24 所示三相电路，已知 $u_{12} = 380\sqrt{2}\sin\omega t\,\text{V}$, $R = X_L = X_C = 38\Omega$ 。求：（1）线电流 i_1、i_2、i_3 的瞬时值表达式；（2）画出各电压、电流的相量图。

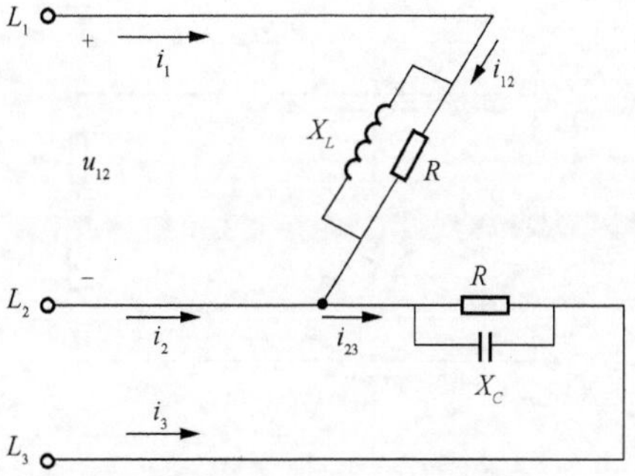

图 5.24　习题 5.7 图

5.8　如图 5.25 所示三相对称电路，已知三相对称电源 $\dot{U}_{12} = 380\angle 0°\text{V}$ ，一组为纯电阻负载，R=10Ω；另一组为感性负载，其总有功功率为 $P_{2组} = 5.69\text{kW}$, $\cos\varphi_{\text{P}} = 0.866$ 。试求：（1）线电流 $\dot{I}_1$；（2）画出全部电压与电流的相量图。

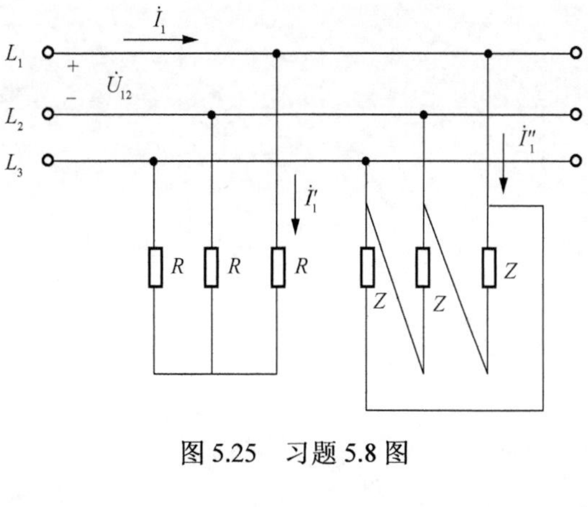

图 5.25　习题 5.8 图

5.9　若要在一个线电压为 380V 的三相四线制电源上同时接照明负载和动力负载，已知照明负载是白炽灯共 30 盏，每盏灯的额定电压为 220V，额定功率为 100W；动力负载有两种，一种动力负载是一台丫形接法的电动机，其额定电压为 380V，输出机械功率为 7.5kW，效率（输出机械功率与输入电功率之比）为 0.833，功率因数为 0.855；另一种动力负载是△形接法的三相电阻炉，额定电压为 380V，其功率为 6kW。（1）画出接线图；（2）分别算出三种负载从电源取用的电流；（3）算出电源供给的总有功功率、总无功功率及总视在功率；（4）求出电源供给的总电流；（5）画出全部电压、电流的相量图。

5.10　三相电路如图 5.26 所示，已知对称电源 $u_{12}=380\sqrt{2}\sin\omega t\,\text{V}$，$R=10\sqrt{3}\Omega$，$X_L=X_C=10\Omega$。试求：（1）电流 i_1、i_2、i_3；（2）画出全部电量的相量图；（3）电路的有功功率 P、无功功率 Q 及视在功率 S。

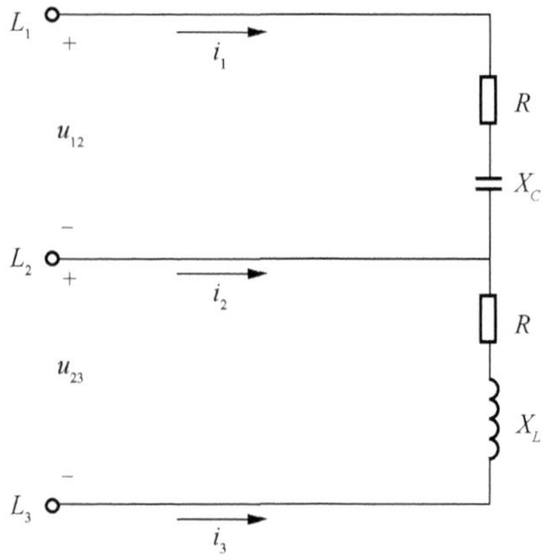

图 5.26　习题 5.10 图

第 6 章　供电配电与安全用电

电能是一种方便的能源，它的广泛应用形成了人类近代史上第二次技术革命，有力地推动了人类社会的发展，给人类创造了巨大的财富，改善了人类的生活。用电，就必须注意人身安全和设备安全，否则可能会造成设备损坏，引起火灾甚至人身伤亡等严重事故。

本章将简要地介绍供电配电系统及安全用电的知识，分析几种触电状况和预防触电所采取的措施。

6.1　供电配电系统概况

6.1.1　电力系统简介

电力系统是由发电厂、电力网和用户组成的一个集发电、输电、变电、配电和用电的整体系统，示意图如图 6.1 所示。

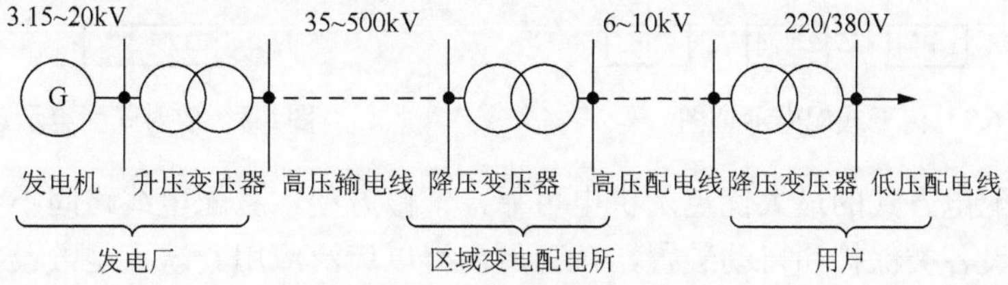

图 6.1　电力系统示意图

在电力系统中，发电厂是电力生产部门，由发电机产生交流电。根据所采用能源的不同，发电厂可分为火力、水力、原子能、太阳能、风力、沼气发电等。变电配电所是由升压、降压变压器将电压升高或降低，并通过输配电线路进行电力分配的场所。通常将电力系统中的各级电压线路及其联系的变电配电所称为电力网。

在传输电能时，电流会在导线中产生电压降落和功率损耗。如果输送电能是一定的，则升高电压可以减小输送电流，这样不仅能够减小输电线的截面积、节省材料；还可以减小输电线路上电压降，降低功率损耗，提高电力系统运行的经济性。因此，通常输电容量越大、输电距离越远，输电电压就越高。我国国家标准中规定输电线的额定电压（指输电线末端的变电所母线上的电压）为 35kV、110kV、220kV、330kV、500kV 等。在用电时，再用变压器降低电压以便适合电气设备额定电压的要求并保证人身安全。

6.1.2　工业企业配电基本知识

电能输送到用户后，要进行变电或配电。工业企业通常设有中央变电所和车间变电所，中央变电所将输电线送来的电能分配到各车间；车间变电所（或配电所）将电能分配给各用电设备。电力线路将电能由变电配电所送至用电设备的主要方式有以下两种。

1. 树干式配电

将每个独立的负载或一组负载集中按其所在位置依次接到由一路供电的干线上，这种供电方式称为树干式配电，如图 6.2 所示。

干线一般采用母线槽直接从变电所经开关到车间，支线再从干线经过出线盒到用电设备。这种配电线路适用于比较均匀地分布在一条线上的负载。树干式配电方式的特点是投资小，安置、维修方便，但其供电可靠性较差，各用电单位可能相互影响。

2. 放射式配电

各用电设备由单独的开关、线路供电，称为放射式配电，如图 6.3 所示。这种配电线路适用于负载点比较分散，而各负载点又具有相当大的集中负载的线路。

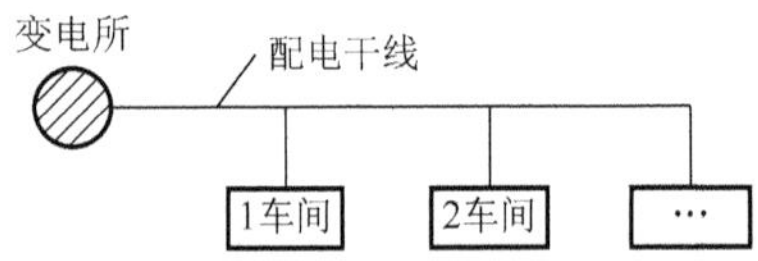

图 6.2　树干式配电示意图

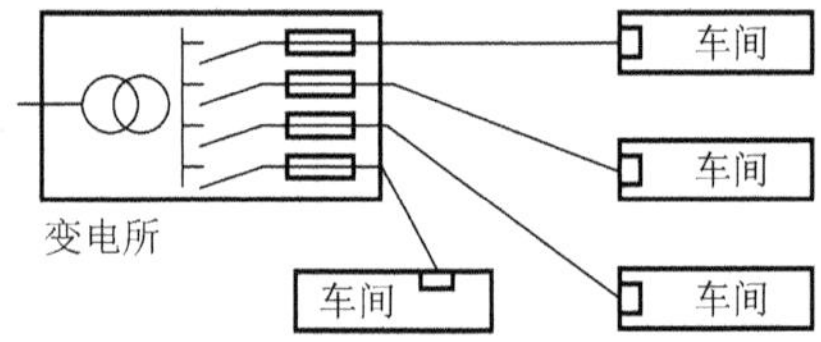

图 6.3　放射式配电示意图

放射式配电方式的最大优点是供电可靠，维修方便，各配电线路间不会相互影响，而且便于装设各类保护和自动装置，在工厂内得以广泛应用。缺点是敷设投资较高。

6.2　安全用电常识

安全用电是指在使用电气设备过程中防止电气事故，保障电气设备和人身安全。

6.2.1　人体触电状况

当人体由于不慎而触及超过一定电压的带电体，或带电体与人体之间闪击放电，或电弧触及人体时，电流通过人体进入大地或其他导体，形成导电回路，这种情况就称为触电。

触电电流通过人体时对人体组织的作用是比较复杂的，有热烧伤作用、化学作用、生物学作用等，因而造成的危害性也是多种多样的，根据人体遭受伤害的状况不同，触电一般分为电击和电伤。

1. 电击

电流通过人体组织及内部器官时称为电击。电击时，电流流经人体内部，引起疼痛发麻、肌肉抽搐，严重的会引起强烈痉挛，心室颤动或呼吸停止，甚至由于对人体心脏、呼吸系统及神经系统的致命伤害而造成死亡。

2. 电伤

电流通过人体皮肤造成灼伤时称为电伤。人体与带电体接触的部分会发生电弧灼伤，电伤大多是局部受伤，但受伤的面积过大也会导致死亡。电伤的另一种为人体与带电体接触部分产生“电烙印”，又由于被电流熔化和蒸发的金属微粒等侵入人体皮肤引起皮肤“金属化”，是触电后在皮肤上留有圆形或椭圆形痕迹的硬肿块，受伤部分往往麻木甚至丧失知觉。这种“电烙印”如果波及全身，也能引起全身僵死状态。

另外强烈的电磁场对人体的辐射作用，将导致头晕、乏力、神经衰弱等。

6.2.2　电流对人体的伤害

大量研究结果表明，电流对人体的伤害，与通过人体的电流的大小、频率、作用时间、途径及人体的个体特征等因素有关。

1. 电流大小和种类

电流大小和种类不同，通过人体时引起的生理反应不同，对人体的伤害程度也不同。能引起人的不适感觉的最小电流值称为感知电流，交流为 1mA，直流为 5mA。人体触电后能自主摆脱的最大电流称为摆脱电流，交流为 10mA，直流为 50mA。在较短的时间内危及生命的电流称为致命电流，工频交流电达到 20mA 至 50mA 时，人的神经系统受伤难以自主摆脱，是比较危险的电流值，因此致命电流为 50mA。当工频电流达到 100mA 时则是极其危险的，如 100mA 的电流通过人体 1s，可足以使人致命，因而称为死亡电流。

2. 电流频率

电流频率在小于或大于工频时，摆脱电流及感知电流都变高。根据实验，工频电流对人体的危害性最大。在频率增高时，由于趋肤效应的作用，对人体危害性反而减小，如当频率达到 2000Hz 时，电流虽然达到 100mA，但对人体没有什么危害。

3. 电流持续作用的时间

在通过人体电流相同的情况下，通电时间越长，危害性越大。触电时间长，较小的电流也会引起心室颤动；另外由于触电时间长，使人体电阻下降，导致电流增加，对人体的伤害更加严重。例如，20～50mA 的工频电流作用于人体的时间稍长，同样有致命的危险。通过心脏的允许极限电流与时间的关系为 $I=116/\sqrt{T}\text{mA}$，式中，T 为电流允许作用的时间，范围为 0.01～5s。

4. 电流流过人体的路径

电流通过人体会引起心室颤动甚至使心脏停止跳动，大多数的触电死亡是由于电流刺激人体心脏而引起的，所以触电危险程度主要取决于流过心脏的电流大小。电流通过人体时会引起中枢神经失调，电流通过头部会使人脑严重损害甚至死亡。可见电流通过心脏、大脑及中枢神经是很危险的。从左手到胸是最危险的电流路径；其次是从一只手到另一只手及从右手到脚的电流流通路径。

5. 人体的个体特征

通过人体电流相同的情况下，不同人体引起的生理反应也有不同。电流对人体的作用，女性较男性敏感，如成年女性的平均感知电流约为 0.7mA，而成年男性的平均感知电流约为 1.1mA；小孩遭受电击较成人危险；同时还与体重有关系等。身体越健康，摆脱电流就越大。一般来说，摆脱同样大小电流的能力：男性>女性>儿童。

6.2.3　触电形式及危害

按照人体触及带电体的方式和电流通过人体的途径，触电形式一般有双相触电和单相触电两种。

人体两处同时触及两相带电体的触电事故即为双相触电，这种触电情况人体承受的电压更高，对人有生命危险，是最危险的触电。单相触电是指人体在地面或其他接地导体上，人体的某一部位触及一相带电体的触电事故。单相触电的危险程度与电路系统情况有关，分为中性点不接地系统单相触电和中性点接地系统单相触电。

图 6.4 与图 6.5 分别是电源中性点不接地系统触电的两种情况。如图 6.4 所示，若人触及 L_3 线导电部分，这时人体电阻 R_r 与 L_3 线对地绝缘电阻 R_{L3} 并联后，再与另外两线对地绝缘电阻 R_{L1}、R_{L2} 构成回路，触电电流经 L_3 线、人体、另两线对地绝缘电阻流通。绝缘电阻越大，通过人体电流越小，当线电压为 380V 时，在导线绝缘正常情况下，据估算，通过人体电流一般小于 10mA，危险性不大。但是，如图 6.5 所示，有一线对地短路，人体再触及另一线时，则人体承受全部线电压，与双相触电一样危险。

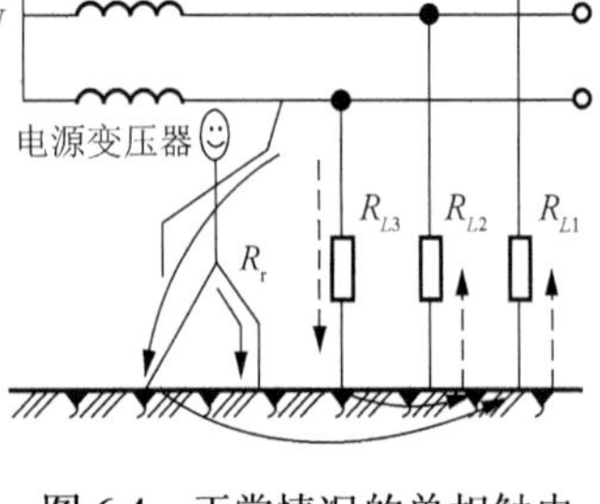

图 6.4　正常情况的单相触电

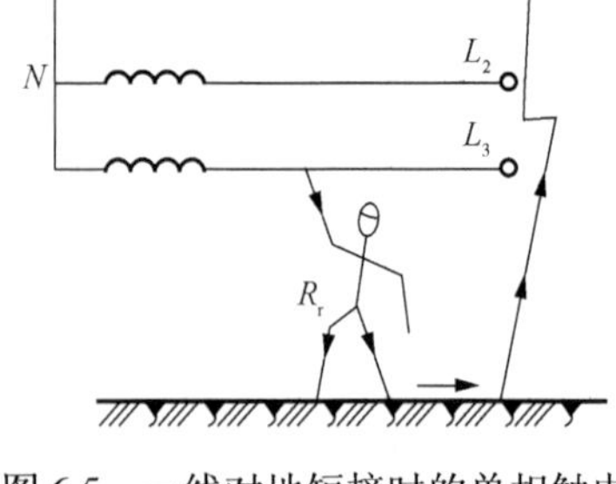

图 6.5　一线对地短接时的单相触电

图 6.6 是电源中性点接地系统。人体触及一相时，设人体电阻 $R_r=1\text{k}\Omega$，与中性点接地电阻 R_N 串联承受相电压。由于 R_N 很小，可以忽略不计，故通过人体电流为

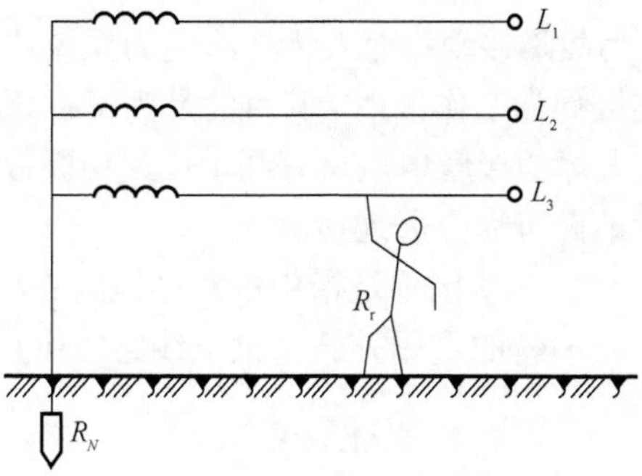

图 6.6　电源中性点接地系统单相触电

$$I=\frac{U_P}{R_N+R_r}\approx\frac{220}{1}=220\text{mA}$$

可见，如此大的电流对人体更具危险性。

从上面分析可知，不管哪种触电都威胁人的生命安全。为此必须有安全用电措施。首先要了解和严格遵守安全用电条例及操作规程。而在容易触电的地方，采取接地或接零的安全措施。

6.2.4　安全电压

安全电压是指人体较长时间触电而不会发生触电事故的电压。根据生产和作业场所的特点，采用相应等级的安全电压，是防止发生触电伤亡事故的根本性措施。世界各国对安全电压的规定各不相同。根据人体电阻和人体允许电流，我国规定的安全电压额定值的等级为 42V、36V、24V、12V 和 6V，应根据作业场所、操作员条件、使用方式、供电方式、线路状况等因素选用。我国一般采用 36V 安全电压，对于工作在潮湿或危险性较大的场所，应采用 24V 安全电压；对于工作在条件恶劣或操作者容易大面积接触带电体的场所，如特别潮湿或有蒸汽、游离物等极其危险的环境，应采用不超过 12V 的安全电压；若人体浸在水中工作时，应采用 6V 安全电压。

对于有些地方使用安全电压，但更多的地方则使用较高电压，为了减少人身触电事故，除加强安全用电教育外，还要在技术上采取保护措施，常见的措施就是接地与接零。

6.3　接地与接零保护

接地与接零是为了防止电气设备意外带电，造成人身触电事故和保证电气设备正常运行而采取的技术措施。

6.3.1　接地与接零的基本知识

1. 接地与接零的概念

凡是电气设备的任何部分与大地作良好的电气接触均称为接地。接地分为故障接地、工作接地、保护接地等。电气设备带电部分由于绝缘损坏而接地，或发生其他意外性接地（如高压线落地）为故障接地；而人为地将电力系统或电气设备的某点直接或经特殊装置与大地做金属连接均为工作接地，其目的是为了在正常工作或事故情况下保证电气设备可靠运行、降低人体的接触电压，有利于快速切断故障设备等；保护接地是将电气设备的金属外壳与大地做可靠金属连接。

接零是指中性点接地的三相四线制系统中，将电气设备的金属外壳与供电线路的中点连接，即接零线。

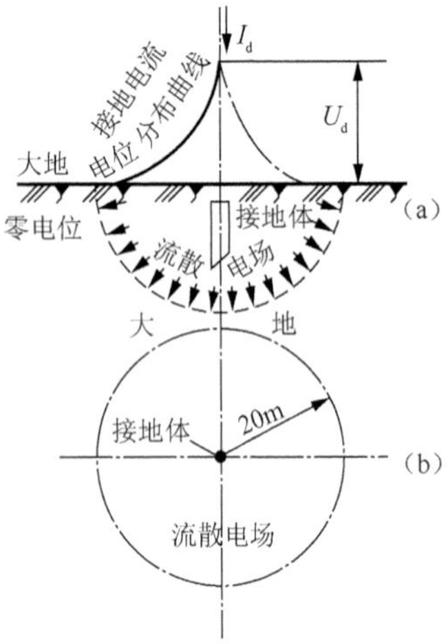

图 6.7　接地电流和对地电压

2. 散流效应

当电气设备带电体发生短路接地时，电流就通过接地体向大地成半球形散开，如图 6.7（a）所示，这一电流称为接地电流，用 I_d 表示。由于电流从接地体均匀地散射流入大地，所以距接地体越远的地方电流密度越小，电位也越低，接地体周围的电位分布，如图 6.7（b）所示。无论入地电流 I_d 有多大，在距接地体 20m 以外的地面，电流密度已很微小，基本上等于零。

电位等于零的地方称为电气设备的“地”或“大地”，电气设备外壳与“地”之间的电位差称为电气设备外壳的对地电压 U_d。

3. 接触电压与跨步电压

电气设备的外壳一般都和接地体连接，使设备外壳保持和大地电位相等。如果电气设备有一相绝缘遭受到破坏，有接地电流 I_d 流入大地，在接地体附近地面有对“地”分布电位，这时设备外壳对地电位 U_d 最高，如图 6.8 所示。

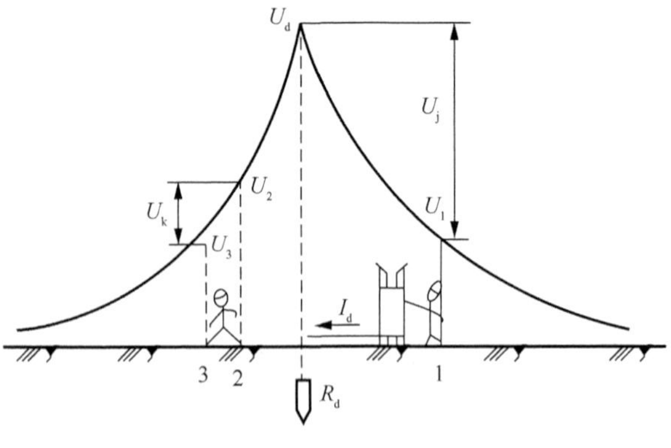

图 6.8　接触电压和跨步电压

假如人站在地上触摸设备外壳，手的电位为 U_d，手与脚之间就有电压 U_j，此电压称为接触电压，接触电压在任何情况下都不允许超过安全电压。

这时如果人在电气设备附近走动，虽未接触电气设备，但在跨步时两脚位置不同，两脚之间也存在电压 U_k，此电压称为跨步电压。跨步电压同样不允许超过安全电压。

6.3.2　保护接地

对于一个中性点不接地系统，电气设备外壳也没有与接地装置连接，如图 6.9（a）所示，在正常情况下，各相导线对地的绝缘电阻 R_{L1}、R_{L2}、R_{L3}，分布电容（图中未画出）及泄漏电流也对称，大地相当于三相对称负载的中性点。电气设备外壳对地电压为零，人体触及电气设备外壳时也不会触电。但当某一相绝缘破坏使外壳带电时，人体触及设备外壳，人手对地的接触电压 U_d 就要大于安全电压，这是很不安全的。

如果将电气设备外壳与保护接地装置连接起来，情况就不同了。这时若电气设备某相绝缘破坏使外壳带电，人体再触及电气设备外壳，形成人体电阻 R_r 和接地电阻 R_d 并联的等效电路，如图 6.9（b）所示，而流过人体的电流 I_r 与流过接地体的电流 I'_d 之间的关系为

$$\frac{I_r}{I'_d}=\frac{R_d}{R_r}$$

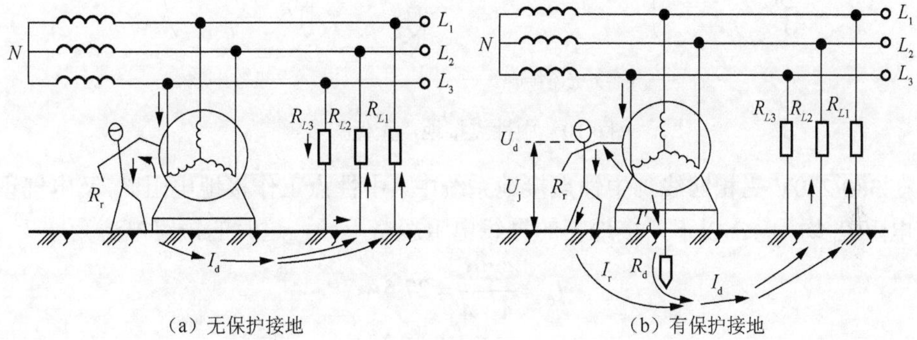

图 6.9　保护接地

通常 380V 低压供电系统接地体电阻小于 4Ω，而人体电阻 R_r 远大于接地电阻 R_d，所以流经人体的电流 I_r 比流过接地体的电流 I'_d 小得多，且流过人体电流小于安全电流。接地电阻越小，对人身越安全。

6.3.3　保护接零

接于低压三相四线制系统中的电气设备，在电源中性点接地的情况下，必须采取保护接零措施。否则发生故障时就不能防止人身触电的危险。下面先讨论没有保护接零的情况。

图 6.10（a）是中性点接地而电气设备外壳与大地和零线间无金属连接的情况。当某一相漏电时，漏电流不足以使熔断器熔断，设备外壳长期带电。当人体触及外壳时，就会有电流流过人体，其大小为

$$I_r = \frac{U_P}{R_N + R_r}$$

式中，U_P 为相电压；R_r 为人体电阻；R_N 为系统中性点工作接地电阻。

R_N 值一般在 4Ω 以下，比 R_r 小得多，可以略去不计，若 $U_P = 220V$, $R_r = 1k\Omega$，则流经人体的电流 $I_r = 0.22A$，显然超过安全电流，对人是很危险的。

图 6.10（b）是中性点接地而电气设备外壳与大地间有金属连接的情况。同样当电气设备的某一相短路接地时，其短路电流为

$$I_d = \frac{U_P}{R_N + (R_d \,/\!/\, R_r)} \approx \frac{U_P}{R_N + R_d}$$

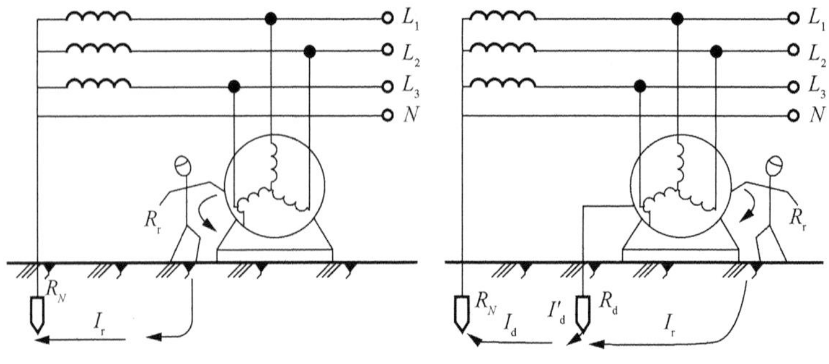

（a）电气设备外壳不接地　　（b）电气设备外壳接地

图 6.10　中性点接地，无保护接零

在 380/220V 三相四线制中性点接地系统中，中性点工作接地电阻 R_N 及电气设备的接地电阻 R_d 均为 4Ω 以下，接地相的导线电阻忽略不计，这时的短路电流为

$$I_d = \frac{220}{4+4} = 27.5A$$

如果此电流不足以使熔断器熔断，则设备外壳上一直带有一个对地电压，其值为

$$U_d = I_d R_d = \frac{R_d \cdot U_P}{R_N + R_d}$$

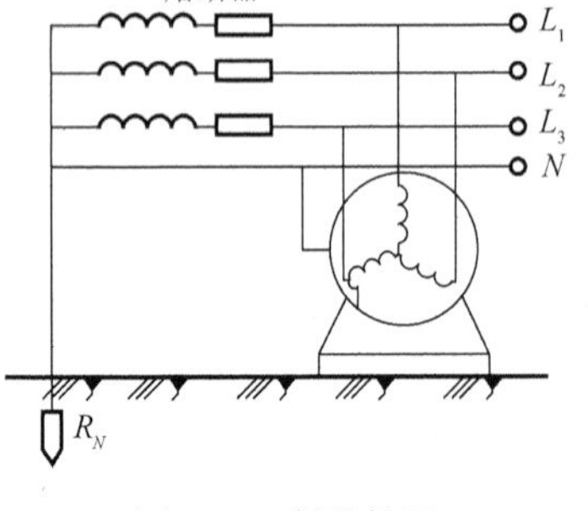

图 6.11　保护接零

如果此电压超过允许的安全电压，则人体触及该设备外壳时也不能保证安全。

由上述分析可以看出，在中性点接地的系统中，无论电气设备外壳接地与否，在发生某一相对地短路时，对人体都有危险。为了保证电气设备快速而可靠地动作，防止人体触电危险，在中性点直接接地 1000V 以下的系统中，一律采用保护接零。

如图 6.11 所示电路，将电气设备的外壳直接接到系统的零线上。一旦电气设备的绝缘击穿，便形成短路回路，产生很大的短路电流使熔断器熔断，切断故障电路。

6.3.4　重复接地

在中性点直接接地的 1000V 以下系统中，为确保接零安全可靠，除在电源的中性点做工作接地外，还必须在零线上的一处或多处通过接地装置与大地再次连接，称为重复接地。距离长的线路，每隔 1～2km 处重复接地一次。在中线的分支处和终端也要重复接地。

如果不进行重复接地，则在零线发生断线并有一相碰壳漏电时，虽然接在断点前电气设备外壳上的对地电压均接近于零，但接在断点后面的所有电气设备外壳对地电压 U_d 接近于相电压 U_P，如图 6.12（a）所示，这仍然不安全。

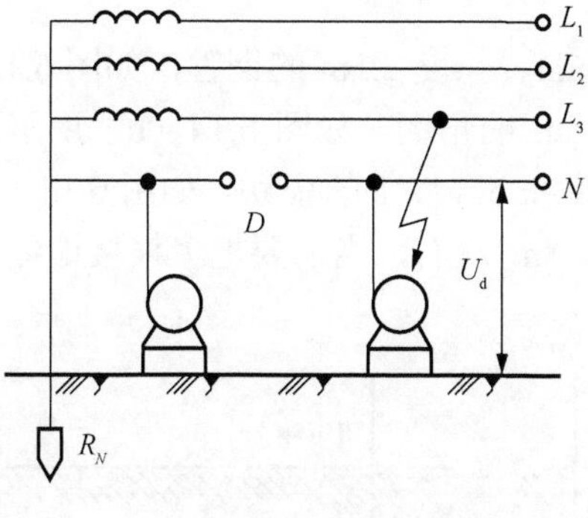

（a）无重复接地系统

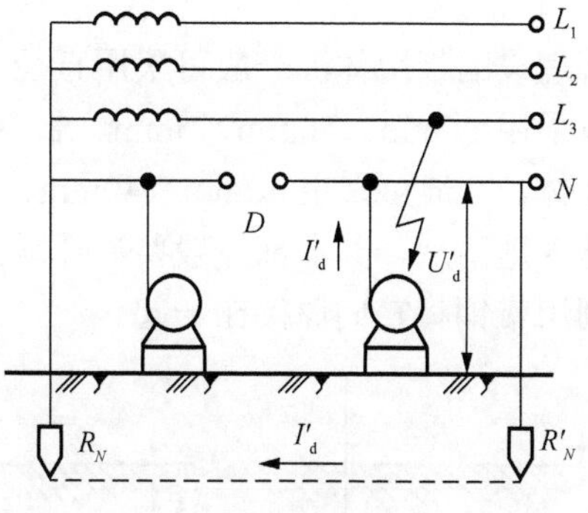

（b）有重复接地系统

图 6.12　重复接地

当有重复接地，如图 6.12（b）所示，在发生同样故障时，断线后面的零线电压只有 $I_d R'_N$。假设中性点工作接地电阻 R_N 与重复接地电阻 R'_N 相等，则断线后面一段零线的对地电压 U'_d 只有相电压 U_P 的一半，危险程度降低了。但是对人还是有危险的，因此零线断线的故障应尽量避免。在施工中应当重视零线的安装质量，平时定期检查零线。

6.3.5　接地装置

接地线和接地体合称接地装置，接地线又可分为接地干线和接地支线。一个工厂、一个车间的电气设备外壳可通过接地干线、接地支线与接地体相连。接地装置的类型很多，图 6.13 是其中的一种。

在设计和装设接地装置时，首先要充分利用自然接地体，以节约钢材、节省投资。可以作为自然接地体的有建筑物的钢筋结构、行车钢轨、上下水的金属管道和其他工业用金属管道等。

在自然接地体满足不了要求时，可以装设人工接地装置。人工接地装置的布置应使接地装置附近的电位分布尽可能地均匀，尽量降低接触电压和跨步电压，保证人身安全。人工接地装置的关键是接地电阻，为了减小接地电阻，对接地体的尺寸大小、埋入地下的深度、土壤的电阻率等都有一定的要求，在此不作说明，只简单介绍一下最常用的单根垂直埋设的接地体和水平埋设的接地体的装设。

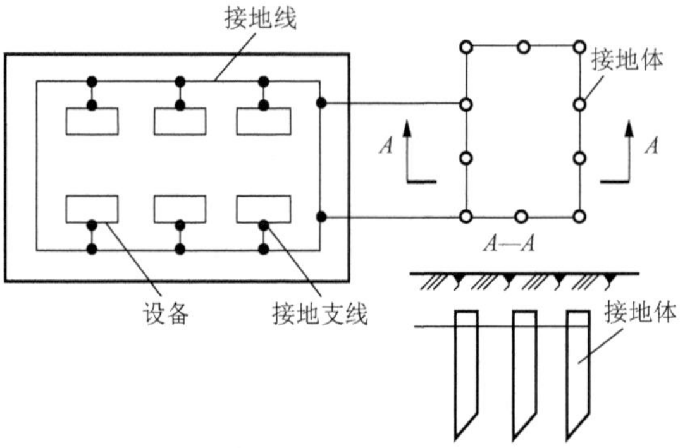

图 6.13　接地装置示意图

垂直埋设的接地体，一般可采用直径 50mm、长度 2.5m 的钢管，如图 6.14（a）所示，也可采用 50mm×50mm×5mm、长度 2.5m 的角钢，如图 6.14（b）所示。水平埋设的接地体，一般可采用 40mm×40mm、长度在 5m 以上的扁铁，如图 6.14（c）所示。接地体埋入地下后，其上部一般要离开地面 0.8m 左右，当需要把多根接地体连接在一起时，则用带钢将它们焊接在一起。

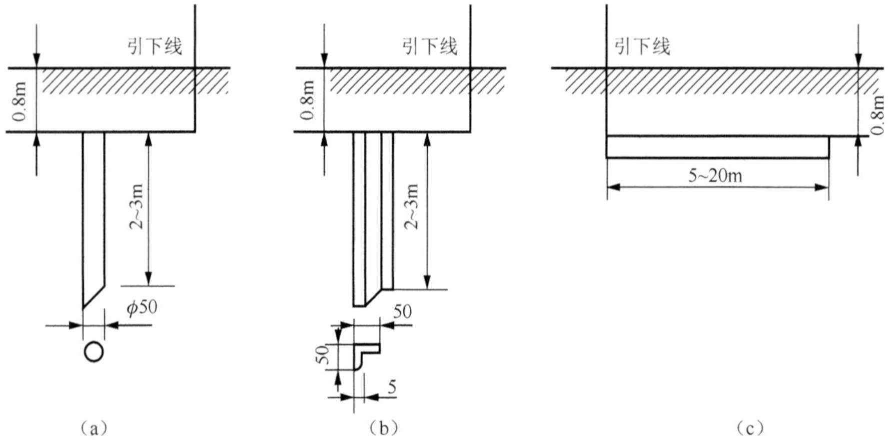

图 6.14　单根接地装置

习　　题

6.1　保护接地和保护接零有什么作用？它们有什么区别？

6.2　在保护接零系统中，为什么在任何情况下都不允许出现零线断线事故？

6.3　在同一供电系统中为什么不能同时采用保护接地和保护接零？

6.4　在车间 380/220V 中性点接地系统中，对电气设备一律采用接零保护，在此情况下个别设备碰壳短路对人身仍有触电的危险，应采取什么措施消除这种危险性？

第 7 章　半导体器件

半导体器件是构成各种电子电路的核心元件，它由半导体材料制成，PN 结是构成各种半导体器件的基础单元。本章将首先简要介绍半导体的基本知识和 PN 结的单向导电特性，然后重点介绍常用的半导体分立器件：二极管、稳压管、晶体管和场效应管等，为学习后续各种电子电路打下良好的基础。

7.1　半导体的基本知识及 PN 结的单向导电性

7.1.1　半导体的基本知识

半导体的导电能力介于导体和绝缘体之间，常用的半导体材料有硅（Si）、锗（Ge）、砷化镓、一些硫化物或金属氧化物等。最常用的半导体是硅和锗，它们都是四价元素，原子最外层有四个电子，称为价电子。半导体器件所用的半导体要将硅和锗提纯成单晶体结构，因此，半导体有时也叫晶体。晶体的原子排列很整齐，每个原子与周围相邻的四个原子组成共价键结构，如图 7.1 所示。共价键结构中的电子受到两个原子核的吸引而被束缚。当受到外界热激发（如光照或受热）时，会使少量价电子获得足够能量而挣脱共价键的束缚成为自由电子，同时在原来的位置上留下一个空位，称为空穴，如图 7.2 所示。每有一个价电子变为自由电子，必然同时出现一个空穴，即自由电子和空穴总是成对出现的，称电子-空穴对。由于空穴是共价键失去电子后出现的，因此，空穴带正电。共价键中出现空穴后，可以吸引附近的价电子过来填补这个空穴。这时失去了价电子的邻近共价键中又出现空穴，它也可以再由其相邻价电子过来填充。如此不断递补空穴，就相当于空穴在移动，即正电荷在移动。因此，在外电场作用下，半导体中的电流是自由电子和空穴两种载流子定向移动形成的，即电子与空穴同时参与导电，这就是半导体与金属导体在导电机理上的本质区别。

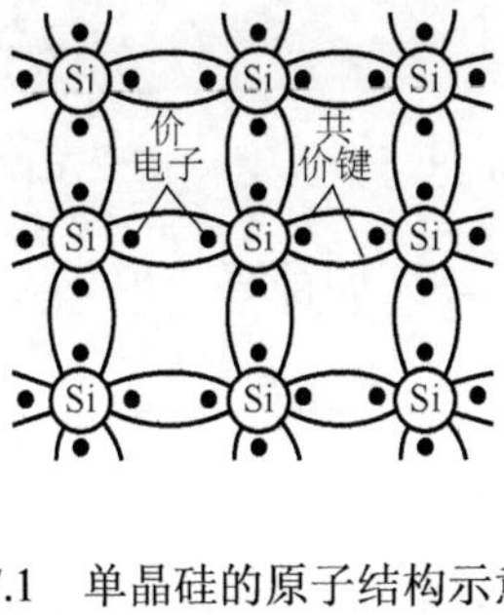

图 7.1　单晶硅的原子结构示意图

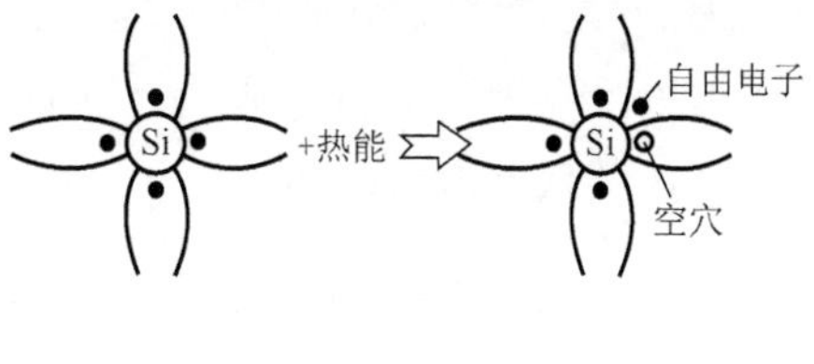

图 7.2　热激励产生的电子-空穴对

半导体的导电能力在不同的条件下有很大的差别。温度对半导体的导电性能影响很大。在常温下载流子数量很少，所以导电能力很微弱。当受到光照或外部加热使其温度升高时，电子-空穴对数量增多，半导体的导电能力会增强，利用这种光敏特性或热敏特性可以做成各种光敏元件或热敏元件。而在纯净半导体中掺入少量的某种杂质后，称为杂质半导体，它的导电能力将大大增强。

如果在硅（或锗）晶体内掺入少量五价元素磷，磷有五个价电子，与相邻硅原子组成共价键后，会多余一个电子，该电子很容易挣脱磷原子核的束缚而成为自由电子，如图 7.3 所示。于是自由电子数目大量增加，自由电子导电成为这种半导体的主要导电方式，因此称为电子型半导体或 N 型半导体。在 N 型半导体中，由于自由电子数量远大于空穴数量，因此，自由电子是多数载流子，空穴是少数载流子。在 N 型半导体中，由于磷原子是施放电子的，故称磷为施主原子，其结构如图 7.4 所示。

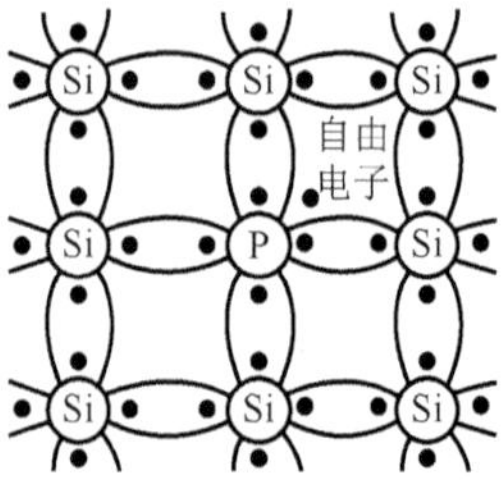

图 7.3　N 型半导体的晶体结构

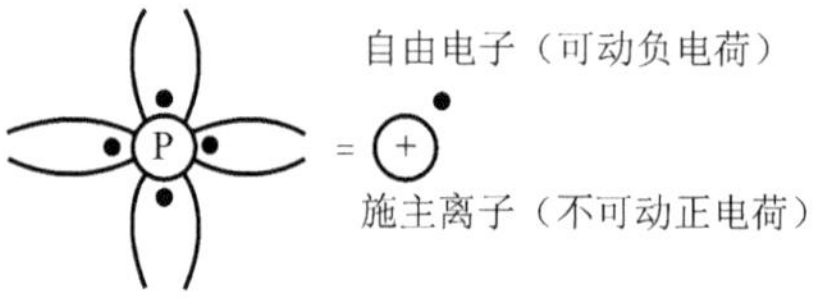

图 7.4　N 型半导体中的施主原子

如果硅（或锗）晶体内掺入少量三价元素硼，硼有三个价电子，与相邻硅原子组成共价键结构时，因缺少一个价电子而出现空穴，如图 7.5 所示。于是空穴数量大大增加，空穴导电成为这种半导体的主要导电方式，因此称为空穴型半导体或 P 型半导体。在 P 型半导体中，空穴是多数载流子，自由电子是少数载流子。在 P 型半导体中，由于硼原子是接受电子的，故称硼为受主原子，其结构如图 7.6 所示。

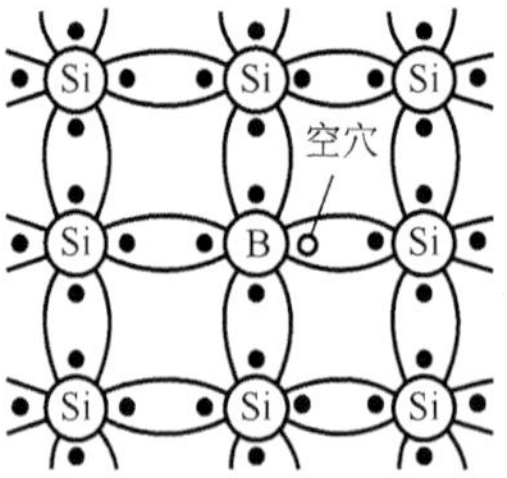

图 7.5　P 型半导体的晶体结构

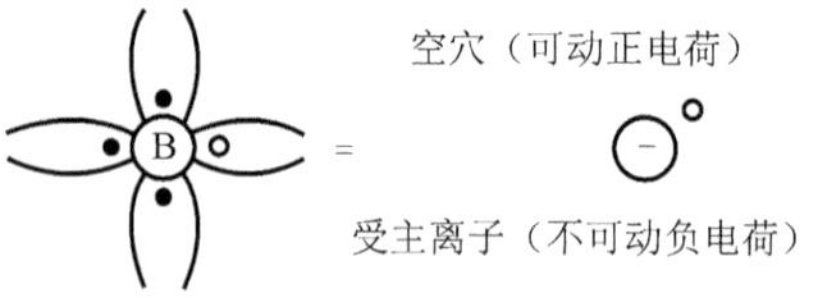

图 7.6　P 型半导体中的受主原子

应当指出，无论是 N 型半导体还是 P 型半导体，虽然它们都有一种载流子占多数，但整个晶体仍然是电中性的。

7.1.2　PN 结及其单向导电性

通过采用一定的掺杂工艺，在一块半导体基片两边分别制成 P 型半导体和 N 型半导体，则在交界面处就会形成一个 PN 结。由于 N 型半导体多数载流子为自由电子，少数载流子为空穴，而 P 型半导体多数载流子为空穴，少数载流子为电子。由于多数载流子浓度的差异会产生扩散运动。空穴要从浓度高的 P 区向 N 区扩散，而电子从浓度高的 N 区向 P 区扩散，如图 7.7（a）所示。扩散的结果使 P 区和 N 区的交界面分别留下了不能移动的受主负离子和施主正离子，如图 7.7（b）所示。所以在交界面的两侧形成了一个很薄的空间电荷区，这个空间电荷区就是 PN 结。正、负离子在空间电荷区形成一个内电场，其方向是从带正电的 N 区指向带负电的 P 区。内电场会阻碍多数载流子的进一步扩散，但对少数载流子越过空间电荷区进入对方区域起着推动作用。这种少数载流子的运动称为漂移，漂移运动与扩散运动相反。在一定条件下，扩散和漂移达到动态平衡，便形成稳定的 PN 结。

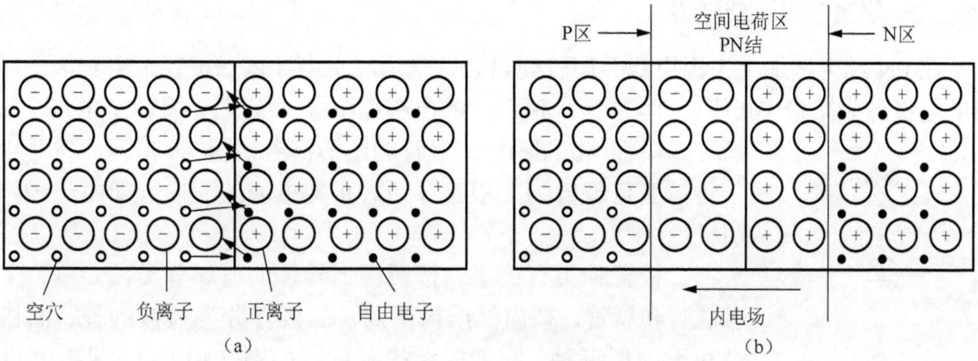

图 7.7　PN 结的形成

当 PN 结上加正向电压（称正向偏置）时，即 P 区接高电位、N 区接低电位，如图 7.8（a）所示。外电场与内电场方向相反，从而削弱了内电场，于是空间电荷区变薄，多数载流子的扩散加强，形成较大的正向扩散电流 I_F。此时的电阻称为正向电阻，它的数值比较小，PN 结处于导通状态。

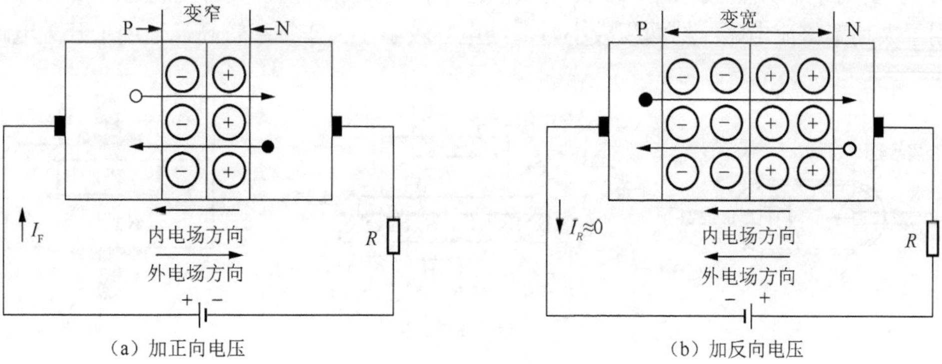

图 7.8　PN 结外加电压时的导电情况

当 PN 结上加反向电压（称反向偏置）时，即 N 区接高电位、P 区接低电位，如图 7.8（b）所示。外电场与内电场方向相同，从而增强了内电场，于是空间电荷区变厚，少数载流子的漂移运动加强，形成反向漂移电流。由于少数载流子数量很少，所以反向

电流 I_R 很小，PN 结呈现很高的反向电阻，PN 结处于截止状态。温度一定时，少数载流子数量基本不变，因而在一定的反向电压范围内，反向电流基本不变，又称反向饱和电流。

综上所述，当 PN 结外加正向电压时，正向电流较大，PN 结导通，呈现低电阻；当 PN 结外加反向电压时，反向电流很小，PN 结截止，呈现高电阻。因此，PN 结具有单方向导电特性，简称单向导电性。PN 结是构成二极管、稳压管、晶体管等各种半导体器件的基础单元。

7.2　半导体二极管

7.2.1　二极管的符号和种类

在 PN 结两侧加上电极引线并用管壳封装，就构成了半导体二极管。由 P 区一侧引出的电极称为阳极（正极），由 N 区一侧引出的电极称阴极（负极），有两个电极，所以简称二极管（diode）。二极管的图形符号如图 7.9 所示，符号中的三角箭头可理解为二极管导通时正向电流的流向，即由阳极指向阴极。

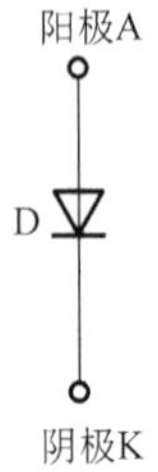

图 7.9　二极管的符号

二极管种类有很多。按所用半导体的材料分类，二极管主要有硅管和锗管。按内部结构不同，二极管分为点接触型、面接触型和平面型三种，它们的结构示意图如图 7.10（a）、图 7.10（b）、图 7.10（c）所示。点接触型二极管的特点是 PN 结的结面积小，因而结电容小，适于高频工作（可达几百兆赫），但只允许通过较小的正向电流（几十毫安以下），也不能承受较高的反向电压，主要用于高频检波、数字电路或小功率整流电路。面接触型二极管的特点是 PN 结的结面积大，因而结电容大，适于低频工作，可通过较大的正向电流（几安、几十安甚至几百安），主要用于低频整流电路。平面型二极管的特点是结面积较大时，能通过较大的电流，适用于大功率整流电路；结面积较小时，结电容较小，工作频率较高，适用于开关电路。

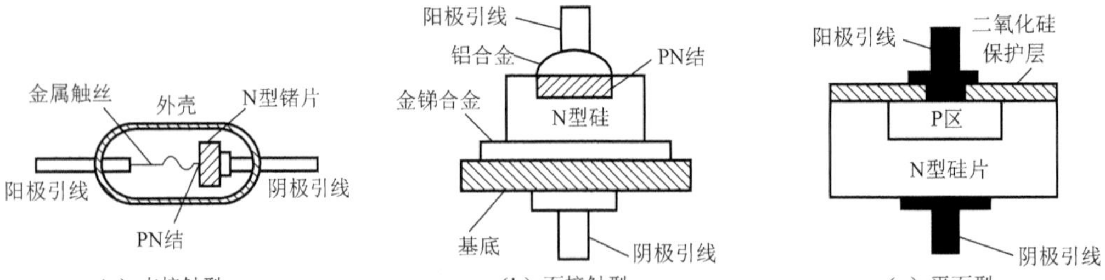

（a）点接触型　（b）面接触型　（c）平面型

图 7.10　几种常见结构的二极管

按封装材质分类，二极管可分为塑料封装、金属封装和玻璃封装等，大功率二极管多采用金属封装。二极管有直插式和贴片式两种封装形式。按照用途的不同，二极管又分为整流管、稳压管、发光管、检波管、光电管、开关管等。图 7.11 是几种常见的二极管实物图。

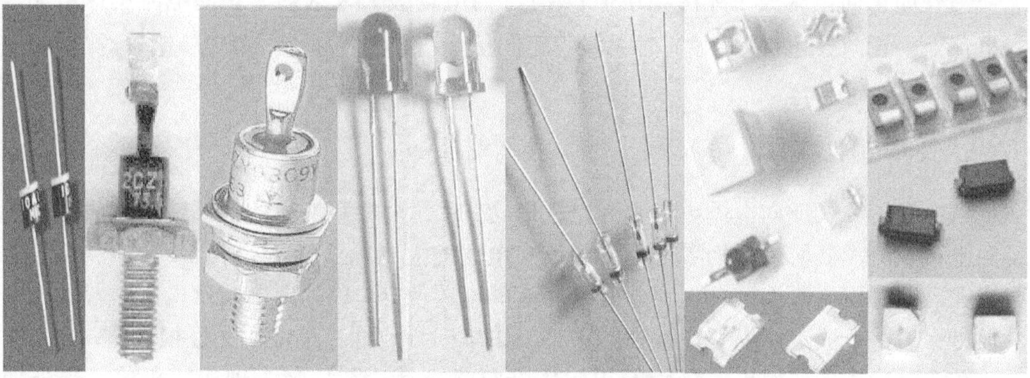

图 7.11　常见二极管的实物图

7.2.2　二极管的伏安特性

二极管两端所加电压与流过二极管的电流之间的关系称为二极管的伏安特性，二极管的核心就是一个 PN 结，所以二极管也具有单向导电特性。图 7.12 给出了 2CP33B 型硅二极管的伏安特性曲线，分为正向特性和反向特性两部分。

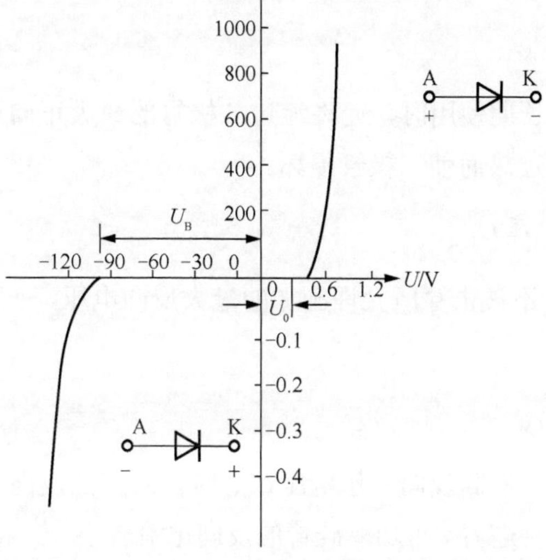

图 7.12　2CP33B 型硅二极管伏安特性曲线

1. 正向特性（阳极接高电位+、阴极接低电位-）

当外加正向电压低于某一电压值 U_0 时，二极管正向电流几乎为零，呈现较大的电阻。这是由于所加外电场还不足以克服 PN 结内电场对多数载流子扩散所造成的阻力，这个区域称为死区，相应的电压值 U_0 称为死区电压，其大小和二极管的材料及环境温度有关。通常硅管的死区电压约为 0.5V，锗管约为 0.1V。当温度升高时，二极管的死区电压将减小。

当外加正向电压大于死区电压值 U_0 时，内电场被大大削弱，正向电流迅速增加，二极管处于正向导通状态。导通时二极管正向压降：硅管约为 0.6～0.7V，锗管约为 0.2～0.3V。

2. 反向特性（阳极接低电位−、阴极接高电位+）

当二极管外加反向电压小于某一电压值 U_B 时，少数载流子的漂移运动形成很小的反向饱和电流，其值近似为零。当所加反向电压增大到电压值 U_B 时，反向电流突然急剧增大，这种现象称为反向击穿。此时对应的电压值 U_B 称为反向击穿电压。普通二极管被击穿后，一般不能恢复原有性能，将失去单向导电性，造成永久性损坏。

在实际应用中，如果二极管的正向压降忽略不计，则称之为理想二极管。当外加正向电压时，二极管导通，正向电阻为零，二极管相当于短路；当外加反向电压时，二极管截止，反向电阻为无穷大，二极管相当于开路。因此，理想二极管具有开关特性。

7.2.3　二极管的主要参数

二极管的参数反映二极管的工作性能，是设计电路时正确选择和合理使用二极管的依据。其主要参数如下：

1. 最大整流电流 I_{OM}

I_{OM} 是指二极管在长期使用时，允许流过二极管的最大正向平均电流。当电流超过该值时，会导致 PN 结过热而使二极管损坏。

2. 最高反向工作电压 U_{RM}

U_{RM} 是保证二极管不被击穿所允许施加的最大反向电压，一般规定为反向击穿电压 U_B 的一半或三分之二。

3. 最大反向电流 I_{RM}

I_{RM} 是指二极管加上最高反向工作电压 U_{RM} 时，对应的反向电流。管子的反向电流越小，说明其单向导电性越好。小功率硅管的反向电流较小，一般在 1 微安到几十微安。锗管的反向电流可达数百微安。I_{RM} 对温度比较敏感，温度升高会使反向电流显著增加，使用时应该注意。

二极管是电子电路中最常用的半导体器件，应用很广泛，主要利用其单向导电特性，用于整流、限幅与削波、钳位与隔离、检波、元件保护以及在数字电路中用作开关等。

例 7.1　电路如图 7.13 所示，二极管正向压降为 0.7V，试判断二极管是导通还是截止，并求输出电压 U_o。

解： 判断二极管导通还是截止的方法是：将二极管断开，分析二极管阳极与阴极两端电位的高低，如果阳极与阴极的电位差（或正向电压）大于二极管的死区电压，则二极管导通，否则二极管截止。

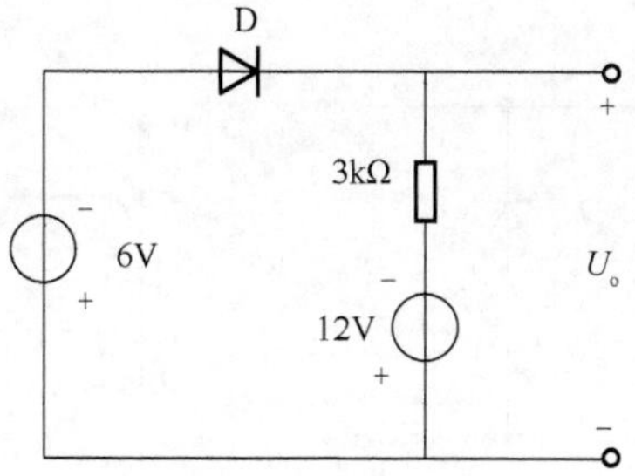

图 7.13　例 7.1 图

取输出端下端作参考点，断开二极管 D，则阳极电位为-6V，阴极电位为-12V，所以二极管导通。考虑二极管 D 正向压降为 0.7V，即阳极指向阴极的电位差，所以输出电压为

$$U_o=-0.7-6=-6.7\text{V}$$

例 7.2　电路如图 7.14(a)所示，二极管为理想二级管，已知输入电压 $u_i=10\sin\omega t\,\text{V}$，恒压源 $U_S=5\text{V}$，试画出输出电压 u_o 的波形。

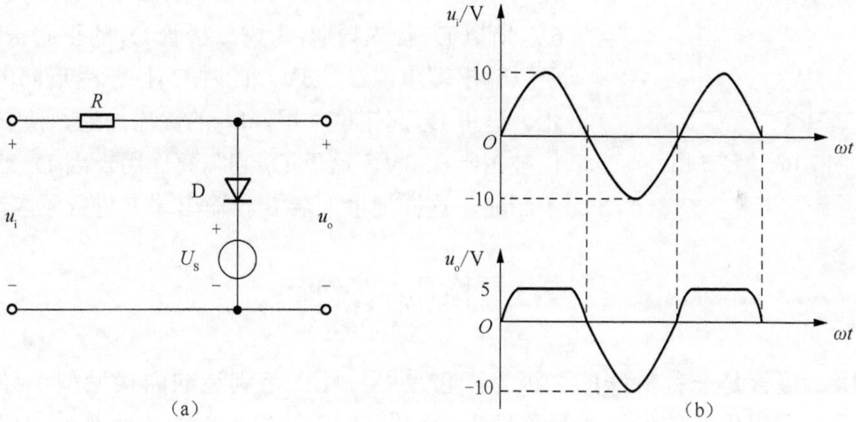

图 7.14　例 7.2 图

解：对于理想二极管，只要阳极的电位高于阴极的电位，则二极管就导通，否则二极管截止。

由图 7.14（a）可以看出，当 $u_i>5\text{V}$ 时，二极管 D 导通，管压降为零，相当于短路，所以 $u_o=5\text{V}$。当 $u_i\leqslant 5\text{V}$ 时，二极管 D 截止，相当于开关断开，电阻 R 中无电流，所以 $u_o=u_i$。输出电压 u_o 的波形如图 7.14（b）所示。由图可见，输出电压被限制在 5V 以内，削掉了 5V 以上的电压波形，这是一个简单的单向限幅（或削波）电路。

图 7.15 是一个双向限幅电路。限制正负半周的输出电压幅值不能超过 5V，即正负半周超过 5V 的电压波形都被削掉。

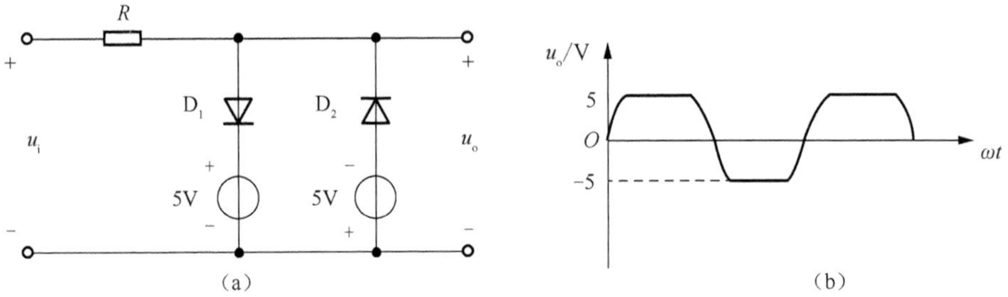

图 7.15　双向限幅电路及其输出电压波形

例 7.3　电路如图 7.16 所示，二极管均为理想二极管，有两个输入端 A、B 和一个输出端 F。已知输入端电位 $U_A = 3\text{V}$，$U_B = 0\text{V}$，试求输出端电位 U_F。

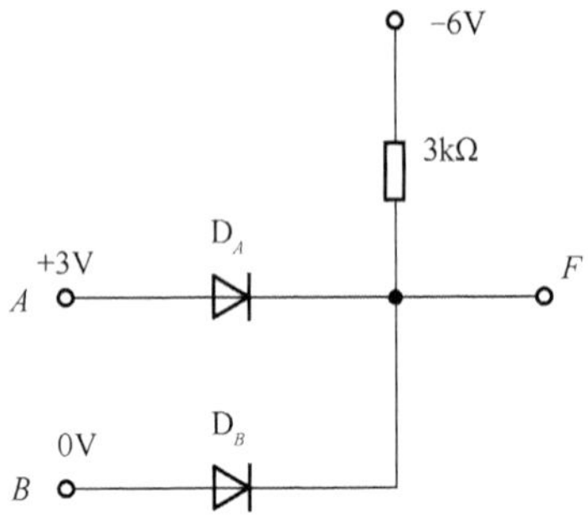

图 7.16　例 7.3 图

解：当两个二极管同时导通时，则阳极与阴极电位差大的二极管，优先导通。由图 7.16 可以看出，D_A 阳极与阴极的电位差为 9V，D_B 阳极与阴极的电位差为 6V，所以 D_A 优先导通，考虑二极管 D_A 的正向压降为零，所以输出端电位 U_F=3V。此时 D_B 因承受反向电压而截止。这里 D_A 起钳位作用，D_A 的优先导通，使 F 端的电位被钳制在 3V。这里 D_B 起隔离作用，因 D_B 截止相当于断路，这样把输入端 B 和输出端 F 进行了隔离。

7.3　稳压二极管

稳压二极管是一种特殊的二极管，它是用特殊工艺制造的面接触型半导体硅二极管，具有稳定电压的作用，简称稳压管。图 7.17 是稳压管的电路符号和伏安特性曲线。

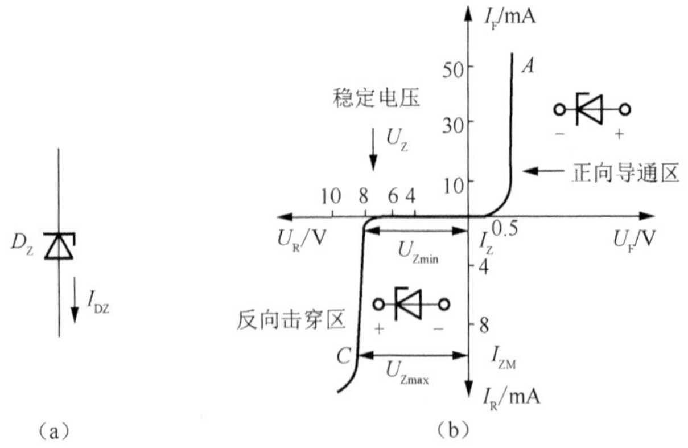

图 7.17　稳压管的符号和伏安特性曲线

7.3.1 稳压管的伏安特性

稳压二极管的伏安特性和普通二极管的伏安特性类似，主要区别是它的反向击穿特性曲线更陡峭。由图 7.17（b）可以看出，当反向电压在一定范围内变化时，反向电流很小；当反向电压增高到击穿电压 U_Z 时，反向电流突然急剧增加，稳压管被反向击穿。此时虽然电流变化范围较大，但稳压管两端的电压变化却很小。稳压管正是利用这一特性，在电路中实现稳压作用。反向击穿电压 U_Z 就是它的稳压值，稳压管正常使用时要加反向电压。与普通二极管不同，稳压管的反向击穿是可逆的，只要流过它的反向电流不超过某一允许值 I_{ZM}，稳压管就不会损坏。但如果反向电流超过了这一允许值 I_{ZM}，稳压管会因为电流过大而发热烧坏（称热击穿）。因此，稳压管使用时必须串联一个适当阻值的限流电阻后再接入电路中，从而起到正常稳压作用。

7.3.2 稳压管的主要参数

1. 稳定电压 U_Z

稳定电压 U_Z 是稳压管的反向击穿电压，即稳压管的稳压值。通常手册中给出的都是在一定电流及温度等条件下的数值。由于制造工艺上的分散性，即使同一型号的管子，其稳压值也不一定相同，例如 2DW7C 硅稳压管，$U_Z = 6.1 \sim 6.5\text{V}$。

2. 稳定电流 I_Z 和最大稳定电流 I_{ZM}

稳定电流 I_Z 是指工作电压等于稳定电压时的反向电流，是一个参考数值。最大稳定电流 I_{ZM} 是稳压管允许通过的最大反向电流。稳压管的工作电流不能超过 I_{ZM}。当反向电流超过最大稳定电流 I_{ZM} 时，稳压管将过热而被烧坏。所以当流过稳压管的电流 I_{DZ} 满足 $I_Z < I_{DZ} \leqslant I_{ZM}$ 时，稳压管才能正常稳压工作。

3. 最大耗散功率 P_{ZM}

最大耗散功率 P_{ZM} 是指稳压管不发生热击穿时的最大耗散功率。$P_{ZM} = U_Z \cdot I_{ZM}$。

4. 动态电阻 r_Z

动态电阻 r_Z 是指稳压管在反向击穿区稳定工作时，两端电压变化量与其相应的电流变化量的比值，即 $r_Z = \dfrac{\Delta U_Z}{\Delta I_Z}$。动态电阻 r_Z 值越小，说明其稳压性能越好。

5. 电压温度系数 α

电压温度系数 α 是指温度每增加 1℃，稳压值变化的百分比数，用以表示稳压值受温度影响的程度。通常稳压值低于 6V 的稳压管，具有负温度系数；高于 6V 具有正温度系数；6V 左右温度系数最小。

例 7.4 稳压管的简单稳压电路如图 7.18 所示，已知输入电压 U_i=25V，限流电阻 R=0.6kΩ，负载电阻 R_L=1kΩ，稳压管的稳定电压 U_Z=10V，稳定电流 I_Z =5mA，最大稳定电流 I_{ZM} =20mA。试求：（1）电压 U_o 及电流 I_o、I_R、I_{DZ}；（2）如果负载开路，稳压管能否正常工作？

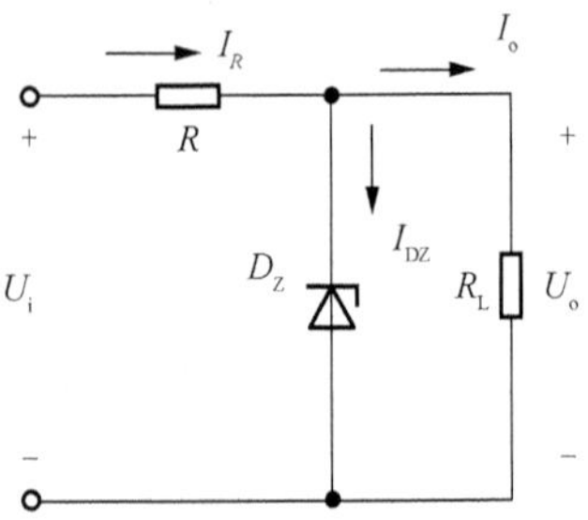

图 7.18　例 7.4 图

解：（1）$U_o = U_Z = 10V$

$$I_o = \frac{U_o}{R_L} = 10mA$$

$$I_R = \frac{U_i - U_o}{R} = 25mA\,,\quad I_{DZ} = I_R - I_o = 15mA$$

（2）如果负载开路，则 $I_o = 0$，$I_{DZ} = I_R = 25mA$，而稳压管的最大稳定电流 I_{ZM} =20mA，因为 $I_{DZ} > I_{ZM}$，所以稳压管不能正常工作。

7.4　发光二极管与光电二极管

发光二极管与光电二极管都是一种特殊的二极管，能够实现电信号与光信号之间的互相转换，前者是电转换成光，后者是光转换成电。它们在实际电子电路中应用比较广泛，如各种显示电路、光控电路、光电传感器、光电耦合器等，下面分别简要介绍。

1. 发光二极管

发光二极管（light-emitting diode，LED）是一种能将电能转换为光能的特殊二极管。它通常是由砷化镓、磷化镓等化合物半导体制成。发光二极管的符号及基本电路如图 7.19 所示。它的基本结构也是一个 PN 结，但正向导通电压比普通二极管高，伏安特性与普通二极管类似。当外加正向电压并通过正向电流时会发光，这是由于空穴与电子直接复合而释放能量，发出一定波长的可见光，发光颜色与所用的半导体材料有关，常见的颜色有红、黄、绿等。发光二极管的死区电压比普通二极管高，发光二极管正向电压约为 1.5～3.0V，正向工作电流一般为几毫安到几十毫安。使用时一般要加限流电阻，必须保证工作电流在规定的范围内。发光二极管常用作显示器件，目前广泛应用于各种电子产品的指示灯、光纤通信用光源、七段数码管或矩阵式大屏幕显示器以及各种 LED 照明等。

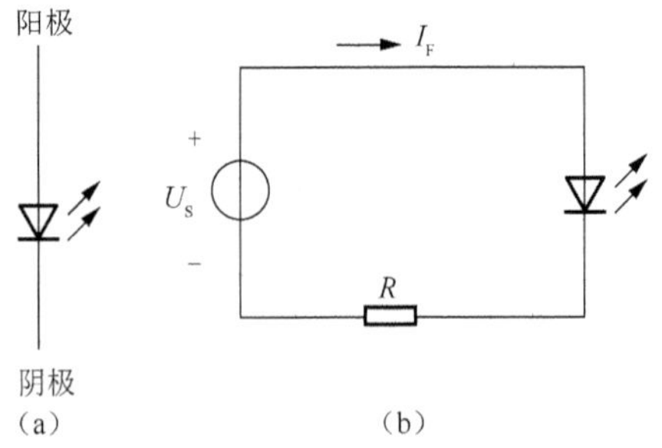

图 7.19　发光二极管的符号和基本电路

2. 光电二极管

光电二极管是一种能将光信号转换成电信号的特殊二极管，又称光敏二极管。其基本结构也是一个 PN 结，在管壳上装有一个嵌着玻璃的窗口，以便接受光线照入。光电二极管的符号及基本电路如图 7.20 所示，与发光二极管不同的是，光电二极管工作时要加反向电压。无光照时，电路中有微小的反向电流（称暗电流），当有光照时，其反向电流会随着光照强度的增加而增大。反向电流通过外接电阻 R_L 后，就有输出电压的变化，进而实现了光信号到电信号的转换。光电二极管广泛应用于光电控制或测量、自动报警以及光电传感器中。

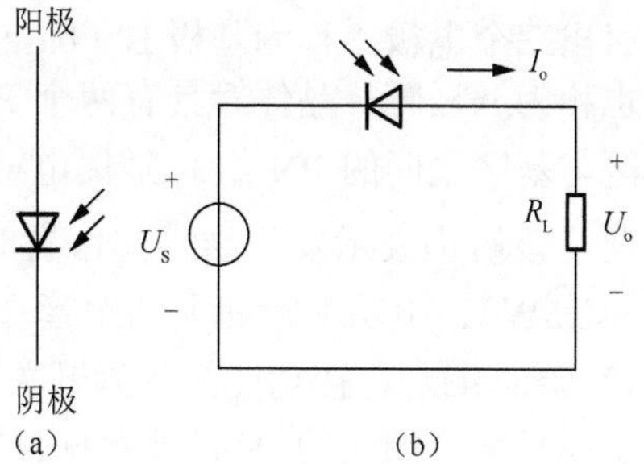

图 7.20　光电二极管的符号和基本电路

7.5　双极型晶体管

半导体晶体管分为双极型晶体管和场效应晶体管。因为双极型晶体管内部由两个 PN 结构成，在工作过程中电子和空穴两种载流子都参与导电，故称双极型晶体管，以区别于只有一种载流子导电的单极型场效应晶体管。双极型晶体管比场效应晶体管的应用早很多，习惯上把双极型晶体管简称为晶体管或三极管。它是构成许多电子电路的重要元件，应用比较广泛，最主要的功能是电流放大作用和开关作用。本节将重点讨论双极型晶体管的基本结构、电流放大作用、特性曲线和主要参数。

7.5.1　晶体管的基本结构

用扩散法或合金法等制造工艺在一块半导体晶片上制成三层交替掺杂的不同半导体区域，形成 N-P-N 或 P-N-P 三层结构。因此，晶体管按照使用的半导体材料可分为硅管或锗管；按导电类型可分为 NPN 型和 PNP 型两类，其结构示意图及表示符号如图 7.21 所示。

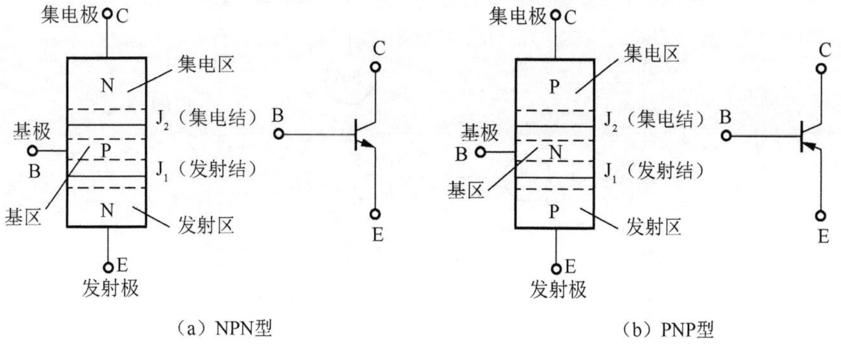

图 7.21　晶体管的结构示意图及图形符号

由图 7.21 可见，晶体管具有三个不同的掺杂区域为基区、发射区、集电区，并分别引出三个电极，称为基极 B（base）、发射极 E（emitter）和集电极 C（collector），因此也称为三极管。晶体管具有两个 PN 结，发射区与基区之间的 PN 结 J_1 是发射结，集电区与基区之间的 PN 结 J_2 是集电结。NPN 型和 PNP 型的符号差别在于发射极的箭头方向，该箭头表示发射结正向偏置时发射极电流的方向。晶体管按功率可分为小功率管（<0.5W）、中功率管和大功率管（>1W）；按工作频率可分为低频管（<3MHz）和高频管（>3MHz）；按功能又分为开关管、功率管、光敏管等。晶体管大多采用塑料封装或金属封装。图 7.22 是几种常见封装的三极管实物图。

图 7.22　几种常见的三极管实物图

为了保证晶体管具有电流放大作用，在制造工艺上将基区做得很薄，只有几微米到几十微米，而且掺杂浓度最低。发射区掺杂浓度最高，以便有足够多的载流子发射。集电区比发射区掺杂浓度低且面积大，以便收集发射区发射来的载流子。这些结构特点是它具有电流放大作用的内在条件。

目前国产的硅管多为 NPN 型，锗管多为 PNP 型，但它们的工作原理相似，只是在使用时电源极性连接不同而已。下面以 NPN 型晶体管为例分析其电流放大作用。

7.5.2　晶体管的电流放大作用

晶体管具有电流放大作用的外部条件是发射结正向偏置，集电结反向偏置。图 7.23 是晶体管的电流放大实验电路图。图中包括输入和输出两个回路，发射极是输入回路和输出回路的公共端，称为共发射极放大电路。

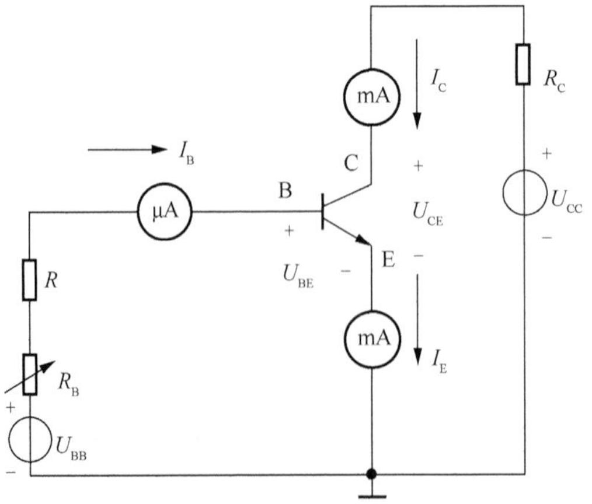

图 7.23　晶体管的电流放大实验电路

注意基极电源U_{BB}和集电极电源U_{CC}的极性和大小。要保证发射结正向偏置，即基极与发射极的电位关系是$U_B > U_E$，同时还要保证集电结反向偏置，即基极与集电极的电位关系是$U_C > U_B$。所以，处于放大状态下的 NPN 型晶体管，各电极电位的特点是$U_C > U_B > U_E$，集电极电位最高。若将图 7.23 中的晶体管换成 PNP 型，则电源U_{BB}和U_{CC}的极性要颠倒过来。处于放大状态下的 PNP 型晶体管，各电极电位的特点是$U_E > U_B > U_C$，发射极电位最高。

在图 7.23 实验电路中，通过改变基极电阻R_B，可以改变基极电流I_B、集电极电流I_C和发射极电流I_E，所测得的结果如表 7.1 所示。

表 7.1　晶体管的电流实验数据

I_B/mA	I_C/mA	I_E/mA
−0.001	0.001	0
0	0.01	0.01
0.02	0.70	0.72
0.04	1.50	1.54
0.06	2.30	2.36
0.08	3.10	3.18
0.10	3.95	4.05

由表 7.1 的电流实验数据可得出如下结论：

（1）观察每一行数据，可得出

$$I_E = I_B + I_C \tag{7.1}$$

该式表明晶体管各极电流分配符合基尔霍夫电流定律。

（2）从第三行往后的数据均表明，$I_C \approx I_E$，并且比I_B大很多，即$I_C \gg I_B$。还可以看出，晶体管基极电流的微小变化量ΔI_B，会引起集电极电流较大的变化量ΔI_C，即$\Delta I_C \gg \Delta I_B$。这就是晶体管的电流放大作用。$I_C$与$I_B$的比值用$\bar{\beta}$表示，称为静态电流（直流）放大系数；$\Delta I_C$与$\Delta I_B$的比值用$\beta$表示，称为动态电流（交流）放大系数，它们是晶体管的一个主要参数，反映了晶体管的电流放大能力。

由表 7.1 中第四行或第五行的数据，可计算直流放大系数分别为

$$\bar{\beta} = \frac{I_C}{I_B} = \frac{1.50}{0.04} = 37.5,\quad \bar{\beta} = \frac{I_C}{I_B} = \frac{2.30}{0.06} \approx 38.33$$

比较第三行到第五行的数据，或第四行到第六行的数据，可得到交流放大系数分别为

$$\beta = \frac{\Delta I_C}{\Delta I_B} = \frac{2.30 - 0.70}{0.06 - 0.02} = 40,\quad \beta = \frac{\Delta I_C}{\Delta I_B} = \frac{3.10 - 1.50}{0.08 - 0.04} = 40$$

可见，尽管$\bar{\beta}$和β的含义是不同的，但它们的数值很接近，一般近似认为$\bar{\beta} \approx \beta$。

（3）第一行数据$I_E = 0$是发射极开路时的情况，$I_C = I_{CBO}$称为集电极–基极之间的反向饱和电流。此时集电结处于反向偏置，实质上它就是集电结的反向漂移电流，它受温度影响较大。常温下硅管的$I_{CBO} \leqslant 1\mu A$，常可忽略不计。

（4）第二行数据 $I_B = 0$ 是基极开路时的情况，$I_C = I_{CEO}$ 称为集电极-发射极之间的穿透电流。温度升高，此电流会增大，也是希望它越小越好。

7.5.3　晶体管的特性曲线

晶体管各电极间电压和电极电流的对应关系曲线（伏安特性）能直观地描述晶体管的外部特性，反映了晶体管的工作性能，也是正确使用晶体管的依据。最常用的是共发射极接法的输入特性曲线和输出特性曲线，测试电路如图 7.24 所示。

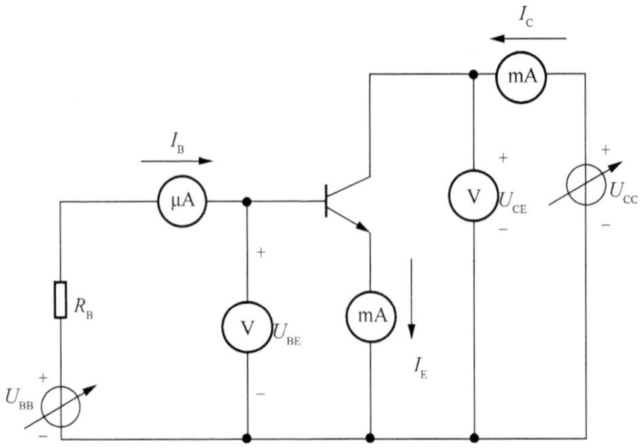

图 7.24　晶体管特性曲线测试电路

1. 输入特性曲线

输入特性曲线是指集-射极之间的电压 U_{CE} 为常数时，输入回路中基极电流 I_B 与基-射极间的电压 U_{BE} 之间的关系曲线，即

$$I_B = f(U_{BE})\big|_{U_{CE}=\text{常数}} \tag{7.2}$$

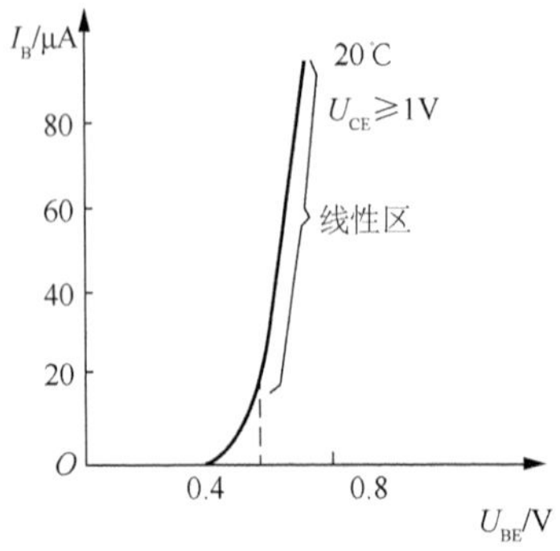

图 7.25　晶体管的输入特性曲线

测试结果如图 7.25 所示。由输入特性曲线可见，与二极管的正向伏安特性相似，晶体管的输入特性也有一段死区，只有在发射结外加电压大于死区电压时，才会有基极电流 I_B。通常硅管死区电压约 0.5V，锗管死区电压约 0.1V。晶体管在正常工作时，发射结正向压降 U_{BE} 变化范围很小，NPN 型硅管的发射结正向压降 U_{BE} 为 0.6～0.7V，PNP 型锗管的发射结压降 U_{BE} 为−0.3～−0.2V。

对硅管而言，当 $U_{CE} \geqslant 1V$，集电结已处于反向偏置，再增大 U_{CE}，只要 U_{BE} 保持不变，I_B 也就基本不变。因此，$U_{CE} \geqslant 1V$ 后的输入特性曲线基本重合，通常只画出 $U_{CE} \geqslant 1V$ 的一条输入特性曲线。

2. 输出特性曲线

输出特性曲线是指晶体管基极电流 I_B 为常数时，输出回路中集电极电流 I_C 与集-射极间的电压 U_{CE} 之间的关系曲线，即

$$I_C = f(U_{CE})\big|_{I_B=常数} \tag{7.3}$$

测试结果如图 7.26 所示。对于每一个确定的基极电流 I_B 都有一条输出特性曲线，因此，取不同的 I_B，则可以得到一簇不同的输出特性曲线。

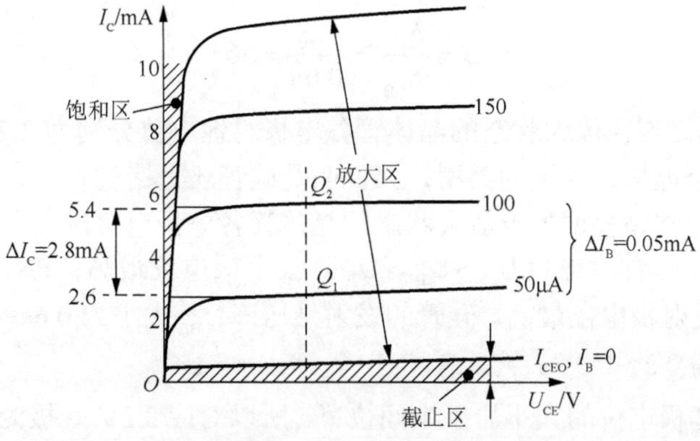

图 7.26　晶体管的输出特性曲线

图 7.26 表明，当 I_B 一定，U_{CE} 从零开始逐渐增大时，I_C 也逐渐增大，而当 U_{CE} 超过一定数值（约 1V）以后，再继续增加 U_{CE}，I_C 也不再有明显增加，具有恒流特性。而当 I_B 增大时，I_C 也相应成比例增大，即 $I_C = \overline{\beta} I_B$，这就是晶体管的电流放大作用。

通常把晶体管的输出特性曲线分为三个工作区，即对应晶体管的三种工作状态：

（1）放大区。当发射结处于正向偏置（大于死区电压），集电结处于反向偏置时，晶体管就工作在放大状态。输出特性曲线中近似水平略上翘的平行线族区域即为放大区（也称为线性区）。在放大区内，$I_C = \overline{\beta} I_B$，且 $\Delta I_C = \beta \Delta I_B$，晶体管具有电流放大作用。晶体管工作在放大状态下，利用 I_B 对 I_C 的控制作用，被广泛应用于模拟电子电路中。

（2）截止区。输出特性曲线中 I_B=0 以下（靠近横轴）的区域称为截止区。

当 I_B=0 时，$I_C = I_{CEO} \approx 0$，晶体管处于截止状态。对于 NPN 型硅管，U_{BE}<0.5V 就进入截止状态，为使管子可靠截止，常使 $U_{BE} \leqslant 0$，即发射结处于反向偏置。

晶体管截止时，$I_C \approx 0$，即 C、E 之间相当于断路，集电极与发射极之间类似一个开关的断开状态。

（3）饱和区。输出特性曲线中 U_{CE} 比较小（靠近纵轴）的区域称为饱和区。对于 NPN 型晶体管，当 $U_{CE} < U_{BE}$ 时，晶体管的发射结正偏，集电结也处于正偏，它处于饱和状态。饱和时 U_{CE} 很小，所有不同的 I_B 值上升特性曲线几乎都是重合的。当 U_{CE} 一定时，随着 I_B 增加，I_C 基本不变。饱和时的管压降称为饱和压降，用 U_{CES} 表示，小功率硅管 U_{CES}=0.3V，锗管 U_{CES}=0.1V。

晶体管饱和时，$U_{CES} \approx 0$，即 C、E 之间相当于短路，集电极与发射极之间类似一

个开关的接通状态。

晶体管工作在截止或饱和状态下，利用它的开关特性，晶体管被广泛应用于数字电子电路中。

综上所述，晶体管的主要功能不仅有电流放大作用，还有开关作用。

例 7.5　图 7.26 是晶体管的输出特性曲线，试求电流放大倍数 β。

解： 由输出特性曲线可知，当 I_B 从 50μA 变到 100μA，即基极电流变化 0.05mA，对应 I_C 从 2.6mA 变到 5.4mA，即集电极电流变化 2.8mA，则该晶体管的电流放大系数为

$$\beta = \frac{\Delta I_C}{\Delta I_B} = \frac{2.8}{0.05} = 56$$

例 7.6　已知工作在放大状态的晶体管各电极对地电位分别为 3.2V、2.5V、9.3V。试判别管子的三个电极、管子的类型，并说明是硅管还是锗管？

解： 判断的方法是根据处于放大状态的晶体管各电极电位以及发射结压降的特点：

对 NPN 型晶体管，电位 $U_C > U_B > U_E$，集电极电位最高；PNP 型晶体管，电位 $U_E > U_B > U_C$，发射极电位最高。硅管的发射结压降 U_{BE} 大小为 0.6～0.7V，锗管的发射结压降 U_{BE} 大小为 0.2～0.3V。

由此可见，基极电位的大小居于中间位置，所以对应 3.2V 一极为基极。由 3.2−2.5=0.7V，可判断对应 2.5V 一极为发射极，且此管为硅管。这样对应 9.3V 一极为集电极。由于集电极电位最高，所以此管为 NPN 型。

另外，也可以由 3.2−2.5=0.7V，首先判断出 9.6V 一极为集电极，并且为硅管。然后再根据电位的高低特点判断管子的类型以及对应的基极和发射极。

例 7.7　已知各晶体管的三个电极对地电位如图 7.27 所示，其中 NPN 型为硅管，PNP 型为锗管，试判断各晶体管的工作状态。

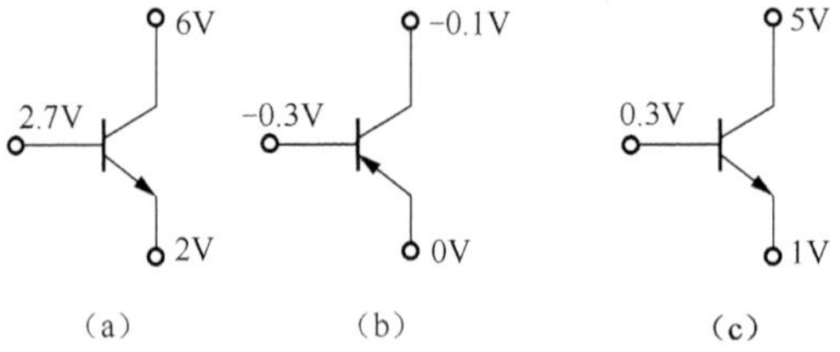

图 7.27　例 7.7 图

解： 判断晶体管工作状态的方法是根据晶体管的两个 PN 结的偏置状况：

若发射结反向偏置或发射结正向偏置电压小于死区电压，则处于截止状态；若发射结正向偏置，集电结反向偏置，则处于放大状态；若发射结和集电结均处于正向偏置，则处于饱和状态。

图 7.27（a）是 NPN 型硅管，U_{BE}=0.7V，发射结正偏；$U_{BC} = -3.3V$，集电结反偏，所以该管工作在放大状态。图 7.27（b）是 PNP 型锗管，$U_{EB} = 0.3V$，发射结正偏；$U_{CB} = 0.2$ V，集电结也正偏，所以该管工作在饱和状态。图 7.27（c）是 NPN 型硅管，U_{BE}=−0.7V，发射结反偏，所以该管工作在截止状态。

7.5.4　晶体管的主要参数

晶体管的参数是反映它工作性能的一些数据，也是选用晶体管及设计电路的重要依据。主要参数如下：

1. 电流放大系数 $\overline{\beta}(h_{FE})$ 和 $\beta(h_{fe})$

当晶体管接成共发射极电路，在静态时（无输入信号），晶体管集电极电流 I_C 与基极电流 I_B 的比值称为共发射极直流电流放大系数，即

$$\overline{\beta}=\frac{I_C}{I_B} \tag{7.4}$$

在动态时（有信号输入），晶体管基极电流的变化量 ΔI_B，它引起集电极电流的变化量 ΔI_C。ΔI_C 与 ΔI_B 的比值称为交流电流放大系数，即

$$\beta=\frac{\Delta I_C}{\Delta I_B} \tag{7.5}$$

当输出特性曲线接近平行等矩的情况下（图 7.26），$\overline{\beta}$ 和 β 是很接近的。故在电路的分析估算时，近似认为 $\overline{\beta}\approx\beta$。常用晶体管的 β 值通常在 20～200 之间。

2. 集-基极反向饱和电流 I_{CBO}

I_{CBO} 是指发射极开路时 I_E=0，集电结加反向电压时流过集-基极的反向电流，它受温度影响较大。I_{CBO} 越小越好。在室温下，小功率硅管的 I_{CBO} 在 1μA 以下，锗管约为几微安到几十微安。所以硅管在温度稳定性方面优于锗管。

3. 集-射极穿透电流 I_{CEO}

I_{CEO} 是指当基极开路时 $I_B=0$，在集-射极电压 $U_{CE}(U_{CC})$ 的作用下，从集电极流向发射极的电流，称为穿透电流 I_{CEO}。

一般 $I_{CEO}=(1+\beta)I_{CBO}$。在常温下 I_{CBO} 很小，可忽略不计。但 I_{CBO} 随温度升高明显增大，故在温度变化大的场合，应尽量选用 I_{CBO} 小的管子，且 β 不易过大，以减少对 I_{CEO} 的影响。

4. 集电极最大允许电流 I_{CM}

当晶体管集电极电流 I_C 超过一定值时，其 β 值就要下降，β 值下降到额定值的 2/3 时的集电极电流称为 I_{CM}。当 $I_C=I_{CM}$ 时，晶体管不一定会损坏，但 β 值显著减小。

5. 集-射极击穿电压 $U_{CEO(BR)}$

集-射极击穿电压 $U_{CEO(BR)}$ 是指基极开路时 $I_B=0$，加在集-射极之间的最大允许电压，当 U_{CE} 大于 $U_{CEO(BR)}$ 时，晶体管将被击穿损坏。

6. 集电极最大允许耗散功率 P_{CM}

当集电极电流流经集电结时，要产生功率损耗，使结温升高，从而会引起晶体管参数变化。P_{CM} 是指晶体管参数变化不超过规定值时，所允许的最大功率损耗。

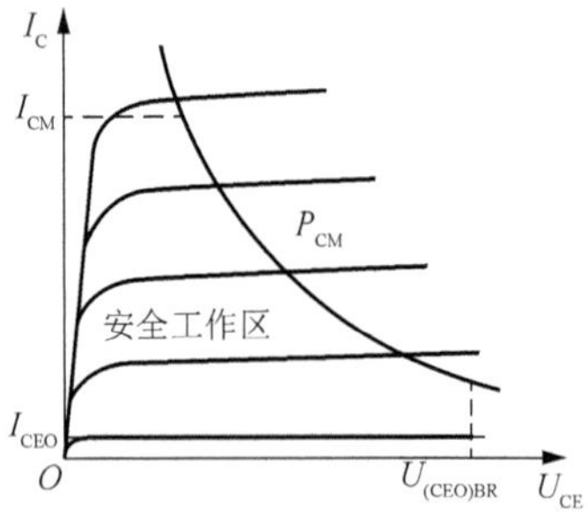

图 7.28　晶体管的安全工作区

由于 I_C、U_{CE} 和 $P_{CM}=U_{CE}\cdot I_C$，在晶体管输出特性曲线上可以画出集电极功率耗散曲线，如图 7.28 所示。曲线的左下方为安全工作区，即 $P_C<P_{CM}$。

以上所讨论的几个参数，其中，β、I_{CBO} 和 I_{CEO} 是一般参数，表明晶体管优劣的主要指标；I_C、U_{CE} 和 P_{CM} 都是极限参数，用来说明晶体管的使用限制，只有当电流 I_C、电压 U_{CE} 和功率 P_C 同时都小于对应的极限参数时，晶体管才能安全工作。

7.6　绝缘栅场效应晶体管简介

场效应晶体管是利用外加电压产生的电场效应来控制其输出电流的一种半导体器件。由于仅有一种载流子（电子或空穴）参与导电，所以是一种单极型晶体管，简称场效应管。它具有体积小、重量轻、耗电少、输入电阻高、噪声低、热稳定性强、便于集成等特点，在各种电子电路中得到了广泛的应用。

场效应管根据结构不同分为结型场效应管和绝缘栅型场效应管两类。绝缘栅场效应管按其导电类型的不同，分为 N 沟道和 P 沟道两类，每类又有增强型和耗尽型两种。下面只简要介绍 N 沟道耗尽型绝缘栅场效应管的结构及工作原理。图 7.29 是 N 沟道绝缘栅场效应管结构示意图及其表示符号。

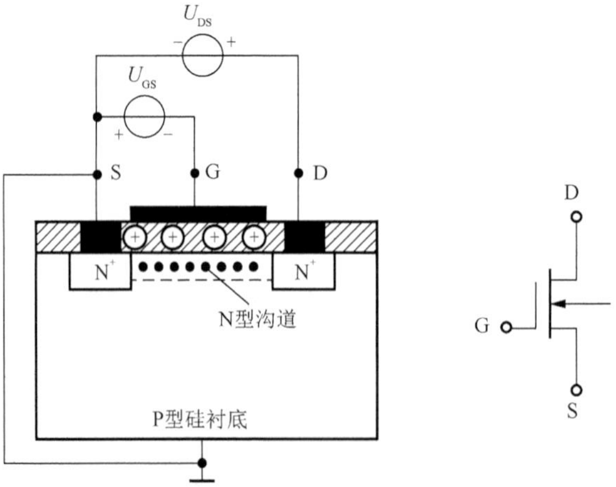

图 7.29　N 沟道绝缘栅场效应管结构示意图及表示符号

在一块掺杂浓度较低的 P 型半导体基片上，扩散两个相距很近的高掺杂浓度的 N+区，再在硅片表面生成一薄层二氧化硅绝缘层，绝缘层上覆盖一薄层金属，然后从二氧化硅表面的金属层引出栅极 G，从两个 N+区分别引出源极 S 和漏极 D。由于栅极和半导体本身绝缘，故称为绝缘栅场效应管，或称金属-氧化物-半导体（metal-oxide-semiconductor）场效应管简称为 MOS 器件。MOS 场效应管的栅-源之间是绝缘的，因此其输入电阻很高，可高达$10^{14}\Omega$。

在制造管子时，在二氧化硅绝缘层中掺入了大量正离子，因此在两个 N+区之间的 P 型衬底表面形成足够强的电场，这个电场将会排斥 P 型衬底中的空穴，并把衬底中的电子吸引到表面，形成原始导电沟道。这种沟道的载流子为电子，故称为 N 沟道。在沟道以外，由于 D 与 S 之间相当于两个背靠背的 PN 结，因此是不导电的。

由于耗尽型场效应管存在原始导电沟道，在 U_{DS} 为常值时，当栅-源电压 $U_{GS}=0$，漏极与源极之间已可导通，此时流过的电流称为饱和漏极电流 I_{DSS}；当 $U_{GS}<0$，沟道内会感应出一些正电荷与电子复合，于是导电沟道变窄，I_D 减小，当 U_{GS} 达到一定负值时沟道内的电子被复合而耗尽，沟道被夹断，I_D 为零，此时的 U_{GS} 称为夹断电压，用 $U_{GS(off)}$ 表示；当 $U_{GS}>0$，沟道内感应出更多的电子，使沟道更宽，I_D 随 U_{GS} 增大而增大。

上述分析表明，绝缘栅场效应管的漏极电流是受栅极电压控制的，可见场效应管是电压控制元件。

图 7.30（a）、图 7.30（b）分别是 N 沟道耗尽型场效应管的转移特性和漏极输出特性曲线。

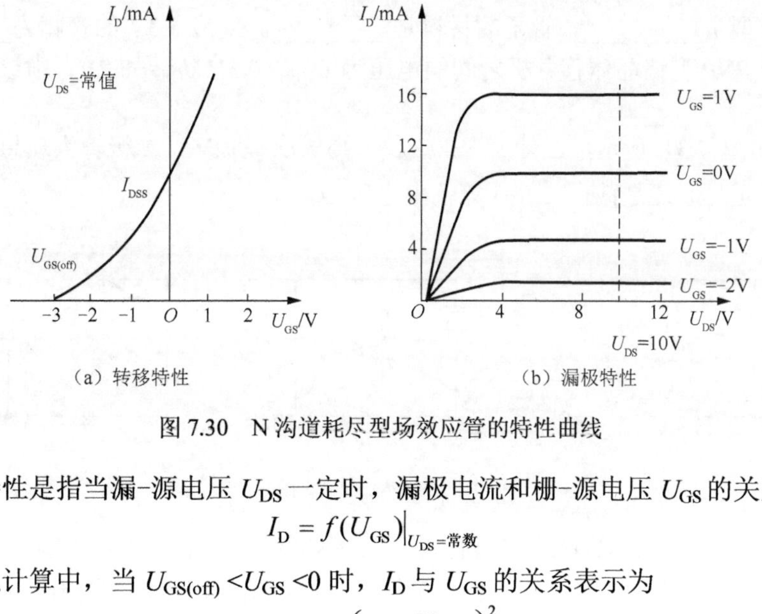

（a）转移特性　　（b）漏极特性

图 7.30　N 沟道耗尽型场效应管的特性曲线

转移特性是指当漏-源电压 U_{DS} 一定时，漏极电流和栅-源电压 U_{GS} 的关系曲线，即

$$I_D = f(U_{GS})\big|_{U_{DS}=\text{常数}}$$

在近似计算中，当 $U_{GS(off)}<U_{GS}<0$ 时，I_D 与 U_{GS} 的关系表示为

$$I_D = I_{DSS}\left(1-\frac{U_{GS}}{U_{GS(off)}}\right)^2$$

应该指出，N 沟道耗尽型场效应管的 U_{GS} 可正、可负，也可为零，但一般是工作在负栅-源电压状态。

输出漏极特性是指在栅-源电压 U_{GS} 一定时，漏极电流与漏-源电压的关系曲线，即

$$I_D = f(U_{DS})\Big|_{U_{GS}=\text{常数}}$$

显然，当 U_{GS} 为不同值时，可测绘出一簇输出漏极特性曲线。

习　题

7.1　问答题：

（1）为什么二极管会出现死区电压？硅管和锗管的死区电压各为多少？

（2）如何判断二极管是否导通？硅管和锗管的正向导通压降各为多少？

（3）稳压管是如何实现稳压的，其工作特性与普通二极管有什么不同？

（4）在稳压管稳压电路中，如何判断电路能否正常工作？

（5）晶体管有哪三种工作状态，与其对应的发射结和集电结偏置状况如何？

7.2　填空题：

（1）稳压二极管正常稳压时，其工作电流 I_{DZ} 满足的条件是________________。

（2）处于放大状态 NPN 型晶体管，三个电极电位 U_B、U_C、U_E 之间的关系是________________。

（3）处于放大状态 PNP 型晶体管，三个电极电位 U_B、U_C、U_E 之间的关系是______________。

（4）在放大电路中测得某晶体管三个管脚对地的电位分别为 6V、5.3V、9V，则该晶体管的类型是_________，管子的材料是_________，对应 5.3V 的管脚为________极。

（5）若 PNP 型锗晶体管各极之间的电压为 U_{BE}=−0.3V,U_{CE}=−3.7V，则该晶体管的工作状态为___________。

7.3　如图 7.31 所示，已知 $R = 3\text{k}\Omega, U_1 = 15\text{V}, U_2 = 12\text{V}$，二极管为理想二极管，试判别二极管是导通还是截止，并计算输出电压 U_o。

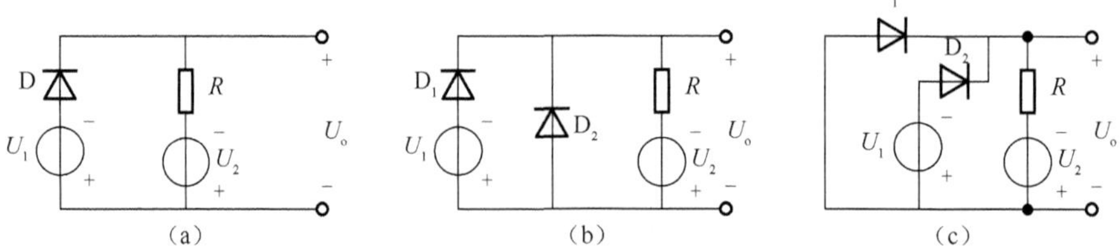

图 7.31　习题 7.3 图

7.4　如图 7.32 所示电路中二极管正向压降忽略不计，有三个输入端 A、B 和 C，输出端为 F。试分析下面三种情况下各二极管是导通还是截止，并求输出端电位 U_F。

（1）U_A=3V,U_B=3V,U_C=0V；（2）U_A=3V,U_B=0V,U_C=0V；（3）U_A=3V,U_B=3V,U_C=3V。

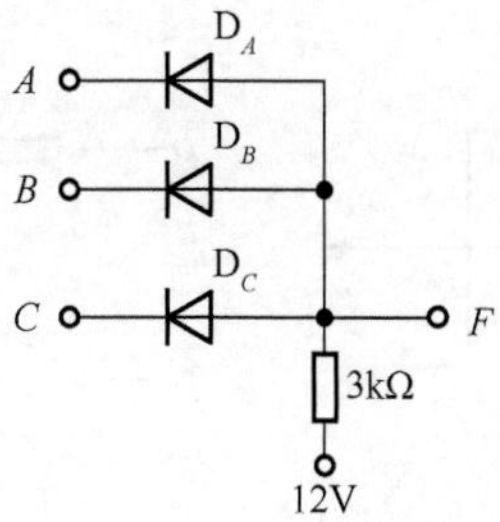

图 7.32　习题 7.4 图

7.5　如图 7.33 所示电路，已知 $u_i = 10\sin\omega t\,\text{V}, U = 5\text{V}$，忽略二极管正向压降，试画出输出电压 u_o 的波形。

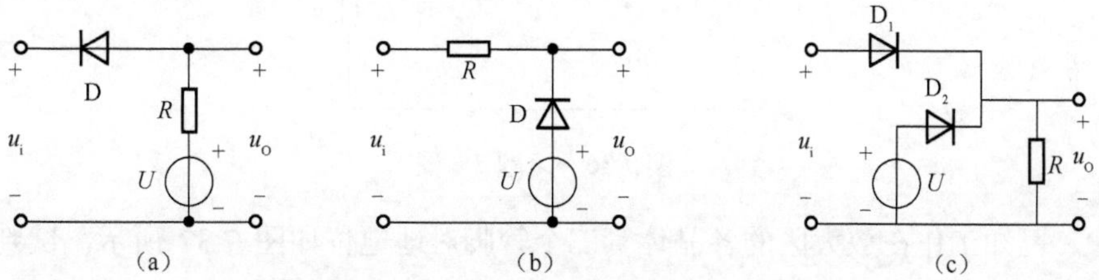

图 7.33　习题 7.5 图

7.6　如图 7.34（b）所示电路，二极管为硅管，正向压降 0.7V。已知输入电压 u_i 波形如图 7.34（a）所示，试画出输出电压 u_o 波形。

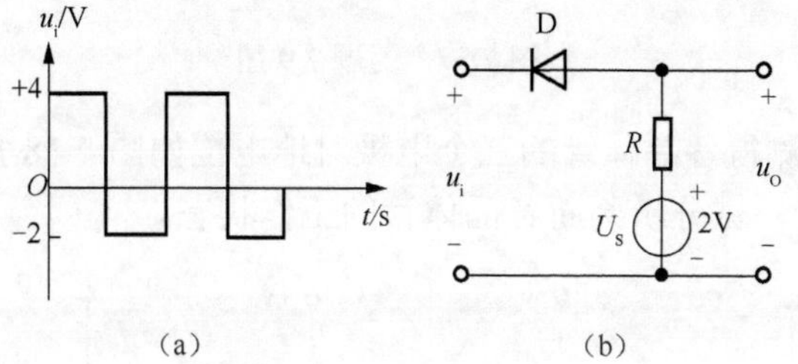

图 7.34　习题 7.6 图

7.7　如图 7.35（b）所示，已知稳压管稳定电压 U_Z=5V，输入电压 u_i 波形如图 7.35（a）所示，试画出输出电压 u_o 波形。稳压管正向压降可忽略不计。

7.8　如图 7.36 所示稳压电路，u_i=30V，R=1kΩ，R_L=2kΩ。稳压管稳定电压 U_Z=10V，稳定电流 I_Z=5mA，最大稳定电流 I_{ZM}=20mA。（1）求 i_o、i_R、i_{DZ}；（2）试分析当 u_i 波动 ±10%时，电路能否正常工作？

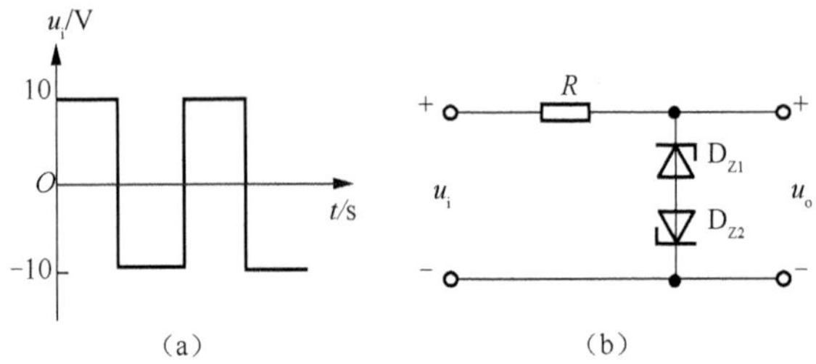

图 7.35　习题 7.7 图

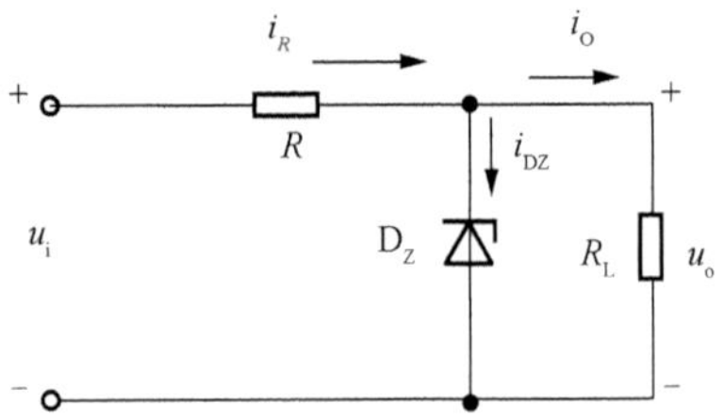

图 7.36　习题 7.8 图

7.9　已知工作在放大区的各晶体管三个管脚对地电位如图 7.37 所示，试判别各管的三个电极，并说明是硅管还是锗管，是 NPN 型还是 PNP 型？

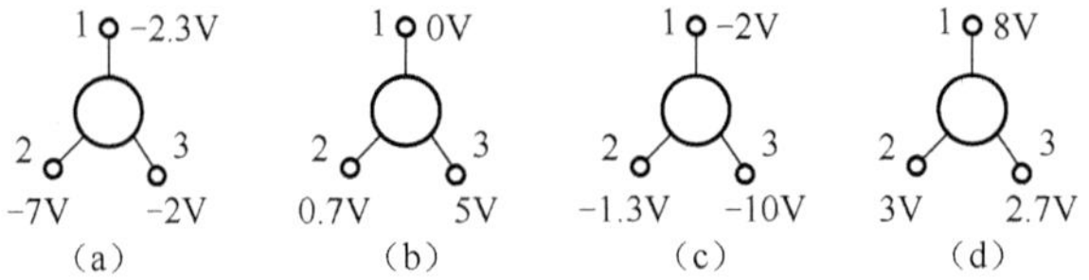

图 7.37　习题 7.9 图

7.10　在电路中测得各晶体管的三个电极对地电位如图 7.38 所示，其中 NPN 型为硅管，PNP 型为锗管，试分析判断各晶体管的工作状态。

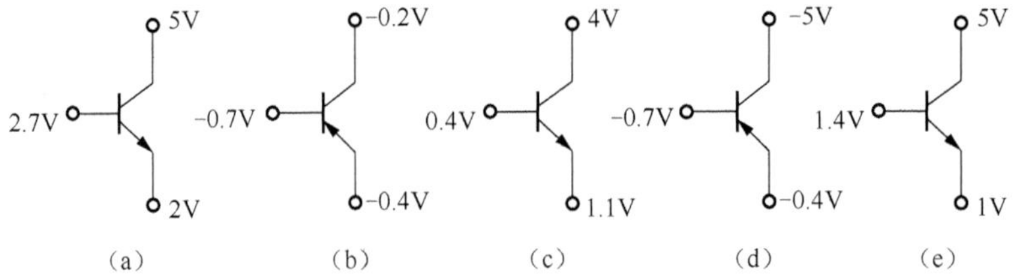

图 7.38　习题 7.10 图

第 8 章　基本放大电路

放大电路是模拟电子电路中最常用的一个基本单元。它能够通过晶体管的电流控制作用将微弱的电信号加以放大，以便对其观察、测量或驱动较大功率的负载。几乎需要增强电信号的电子系统都要用到放大电路，应用十分广泛。本章重点介绍由分立元件组成的常用基本放大电路的结构、工作原理、分析方法和主要性能参数计算。

8.1　放大电路的概念和主要性能指标

8.1.1　放大电路的概念

在实际生产生活和科学实验中，常常需要把很微弱的信号进行放大，这些信号可能是电流、电压等电信号，也可能是声音、温度、压力等非电信号。非电信号可以通过传感器转变成电信号，然后输入给放大电路，经放大后能够获得一定大小的输出电压或输出功率，进而驱动终端负载。整个放大系统组成包括三部分：信号源、放大电路和负载，如图 8.1 所示。例如扩音机放大系统，话筒就相当于信号源，扬声器（俗称喇叭）相当于负载。话筒把声音转换成各种幅值不同和频率不同的电信号，这个电信号很微弱，只有经过扩音机里的放大器将其放大成足够强的电信号才能推动扬声器发声。从等效电路模型的角度来看，信号源可看成是一个内阻 R_S 与源电压 $\dot{U}_S$ 串联的电压源；放大电路可等效为一个含有受控源的双端口网络；负载可等效成一个电阻 R_L 。放大电路的工作原理示意图如图 8.2 所示。

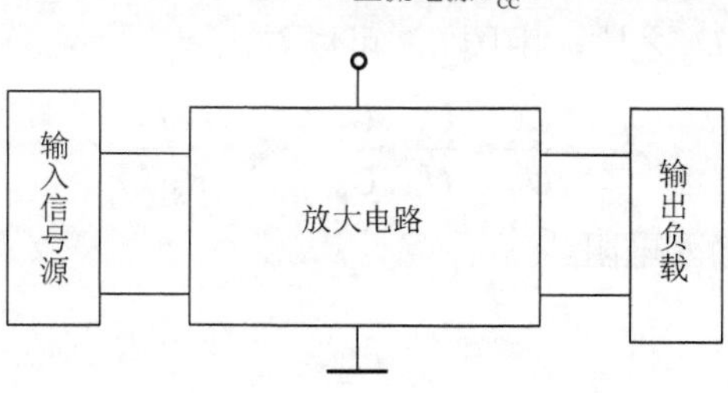

图 8.1　放大电路系统的结构框图

放大电路的功能是将小能量的微弱变化信号通过受控元件的电流放大转变成电压放大，并将放大电路中直流电源提供的能量转换成输出负载所需要的交流能量，所以放大的实质是一种能量转换与控制作用。

为了使放大电路正常工作，受控元件晶体管必须工作在线性放大区，以保证输出信号和输入信号保持线性关系，即信号波形不发生失真。对放大电路的工作性能要求，除了要有足够大的放大倍数 A_u，还有输入电阻 r_i、输出电阻 r_o、通频带 f_{BW} 等其他技术指标。

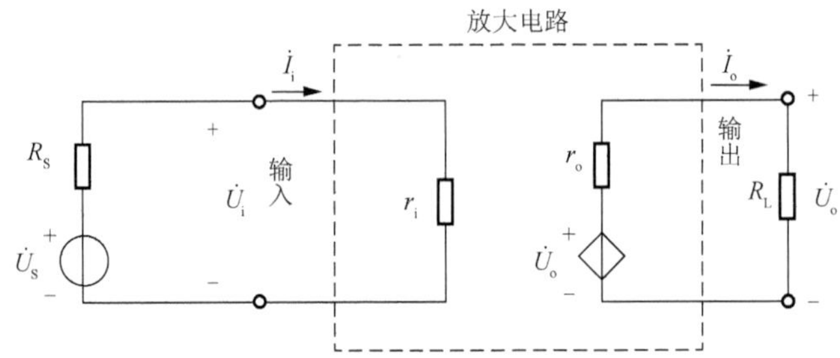

图 8.2　放大电路的工作原理示意图

8.1.2　放大电路的主要性能指标

放大电路的性能指标就是衡量放大电路工作性能的一些技术数据。根据如图 8.2 所示放大电路的等效双端口网络来分析，左端口为输入端口，右端口为输出端口。放大电路常以正弦波作为输入信号，$\dot{U}_i$ 和 $\dot{I}_i$ 分别为输入电压和输入电流；$\dot{U}_o$ 和 $\dot{I}_o$ 分别为输出电压和输出电流；R_S 为信号源 $\dot{U}_S$ 的内阻；R_L 为负载电阻。放大电路的技术指标很多，如电压放大倍数、电流放大倍数、功率放大倍数、输入电阻、输出电阻、通频带、最大不失真输出电压等，这里只介绍几个主要的性能指标。

1. 电压放大倍数 A_u

电压放大倍数是衡量放大电路放大能力的重要指标，是指输出电压 $\dot{U}_o$ 与输入电压 $\dot{U}_i$ 的比值，即

$$A_u = \frac{\dot{U}_o}{\dot{U}_i} \tag{8.1}$$

有时考虑信号源内阻 R_S 的影响，计算输出电压对信号源的电压放大倍数 A_{us}，即输出电压 $\dot{U}_o$ 与信号源电压 $\dot{U}_S$ 之比，由图 8.2 可以看出

$$A_{us} = \frac{\dot{U}_o}{\dot{U}_S} = \frac{\dot{U}_o}{\dot{U}_i} \cdot \frac{\dot{U}_i}{\dot{U}_S} = A_u \cdot \frac{r_i}{R_S + r_i} \tag{8.2}$$

式中，r_i 为放大电路的输入电阻。

2. 输入电阻 r_i

放大电路对信号源来说相当于信号源的负载，可用一个动态电阻来等效，该等效电阻称为放大电路的输入电阻 r_i，即

$$r_i = \frac{\dot{U}_i}{\dot{I}_i} \tag{8.3}$$

输入电阻 r_i 反映了放大电路从信号源取用电流的大小。信号源 $\dot{U}_S$ 一定时，r_i 越大，从信

号源取用的电流越小，同时在 r_i 上的分压即输入电压 $\dot{U}_i$ 越大，所以输出电压 $\dot{U}_o$ 也越大。因此，通常希望放大电路的输入电阻 r_i 越大越好。

3. 输出电阻 r_o

放大电路的输出端口与负载相连，它对负载来说相当于负载的信号源，可用具有内阻的等效电压源表示。从放大电路的输出端口看进去的等效电压源的内阻称为该放大电路的输出电阻 r_o，即

$$r_o = \frac{\dot{U}_{oc}}{\dot{I}_{sc}} \tag{8.4}$$

式中，$\dot{U}_{oc}$ 为输出端开路时的开路电压；$\dot{I}_{sc}$ 为输出端短路时的短路电流。

输出电阻是衡量放大电路带负载能力的重要指标。通常情况下，希望放大电路的输出电阻 r_o 越小越好。因为 r_o 越小，当放大电路所带的负载 R_L 波动时，其输出电压 $\dot{U}_o$ 波动越小，即放大电路的带负载能力越强。

4. 通频带 f_{BW}

通频带是衡量放大电路对不同频率信号放大能力的一个技术指标，反映放大电路的频率特性。通常放大电路的输入信号不是单一频率的正弦波，而是含有各种不同频率的谐波分量。由于放大电路中含有电容元件及晶体管的结电容等，它们的容抗将随频率的变化而变化。因此，对于不同频率的信号，放大倍数会有所不同。当输入信号频率较低或较高时，放大倍数会下降。电压放大倍数的幅值和频率的关系，称为幅频特性，如图 8.3 所示。

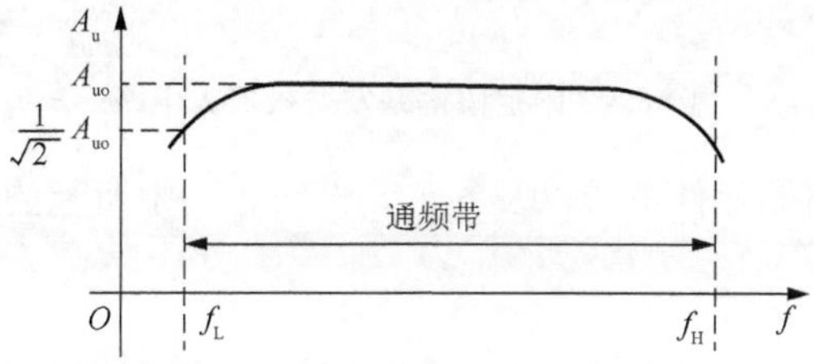

图 8.3　放大电路的幅频特性曲线

从图 8.3 中可以看出，在中间一段频率范围(称中频段)内，电压放大倍数最大(A_{uo})，而且不随信号频率变化。在中频段以外，电压放大倍数都要减小。当放大倍数下降为 $A_{uo}/\sqrt{2}$ 时所对应的频率 f_L 称为下限截止频率，f_H 称为上限截止频率。在 f_H 和 f_L 之间的频率范围称为放大电路的通频带 f_{BW}，即

$$f_{BW} = f_H - f_L \tag{8.5}$$

对于放大电路来说，为了减小频率失真，希望通频带越宽越好，以使复杂信号中的各个频率成分得到同样的放大效果，使输出信号尽可能地与输入信号的波形一致。

8.2　固定偏置共发射极放大电路

按照输入回路和输出回路的公共端电极的不同，基本放大电路分为共发射极、共集电极和共基极放大电路。共发射极放大电路又包括固定偏置和分压式偏置两种类型。本节主要讨论固定偏置共发射极放大电路的组成、工作原理、分析方法、静态和动态参数计算。

8.2.1　固定偏置共发射极放大电路的组成

图 8.4 是固定偏置共发射极放大电路，它分为输入回路和输出回路两部分，晶体管的发射极直接接地，是输入回路和输出回路的公共端，因此称之为共发射极基本放大电路。信号由基极输入、集电极输出。在输入回路中，输入信号 u_i 由交流信号源提供，经过电容 C_1 直接加在基极 B 和发射极 E 之间。该信号经过中间的放大电路放大后，输出信号由集电极和发射极之间引出，交流部分经过电容 C_2 加在负载电阻 R_L 两端，输出电压为 u_o 。

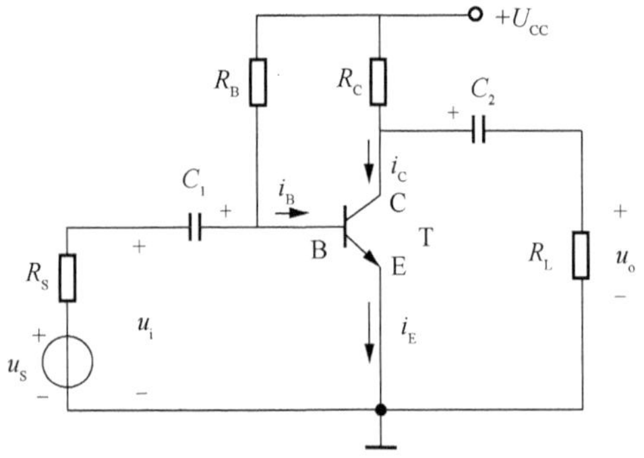

图 8.4　固定偏置共发射极放大电路

下面分析放大电路的元件组成以及各个元件在电路中所起的作用。

1. 晶体管 T

晶体管是放大电路的核心元件，具有电流放大作用 $i_C = \beta i_B$ 。用基极电流的微小变化去控制集电极电流较大的变化。为了使电路正常放大，晶体管要工作在放大区。

2. 直流电源 U_{CC}

U_{CC} 的作用是保证晶体管发射结正向偏置、集电结反向偏置，以实现电流放大作用。除此以外，U_{CC} 还为放大后的输出信号 u_o 提供能量。U_{CC} 取值一般为几伏到几十伏。

3. 基极电阻 R_B 和集电极电阻 R_C

U_{CC} 通过基极电阻 R_B 为电路提供大小合适的基极偏置电流 I_B ，所以 R_B 也称为偏置电阻，其取值一般为几十千欧到几百千欧。 R_B 一定，偏置电流就固定，故称为固定偏置放大电路。U_{CC} 通过集电极电阻 R_C 使晶体管集电结反向偏置。集电极电流的变化将通过 R_C 转变为电压的变化，从而实现电压放大。R_C 取值一般为几千欧到几十千欧。

4. 耦合电容 C_1 和 C_2

耦合电容 C_1 和 C_2 在电路中起隔直传交的作用。对于直流，容抗无穷大，相当于开路。C_1 隔断放大电路与信号源之间的直流通路，C_2 隔断放大电路与负载之间的直流通路。同时选择足够大的电容 C_1 和 C_2，使其在输入信号频率范围内的容抗很小，近似短路，保证交流信号畅通无阻顺利地经过放大电路，沟通信号源、放大电路和负载三者之间的交流通路，起到交流耦合作用。C_1、C_2 的取值一般为几微法到几十微法。耦合电容 C_1 和 C_2 是电解电容器，有正负极性，使用时注意其极性。

图 8.4 是 NPN 型晶体管的共发射极基本放大电路，如果换成 PNP 型晶体管，只需将放大电路中的电源 U_{CC}、电容 C_1 及 C_2 的极性改变一下即可，它们的工作原理相同。

8.2.2　固定偏置共发射极放大电路的工作原理

图 8.5 是固定偏置共发射极放大电路的基本放大器部分，以此来分析其工作原理。既有直流电源 U_{CC} 供电，又有交流信号 u_i 输入，是一个交直流信号共存的电路，可采用叠加原理来分析讨论。

当输入信号 $u_i = 0$（称静态）时，放大电路在直流电源 U_{CC} 作用下，各电压和电流都是直流量，这时晶体管各极电流和极间电压分别用 I_B、I_C、U_{BE}、U_{CE} 表示。由于输出端电容 C_2 隔直流，所以直流量 U_{CE} 被隔离，此时输出电压 $u_o = 0$。

当输入信号 $u_i \neq 0$（称动态）时，设微弱信号 $u_i = U_{im}\sin\omega t$，忽略电容 C_1 交流压降，u_i 直接加到晶体管的 B-E 两极之间，即晶体管发射结电压 u_{BE} 在直流量 U_{BE} 基础上叠加一个交流信号 u_i。由晶体管的输入特性曲线得知，u_{BE} 的变化会产生相应的基极电流变化 i_B，即晶体管基极电流 i_B 在静态直流量 I_B 之上叠加了一个动态交流量 i_b，如图 8.6 所示。

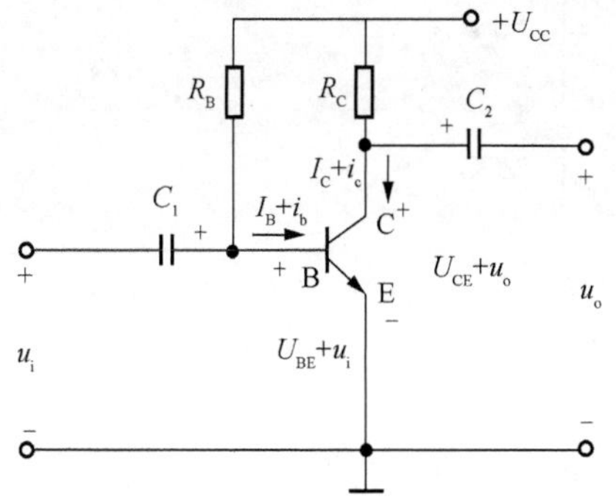

图 8.5　共发射极基本放大电路的原理分析

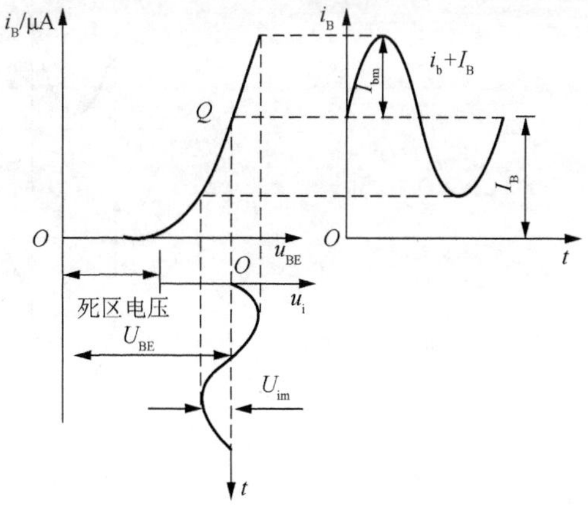

图 8.6　具有偏置电流 I_B 时，B-E 回路的工作情况

由于晶体管的电流放大作用，基极电流 i_B 的变化将引起集电极电流 i_C 发生更大的变化，即 $i_C = \beta i_B$，集电极电流也会在静态直流量 I_C 之上叠加了一个交流量 i_c。随后集电极电流 i_C 的变化将引起晶体管的 C-E 两极之间电压 u_{CE} 的变化，即 $u_{CE} = U_{CC} - i_C R_C$，注意 i_C 增加时，u_{CE} 减小。电路中各部分的电压和电流波形如图 8.7 所示。由图 8.7 可以看出，晶体管的 u_{BE}、i_B、i_C、u_{CE} 都是在直流量之上叠加一个交流量，具体表达式如下：

$$u_{BE} = U_{BE} + u_i$$

$$i_B = I_B + i_b$$

$$i_C = \beta i_B = \beta I_B + \beta i_b = I_C + i_c$$

$$u_{CE} = U_{CC} - i_C R_C = (U_{CC} - I_C R_C) - i_c R_C = U_{CE} + u_{ce} = U_{CE} + u_o$$

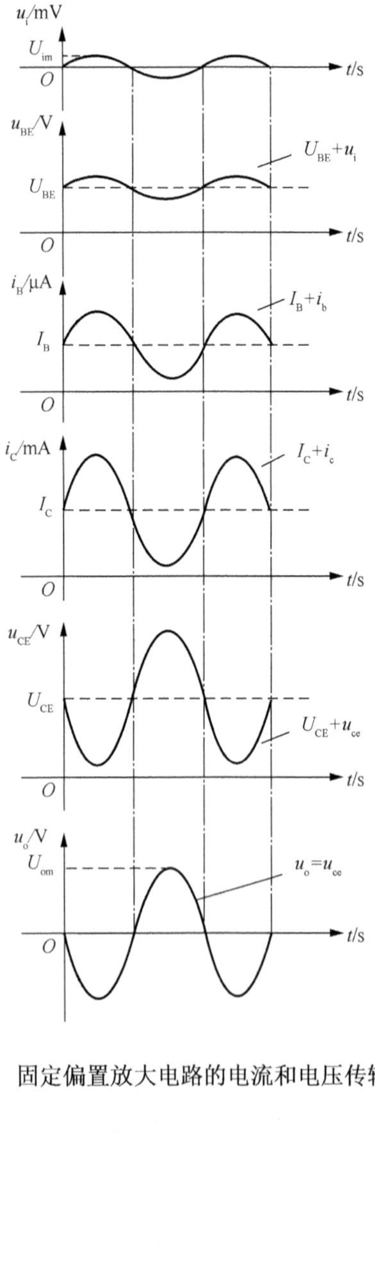

图 8.7　固定偏置放大电路的电流和电压传输波形

由于输出端耦合电容C_2隔直流传交流，所以直流量U_{CE}被隔离，只有交流量u_{ce}成为输出电压u_o，即$u_o = u_{ce} = -i_c R_C$。可见，集电极电流的变化量i_c通过R_C转变成了电压的变化量，从而实现了电压放大的目的。若适当选择电路参数，则u_o的幅值将比u_i大很多，同时u_o与u_i的相位相反，即共发射极电路具有反相作用。

注意u_i的幅值不能太大，要保证i_c波形和u_i的波形一致，否则，输出电压u_o会出现波形失真。后续会详细讨论失真问题。

8.2.3　直流通路与静态分析

放大电路的分析包括静态分析和动态分析。静态分析就是分析当$u_i = 0$时，晶体管各极电流和极间电压的直流量I_B、I_C、U_{BE}、U_{CE}，由于这些数值对应晶体管输入特性曲线和输出特性曲线上的一个确定点，故称为静态工作点Q。由于发射结正向压降U_{BE}大小仅取决于管子的材料（硅管 0.6～0.7V，锗管 0.2～0.3V），所以静态工作点 Q 的计算就是求I_B、I_C、U_{CE}，通过放大电路的直流通路来计算。

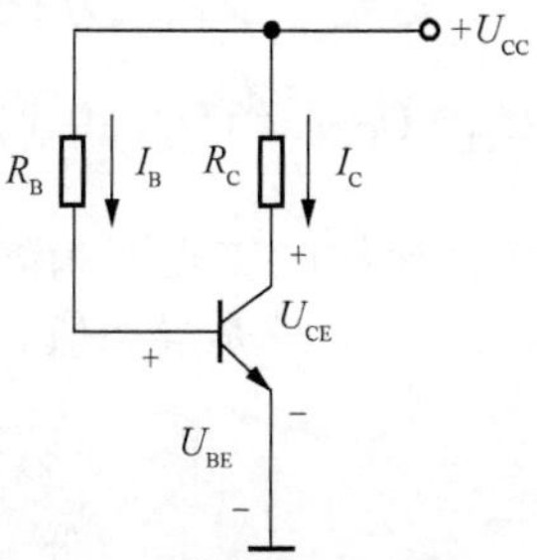

图 8.8　固定偏置共发射极放大电路的直流通路

根据如图 8.5 所示的共发射极基本放大电路，由于电容的隔直作用，C_1、C_2相当于开路，可得直流通路如图 8.8 所示。求解静态工作点Q的方法有两种：估算法和图解法。

1. 静态工作点的估算法

如图 8.8 所示直流通路，估算静态工作点Q，就是求静态值I_B、I_C、U_{CE}。

因为$U_{CC}=I_B R_B+U_{BE}$，所以

$$I_B = \frac{U_{CC} - U_{BE}}{R_B} \approx \frac{U_{CC}}{R_B} \tag{8.6}$$

集电极电流为

$$I_C = \beta I_B + I_{CEO} \approx \beta I_B \tag{8.7}$$

晶体管集电极 C 与发射极 E 之间的电压（管压降）为

$$U_{CE} = U_{CC} - I_C R_C \tag{8.8}$$

若已知晶体管的电流放大系数β和电阻R_B、R_C及电源电压U_{CC}，即可估算出该放大电路的静态工作点。

例 8.1　如图 8.5 所示基本放大电路，已知U_{CC}=12V, $R_B = 280\text{k}\Omega, R_C = 3.3\text{k}\Omega$, $\beta = 50$, $U_{BE} = 0.7\text{V}$，试估算该放大电路的静态工作点。

解：根据如图 8.8 所示的直流通路可得出

$$I_B = \frac{U_{CC} - U_{BE}}{R_B} = \frac{12 - 0.7}{280} \approx 0.040\text{mA} = 40\mu\text{A}$$

$$I_C \approx \beta I_B = 50 \times 0.04 = 2\text{mA}$$

$$U_{CE} = U_{CC} - I_C R_C = 12 - 2 \times 3.3 = 5.4\text{V}$$

2. 静态工作点的图解法

图解法就是以晶体管的输入、输出特性曲线为基础，通过作图来得到静态参数值。

首先用估算法确定基极电流 I_B（如 40μA），找到对应输入特性曲线上的 Q 点，如图 8.9（a）所示。然后在晶体管的输出特性 $I_C = f(U_{CE})\big|_{I_B=常数}$ 的曲线簇中，根据 I_B 的大小找到对应的那条特性曲线，如图 8.9（b）所示，那么静态工作点一定在这条曲线上。再根据直流通路中 I_C 与 U_{CE} 满足的电压关系式（8.8）可以得到

$$I_C = -\frac{1}{R_C}U_{CE} + \frac{U_{CC}}{R_C} \tag{8.9}$$

这是一条直线方程，称为放大电路的直流负载线。在式（8.9）中，当 I_C=0 时，U_{CE}=U_{CC}；当 U_{CE}=0 时，$I_C = \dfrac{U_{CC}}{R_C}$。由此两点即可画出直流负载线，它与 I_B 那条输出特性曲线的交点即为静态工作点 Q，如图 8.9（b）所示，那么此点对应坐标轴上的 U_{CEQ}、I_{CQ} 就是静态值。此图解就是例 8.1 题的直流负载线和静态工作点 Q。

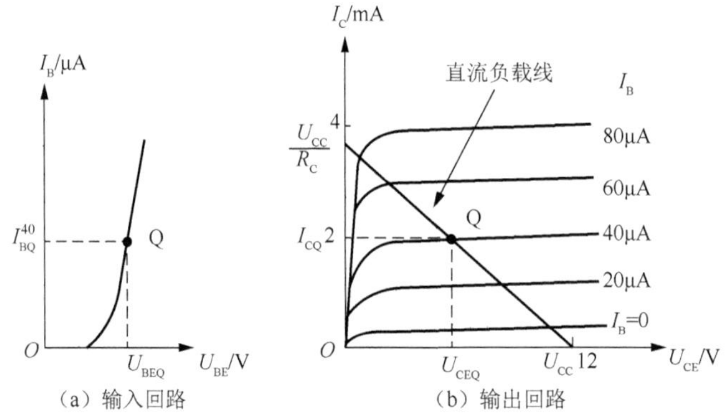

图 8.9　放大电路静态工作点的图解分析

基极电流 I_B 的大小很重要，因为 I_B 决定了静态工作点 Q 在负载线上的位置。若 I_B 偏大，则 Q 点靠近输出特性的饱和区；若 I_B 偏小，则 Q 点靠近输出特性的截止区。为了使电路正常线性放大，要保证晶体管的动态工作范围在线性放大区。通常工作点 Q 选在负载线的中部附近。合理设置 Q 点是保证放大电路正常工作的先决条件。

8.2.4　交流通路与动态分析

图 8.10（a）是固定偏置共发射极放大电路，它是一个交直流信号共存的电路。放大电路的静态分析是输入信号为 0 时，通过直流通路分析电压和电流的直流分量，即静态参数。而动态分析是在有输入交流信号时，通过交流信号通路来分析电压和电流的交流分量，进而研究放大电路的电压放大倍数、输入电阻和输出电阻等各项动态参数指标。

对交流信号而言，耦合电容 C_1、C_2 相当于短路，直流电源 U_{CC} 不起作用，即 U_{CC}=0，可看成对地短路，则该共发射极放大电路的交流通路如图 8.10（b）所示。设输入的是正弦信号，所以交流通路中标注的电压和电流都用相量表示。

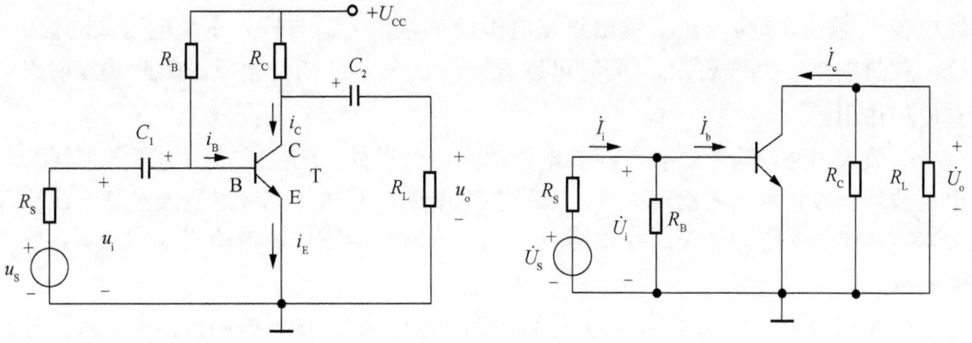

（a）　　（b）

图 8.10　固定偏置共发射极放大电路及其交流通路

放大电路的动态分析有两种基本方法：图解法和微变等效电路法。图解法比较直观，用于分析信号的动态传输情况，适合于定性分析。而微变等效电路法适于动态参数的定量分析。

8.2.4.1　图解法

动态分析的图解法是在静态分析的基础上，用作图的方式表示放大电路中各个电压、电流分量之间的相互关系及其传输情况。

动态工作时，放大电路中的电压电流都是在静态工作点的基础上叠加上一个交流分量。以图 8.5 的放大电路（未接负载 R_L）为例，并结合晶体管特性曲线来分析，如图 8.11 所示，设输入信号 u_i 为正弦电压，在 u_i 的作用下，放大电路的输入回路会引起交流量 u_{be} 和 i_b、输出回路便会引起交流量 i_c 和 u_{ce}。它们与相应的静态值 U_{BE}、I_B、I_C 和 U_{CE} 叠加后，便得到输入、输出回路电压和电流的动态波形。图 8.11 中的 u_{CE} 只有交流量 u_{ce} 才

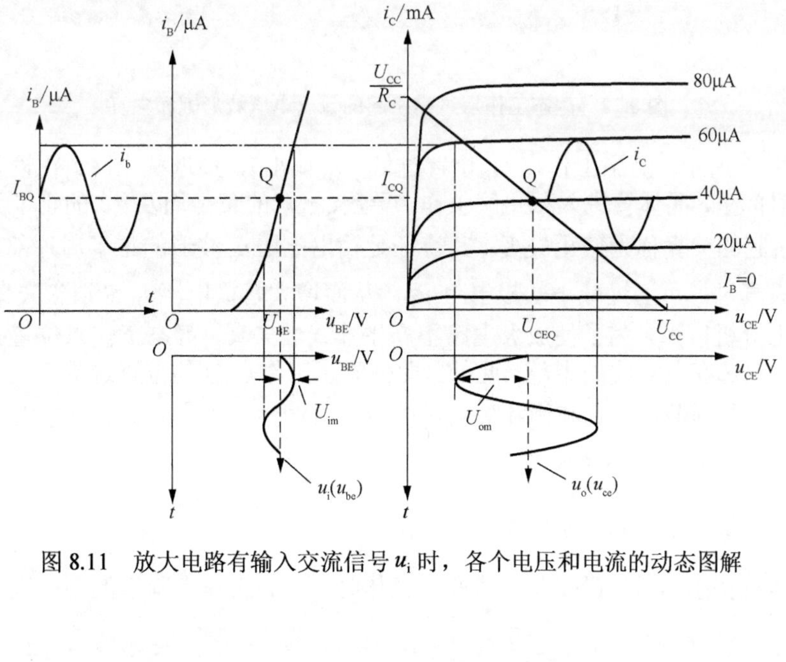

图 8.11　放大电路有输入交流信号 u_i 时，各个电压和电流的动态图解

能经电容 C_2 输出，即 $u_o = u_{ce}$。输出正弦电压 u_o 的幅值 U_{om} 与输入正弦电压 u_i 的幅值 U_{im} 之比，就是电压放大倍数 A_u。同时可以看出，u_o 与 u_i 的相位相反，因此共发射极电路具有反相作用。

一个放大电路，除了要有较高的电压放大倍数以外，还要求输出电压波形尽量与输入电压波形一致，否则将出现失真。因静态工作点 Q 设置不当（过高或过低）或输入信号 u_i 太大，使晶体管的动态工作范围进入饱和或截止非线性区域所引起的失真，称为非线性失真。

如图 8.12 所示，静态工作点 Q_1 位置过高（I_B 偏大），接近饱和区，在输入信号的正半周，晶体管进入饱和区工作，这时尽管 i_B 没有失真，但 i_C 正半周、u_{CE} 负半周都已明显失真，此时引起的失真称为饱和失真。其特征是输出电压 u_o 波形的负半周底部被削平。当出现饱和失真时，可通过增大基极电阻 R_B，从而减小基极电流 I_B 来消除失真。

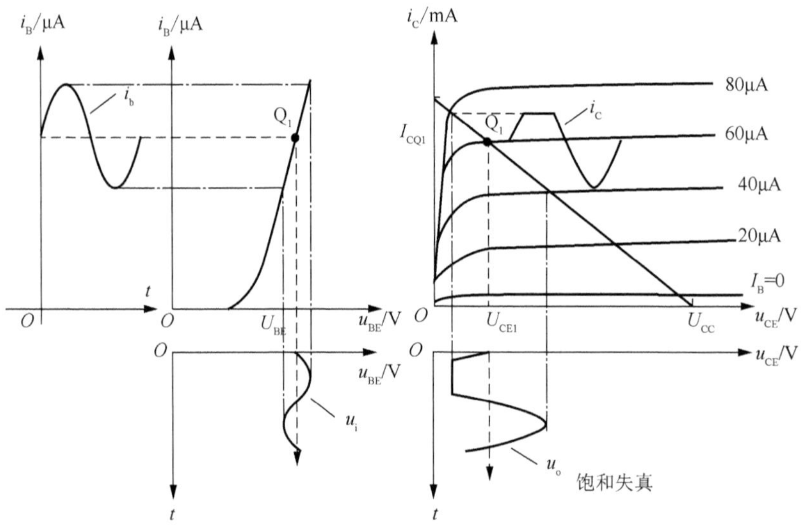

图 8.12　静态工作点过高引起的输出电压波形饱和失真

如图 8.13 所示，静态工作点 Q_2 位置过低（I_B 偏小），接近截止区，在输入信号负半周的一段时间里，晶体管进入截止区工作，导致 i_B、i_C 的负半周及 u_{CE} 的正半周都严重失真，此时引起的失真称为截止失真。其特征是输出电压 u_o 波形的正半周顶部被削平。当出现截止失真时，可通过减小基极电阻 R_B，从而增大基极电流 I_B 来消除失真。

由以上分析可知，为了使放大电路不产生非线性失真，静态工作点位置必须选择合适，通常大致选在负载线的中部。此外，即使静态工作点 Q 的位置选的合适，u_i 的幅值也不能太大，否则截止失真和饱和失真可能会同时产生，其特征是输出电压 u_o 波形正半周的顶部和负半周的底部都被削平。

8.2.4.2　微变等效电路分析法

当晶体管在小信号（微变量）情况下工作时，静态工作点附近的小范围内的特性曲线可用直线段近似代替，即将非线性元件晶体管进行线性化，于是放大电路的交流通路可等效为一个线性电路，即所谓放大电路的微变等效电路。下面介绍晶体管的微变等效电路。

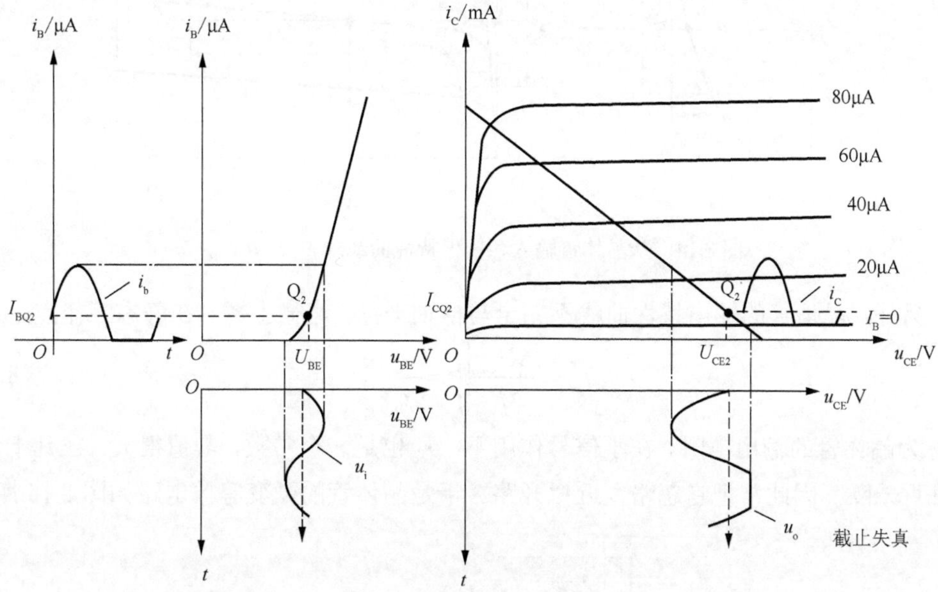

图 8.13　静态工作点过低引起的输出电压波形截止失真

1. 晶体管的微变等效电路

图 8.14（a）是晶体管的输入特性曲线。当输入微小变化的信号时，在 Q 点附近的曲线可近似看成直线，电压变化量 ΔU_{BE} 与电流变化量 ΔI_B 之比称为晶体管的输入电阻 r_{be}，即

$$r_{be}=\frac{\Delta U_{BE}}{\Delta I_B}=\frac{u_{be}}{i_b} \tag{8.10}$$

在小信号情况下，这个动态电阻 r_{be} 近似为常数，对于低频小功率晶体管，r_{be} 可用下式估算

$$r_{be}\approx 300(\Omega)+(1+\beta)\frac{26(\text{mV})}{I_E(\text{mA})} \tag{8.11}$$

式中，I_E 为静态发射极电流。r_{be} 通常在几百欧到几千欧，半导体手册中常用 h_{ie} 代表。

图 8.14（b）是晶体管的输出特性曲线，在线性放大区是一组近似等距的平行直线，由此可以求得晶体管的电流放大系数为

$$\beta=\frac{\Delta I_C}{\Delta I_B}=\frac{i_c}{i_b} \tag{8.12}$$

在小信号作用下，β 是一个常数，由它确定晶体管 i_c 受 i_b 控制的关系，即 $i_c=\beta i_b$。因此，晶体管的输出回路相当于一个受 i_b 控制的受控电流源。

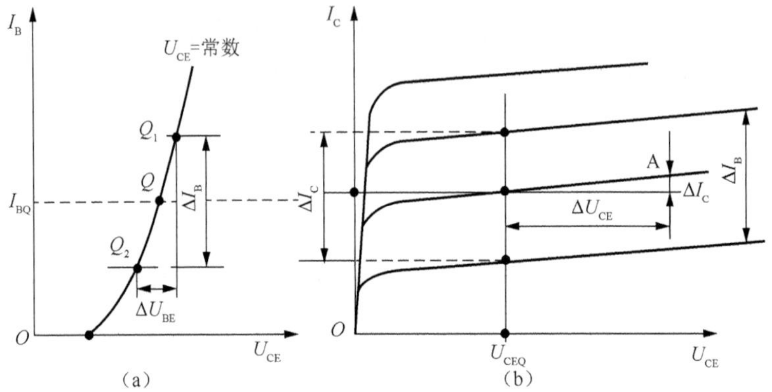

图 8.14　从晶体管输入、输出特性曲线求 r_{be}、β、r_{ce}

另外，晶体管的输出特性曲线不完全与横轴平行，略微上翘。在静态工作点附近有

$$r_{ce}=\left.\frac{\Delta U_{CE}}{\Delta I_C}\right|_{I_B}=\left.\frac{u_{ce}}{i_b}\right|_{I_B} \tag{8.13}$$

r_{ce}称为晶体管的输出电阻。在小信号作用下，r_{ce}也是一个常数，其值很大，在几十千欧到几百千欧，因此常把它忽略，近似开路。于是晶体管的微变等效电路如图 8.15 所示。

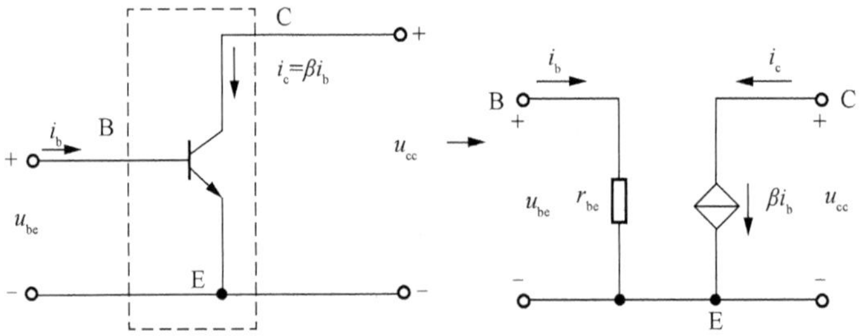

图 8.15　晶体管的微变等效电路

2. 放大电路的微变等效电路及动态参数的计算

如图 8.16（a）所示的放大电路交流通路，将晶体管用其微变等效电路代替，即得放大电路的微变等效电路，如图 8.16（b）所示。

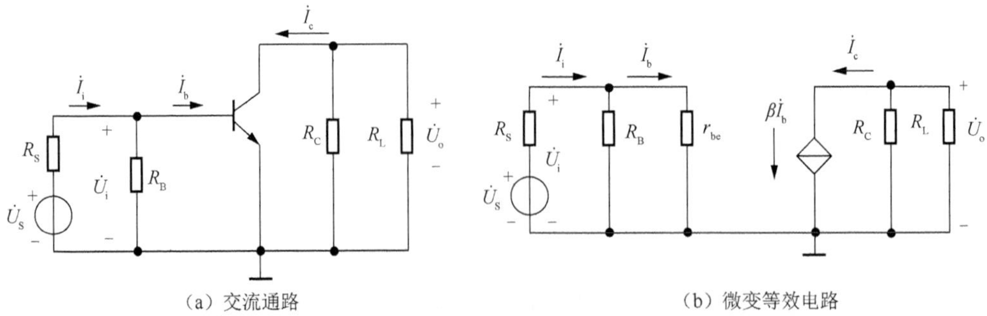

图 8.16　共发射极基本放大电路的交流通路及其微变等效电路

动态参数的计算是指利用微变等效电路求放大电路的主要性能指标：电压放大倍数、输入电阻和输出电阻等。

1）电压放大倍数 A_u 的计算

输出电压 $\dot{U}_o$ 与输入电压 $\dot{U}_i$ 的比即为电压放大倍数。由图 8.16（b）的输入回路和输出回路可得

$$\dot{U}_i = \dot{I}_b r_{be}$$

$$\dot{U}_o = -\dot{I}_c\left(\frac{R_C \cdot R_L}{R_C + R_L}\right) = -\beta \dot{I}_b R'_L$$

式中，

$$R'_L = R_C \mathbin{/\!/} R_L$$

故放大电路的电压放大倍数为

$$A_u = \frac{\dot{U}_o}{\dot{U}_i} = -\beta \frac{R'_L}{r_{be}} \tag{8.14}$$

式（8.14）中的负号表示输出电压 $\dot{U}_o$ 与输入电压 $\dot{U}_i$ 的相位相反，这与图解法是一致的。

显然电压放大倍数与负载电阻有关，R_L 越大，电压放大倍数就越高。当放大电路空载时，即输出端开路 $R_L = \infty$，则 $A_u = -\beta \frac{R_C}{r_{be}}$。

考虑信号源内阻 R_S 时，计算输出电压对信号源的电压放大倍数 A_{us}。

由公式（8.2）可得

$$A_{us} = A_u \cdot \frac{r_i}{R_S + r_i} = -\beta \frac{R'_L}{r_{be}} \cdot \frac{r_i}{R_S + r_i}$$

式中，r_i 为放大电路的输入电阻。

2）输入电阻 r_i 的计算

从放大电路的输入端口看进去，如图 8.17 所示，根据输入电阻 r_i 的定义可得到

$$r_i = \frac{\dot{U}_i}{\dot{I}_i} = R_B \mathbin{/\!/} r_{be} = \frac{R_B \cdot r_{be}}{R_B + r_{be}} \tag{8.15}$$

通常 R_B 阻值比 r_{be} 大得多，此放大电路的输入电阻近似于晶体管的输入电阻 r_{be}，因此输入电阻 r_i 比较低。

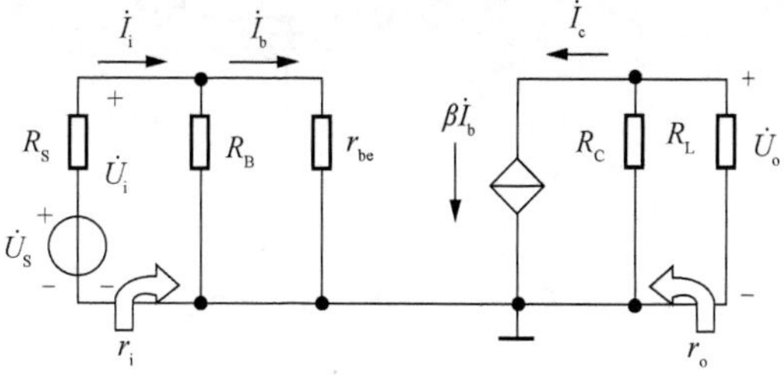

图 8.17　固定偏置共发射极放大电路的输入电阻和输出电阻

3）输出电阻 r_o 的计算

求输出电阻要从放大电路的输出端口看进去，须将负载 R_L 断开，如图 8.17 所示。根据输出电阻 r_o 的定义，需要计算其开路电压 $\dot{U}_{oc}$ 和短路电流 $\dot{I}_{sc}$，如图 8.18 所示。

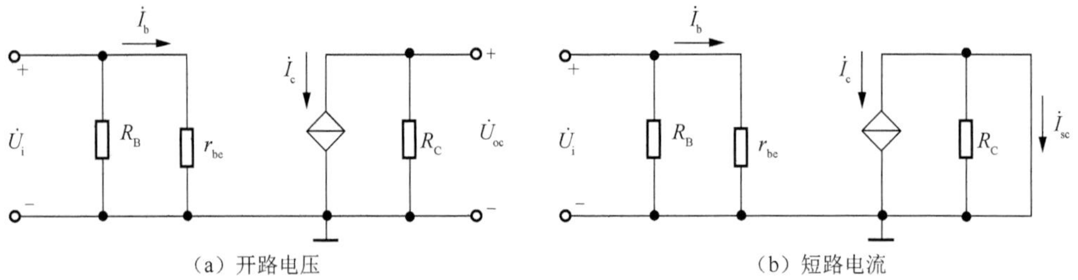

图 8.18　输出电阻的计算

开路电压为

$$\dot{U}_{oc} = -\beta \dot{I}_b R_C$$

短路电流为

$$\dot{I}_{sc} = -\beta \dot{I}_b$$

所以，输出电阻 r_o 为

$$r_o = \frac{\dot{U}_{oc}}{\dot{I}_{sc}} = R_C \tag{8.16}$$

例 8.2　如图 8.19（a）所示的放大电路，已知 U_{CC}=15V,R_C=5kΩ,R_L=5kΩ,R_B=500kΩ,β=50,U_{BE}=0.6V。（1）估算静态工作点；（2）画出微变等效电路；（3）求放大电路的电压放大倍数；（4）求输入电阻和输出电阻。

解：（1）根据放大电路的直流通路来估算静态工作点，直流通路如图 8.19（b）所示。

$$I_B = \frac{U_{CC} - U_{BE}}{R_B} = \frac{15 - 0.6}{500} = 28.8\mu A$$

$$I_C = \beta I_B = 50 \times 0.0288 = 1.44mA$$

$$U_{CE} = U_{CC} - I_C R_C = 15 - 1.44 \times 5 = 7.8V$$

（2）微变等效电路如图 8.19（c）所示。

（3）电压放大倍数为

$$A_u = -\beta \frac{R_L'}{r_{be}} = -50 \times \frac{2.5}{1.22} \approx -102$$

式中，

$$r_{be} = 300 + (1+\beta)\frac{26(mV)}{I_E(mA)} = 300 + 51 \times \frac{26}{1.44} \approx 1220\Omega = 1.22k\Omega$$

$$R_L' = R_C \,//\, R_L = 5 \,//\, 5 = 2.5k\Omega$$

(4) 输入电阻为

$$r_i = R_B \,/\!/\, r_{be} = \frac{500 \times 1.22}{500 + 1.22} \approx 1.22\text{k}\Omega$$

输出电阻为

$$r_o = R_C = 5\text{k}\Omega$$

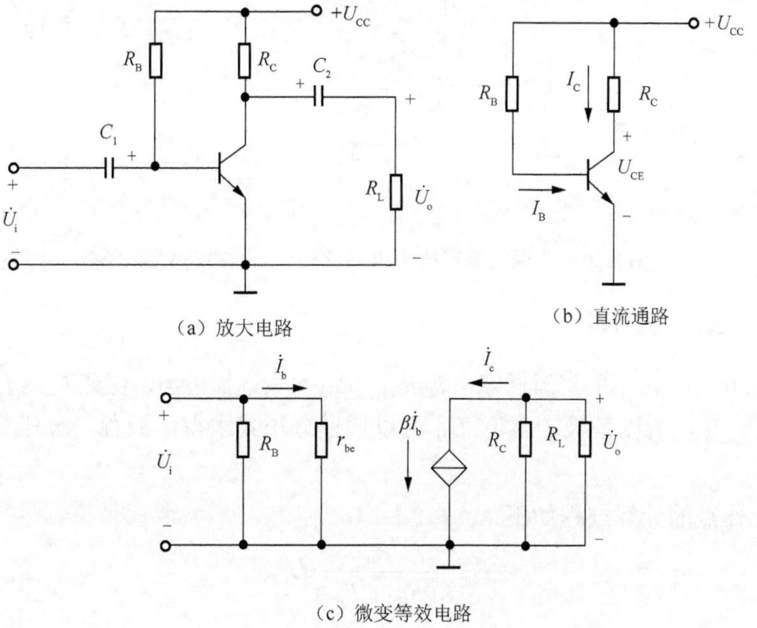

图 8.19　例 8.2 图

8.3　分压式偏置共发射极放大电路

合理设置静态工作点是保证放大电路正常工作的先决条件。在固定偏置放大电路中，当温度升高时，晶体管的电流放大系数 β 增大，反向饱和电流 I_{CBO} 增加，$I_B = 0$ 时的穿透电流 $I_{CEO} = (1+\beta)I_{CBO}$ 也增加，因此，晶体管的输出特性曲线簇均相应抬高，工作点的集电极电流 I_{CQ} 变大，由此引起静态工作点 Q 上移，靠近饱和区，从而可能发生饱和失真，严重时会使放大电路不能正常工作。

为了使静态工作点 Q 保持稳定，常采用分压式偏置共发射极放大电路，如图 8.20 (a) 所示。两个基极电阻 R_{B1}、R_{B2} 组成了分压式偏置，R_{B1} 称为上偏置电阻，R_{B2} 称为下偏置电阻。电路在发射极串联一个电阻 R_E，称为温度补偿电阻，其作用是稳定静态工作点。而与 R_E 并联的电容 C_E 的作用是对直流分量开路，对交流分量短路，又称为交流旁路电容。因此，C_E 容量要足够大，一般几十微法到几百微法。这样发射极电阻 R_E 上不会产生交流压降，所以，不会影响放大电路的电压放大倍数。若把交流旁路电容 C_E 去掉，则 R_E 上会产生交流压降，从而影响放大电路的电压放大倍数。

下面对分压式偏置共发射极放大电路进行静态分析和动态分析，图 8.20（b）和图 8.20（c）分别是它的直流通路和交流通路。

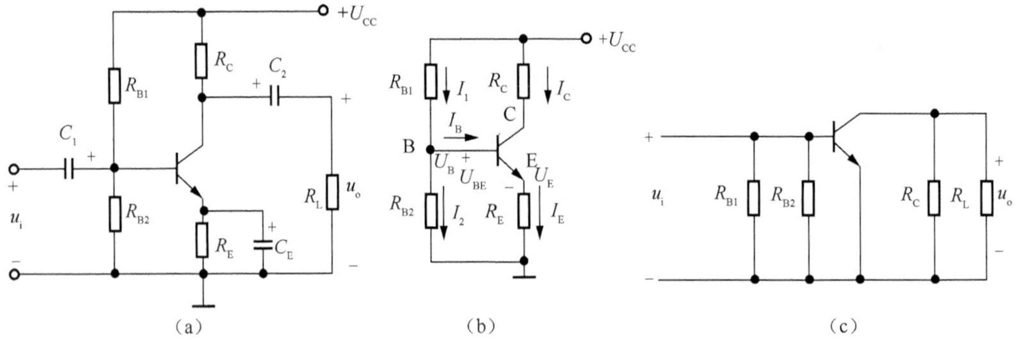

图 8.20　分压式偏置放大电路及其直流通路和交流通路

8.3.1　静态工作点的计算

如图 8.20（b）所示的直流通路，若 R_{B1}、R_{B2} 参数选择适当，保证 $I_2 \gg I_B, U_B \gg U_{BE}$，则可认为 $I_1 \approx I_2$，所以基极的电位 U_B 可以通过分压式求得，故称“分压式偏置”放大电路。

静态工作点的计算过程如下：

$$U_B = \frac{R_{B2}}{R_{B1} + R_{B2}} \cdot U_{CC} \tag{8.17}$$

所以

$$I_C \approx I_E = \frac{U_B - U_{BE}}{R_E} \tag{8.18}$$

$$I_B = \frac{I_C}{\beta}$$

$$U_{CE} = U_{CC} - I_C R_C - I_E R_E \approx U_{CC} - I_C (R_C + R_E) \tag{8.19}$$

8.3.2　静态工作点的稳定原理

在实际电路中，用 R_{B1} 和 R_{B2} 串联电路的 R_{B2} 上的分压来确定基极电位 U_B，发射结正向压降 U_{BE} 可忽略，所以由式（8.17）、式（8.18）可得

$$I_C \approx \frac{U_B - U_{BE}}{R_E} \approx \frac{U_B}{R_E} = \frac{R_{B2}}{R_{B1} + R_{B2}} \cdot \frac{U_{CC}}{R_E}$$

上式表明，静态电流 I_C 基本与晶体管参数无关，不受温度影响，因此，静态工作点保持基本稳定。

该电路稳定静态工作点的物理过程实质是一个负反馈调节过程，具体如下：

当电流 I_C 随温度 T 增加而增大时，晶体管发射极电位 U_E 增大，而基极电位 U_B 不变，所以 $U_{BE}=(U_B-U_E)$减小，促使 I_B 减小进而抑制了 I_C 的增加，从而稳定静态工作点。如图 8.21 所示。

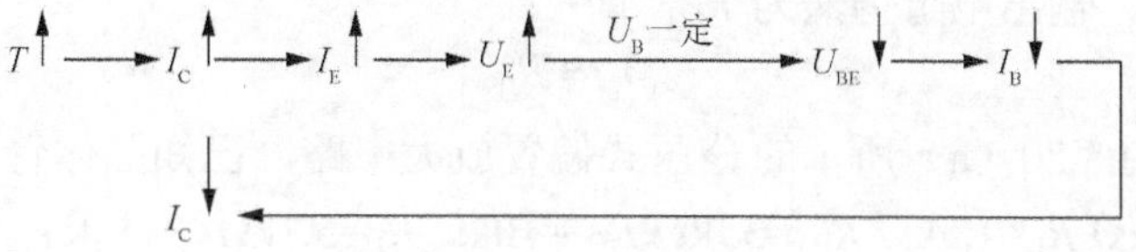

图 8.21　稳定静态工作点的过程

R_E越大，稳定性越好。但R_E不能太大，否则U_E也随之升高，这会使管压降U_{CE}变小，导致晶体管动态工作范围变小。此外，若I_1取得太大，就必然要求R_{B1}和R_{B2}取得较小，这不仅增大了功耗，而且还会从信号源取用较大的电流，从而增加信号源内阻上的压降，使输入信号减小。一般R_{B1}和R_{B2}为几十千欧。基极电位U_B也不能太高，一般取$U_B \geqslant (5\sim8)U_{BE}$，$I_2 \geqslant (5\sim10)I_B$。

8.3.3　动态参数的分析计算

由如图 8.20（c）所示的分压式偏置放大电路的交流通路，可画出其微变等效电路，如图 8.22 所示，由此微变等效电路来计算放大电路的动态参数：电压放大倍数、输入电阻和输出电阻等。

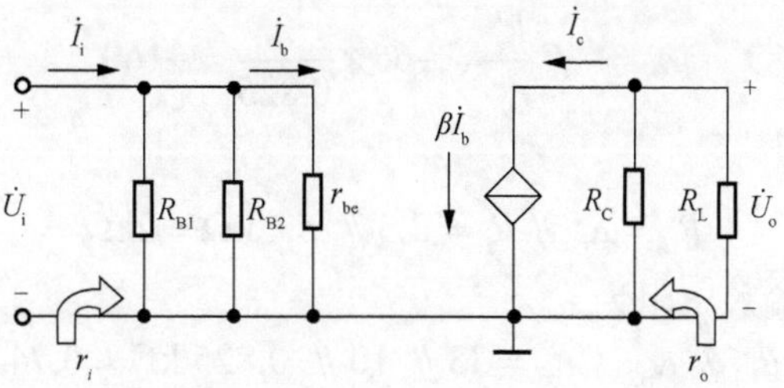

图 8.22　分压式偏置放大电路的微变等效电路

1. 电压放大倍数A_u

$$A_u = \frac{\dot{U}_o}{\dot{U}_i} = -\beta\frac{R_L'}{r_{be}} \tag{8.20}$$

式中，$R_L' = R_C \mathbin{/\!/} R_L$。可见，此电路的电压放大倍数与固定偏置放大电路的放大倍数相同。

2. 输入电阻r_i

从输入端口看进去，就是三个电阻R_{B1}、R_{B2}和r_{be}的并联，即

$$r_i = R_{B1} \mathbin{/\!/} R_{B2} \mathbin{/\!/} r_{be} \tag{8.21}$$

3. 输出电阻r_o

从输出端口看进去，将负载R_L断开，由图 8.22 可以看出，与固定偏置共发射极放

大电路情况相同，输出电阻仍然为 R_C，即

$$r_o = R_C \tag{8.22}$$

例 8.3　如图 8.20（a）所示的分压式偏置放大电路，已知晶体管的 U_{BE}=0.6V,β=66, U_{CC}=24V,R_C=3.3kΩ,R_E=1.5kΩ,R_{B1}=33kΩ,R_{B2}=10kΩ,R_L=5.1kΩ，试求：（1）静态工作点；（2）晶体管的输入电阻；（3）电压放大倍数；（4）放大电路的输入电阻和输出电阻。

解：（1）计算静态值 I_B、I_C、U_{CE} 分别为

$$U_B = \frac{R_{B2}}{R_{B1}+R_{B2}}U_{CC} = \frac{10}{33+10}\times 24 \approx 5.58\text{V}$$

$$I_C \approx I_E = \frac{U_B - U_{BE}}{R_E} = \frac{5.58-0.6}{1.5} = 3.32\text{mA}$$

$$I_B = \frac{I_C}{\beta} \approx 50\mu\text{A}$$

$$U_{CE} = U_{CC} - I_C R_C - I_E R_E \approx 24 - 3.32\times(3.3+1.5) \approx 8.06\text{V}$$

（2）晶体管的输入电阻为

$$r_{be} = 300 + (1+\beta)\frac{26(\text{mV})}{I_E(\text{mA})} = 300 + 67\times\frac{26}{3.32} \approx 0.825\text{k}\Omega$$

（3）电压放大倍数为

$$A_u = -\beta\frac{R_L'}{r_{be}} = -66\times\frac{2}{0.825} = -160$$

式中，

$$R_L' = R_C \,/\!/\, R_L = 3.3 \,/\!/\, 5.1\ \text{k}\Omega = 2\text{k}\Omega$$

（4）放大电路的输入电阻为

$$r_i = R_{B1} \,/\!/\, R_{B2} \,/\!/\, r_{be} = 33 \,/\!/\, 10 \,/\!/\, 0.825\ \text{k}\Omega \approx 0.745\text{k}\Omega$$

放大电路的输出电阻为

$$r_o = R_C = 3.3\text{k}\Omega$$

例 8.4　如图 8.20（a）所示的分压式偏置放大电路，若 R_E 未全被 C_E 旁路，而尚留一段电阻 R_{E1}，如图 8.23（a）所示。已知晶体管的 U_{BE}=0.7V,β=40,U_{CC}=12V,R_{B1}=20kΩ,R_{B2}=10kΩ, R_C=2kΩ,R_{E1}=200Ω,R_{E2}=1.8kΩ,R_L=2kΩ。（1）估算静态工作点，并求晶体管的输入电阻；（2）画出微变等效电路；（3）求电压放大倍数；（4）求放大电路的输入电阻；（5）求放大电路的输出电阻。

解：（1）估算静态工作点，即通过直流通路求 I_B、I_C、U_{CE}。直流通路如图 8.23（b）所示，由图可知，

$$U_B = \frac{R_{B2}}{R_{B1}+R_{B2}}U_{CC} = \frac{10}{20+10}\times 12 = 4\text{V}$$

$$I_C \approx I_E = \frac{U_B - U_{BE}}{R_{E1}+R_{E2}} = \frac{4-0.7}{0.2+1.8} = 1.65\text{mA}$$

$$I_B = \frac{I_C}{\beta} \approx 41\mu\text{A}$$

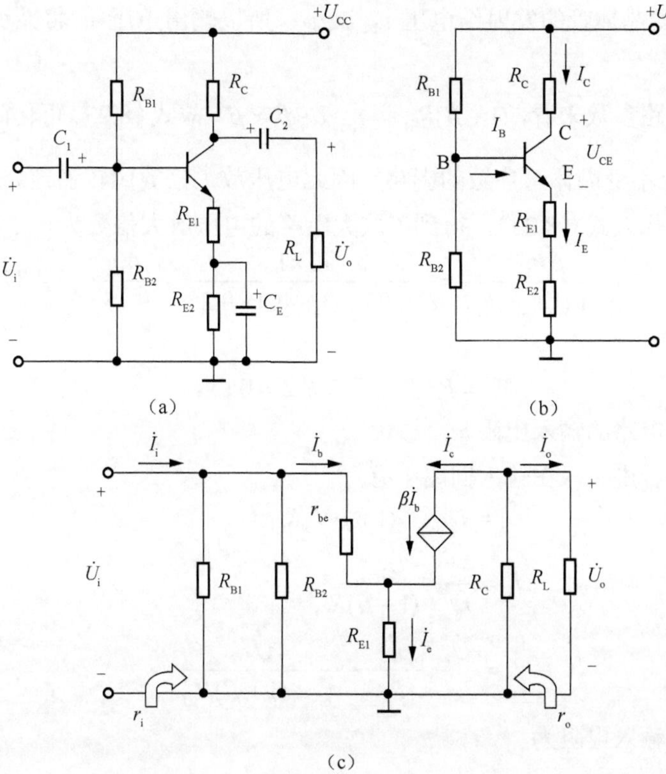

图 8.23　例 8.4 图

$$U_{CE}=U_{CC}-I_C R_C-I_E(R_{E1}+R_{E2})\approx 12-1.65\times(2+0.2+1.8)=5.4\text{V}$$

晶体管的输入电阻为

$$r_{be}=300+(1+\beta)\frac{26(\text{mV})}{I_E(\text{mA})}=300+41\times\frac{26}{1.65}\approx 0.95\text{k}\Omega$$

（2）微变等效电路如图 8.23（c）所示。

（3）求电压放大倍数 A_u。

此时

$$\dot{U}_i=\dot{I}_b r_{be}+(1+\beta)\dot{I}_b R_{E1},\quad \dot{U}_o=-\dot{I}_C R_L'=-\beta\dot{I}_b R_L'$$

式中，

$$R_L'=R_C\ /\!/\ R_L$$

故电压放大倍数为

$$A_u=\frac{\dot{U}_o}{\dot{U}_i}=-\beta\frac{R_L'}{r_{be}+(1+\beta)R_{E1}} \tag{8.23}$$

而图 8.20（a）的分压式偏置放大电路的电压放大倍数为 $A_u=-\beta\dfrac{R_L'}{r_{be}}$。

由此可见，分压式偏置放大电路中的发射极电阻没有全部被电容 C_E 旁路，而尚留一段电阻 R_{E1} 时，放大电路的电压放大倍数会减小。这是因为射极电阻 R_{E1} 产生交流压

降 $u_e=i_eR_{E1}$，使得晶体管的发射结电压 u_{be} 减小，所以输出电压 u_o 将减小，从而降低了电压放大倍数。

由已知的电路参数来看，$(1+\beta)R_{E1}\gg r_{be}, 1+\beta\approx\beta$，故式（8.23）可化简为 $A_u\approx-\dfrac{R'_L}{R_E}$，即 A_u 大小基本上不受晶体管参数的影响，因此电压放大倍数比较稳定。

将已知数据代入式（8.23），得到该放大电路的电压放大倍数为

$$A_u=-\frac{\beta R'_L}{r_{be}+(1+\beta)R_{E1}}=-\frac{40\times1}{0.95+(1+40)\times0.2}=-\frac{40}{9.15}\approx-4.37$$

式中，

$$R'_L=R_C\,/\!/\,R_L=2\,/\!/\,2=1\text{k}\Omega\text{。}$$

（4）求放大电路的输入电阻 r_i。

从输入端口看进去，在输入回路中有

$$\dot{U}_i=\dot{I}_b r_{be}+(1+\beta)\dot{I}_b R_{E1}$$

$$\dot{I}_b=\frac{\dot{U}_i}{r_{be}+(1+\beta)R_{E1}}$$

$$\dot{I}_i=\frac{\dot{U}_i}{R_{B1}}+\frac{\dot{U}_i}{R_{B2}}+\frac{\dot{U}_i}{r_{be}+(1+\beta)R_{E1}}$$

由上式可得输入电阻为

$$r_i=\frac{\dot{U}_i}{\dot{I}_i}=R_{B1}\,/\!/\,R_{B2}\,/\!/\,[r_{be}+(1+\beta)R_{E1}] \tag{8.24}$$

而图 8.20（a）的分压式偏置放大电路的输入电阻为 $r_i=R_{B1}\,/\!/\,R_{B2}\,/\!/\,r_{be}$。

由此可见，分压式偏置放大电路中的发射极电阻没有全部被电容 C_E 旁路，而尚留一段电阻 R_{E1} 时，放大电路的输入电阻增大了，因而减小了信号源内阻 R_S 对放大器的影响。

将已知数据代入式（8.24），得到输入电阻为

$$\begin{aligned}r_i&=R_{B1}\,/\!/\,R_{B2}\,/\!/\,[r_{be}+(1+\beta)R_{E1}]\\&=20\,/\!/\,10\,/\!/\,[0.95+(1+40)\times0.2]\\&=6.67\,/\!/\,9.15\\&\approx3.86\text{k}\Omega\end{aligned}$$

（5）求放大电路的输出电阻 r_o。

将负载电阻 R_L 断开，从输出端口看进去，由于 R_{E1} 与受控电流源 $\beta\dot{I}_b$ 串联，对外部电路没有影响，所以输出电阻仍为 R_C，即 $r_o=R_C=2\text{k}\Omega$。

8.4 共集电极放大电路——射极输出器

图 8.24 是共集电极放大电路。由于直流电源对交流信号相当于短路，所以集电极是输入回路和输出回路的公共端，故称其为共集电极放大电路。又因输出信号从发射极引出，所以常称其为射极输出器。下面对其进行静态分析和动态分析。

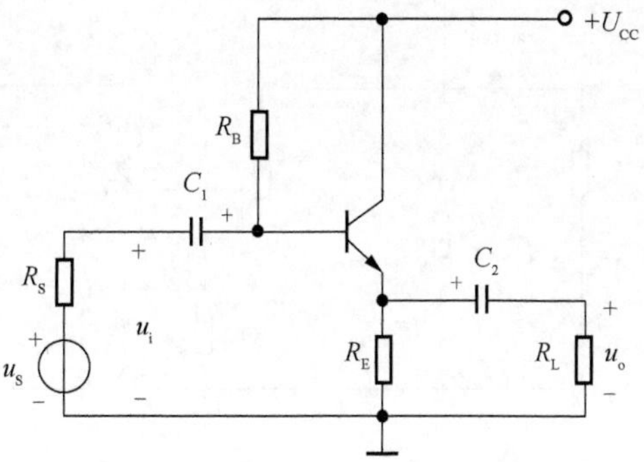

图 8.24　射极输出器

8.4.1　静态工作点的计算

射极输出器的直流通路如图 8.25 所示，由此直流通路可推导出静态工作点。

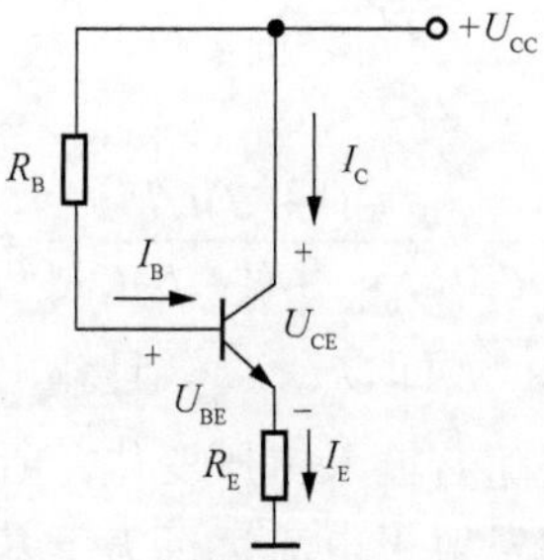

图 8.25　射极输出器的直流通路

计算公式如下：

$$U_{CC} = I_B R_B + U_{BE} + I_E R_E$$

所以

$$\begin{cases} I_B = \dfrac{U_{CC} - U_{BE}}{R_B + (1+\beta)R_E} \\ I_C = \beta I_B,\ I_E = (1+\beta)I_B \\ U_{CE} = U_{CC} - I_E R_E \approx U_{CC} - I_C R_E \end{cases} \tag{8.25}$$

8.4.2　动态参数的分析计算

对于交流分量，电容和直流电源均可视为短路，可得到如图 8.26 所示的微变等效电路。

1. 电压放大倍数 A_u

输入电压为

$$\dot{U}_i = \dot{I}_b r_{be} + \dot{I}_e R_L'$$

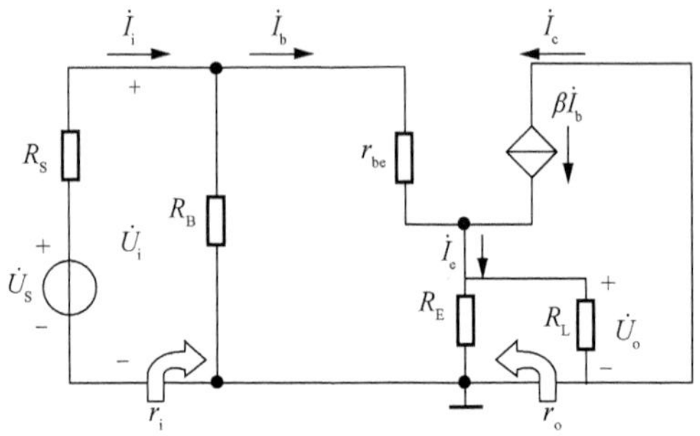

图 8.26　射极输出器的微变等效电路

输出电压为

$$\dot{U}_o = \dot{I}_e R'_L$$

式中，

$$R'_L = R_E \mathbin{//} R_L$$

所以电压放大倍数为

$$A_u = \frac{\dot{U}_o}{\dot{U}_i} = \frac{\dot{I}_e R'_L}{\dot{I}_b r_{be} + \dot{I}_e R'_L} = \frac{(1+\beta)\dot{I}_b R'_L}{\dot{I}_b r_{be} + (1+\beta)\dot{I}_b R'_L} = \frac{(1+\beta)R'_L}{r_{be} + (1+\beta)R'_L} \approx 1 \tag{8.26}$$

通常 $r_{be} \ll (1+\beta)R'_L$，故 $A_u \approx 1$，即 $\dot{U}_o \approx \dot{U}_i$，且输出电压与输入电压极性相同。由此可见，射极输出器的输出电压跟随着输入电压变化，所以也常称其为射极跟随器。虽然射极输出器无电压放大作用，但发射极电流远远大于基极电流，因此，它有电流放大作用和功率放大作用。

2. 输入电阻 r_i

从输入端口看进去，在输入回路中有

$$\dot{I}_i = \frac{\dot{U}_i}{R_B} + \frac{\dot{U}_i}{r_{be} + (1+\beta)R'_L}$$

所以射极输出器的输入电阻为

$$r_i = \frac{\dot{U}_i}{\dot{I}_i} = R_B \mathbin{//} [r_{be} + (1+\beta)R'_L] \tag{8.27}$$

通常 R_B 值很大（几十千欧至几百千欧），$[r_{be} + (1+\beta)R'_L]$ 也远大于共发射极电路的输入电阻。因此，射极输出器的输入电阻很高，可达几十千欧到几百千欧。所以射极输出器常作为多级放大电路中的输入级，以提高输入电压 $\dot{U}_i$，降低输入电流，减小信号源的负担。

3. 输出电阻 r_o

将负载电阻 R_L 断开，从输出端口看进去，按照定义需要计算开路电压 $\dot{U}_{oc}$ 和短路电流 $\dot{I}_{sc}$。

由于 R_B 远大于信号源内阻 R_S 及 r_{be}，为了简化计算，忽略 R_B 支路的分流作用，输出

端开路时的电压 $\dot{U}_{oc}$ 如图 8.27 所示，此时

$$\dot{U}_{oc}=\dot{I}_e R_E=(1+\beta)\dot{I}_b R_E$$

因为 $\dot{U}_S=\dot{I}_b R_S+\dot{I}_b r_{be}+(1+\beta)\dot{I}_b R_E$，即 $\dot{I}_b=\dfrac{\dot{U}_S}{R_S+r_{be}+(1+\beta)R_E}$，所以

$$\dot{U}_{oc}=(1+\beta)R_E\frac{\dot{U}_S}{R_S+r_{be}+(1+\beta)R_E}$$

输出端短路时的电流如图 8.28 所示，此时

$$\dot{I}_{sc}=\dot{I}_e=(1+\beta)\dot{I}_b=(1+\beta)\frac{\dot{U}_S}{R_S+r_{be}}$$

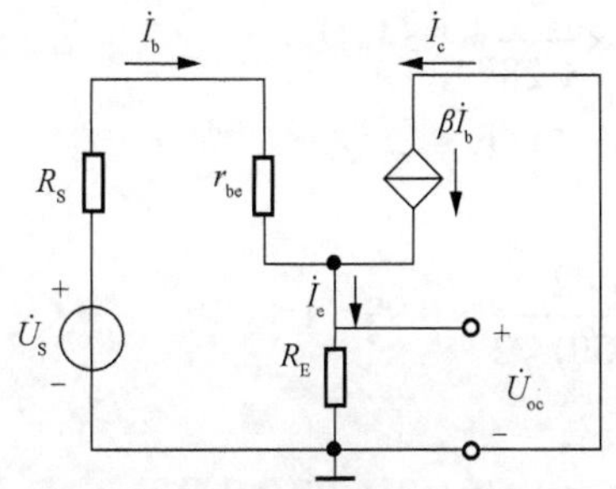

图 8.27　输出端开路电压

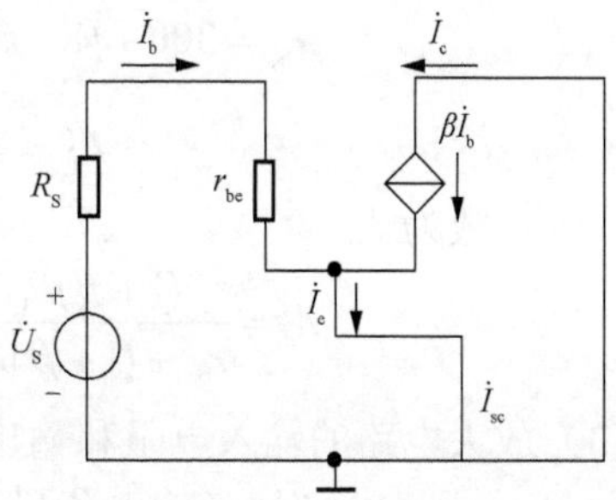

图 8.28　输出端短路电流

所以射极输出器的输出电阻为

$$r_o=\frac{\dot{U}_{oc}}{\dot{I}_{sc}}=\frac{(1+\beta)R_E\cdot\dfrac{\dot{U}_S}{R_S+r_{be}+(1+\beta)R_E}}{(1+\beta)\dfrac{\dot{U}_S}{R_S+r_{be}}}=\frac{(R_S+r_{be})R_E}{R_S+r_{be}+(1+\beta)R_E}$$

$$=\frac{\dfrac{R_S+r_{be}}{1+\beta}\cdot R_E}{\dfrac{R_S+r_{be}}{1+\beta}+R_E}=\frac{R_S+r_{be}}{1+\beta}\,/\!/\,R_E \tag{8.28}$$

通常 $R_E\gg\dfrac{R_S+r_{be}}{1+\beta}$，故式（8.28）可简化为

$$r_o\approx\frac{R_S+r_{be}}{1+\beta}$$

通常，信号源内阻 R_S 值很小，r_{be} 也不大，所以射极输出器的输出电阻比共发射极电路的输入电阻小很多，一般为几十欧左右。由于它的输出电阻很低，因此，射极输出器常用于多级放大电路的输出级，以提高放大电路带负载的能力，增强输出电压的稳定性。

另外，射极输出器也常用于多级放大电路的中间级，起阻抗转换作用，减少前后级的影响。其高输入电阻相当于前级的负载，因此可以提高前级的放大倍数，对后级放大电路来说，其低输出电阻相当于后级的信号源内阻，为后级提供更高的输入电压。详见

下一节多级放大电路的分析。

例 8.5 如图 8.24 所示的射极输出器，已知 R_S=1kΩ,R_B=240kΩ,R_E=R_L=4kΩ,U_{BE}=0.6V,β=50,U_{CC}=12V。（1）求静态工作点；（2）求电压放大倍数；（3）求放大电路的输入电阻和输出电阻；（4）若信号源的电压 u_s=4sinωt mV，求输出电压 u_o。

解：（1）静态工作点 Q 为

$$I_B = \frac{U_{CC} - U_{BE}}{R_B + (1+\beta)R_E} = \frac{12 - 0.6}{240 + (1+50) \times 4} \approx 25.68\mu A$$

$$I_C = \beta I_B = 50 \times 25.68 = 1.28 mA \approx I_E$$

$$U_{CE} = U_{CC} - I_E R_E \approx 12 - 1.28 \times 4 = 6.88 V$$

（2）

$$r_{be} = 300 + (1+\beta)\frac{26}{I_E} = 300 + 51 \times \frac{26}{1.28} \approx 1.34 k\Omega$$

$$R'_L = R_E \,//\, R_L = 4 \,//\, 4 = 2 k\Omega$$

电压放大倍数为

$$A_u = \frac{(1+\beta)R'_L}{r_{be} + (1+\beta)R'_L} = \frac{(1+50) \times 2}{1.34 + (1+50) \times 2} \approx 0.99 \approx 1$$

（3）放大电路的输入电阻和输出电阻分别为

$$r_i = R_B \,//\, [r_{be} + (1+\beta)R'_L] = 240 \,//\, [1.34 + (1+50) \times 2] \approx 72.24 k\Omega$$

$$r_o = \frac{R_S + r_{be}}{1+\beta} \,//\, R_E = \frac{1+1.34}{1+50} \,//\, 4 \approx 0.045 k\Omega = 45\Omega$$

或者

$$r_o \approx \frac{R_S + r_{be}}{1+\beta} \approx 46\Omega$$

（4）

$$u_i = \frac{r_i}{r_i + R_s} \cdot u_s = \frac{72.2}{72.2+1} \times 4\sin\omega t \approx 3.9\sin\omega t \text{ mV}$$

所以

$$u_o \approx u_i = 3.9\sin\omega t \text{ mV}$$

8.5 多级放大电路

8.5.1 多级放大电路的组成及耦合方式

实际应用中放大电路的输入信号很微弱，只有微伏级或毫伏级。由于单级放大电路的放大倍数有限，通常不能满足实际要求，因此，需要把几个单级放大电路连接起来，组成多级放大电路，其方框图如图 8.29 所示。通常把与信号源连接的第一级放大电路称为输入级，与负载连接的输出级放大电路称为末级。信号源的微弱信号经输入级和中间级放大后，可以得到足够的电压信号，再经过末前级和末级的功率放大，以得到负载所需要的功率。

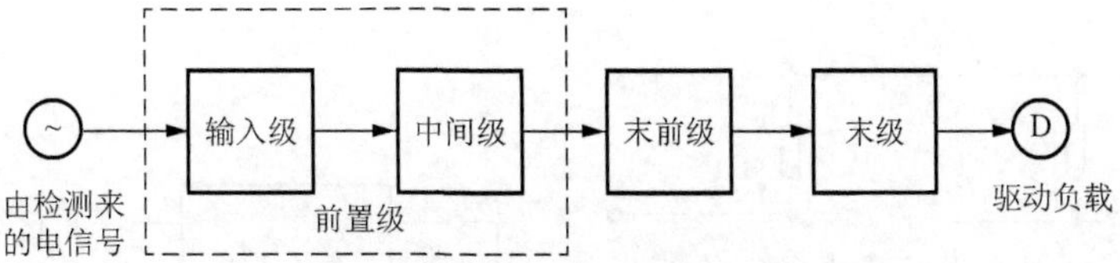

图 8.29　多级放大电路的方框图

多级放大电路中级与级之间的连接方式称为耦合。常用的耦合方式有三种：阻容耦合、直接耦合和变压器耦合。变压器耦合目前很少用，下面主要介绍前两种耦合方式。

1. 阻容耦合

阻容耦合是指级与级之间通过电容连接，如图 8.30 所示，其中，两极之间的电容 C_2 和后级放大电路的输入电阻 r_{i2} 构成两级之间的阻容耦合。特点是只能放大和传递交流信号。为减小交流信号在电容上的传输损失，耦合电容要做的足够大，常采用电解电容，不利于集成化，所以阻容耦合方式很难在集成电路中采用，而在分立元件多级放大电路中被广泛使用。阻容耦合方式的优点是各级静态工作点彼此独立、互不影响，便于单独调试；缺点是不能放大直流信号或变化缓慢的信号。

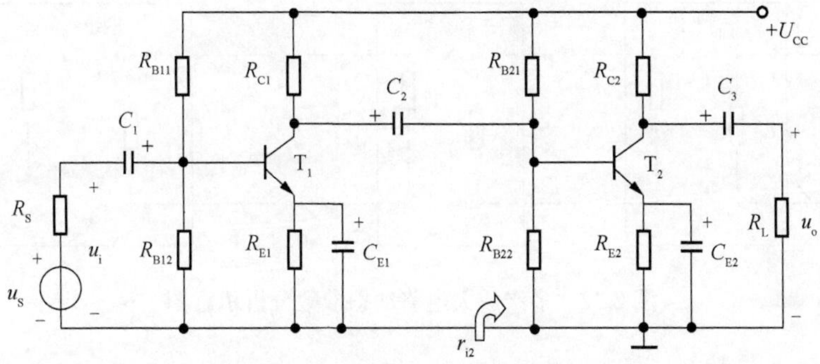

图 8.30　两级阻容耦合交流放大电路

2. 直接耦合

直接耦合是指级与级之间直接用导线连接。图 8.31（a）是两级直接耦合放大电路。优点是既可以放大交流信号，也可以放大直流信号或变化缓慢的信号。无需大的耦合电容，便于集成化，所以直接耦合方式在集成放大电路中被广泛使用。缺点是各级静态工作点相互影响，不便调试。另外，这种直接耦合会产生严重的零点漂移现象。

如图 8.31（a）所示，当放大电路没有输入信号（$u_i = 0$）时，由于晶体管参数受温度等因素影响或电源电压波动等，静态工作点不稳定，再经过逐级放大，在输出端会出现变化缓慢的输出电压，产生偏离初始值的变化量，如图 8.31（b）所示，即输出电压有漂移不会稳定在初始值，这种现象称为零点漂移。漂移严重时会淹没输入信号，影响放大电路的正常工作。抑制零点漂移的有效方法就是采用差动放大电路，将在下一节详细讨论。

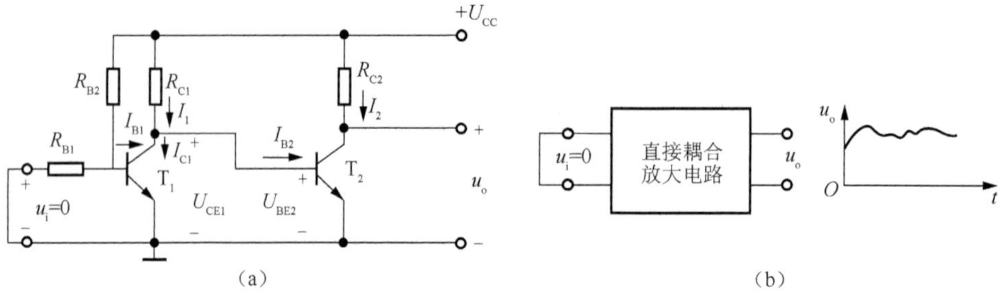

图 8.31　直接耦合放大电路及其零点漂移现象

8.5.2　多级放大电路动态参数的分析

单级放大电路可以用一个含有受控源的双端口网络来等效，输入端口相当于一个电阻，获取输入电压信号；输出端口相当于一个信号源驱动负载。图 8.32 是多级放大电路动态参数分析示意图。由此来计算多级放大电路的电压放大倍数、输入电阻和输出电阻等动态参数。

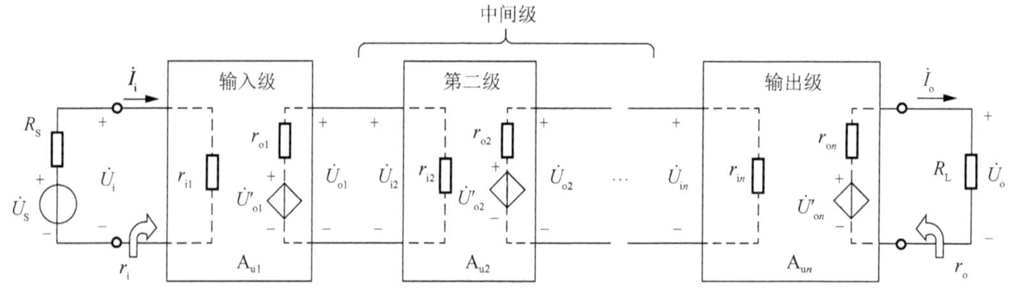

图 8.32　多级放大电路动态参数分析示意图

1. 电压放大倍数 A_u

由图 8.32 可以看出，前一级的输出电压就是后一级的输入电压，如$\dot{U}_{o1}=\dot{U}_{i2}$。若有 n 级放大电路，则多级放大电路的电压放大倍数为

$$A_u=\frac{\dot{U}_o}{\dot{U}_i}=\frac{\dot{U}_{o1}}{\dot{U}_i}\cdot\frac{\dot{U}_{o2}}{\dot{U}_{i2}}\cdot\cdots\cdot\frac{\dot{U}_o}{\dot{U}_{in}}=A_{u1}\cdot A_{u2}\cdot\cdots\cdot A_{un} \tag{8.29}$$

即总的电压放大倍数等于各级电压放大倍数的乘积。

在计算前几级电压放大倍数时，应当注意：前一级放大器作为后一级放大器的信号源，后一级放大器的输入电阻也就是前一级放大器的负载电阻，如 $R_{L1}=r_{i2}, R_{L2}=r_{i3},\cdots$，该电阻越大，前一级放大器的电压放大倍数就越大。由图 8.32 还可以看出，最后一级的电压放大倍数与单级放大电路的计算方法相同。

2. 输入电阻 r_i

从图 8.32 的输入端口看进去，多级放大电路的输入电阻就是第一级的输入电阻

$$r_{\mathrm{i}}=\frac{\dot{U}_{\mathrm{i}}}{\dot{I}_{\mathrm{i}}}=r_{\mathrm{i1}} \tag{8.30}$$

因射极输出器的输入电阻很高，常作为多级放大电路中的输入级，以提高输入电压$\dot{U}_{\mathrm{i}}$，降低输入电流$\dot{I}_{\mathrm{i}}$。当射极输出器作为第一级时，注意其输入电阻与它的负载有关，这个负载就是第二级的输入电阻。

3. 输出电阻r_{o}

从图 8.32 的输出端口看进去，多级放大电路的输出电阻就是最后一级的输出电阻

$$r_{\mathrm{o}}=r_{\mathrm{o}n} \tag{8.31}$$

因射极输出器的输出电阻很低，常作为多级放大电路中的输出级，以提高输出电压$\dot{U}_{\mathrm{o}}$的稳定性。当射极输出器作为最后一级时，注意其输出电阻与它的信号源内阻有关，这个信号源内阻就是前一级的输出电阻。

8.5.3　阻容耦合两级放大电路的计算

阻容耦合两级放大电路如图 8.33（a）所示，其中，第一级为固定偏置式放大电路，第二级为分压式偏置放大电路。由于电容 C_1、C_2和 C_3隔直流，对直流分量相当于断路，所以两级的静态工作点 Q_1、Q_2互相独立，按照各自的直流通路分别计算。各电容对交流分量相当于短路，因此它的微变等效电路如图 8.33（b）所示。由微变等效电路可以求出此两级放大电路的动态参数：总的电压放大倍数为$A_{\mathrm{u}}=A_{\mathrm{u1}}\cdot A_{\mathrm{u2}}$，计算$A_{\mathrm{u1}}$时注意$R_{\mathrm{L1}}=r_{\mathrm{i2}}$；总的输入电阻就是第一级的输入电阻，即$r_{\mathrm{i}}=r_{\mathrm{i1}}=R_{\mathrm{B1}}\,/\!/\,r_{\mathrm{be1}}$；总的输出电阻就是第二级的输出电阻，即$r_{\mathrm{o}}=r_{\mathrm{o2}}=R_{\mathrm{C2}}$。

例 8.6　如图 8.33（a）所示的两级放大电路，已知参数为$U_{\mathrm{CC}}=12\mathrm{V},\beta_1=50,\beta_2=80$，$U_{\mathrm{BE1}}=U_{\mathrm{BE2}}=0.6\mathrm{V},R_{\mathrm{B1}}=600\mathrm{k\Omega},R_{\mathrm{C1}}=7.5\mathrm{k\Omega},R_{\mathrm{B21}}=45\mathrm{k\Omega},R_{\mathrm{B22}}=15\mathrm{k\Omega},R_{\mathrm{C2}}=2\mathrm{k\Omega},R_{\mathrm{E2}}=1.2\mathrm{k\Omega}$，$R_{\mathrm{L}}=3.9\mathrm{k\Omega}$。（1）估算各级静态工作点；（2）求晶体管的输入电阻；（3）求各级电压放大倍数和总电压放大倍数；（4）求放大电路的输入电阻和输出电阻。

解：（1）第一级的静态工作点 Q_1 为

$$I_{\mathrm{B1}}=\frac{U_{\mathrm{CC}}-U_{\mathrm{BE1}}}{R_{\mathrm{B1}}}=\frac{12-0.6}{600}=0.019\mathrm{mA}=19\mu\mathrm{A}$$

$$I_{\mathrm{C1}}=\beta_1 I_{\mathrm{B1}}=50\times0.019=0.95\mathrm{mA}$$

$$U_{\mathrm{CE1}}=U_{\mathrm{CC}}-I_{\mathrm{C1}}R_{\mathrm{C1}}=12-0.95\times7.5=4.875\mathrm{V}$$

第二级的静态工作点 Q_2 为

$$U_{\mathrm{B2}}=\frac{R_{\mathrm{B22}}}{R_{\mathrm{B21}}+R_{\mathrm{B22}}}U_{\mathrm{CC}}=\frac{15}{45+15}\times12=3\mathrm{V}$$

$$I_{\mathrm{C2}}\approx I_{\mathrm{E2}}=\frac{U_{\mathrm{B2}}-U_{\mathrm{BE2}}}{R_{\mathrm{E2}}}=\frac{3-0.6}{1.2}=2\mathrm{mA}\,,\ I_{\mathrm{B2}}=\frac{I_{\mathrm{C2}}}{\beta_2}=\frac{2}{80}=0.025\mathrm{mA}=25\mu\mathrm{A}$$

$$U_{\mathrm{CE2}}=U_{\mathrm{CC}}-I_{\mathrm{C2}}R_{\mathrm{C2}}-I_{\mathrm{E2}}R_{\mathrm{E2}}\approx12-2\times(2+1.2)=5.6\mathrm{V}$$

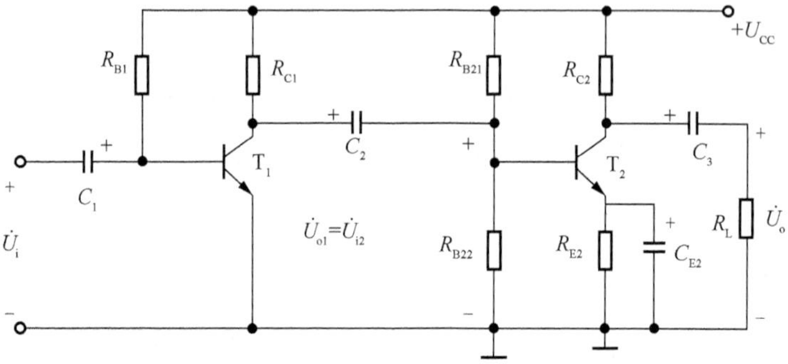

（a）阻容耦合两级放大电路

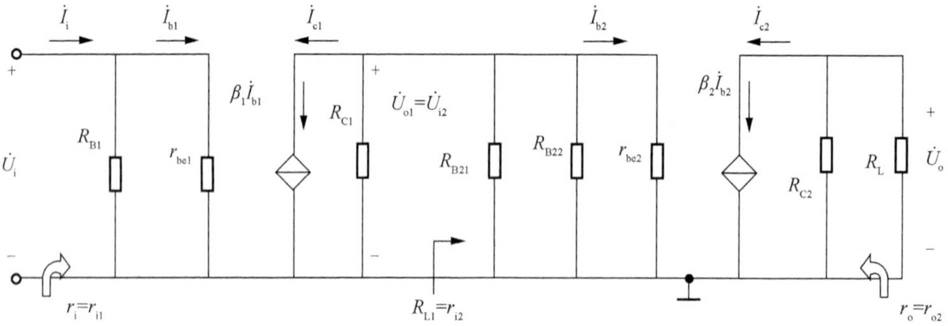

（b）微变等效电路

图 8.33　阻容耦合两级放大电路及其微变等效电路

（2）晶体管的输入电阻为

$$r_{be1}=300+(1+\beta_1)\frac{26}{I_{E1}}=300+51\times\frac{26}{0.95}\approx 1696\Omega\approx 1.70\text{k}\Omega$$

$$r_{be2}=300+(1+\beta_2)\frac{26}{I_{E2}}=300+81\times\frac{26}{2}=1353\Omega\approx 1.35\text{k}\Omega$$

（3）

$$A_{u1}=-\frac{\beta_1 R'_{L1}}{r_{be1}}=-\frac{50\times 1.03}{1.70}\approx -30.29$$

$$R'_{L1}=R_{C1}\,//\,R_{L1}=\frac{7.5\times 1.2}{7.5+1.2}\approx 1.03\text{k}\Omega$$

$$R_{L1}=r_{i2}$$

$$r_{i2}=R_{B21}\,//\,R_{B22}\,//\,r_{be2}=\frac{R_{B21}\times R_{B22}}{R_{B21}+R_{B22}}\,//\,r_{be2}=11.25\,//\,1.35\approx 1.21\text{k}\Omega$$

$$A_{u2}=-\frac{\beta_2 R'_{L2}}{r_{be2}}=-\frac{80\times 1.32}{1.35}\approx -78.22$$

$$R'_{L2}=R_{C2}\,//\,R_L=\frac{2\times 3.9}{2+3.9}\approx 1.32\text{k}\Omega$$

故总的电压放大倍数为

$$A_u = A_{u1} \cdot A_{u2} = (-30.3) \cdot (-78.2) \approx 2370$$

两级总电压放大倍数为正数，这表明 $\dot{U}_o$ 与 $\dot{U}_i$ 同相。

（4）两级放大电路的输入电阻为

$$r_i = r_{i1} = R_{B1} /\!/ r_{be1} \approx r_{be1} = 1.7\text{k}\Omega$$

两级放大电路的输出电阻为

$$r_o = r_{o2} = R_{C2} = 2\text{k}\Omega$$

8.6　差动放大电路

8.6.1　差动放大电路对零点漂移的抑制

差动放大电路主要利用对称性原理抑制零点漂移，在直接耦合多级放大电路中得到了广泛应用。通常用在多级放大电路的第一级，是集成运算放大器的主要组成单元。

图 8.34 是基本差动放大电路。从结构上看，电路两边完全对称。不但对应的电阻元件参数相等，而且晶体管的型号和参数也相同。电路有两个输入端 u_{i1}、u_{i2}，有两个输出端 u_{o1}、u_{o2}，输出电压 u_o=u_{o1}−u_{o2}。

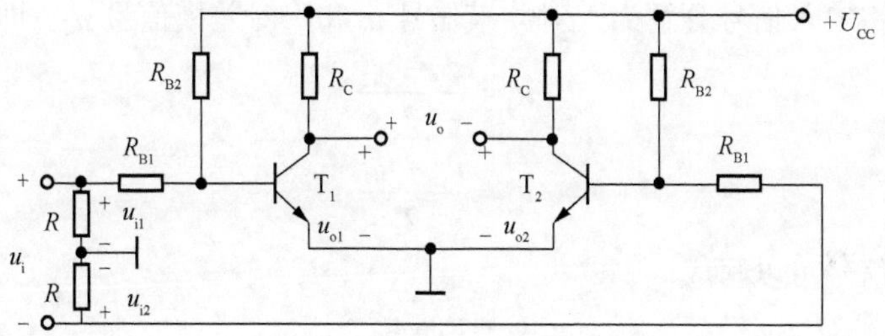

图 8.34　基本差动放大电路

由于差动放大电路中 T_1 和 T_2 所组成的单级放大电路是对称的，对电源来说并联工作，静态分析时可按单管放大电路处理。由于电路两边完全对称，所以静态工作点相同，即

$$I_{B1} = I_{B2}$$
$$I_{C1} = I_{C2}$$
$$U_{C1} = U_{C2}$$

当温度升高时，由于两管特性一致，集电极电流同时增加，且

$$u_o = \Delta U_{C1} - \Delta U_{C2} = 0$$

此时，虽然两个管子都产生了零点漂移，但由于是同向等量的漂移，所以两个管子的集电极点位仍然相等，则输出电压仍然为零，因此这种电路对零点漂移有很强的抑制作用。

同理，该电路对于由电源电压波动、元件参数变化等原因所引起的漂移也同样有良好的抑制作用。

8.6.2　差动放大电路的工作原理

差动放大电路有两个输入端 u_{i1}、u_{i2}，根据两端输入信号的大小和极性，可分成下述三种情况：

（1）共模信号输入，即 $u_{i1}=u_{i2}$，两个信号大小相等、极性相同，称为共模信号。此时由于电路的对称性 $u_{o1}=u_{o2}$，所以 $u_o=u_{o1}-u_{o2}=0$。可见，差动放大电路对共模信号没有放大作用，即共模电压放大倍数 $A_c=0$。

各种干扰信号，包括温度变化、电源波动等，由于它们对电路两边的影响是相同的，因此这些零漂信号都可以看成是共模信号，放大倍数为零，这说明差动放大电路有很强的抑制零点漂移的能力。

（2）差模信号输入，即 $u_{i1}=-u_{i2}$，两个信号大小相等、极性相反，称为差模信号。

由图 8.34 可见，放大电路两边参数对称，$u_i=u_{i1}-u_{i2}=2u_{i1}, u_o=u_{o1}-u_{o2}=2u_{o1}$，因此差模电压放大倍数 $A_d=\dfrac{u_o}{u_i}=\dfrac{u_{o1}}{u_{i1}}=A_{u1}$。由此可见，差模电压放大倍数与单管放大电路的电压放大倍数相同。

（3）比较信号输入，即两个输入信号的大小、极性都任意，称为比较输入或差动输入。此时可以将输入信号分解为一对共模信号 u_c 和一对差模信号 u_d，即

$$u_d=\frac{u_{i1}-u_{i2}}{2}$$

$$u_c=\frac{u_{i1}+u_{i2}}{2}$$

两个输入信号可以写成

$$u_{i1}=u_d+u_c$$

$$u_{i2}=-u_d+u_c$$

于是信号 u_{i1}、u_{i2} 分解为两组输入：一组是共模输入 $u_{c1}=u_{c2}=u_c$；另一组是差模输入 $u_{d1}=-u_{d2}=u_d$。由上面分析得知，该电路对共模信号无放大能力，所以输出信号完全是由差模信号引起的，而且输入电压 $u_i=u_{i1}-u_{i2}=u_{d1}-u_{d2}$，故此时电压放大倍数就是差模输入时的电压放大倍数，即

$$A_u=\frac{u_{o1}-u_{o2}}{u_{i1}-u_{i2}}=A_d \tag{8.32}$$

可见，差动放大电路放大的是两个输入信号的差，只有当两个输入端的输入信号有差值时才进行放大，输出信号才有变动，所以称“差动”放大。差动放大电路将两个输入端的电压差放大后加到负载两端，则差动放大电路的输出电压为

$$u_o=A_u(u_{i1}-u_{i2}) \tag{8.33}$$

由此可以看出，当输入电压 $u_{i2}=0$ 时，输出电压 u_o 与输入电压 u_{i1} 同相，称 u_{i1} 端为同相输入端；当输入电压 $u_{i1}=0$ 时，输出电压 u_o 与输入电压 u_{i2} 反相，称 u_{i2} 端为反相输入端；当输入电压 u_{i1}、u_{i2} 都不为 0 时，称双端比较输入或差动输入，输出电压与输入电压的相位关系，由差值 $u_{i1}-u_{i2}$ 来决定。

8.7　功率放大电路

8.7.1　功率放大电路概述

在实际应用的放大电路中，一般同时包括电压放大电路和功率放大电路，电压放大电路是工作在小信号状态下，放大的只是输入电压的幅度，而功率放大电路是工作在大信号状态下，不仅输出大电压，还要输出大电流，目的是为了输出足够大的功率，以便驱动负载工作。功率放大电路在音响系统、自动控制、测量等领域中广泛应用。

传统的功率放大电路往往采用变压器耦合方式，便于实现阻抗匹配，但有体积大、笨重、不易集成等缺点，现在很少使用。目前大多采用的是无输出变压器（output transformer less，OTL）的功率放大电路和无输出电容（output capacitor less，OCL）的功率放大电路。本节重点介绍互补对称式 OCL 功率放大电路。

对功率放大电路的基本要求是：

（1）输出功率尽可能大。即要求输出电压、输出电流的幅度足够大，通常晶体管在接近极限参数 U_{CEO}、I_{CM}、P_{CM} 状态下工作。

（2）电路的效率要高。由于输出功率较大，因此直流电源消耗的功率也大。效率就是指负载上的交流信号功率与电源供给的直流功率的比值。为提高效率，应尽量降低电路的静态功耗，而静态功耗等于电源电压与晶体管静态电流的乘积，故降低静态功耗的办法就是降低晶体管静态电流 I_C。

（3）信号的非线性失真要尽量减小。由于功率放大电路中的晶体管工作在接近极限状态，容易产生失真，因此应尽量减小失真，以满足负载的要求。

按照晶体管静态电流 I_C 的不同，放大电路的工作状态可分为甲类、乙类和甲乙类三种，如图 8.35 所示。

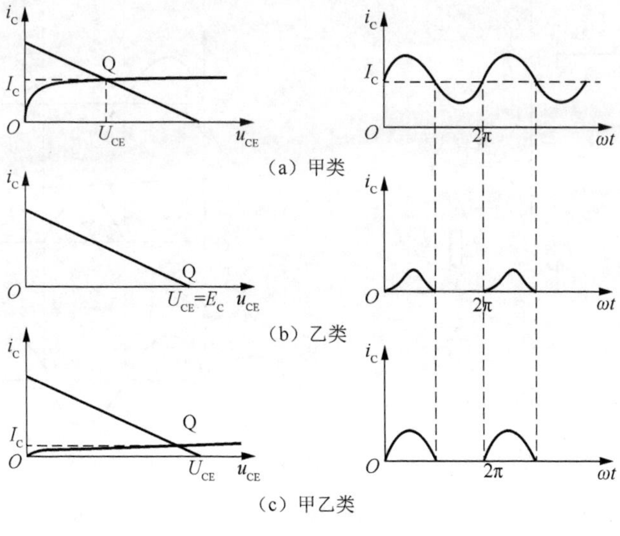

图 8.35　放大电路的工作状态

当静态工作点Q位于负载线中部时，称为甲类放大，如图8.35（a）所示，优点是不失真，但是静态功耗大，效率最低。如图8.35（b）所示，I_C=0，静态工作点Q落于横轴上，这种工作状态称为乙类放大，此时放大电路只能在输入信号正半周工作，优点是静态功耗近似为零，效率最高，但是其输出波形只有半周，且存在交越失真。如图8.35（c）所示，$I_C \neq 0$，但很小，静态工作点Q介于甲类和乙类之间，这种工作状态称为甲乙类放大。它有静态功耗很小的优点，输出波形只有半周，但基本不失真。

在实际应用中，要综合考虑功率、效率和失真这三方面问题，甲乙类互补对称功率放大电路就较好地解决了这些问题，既能提高效率，又能减小信号波形的失真。

8.7.2　互补对称式功率放大电路

图8.36是甲乙类互补对称式功率放大电路。T_1为NPN型管，T_2为PNP型管，两管虽然结构类型不同，但两管特性基本相同，都是采用射极输出。

静态（u_i=0）时，调节R_1可使两管发射极电位U_A=0，所以u_o=0。但由于二极管D_1、D_2正向压降的偏置作用，使T_1、T_2管都处于微导通状态，但两管静态电流I_C均很小，故都工作在甲乙类放大状态。

动态（$u_i \neq 0$）时，由于二极管D_1、D_2动态电阻很小，所以它们对信号产生的压降均可忽略。当u_i>0，使两管基极电位U_{B1}、U_{B2}都升高，从而使T_1管导通，而T_2管趋向截止，负载R_L获得正半周电压、电流。当u_i<0，使U_{B1}、U_{B2}都下降，从而使T_2管导通，T_1管趋向截止，负载R_L获得负半周电压、电流。可见，在输入信号u_i的整个周期内，T_1、T_2两管轮流导通交替工作，使负载R_L获得了完整的不失真波形，故称为互补对称。电压、电流波形如图8.37所示。

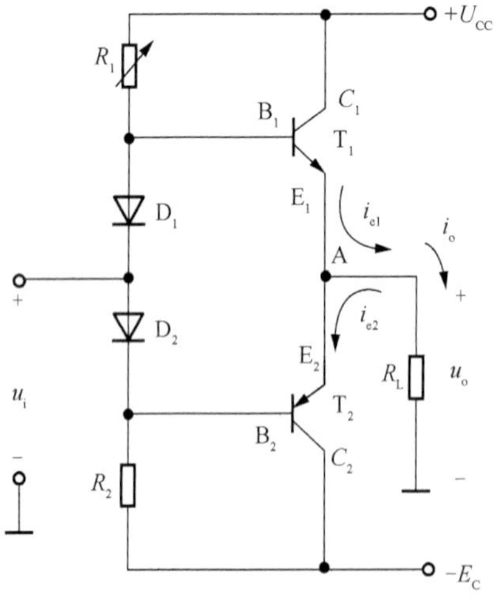

图8.36　甲乙类互补对称功率放大电路

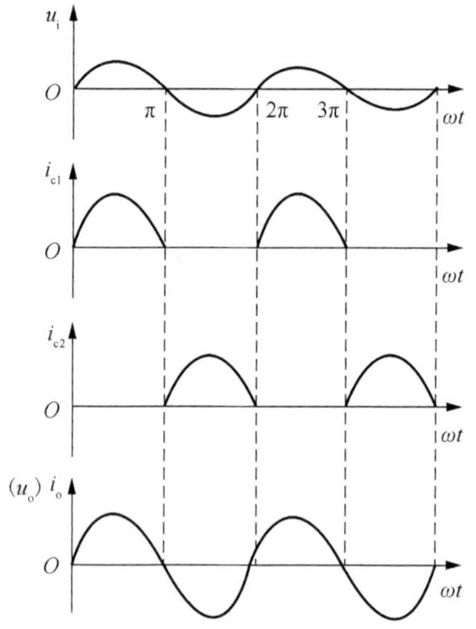

图8.37　互补对称功率放大电路的电压和电流波形

应当指出，电路中若无二极管的预加偏置电压，则当$|u_i| < |U_T|$（PN结死区电压）时T_1、T_2管均不导通，在这个小区域内输出电压为0，这样必然造成输出波形失真，这

种失真称为“交越失真”，而有了 D_1、D_2 的预加偏置，使 T_1、T_2 管均处于微导通状态，则只要 $|u_i|>0$，T_1、T_2 管即可交替工作，正常放大，故交越失真得以消除。

8.7.3　功率放大电路的输出功率和效率

功率放大电路所能输出的最大功率及其效率是功率放大电路的两个重要技术指标。下面以如图 8.38 所示的功率放大电路为例，分析计算负载上能得到的最大功率及电路的效率。

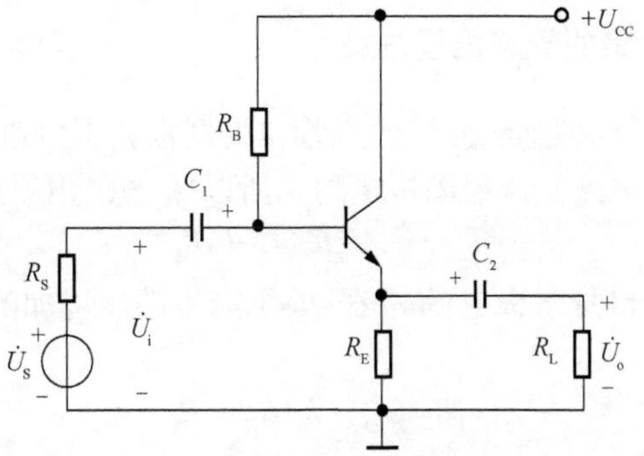

图 8.38　功率放大电路

由于负载电阻 R_L 上所能获得的正弦电压最大幅值为

$$U_{om}=U_{CC}-U_{CES}$$

故负载 R_L 电压有效值为

$$U_o=\frac{U_{CC}-U_{CES}}{\sqrt{2}}$$

负载 R_L 上能获得的最大功率为

$$P_{om}=\frac{U_o^{\ 2}}{R_L}=\frac{(U_{CC}-U_{CES})^2}{2R_L}$$

上述各式中，U_{CES} 为晶体管饱和压降。负载 R_L 流过的电流为

$$i_o=\frac{U_{CC}-U_{CES}}{R_L}\sin\omega t$$

这个电流正是电源所提供的电流，由此可求得电源所消耗的平均功率为

$$P_E=\frac{1}{\pi}\int_0^{\pi}\left(\frac{U_{CC}-U_{CES}}{R_L}\sin\omega t\cdot U_{CC}\right)\mathrm{d}\omega t=\frac{2U_{CC}(U_{CC}-U_{CES})}{\pi R_L}$$

此时，功率放大电路的效率为

$$\eta=\frac{P_{om}}{P_E}=\frac{\dfrac{(U_{CC}-U_{CES})^2}{2R_L}}{\dfrac{2U_{CC}(U_{CC}-U_{CES})}{\pi R_L}}=\frac{\pi(U_{CC}-U_{CES})}{4U_{CC}}$$

若忽略晶体管饱和压降 U_{CES}，则 $\eta\approx\dfrac{\pi}{4}\approx 78.5\%$，其余的能量都消耗在晶体管上。

8.8 场效应管放大电路

与晶体管放大电路相类似，场效应管放大电路也要设置静态工作点，也必须设置静态偏置电路。其动态分析也与晶体管放大电路相类似。所不同的是晶体管的集电极电流是受基极电流控制，为电流控制元件。而场效应管的漏极电流是受栅极电压控制，为电压控制元件。

8.8.1 场效应管放大电路的静态偏置方式

图 8.39 是 N 沟道耗尽型绝缘栅场效应管自给栅极偏压电路。静态时栅极电位为 0，而源极电流（等于漏极电流）流经源极电阻，所以栅-源电压为

$$U_{GS} = -I_S R_S = -I_D R_S$$

由于 U_{GS} 是靠管子自身漏极电流 I_D 在 R_S 上产生的压降加的偏压，故称自给偏压。由漏极回路可知

$$U_{DS} = U_D - I_o(R_D + R_S)$$

图 8.40 是 N 沟道耗尽型绝缘栅场效应管分压式偏置电路。由于栅极不取电流，故栅极电位为

$$U_G = \frac{R_{G2}}{R_{G1} + R_{G2}} U_D$$

栅-源偏压为

$$U_{GS} = \frac{R_{G1}}{R_{G1} + R_{G2}} U_D - I_D R_S$$

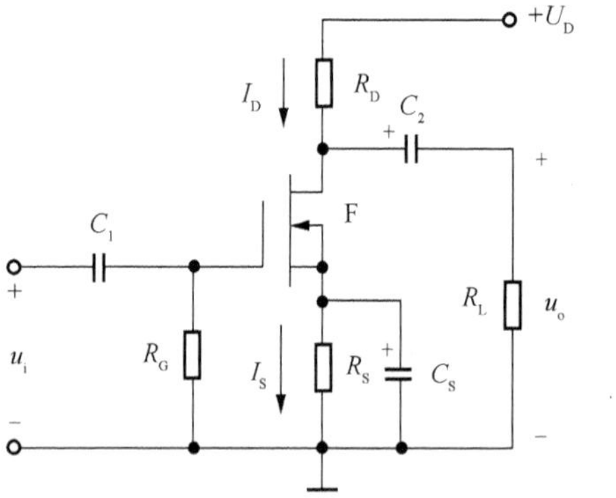

图 8.39 自给偏压偏置电路

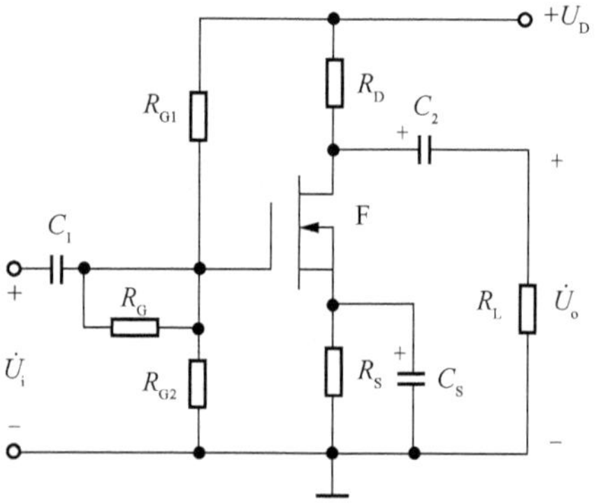

图 8.40 分压式偏置电路

8.8.2 动态分析

如图 8.39 和图 8.40 所示电路对于信号而言，其输入回路与输出回路的公共端是源极，故称它们为共源极放大电路。

以图 8.40 电路为例，用微变等效电路法作动态分析，其微变等效电路如图 8.41 所

示。设输入信号为正弦量，并用相量表示。由于管子的栅-源之间是绝缘的，所以栅-源动态电阻 $r_{gs}\approx\infty$，故为开路。而漏极信号电流是受栅源电压控制的，故 $\dot{I}_d=g_m\dot{U}_{GS}$，又由于管子的输出特性具有恒流性质，因此其动态输出电阻 $r_{ds}\approx\infty$，相当于开路。

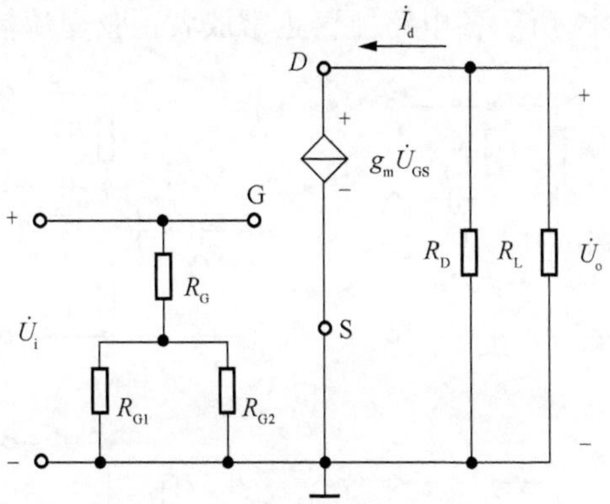

图 8.41　电路的微变等效电路

由图 8.41 的输出回路可知

$$\dot{U}_o=-\dot{I}_dR'_L=-g_mU_{GS}R'_L$$

式中，

$$R'_L=\frac{R_D\cdot R_L}{R_D+R_L}$$

又因为 $\dot{U}_i=\dot{U}_{GS}$，所以电压放大倍数为

$$A_u=\frac{\dot{U}_o}{\dot{U}_i}=-g_mR'_L$$

放大电路的输入电阻为

$$r_i=R_G+\frac{R_{G1}\cdot R_{G2}}{R_{G1}+R_{G2}}$$

通常 R_G 取值较高，这样可以大大提高放大电路的输入电阻。但由于栅极不取电流，所以 R_G 不影响静态偏置电压。

上述分析表明，由于场效应晶体管动态输入电阻 $r_{gs}\approx\infty$，所以它能够组成具有高输入电阻的放大电路。这种放大电路适合于作为多级放大电路的输入极。特别是在信号源内阻较高的情况下，就更加显示其输入电阻高的优点。

放大电路的输出电阻为 $r_o\approx R_D$。

习　题

8.1　放大电路中设置静态工作点的目的是什么？如果静态工作点 Q 的位置设置过高或过低，分别会产生什么失真，如何消除这种失真？

8.2　通常希望放大电路的输入电阻和输出电阻是越大越好，还是越小越好？为什么？

8.3　射极输出器有什么特点？多级放大电路的输入级和输出级采用射极输出器有什么好处？

8.4　试分析如图 8.42 所示各电路能否正常放大正弦交流信号，为什么？

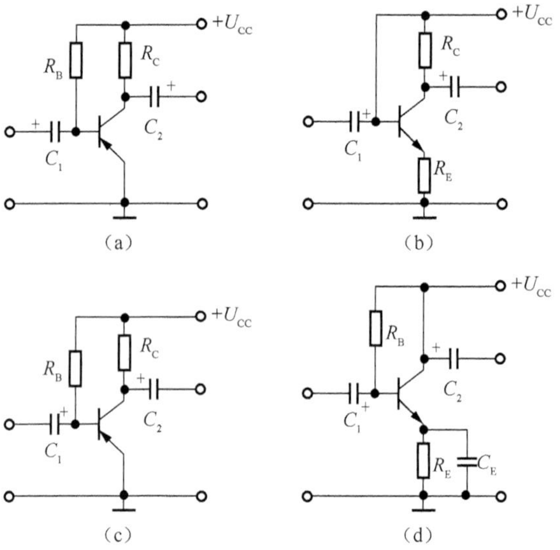

图 8.42　习题 8.4 图

8.5　固定偏置共发射极放大电路如图 8.43 所示，R_P 是电位器。如果输出电压波形出现饱和失真，则消除此失真的办法是增大 R_P 还是减小 R_P？如果输出电压波形出现截止失真，则消除此失真的办法是增大 R_P 还是减小 R_P？如果截止失真和饱和失真同时出现，是什么原因造成的？

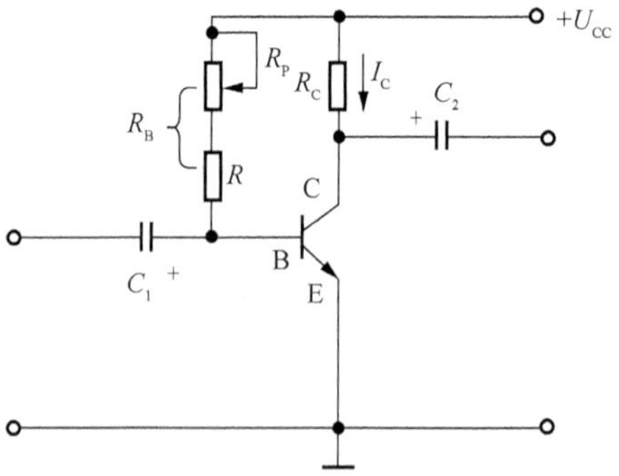

图 8.43　习题 8.5 图

8.6　固定偏置共发射极放大电路如图 8.44 所示，已知 $U_{CC}=15V$，晶体管的 $\beta=60$，$U_{BE}=0.6V$，$U_{CE}=7.5V$，$I_C=3mA$。（1）画出直流通路，并求 I_B、R_B 和 R_C；（2）画出微变等效电路；（3）求晶体管的输入电阻；（4）求电压放大倍数。

8.7　如图 8.45 所示的放大电路，已知 U_{CC}=15V,R_S=1kΩ,R_C=5kΩ,R_L=5kΩ,β=50,R_B=500kΩ,$U_{BE}=0.6V$。（1）估算静态工作点；（2）画出微变等效电路；（3）求输入电阻和输出电阻；（4）求电压放大倍数 A_u 、A_{us}；（5）若 $u_i=0.02\sin\omega t$ mV，u_o 为多少？

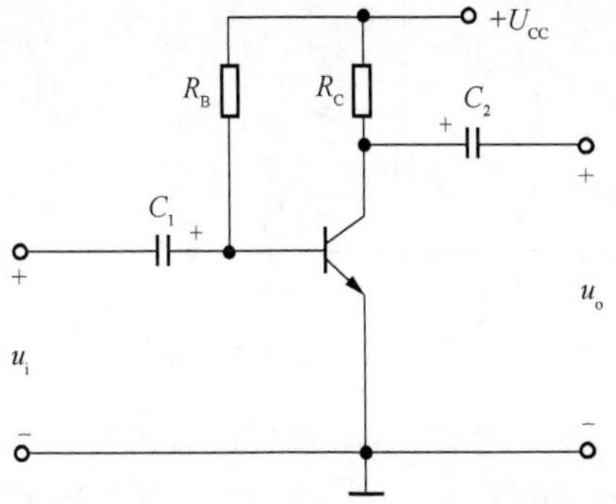

图 8.44　习题 8.6 图

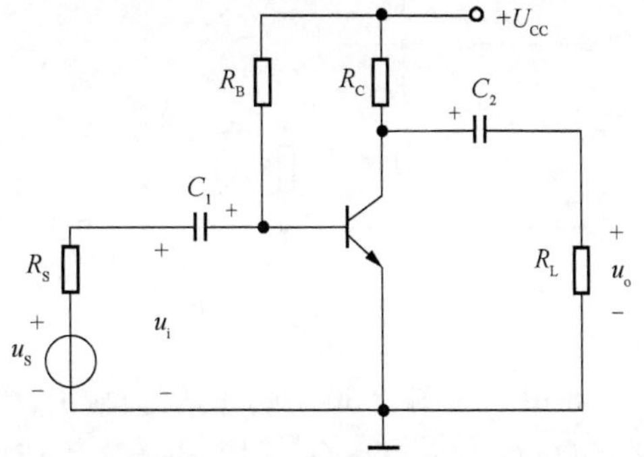

图 8.45　习题 8.7 图

8.8 分压式偏置放大电路如图 8.46 所示，$U_{BE}=0.7V$。（1）求晶体管 β=30 时的静态工作点；（2）求晶体管 β=60 时的静态工作点；（3）试分析晶体管参数对静态工作点是否有影响。

8.9　如图 8.47 所示放大电路，已知 β=66,$U_{BE}=0.6V$,U_{CC}=24V,R_C=3.3kΩ,R_E=1.5kΩ,R_{B1}=33kΩ,R_{B2}=10kΩ,R_L=5.1kΩ。（1）估算静态工作点；（2）画出微变等效电路；（3）求放大电路的输入电阻和输出电阻；（4）计算电压放大倍数 A_u；（5）若信号源内阻 R_S=600Ω，U_S=8μV，估算放大电路的输出电压 U_o。

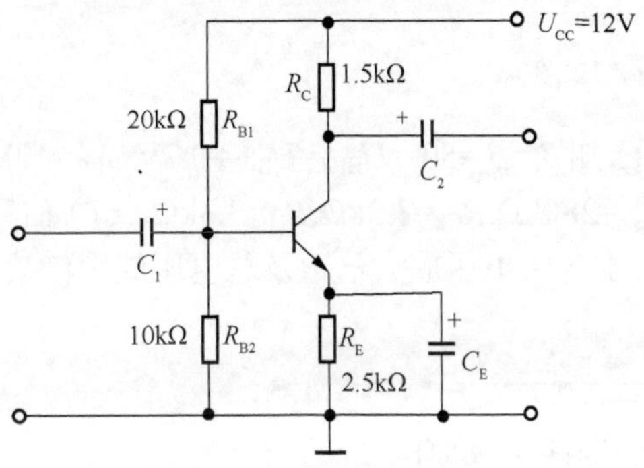

图 8.46　习题 8.8 图

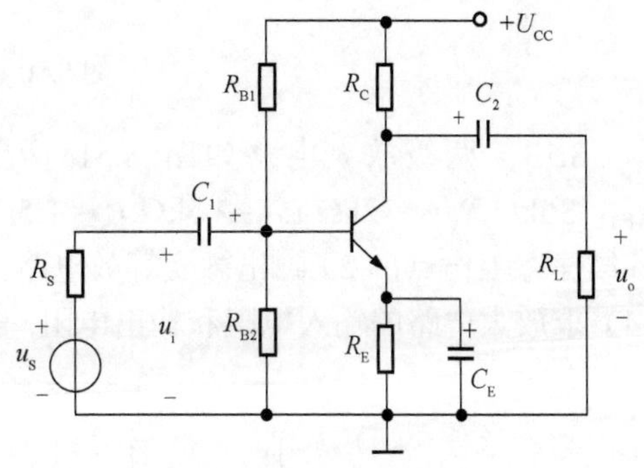

图 8.47　习题 8.9 图

8.10　放大电路如图 8.48 所示。已知晶体管的 β=40,U_{BE}=0.6V,U_{CC}=12V,R_{B1}=40kΩ,R_{B2}=10kΩ,R_C=3kΩ,R_E=1.2kΩ。（1）估算静态工作点；（2）画出微变等效电路；（3）计算电压放大倍数；（4）求放大电路的输入电阻和输出电阻。

8.11　放大电路如图 8.49 所示。已知 U_{CC}=20V,β=60,U_{BE}=0.7V,R_{B1}=100kΩ,R_{B2}=33kΩ,R_C=4.3kΩ,R_{E1}=250Ω,R_{E2}=3kΩ,R_L=5.6kΩ。（1）画出直流通路，并估算静态工作点；（2）画出微变等效电路；（3）求放大电路的电压放大倍数；（4）求放大电路的输入电阻和输出电阻。

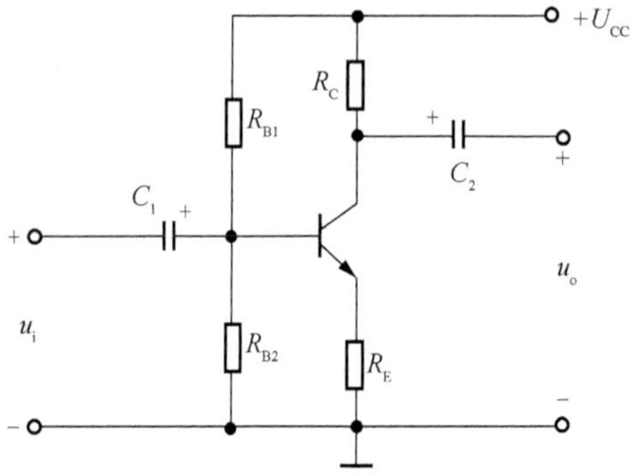

图 8.48　习题 8.10 图

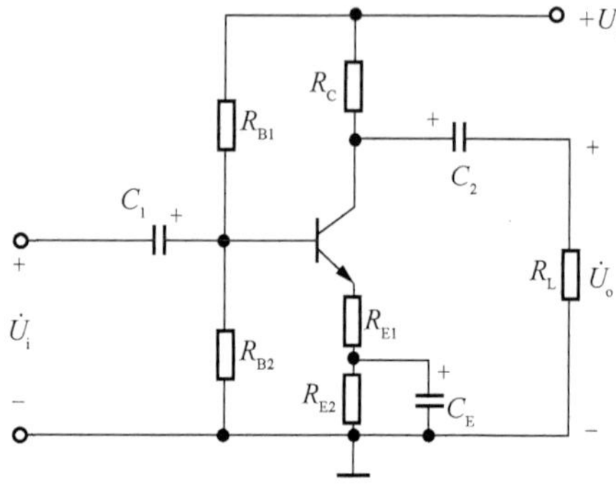

图 8.49　习题 8.11 图

8.12　如图 8.50 所示的射极输出器，已知 U_{CC}=12V,U_{BE}=0.6V,R_B=200kΩ,R_E=4kΩ,R_L=3kΩ,β=50,R_s=600Ω。(1) 求静态工作点和晶体管的输入电阻 r_{be}；(2) 画出微变等效电路；(3) 求电压放大倍数；(4) 求放大电路的输入电阻和输出电阻。

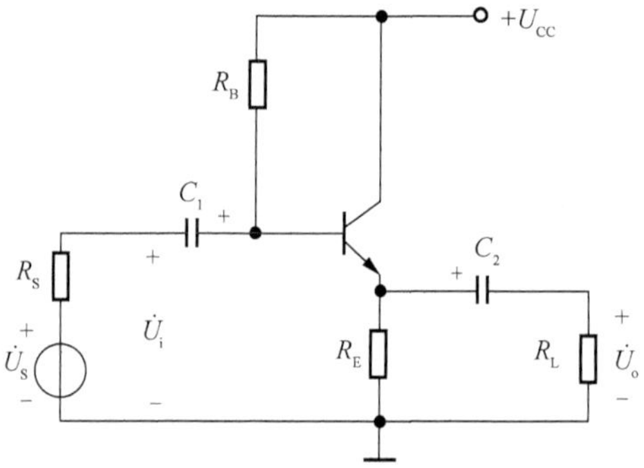

图 8.50　习题 8.12 图

8.13　两级放大电路如图 8.51 所示，已知β_1=β_2=50, U_{BE1}=U_{BE2}=0.7V,U_{CC}=12V,R_{B11}=36kΩ,R_{B12}=12kΩ,R_{C1}=2.5kΩ,R_E =1.5kΩ,R_{B2}=280kΩ,R_{C2}=3.3kΩ,R_L =3.3kΩ。(1) 估算各级静态工作点；(2) 画出微变等效电路；(3) 求各级电压放大倍数及总电压放大倍数；(4) 求放大电路的输入电阻和输出电阻。

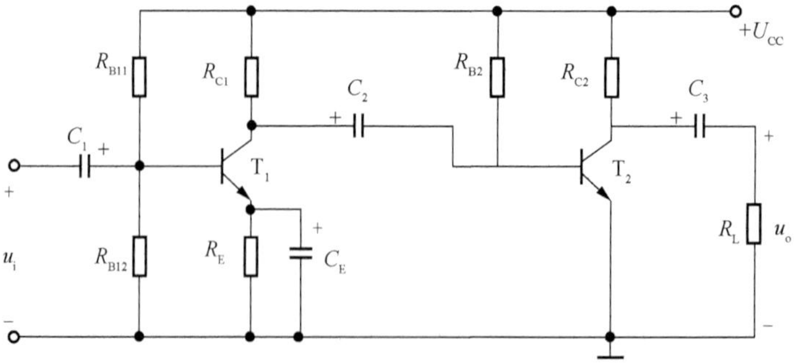

图 8.51　习题 8.13 图

8.14　两级阻容耦合放大电路如图 8.52 所示，已知晶体管 $U_{BE1}=U_{BE2}=0.7V, \beta_1=\beta_2=60$, $U_{CC}=20V, R_{B1}=200k\Omega, R_{E1}=3.9k\Omega, R_{B21}=100k\Omega, R_{B22}=33k\Omega, R_C=4.3k\Omega, R_{E2}=2.5k\Omega, R_L=2k\Omega$。（1）估算各级静态工作点及晶体管输入电阻 r_{be1} 及 r_{be2}；（2）画出微变等效电路；（3）求放大电路的输入电阻和输出电阻；（4）求各级电压放大倍数和总电压放大倍数。

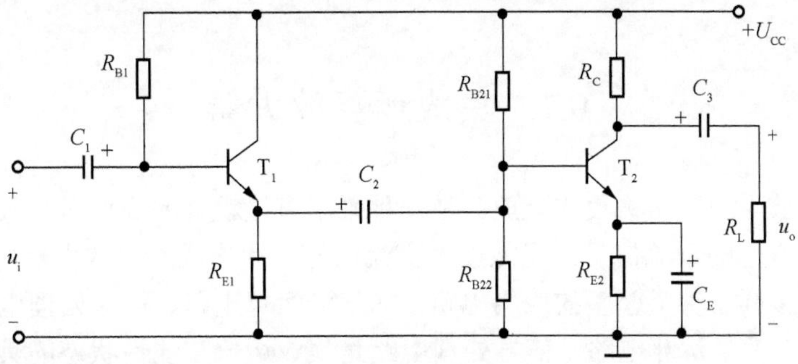

图 8.52　习题 8.14 图

8.15　两级放大电路及参数如图 8.53 所示，已知 $U_{BE1}=U_{BE2}=0.6V$。（1）求各级静态工作点；（2）画出微变等效电路；（3）求第一级的负载电阻 R_{L1}；（4）求第一级的电压放大倍数 A_{u1}；（5）求第二级的输出电阻 r_o。

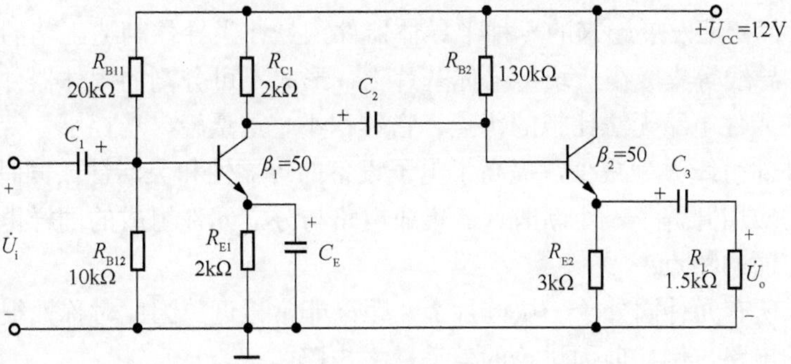

图 8.53　习题 8.15 图

第 9 章　集成运算放大器及其应用

9.1　集成运算放大器

集成运算放大器（简称集成运放）是一种采用直接耦合的高增益多级放大电路，它既能放大缓慢变化的直流信号，也能放大交流信号。用集成运算放大器及其反馈网络，可以构成形式多样、种类繁多的应用电路，如信号运算电路、信号处理电路和信号发生电路等，其中，信号运算电路、信号处理电路是集成运放在线性状态的具体应用；电压比较器及其应用是集成运放在非线性方面的典型应用。

9.1.1　集成电路简介

第 8 章讨论的放大电路，是由彼此独立的晶体管、二极管、电阻和电容等元器件用导线连接而成的，这种电路称为分立元件电路。集成电路（integrated circuit，IC），是 20 世纪 60 年代初期发展起来的一种半导体器件，是在半导体制造工艺的基础上，把晶体管、电阻、导线等集成在一块半导体基片上，形成不可分割的固体器件。集成电路显示出许多分立元件电路无法比拟的优点，它体积小、重量轻、功耗小、特性好，高密度的集成使得外部引线大为减少，提高了电子设备的可靠性和灵活性，同时降低了成本，为电子技术的应用开辟了一个新时代。集成电路与分立元件组成的同样电路相比，它具有以下几个方面的特点：

（1）由于所有元件同处于一块硅片上，距离非常接近，因此对称性很好，适用于要求对称性高的电路，例如前面讨论的差动放大电路。

（2）由集成电路工艺制造出来的电阻，其阻值范围有一定的局限性，通常在几十欧到几十千欧之间。对于高阻值常采用晶体管有源元件来代替。

（3）集成电路的工艺不适于制造容量在几十皮法以上的电容器，至于电感器就更困难了，所以级间采用直接耦合的方式，而不采用阻容耦合方式。大电容采取外接的方法。

（4）在集成电路中，制造晶体管，特别是 NPN 型晶体管往往比制造电阻、电容等无源器件更方便，占用更少的芯片面积，成本更低廉，所以在集成放大电路中，常常用晶体管代替电阻，尤其是大电阻。

（5）在集成电路中，常采用将晶体管的集电极与基极短接后用发射结来代替二极管的方法，从而使其正向压降的温度系数接近于同类晶体管 U_{BE} 的温度系数，具有较好的温度补偿作用。

由以上特点可知，集成电路是一种元件密度高、特性好的固体组件。对使用者来说，重要的不是像分立元件电路那样去了解内部电路每一细节，而主要是了解每种型号的功能、外部接线及如何应用。

按功能分，集成电路分为数字集成电路和模拟集成电路两大类，本章所讲的线性集成运算放大器是模拟集成电路的一种。

9.1.2　集成运算放大器的电路组成

从原理上说，集成运算放大器是一个具有高放大倍数的多级直接耦合放大电路，它有两个输入端和一个输出端，其内部电路通常由四个部分组成，包括输入级、中间级、输出级和偏置电路，如图 9.1 所示。

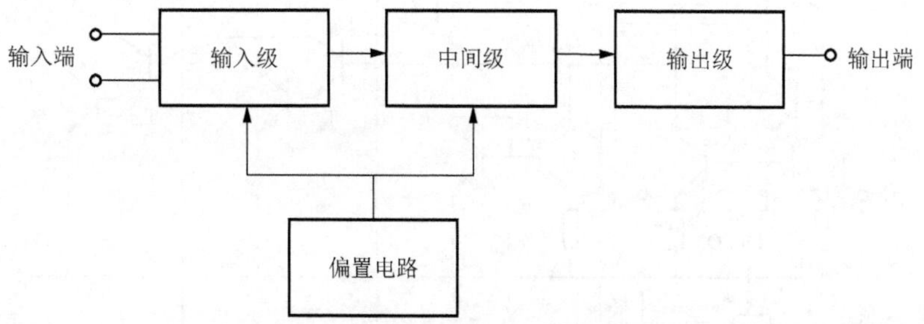

图 9.1　集成运算放大器的结构框图

（1）输入级：是运算放大器内部电路的第一级，常用双端输入的差分放大电路组成，一般要求输入电阻高，差模放大倍数大，抑制共模信号的能力强。

（2）中间级：是个高放大倍数的放大器，主要进行电压放大，电压放大倍数可达数千倍至数万倍，一般由若干级共发射极（或共源极）放大电路组成。

（3）输出级：是运算放大器内部电路的最后一级，具有较大的电压输出幅度，输出电阻小，负载驱动能力强，多采用互补对称电路或射极输出器。

（4）偏置电路：向各级放大电路提供静态工作点，一般采用各种形式的电流源电路。

常见的集成运算放大器 F007（5G24 或μA741），是属于第二代集成电路中有代表性的产品，是目前国内外最常用的集成运放之一。图 9.2（a）是 F007 的内部电路原理图。它包含 19 个晶体管、2 个二极管和 9 个电阻。整个电路由四部分组成：输入级、偏置电路、中间级和输出级，如图 9.2（b）所示。

输入级：T_1、T_2 是共集电极电路，和 T_3、T_4 的共基极电路组成共集-共基复合差动放大电路。T_5、T_6 和 T_7 组成晶体管恒流源负载，T_8、T_9 组成偏置电路。这样的设计安排有许多优点：

（1）输入电阻较大；

（2）允许输入的差模电压较大；

（3）差模电压增益高；

（4）共模抑制比 K_{CMRR} 高。

中间级：T_{16}、T_{17} 组成复合管共射放大电路，T_{13} 是有源负载，T_{15} 和 R_7、R_8 给输出级提供固定偏压。本级可以获得很高的电压放大倍数。

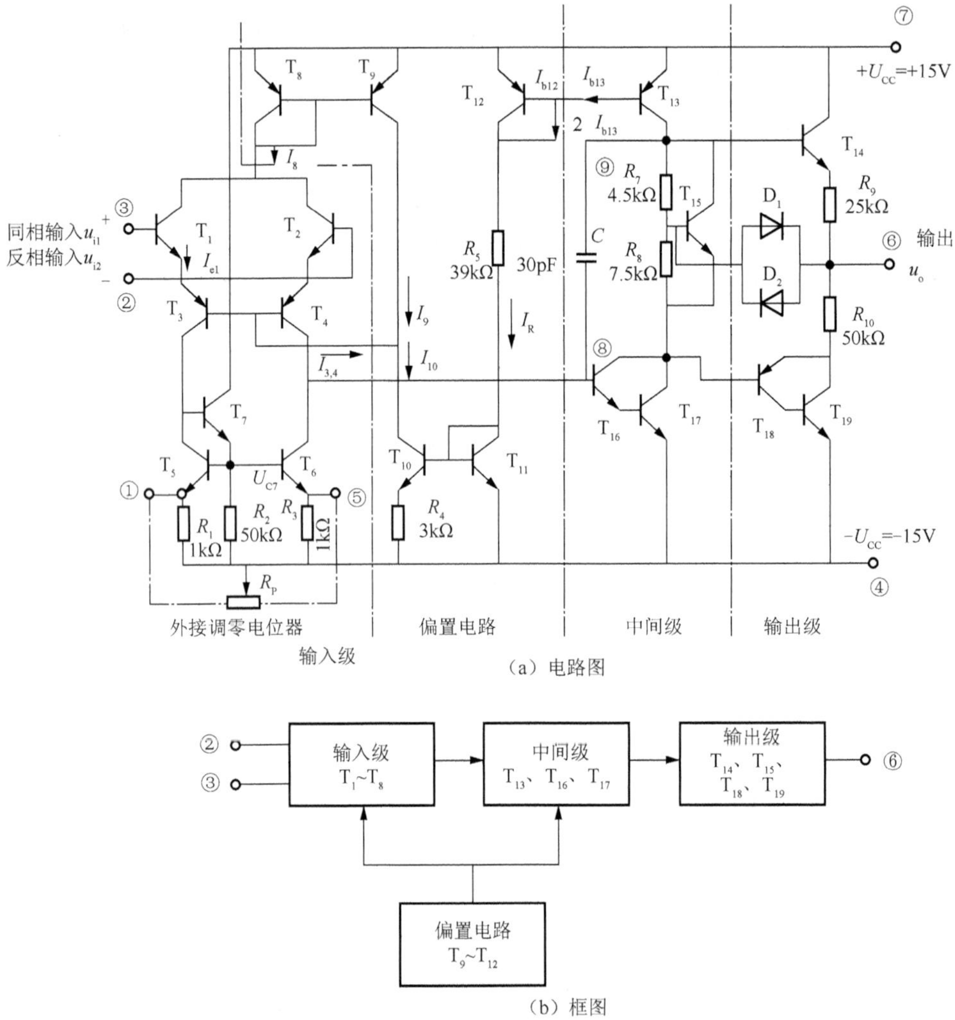

（a）电路图

（b）框图

图 9.2　F007 电路原理图和框图

输出级：T_{14} 和 T_{18}、T_{19} 组成互补对称输出级，D_1、D_2 和 R_9、R_{10} 配合起来实现输出短路保护，由于输出级工作在射极输出状态，故有较小的输出阻抗，从而可带动较大的负载。

偏置电路：T_{10} 和 T_{11} 组成微电流源，供给 T_9 参考电流。T_{12}、T_{13} 组成基本恒流源电路，供给中间级参考电流。

F007 的符号及外部接线图如图 9.3（a）所示，外形和引脚安排如图 9.3（b）所示。引脚 2 为反相输入端，用“−”表示，引脚 3 为同相输入端，用“+”表示。引脚 6 为输出端。引脚 7、4 分别接正、负电源。引脚 1、5 接调零电位器。引脚 8、9 接补偿电容。

目前普遍使用的μA741 外部接线图及引脚图如图 9.4 所示。μA741 为八脚双列直插式芯片。引脚 2 为反相输入端，引脚 3 为同相输入端，引脚 6 为输出端，引脚 7、4 分别接正、负电源，引脚 1、5 接调零电位器，引脚 8 为空脚。

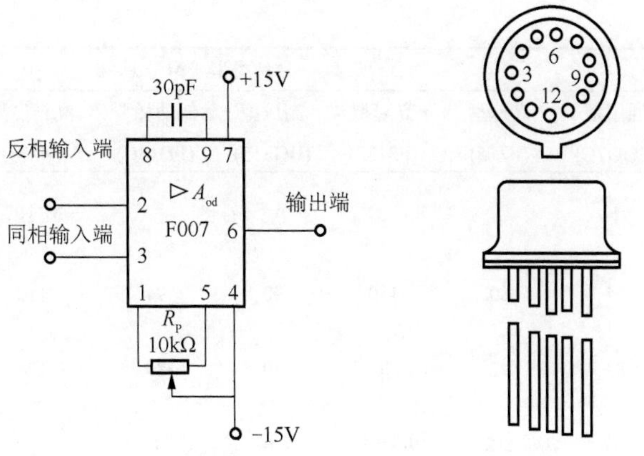

（a）外部接线图　　（b）外形和引脚图

图 9.3　F007 的外部接线和外形引脚图

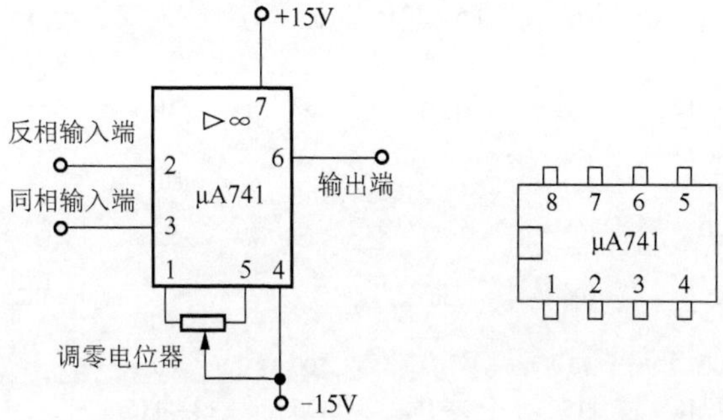

（a）外部接线图　　（b）引脚图

图 9.4　μA741 外部接线和引脚图

9.1.3　集成运算放大器的主要技术指标

集成运算放大器的性能通常通过它的参数来表示，为了合理地选用集成运算放大电路，必须了解各主要参数的意义。表 9.1 是部分集成运算放大器的主要技术指标。

表 9.1　部分集成运算放大器的主要技术指标

参数	品种类型（型号）							
	通用型 (F007C)	高速型 (F715)	高阻型 (F3130)	高压型 (BG315)	低功耗型 (FD13C)	高精度型 (F714)	宽带型 (F1520)	超高压大电流型(3583)
输入失调电压 U_{os} / mV	2	2	2	10	2	10	5	3
输入失调电流 I_{os} / nA	100	70	5×10^{-4}	200	50	0.3	30	
输入基极电流 I_B / nA	300	400	0.005	500	200	0.7	0.8	0.02
U_{os} 温漂 dU_{os}/dT(μA/℃)	20		10	10	5	0.2	2	25

续表

参数	品种类型（型号）							
	通用型 (FOO7C)	高速型 (F715)	高阻型 (F3130)	高压型 (BG315)	低功耗型 (FD13C)	高精度型 (F714)	宽带型 (F1520)	超高压大电流型(3583)
I_{os} 温漂 dI_{os}/dT (μA/℃)	1			0.5		5×10^{-6}		
开环差模增益 A_{od} / dB	94	80	110	90	94	110	70	118
共模抑制比 K_{CMRR} / dB	80	92	90	80	80	126	90	110
输入共模电压 U_{icm} / V	±12	±12	0.5～12	±32	±12		±3	
输入差模电压 U_{idm} / V	±30		±8		±6			
差模输入电阻 r_{id} / MΩ	1	1	1.5×10^{6}	0.5	0.5	80	2	105
最大输出电压 U_{opp} / V	±8～±12		13.3	±32	±10		±4	±140
−3dB 带宽 f_h / Hz	7				80		2×10^{6}	60
静态功耗 P_o / mW	120	165			6		120	
转换速率 SR / (V / μs)	0.5	100	30			0.25	35	30
输出电阻 r_o / Ω	200	75		500	200		50	
电源电压范围 / V	±9～±18	±15	5～16	±36	±3～±15		±6～±8	±50～±150
输出电流 / mA			±2.5～±8					75

对表 9.1 中部分参数说明如下：

（1）开环电压放大倍数 A_{od} 。它指无反馈电路时所测出的差模放大倍数 $A_{od}=\left|\Delta U_o/\Delta(U_- - U_+)\right|$，常用 $20\lg|A_{od}|$ 表示，其单位为 dB，也称为开环差模增益，实际运放一般约为 80～120 dB，即放大倍数为 10^4 ～ 10^6 。A_{od} 是决定运放精度的重要因素，理想情况下希望 A_{od} 为无穷大。

（2）输入差模电压 U_{idm} 。它指运算放大器反相和同相两个输入端之间所能承受的最大电压值，超过此值，其中一个管子将会出现反向击穿现象。

（3）输入共模电压 U_{icm} 。它指运算放大器能承受的最大共模输入电压，超过 U_{icm} 值，运算放大器就不能正常工作。

（4）共模抑制比 K_{CMRR} 。

$$K_{CMRR}=20\lg\left|\frac{A_{od}}{A_{oc}}\right|$$

式中，A_{oc} 为共模放大倍数。

（5）最大输出电压 U_{opp} 。它指运算放大器在不发生失真的情况下的最大输出电压，又称为饱和电压。

（6）输入失调电压U_{os}和输入失调电压温漂dU_{os}/dT。在运算放大器中，由于差动输入级两边元件参数不可能完全对称，当输入信号为零时，输出并不为零。输入失调电压U_{os}是指为了使输出电压为零，在输入端所需外加的补偿电压，其值愈小愈好。一般为几个毫伏。常用外加调零电位计进行补偿。

U_{os}反映了运放输入级的不对称程度，由于U_{os}通常主要是由输入级差动放大器两晶体管的U_{BE}失配引起的，而U_{BE}是温度的函数，因此U_{os}也是温度的函数。

输入失调电压温漂dU_{os}/dT是表示U_{os}受温度影响的指标，它是衡量运算放大器温漂的重要指标。

（7）输入失调电流I_{os}和失调电流温漂dI_{os}/dT。输入失调电流I_{os}是指运放在静态时两输入端输入偏置电流之差，即$I_{os}=|I_{B1}-I_{B2}|$，也是一个反映差动输入级不对称程度的指标。显然其值愈小愈好。dI_{os}/dT与dU_{os}/dT意义相同。

（8）输入基极电流I_B。它指运算放大器在静态时，两个输入端输入基极电流的平均值：

$$I_B=\frac{I_{B1}+I_{B2}}{2}$$

（9）差模输入电阻r_{id}。运算放大器在差模信号输入时输入电阻r_{id}一般非常大，高质量的都在兆欧级。

（10）–3dB 带宽f_h。即运算放大器使用时的上限频率。

（11）转换速率SR。用以表明运算放大器对大幅度变化信号的适应能力，用下式表示：

$$SR=\left|\frac{dU_o}{dt}\right|_{max}$$

从表 9.1 还可以看出，除了通用型 F007C 之外，运算放大器还有几种专用类型：高速型、高阻型、高压型、低功耗型、高精度型、宽带型及超高压大电流型等。

9.2　理想运算放大器

9.2.1　理想运放的技术指标

在大多数情况下，可以将集成运算放大器看成是一个理想运算放大器。所谓理想运算放大器，就是将集成运放的各项技术指标理想化，具体如下所述。

（1）开环电压放大倍数$A_{od}\to\infty$；

（2）差模输入电阻$r_{id}\to\infty$；

（3）输出电阻$r_o\to 0$；

（4）共模抑制比$K_{CMRR}\to\infty$；

（5）输入偏置电流$I_{B1}=I_{B2}\approx 0$；输入失调电压U_{os}、失调电流I_{os}及它们的温漂dU_{os}/dT、dI_{os}/dT均为零，且无任何干扰与噪声；

（6）上限频率$f_h\to\infty$。

国家规定的理想运算放大器的图形符号如图 9.5 所示。框内三角形表示信号从左向右的传播方向，即两个输入端在左侧，而输出端在右侧。其中，标记“-”的为反相输入端，标记“+”的为同相输入端，输出端也标有“+”号。“∞”表示 $A_{od}=\infty$，这里省略了其他引线，如正、负电源引脚及调零端未显示。

如果输入电压从同相输入端对公共地端输入时，则输出电压与输入电压同相；如果从反相输入端输入，则输出电压与输入电压反相；如果两个输入电压同时从反相输入端和同相输入端输入，则输出电压的相位由两个输入电压综合决定。因此运算放大器有反相输入、同相输入和双端差动输入三种输入方式。

表示运算放大器输出电压 u_o 与输入电压 (u_+-u_-) 之间关系的特性曲线称为电压传输特性，如图 9.6 所示。特性曲线分为线性区和非线性区（或称饱和区）。

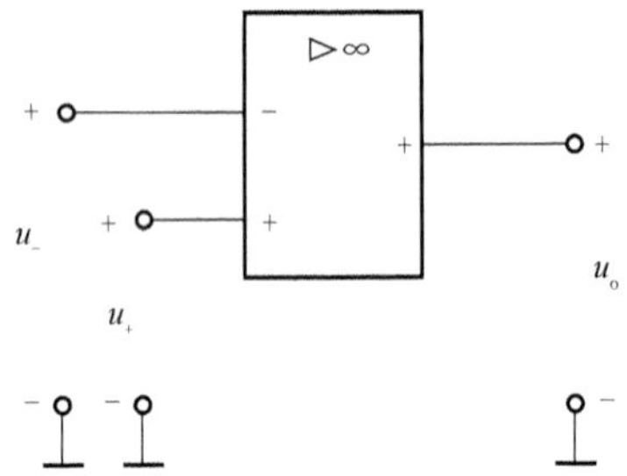

图 9.5　理想运算放大器的图形符号

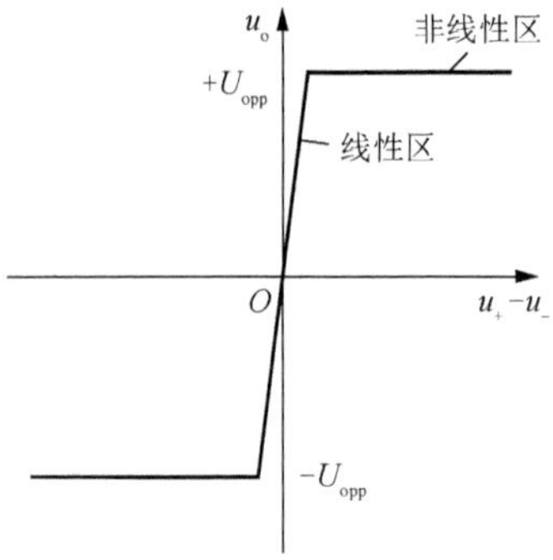

图 9.6　运算放大器的电压传输特性

在各种应用电路中，集成运放的工作范围可能有两种情况：工作在线性区或工作在非线性区。

9.2.2　理想运放工作在线性区时的特点

当运算放大器工作在线性区时，输入电压和输出电压满足线性关系，即

$$u_o=A_{od}(u_+-u_-) \tag{9.1}$$

由于运算放大器的开环差模增益 A_{od} 非常大，可达几十万倍，所以它的线性区非常窄。如果最大输出电压 $\pm U_{opp}=\pm 12\text{V}$，放大倍数 $A_{od}=5\times 10^5$，那么只有当输入信号 $|u_+-u_-|<24\mu\text{V}$ 时，电路才会工作在线性区，否则就工作在非线性区，输出电压不是 $+12\text{V}$ 就是 -12V。由于干扰的影响，很难使运算放大器在开环时处于线性工作状态。

为了使运算放大器工作在线性区，电路中必须引入负反馈，以减小其净输入电压 (u_+-u_-)，使输出电压不超过线性范围。

理想运算放大器工作在线性区时，有两个重要特点：

（1）反相输入端与同相输入端电位近似相等：

$$u_+\approx u_- \tag{9.2}$$

这是因为理想运算放大器开环电压放大倍数 $A_{od}\to\infty$，而输出电压 u_o 为有限值，故由式（9.1）有

$$u_+ - u_- = \frac{u_o}{A_{od}} \approx 0$$

即

$$u_+ \approx u_-$$

上式表示运放同相输入端与反相输入端两点的电位近似相等，如同将该两点短路一样。但是该两点实际上并未真正被短路，只是具有与短路相同的特征，所以称这种现象为“虚短”。

（2）反相输入端和同相输入端输入电流近似为零：

$$i_+ = i_- \approx 0 \tag{9.3}$$

这是因为理想运算放大器开环差模输入电阻 $r_{id} \to \infty$，因此在其两个输入端均没有电流，如同该两点被断开一样，这种现象被称为“虚断”。

“虚短”和“虚断”是理想运放工作在线性区时的两点重要结论，是今后分析许多运放应用电路的出发点。对于实际运算放大器来说，只要 A_{od} 和 r_{id} 足够大，这种近似也足够准确。

9.2.3　理想运放工作在非线性区时的特点

如果运放的工作信号超出了线性放大的范围，则输出电压不再随着输入电压线性增长，而将达到饱和，输出电压会达到正饱和电压 $+U_{opp}$ 或负饱和电压 $-U_{opp}$。

运放工作在非线性区时，输入电压和输出电压不再有线性关系，式（9.1）不成立。

理想运放工作在非线性区时，也有两个重要特点：

（1）输出电压 u_o 只有两种可能，当 $u_+ > u_-$ 时，$u_o = +U_{opp}$；当 $u_+ < u_-$ 时，$u_o = -U_{opp}$。

（2）由于 $r_{id} \to \infty$，两个输入端的输入电流仍近似为零。

如上所述，理想运放工作在线性区或非线性区时，各有不同的特点。因此，在分析各种应用电路的工作原理时，首先必须判断运放工作在哪个区域。

9.3　集成运算放大电路中的反馈

运算放大器作为一个元器件，用它组成的电路是多种多样的。就反馈类型来说，有交流反馈和直流反馈之分，正反馈和负反馈之分。

9.3.1　有无反馈的判断

要判断电路中是否引入了反馈，关键是看输出端和输入端之间是否存在反馈通路，即电路的输出端和输入端之间有无起连接作用的元器件，若有反馈元器件，则有反馈；若无反馈元器件，则无反馈。

如图 9.7（a）所示电路，输入信号 u_i 作用于放大电路，得到输出电压 u_o，而输出端到输入回路没有任何通路，没有引入反馈，这是一种开环工作状态。如图 9.7（b）和图 9.7（c）所示电路，R_2 形成了输出和输入间的通路，因而有反馈存在。

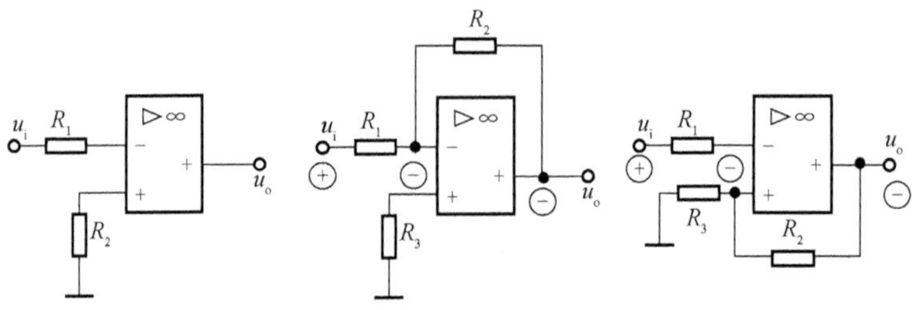

图 9.7　判断有无反馈

9.3.2　交流反馈和直流反馈的判断

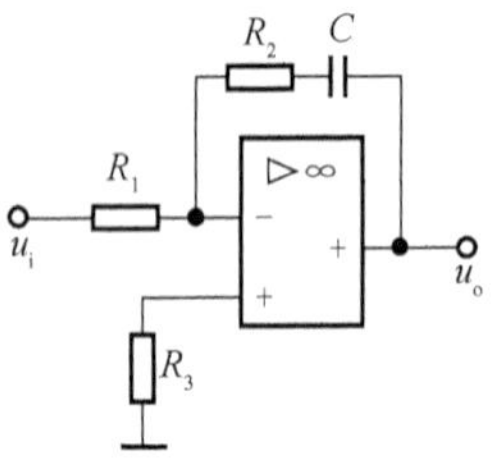

图 9.8　存在交流反馈

判断时首先要分清电路中的交流通路和直流通路，再看各通路中是否有反馈通路连接输出和输入回路，影响净输入量。

如图 9.8 所示电路，R_2C 支路仅是交流通路，所以电路中只存在交流反馈，而不存在直流反馈。

图 9.9（a）中的直流通路和交流通路分别为图 9.9（b）和图 9.9（c）。由图 9.9（b）不难看出存在直流反馈；图 9.9（c）中由于 R_1 被 C 短接，反相输入端接地，输出信号不会影响净输入信号，故没有交流反馈。

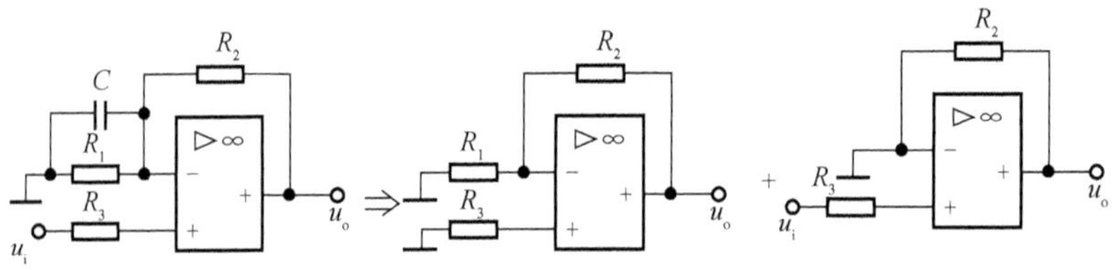

图 9.9　交、直流反馈的判断

9.3.3　正反馈和负反馈的判断

判断正负反馈可以用瞬时极性法。如图 9.7（b）所示电路，设 u_i 输入电压瞬时极性对地为正，则输出端极性为负，反馈到反相输入端极性也为负，R_1 上压降增加，纯输入量减小，因此该电路引入了负反馈。如图 9.7（c）所示电路，设 u_i 瞬时极性为正，则输出极性为负，反馈到同相输入端也为负，输入量 u_i 加上 R_3 上产生的反馈电压，净输入量增加了，因此该电路引入了正反馈。

9.3.4　反馈类型的判断

图 9.10 给出了运算放大器四种负反馈电路的不同形式，判断方法如下：

将放大器输出端短接，图 9.10（a）和图 9.10（b）反馈信号随之为零，说明反馈信号取自输出电压，所以为电压反馈；而图 9.10（c）和图 9.10（d）反馈信号依然存在，说明电路引入的是电流反馈。

图 9.10（a）、图 9.10（c）中，净输入电压 $|u_+ - u_-|$ 是输入电压与 R_1 上反馈压降的叠加，故为串联反馈；而图 9.10（b）、图 9.10（d）中，净输入电流是输入电流与反馈电流的叠加，故为并联反馈。

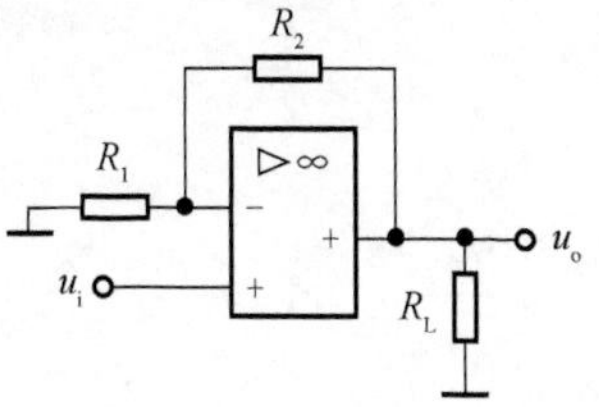

（a）电压串联负反馈电路

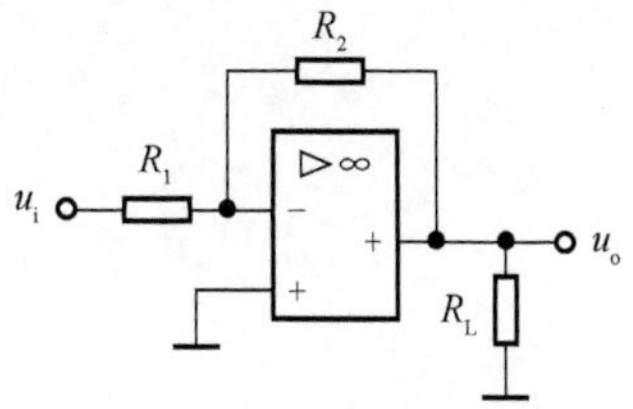

（b）电压并联负反馈电路

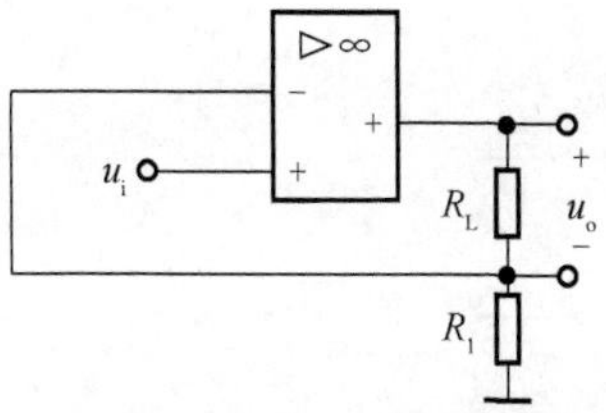

（c）电流串联负反馈电路

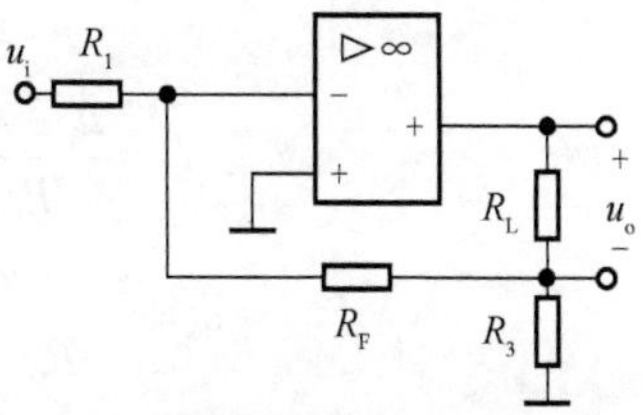

（d）电流并联负反馈电路

图 9.10　负反馈电路的四种不同形式

9.4　基本运算电路

集成运算放大器可以实现各种数学运算，如比例、求和、积分、微分、对数、反对数、乘法、除法等。在运算电路中，输入为自变量，输出是自变量的函数。在运算电路中，运算放大器必须工作在线性区，因而都要引入深度负反馈。这里只对几种典型运算电路进行分析。

9.4.1　比例运算电路

比例运算电路的输出电压与输入电压之间存在比例关系，即电路可实现比例运算。比例电路是最基本的运算电路，是其他各种运算电路的基础。

9.4.1.1　反相比例运算电路

图 9.11 是反相比例运算电路。输入电压 u_i 经 R_1 从反相输入端输入，同相输入端经 R_2 接地，R_F 为反馈电阻，跨接于输出端与反相输入端之间。

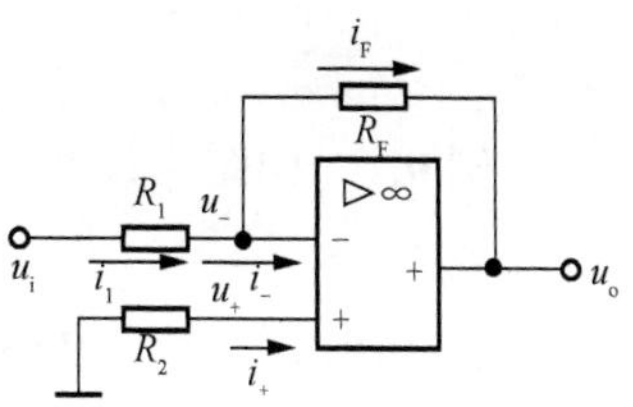

图 9.11　反相比例运算电路

前面已经分析过，这是一个电压并联负反馈电路。由图可知

$$i_1 = i_- + i_F$$

由于

$$i_{+}=i_{-}\approx 0$$

所以

$$i_1 \approx i_F$$

又因为

$$u_{+}\approx u_{-}$$

而

$$u_{+}=-i_{+}\cdot R_2 \approx 0$$

所以

$$u_{-}\approx 0$$

即反相输入端近似为“地”电位，因此在反相输入时又常把反相输入端称为“虚地”端。于是有

$$i_1=\frac{u_i-u_{-}}{R_1}\approx\frac{u_i}{R_1}$$

$$i_F=\frac{u_{-}-u_o}{R_F}\approx-\frac{u_o}{R_F}$$

所以

$$u_o=-\frac{R_F}{R_1}u_i \tag{9.4}$$

所以闭环电压放大倍数 A_{uf} 为

$$A_{uf}=\frac{u_o}{u_i}=-\frac{R_F}{R_1} \tag{9.5}$$

式（9.5）表明，反相比例运算电路的闭环电压放大倍数只由电阻 R_F 和 R_1 决定，而与集成运算放大器元件本身无关。式中的负号表示输出与输入反相。

该电路可以完成反相比例运算，比例系数为 $-\dfrac{R_F}{R_1}$，改变 R_F 和 R_1 的大小，就可使输出与输入满足不同的比例关系。只要 R_F 和 R_1 的阻值精确、稳定，输出和输入的比例关系就是非常精确、稳定的线性关系。

当 $R_F=R_1$ 时，$u_o=-u_i$ 称为反相器或反号器，这是反相输入电路的一个特例。

电路中的 R_2 为平衡电阻，以保证运算放大器输入级差动放大器的对称性，其阻值等于反相输入端各支路电阻的并联等效电阻，这里取

$$R_2=R_1 /\!/ R_F=\frac{R_1R_F}{R_1+R_F} \tag{9.6}$$

例 9.1　如图 9.11 所示电路，设 $R_1=1\text{k}\Omega, R_F=10\text{k}\Omega, u_i=0.12\text{V}$，求闭环电压放大倍数 A_{uf}、u_o。

解： 由式（9.5）可得

$$A_{uf}=\frac{u_o}{u_i}=-\frac{R_F}{R_1}=-\frac{10}{1}=-10$$

$$u_o = A_{uf} \cdot u_i = -10 \times 0.12 = -1.2\text{V}$$

9.4.1.2　同相比例运算电路

图 9.12 是同相比例运算电路。输入电压 u_i 经 R_2 从同相端输入，反相端经 R_1 接地，反馈电阻 R_F 仍跨接于输出端与反相输入端之间。

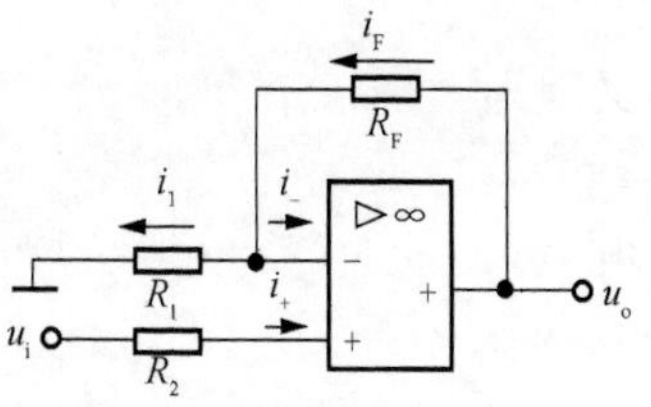

图 9.12　同相比例运算电路

前面已分析，这是一个电压串联负反馈电路。

由于

$$i_+ = i_- \approx 0, u_- \approx u_+ = u_i$$

所以

$$i_1 \approx i_F$$

又因为

$$i_1 = \frac{u_-}{R_1} \approx \frac{u_i}{R_1}, i_F = \frac{u_o - u_-}{R_F} \approx \frac{u_o - u_i}{R_F}$$

故

$$\frac{u_i}{R_1} = \frac{u_o - u_i}{R_F}$$

所以

$$u_o = \left(1 + \frac{R_F}{R_1}\right) u_i \tag{9.7}$$

所以闭环电压放大倍数 A_{uf} 为

$$A_{uf} = \frac{u_o}{u_i} = 1 + \frac{R_F}{R_1} \tag{9.8}$$

可见，同相输入电路仍为比例运算电路，输出与输入之间的关系仍取决于 R_F 和 R_1。比例系数为 $1 + \frac{R_F}{R_1}$，为正值，表明输出与输入同相，且总是大于或等于 1。

R_2 仍为平衡电阻，其值为 $R_1 /\!/ R_F$。

当 $R_F = 0$ 或 $R_1 = \infty$ 时，由式（9.8）可知 $A_{uf} = 1$，因此

$$u_o = u_i$$

这是同相输入电路的一个特例，称为电压跟随器或同号器。

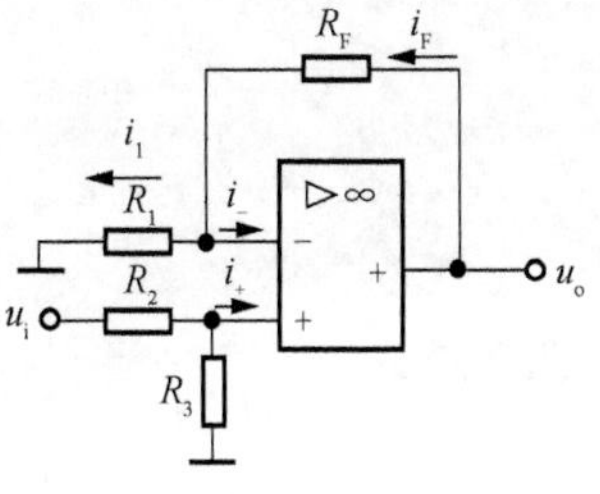

图 9.13　例 9.2 图

例 9.2　如图 9.13 所示，已知图中运算放大器的最大输出电压 $U_{opp} = \pm 12\text{V}, R_1 = R_2 = 1\text{k}\Omega, R_3 = 4\text{k}\Omega, R_F = 10\text{k}\Omega, u_i = 0.5\text{V}$，求闭环电压放大倍数 A_{uf}、u_o。

解： 因为

$$i_+ \approx 0$$

所以输入信号 u_i 经电阻 R_2、R_3 分压加到同相输入端，同相输入端电位为

$$u_+=\frac{R_3}{R_2+R_3}\cdot u_i$$

又因为

$$i_-\approx 0,u_-\approx u_+$$

有

$$i_1\approx i_F,u_-=\frac{R_3}{R_2+R_3}\cdot u_i$$

又因为

$$i_1=\frac{u_- - 0}{R_1},i_F=\frac{u_o-u_-}{R_F}$$

得

$$\frac{u_- - 0}{R_1}=\frac{u_o-u_-}{R_F}$$

$$A_{uf}=\left(1+\frac{R_F}{R_1}\right)\cdot\frac{R_3}{R_2+R_3}=\left(1+\frac{10}{1}\right)\cdot\frac{4}{1+4}=8.8$$

$$u_o=A_{uf}\cdot u_i=8.8\times 0.5=4.4\text{V}$$

例 9.3　电路如图 9.14 所示，已知 $R_1=R_2=R_4=10\text{k}\Omega,u_o=-20u_i$，求 R_5。

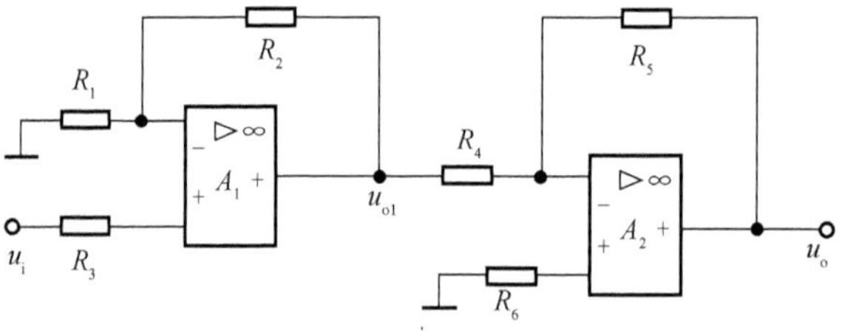

图 9.14　例 9.3 图

解： A_1 是同相输入的比例运算电路，由式（9.7）可得

$$u_{o1}=\left(1+\frac{R_2}{R_1}\right)\cdot u_i=\left(1+\frac{10}{10}\right)\cdot u_i=2u_i$$

A_2 是反相输入的比例运算电路，由式（9.4）可得

$$u_o=-\frac{R_5}{R_4}\cdot u_{o1}=-\frac{R_5}{10}\cdot 2u_i=-20u_i$$

可得

$$R_5=100\text{k}\Omega$$

9.4.2　加减运算电路

9.4.2.1　反相输入求和电路

在反相比例运算电路的基础上，增加若干个输入电压，可构成反相求和运算电路。图 9.15 是有三个输入信号的反相求和运算电路。

因为

$$u_{-} \approx u_{+}=0,\ i_{-} \approx 0$$

故

$$i_F = i_1+i_2+i_3, i_1=\frac{u_{i1}}{R_1}, i_2=\frac{u_{i2}}{R_2}, i_3=\frac{u_{i3}}{R_3}$$

$$u_o = -R_F \cdot i_F$$

$$i_F = \frac{u_{i1}}{R_1}+\frac{u_{i2}}{R_2}+\frac{u_{i3}}{R_3}$$

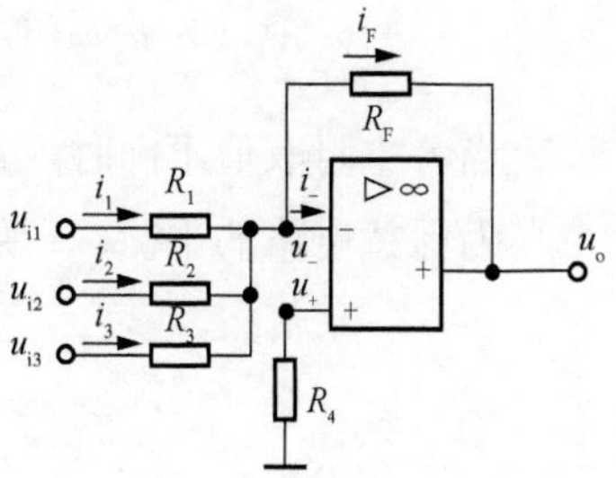

图 9.15　反相求和运算电路

所以

$$u_o = -\left(\frac{R_F}{R_1}u_{i1}+\frac{R_F}{R_2}u_{i2}+\frac{R_F}{R_3}u_{i3}\right) \tag{9.9}$$

若令

$$R_1 = R_2 = R_3 = R_F$$

则

$$u_o = -(u_{i1}+u_{i2}+u_{i3}) \tag{9.10}$$

这种电路称为反相加法器，此时输出电压的大小等于各输入电压之和，但相位相反。平衡电阻为

$$R_4 = R_1 /\!/ R_2 /\!/ R_3 /\!/ R_F \tag{9.11}$$

9.4.2.2　同相输入求和电路

图 9.16 是同相输入求和运算电路。在同相比例运算电路的分析中，已经知道

$$u_o = \left(1+\frac{R_F}{R_1}\right)u_{+}$$

又因为

$$i_1+i_2+i_3=i_4$$

即

$$\frac{u_{i1}-u_{+}}{R_1}+\frac{u_{i2}-u_{+}}{R_2}+\frac{u_{i3}-u_{+}}{R_3}=\frac{u_{+}}{R_4}$$

所以

$$\frac{u_{i1}}{R_1}+\frac{u_{i2}}{R_2}+\frac{u_{i3}}{R_3}=u_{+}\left(\frac{1}{R_1}+\frac{1}{R_2}+\frac{1}{R_3}+\frac{1}{R_4}\right)$$

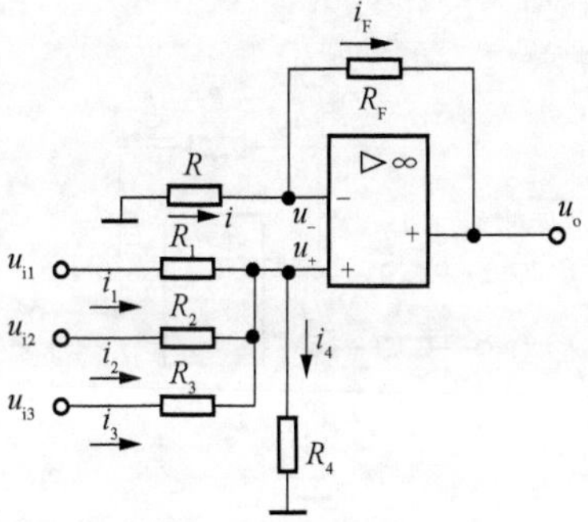

图 9.16　同相求和电路

令

$$R_{\Sigma} = R_1 /\!/ R_2 /\!/ R_3 /\!/ R_4$$

则

$$u_{+} = R_{\Sigma}\left(\frac{u_{i1}}{R_1}+\frac{u_{i2}}{R_2}+\frac{u_{i3}}{R_3}\right)$$

所以

$$u_o = \left(1+\frac{R_F}{R}\right)u_+ = \left(1+\frac{R_F}{R}\right)R_\Sigma\left(\frac{u_{i1}}{R_1}+\frac{u_{i2}}{R_2}+\frac{u_{i3}}{R_3}\right) \tag{9.12}$$

当各电阻取值不同时，u_o是不同比例各输入量之和。

为保持电路的平衡，一般选取

$$R \,/\!/\, R_F = R_1 \,/\!/\, R_2 \,/\!/\, R_3 \,/\!/\, R_4$$

若

$$R = R_F = R_S,\ R_1 = R_2 = R_3 = R_4 = 2R_S$$

则

$$u_o = \frac{1}{2}(u_{i1}+u_{i2}+u_{i3}) \tag{9.13}$$

例 9.4　试计算如图 9.17 所示电路输出电压u_o。

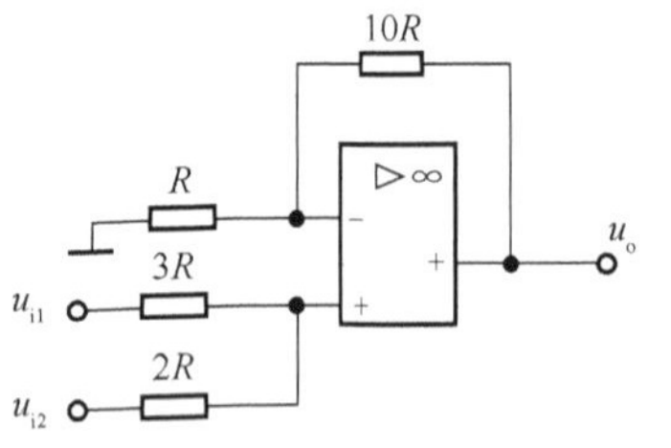

图 9.17　例 9.4 图

解： 当u_{i1}作用时，令$u_{i2}=0$，有

$$u_o' = \left(1+\frac{10R}{R}\right)\frac{2R}{3R+2R}u_{i1} = \frac{22}{5}u_{i1}$$

当u_{i2}作用时，令$u_{i1}=0$，有

$$u_o'' = \left(1+\frac{10R}{R}\right)\frac{3R}{3R+2R}u_{i2} = \frac{33}{5}u_{i2}$$

所以

$$u_o = u_o' + u_o'' = 11\left(\frac{2}{5}u_{i1}+\frac{3}{5}u_{i2}\right)$$

9.4.2.3　减法运算电路

当输入信号分别从运算放大器的两个输入端引入时，就称为双端差动输入方式，构成减法运算电路，如图 9.18 所示。

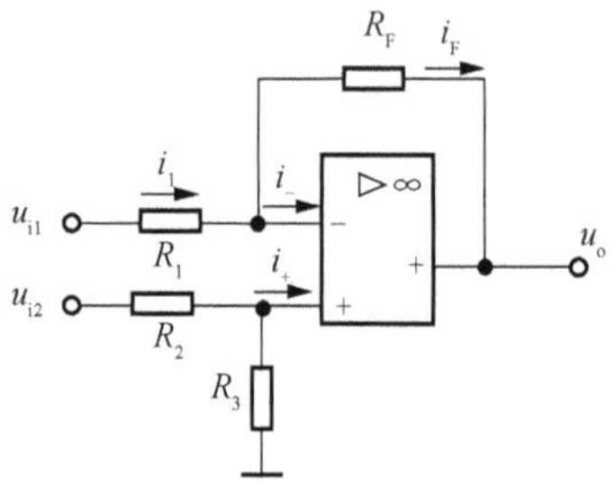

图 9.18　减法运算电路

同相端输入电压为

$$u_+ = \frac{R_3}{R_2+R_3}\cdot u_{i2}$$

由于

$$i_- = i_+ \approx 0, u_- \approx u_+$$

所以

$$i_1 = i_F$$

又因为

$$i_1 = \frac{u_{i1}-u_-}{R_1}, i_F = \frac{u_- - u_o}{R_F}$$

得

$$\frac{u_{i1}-u_-}{R_1} = \frac{u_- - u_o}{R_F}$$

可解得输出电压为

$$u_o=\left(1+\frac{R_F}{R_1}\right)\frac{R_3}{R_2+R_3}u_{i2}-\frac{R_F}{R_1}u_{i1} \tag{9.14}$$

如果 $R_1=R_2$，$R_3=R_F$ 时，则式（9.14）为

$$u_o=\frac{R_F}{R_1}(u_{i2}-u_{i1}) \tag{9.15}$$

由式（9.14）和式（9.15）可知，输出电压与两个输入电压之差成正比，所以可完成减法运算。

例 9.5　如图 9.19 所示，已知 $R_1=1k\Omega, R_2=2k\Omega$, $u_{i1}=-1.5V, u_{i2}=1.5V$，求 u_o。

解： A_1、A_2 是同相输入的比例运算电路，由式（9.7）可得

$$u_{o1}=u_{i1}=-1.5V$$

$$u_{o2}=\left(1+\frac{R_2}{R_1}\right)\cdot u_{i2}=\left(1+\frac{2}{1}\right)\times 1.5=4.5V$$

A_3 是减法运算电路，由式（9.15）可得

$$u_o=\frac{R_2}{R_1}(u_{o2}-u_{o1})=\frac{2}{1}\times[4.5-(-1.5)]=12V$$

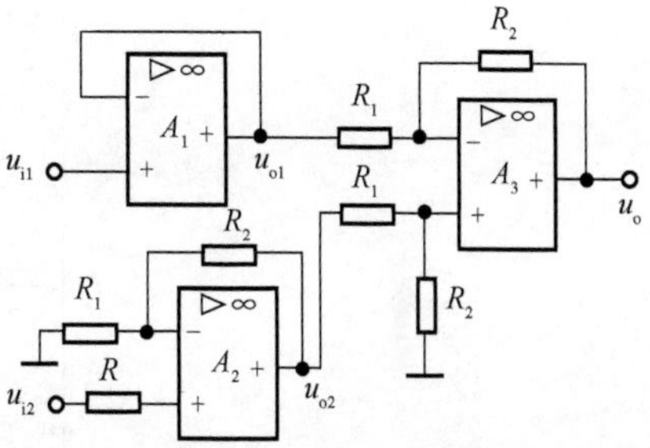

图 9.19　例 9.5 图

9.4.3　积分和微分运算电路

9.4.3.1　积分运算电路

积分运算电路是一种应用比较广泛的信号运算电路，利用其充放电过程可以实现延时、定时以及各种波形的产生。

图 9.20 是积分运算电路，图中，C_F 为反馈元件，假定 $t<0$ 时，电容两端电压为零。

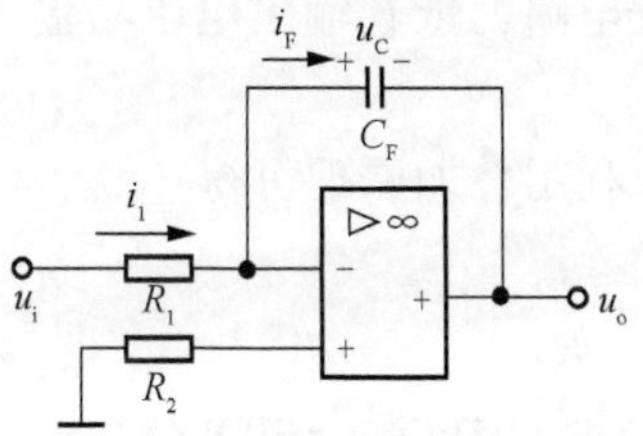

图 9.20　积分运算电路

由于 $i_-\approx 0$，$u_-\approx u_+=0$，有 $i_1\approx i_F$，且 $i_1\approx\frac{u_i}{R_1}$，所以

$$u_o=-u_c=-\frac{1}{C_F}\int i_F\,dt=-\frac{1}{C_F R_1}\int u_i\,dt$$

上式表明，输出电压 u_o 与输入电压 u_i 的积分成比例，负号表示它们在相位上是相反的。

当输入信号 u_i 为如图 9.21（a）所示的正阶跃电压，即 $t<0$ 时，$u_i=0$；$t\geqslant 0$ 时，$u_i=U_i$。所以当 $t\geqslant 0$ 时，

$$u_o\approx-\frac{U_i}{C_F R_1}t=-\frac{U_i}{\tau}t \tag{9.16}$$

式中，$\tau=R_1C_F$，称为积分时间常数。

只要运放工作在线性区，输出电压u_o与时间t就存在上述线性关系。这是由于反馈电容在这种情况下以近似恒定的电流$\dfrac{u_i}{R_1}$充电的缘故，这与阻容串联电路在阶跃电压作用下，充电电流以指数曲线减少不同。

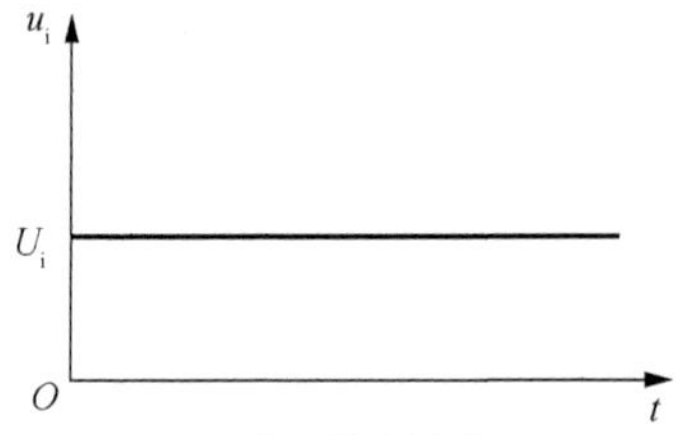

（a）输入波形

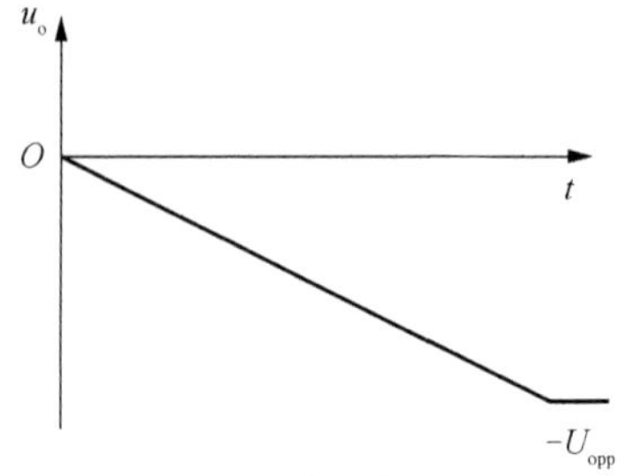

（b）输出波形

图 9.21　*RC* 积分电路的阶跃响应

由于输出电压$|u_o|$的线性增加受饱和电压限制，故输出电压达到饱和值后不再随时间变化，如图 9.21（b）所示。

以上分析说明此电路能完成积分运算。一般取$R_2 = R_1$。

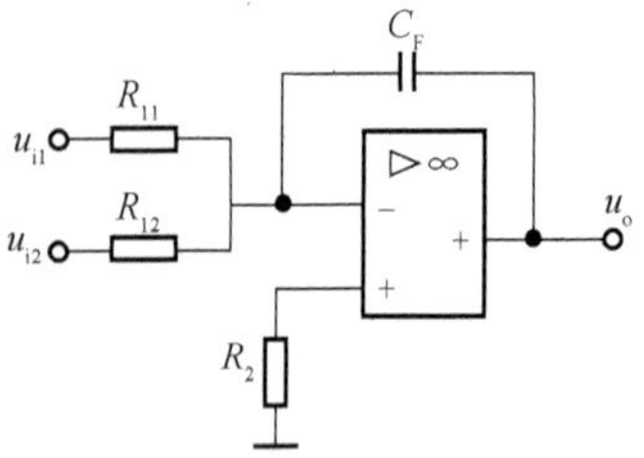

图 9.22　例 9.6 图

例 9.6　图 9.22 是求和积分电路。求其输出电压与输入电压的关系式。

解：这是个积分运算电路，利用叠加原理可得

$$u_o = -\frac{1}{C_F}\int\left(\frac{u_{i1}}{R_{11}} + \frac{u_{i2}}{R_{12}}\right)dt$$

例 9.7　图 9.23 是比例-积分运算电路，已知$R_1 = 100k\Omega, R_2 = 75k\Omega, R_F = 300k\Omega, C_F = 0.5\mu F$。（1）试求输出与输入电压的关系表达式；（2）输入阶跃电压如图 9.24 所示，画出输出电压波形。

解：（1）

$$i_- \approx i_+ = 0, u_- \approx u_+ = 0$$

$$i_F = i_1 = \frac{u_i}{R_1}$$

$$u_o = -\left(R_F i_F + u_C\right) = -\left(R_F i_1 + \frac{1}{C_F}\int i_1 \mathrm{d}t\right) = -\left(\frac{R_F}{R_1}u_i + \frac{1}{R_1 C_F}\int u_i \mathrm{d}t\right)$$

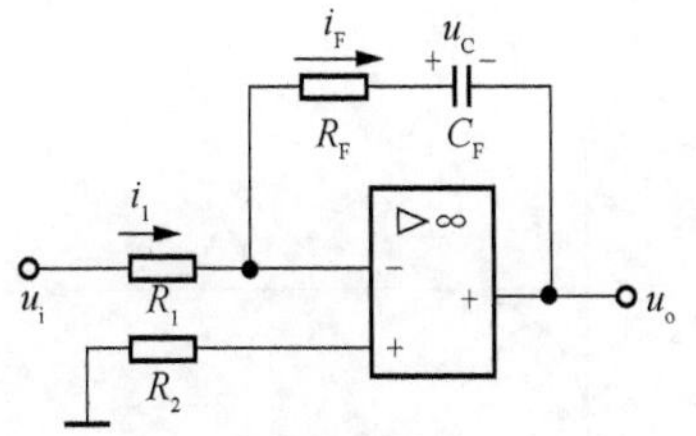

图 9.23　比例-积分运算电路图

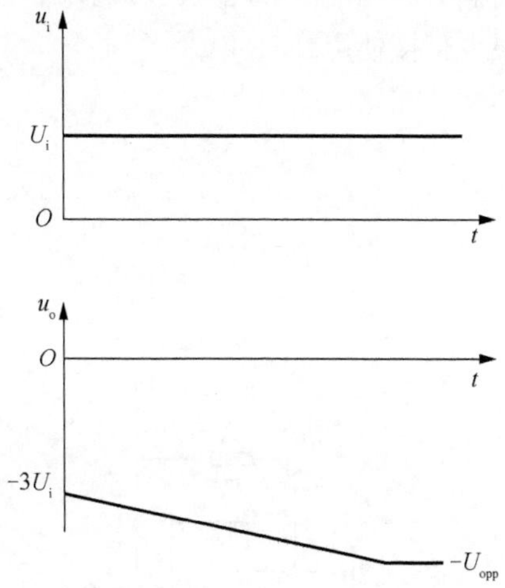

图 9.24　电路的阶跃响应

上式表明，输出电压是对输入电压的比例-积分。这种运算器又称 PI 调节器，常用于控制系统中，以保证自控系统的稳定性和控制精度。改变 R_F 和 C_F，可调整比例系数和积分时间常数，以满足控制系统的要求。

将参数代入上式，得

$$u_o = -\left(\frac{300}{100}u_i + \frac{1}{100\times10^3\times0.5\times10^{-6}}\int u_i \mathrm{d}t\right) = -\left(3u_i + 20\int u_i \mathrm{d}t\right)$$

（2）当输入为阶跃信号时，输出信号为

$$u_o = -\left(3U_i + 20U_i t\right)$$

其波形如图 9.24 所示。

9.4.3.2　微分运算电路

图 9.25 是微分运算电路。

考虑到 $u_- \approx 0$，$i_C \approx i_F$，$i_C = C\dfrac{\mathrm{d}u_C}{\mathrm{d}t} = C\dfrac{\mathrm{d}u_i}{\mathrm{d}t}$，输出电压为

$$u_o = -R_F i_F = -R_F C\frac{\mathrm{d}u_i}{\mathrm{d}t} \tag{9.17}$$

即输出电压与输入电压对时间的微分成比例。

当输入阶跃电压 u_i 时，考虑到信号源总存在内阻的影响，当 $t=0$ 瞬间，输出电压跃变到有限值，随着电容器 C 的充电，输出电压 u_o 将逐渐地衰减，最后趋近于零。输出电压 u_o 的波形如图 9.26 所示。

若输入为正弦信号 $u_i = \sin\omega t$，根据式（9.17），得

$$u_o = -R_F C\omega\cos\omega t$$

结果说明，微分电路输出 u_o 的幅值将随频率的增加而线性地增加，输入信号频率越高，输出信号幅值会越大。若输入信号含有高频噪声，则输出噪声会很大，所以微分电路很少直接使用。

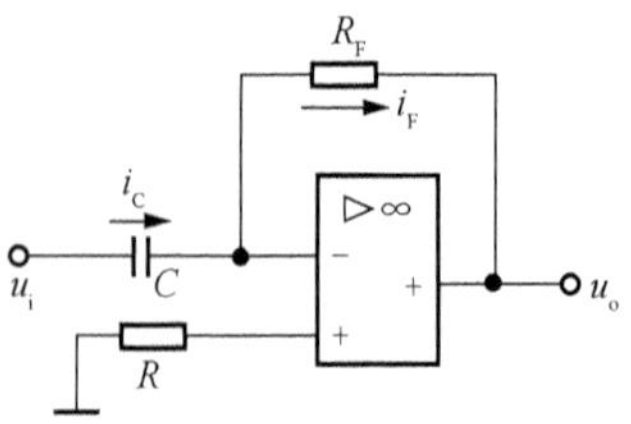

图 9.25　微分运算电路

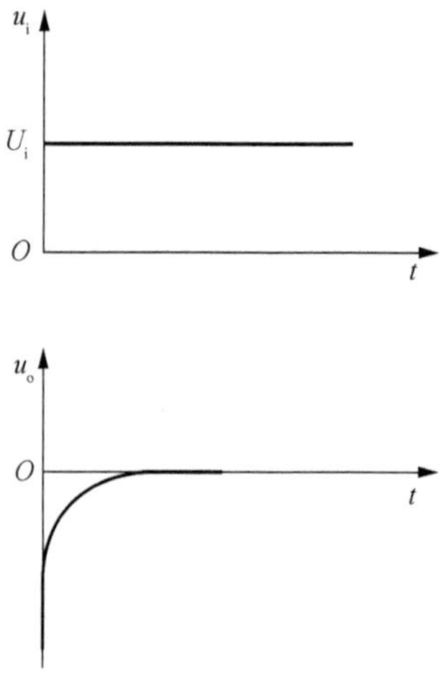

图 9.26　微分电路的阶跃响应

例 9.8　如图 9.27 所示的微分电路，其输入信号 u_i 波形如图 9.28 所示，试求输出信号 u_o 的表达式，并画出波形。

解： 这是个微分运算电路，有

$$u_o = -RC\frac{du_i}{dt} = -10\times10^3\times0.001\times10^{-6}\frac{du_i}{dt} = -10^{-5}\frac{du_i}{dt}$$

u_o 波形如图 9.28 所示。

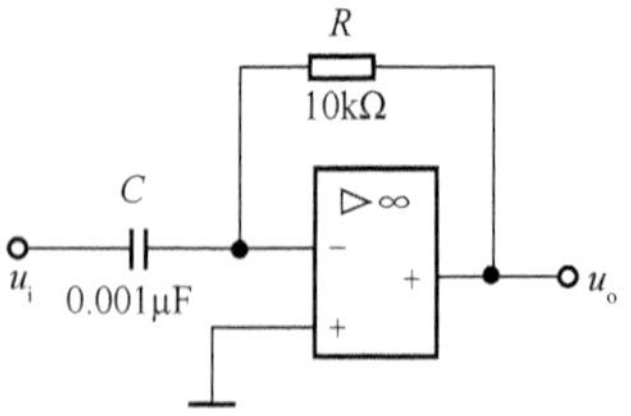

图 9.27　例 9.8 图

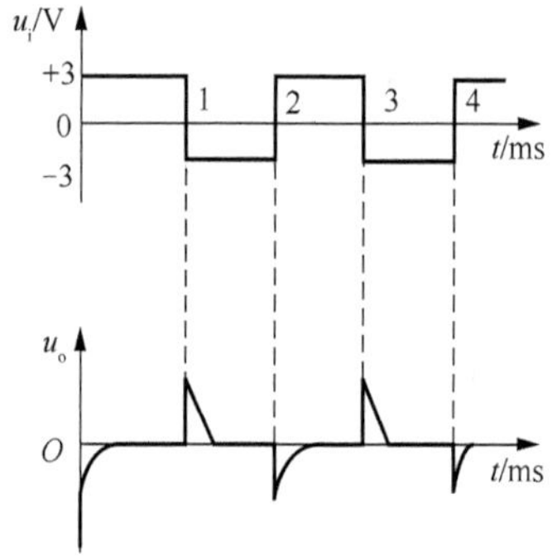

图 9.28　输入输出电压波形图

例 9.9　图 9.29 是比例-微分运算电路，试求输出电压和输入电压的关系式。

解：

$$u_o = -R_F i_F$$

$$i_F = i_R + i_C = \frac{u_i}{R_1} + C_1 \frac{du_i}{dt}$$

$$u_o = -\left(\frac{R_F}{R_1}u_i + R_F C_1 \frac{du_i}{dt}\right)$$

上式表明，输出电压是对输入电压的比例-微分。这种运算器又称 PD 调节器，在控制系统中，PD 调节器在调节过程中起加速作用，即使系统有较快的响应速度和工作稳定性。

当输入电压为阶跃信号时，输入和输出电压波形如图 9.30 所示。

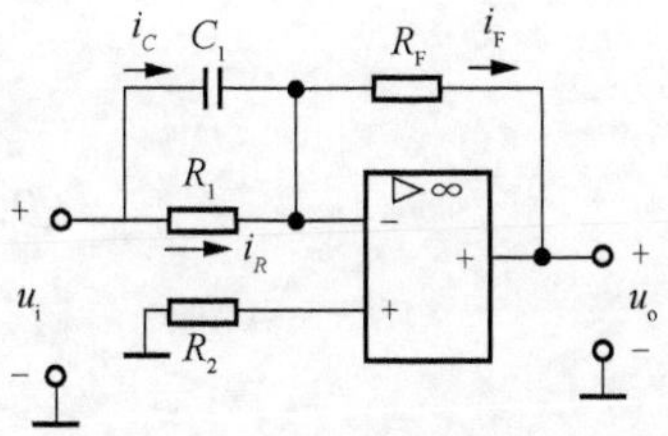

图 9.29　比例-微分运算电路

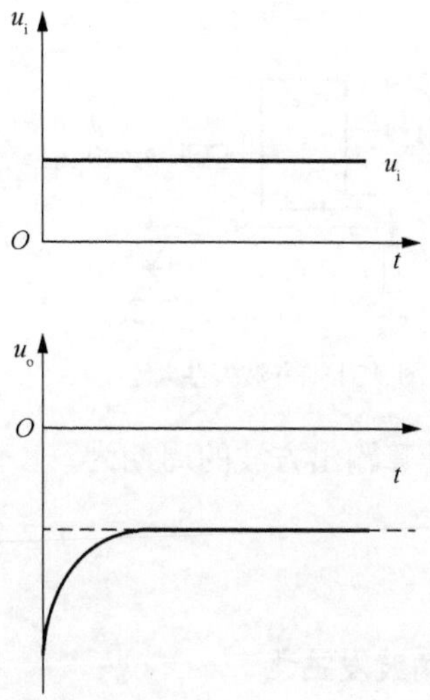

图 9.30　比例微分电路阶跃输入和输出电压波形图

9.5　非正弦波信号发生器

信号发生器又称为振荡器，是不需要输入信号也能产生各种周期性波形信号的电路装置，如方波、三角波、锯齿波发生器等。正弦波信号发生器在 9.7 节介绍，这里介绍非正弦波信号发生器。

非正弦波信号发生器是集成运算放大器工作在非线性状态的一种典型应用。

9.5.1　方波发生器

方波信号常用做脉冲数字电路的信号源。图 9.31 是方波发生器，D_Z 为双向稳压管，$\pm U_Z$ 为输出电压。两个输入端的电位 u_- 和 u_+ 相比较，其差值决定输出电压的极性，$U_o = \pm U_Z$，而 $u_+ = \pm \frac{R_1}{R_1 + R_2} U_Z = \pm U_T$。

在接通电源的瞬间，输出电压究竟是正向饱和值还是负向饱和值，纯属偶然。假设 $t = 0$ 时，$u_o = +U_Z$，则 $u_+ = +U_T$，u_o 通过 R_F 对电容 C 充电，即 u_- 升高，一旦 $u_- > +U_T$，

u_o 就从 $+U_Z$ 翻转到 $-U_Z$ ，即 $u_o=-U_Z$ ，而 $u_+=-U_T$ ，此后电容 C 通过 R_F 放电，而后又反向充电，当 $u_- < -U_T$ 时，u_o 就从 $-U_Z$ 翻转到 $+U_Z$ 。这样周而复始，电路产生自激振荡，即电路无外加输入电压，而在输出端也有一定频率和幅度的信号输出。图 9.32 是振荡波形曲线。

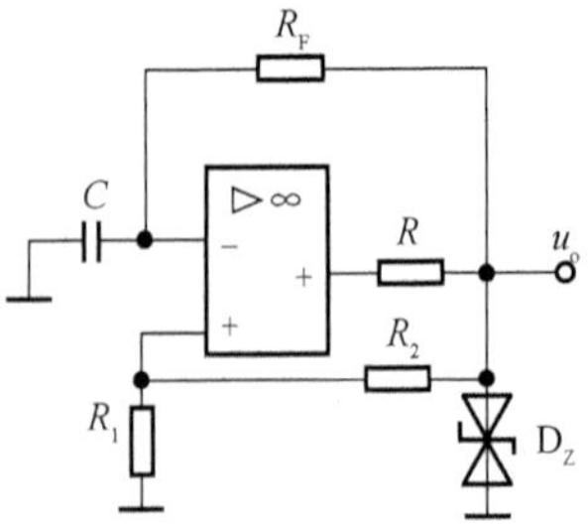

图 9.31　方波发生器

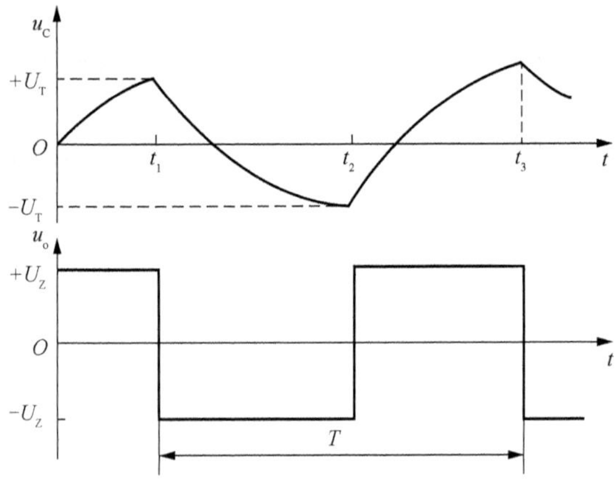

图 9.32　方波振荡曲线

可以计算输出方波的周期为

$$T = 2R_F C \ln\left(1+\frac{2R_1}{R_2}\right) \tag{9.18}$$

9.5.2　三角波发生器

如图 9.33 所示的三角波发生器由两级运算放大器组成，A_1 为滞回比较器，A_2 为积分器。D_Z 为双向稳压管，$\pm U_Z$ 为输出电压，则

$$u_{o1}=\pm U_Z$$

$$u_o=-\frac{1}{RC_F}\int u_{o1}\mathrm{d}t$$

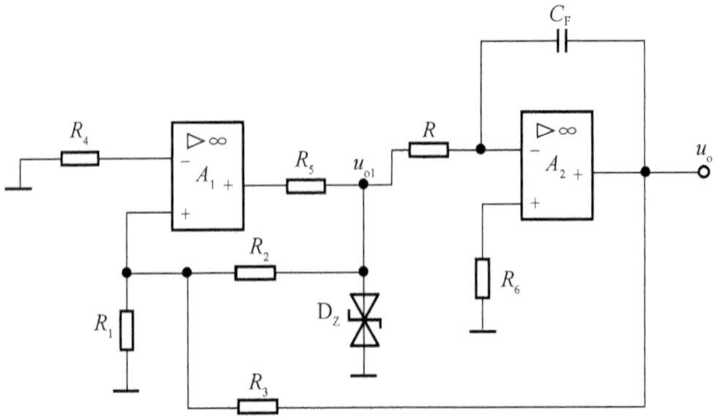

图 9.33　三角波发生器

两级输出电压分别通过 R_2 和 R_3 反馈到 A_1 的同相端，受正反馈影响，u_{o1} 为方波，对方波积分后，u_o 输出三角波。为简单起见，设 $R_2 = R_3$，则十分明显，当 $|u_{o1}| = |u_o|$ 时，振荡器发生翻转。设 $t = 0$ 时，$u_{o1} = +U_Z$，$u_o = 0$；当 $t = t_1$ 时积分器输出 $u_o = -U_Z$，这时两输出端反馈到 A_1 同相端的电压之和刚好等于零，只要 $|u_o|$ 稍大于 U_Z，滞回比较器立刻翻转到 $u_{o1} = -U_Z$，积分器开始反向积分；当 $t = t_2$ 时，$u_o = +U_Z$，再次使 u_{o1} 翻转。重复上述过程，因此电路产生自激振荡。调节 R 可以调节振荡频率。可以证明，在此情况下，振荡频率为

$$f = \frac{1}{4RC_F} \tag{9.19}$$

u_{o1} 和 u_o 的波形图如图 9.34 所示。

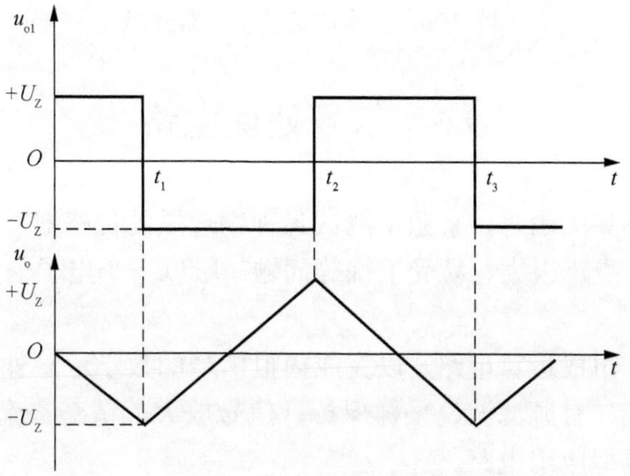

图 9.34　三角波振荡曲线

9.5.3　锯齿波发生器

锯齿波信号发生器电路和波形分别如图 9.35、图 9.36 所示。它与前述三角波发生器电路的区别主要在于积分电路充放电回路不同，可以使积分器电路的输出为锯齿波。锯齿波发生器电路被广泛应用于各种屏幕的扫描系统中。

对应三角波的振荡周期，锯齿波的振荡周期为

$$T = T_1 + T_2 = \frac{2R_2}{R_1}\left(R_4 + R_4'\right)C_F \tag{9.20}$$

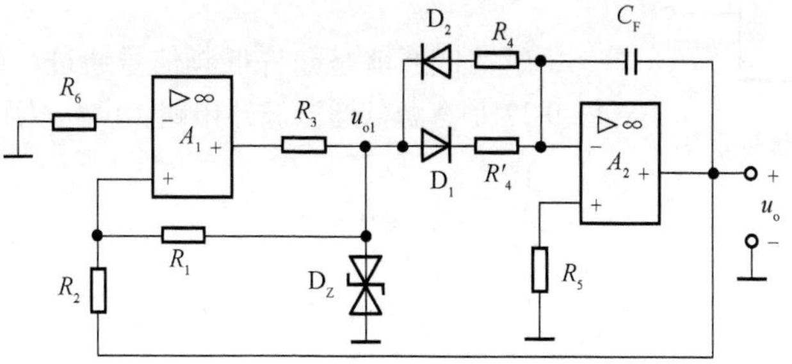

图 9.35　锯齿波信号发生器电路

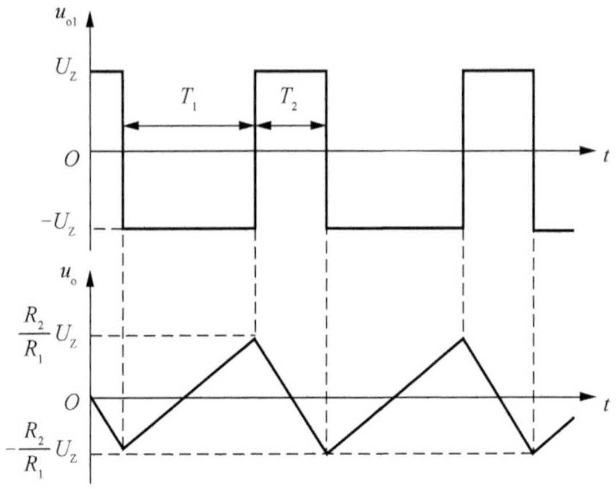

图 9.36　锯齿波信号发生器波形

9.6　信号处理电路

电子信息系统采集的信号，来源于测试各种物理量的传感器，而传感器提供的信号往往存在幅值很小、噪声很大、易受干扰等问题，所以一个电子信息系统首先要对采集的信号进行处理。

运算放大器除了组成运算电路，以完成模拟信号的数学运算外，还广泛地用于信号的处理，如信号比较、有源滤波、采样保持、信号放大、精密整流等。

下面介绍一些典型应用电路。

9.6.1　有源滤波器

滤波器的作用实质上是“选频”，即允许特定频率信号通过，而使其他频率的信号急剧衰减，即被滤掉。由 R、L、C 等元件可以构成无源滤波器，含有有源元件（如运算放大器）的滤波器称为有源滤波器。RC 有源滤波器是集成运放在线性状态下进行信号处理的一个重要应用领域，其滤波效果好、体积小，在电子线路中得到广泛应用。

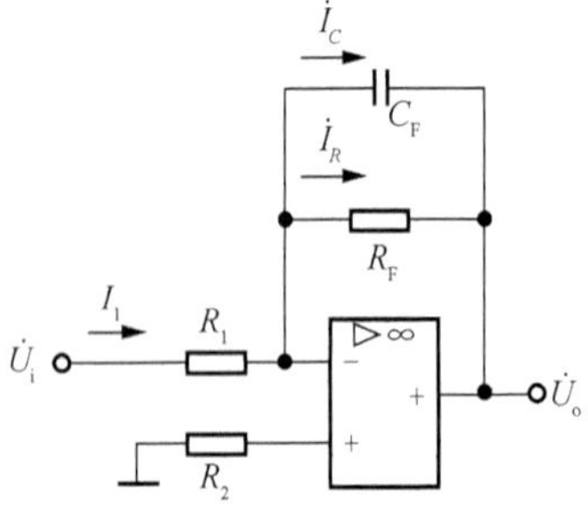

图 9.37　有源低通滤波器

9.6.1.1　有源低通滤波器

所谓低通就是允许低频信号通过，而滤掉高频信号。图 9.37 是有源低通滤波器电路。设 $\dot{U}_i$ 为正弦量的相量表示。

由于

$$u_{-} \approx 0$$

$$\dot{I}_1 = \frac{\dot{U}_i}{R_1},\ \dot{I}_R = -\frac{\dot{U}_o}{R_F},\ \dot{I}_C = -\dot{U}_o(j\omega C_F)$$

又

$$i_- = i_+ \approx 0$$

所以

$$\dot{I}_1 = \dot{I}_C + \dot{I}_R$$

整理得

$$\frac{\dot{U}_\mathrm{i}}{R_1} = -\frac{\dot{U}_\mathrm{o}}{R_\mathrm{F}} - \dot{U}_\mathrm{o}\left(\mathrm{j}\omega C_\mathrm{F}\right)$$

$$\dot{U}_\mathrm{o} = -\frac{R_\mathrm{F}}{R_1} \cdot \frac{1}{1+\mathrm{j}\omega C_\mathrm{F} R_\mathrm{F}} \dot{U}_\mathrm{i}$$

当 ω=0 时，

$$\dot{U}_\mathrm{o} = -\frac{R_\mathrm{F}}{R_1}\dot{U}_\mathrm{i}，\ U_\mathrm{o} = \frac{R_\mathrm{F}}{R_1} U_\mathrm{i}$$

当 $\omega = \dfrac{1}{R_\mathrm{F} C_\mathrm{F}}$ 时，

$$\dot{U}_\mathrm{o} = -\frac{R_\mathrm{F}}{R_1}\frac{1}{1+\mathrm{j}}\dot{U}_\mathrm{i}，\ U_\mathrm{o} = \frac{1}{\sqrt{2}}\frac{R_\mathrm{F}}{R_1} U_\mathrm{i}$$

当 $\omega = \infty$ 时，

$$\dot{U}_\mathrm{o}=0，\ U_\mathrm{o}=0$$

由以上分析可以看出，当频率低时，$\dot{U}_\mathrm{o}$ 的幅值大；当频率高时，$\dot{U}_\mathrm{o}$ 的幅值小，所以抑制了高频信号。

令 $\omega_0 = \dfrac{1}{R_\mathrm{F} C_\mathrm{F}}$，称之为截止角频率，而把 $\omega = 0 : \omega_0$ 称为低通滤波器的通频带。

9.6.1.2　有源高通滤波器

所谓高通就是允许高频信号通过，而滤掉低频信号。图 9.38 是有源高通滤波器电路。

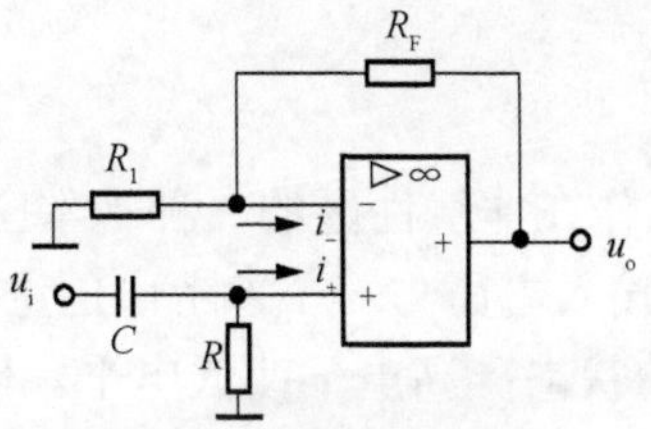

图 9.38　有源高通滤波器电路

因为

$$i_- = i_+ \approx 0，\ u_- \approx u_+$$

有

$$\dot{U}_- = \frac{R_1}{R_1 + R_\mathrm{F}} \dot{U}_\mathrm{o}$$

而

$$\dot{U}_{+}=\frac{R}{R-\mathrm{j}\dfrac{1}{\omega C}}\dot{U}_{\mathrm{i}}=\frac{1}{1-\mathrm{j}\dfrac{1}{\omega RC}}\dot{U}_{\mathrm{i}}$$

由于

$$\dot{U}_{+}=\dot{U}_{-}$$

所以

$$\dot{U}_{\mathrm{o}}=\frac{1+\dfrac{R_{\mathrm{F}}}{R_{1}}}{1-\mathrm{j}\dfrac{1}{\omega RC}}\dot{U}_{\mathrm{i}}=\frac{1+\dfrac{R_{\mathrm{F}}}{R_{1}}}{1-\mathrm{j}\dfrac{\omega_{0}}{\omega}}\dot{U}_{\mathrm{i}} \tag{9.21}$$

令 $\omega_{0}=\dfrac{1}{RC}$。当 $\omega=0$ 时，

$$\dot{U}_{\mathrm{o}}=0,\quad U_{\mathrm{o}}=0$$

当 $\omega=\omega_{0}$ 时，

$$\dot{U}_{\mathrm{o}}=\frac{1+\dfrac{R_{\mathrm{F}}}{R_{1}}}{1-\mathrm{j}}\dot{U}_{\mathrm{i}},\quad U_{\mathrm{o}}=\frac{1}{\sqrt{2}}\left(1+\frac{R_{\mathrm{F}}}{R_{1}}\right)U_{\mathrm{i}}$$

当 $\omega=\infty$ 时，

$$\dot{U}_{\mathrm{o}}=\left(1+\frac{R_{\mathrm{F}}}{R_{1}}\right)\dot{U}_{\mathrm{i}},\quad U_{\mathrm{o}}=\left(1+\frac{R_{\mathrm{F}}}{R_{1}}\right)U_{\mathrm{i}}$$

由上式可以看出，当频率低时，$\dot{U}_{\mathrm{o}}$ 的幅值小；当频率高时，$\dot{U}_{\mathrm{o}}$ 的幅值大，所以抑制了低频信号。

我们称 $\omega_{0}=\dfrac{1}{RC}$ 为截止角频率。当输入信号的角频率大于截止角频率时，输出电压衰减较少，信号基本顺利通过，而把 $\omega=\omega_{0}:\infty$ 称为高通滤波器的通频带。

9.6.2　电压比较器

电压比较器是集成运放工作在非线性区的一种基本应用电路，是一类常用的模拟信号处理电路。它将一个模拟量输入电压与一个参考电压进行比较，并将比较的结果输出。比较器的输出只有两种可能的状态：高电平或低电平。比较器可应用于越限报警、模/数转换以及各种非正弦波的产生和变换等。

比较器的输入信号是连续变化的模拟量，输出信号是“1”或“0”这样的数字量，它连接了模拟电路和数字电路。

9.6.2.1　基本电压比较器

图 9.39（a）是一种电压比较器。比较器工作在开环状态，由于运算放大器的开环电压放大倍数非常大，如果输入端有一个非常微小的差值信号，就会使输出电压趋于饱和。图中，U_{R} 为参考电压，u_{i} 为输入电压，当 u_{i} 略小于参考电压 U_{R} 时，输出立即变为

负饱和值 $-U_{opp}$；当 u_i 略大于参考电压 U_R 时，则输出立即变为正饱和值 $+U_{opp}$。其传输特性曲线如图 9.39（b）所示。

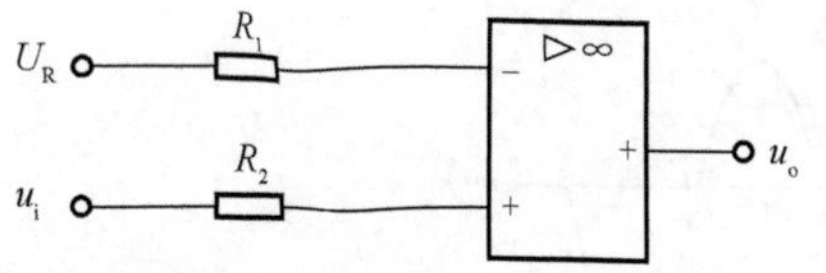

（a）电路

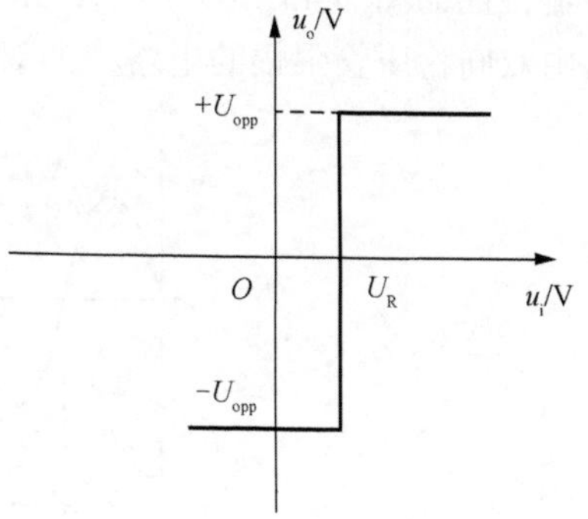

（b）电压传输特性

图 9.39　基本电压比较器

例 9.10　电路如图 9.39（a）所示，输入为正弦信号，波形如图 9.40 所示，试画出输出波形。

解： 根据前面分析，波形如图 9.40 所示。

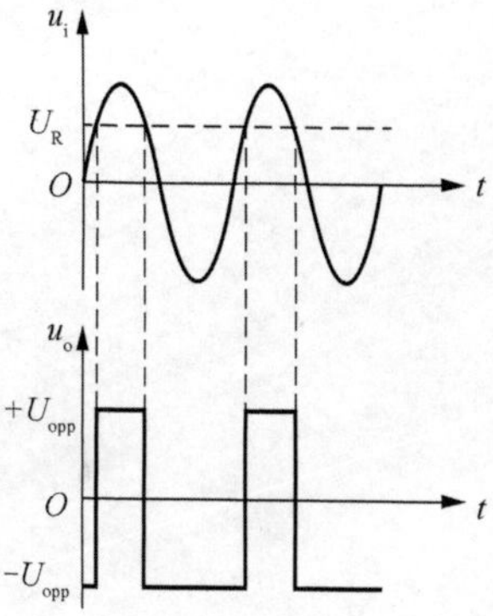

图 9.40　例 9.10 图

9.6.2.2　过零比较器

如果一个基本电压比较器的参考电压 $U_R = 0$，即输入电压和零电平比较，称为过零比较器，其电路和传输特性曲线如图 9.41 所示。由于运算放大器的开环电压放大倍数 $A_{od} = \infty$，当 $u_i < 0$ 时，$u_o = +U_{opp}$；当 $u_i > 0$ 时，$u_o = -U_{opp}$。

例 9.11　电路如图 9.41（a）所示，当输入电压 u_i 为正弦交流电时，画出输出电压 u_o 的波形。

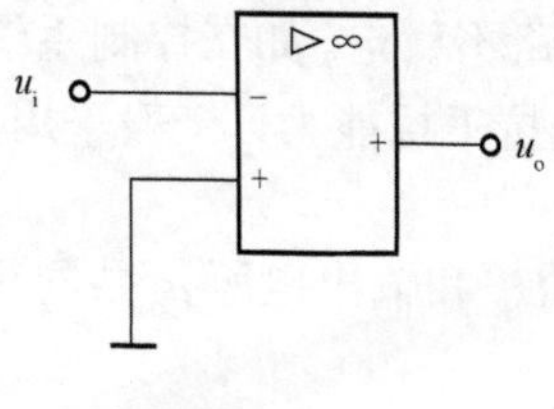

（a）电路

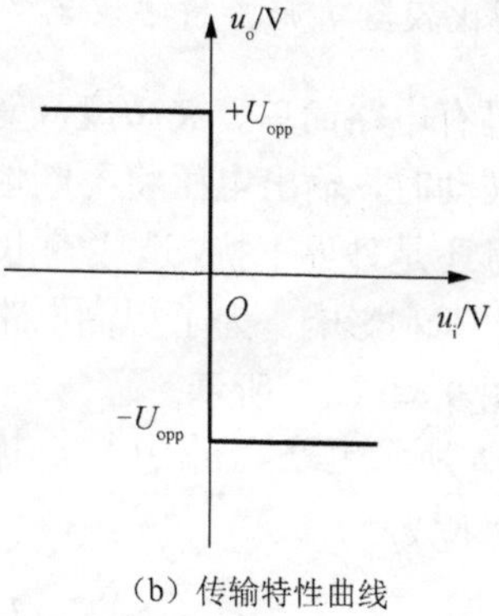

（b）传输特性曲线

图 9.41　过零比较器

解： 根据前面分析，输出电压应为矩形波电压，如图 9.42 所示。

只用一个开环状态的集成运放组成的过零比较器电路简单，输出电压幅度较高；

$u_o = \pm U_{opp}$。有时希望比较器的输出幅度限制在一定的范围内，需要加上一些限幅的措施。利用一个双向稳压管的过零比较器如图 9.43（a）所示，双向稳压管的稳定电压为 $\pm U_Z$，传输特性如图 9.43（b）所示。当 $u_i < 0$ 时，$u_o = +U_Z$；当 $u_i > 0$ 时，$u_o = -U_Z$，这种输出由双向稳压管限幅的电路称为双向限幅电路。

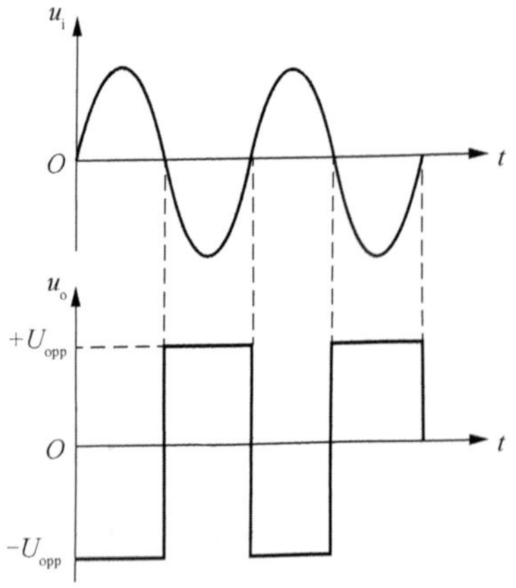

图 9.42　例 9.11 图

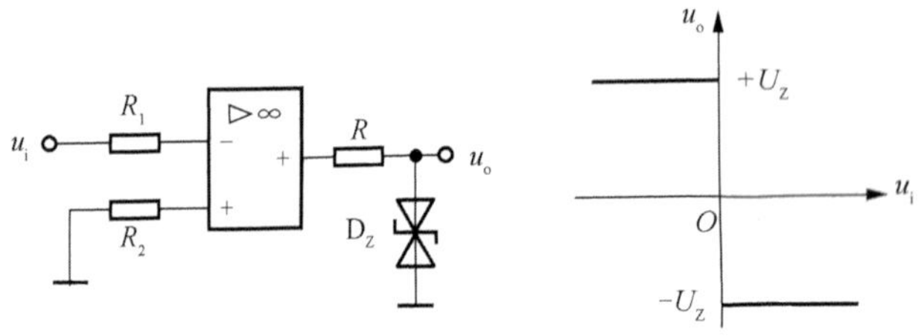

（a）电路　　　　（b）传输特性曲线

图 9.43　加限幅器的过零比较器

9.6.2.3　滞回比较器（施密特触发器）

过零比较器具有电路简单、灵敏度高等优点，但抗干扰能力差。输入信号在过零值附近小范围上下波动时，输出电压将不断地在高低电平之间反复跃变，不管这种微小变化来源于输入信号还是外界干扰，造成输出电路不稳定。如在控制系统中发生这种情况，将对执行机构产生不利影响。为了提高电路的抗干扰能力，一般采用具有正反馈电路的滞回比较器，如图 9.44（a）所示。

如图 9.44（a）所示电路，u_+ 由参考电压 U_R 和输出电压 u_o 共同决定。

同相输入端电位为

$$u_+ = \frac{R_F}{R_2 + R_F}U_R + \frac{R_2}{R_2 + R_F}u_o$$

若原来 $u_o = +U_Z$，当 u_i 逐渐增加，使 u_o 从 $+U_Z$ 跳变为 $-U_Z$ 所需的门限电平用 $U_{\tau+}$ 表示，可得

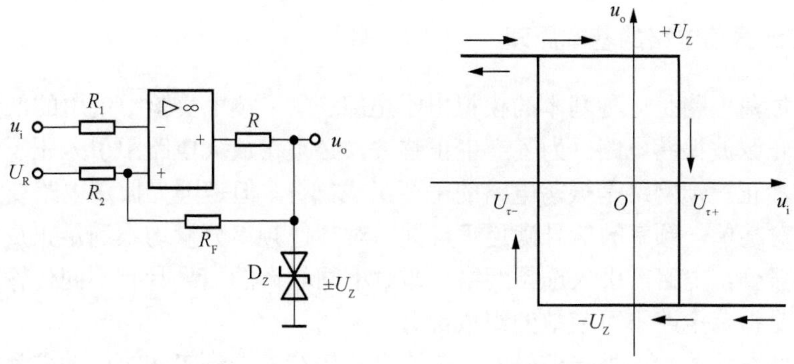

（a）电路　　（b）传输特性曲线

图 9.44　滞回比较器

$$U_{\tau+}=\frac{R_F}{R_2+R_F}U_R+\frac{R_2}{R_2+R_F}U_Z \tag{9.22}$$

若原来$u_o=-U_Z$，当u_i逐渐减小，使u_o从$-U_Z$跳变为$+U_Z$所需的门限电平用$U_{\tau-}$表示，可得

$$U_{\tau-}=\frac{R_F}{R_2+R_F}U_R-\frac{R_2}{R_2+R_F}U_Z \tag{9.23}$$

上述两个门限电平之差称为门限宽度或回差，用ΔU_τ表示，易得

$$\Delta U_\tau=U_{\tau+}-U_{\tau-}=2\frac{R_2}{R_2+R_F}U_Z \tag{9.24}$$

由式（9.22）～式（9.24）可知，改变参考电压U_R，可以同时改变两个门限电平的大小，但门限宽度ΔU_τ却与参考电压U_R无关。滞回比较器只要在跳变点附近的干扰电压不超过回差电压ΔU_τ，输出电压值就不变，所以它适合用于干扰信号比较大的场合。

例 9.12　如图 9.44（a）所示电路，$R_1=7.5\text{k}\Omega$，$R_2=30\text{k}\Omega$，$R_F=10\text{k}\Omega$，参考电压$U_R=6\text{V}$，稳压管的稳定电压$U_Z=4\text{V}$。计算该电路加在反相输入端的上下限电平及门限宽度。

解： 由式（9.22）～式（9.24）可得

$$U_{\tau+}=\frac{R_F}{R_2+R_F}\cdot U_R+\frac{R_2}{R_2+R_F}\cdot U_Z=\frac{10}{30+10}\times 6+\frac{30}{30+10}\times 4=4.5\text{V}$$

$$U_{\tau-}=\frac{R_F}{R_2+R_F}\cdot U_R-\frac{R_2}{R_2+R_F}\cdot U_Z=\frac{10}{30+10}\times 6-\frac{30}{30+10}\times 4=-1.5\text{V}$$

$$\Delta U_\tau=U_{\tau+}-U_{\tau-}=4.5-(-1.5)=6\text{V}$$

9.7　正弦波振荡电路

正弦波振荡电路与 9.5 节介绍的非正弦波信号发生器都属于信号产生电路，正弦波振荡电路输出正弦波信号，有 *RC* 振荡电路和 *LC* 振荡电路。

9.7.1　正弦波振荡电路的基本原理

正弦波振荡电路是一种基本的模拟电子电路。电子技术实验中使用的低频信号发生器就是一种正弦波振荡电路。为了产生正弦波，必须在放大电路中引入正反馈，因此基本放大电路和正反馈网络是振荡电路的主要组成部分。但是因为振荡电路要产生正弦波信号，需仅对某单一频率的信号满足正反馈，对其他频率分量均不满足正反馈条件，为了满足这一条件，电路需引入选频网络，即对不同频率的信号具有不同传输特性。因此选频网络也是振荡电路不可或缺的组成部分。

放大电路在输入端不外接信号时，在输出端仍有一定频率和幅度的信号输出，这种现象称为放大器的自激振荡。振荡器利用正反馈的原理，在没有输入信号的情况下，本身产生自激振荡，从而将电源的直流电能转变为交流电能供负载使用。振荡的幅值和频率一般都能在一定范围内进行调节。在放大器中要防止自激振荡产生，而在振荡电路中则是利用自激振荡工作，要充分满足自激振荡的条件，使其产生所需要频率和幅度的交流信号。

为了说明自激振荡现象，需要进一步分析产生振荡的具体条件。

如图 9.45 所示，A_0为放大器开环放大倍数，F 为反馈网络的反馈系数，$\dot{U}_i$ 为输入的正弦信号电压。当开关 S 合到 a 端时，在 $\dot{U}_i$ 的作用下，输出电压为 $\dot{U}_o = A_0\dot{U}_i$，反馈电压为 $\dot{U}_f = F\dot{U}_o = A_0F\dot{U}_i$。若将开关 S 换接到 b 端，输出电压仍为 $\dot{U}_o$ 时，则必须使 $\dot{U}_f = \dot{U}_i$，由此得

$$A_0F\dot{U}_i = \dot{U}_i$$

即

$$A_0F = 1 \tag{9.25}$$

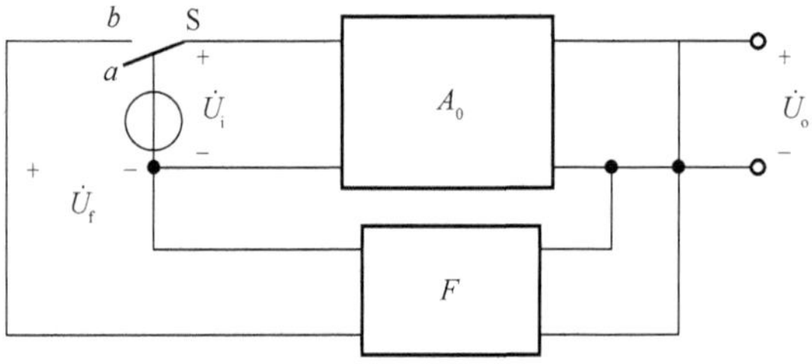

图 9.45　反馈放大器产生振荡的框图

这时，即使没有输入电压 $\dot{U}_i$，也有输出电压 $\dot{U}_o$。反馈电压 $\dot{U}_f$ 代替了 $\dot{U}_i$ 的作用。式（9.25）就是具有反馈放大电路产生自激振荡的条件。

下面简要介绍 *RC* 正弦波振荡电路和 *LC* 正弦波振荡电路。

9.7.2　*RC* 正弦波振荡电路

RC 振荡器一般用来产生 1MHz 以下的低频信号。

图 9.46 是用运算放大器组成的桥式振荡器。它由两部分构成，即放大电路和选频网

络。其中，放大电路是由集成运放组成的电压串联负反馈放大电路；选频网络为 RC 串并联网络，功能为正反馈和选频。

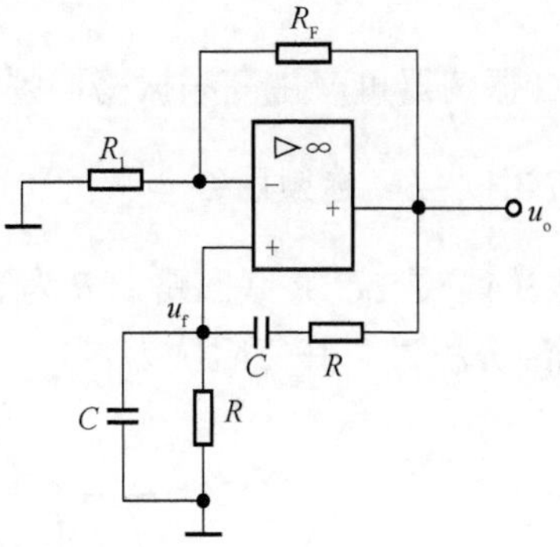

图 9.46　RC 正弦波振荡器

由式（9.25）可得

$$F=\frac{\dot{U}_f}{\dot{U}_o}=\frac{R/\!/(1/j\omega C)}{R+(1/j\omega C)+R/\!/(1/j\omega C)}=\frac{1}{3+j\left(\omega RC-\dfrac{1}{\omega RC}\right)}=\frac{1}{3+j\left(\dfrac{\omega}{\omega_0}-\dfrac{\omega_0}{\omega}\right)}$$

式中，$\omega_0=\dfrac{1}{RC}$。

由此可得幅频特性是

$$|F|=\frac{1}{\sqrt{3^2+\left(\dfrac{\omega}{\omega_0}-\dfrac{\omega_0}{\omega}\right)^2}} \tag{9.26}$$

相频特性是

$$\varphi_F=-\arctan\frac{\dfrac{\omega}{\omega_0}-\dfrac{\omega_0}{\omega}}{3} \tag{9.27}$$

当 $\omega=\omega_0=\dfrac{1}{RC}$ 时，$F=\dfrac{1}{3}$，此时 F 的幅值最大，相角为零，

$$|F|=\frac{1}{3},\ \varphi_F=0 \tag{9.28}$$

这就是说，当 $\omega=\omega_0=\dfrac{1}{RC}$ 时，$\dot{U}_f$ 的幅值最大，是 $\dot{U}_o$ 幅值的 $\dfrac{1}{3}$，且 $\dot{U}_f$ 和 $\dot{U}_o$ 同相。当 ω 偏离 ω_0 时，$|F|$ 急剧下降，信号几乎不能通过反馈网络。由此可见，RC 串并联电路具有选频特性，改变选频网络 RC 参数，可以改变振荡频率。

根据产生自激振荡的条件 $A_0F=1$，则 $A_0=3$，说明要求放大电路的输出电压与输入电压同相，且放大倍数等于 3。同相输入的运算放大电路可以满足这一条件，由

$$A_{uf}=1+\frac{R_F}{R_1}$$

如果 $R_F = 2R_1$，则 $A_{uf} = 3$，就可满足振荡条件。

9.7.3　LC 正弦波振荡电路

LC 振荡器可产生高频振荡，频率可以达到几十兆赫兹以上。

9.7.3.1　LC 选频网络

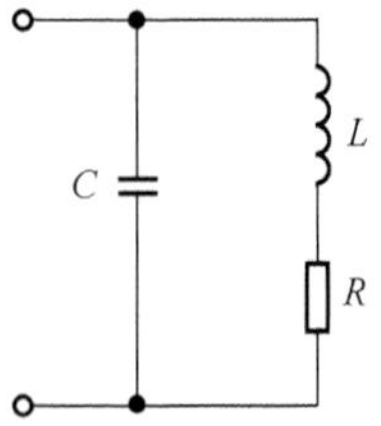

图 9.47　LC 并联回路

图 9.47 是 *LC* 并联回路，*R* 为等效电阻。这个电路在交流电路中已经分析过，其复阻抗为

$$Z \approx \frac{\dfrac{L}{C}}{R + \mathrm{j}\left(\omega L - \dfrac{1}{\omega C}\right)} \tag{9.29}$$

当 $\omega L - \dfrac{1}{\omega C} = 0$ 时，产生并联谐振，其谐振角频率为

$$\omega_0 = \frac{1}{\sqrt{LC}}$$

在谐振状态，回路的等效复阻抗为纯电阻，其值最大：

$$Z = \frac{L}{RC} \tag{9.30}$$

LC 振荡电路的选频特性，决定于 *LC* 选频网络的品质因数 *Q*：

$$Q = \frac{\omega_0 L}{R} = \frac{1}{\omega_0 CR} \tag{9.31}$$

Q 值越大，其谐振曲线越尖锐，选频能力就越强。

9.7.3.2　变压器反馈式振荡电路

图 9.48 是变压器反馈式振荡电路。它由晶体管放大器、变压器反馈电路和 *LC* 选频电路三部分组成。

变压器原绕组的电感 *L* 与电容 *C* 组成并联谐振电路，作为选频网络。同时并联谐振时的等效电阻作为晶体管集电极负载电阻，变压器另两个绕组一个作为反馈绕组（N_2），一个作为输出绕组，接负载电阻 R_L。反馈电压 u_f 加到三极管输入端。图中，R_{B1}、R_{B2} 和 R_E 组成放大器的偏置电路，C_1 为输入耦合电容，C_E 为射极旁路电容。

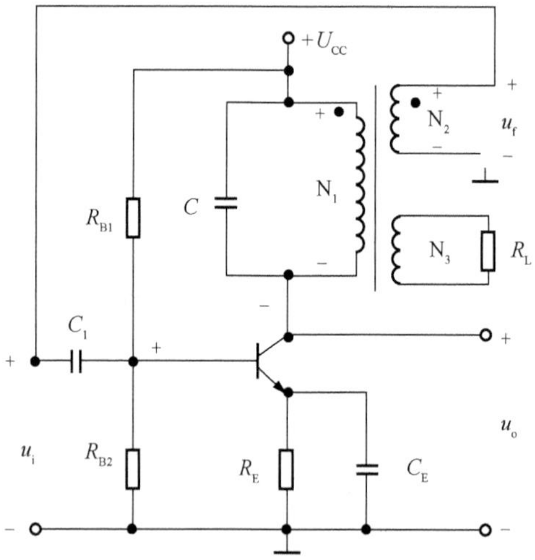

图 9.48　变压器反馈式振荡电路

反馈电压一定要满足振荡的相位条件。这里变压器线圈上的“·”为同名端，它们有

相同的瞬时极性。可以用瞬时极性法判别是否满足相位条件。当输入端为“+”时，集电极端为“－”，变压器绕组 L 上感应电压为上“+”下“－”，因而 N_2 绕组同名端也为“+”，说明反馈电压加到输入端为正反馈，与输入电压同相，满足相位条件。

反馈电压要满足振荡的振幅条件，可通过适当地选择 N_2 匝数，得到适当的变比，使反馈电压幅度足够大。

该振荡器满足相位和振幅条件，振荡频率决定于 L、C 的大小：

$$f_0=\frac{1}{2\pi\sqrt{LC}} \tag{9.32}$$

9.7.3.3　LC 振荡器的基本电路

图 9.49 是电感三点式 LC 振荡器。从图中可以看到，用一个有中间抽头的线圈来代替有两个绕组的变压器，同样可以获得正反馈，以构成振荡电路。电感上也标有同名端。当输入端极性为“+”时，则晶体管集电极的极性为“－”，电感两部分都是上“+”下“－”，反馈电压为 L_2 上电压，“+”端反馈到输入端，所以为正反馈，满足振荡条件。振荡频率为

$$f_0=\frac{1}{2\pi\sqrt{(L_1+L_2+2M)C}} \tag{9.33}$$

式中，L_1、L_2 为电感；M 为互感系数。

为了实现正反馈，也可以用电容作为反馈元件，图 9.50 是电容三点式 LC 振荡电路。反馈电压从 C_2 上取出，显然满足正反馈条件。电容三点式 LC 振荡器振荡频率为

$$f_0=\frac{1}{2\pi\sqrt{L\left(\frac{C_1C_2}{C_1+C_2}\right)}} \tag{9.34}$$

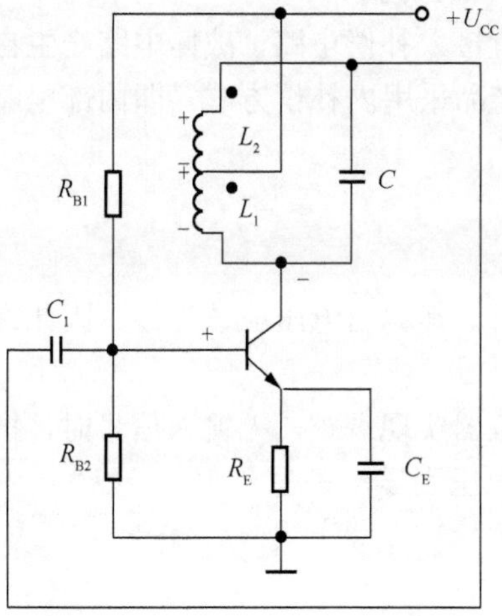

图 9.49　电感三点式 LC 振荡器

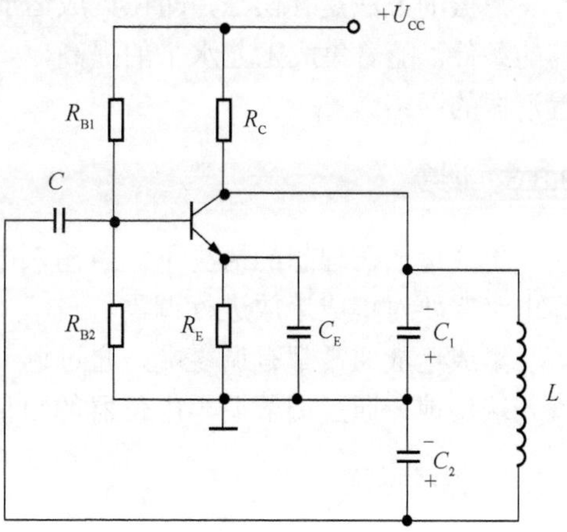

图 9.50　电容三点式 LC 振荡器

LC 振荡电路中，频率的稳定度相对较差，主要原因是品质因数 Q 不能太高。如果采用石英晶体振荡器，则可使振荡频率稳定度提高。石英晶体振荡电路是利用石英晶体的压电效应制成的，基本分为串联型晶体振荡电路和并联型晶体振荡电路两种，本书不再详细介绍，读者可参阅其他书籍。

9.8 集成运放应用中的注意事项

集成运放的应用非常广泛，只有正确的使用，才能达到预期效果。

9.8.1 集成运放的选择

集成运放发展十分迅速，通用型产品各项指标不断改进，又发展了适应特殊需要的各种专用型集成运放，有高精度型、低功耗型、高阻型、高速型、高压型、大功率型等。

使用时，首先从性价比上考虑，尽量选用通用型集成运放，当通用型不能满足技术指标要求时，再选择专用型集成运放。应根据电路的实际要求，参照主要技术指标进行选择，如系统要求精度高、共模抑制比高、噪声干扰低，则选择高精度型集成运放；若系统对功耗有要求，如在生物科学和空间技术的研究中，需要运放工作在很低的电源电压之下，要选择低功耗型集成运放；在搭建有源滤波器电路时，需要使用高输入电阻的运放，可以选择高阻型运放。

9.8.2 消振

集成运放使用中，当输入电压为零，利用示波器可以观察到运放的输出端存在一个频率较高、近似为正弦波的输出信号，这个信号不稳定，当人体或金属物体靠近时，输出波形会发生明显的变化，这种异常现象是由于自激振荡。

消振的方法是补偿法，即在集成运放规定位置接入补偿电路，破坏电路产生自激振荡的条件。随着集成工艺水平的提高，一般运放产品采用内补偿方式，即内部电路已设置消振的网络。

9.8.3 调零

集成运放在理想的情况下，当输入电压为零时，其输出电压应该为零，因此许多实际电路需要对集成运放进行调零。

集成运放通常都有调零端，通过调节调零电位器实现调零。无输入信号时，把两个输入端接地，通过调节调零电位器的阻值使输出电压为零。

9.8.4 保护措施

集成运放使用过程中，应在电路中采取必要的保护措施，如电源保护、输入端保护和输出端保护。

1. 电源保护

电源的常见故障是电源极性接反，利用二极管的单向导电性，可防止此类事故。如图 9.51 所示，在电源引线上分别串联两个二极管，当电源极性接错时，二极管截止，避免意外发生。

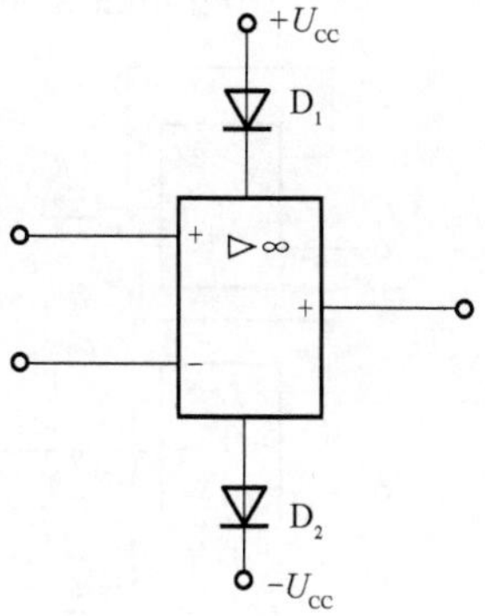

图 9.51　电源保护电路

2. 输入端保护

集成运放输入端所加的差模或共模电压过高时，会造成集成运放损坏，可在输入端接入反向并联的二极管，如图 9.52 所示，将输入信号幅度限制在二极管的正向压降以下。

3. 输出端保护

当集成运放输出端过载或短路时，如果没有保护电路，就会使集成运放损坏。有些集成运放内部设置了限流保护或短路保护，对于没有内部保护电路的集成运放，可将两只稳压管反向对接在输出端与地之间，如图 9.53 所示。当输出电压过高时，稳压管会被反向击穿，运放的输出电压会被限制在 $\pm(U_Z + U_D)$ 范围内，其中，U_Z 为稳压管的稳定电压，U_D 为它的正向压降。

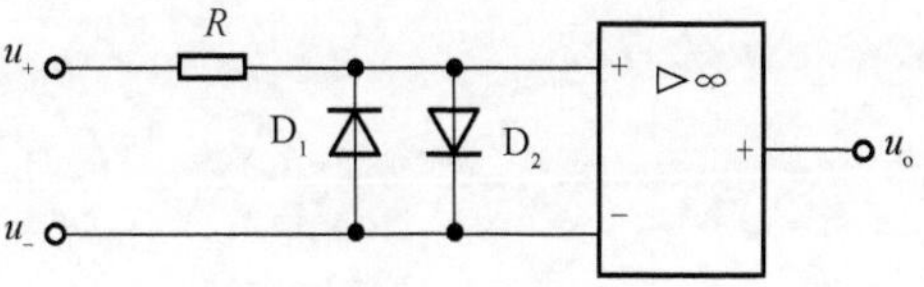

图 9.52　输入保护电路

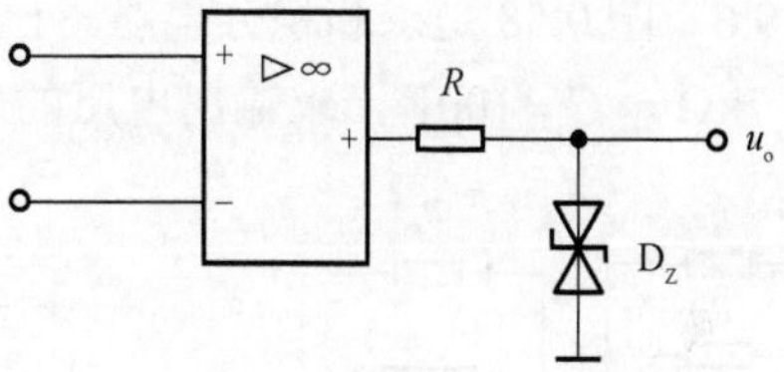

图 9.53　输出保护电路

习　题

9.1　如图 9.54 所示，若 R_F=150kΩ，欲使 $u_o = 16u_i$，R_1 的取值应为多少？若 $U_{opp} = \pm 12V$，u_i 的最大值应为多少？

9.2　试计算如图 9.55 所示电路输出电压 u_o 的表达式。

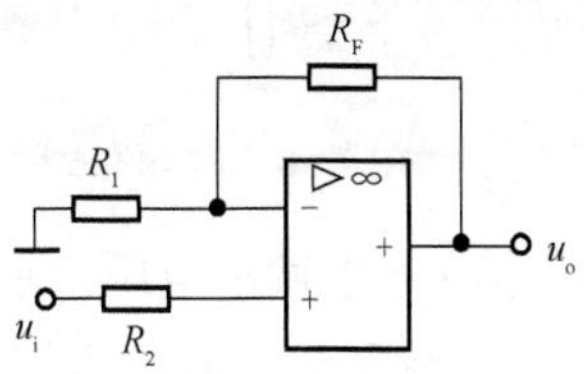

图 9.54　习题 9.1 图

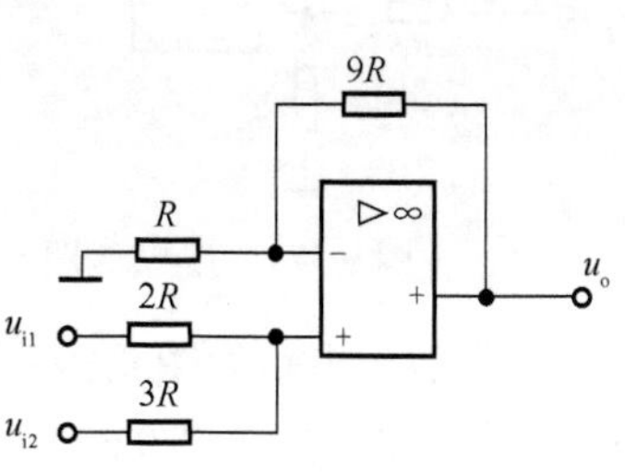

图 9.55　习题 9.2 图

9.3　电路如图 9.56 所示，试分别求出它们的输出电压与输入电压的函数关系。

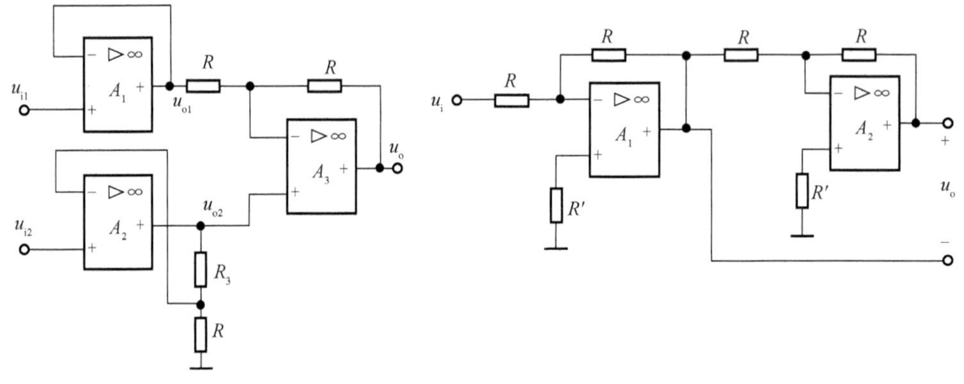

（a）　　　　（b）

图 9.56　习题 9.3 图

9.4　试用两个运算放大器及若干个电阻实现 $u_o = 3u_{i1} + 5u_{i2} - 6u_{i3}$ 的运算关系，画出电路图，设反馈电阻 $R_{F1} = R_{F2} = 300\text{k}\Omega$，计算其他电阻值。

9.5　如图 9.57 所示电路中的运算放大器均为理想组件。已知 $u_{i1} = 2\text{V}, u_{i2} = -6\text{V}, u_{i3} = 6\text{V}, u_{i4} = -1\text{V}, R_1 = R_{F3} = 6\text{k}\Omega, R_2 = 3\text{k}\Omega, R_3 = R_5 = R_{F2} = 4\text{k}\Omega, R_4 = 2\text{k}\Omega, R_6 = R_{F1} = 24\text{k}\Omega, R_7 = 12\text{k}\Omega$。求 u_{o1}、u_{o2} 及 u_{o3} 的值。

9.6　图 9.58 是求和积分电路。已知 $u_{i1} = 1\text{V}$，$u_{i2} = -4\text{V}$，$R_1 = 10\text{k}\Omega$，$R_2 = 20\text{k}\Omega$，$R_3 = 7\text{k}\Omega$，$C = 10\mu\text{F}$，求输出电压的表达式。

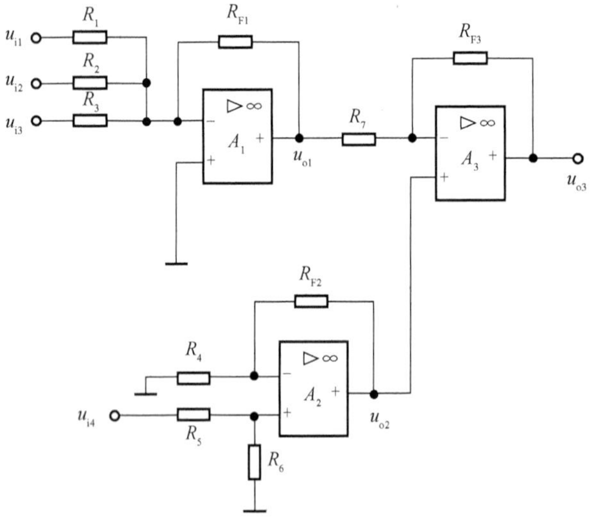

图 9.57　习题 9.5 图

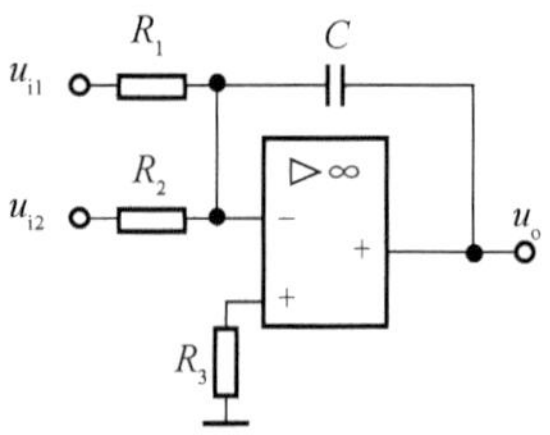

图 9.58　习题 9.6 图

9.7　运算放大电路如图 9.59 所示。已知输入电压 u_{i1} 和 u_{i2}，求输出电压 u_o 的表达式。

9.8　运算放大电路如图 9.60 所示。若 $u_i = -2\text{V}, R_1 = R_2 = 24\text{k}\Omega, R_3 = R_4 = 2\text{k}\Omega, R_5 = R_F = 8\text{k}\Omega, C_F = 10\mu\text{F}, U_{opp} = \pm 12\text{V}$。问需多长时间才能使 $u_o = 10\text{V}$？

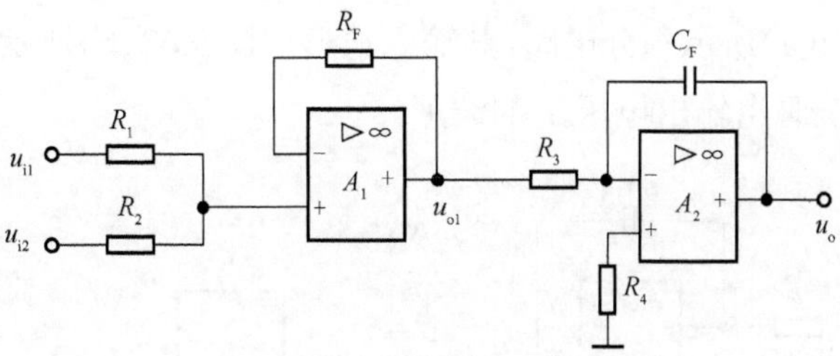

图 9.59　习题 9.7 图

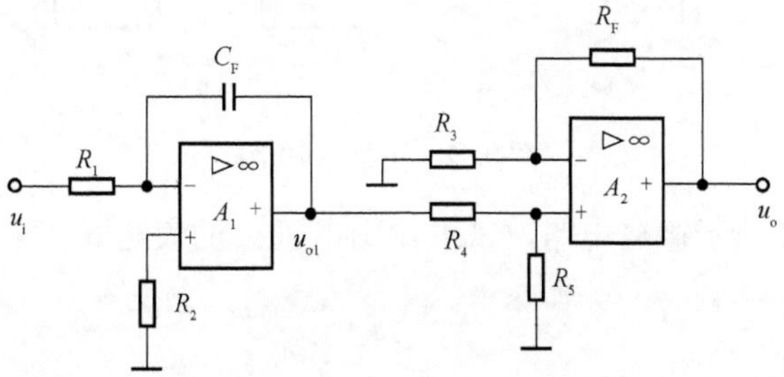

图 9.60　习题 9.8 图

9.9　运算放大电路如图 9.61（a）所示，输入电压 u_i 的波形如图 9.61（b）所示，已知 $R_1 = R_2 = R_{F2} = 10\text{k}\Omega, R_3 = R_5 = R_{F1} = 100\text{k}\Omega, R_4 = R_6 = 20\text{k}\Omega, C = 10\mu\text{F}$，运算放大器的饱和电压 $U_{opp} = \pm 4\text{V}$。（1）求各输出端电压 u_{o1}、u_{o2}、u_{o3} 及 u_o 的值或表达式；（2）画出各输出端电压的波形；（3）当 $t = 1\text{s}$、3s、5s 时，u_{o1}、u_{o2}、u_{o3}、u_o 的值为多少？

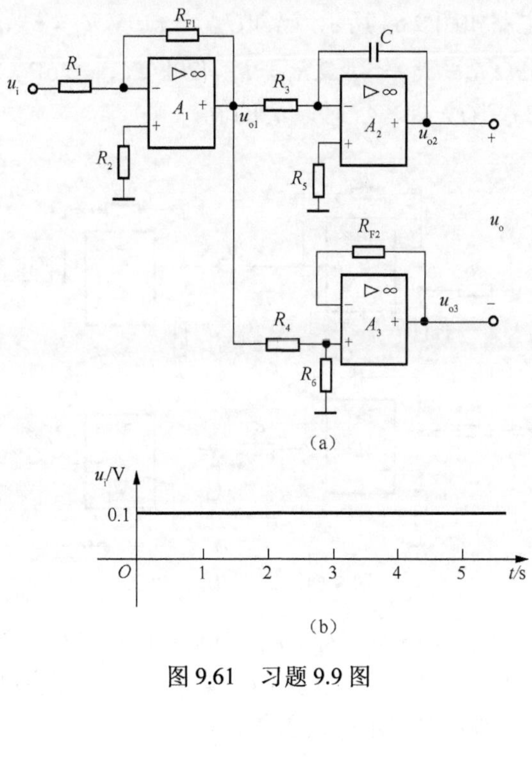

图 9.61　习题 9.9 图

9.10　如图 9.62(a)所示积分电路，其输入波形如图 9.62(b)所示，已知 $U_{\text{opp}}=\pm10\text{V}$，当 $t=0$ 时 $u_{\text{o}}=0$。试画出输出电压 u_{o} 的波形。

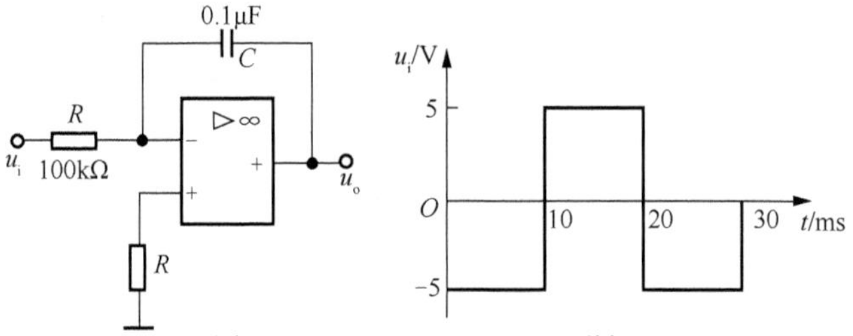

图 9.62　习题 9.10 图

9.11　如图 9.63 所示微分电路，试求输出电压 u_{o} 的表达式。

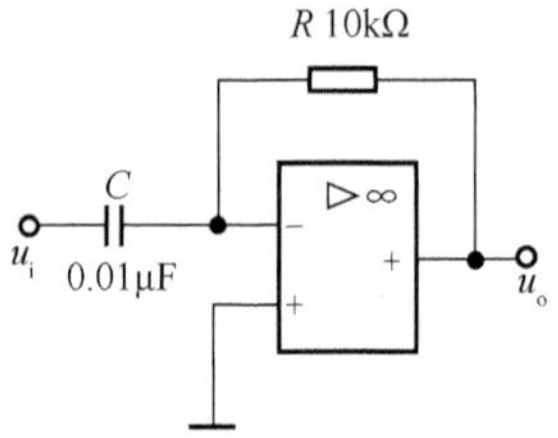

图 9.63　习题 9.11 图

9.12　运算放大电路如图 9.64 所示，已知 $U_{\text{opp}}=\pm10\text{V}, u_{\text{i1}}=6\text{V}, u_{\text{i2}}=1\text{V}, R_1=R_3=R_4=2\text{k}\Omega, R_2=R_{\text{F1}}=R_{\text{F2}}=4\text{k}\Omega, R_5=R_6=50\text{k}\Omega, R_7=R_8=20\text{k}\Omega, C_{\text{F}}=2\mu\text{F}$，求：（1）$u_{\text{o1}}$、$u_{\text{o2}}$、$u_{\text{o3}}$、$u_{\text{o4}}$ 的值或表达式。（2）当 $t=1\text{s}$、4s 时，u_{o} 的值。

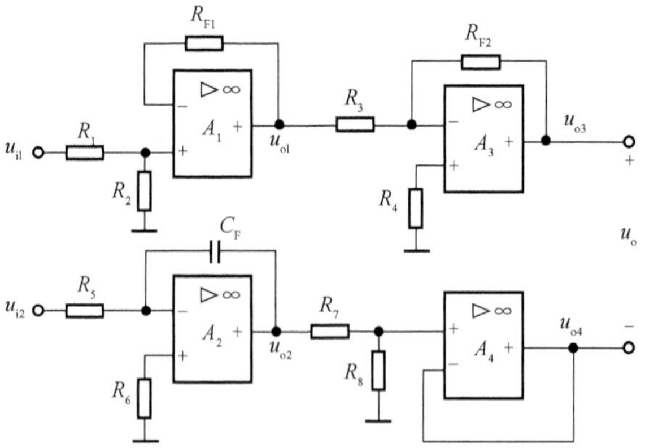

图 9.64　习题 9.12 图

9.13　如图 9.65（a）所示电路，$R_1=R_2=10\text{k}\Omega, R_{\text{F}}=30\text{k}\Omega$，参考电压 $U_{\text{R}}=2\text{V}$，稳压管的稳定电压 $U_{\text{Z}}=6\text{V}$。（1）计算该电路上下限电平及门限宽度；（2）若输入电压波形如图 9.65（b）所示，画出输出电压 u_{o} 的波形。

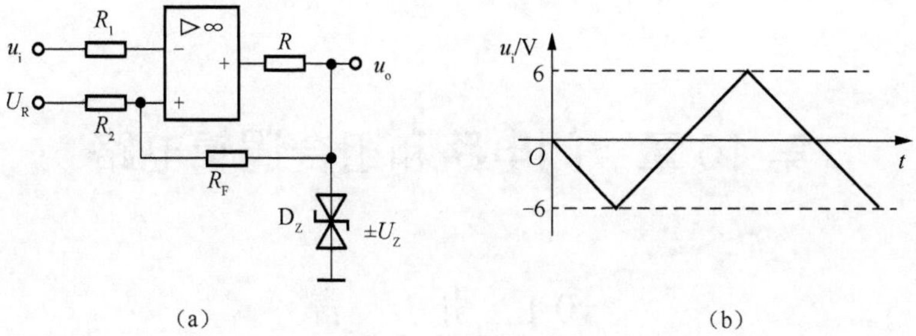

图 9.65　习题 9.13 图

第 10 章　门电路和组合逻辑电路

10.1　引　　言

数字系统已经成为日常生活的组成部分，数字系统的物理实现是用电子电路完成的。电子电路分两大类：一类是模拟电路，其中的信号（电压和电流）是随时间连续变化的物理量，处理模拟信号的电路称为模拟电路；另一类是数字电路，其信号在时间和数值上都是离散的脉冲信号，处理数字信号的电路称为数字电路。由于数字电路具有速度快、精度高、抗干扰能力强等优点，目前数字电路及系统已广泛地应用于生产和生活中，如计算技术、数字通讯、测量仪表、电视和生产过程的自动控制等领域。

数字电路的特点是：

（1）信号是随时间不连续变化的两个离散量，反映在电路上就是低电平和高电平两种状态，这两种状态可用逻辑 0 和逻辑 1 两个数字表示。

（2）稳态时三极管一般都是工作在开、关状态。

（3）研究的主要问题是输入信号的状态和输出信号的状态之间的逻辑关系，即电路的逻辑功能。

（4）使用的主要方法是逻辑分析和逻辑设计，主要工具是逻辑代数。

组合电路和时序电路是数字电路的两大类。门电路是组合电路的基本单元，触发器是时序电路的基本单元。

分析数字电路的数学工具是逻辑代数，也叫布尔代数，是英国数学家乔治·布尔（George Boole）在 19 世纪首先提出的，被广泛应用于数字电路的分析与设计。

逻辑代数是按一定逻辑规律进行运算的代数，其自变量只有两种取值，即 0 和 1。这里的 0 和 1 不代表数量的大小，而是表示两种独立的逻辑状态。例如，用“1”和“0”表示事物的“真”和“假”、开关的“闭合”与“断开”、电灯的“亮”和“灭”等。

数字电路中的两种相反的状态用数字 0 和 1 来表示，有两种表示方法，一种是用 1 表示高电平，用 0 表示低电平，这就是正逻辑系统。另一种是用 1 表示低电平，用 0 表示高电平，这就是负逻辑系统。本书如无特殊说明，一律采用正逻辑。

由于温度变化、电源电压波动、元器件特性变化、干扰等原因的影响，实际的高电平和低电平都不是一个固定的值，它们表示的都是一定的电压范围。如果在此范围内，就判定为逻辑 1 或逻辑 0。如图 10.1 所示，高电平可在 3～5V 之间波动，低电平可在 0～0.4V 之间波动，这就限制了高电平和低电平的变化范围。在实际应用中，对于各种集成与非门电路，规定了一个高电平的下限值和低电平的上限值。这是因为高电平过低或者低电平过高都会破坏电路的逻辑功能，因此高电平不能低于其下限值，而低电平不能高于其上限值。

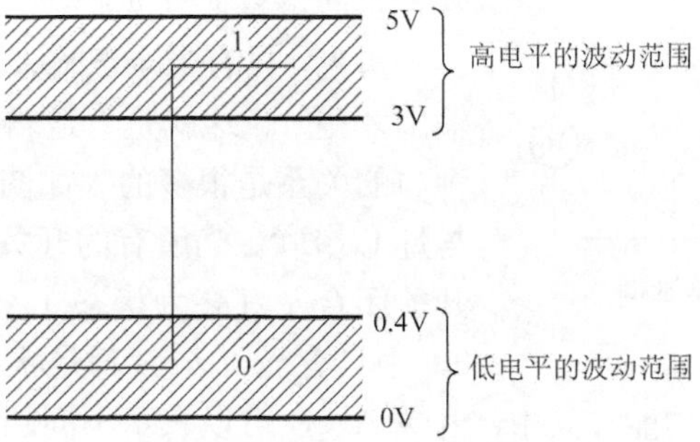

图 10.1　高低电平变化范围

10.2　基本门电路

逻辑门电路是指能完成一些基本逻辑功能的电子电路，简称门电路。门电路是构成数字系统最基本的单元电路，常用的门电路有与门、或门、非门、与非门、或非门、异或门等。门电路的输入信号和输出信号之间具有一定的逻辑关系，因此由各种门电路组成的逻辑电路可以实现具有某种功能的数字电路。

10.2.1　与逻辑（AND）

当决定一件事情的各个条件全部具备时，这件事才会发生，这样的因果关系我们称之为与逻辑关系。

由二极管和电阻组成的与门电路及其逻辑符号如图 10.2 所示。它有三个输入端 A、B、C 和一个输出端 F，下面讨论不同输入情况下的输出状态。

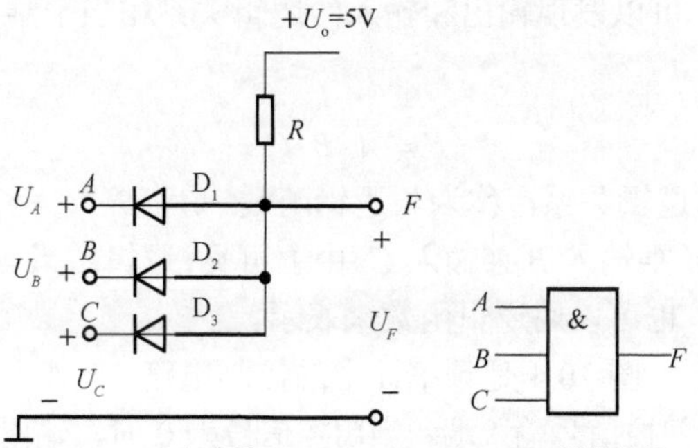

（a）电路　　（b）逻辑符号

图 10.2　二极管与门

（1）如有一个或几个输入端接地，例如 C 端接地，即 $U_C=0$。在这种情况下，二极管 D_3 处于正向偏置而导通；如果忽略二极管压降，得到 $U_F\approx 0V$ 或 $F=0$（逻辑 0）。其他输入端 A 和 B 为高电平，即 $U_A=U_B=3V$，此时二极管 D_1、D_2 都因承受反向电压而截止。

（2）当全部输入端都是高电平（逻辑 1），即 $U_A=U_B=U_C=3V$ 时，所有二极管都

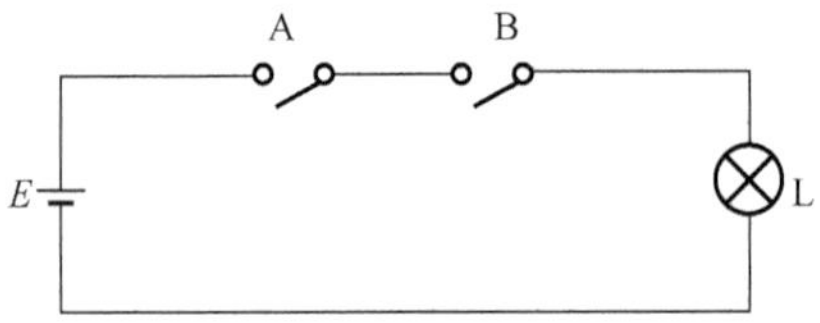

图 10.3　与逻辑关系举例

处于正向偏置而导通，则 $U_F \approx 3V$ 或 F=1（逻辑 1）。

可见，只有当全部输入端 A、B 和 C 都是 1 时，输出才是 1。这就是与逻辑关系。现实生活中，这种与的关系是很多的。如图 10.3 所示，开关 A、B 与灯 L 串联。当所有的开关都闭合时，灯才亮。设开关闭合及灯亮为状态 1，开关断开及灯灭为状态 0，则只有当 A 与 B 都是状态 1 时，L 才为状态 1。这就代表了一种与逻辑功能。其中，开关 A、B 可以表示不同的输入状态，灯 L 代表输出状态。

表 10.1 给出了图 10.2 输入和输出的所有可能的组合。这种完整地表达所有可能的逻辑关系的表格，称为真值表（或逻辑状态表）。真值表的组合数是 2^n，其中，n 是输入端个数，2 代表输入信号的两种可能状态（0 或 1）。这里，$2^n=2^3=8$。

表 10.1　具有三个输入端的与门真值表

A	B	C	F
0	0	0	0
0	0	1	0
0	1	0	0
0	1	1	0
1	0	0	0
1	0	1	0
1	1	0	0
1	1	1	1

从与门真值表中，可以发现输出和输入的逻辑关系相当于乘法运算，可以用逻辑函数式表示为

$$F = A \cdot B \cdot C \qquad (10.1)$$

式（10.1）代表与逻辑关系，称为与逻辑函数。A、B、C 为逻辑变量。可以说：与门的输出 F 等于输入 A 乘输入 B 乘输入 C。由上可见，逻辑结果与逻辑变量之间的关系，可以用真值表来表示，也可以用逻辑函数来表示。

与门应用举例如下。图 10.4 是频率计中的控制电路，A 端是时钟脉冲的输入端，B 端是控制开门和关门的门控信号输入端。当门控信号为 0 时，输出被二极管 D_2 钳位在 0V（忽略二极管压降），二极管 D_1 处于反向偏置而截止。这样，A 端时钟脉冲不能通过 D_1 送到输出端 F，这时相当于逻辑门被关闭。当门控信号为 1 时，F 端输出波形和 A 端时钟脉冲一样，这好像门被打开了，时钟脉冲通过 D_1 送到输出端。

如果时钟脉冲由计数器进行计数，设 B 端开门时间为 1s，那么由计数器所得的读数就是 A 端被测信号的频率。

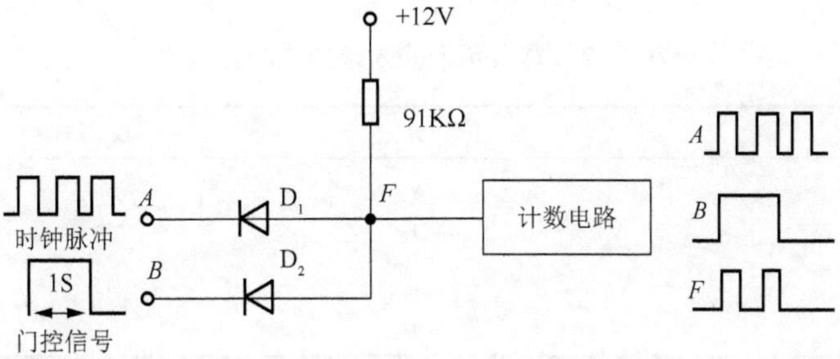

图 10.4　频率计中“与”电路的应用

10.2.2　或逻辑（OR）

当决定一件事情的各个条件中，只要具备一个或者一个以上的条件，这件事情就会发生，这种因果关系我们称之为或逻辑关系。

这种或逻辑关系在实际生活中也经常看到。如图 10.5 所示，并联的两个开关 A、B 控制电灯 L。显然，只要开关 A 或 B 或 A、B 同时闭合，电灯 L 就亮。设开关闭合及灯亮为状态 l，开关断开及灯灭为状态 0，则当 A 或 B 或 A、B 为 l 态时，L 就为 1 态。这就是或逻辑功能。

由二极管和电阻组成的或门电路及逻辑符号如图 10.6 所示，其工作原理如下：

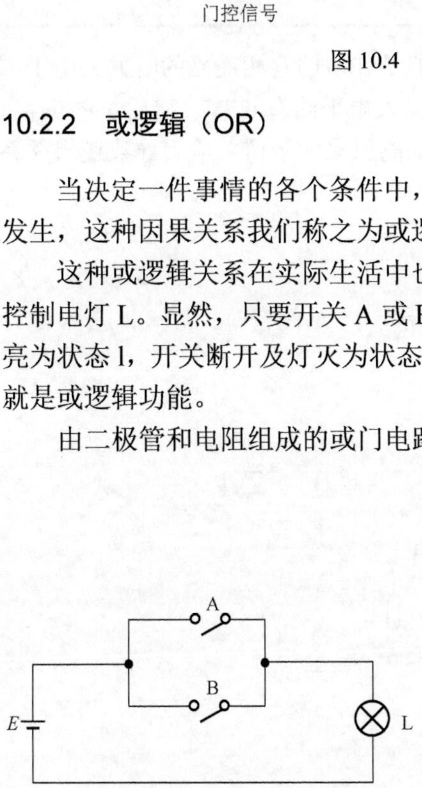

图 10.5　或逻辑关系举例

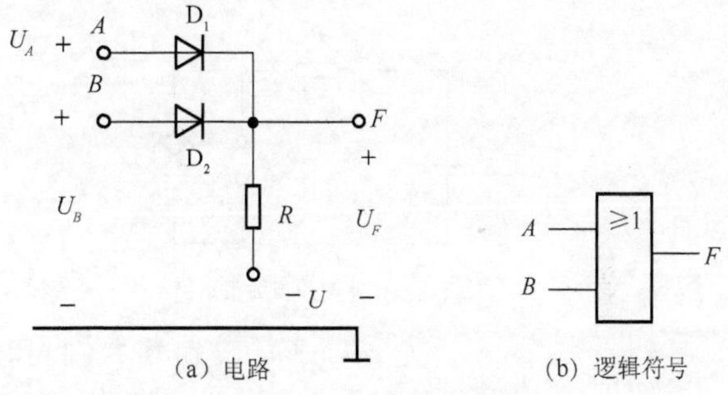

图 10.6　二极管或门

（1）当全部输入端都为 0，各二极管均正向偏置，如果忽略二极管压降，则输出 $U_{\mathrm{F}} \approx 0\mathrm{V}$ 或 F=0。

（2）当任一个输入端为 1，例如，U_{A}=3V，而 U_{B}=0V 时，加到二极管 D_1 的电压较高，D_1 优先导通，输出 F 被钳位在 3V（忽略二极管压降）。此时 D_2 处于反向偏置而截止，因此输出 F=1。

表 10.2 是具有两个输入端的或门真值表。表 10.2 说明，输入端 A 或 B 只要有一个为l，输出 F 就为 1。这就是或逻辑关系。它相当逻辑加运算，可表示为

$$F = A + B \tag{10.2}$$

可读作 F 等于 A 或 B，或者 A 加 B。

表 10.2　具有两个输入端的或门真值表

A	*B*	*F*
0	0	0
0	1	1
1	0	1
1	1	1

由二极管组成的门电路的优点是简单、经济。但是许多门互相连接的时候，由于二极管有正向压降，通过一级门电路以后输出电平对输入电平约有 0.7V（硅管）的偏移。这样，经过一连串的门电路后，高低电平就会严重偏离原来的数值，最后导致逻辑关系错误。而且二极管门电路带负载能力也较差。

10.2.3　非逻辑（NOT）

非就是相反或者否定的意思。如图 10.7（a）所示，当 A 闭合时，灯灭；当 A 断开时，灯亮。因此，开关闭合与灯亮是非逻辑关系。

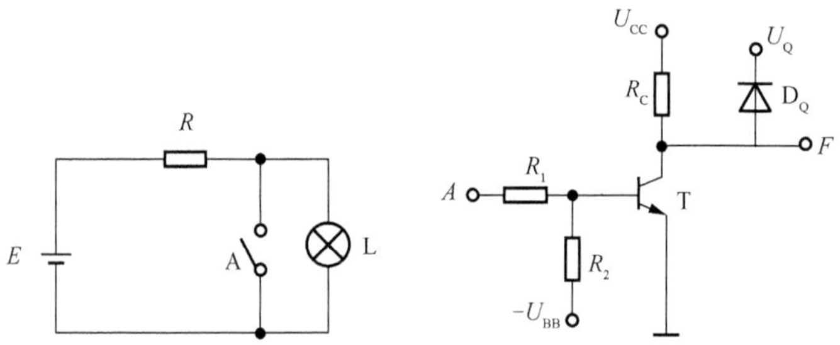

（a）非门逻辑关系举例　　（b）电路

图 10.7　非门电路

晶体管非门电路如图 10.7（b）所示。图中，U_Q为钳位电源，D_Q为钳位二极管。在非门电路中要求晶体管工作在开关状态。当输入 A 是逻辑 1（U_A=3V）时，T 饱和导通，输出 F 为 0（$U_F \approx 0$）；当输入 A 是逻辑 0（$U_A \approx 0$）时，T 截止，输出 F 为 1（$U_F \approx U_Q$）。这样就实现了非逻辑功能。负电源$-U_{BB}$的作用是保证输入为 0 时 T 能可靠截止，U_Q、D_Q的作用是使输出高电平为规定值。图 10.8 是非门的真值表和逻辑符号。

A	*F*
0	1
1	0

（a）非门真值表

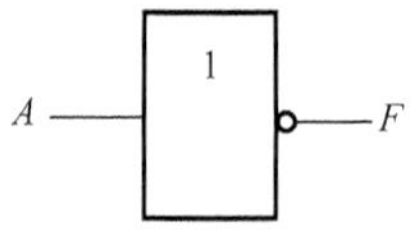

（b）非门符号

图 10.8　非门真值表与符号

非门的逻辑功能，读作 A 非或 A 反。可以表示如下：

$$F = \overline{A} \tag{10.3}$$

非门的输出电流（功率）较大，带负载能力强，而且没有电平偏移问题。因此实际的基本逻辑单元一般都是由非门和其他（与、或）门构成与非门和或非门。它们在逻辑电路中得到广泛的应用。

10.2.4　复合运算

与、或、非是逻辑代数基本的逻辑运算，由这三种基本运算可以组成多逻辑运算，常用的复合逻辑运算有与非、或非、异或、同或等。

1. 与非

把与门的输出接到非门的输入，如图 10.9 所示，就构成了与非门。

图 10.10 是具有两个输入端的与非门逻辑符号和真值表。

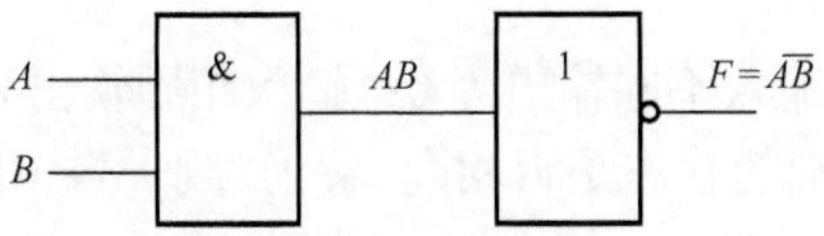

图 10.9　与非门组合

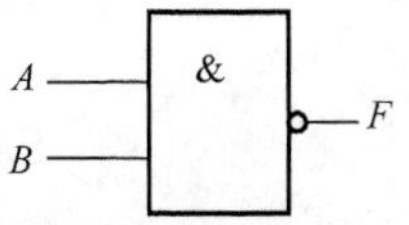

(a) 逻辑符号

A	B	F
0	0	1
0	1	1
1	0	1
1	1	0

(b) 真值表

图 10.10　与非门

由与非门真值表可见，仅当与非门的输入全为 1 时，输出才为 0。输入和输出之间是与非关系，相应的逻辑函数式为

$$F = \overline{AB} \tag{10.4}$$

2. 或非

把或门的输出接到非门的输入端，如图 10.11 所示，就构成了或非门。

图 10.12 是具有两个输入端的或非门的逻辑符号和真值表。

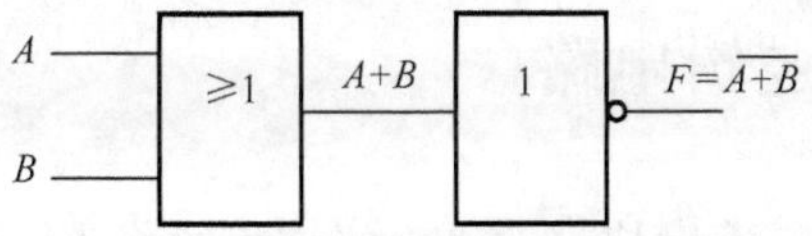

图 10.11　或非门组合

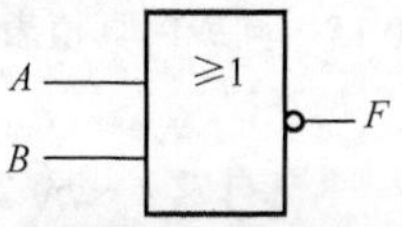

(a) 逻辑符号

A	B	F
0	0	1
0	1	0
1	0	0
1	1	0

(b) 真值表

图 10.12　或非门

由或非门的真值表可见，或非门的输入只要有一个为 1，输出就为 0。输入和输出之间是或非关系，相应的逻辑函数式为

$$F = \overline{A + B} \tag{10.5}$$

3. 异或

异或门电路真值表如图 10.13 所示。可知，输入相同输出为 0；输入不同输出为 1。

输入和输出之间是异或关系，相应的逻辑函数式为

$$F = A\overline{B} + B\overline{A} = A \oplus B \tag{10.6}$$

异或门的逻辑符号如图 10.14 所示。

A	B	F
0	0	0
0	1	1
1	0	1
1	1	0

图 10.13　异或门真值表

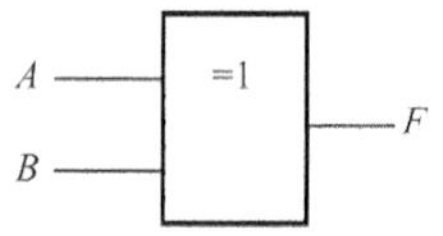

图 10.14　异或门逻辑符号

4. 同或

同或门电路真值表如图 10.15 所示。可知，输入不同输出为 0；输入相同输出为 1。输入和输出之间是同或关系，可用于判断各输入端的状态是否相同，称为"判一致电路"。相应的逻辑函数式为

$$F = AB + \overline{A}\,\overline{B} = \overline{A \oplus B} \tag{10.7}$$

从异或及同或的真值表中可见，同或门的功能是异或门的反（非）。因此同或门亦可表示为异或非。

同或门的逻辑符号如图 10.16 所示。

A	B	F
0	0	1
0	1	0
1	0	0
1	1	1

图 10.15　同或门真值表

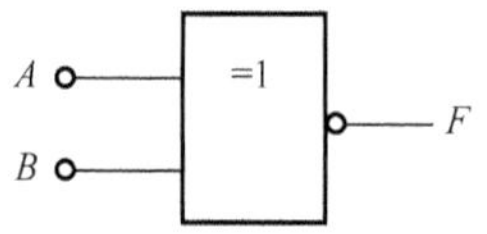

图 10.16　同或门逻辑符号

10.3　数字集成逻辑电路

集成门电路具有体积小、可靠性高、耗电少、速度快、便于多级连接等优点，因而得到广泛应用。数字集成电路按所用半导体器件的不同，又可分为两大类：一类是以双极型晶体管为基本元件组成的集成电路，称为双极型数字集成电路，属于这一类的有二极管-晶体管逻辑（diode-transistor logic，DTL）和晶体管-晶体管逻辑（transistor- transistor logic，TTL）等；另一类是以金属-氧化物-半导体（metal-oxide-semiconductor，MOS）晶体管为基本元件组成的集成电路，称为 MOS 型（或单极型）数字集成电路，属于这一类的有 N 型金属-氧化物-半导体（N-channelmetal-oxide-semiconductor，NMOS）和互补金属-氧化物-半导体（complement metal-oxide-semiconductor，CMOS）等。

对于使用者来说，数字集成器件，一般只需要作为具有一定逻辑的器件来对待，而对其内部电路不必深究。为了正确使用集成门电路，除了掌握其逻辑功能外，还应了解它们的特性和主要参数。

10.3.1　TTL 与非门电路

在集成电路中，由晶体管构成的逻辑电路称为晶体管-晶体管逻辑电路，或者简称 TTL。一片集成电路可以封装多个与非门电路，各个门的输入和输出端分别通过引脚与外部电路相连，图 10.17 是四与非门集成电路 74LS00 的引线图。一片集成电路内的各个逻辑门互相独立，可以单独使用，但共用一根电源引线和一根地线。不同型号的集成与非门电路，其输入端个数可能不同。

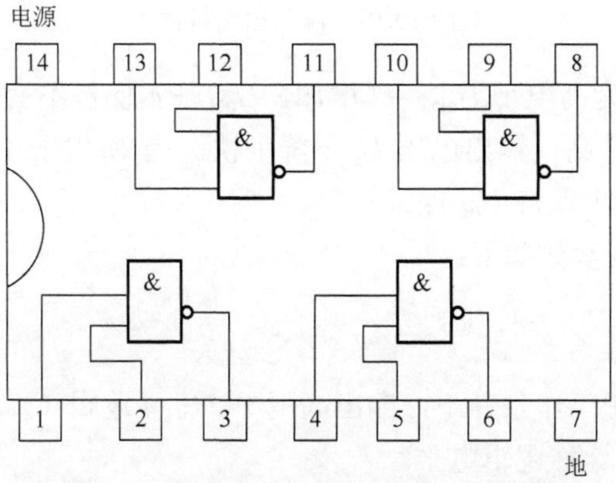

图 10.17　74LS00（2 输入 4 门）外部引线图

多输入端的与非门电路，若只使用部分输入端时，不使用的端子可以有下面三种处理方法，如图 10.18 所示。

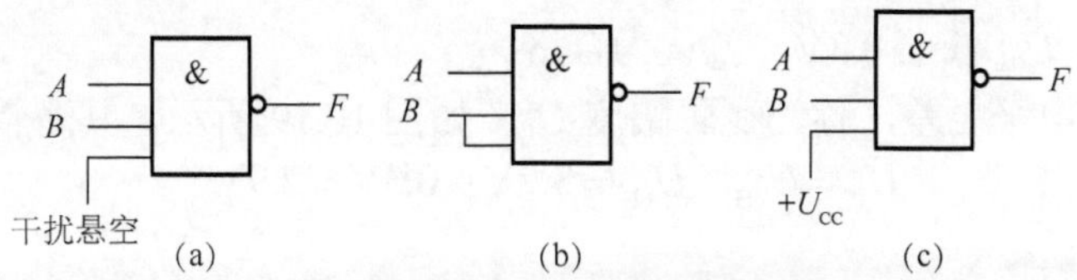

图 10.18　不用端子的处理

第一种方法：因为与非门输入端处于悬空状态时和输入 1 的作用相同，所以不使用的输入端可以不连接而悬空，如图 10.18（a）所示。不过输入端悬空容易受干扰。

第二种方法：把一些端子连在一起，合并成所需的几个输入端，如图 10.18（b）所示。

第三种方法：与电源直接相连，如图 10.18（c）所示。

TTL 与非门输入输出特性如图 10.19 所示。它表示输出电压 U_o 随输入电压 U_i（与非门一输入端接 U_i，其他端接电源正极）变化的规律。

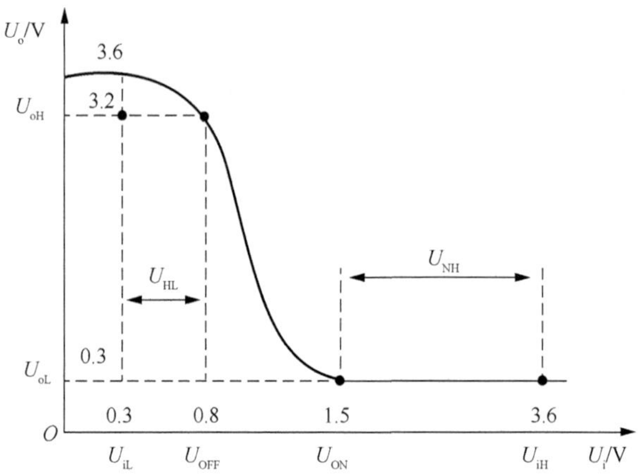

图 10.19　输入输出特性

当 U_i=0 时，输出为高电平 U_{oH}；U_i 增加，U_{oH} 基本保持不变。之后，随着 U_i 增高，U_o 开始下降；U_i 继续升高，输出电压 U_o 下降很快。当 U_i 大于 1.5V 之后，输出电压降至 U_{oL}，U_i 再增高，输出保持 U_{oL} 保持不变。

TTL 与非门的主要参数如下：

1. 标称逻辑电平

TTL 与非门在理想工作条件下，输出高电平 U_{oH}（逻辑 1）和输出低电平 U_{oL}（逻辑 0）的电压值，称为标称逻辑电平。

输出高电平 U_{oH}，一般规定为高电平的下限，其值随不同型号的产品而异。如某种 TTL 逻辑门电路，其电源电压为 5V，高电平的下限为 3.2V，则输出高电平 U_{oH} 不小于 3.2V 为合格。

输出低电平 U_{oL}，一般规定为低电平的上限，在一般双极型电路中，低电平的上限定为 0.3V，凡是 U_{oL} 低于 0.3V，就认为合格。

输出高、低电平之差，称为逻辑幅度 U_P。如图 10.19 所示，其逻辑幅度为

$$U_P = U_{oH} - U_{oL} = 3.2V - 0.3V = 2.9V \tag{10.8}$$

2. 开门电平 U_{ON}

逻辑门的输出电平为 U_{oL} 时，所对应的最小输入高电平称为开门电平 U_{ON}。当输入电平 U_i 大于 U_{ON} 时，逻辑门处于开通状态（输出低电平）。

3. 关门电平 U_{OFF}

逻辑门的输出电平为 U_{oH} 时，所对应的最大输入低电平称为关门电平 U_{OFF}。当输入电平 U_i 小于 U_{OFF} 时，逻辑门处于关闭状态（输出高电平）。

4. 输入短路电流 I_{iL}

当某个输入端接地（其他输入端均接高电平或者悬空）时，从该端流出的电流就是

输入短路电流 I_{iL}，I_{iL} 的大小将直接影响前级门的工作，I_{iL} 越小，前级门就可以带更多的负载。

5. 输入反向漏电流 I_{iH}

当某个输入端接高电平（其他输入端接地）时，流入这个输入端的电流称为输入反向漏电流 I_{iH}。I_{iH} 越大，流过前级门的电流就越大，则前级门输出的高电平越低，所以 I_{iH} 越小越好。

对于前级门来说，I_{iH} 称为拉电流负载，I_{iL} 称为灌电流负载。

6. 扇出系数 N

扇出系数 N 表示 TTL 与非门输出端最多能接几个同类门，扇出系数 N 的大小表示逻辑门驱动负载能力的大小。一般 N=8～12。

7. 平均传输延迟时间 t_{pd}

传输延迟时间是信号通过逻辑门所用的时间。当与非门输入端加一个方波电压时，输出电压对输入电压有一定时间的延迟，其波形如图 10.20 所示。

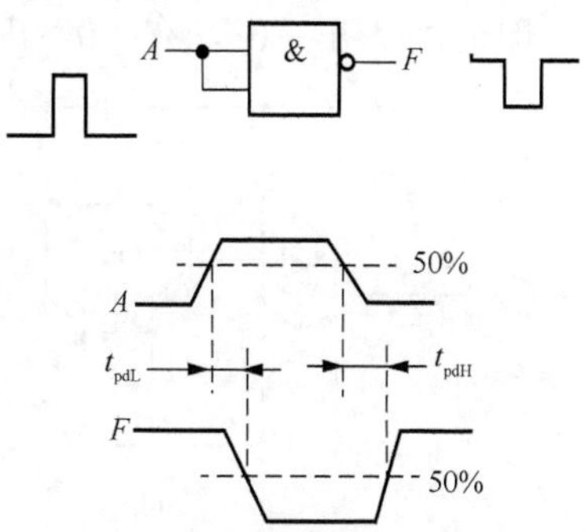

图 10.20　传输延迟时间

这时间的延迟是由于逻辑门内部晶体管改变状态需要时间（称为响应速度）所引起的。常以两个参数来说明。图 10.20 中的 t_{pdL} 是输出电压由高变低（此时输入电压由低变高）时，输出信号经过 50%处较之输入信号通过 50%处所延迟的时间；t_{pdH} 是输出由低变高的延迟时间。

这两个时间一般是不相等的。通常 $t_{pdH} > t_{pdL}$。平均传输延迟时间为

$$t_{pd} = \frac{1}{2}(t_{pdH} + t_{pdL}) \tag{10.9}$$

t_{pd} 越小，逻辑门工作速度越快，数字电路运行速度也就越高。

当脉冲的计时（定时）要求很高时，就必须考虑信号通过一些门的延迟作用，否则将严重影响电路的正常运行。通常一个门的延迟时间约为 5～30ns。

表 10.3 列出了 TTL 与非门的主要参数。

表 10.3　TTL 与非门的主要参数

参数	符号	单位	测试条件	规格
输出高电平	U_{oH}	V	任一输入端接地或 $U_i \leqslant 0.8$V，其余悬空，输出空载	≤3.2
输出低电平	U_{oL}	V	待测输入端 U_i=1.8V，其余悬空，灌电流 I_i=1.2mA（R_L=3.8Ω）	≤0.35
开门电平	U_{ON}	V	U_i=1.8V，$U_{oL} \leqslant 0.35$V，R_L=3.8Ω	≤1.8
关门电平	U_{OFF}	V	$U_i \leqslant 0.8$V，其余悬空，$U_{oH} \geqslant 2.7$V，输出空载	≥0.8
输入短路电流	I_{iL}	mA	待测输入端接地，其余悬空，输出空载	≤2.2
输入反向漏电流	I_{iH}	μA	待测输入端接+5V，其余接地，输出空载	≤70
扇出系数	N		待测 U_i=1.8V，其余悬空，$U_{oL} \leqslant 0.35$V	≥8
空载导通功耗	P_{ON}	mW	输入悬空，输出空载	≤50
平均传输延迟时间	t_{pd}	ns	信号频率 f=2MHz，N=8	≤30

10.3.2　三态输出与非门

三态电路是一种重要的接口电路，在计算机和各种数字系统中应用很多。

三态输出与非门（又称三态电路、三态门）与一般的与非门不同，它的输出端除了可以出现高电平、低电平以外，还可以出现第三种状态——高阻状态（或称禁止状态），三态输出与非门处于高阻状态时，其输出与外电路隔离。图 10.21 是三态输出与非门电路，图 10.22 是其逻辑符号和真值表。图中，A 和 B 为输入端，C 为控制端，F 为输出端。当控制端 C=1 时，三态门的输出状态决定于输入端 A、B 的状态，实现与非逻辑关系，即全“1”出“0”，有“0”出“ 1 ”。此时电路处于工作状态。

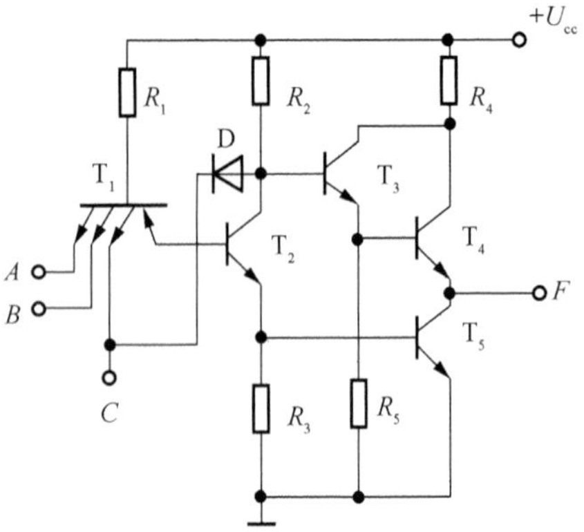

图 10.21　三态输出与非门

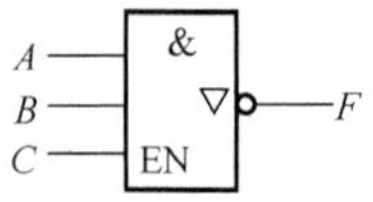

（a）逻辑符号

C=1	$F=\overline{A\cdot B}$
C=0	输出为高阻态

（b）真值表

图 10.22　三态门符号和真值表

当 C=0（约为 0.3V）时，T_1 的基极电位约为 1V，致使 T_2 和 T_5 截止。同时，二极管 D 将 T_2 的集电极电位钳位在 1V，而使 T_4 也截止。因为这时与输出端相连的两个晶体管 T_4 和 T_5 都截止（不管输入端 A、B 的状态如何），所以输出端开路而处于高阻状态。

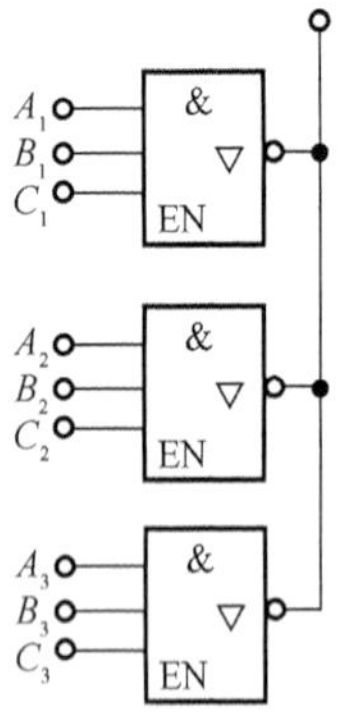

图 10.23　三态门输出与非门的应用

由于电路结构不同，也有当控制端为高电平时出现高阻状态，而在低电平时电路处于工作状态。

三态门最重要的一个用途是可以实现用一根导线轮流传送几个不同的数据或控制信号，如图 10.23 所示，这根导线称为母线或总线。只要让各门的控制端轮流处于高电平，即任何时间只能有一个三态门处于工作状态，而其余三态门均处于高阻状态，这样，总线就会轮流接受各三态门的输出。这种用总线来传送数据或信号的方法，在计算机中被广泛采用。

10.3.3　集电极开路的与非门

对于前面讨论过的 TTL 与非门，一般情况下，是不能把两个门的输出端直接相连。而集电极开路的与非门和三态门则允许输出端连接在一起。

集电极开路的与非门（open-collector gate），简称 OC 门，它是把 TTL 与非门电路的推拉式输出级改为三极管集电极开路输出，电路结构与逻辑符号如图 10.24 所示。需要指出的是：OC 门只有在外接负载电阻 R_L 和电源 U'_{CC} 后才能正常工作。

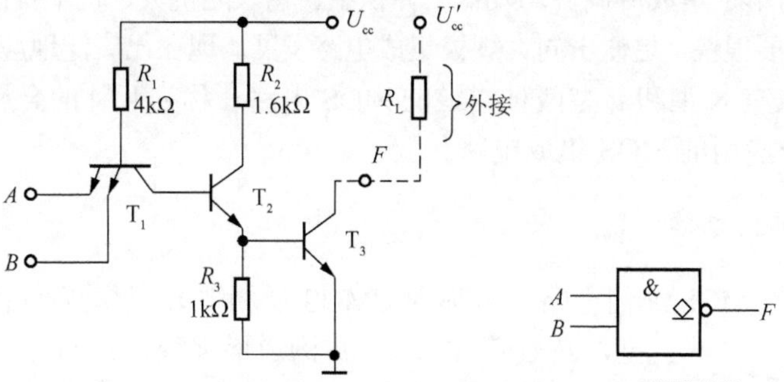

(a) 电路结构　　(b) 逻辑符号

图 10.24　集电极开路与非门

集电极开路的与非门应用有：

（1）实现电平转移。如图 10.24 所示，当 OC 门的输入端 A、B 全为高电平时，三极管 T_3 饱和，输出端 F 为低电平；当输入端 A 或 B 有一个为低电平时，输出变成高电平。这样就实现了逻辑电平的转移。

（2）驱动显示器件和执行机构。由于 OC 门的负载电阻 R_L 和电源 U'_{CC} 可以根据工作需要来选择，只要 R_L 和 U'_{CC} 的值选择的合适，就可以用 OC 门直接驱动发光二极管。OC 门还可以直接驱动高于 5V 的小电流负载，所以也常用 OC 驱动器去驱动一些较大电流的执行机构。

（3）实现线与。所谓“线与”就是把若干个与非门的输出端直接连接在一起来实现多个信号间的与逻辑关系。如图 10.25 所示，当各个门单独工作时 $F_{o1}=\overline{A_1B_1C_1}$，$F_{o2}=\overline{A_2B_2C_2}$，$F_{o3}=\overline{A_3B_3C_3}$；现在三个门的输出端连在了一起，只要其中任何一个门的 T_3 管饱和导通都能使 F 成为低电平，只有当三个门的 T_3 管都截止，输出才是高电平，这样就在输出端 F_{o1}、F_{o2} 和 F_{o3} 之间实现了与逻辑关系。

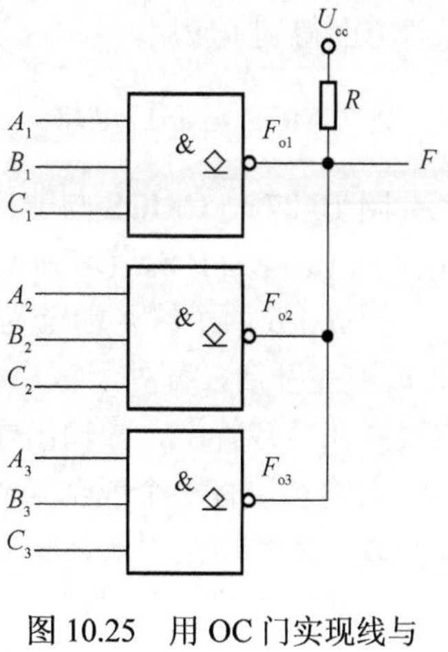

图 10.25　用 OC 门实现线与

需要特别指出的是，一般的 TTL 与非门是不允许把输出端直接连接在一起的，因为性能良好的 TTL 与非门的输出电阻很小，不论在与非门导通还是截止状态，其输出电阻都只有几欧姆或几十欧姆，如果将它们的输出端相连，则当一个门输出高电平而另一个门输出低电平时，从 U_{CC} 到地则会形成一条低阻通路，将有一个很大的电流，这个电流不仅会使导通门的输出低电平抬高，甚至会因功耗过大而把两个门都损坏。

10.3.4　CMOS 逻辑门电路

MOS 场效应管集成电路也称单极型集成电路，出现比双极型晶体管晚，但由于它具有制造工艺简单、集成度高、功耗低、体积小、输入阻抗大、抗干扰能力强、工作可靠等优点，所以发展很快，更便于向大规模集成电路发展，现在已广泛地应用于数字系统中。

CMOS 是兼有 N 型和 P 型两种沟道的 MOS 电路，称为互补的金属氧化物半导体，是一种目前广泛应用的 MOS 集成电路。

1. CMOS 非门电路

图 10.26 是 CMOS 非门电路（常称为 CMOS 反相器），驱动管 T_1 采用 N 沟道增强型，负载管 T_2 采用 P 沟道增强型，它们一同制作在一块硅片上。两管的栅极相连，由此引出输入端 A；漏极也相连，由此引出输出端 F。两者联成互补对称的结构。衬底都与各自的源极相连。

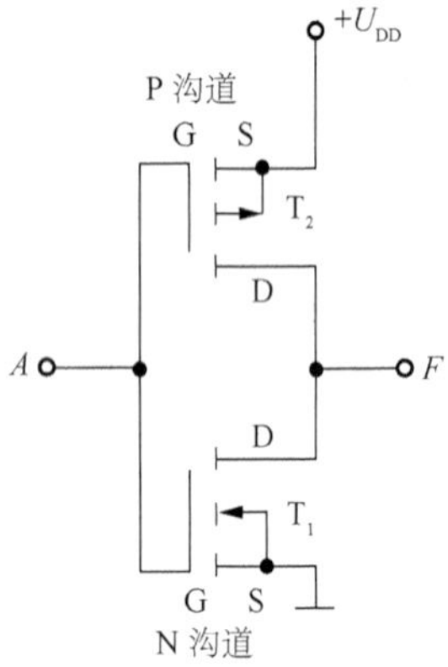

图 10.26　CMOS 非门电路

当输入端 A 为“1”（约为 U_{DD}）时，驱动管 T_1 的栅-源电压大于开启电压，它处于导通状态；而负载管 T_2 的栅-源电压小于开启电压的绝对值，处于截止状态。这时，T_2 的电阻比 T_1 高得多，电源电压主要降在 T_2 上，故输出端 F 为“0”（约为 0V）。

当输入端 A 为“0”（约为 0V）时，T_1 截止，而 T_2 导通。这时，电源电压主要降在 T_1 上，故输出端 F 为“1”（约为 U_{DD}）。

CMOS 非门电路功耗是极其微小的，每门静态功耗只有 0.01mW（TTL 每门功耗约 10mW）。由于输出低电平约为 0V，输出高电平约为 U_{DD}，因此，输出幅度加强了，并且还可以取用较低的电源电压（5～15V），这有利于和 TTL 或其他电路连接。因此，CMOS 电路在微型计算机、自动化仪器仪表以及人造卫星的电子设备等方面得到了应用。

2. CMOS 与非门电路

图 10.27 是 CMOS 与非门电路。驱动管 T_1 和 T_2 为 N 沟道增强型管，两者串联；负载管 T_3 和 T_4 为 P 沟道增强型管，两者并联。负载管整体与驱动管相串联。

当 A、B 两个输入端全为“1”时，驱动管 T_1 和 T_2 都导通，电阻很低；而负载管 T_3 和 T_4 不能开启，都处于截止状态，电阻很高（并联后的电阻仍很高）。这时，电源电压主要降在负载管上，故输出端 F 为“0”。

当输入端有一个或全为“0”时，则串联的驱动管截止，而相应的负载管导通，因此负载管的总电阻很低，驱动管的总电阻却很高。这时，电源电压主要降在串联的驱动管上，故输出端 F 为“1”。

CMOS 与非门电路在结构上也是互补对称的，因此它具有和 CMOS“非”门电路相同的优、缺点。

3. CMOS 或非门电路

图 10.28 是 CMOS 或非门电路。驱动管 T_1 和 T_2 为 N 沟道增强型，两者并联；负载管 T_3 和 T_4 为 P 沟道增强型，两者串联。

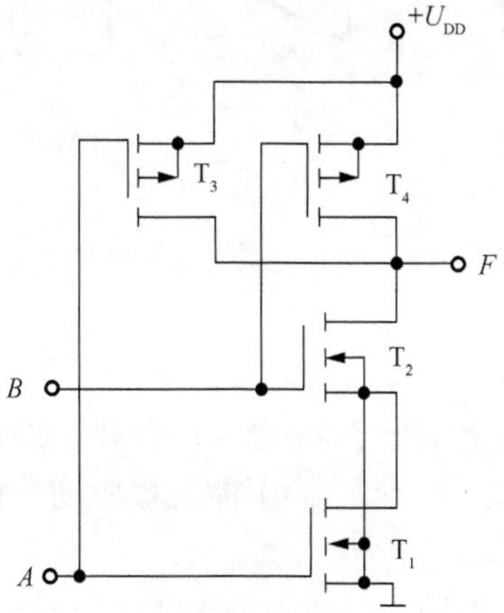

图 10.27　CMOS 与非门电路

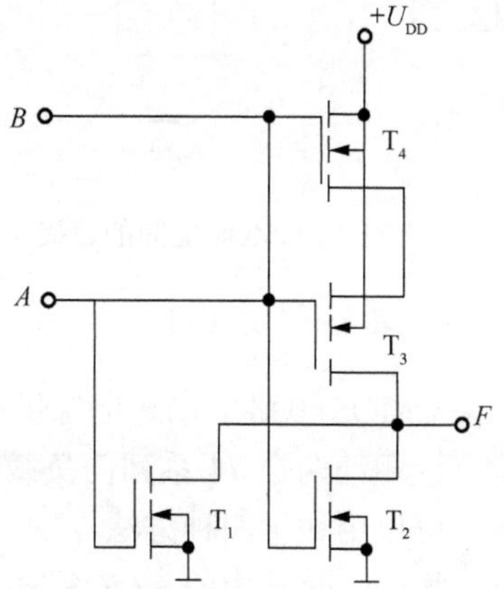

图 10.28　CMOS 或非门电路

当 A、B 两个输入端全为“1”或其中一个为“1”时，输出端 F 为“0”。只有当输入端全为“0”时，输出端才为“1”。

由上述可知，与非门的输入端愈多，串联的驱动管也愈多，导通时的总电阻就愈大，输出低电平值将会因输入端的增多而提高，所以输入端不能太多。而或非门电路的驱动管是并联的，不存在这个问题。所以在 MOS 电路中，或非门用得较多。

10.3.5　TTL 与 CMOS 电路的连接

在一个数字系统中，经常会遇到采用不同类型数字集成电路的情况，最常见的是同时采用 CMOS 和 TTL 电路。这就出现了 TTL 和 CMOS 的连接问题。

1. 由 TTL 驱动 CMOS

如果 CMOS 电路的电源为+5V，那么 TTL 与 CMOS 之间的电平配合就比较容易。因为 TTL 的标准高电平是 3.6V，有时可能更高，此时，在 TTL 的输出端接一上拉电阻至电源 U_{DD}（+5V），以便抬高输出高电平。这样，CMOS 电路就相当于一个同类的 TTL 负载。

如果 CMOS 电路的电源较高，TTL 的输出端仍可接一上拉电阻，但这时需要使用 TTL 的 OC 门，如图 10.29 所示。应注意上拉电阻的大小对工作速度有一定影响，这是由于门电路的输入和输出端均存在杂散电容的缘故。

另一种方法是采用一个专用的 CMOS 电平移动器，如图 10.30 所示，它由两种直流电源 U_{CC} 和 U_{DD} 供电，电平移动器接收 TTL 电平（对应于 U_{CC}），而输出 CMOS 电平（对应于 U_{DD}）。

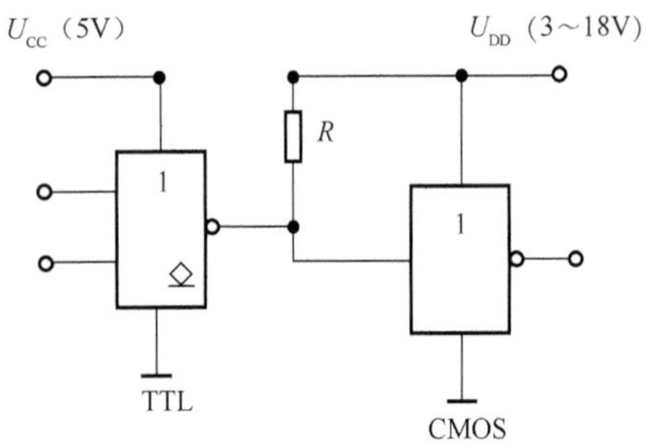

图 10.29　TTL 与 CMOS 之间的连接

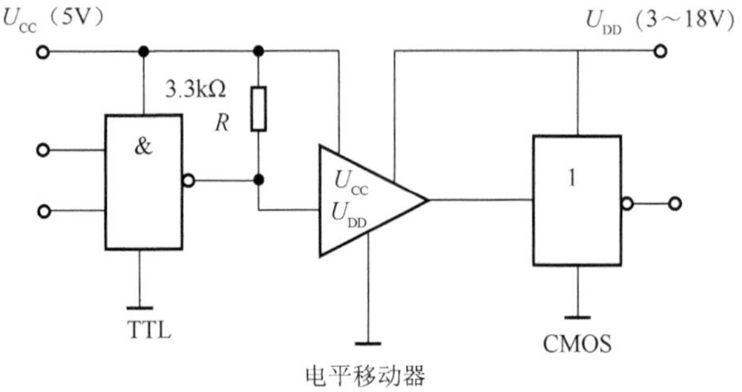

图 10.30　TTL 与 CMOS 之间采用专用电平移动器连接

2. 由 CMOS 驱动 TTL

如果 CMOS 电路由+5V 电源供电，它就能直接驱动一个 74 系列门负载。CMOS 缓冲器能直接驱动两个 74 系列门负载。有时，由于 $I_{oL(max)}<I_{iL}$ 而不能直接驱动，解决这一问题，可以用如下两种方法：

（1）将同一封装内的 CMOS 电路并接使用（因为同一封装内输出特性容易一致），以增大输出低电平时的灌电流能力 $I_{oL(max)}$。

（2）选用或增加一级 CMOS 驱动器，以增大 $I_{oL(max)}$。

当 CMOS 电路采用电源 U_{DD}=3～18V 时，可以采用 CMOS 缓冲驱动器作接口电路，也就是在 CMOS 的输出端加反相器作缓冲极，如图 10.31 所示。该缓冲极可选用 CC4049（六反相缓冲器）和 CC4050（六同相缓冲器），它们的输入电平可为 5～15V，一般不受 TTL 门输入电压小于 5.5V 的限制。

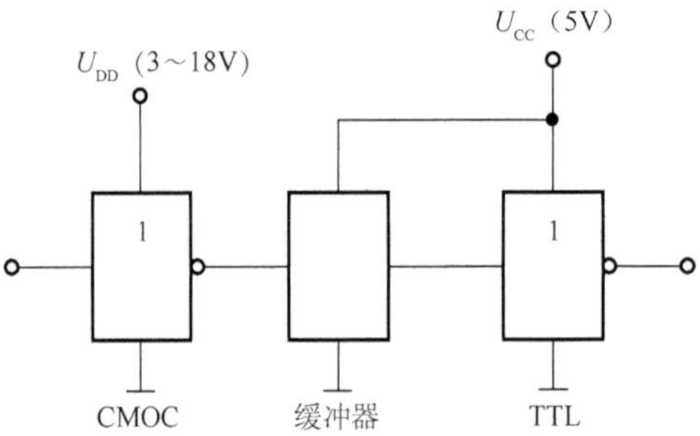

图 10.31　加缓冲器的电路

10.4　逻辑函数及其化简

10.4.1　逻辑代数运算规则

布尔代数是分析和设计数字电路的数学工具，是现代逻辑设计的基础。

逻辑代数的基本运算规则如下：

1. 基本律

或（逻辑加）	与（逻辑乘）	非（逻辑非）
$A+0=A$	$A\cdot 0=0$	$A+\overline{A}=1$
$A+1=1$	$A\cdot 1=A$	$A\cdot\overline{A}=0$
$A+A=A$	$A\cdot A=A$	$\overline{\overline{A}}=A$

2. 交换律

$$A+B=B+A, A\cdot B=B\cdot A$$

3. 结合律

$$A+B+C=(A+B)+C=A+(B+C)$$
$$ABC=(A\cdot B)\cdot C=A\cdot(B\cdot C)$$

4. 分配律

$$A\cdot(B+C)=A\cdot B+A\cdot C$$

5. 吸收律

1）$(A+B)\cdot(A+C)=A+BC$

证明：$(A+B)\cdot(A+C)=A\cdot A+A\cdot B+A\cdot C+B\cdot C$

$=A+A\cdot B+A\cdot C+B\cdot C=A(1+B+C)+B\cdot C=A+B\cdot C$

2）$A+A\cdot B=A$

证明：$A+A\cdot B=A\cdot(1+B)=A$

3）$A+\overline{A}\cdot B=A+B$

证明：$A+\overline{A}\cdot B=A\cdot(1+B)+\overline{A}\cdot B+A\overline{A}=A+A\cdot B+\overline{A}\cdot B+A\overline{A}$

$=(A+\overline{A})\cdot(A+B)=A+B$

6. 德·摩根定理（反演律）

$$\overline{A\cdot B}=\overline{A}+\overline{B}, \overline{A+B}=\overline{A}\cdot\overline{B}$$

德·摩根定理的证明方法是将变量的各种可能取值组合代入等式两边，运算后的结果如表 10.4 所示，如果等号两边的值相等，则等式成立，否则等式不成立。

表 10.4　真值表

A	B	$\overline{A}$	$\overline{B}$	$\overline{A\cdot B}$	$\overline{A}+\overline{B}$	$\overline{A+B}$	$\overline{A}\cdot\overline{B}$
0	0	1	1	1	1	1	1
0	1	1	0	1	1	0	0
1	0	0	1	1	1	0	0
1	1	0	0	0	0	0	0

从表 10.4 真值表中可见

$$\overline{A \cdot B} = \overline{A} + \overline{B}$$

$$\overline{A + B} = \overline{A} \cdot \overline{B}$$

注意

$$\overline{A \cdot B} \neq \overline{A} \cdot \overline{B}$$

$$\overline{A + B} \neq \overline{A} + \overline{B}$$

具有两个以上变量的德·摩根定理为

$$\overline{A \cdot B \cdot C \cdot \cdots} = \overline{A} + \overline{B} + \overline{C} + \cdots$$

$$\overline{A + B + C + \cdots} = \overline{A} \cdot \overline{B} \cdot \overline{C} \cdot \cdots$$

10.4.2　逻辑函数的表示方法

逻辑函数常用的表示方法有逻辑函数式、真值表、逻辑图等。

逻辑函数式是逻辑变量的运算代数式，是将输入输出之间的逻辑关系写成与、或、非等运算的组合式。例如，$F = A \cdot B + C$。逻辑函数式也称为逻辑表达式。

真值表是将函数变量中所有的可能组合列出，再将输入和输出的计算结果列出而得到的，也称为逻辑状态表。由于每个输入变量仅有 0 和 1 两种取值可能，因此如果有 n 个输入变量时，就会有 2^n 种取值组合。

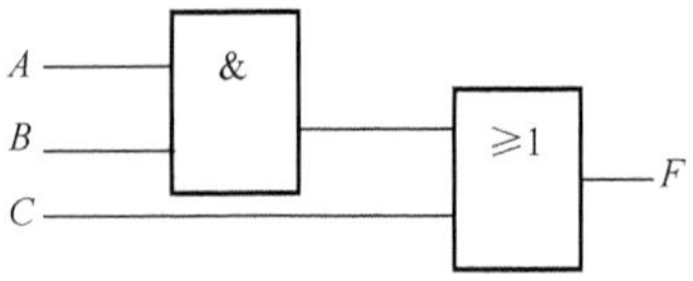

图 10.32　逻辑图

逻辑图是将逻辑函数中各个变量的运算关系，用相应的逻辑门符号表示，也称为逻辑电路图。例如，逻辑函数式 $F = A \cdot B + C$ 的逻辑图如图 10.32 所示。

同一个逻辑函数可以用不同的方法表示，根据需要也可以把一种表示方式转换为另一种方式。常用的转换有：从逻辑图到逻辑函数式、从逻辑函数式到逻辑图、从逻辑函数式到真值表、从真值表到逻辑函数式等。

例 10.1　已知逻辑函数式 $F = AB + BC + AC$，列出其真值表，并画出逻辑电路图。

解： 把逻辑函数式中的各个运算关系，用相应的逻辑门符号表示出来即可。如图 10.33 所示。

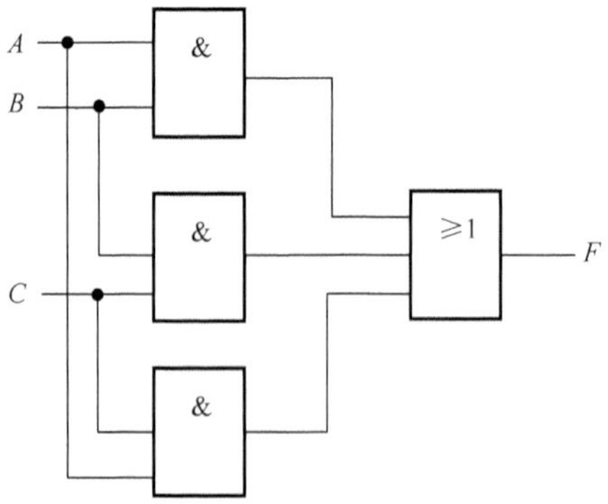

图 10.33　例 10.1 逻辑图

把三个输入变量的 8 种组合，按输入变量取值 000 到 111 依次递增的序列排列，并代入逻辑函数式计算出输出结果，得到各个相应的输出函数值，列成真值表，如表 10.5 所示。

表 10.5　例 10.1 真值表

A	B	C	F
0	0	0	0
0	0	1	0
0	1	0	0
0	1	1	1
1	0	0	0
1	0	1	1
1	1	0	1
1	1	1	1

由例 10.1 看出，从逻辑图到逻辑函数式、从逻辑函数式到逻辑图、从逻辑函数式到真值表的转换比较容易，下面主要讨论从真值表到逻辑函数式的转换方法。

真值表中的每一行表示输入变量的一种取值组合，在给出的真值表中，找出所有使函数值为 1 的输入变量取值组合。当输入变量为 1 时，以原变量表示（如 A）；当输入变量为 0 时，以反变量表示（如 $\overline{A}$）。这样，每一组函数值为 1 的输入变量组合就可以写出一个逻辑乘积项，再将函数值为 1 的逻辑乘积项取或逻辑，即可得到逻辑函数式。

由表 10.5 写出逻辑函数式。真值表中函数值为 1 的组合有 4 项，分别为$\overline{A}BC$、$A\overline{B}C$、$AB\overline{C}$、ABC，将它们取或逻辑得到逻辑函数式为

$$F=\overline{A}BC+A\overline{B}C+AB\overline{C}+ABC$$

经化简得

$$F=AB+BC+AC$$

10.4.3　逻辑函数的化简

对逻辑函数进行化简，从而求得最简逻辑函数式，可以实现逻辑函数的逻辑电路简化，既有利于节省元器件，也有利于提高电路的可靠性。本节将介绍几种最常用的化简方法。

1. 用逻辑公式化简

同一个逻辑函数，可以用不同类型的表达式表示，函数表达式主要有以下五种类型：

$$F_1=A\overline{B}+B\overline{C}\qquad\text{与或表达式}$$

$$F_2=(A+\overline{B})(B+\overline{C})\qquad\text{或与表达式}$$

$$F_3=\overline{\overline{A\overline{B}}\cdot\overline{B\overline{C}}}\qquad\text{与非-与非表达式}$$

$$F_4=\overline{\overline{(A+\overline{B})}+\overline{(B+\overline{C})}}\qquad\text{或非-或非表达式}$$

$$F_5=\overline{\overline{A}B+\overline{B}C}\qquad\text{与或非表达式}$$

在这五种类型的表达式中，与或表达式最常用，而且由它也很容易推导出其他几种

类型表达式。最简与或表达式的标准是：含的与项最少且各与项中含的变量数最少。另外，一个逻辑函数的最简与或表达式可能不是唯一的。

利用逻辑代数的基本公式化简时，常用以下几种方法：

（1）并项法。利用基本律 $A+\overline{A}=1$，将两项合并为一项，合并时消去一个变量。如：

$$AB\overline{C}+\overline{A}B\overline{C}=(A+\overline{A})B\overline{C}=B\overline{C}$$

（2）吸收法。利用吸收律 $A+AB=A$ 等公式，吸收掉多余的与项，如：

$$\overline{A}+\overline{A\cdot\overline{BC}}\cdot\overline{(B+AC+\overline{D})}+BC=(\overline{A}+BC)+(\overline{A}+BC)\overline{(B+AC+\overline{D})}$$
$$=\overline{A}+BC$$

（3）消去法。利用吸收律 $A+\overline{A}B=A+B$ 消去某些与项中的变量，如：

$$AB+\overline{A}BC+\overline{B}=(A+\overline{A}C)B+\overline{B}=A+\overline{B}+C$$

（4）配项法。利用基本律 $A+\overline{A}=1, A+A=A, A\cdot A=A,\ 1+A=1$ 等基本公式给某些逻辑函数配上适当的项，以便消去原来函数中更多的项和变量，如：

$$\overline{A}B+A\overline{B}+AB=\overline{A}B+AB+A\overline{B}+AB=(\overline{A}+A)B+(\overline{B}+B)A=B+A$$

例 10.2　用逻辑代数化简逻辑式：$F=AB+\overline{A}C+\overline{B}C$。

解：

$$F=AB+\overline{A}C+\overline{B}C=AB+(\overline{A}+\overline{B})C=AB+\overline{AB}\cdot C=AB+C$$

例 10.3　用逻辑代数化简如图 10.34 所示的逻辑电路。

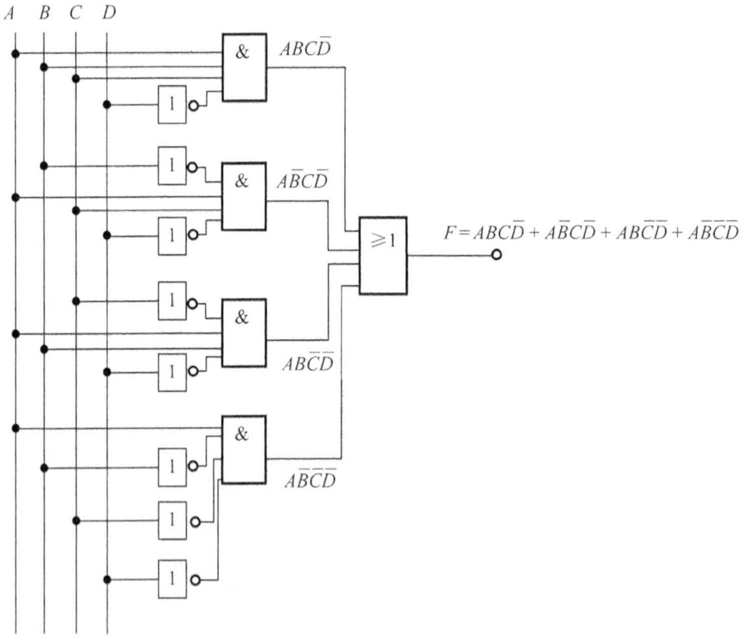

图 10.34　逻辑电路

解：

$$F=ABC\overline{D}+A\overline{B}C\overline{D}+AB\overline{C}\overline{D}+A\overline{B}\overline{C}\overline{D}=\overline{D}(ABC+A\overline{B}C+AB\overline{C}+A\overline{B}\overline{C})$$
$$=\overline{D}[AB(C+\overline{C})+A\overline{B}(C+\overline{C})]=\overline{D}(AB+A\overline{B})=A\overline{D}$$

化简后的逻辑电路如图 10.35 所示。

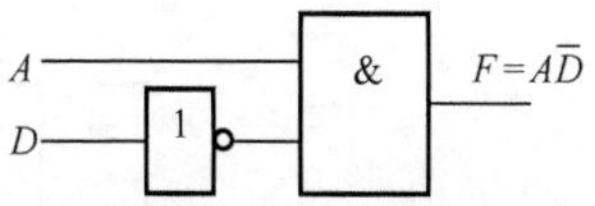

图 10.35　化简电路

实际应用中，在化简一个较复杂的逻辑函数时，总是根据函数的不同构成综合应用上述几种方法。另外，还经常需要利用基本公式对逻辑函数作形式上的变换，以便选用合适的器件来实现。例如，将与或表达式变换成与非-与非表达式，以便用与非门来实现。

2. 用卡诺图化简

在一个有 n 个输入变量的逻辑函数中，由这 n 个变量因子可以组成若干乘积项，如果这些乘积项满足：①每个乘积项中有且仅有 n 个因子；②每个变量均以原变量或反变量的形式在乘积项中只出现一次。则这样的乘积项就称为最小项。

n 个输入变量共有 2^n 个最小项。例如，3 个输入变量 A、B、C 共有 8 个最小项：$\overline{A}\overline{B}\overline{C}$、$\overline{A}\overline{B}C$、$\overline{A}B\overline{C}$、$\overline{A}BC$、$A\overline{B}\overline{C}$、$A\overline{B}C$、$AB\overline{C}$、$ABC$。最小项通常记作 m_i，其中，i 为该最小项为 1 时变量的二进制数取值所对应的十进制数，例如，$AB\overline{C}$ 记为 m_6。表 10.6 列出了 3 个输入变量最小项及其编号。

表 10.6　三变量最小项及编号

最小项	A	B	C	对应十进制数	最小项编号
$\overline{A}\overline{B}\overline{C}$	0	0	0	0	m_0
$\overline{A}\overline{B}C$	0	0	1	1	m_1
$\overline{A}B\overline{C}$	0	1	0	2	m_2
$\overline{A}BC$	0	1	1	3	m_3
$A\overline{B}\overline{C}$	1	0	0	4	m_4
$A\overline{B}C$	1	0	1	5	m_5
$AB\overline{C}$	1	1	0	6	m_6
ABC	1	1	1	7	m_7

将输入变量的全部最小项各用方格表示，并按照最小项逻辑相邻的规则排列起来，得到的图形称为卡诺图。所谓的逻辑相邻就是两个在几何上相邻的小方格中的最小项只有一个变量不同（互为反变量）。

卡诺图的绘制方法如下：

（1）设逻辑函数的输入变量为 n，则卡诺图将划分为 2^n 个小方格，每个小方格表示一个最小项。

（2）图中，行变量组为高位，列变量组为低位，行、列变量的取值按循环码的规则排列。

（3）在每个小方格中填入相应的最小项编号。

图 10.36 是二变量、三变量、四变量、五变量最小项卡诺图。

任何一个逻辑函数可以唯一地表示为若干最小项之和的形式，该形式称为逻辑函数的标准与或式。用卡诺图表示逻辑函数，就是将卡诺图中最小项函数值为 1 的相应位置填入 1，而其余位置填入 0（或空白），这样就可以得到逻辑函数的卡诺图。

A \ B	0	1
0	m_0	m_1
1	m_2	m_3

(a) 二变量最小项卡诺图

A \ BC	00	01	11	10
0	m_0	m_1	m_3	m_2
1	m_4	m_5	m_7	m_6

(b) 三变量最小项卡诺图

AB \ CD	00	01	11	10
00	m_0	m_1	m_3	m_2
01	m_4	m_5	m_7	m_6
11	m_{12}	m_{13}	m_{15}	m_{14}
10	m_8	m_9	m_{11}	m_{10}

(c) 四变量最小项卡诺图

AB \ CDE	000	001	011	010	110	111	101	100
00	m_0	m_1	m_3	m_2	m_6	m_7	m_5	m_4
01	m_8	m_9	m_{11}	m_{10}	m_{14}	m_{15}	m_{13}	m_{12}
11	m_{24}	m_{25}	m_{27}	m_{26}	m_{30}	m_{31}	m_{29}	m_{28}
10	m_{16}	m_{17}	m_{19}	m_{18}	m_{22}	m_{23}	m_{21}	m_{20}

(d) 五变量最小项卡诺图

图 10.36 最小项卡诺图

例 10.4 已知逻辑函数 F 的真值表如图 10.37（a）所示，画出 F 的卡诺图。

解：先画出与给定函数变量相同的卡诺图（本题为三输入变量），如图 10.37（b）所示。再根据真值表填写每一个方格中的值，即在相应的变量取值组合函数值为 1 的小方格中填入 1，其余的小方格填入 0，如图 10.37（b）所示。

A	B	C	F
0	0	0	0
0	0	1	1
0	1	0	1
0	1	1	1
1	0	0	0
1	0	1	0
1	1	0	0
1	1	1	1

(a) 真值表

A \ BC	00	01	11	10
0	0	1	1	1
1	0	0	1	0

(b) 卡诺图

图 10.37 例 10.4 图

例 10.5 用卡诺图表示逻辑函数 $F = AB + BC + \overline{A}C$。

解：方法一 先将原式化为最小项之和的形式

$$
\begin{aligned}
F &= AB + BC + \overline{A}C \\
&= AB(C+\overline{C}) + BC(A+\overline{A}) + \overline{A}C(B+\overline{B}) \\
&= ABC + AB\overline{C} + ABC + \overline{A}BC + \overline{A}BC + \overline{A}\,\overline{B}C \\
&= ABC + AB\overline{C} + \overline{A}BC + \overline{A}\,\overline{B}C
\end{aligned}
$$

画出三变量的卡诺图，在最小项 ABC、$AB\overline{C}$、$\overline{A}BC$、$\overline{A}\,\overline{B}C$ 的位置上填入 1，其余位置填入 0，即得到所求的卡诺图，如图 10.38 所示。

方法二 省略原函数化为最小项之和这一步骤，直接根据原函数画出卡诺图。即画出三变量卡诺图后，函数 $F = AB + BC + \overline{A}C$ 中，对于 AB 项，将 A、B 同为 1 的小方格均填入 1；对于 BC 项，将 B、C 同为 1 的小方格均填入 1；对于 $\overline{A}C$ 项，A 为 0 且 C 为 1 的小方格均填入 1，其余的小方格填入 0，如图 10.38 所示。

A \ BC	00	01	11	10
0	0	1	1	0
1	0	0	1	1

图 10.38　例 10.5 图

需要指出的是：①在填写 1 时，有些小方格出现重复，根据 1+1=1 的运算规则，只保留一个 1 即可；②在卡诺图中，只要填入函数值为 1 的小方格，函数值为 0 的可以不填。

由于卡诺图相邻位置上的最小项具有逻辑相邻性，所以应用卡诺图可以方便地化简逻辑函数，用卡诺图化简逻辑函数实际就是直接对最小项进行合并。用卡诺图化简逻辑函数的步骤如下：

（1）画出逻辑函数的卡诺图。

（2）将取值为 1 的相邻小方格圈起来（最上一行与最下一行、最左一列与最右一列也是相邻的），所圈小方格的格式应为 2^n（n=0,1,2,3,⋯），所圈的小方格应尽可能多。每圈 1 个新圈时，必须至少包含 1 个没有被圈过的最小项，每个最小项可以被圈多次，但不能被遗漏。

（3）将每个圈中最小项合并为 1 项，合并后的结果中只保留公共因子。相邻两项合并为 1 项时可以消去 1 对因子；相邻 4 项合并为 1 项时可以消去 2 对因子；相邻 8 项合并为 1 项时可以消去 3 对因子；依次类推，相邻 2^n 项合并为 1 项时可以消去 n 对因子。

（4）将合并后的所有项相加，即得到最简与或表达式。

例 10.6　用卡诺图化简逻辑函数 $F = AB + \overline{B}\overline{D} + BCD + \overline{A}\overline{B}C$ 。

解：画出函数的卡诺图，并圈出相邻项，如图 10.39 所示，可得化简结果为

$$F = AB + \overline{B}\overline{D} + \overline{A}CD$$

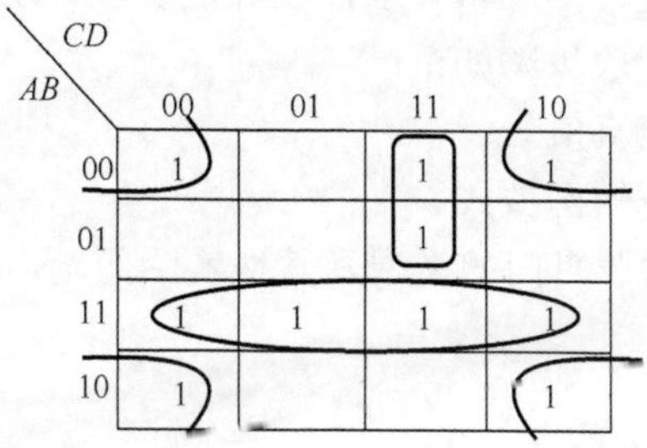

图 10.39　例 10.6 图

10.5　组合逻辑电路

在数字电路中，当电路的输出状态仅仅取决于电路各输入端的当前值，而与电路以前的输出值无关，这样的逻辑电路称为组合逻辑电路。门电路是组合逻辑电路的基本单元。

10.5.1　组合逻辑电路的分析

组合逻辑电路的分析就是对已知的逻辑电路通过分析确定其逻辑功能。

分析组合逻辑电路的一般步骤如下：

（1）根据逻辑图写出逻辑函数式。

（2）运用逻辑代数将逻辑函数式变换或化简。

（3）列出真值表。

（4）分析逻辑功能。

例 10.7　分析如图 10.40（a）所示的逻辑功能。

解： 根据如图 10.40（a）所示逻辑图写出逻辑函数式，并用逻辑代数法则化简为

$$F=\overline{\overline{A\cdot B}\cdot\overline{\overline{A}\cdot\overline{B}}}=\overline{\overline{A\cdot B}}+\overline{\overline{\overline{A}\cdot\overline{B}}}=A\cdot B+\overline{A}\cdot\overline{B}$$

由此式列出真值表，如图 10.40（b）所示。

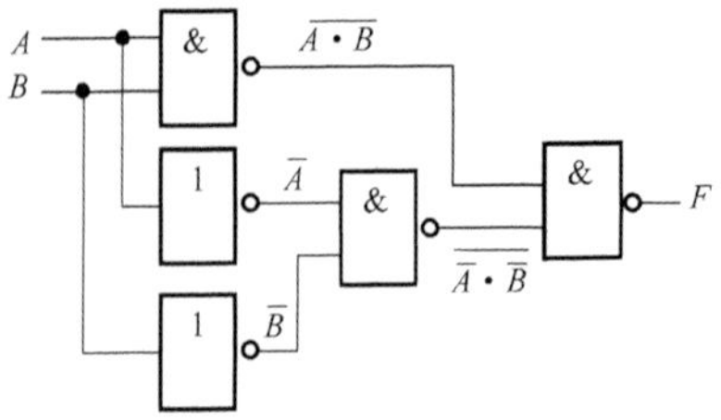

(a) 同或电路

A	B	F
0	0	1
0	1	0
1	0	0
1	1	1

(b) 真值表

图 10.40　例 10.7 图

由上可见，它的逻辑功能是：只有输入同为 1 或同为 0 时，输出才为 1，即仅在两个输入一致时，才有输出。因此这种电路为同或门电路，又称附和电路。

10.5.2　组合逻辑电路的设计

组合逻辑电路的设计是已知逻辑要求，设计能实现该功能的逻辑电路。

设计组合逻辑电路的一般步骤如下：

（1）根据逻辑要求列出真值表。

（2）根据真值表写出逻辑函数式。

（3）根据所要求使用的逻辑门的类型及其他实际问题，运用逻辑代数将逻辑函数式变换。

（4）画出逻辑电路图。

例 10.8　设计异或门电路。它有两个输入端，仅当两个输入相异时，输出才为 1。试求这一电路的真值表、逻辑函数式和逻辑图。

解： 由逻辑要求列真值表。

两个输入 A、B 中任一个为 0，另一个为 1 时，输出才为 1，由此列出真值表，如表 10.7 所示。

表 10.7　异或门真值表

A	B	F
0	0	0
0	1	1
1	0	1
1	1	0

由真值表写逻辑函数式。

根据真值表中输出为 1 的各行用或逻辑可写出逻辑函数式为

$$F = \overline{A}B + A\overline{B}$$

可以根据逻辑函数式直接画出逻辑图，如图 10.41 所示。

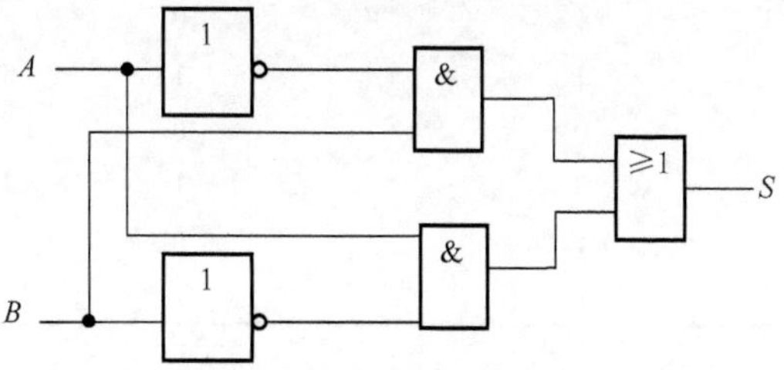

图 10.41　异或门逻辑图

应用逻辑代数可将逻辑函数式变换成全用与非逻辑组成的逻辑函数式为

$$\begin{aligned} F &= \overline{A}\cdot B + A\overline{B} = \overline{A}\cdot B + A\cdot\overline{B} + A\cdot\overline{A} + B\cdot\overline{B} \\ &= (\overline{A}+\overline{B})\cdot B + (\overline{A}+\overline{B})\cdot A \\ &= \overline{(A\cdot B)}\cdot B + \overline{(A\cdot B)}\cdot A \\ &= \overline{\overline{\overline{(A\cdot B)}\cdot B}} + \overline{\overline{\overline{(A\cdot B)}\cdot A}} \\ &= \overline{\overline{\overline{(A\cdot B)}\cdot B} + \overline{\overline{(A\cdot B)}\cdot A}} \end{aligned}$$

这样就可以全部使用与非门来组成异或门的逻辑图，如图 10.42 所示。

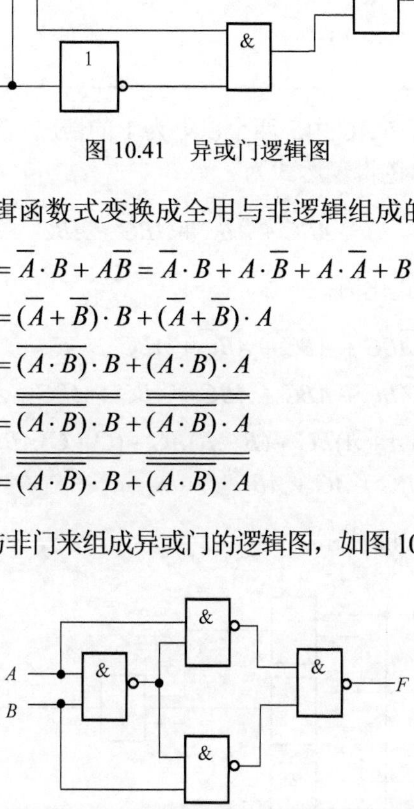

图 10.42　异或门逻辑图

用与非门来实现异或功能，至少需要四个门。如果不限于用与非门，实现某一逻辑功能的电路就更多。所以上述的解不是唯一的。

例 10.9　设计一个三人表决器，即当三个人进行表决时，同意为 1，不同意为 0，其表决结果若有两人以上赞同时，可认为通过。

这是一个判决电路，试求这一电路的逻辑表达式，并且组成电路。

解： 设三个人为 A、B、C，表决结果为 F。

由逻辑要求列出表 10.8。

表 10.8　真值表

A	B	C	F
0	0	0	0
0	0	1	0
0	1	0	0
0	1	1	1
1	0	0	0
1	0	1	1
1	1	0	1
1	1	1	1

真值表中三个输入 A、B、C 中。两个以上为 1 的情况，只有 $\overline{A}BC$ 、$A\overline{B}C$ 、$AB\overline{C}$ 和 ABC 四种，由此可以写出逻辑表达式为

$$F=\overline{A}BC+A\overline{B}C+AB\overline{C}+ABC$$

运用逻辑代数规则将表达式化简：

$$\begin{aligned}F&=\overline{A}BC+A\overline{B}C+AB\overline{C}+ABC\\&=\overline{A}BC+A\overline{B}C+AB\overline{C}+ABC+ABC+ABC\\&=(\overline{A}+A)BC+(\overline{B}+B)AC+(\overline{C}+C)AB\\&=BC+AC+AB\end{aligned}$$

画出逻辑图，如图 10.43 所示。

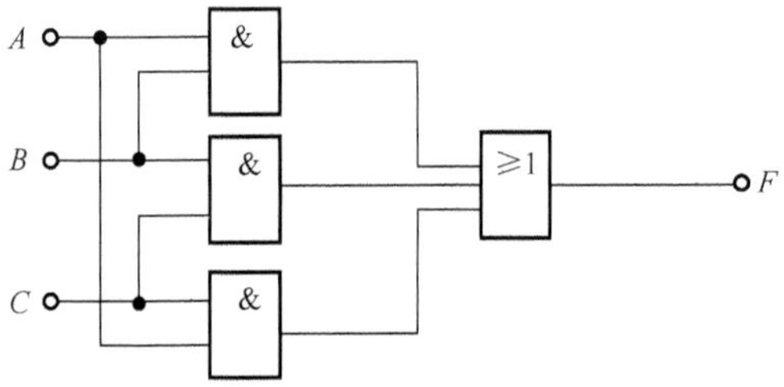

图 10.43　多数判决电路

10.6　组合逻辑电路应用

常用的组合逻辑电路，如加法器、编码器、译码器等，目前都有标准化的集成电路产品，这些器件功能强、功耗低、体积小，使用方便。本节对它们的原理加以介绍。

10.6.1　加法器

在数字系统及数字计算机中，二进制加法器是最基本的运算单元。二进制数中，每一位仅有 0 和 1 两个可能的数码，计数的基数 N=2，即“逢二进一”。例如，1+1=10（读作“壹零”），其中，0 是 2^0 位数，1 是 2^1 位数。

二进制数加法运算法则是

$$0+0=0$$
$$0+1=1$$
$$1+0=1$$
$$1+1=10$$

（进位）

加法器分为半加器和全加器两种。当只有对本位上的两个二进制加数相加，不考虑由低位来的进位时，即为半加器。

两个一位二进制数 A、B 共有四种可能的组合，每一种组合对应相加，可以得到相应的和 S 及进位 C。真值表如表 10.9 所示，其中，A 为加数，B 为被加数，S 是和，C 是向高位的进位。

表 10.9　半加器真值表

A	B	C	S
0	0	0	0
0	1	0	1
1	0	0	1
1	1	1	0

由真值表写出逻辑函数式为

$$S = A\overline{B} + \overline{A}B = A \oplus B \tag{10.10}$$

$$C = AB \tag{10.11}$$

由表 10.9 可知，和数 S 与 A、B 之间有异或关系，进位 C 与 A、B 之间存在与的关系。图 10.44（a）、图 10.44（b）分别是半加器逻辑电路图及其逻辑符号。

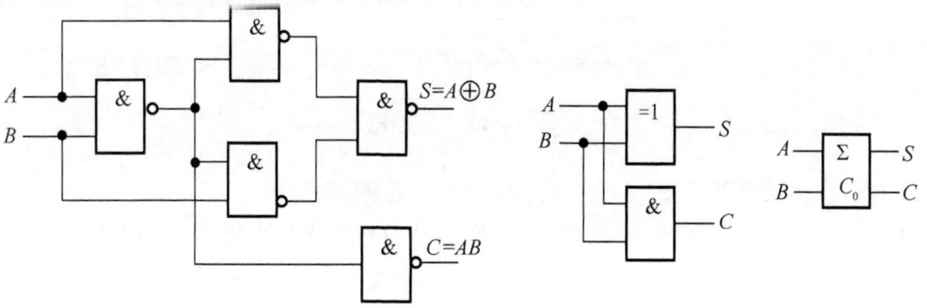

（a）逻辑电路图　　（b）逻辑符号

图 10.44　半加器

半加器是全加器的一个特例。在实际的二进制加法运算时，仅利用不考虑低位进位的半加器是不能解决问题的，这就要求两个数作加法运算时，两个同位的加数和来自低位的进位三者相加，以得到本位的和 S 及向高位的进位 C_0。这种加法运算称为全加，能实现全加运算的电路称为全加器。

如果用 A、B 表示两个加数的第 n 位，C 表示低位（n-1 位）来的进位，根据全加运算的规则可列真值表，如表 10.10 所示。

表 10.10　全加器真值表

A	B	C	S	C_0
0	0	0	0	0
0	1	0	1	0
1	0	0	1	0
1	1	0	0	1
0	0	1	1	0
0	1	1	0	1
1	0	1	0	1
1	1	1	1	1

由真值表写出逻辑函数式如下：

$$S = \overline{A}B\overline{C} + A\overline{B}\,\overline{C} + \overline{A}\,\overline{B}C + ABC \tag{10.12}$$

$$C_0 = AB\overline{C} + \overline{A}BC + A\overline{B}C + ABC \tag{10.13}$$

将全加器的逻辑函数式进行变换，用半加器逻辑函数式表示如下：

$$\begin{aligned} S &= \overline{A}\,\overline{B}C + ABC + \overline{A}B\overline{C} + A\overline{B}\,\overline{C} = (\overline{A}\,\overline{B} + AB)C + (\overline{A}B + A\overline{B})\overline{C} \\ &= \overline{(A\oplus B)}C + (A\oplus B)\overline{C} = (A\oplus B)\oplus C \end{aligned} \tag{10.14}$$

$$\begin{aligned} C_0 &= AB\overline{C} + ABC + \overline{A}BC + A\overline{B}C = AB(\overline{C} + C) + (\overline{A}B + A\overline{B})C \\ &= AB + (\overline{A}B + A\overline{B})C = AB + (A\oplus B)C \end{aligned} \tag{10.15}$$

由上式可知，用两个半加器及一个或门就可组成全加器电路，如图 10.45（a）所示。逻辑符号如图 10.45（b）所示。

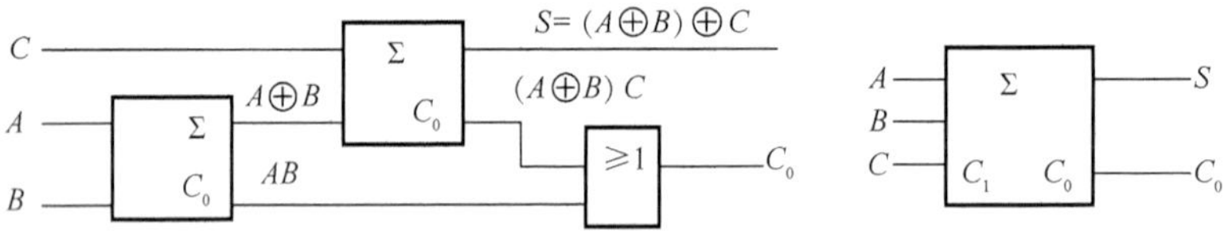

（a）由半加器组成的全加器　　（b）逻辑符号

图 10.45　全加器

例 10.10　用 74LSl83 集成芯片构成四位二进制加法器。

解：图 10.46（a）是双全加器集成电路芯片 74LS183 的外部引线图，一片 74LS183 上有两个全加器，将其中某一全加器的输出连到另一个全加器的进位输入，就构成了二位串行进位的加法器。四位二进制加法器则要用两片 74LS183 串接构成。具体电路如图 10.46（b）所示。接线规则是：后级最高位进位输出作为前级最低位进位输入。

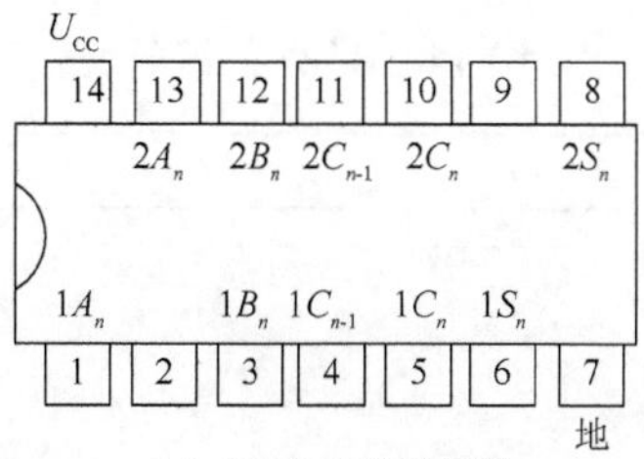

(a) 74LS183外引线图

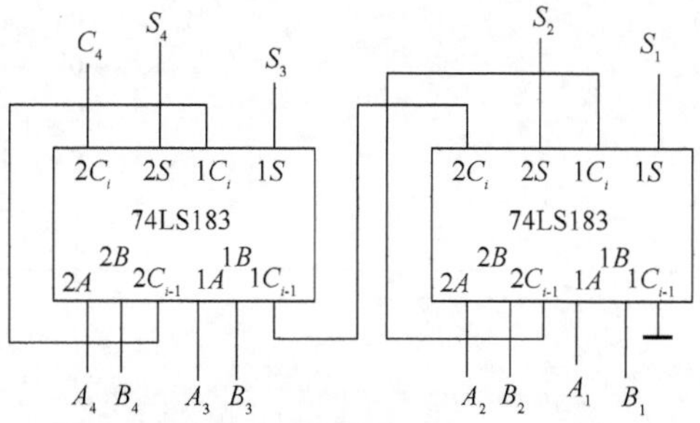

(b) 接线图

图 10.46 例 10.10 图

实际上，最低位 A_1 与 B_1 之间要进行的是半加运算，而不是全加运算。只要把该位的前级进位端 C_0 接 0，全加器就变成了半加器。

串行进位加法器电路简单，但工作速度较慢。因为高位的运算必须等低位的进位数确定之后才能求出正确结果。若希望提高运算速度可采用超前进位全加器，如 74LS283。

10.6.2 编码器

编码器是用来将任一数字系统的信息或数据变换为二进制代码的装置。例如，把十进制数 0 编成二进制代码 0000；把十进制数 1 编成二进制代码 0001；把十进制数 2 编成二进制代码 0010 等。

下面举例来说明实现把 0～9 这十个十进制数码变换成二进制代码的编码电路，这种电路称为二-十进制编码器。

二-十进制编码器是将十进制的十个数码 0、1、2、3、4、5、6、7、8、9 编成二进制代码的电路，输入的是 0～9 十个数码，输出的是对应的二进制代码。这二进制代码又称为二-十进制代码（binary-coded decimal），简称 BCD 码。

因为输入有十个数码，要求有十种状态，而三位二进制代码只有八种状态（组合），所以输出需要四位二进制代码。四位二进制代码共有十六种状态，其中，任何十种状态都可表示 0～9 十个数码，方案很多。最常用的是 8421 编码方式，就是在四位二进制代码的十六种状态中取出前面十种状态，表示 0～9 十个数码，如表 10.11 所示。在这里去掉从“1010”到“1111”六个状态（称为无效状态）。当来第十个脉冲时，由“1001”恢复到“0000”。二进制代码各位的 1 所代表的十进制数从高位到低位依次为 8、4、2、1 称之为“权”，而后把每个数码乘以各位的“权”相加，即得出该二进制代码所表示的一位十进制数。例如“1001”，这个二进制代码就是表示

$$1\times8+0\times4+0\times2+1\times1=8+0+0+1=9$$

表 10.11　8421 码编码表

输入		输出			
十进制		D	C	B	A
0（Y_0）		0	0	0	0
1（Y_1）		0	0	0	1
2（Y_2）		0	0	1	0
3（Y_3）		0	0	1	1
4（Y_4）		0	1	0	0
5（Y_5）		0	1	0	1
6（Y_6）		0	1	1	0
7（Y_7）		0	1	1	1
8（Y_8）		1	0	0	0
9（Y_9）		1	0	0	1
去掉	{	1	0	1	0
		1	0	1	1
		1	1	0	0
		1	1	0	1
		1	1	1	0
		1	1	1	1

由编码表写出逻辑函数式为

$$D = Y_8 + Y_9 = \overline{\overline{Y_8} \cdot \overline{Y_9}} \tag{10.16}$$

$$C = Y_4 + Y_5 + Y_6 + Y_7 = \overline{\overline{Y_4} \cdot \overline{Y_5} \cdot \overline{Y_6} \cdot \overline{Y_7}} \tag{10.17}$$

$$B = Y_2 + Y_3 + Y_6 + Y_7 = \overline{\overline{Y_2} \cdot \overline{Y_3} \cdot \overline{Y_6} \cdot \overline{Y_7}} \tag{10.18}$$

$$A = Y_1 + Y_3 + Y_5 + Y_7 + Y_9 = \overline{\overline{Y_1} \cdot \overline{Y_3} \cdot \overline{Y_5} \cdot \overline{Y_7} \cdot \overline{Y_9}} \tag{10.19}$$

再由逻辑式画出逻辑图，如图 10.47 所示。

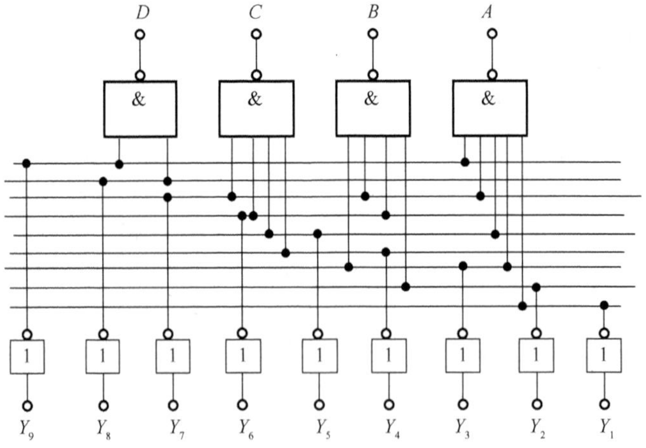

图 10.47　8421 码编码器

10.6.3　译码器

译码是编码的相反过程，它将每一个二进制代码“翻译”为一定的输出信号，以表示原意。这个输出信号可以是脉冲，也可以是电平。

例如，将两位二进制代码 00、01、10 和 11“翻译”成对应的十进制数，其原理如下：二进制数代码 00、01、10 和 11 是四种组合状态，进行译码时，必须有四条输出线，分别用来表示四个十进制数 0、1、2、3，如图 10.48 所示。某输出线为高电平即代表该输出线表示的十进制数。例如，当 BA=00 时，四条输出线当中只有 0 号线是高电平，表示输出十进制数 0。同理，当 BA=11 时，则只有 3 号线为高电平，表示输出 3，其余类推。这就实现了将二进制代码 00、01、10、11 译成对应的十进制数 0、1、2、3 四个数字。

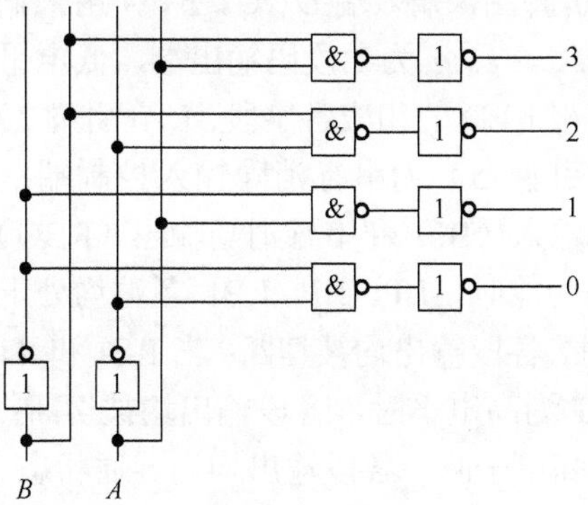

图 10.48　译码器

下面介绍两种集成电路译码器。

1. 三线-八线译码器 74LS138 芯片

它有三位输入端，八根输出线，其引脚及逻辑关系如图 10.49 所示。G_1、$\overline{G_{2A}}$、$\overline{G_{2B}}$ 为三个片选端，只有当 G_1=1、$\overline{G_{2A}}$=0、$\overline{G_{2B}}$=0 时，芯片才能有效工作，否则输出全为高电平。A、B、C 为三位输入端，$\overline{Y_0}$ ～ $\overline{Y_7}$ 为八根输出线。由逻辑关系表可见，仅仅与输入代码对应的输出线为低电平（有效），其余的输出线为高电平。这种译码器就是用来将一组二进制代码译为一个特定的输出信号。

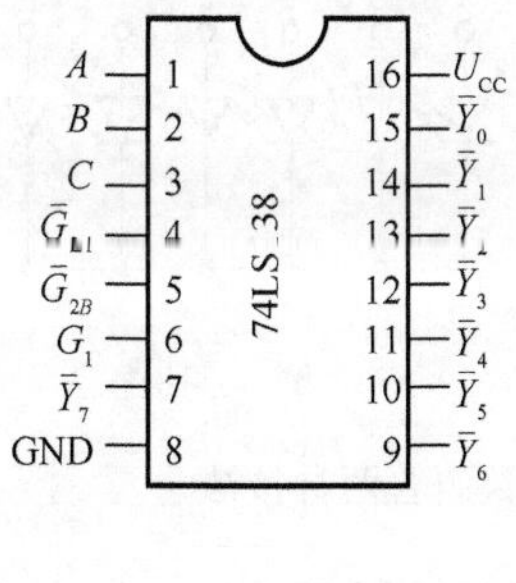

G_1	$\bar{G}_{2A}$	$\bar{G}_{2B}$	C	B	A	输出
1	0	0	0	0	0	$\bar{Y}_0$=0，其余为1
1	0	0	0	0	1	$\bar{Y}_1$=0，其余为1
1	0	0	0	1	0	$\bar{Y}_2$=0，其余为1
1	0	0	0	1	1	$\bar{Y}_3$=0，其余为1
1	0	0	1	0	0	$\bar{Y}_4$=0，其余为1
1	0	0	1	0	1	$\bar{Y}_5$=0，其余为1
1	0	0	1	1	0	$\bar{Y}_6$=0，其余为1
1	0	0	1	1	1	$\bar{Y}_7$=0，其余为1

图 10.49　74LS138 引脚图及逻辑关系

2. 七段显示译码器

在数字系统中，常常需要将测量和运算的结果以十进制数字形式显示出来，为此，就要把二-十进制表示的结果送到译码器译码，并用译码器的输出去驱动数码显示器件。

七段显示译码器的功能就是把“8421”二-十进制代码译成对应于数码管的七字段信号，驱动数码管，显示出相应的十进制数码。图 10.50 是七段显示译码器 74LS47 的引脚图，输入端 D、C、B、A 用来输入 8421 码；a、b、c、d、e、f、g 为七段码输出端，低电平作用输出可直接驱动共阳极 LED 的相应各字段；LT（引脚 3）为灯测试输入端；RBI（引脚 5）为串行消隐输入控制端；BI/RBO（引脚 4）为消隐输入（BI）和串行消隐输出（RBO）控制端。在要求正常输出功能时，LT、BI、RBI 各端均处于高电平；当 BI 为低电平时，各段输出均被切断；当 RBI 和 A、B、C、D 均为低电平，LT 为高电平时，各段输出均被切断；当 LT 为低电平，RBO 为高电平时，各段输出均为导通状态。

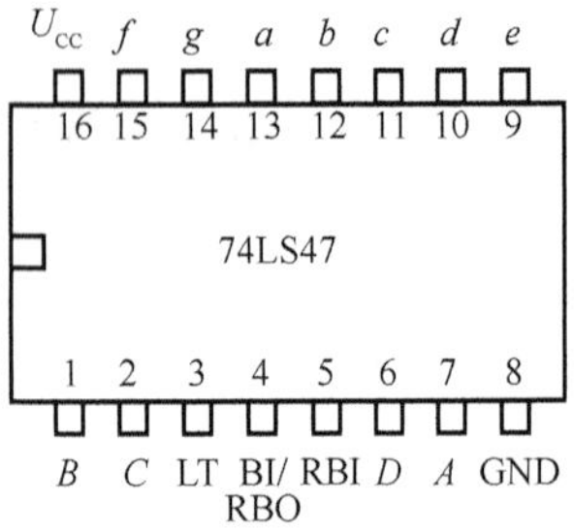

图 10.50　74LS47 引脚图

3. 显示器

数码显示器件有多种，目前在数字仪表、计算机和其他数字系统中广泛采用的是七段显示器件，其结构如图 10.51 所示。七个发光段的发光元件可以是发光二极管或液晶显示。选择不同字段发光，可显示出不同的字形。例如，当 a、b、c、d、e、f、g 七段全亮时显示出 8，a、f、g、c、d 段亮时显示出 5。

半导体数码管中七个发光二极管有共阴极和共阳极两种接法，如图 10.52 所示。前者，某一段接高电平时发光；后者，接低电平时发光。使用时每个管要串联限流电阻（约 100Ω）。

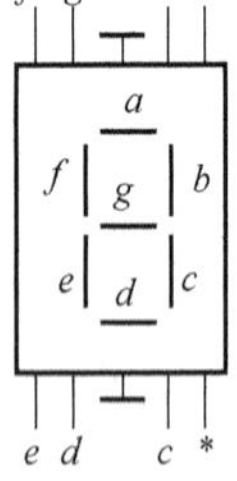

图 10.51　七段显示器

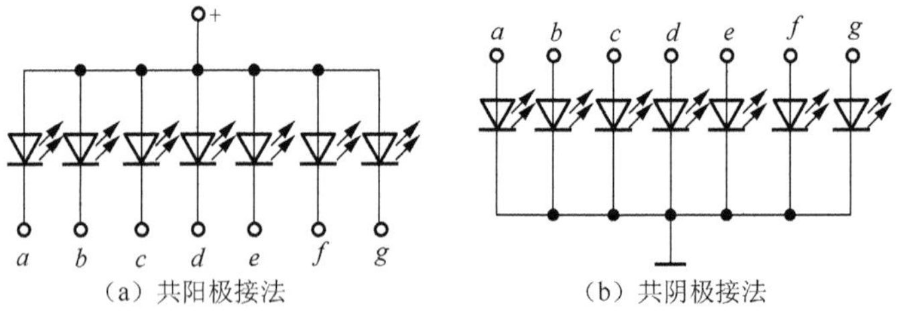

图 10.52　半导体数码管两种接法

在用七段发光显示器件时，必须配合使用七段显示译码器，以便将二-十进制代码译成七段发光显示器在显示不同字符时所需要的各种控制电平。如果采用共阴极数码管，则七段显示译码器的状态表，如表 10.12 所示。

表 10.12　七段译码器状态表

输入				输出							显示数码
D	C	B	A	a	b	c	d	e	f	g	
0	0	0	0	1	1	1	1	1	1	0	0
0	0	0	1	0	1	1	0	0	0	0	1
0	0	1	0	1	1	0	1	1	0	1	2
0	0	1	1	1	1	1	1	0	0	1	3
0	1	0	0	0	1	1	0	0	1	1	4
0	1	0	1	1	0	1	1	0	1	1	5
0	1	1	0	1	0	1	1	1	1	1	6
0	1	1	1	1	1	1	0	0	0	0	7
1	0	0	0	1	1	1	1	1	1	1	8
1	0	0	1	1	1	1	1	0	1	1	9

图 10.53 是七段显示译码器与共阳极显示器的连接图。

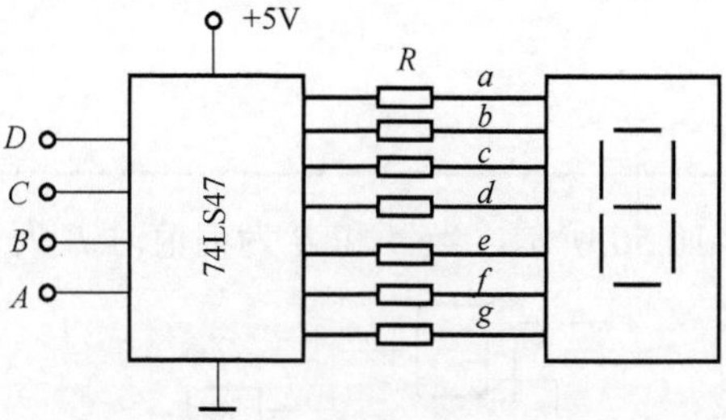

图 10.53　译码器与显示器的连接

习　题

10.1　试画出在如图 10.54 所示的 A、B、C、D 信号作用下，各门的输出波形。

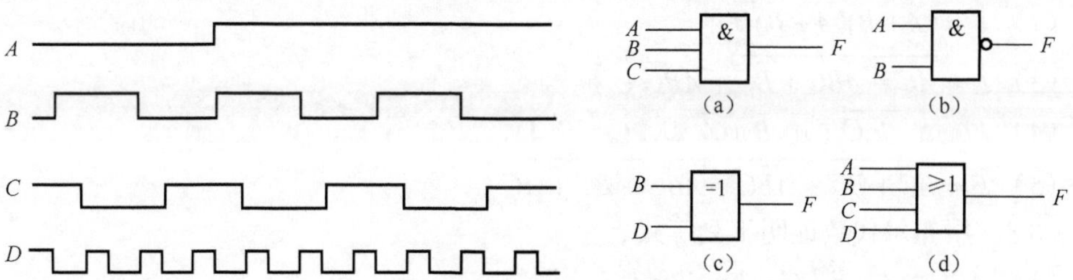

图 10.54　习题 10.1 图

10.2　逻辑电路图如图 10.55（a）所示，其输入波形 A、B、C 如图 10.55（b）所示，试画出电路的输出 F_1 和 F_2 的波形图。

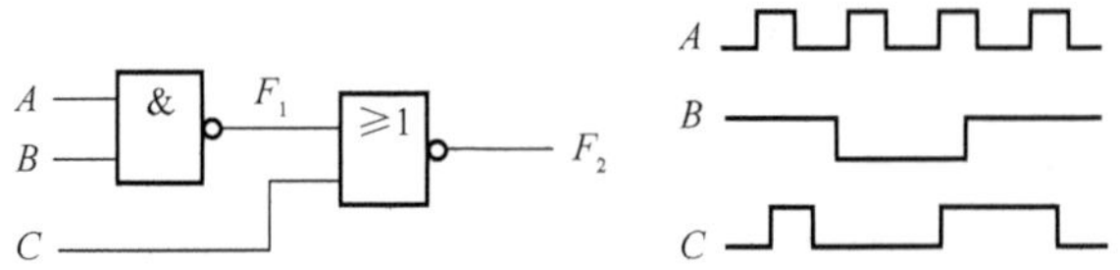

（a）　　（b）

图 10.55　习题 10.2 图

10.3　下列逻辑式不正确的是（　　）。

A. $\overline{A\overline{B}+\overline{A}B}=AB+\overline{A}\,\overline{B}$　B. $\overline{A}+AB=\overline{A}+B$　C. $A+B=\overline{\overline{A}+\overline{B}}$

10.4　列出下列逻辑函数式的真值表。

（1）$F=ABC+\overline{A}$；（2）$F=\overline{A\overline{B}+\overline{A}B}$。

10.5　试根据表 10.13 写出输出的与或逻辑函数式。

表 10.13　真值表

A	B	F
0	0	0
0	1	1
1	0	1
1	1	1

10.6　逻辑电路如图 10.56 所示，当 A 和 B 为何值时 F 为 0？

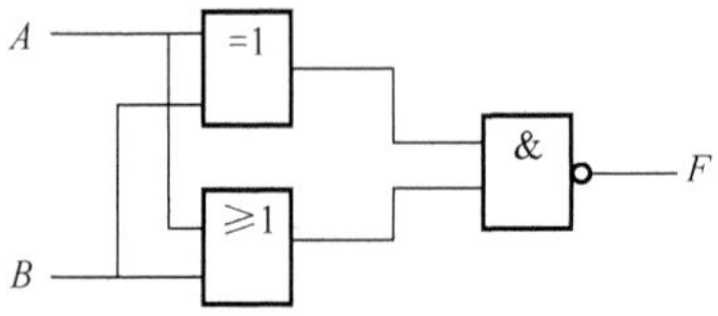

图 10.56　习题 10.6 图

10.7　用公式化简下列逻辑函数式。

（1）$F=AB+ABC+AB(D+E)$；

（2）$F=(A+B)(\overline{A}+\overline{B})\overline{B}$；

（3）$F=\overline{AC+\overline{A}BC+\overline{B}C}+AB\overline{C}$；

（4）$F=A\cdot\overline{B}\cdot\overline{C}+\overline{A}\cdot\overline{B}+\overline{A}\cdot D+C+B\cdot D$；

（5）$F=\overline{\overline{A}C+BC+A\overline{B}C}+\overline{\overline{A}BC+\overline{B}C+AC}$。

10.8　用布尔代数证明下列等式。

（1）$ABC+\overline{A}+\overline{B}+\overline{C}=1$；

（2）$\overline{\overline{(\overline{A}+B)}+\overline{(A+\overline{B})}}+\overline{\overline{(\overline{A}B)}\,\overline{(A\overline{B})}}=1$；

（3）$(A+B+C)(A+B+\overline{C})(\overline{A}+B+C)=B+AC$；

（4）$AB(C+D)+D+\overline{D}(A+B)(B+C)=AC+B+D$。

10.9　根据下列逻辑式，画出相应的逻辑图。

（1）$F=(A+B)+(A+C)$；

（2）$F=A(B+C)+BC$；

（3）$F=A\bar{B}+B\bar{C}+C\bar{A}$；

（4）$F=\overline{\bar{A}BC}+\overline{A\bar{B}}$。

10.10　利用与非门电路实现下列逻辑函数。

（1）$F=\bar{A}$；

（2）$F=ABC$；

（3）$F=A+B+C$；

（4）$F=ABC+DEF$；

（5）$F=\overline{A+B+C}$。

10.11　先化简下列逻辑函数，再用与非门实现其逻辑电路图。

（1）$F=\bar{A}\bar{B}+A\bar{B}+\bar{A}B$；

（2）$F=A\bar{B}+B+ACD$。

10.12　用卡诺图将下列逻辑函数化简为最简与或表达式。

（1）$F=A\bar{B}+\bar{A}B+AB$；

（2）$F=\bar{A}\bar{B}\bar{C}+A+B+C$；

（3）$F=A\bar{B}+BD+CDE+\bar{A}D$；

（4）$F=\overline{\bar{A}D(A+\bar{D})+ABC+CD+(B+C)+AB\bar{C}}$；

（5）$F=(A+B)(A+\bar{A}B)C+\overline{\bar{A}(B+\bar{C})}+\bar{A}B+ABC$。

10.13　写出如图 10.57 所示各图的逻辑函数式，并化简。

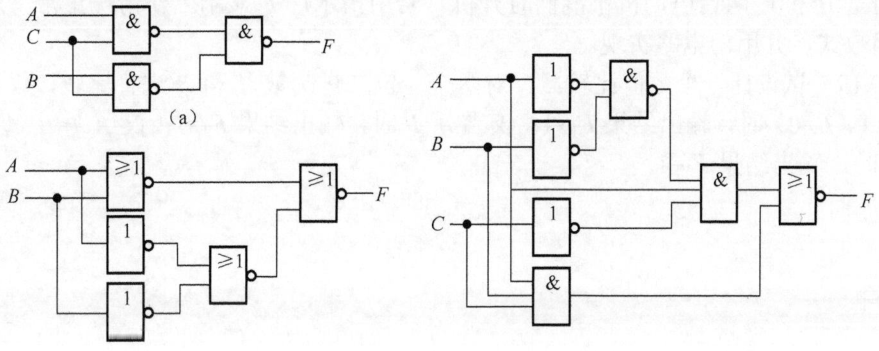

图 10.57　习题 10.13 图

10.14　如图 10.58 所示，用电键（也可用拨码盘）输入十进制数据。当所有的输入端通过电键接到电源+5V 时（图示位置），编码器的输出为 0000；当输入 1～8 中某一个十进制时，其相应的输入端通过电键接地（低电平），而其他输入端为高电平（接+5V）。例如，对十进制数 6 进行编码时，电键 6 接地（0），其余输入均为 1，这时编码器的输出 A=0、B=1、C=1、D=0，即 $ABCD$=0110。这样就把十进制数 6 编成二进制代码 0110。按图中编码表，完成各输入线到编码器各与非门输入端的连线。

二进制编码器表

输入	输出			
十进制数	A	B	C	D
0	0	0	0	0
1	0	0	0	1
2	0	0	1	0
3	0	0	1	1
4	0	1	0	0
5	0	1	0	1
6	0	1	1	0
7	0	1	1	1
8	1	0	0	0

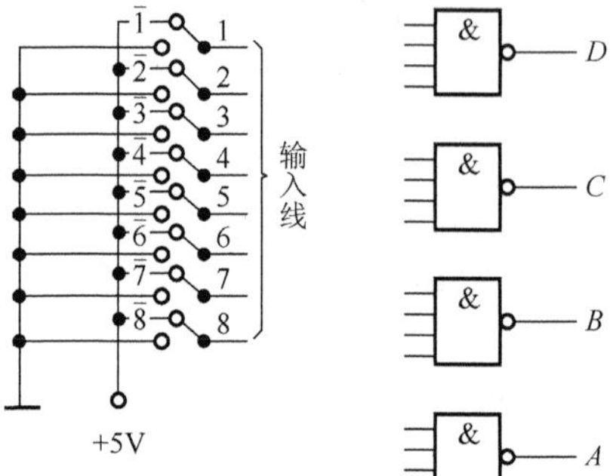

图 10.58　习题 10.14 图

10.15　试设计一个奇偶判别电路。有三个输入信号 A、B、C，当三个输入信号中有奇数个为高电平时输出端 F 为高电平，否则输出为低电平。

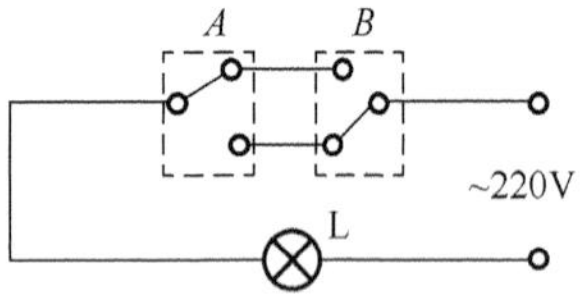

图 10.59　习题 10.16 图

10.16　有一个两地控制的照明电路，如图 10.59 所示。用两个单刀双头开关 A 和 B（分别设置在两地）控制电灯 L。当 A、B 两个开关同时扳到上面或下面时，电灯 L 就亮，否则灯灭。设开关扳到上面为 1，扳到下面为 0；灯亮为 1，灯灭为 0。试写出这个电路的逻辑函数式，并画出逻辑电路图。

10.17　设计一个具有三输入端的数字电路。要求：当输入信号的多数（过半数）为低电平时，输出为高电平。

10.18　有三台电动机 A、B、C，正常情况下必须有两台开机，而且只允许两台开机，但是 B 和 C 两台电动机不能同时开机。若用指示灯 F 显示工作情况正常，求 F 的逻辑函数式，并用门电路实现。

10.19　试设计一个数值比较器，对两个一位二进制数 A 和 B 进行比较，仅当 $A>B$（即 $A=1$、$B=0$）时，输出结果 $F_1=1$；仅当 $A=B$ 时，输出结果 $F_2=1$；仅当 $A<B$（即 $A=0$、$B=1$）时，输出结果 $F_3=1$。

第 11 章　触发器和时序逻辑电路

以特定的顺序执行操作的能力是数字网络的最重要特征之一，而由门电路组成的组合逻辑电路中，其输出状态完全取决于当时的输入变量的状态，而与电路原来的状态无关，也就是组合逻辑电路不具有记忆功能。然而在数字系统中，信号的处理需要按照特定顺序进行，这就要求有记忆功能。所谓时序逻辑电路，是指电路的输出状态保持或变化情形取决于系统的输入及其当前状态。因此，时序逻辑电路必须具备存储电路或反馈延时电路。触发器就是一种具有记忆存储功能的器件，它是构成时序逻辑电路的基本单元。

11.1　双稳态触发器

触发器是构成时序电路的基本单元，按其稳定工作状态可分为双稳态触发器、单稳态触发器和无稳态触发器。本节主要介绍双稳态触发器。

数字电路中的基本工作信号是二进制数字信号，触发器就是存放这种信号的基本单元。由于一位二进制信号有 0、1 两种取值，因而触发器起码应具有下述功能：

（1）有两个稳定状态：0 状态和 1 状态。

（2）能接收、保持和输出送来的信号。

11.1.1　基本 RS 触发器

用两个与非门交叉连接，即构成基本 RS 触发器。如图 11.1（a）所示。

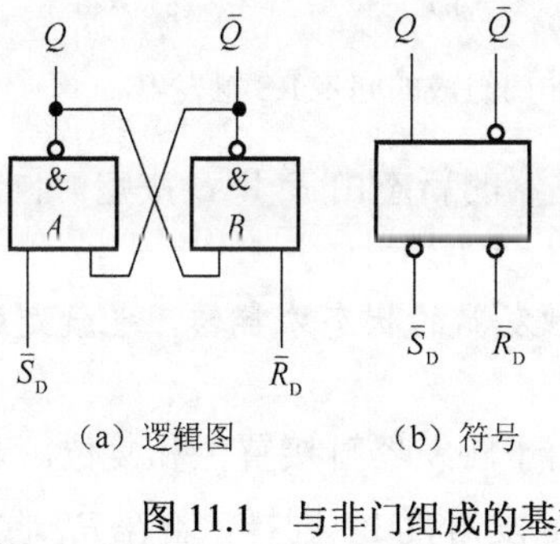

$\bar{R}_D$ $\bar{S}_D$	Q $\bar{Q}$
0 0	禁用
0 1	0 1（复位）
1 0	1 0 （置位）
1 1	不变

（a）逻辑图　　（b）符号　　（c）真值表

图 11.1　与非门组成的基本 RS 触发器

基本 RS 触发器有两个输出端 Q 和 $\overline{Q}$，Q 和 $\overline{Q}$ 的状态在正常条件下相反。基本 RS 触发器有两个稳定状态，$Q=0$、$\overline{Q}=1$ 为 0 状态，又称复位状态；$Q=1$、$\overline{Q}=0$ 为 1 状态，又称置位状态。

基本 RS 触发器有两个输入端 $\overline{R}_D$ 和 $\overline{S}_D$。当 $\overline{R}_D=0$、$\overline{S}_D=1$ 时，输出 $Q=0$、$\overline{Q}=1$，即为 0 状态。当 $\overline{R}_D=1$、$\overline{S}_D=0$ 时，输出 $Q=1$、$\overline{Q}=0$，即为 1 状态。当 $\overline{R}_D=1$、$\overline{S}_D=1$ 时，输出仍保持原状态不变。例如，触发器原为 1 状态，$Q=1$ 反馈到 B 门输入使 $\overline{Q}=0$，$\overline{Q}=0$ 反馈到 A 门输入，只要 $\overline{R}_D=1$，就能保持 $Q=1$。这说明触发器具有记忆或存储信息的功能。当 $\overline{R}_D=0$、$\overline{S}_D=0$ 时，两个输出端都为 1。此时，两个输出端 Q 和 $\overline{Q}$ 的状态不再互补，这不是触发器的正常应用状态。另外，当两个输入的 0 信号同时撤除（即恢复为 1）后，此时输出端的状态将由两个门的翻转速度及两个输入信号撤除的先后等因素决定。这种不确定状态容易引起电路的误动作，因而在使用时应当避免出现这种情况。

基本 RS 触发器的逻辑符号及真值表如图 11.1（b）、图 11.1（c）所示。

11.1.2　同步 RS 触发器

在许多实际情况下，往往要求触发器的状态，不是立即随 R、S 输入端信号转换，而是要在外部时间信号（称为时钟脉冲）的作用下，把 R、S 端的状态反映到输出端，使整个系统同步动作。这样的触发器称为同步触发器。用与非门组成的同步 RS 触发器，如图 11.2（a）所示，图中，$\overline{R}_D$、$\overline{S}_D$ 为直接置位端和复位端，用来预置触发器的初始状态。它在基本 RS 触发器的输入端，再增加两个与非门 C、D。C、D 的输入除 S 和 R 端外，还有时钟脉冲输入端 CP。当 CP = 0 时，C、D 门关闭，无论 R、S 输入如何，C 门和 D 门的输出都为高电平，即基本 RS 触发器的两个输入端都为 1 状态，触发器保持原来状态不变。

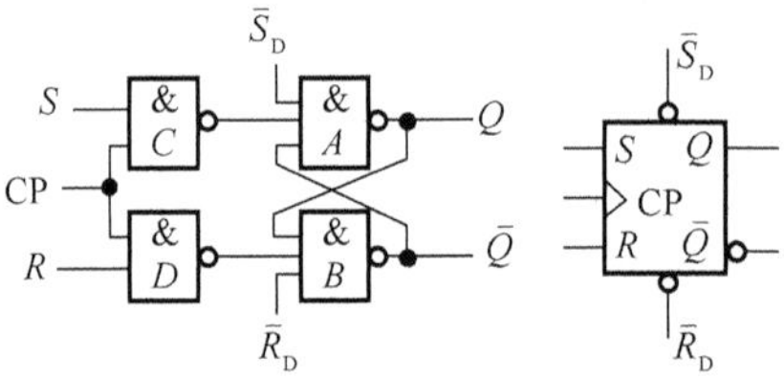

S	R	Q_{n+1}（次态）
0	0	Q_n（现态）
0	1	0
1	0	1
1	1	禁用

（a）逻辑图　　（b）符号　　（c）真值表

图 11.2　与非门组成的同步 RS 触发器

当 CP = 1 时，C、D 门打开，触发器的新态由 R 和 S 决定。同步 RS 触发器的逻辑符号及其值表如图 11.2（b）、图 11.2（c）所示。

注意：只有当时钟脉冲到来时，触发器的状态才翻转，也就是触发器状态的改变与时钟脉冲同步。

A 门和 B 门的 $\overline{R}_D$ 和 $\overline{S}_D$ 输入端，用于触发器直接置位和复位。若在 $\overline{S}_D$ 端加低电平，则不管触发器原来处于什么状态均将触发器置 1。同样，若在 $\overline{R}_D$ 端加低电平，则使触发器置 0。这样就可使触发器不必经过时钟脉冲的控制，而预选置在一定的状态。正常工作不用这两个输入端时，把它们接高电位。

图 11.3 是一个由与非门组成的同步 RS 触发器的波形图。

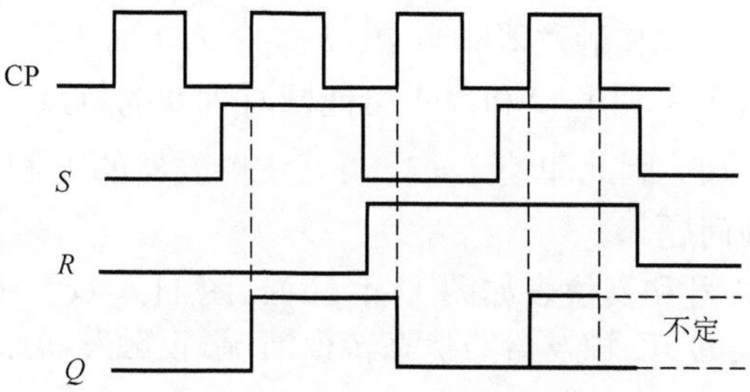

图 11.3　同步 RS 触发器的工作波形图

注意：同步 RS 触发器是在 CP 为高电平时触发翻转。翻转后的状态决定于 R、S 端信号的状态，触发器的翻转与 CP 信号同步。

同步 RS 触发器的缺点在于 CP = 1 期间，如果 R、S 端的信号有变化，触发器的状态随之改变，这就失去了 CP 与脉冲同步翻转的特点。另外，当 $R = S = 1$ 时，触发器不能正常工作。当把同步 RS 触发器连在计数型触发器时，如果 CP 脉冲宽度不当，会出现所谓空翻现象，从而造成计数错误。

11.1.3　主从型 JK 触发器

主从型 JK 触发器如图 11.4 所示。它包括两个同步 RS 触发器，其中一个是主触发器，另一个是从触发器。主触发器的输入端 J 和 K 接收信号，并把信号存贮在主触发器中。而从触发器接收并保存来自主触发器的信号。由主触发器到从触发器的信号传送是在时钟脉冲的后沿（下降沿）作用下完成的。信息接收过程如下：

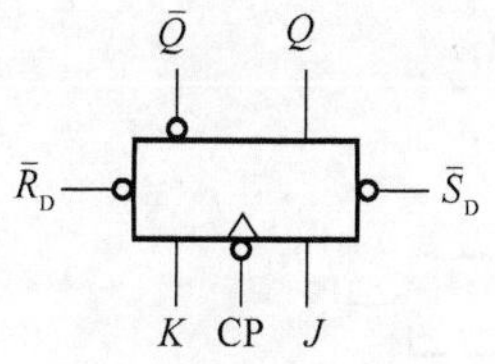

（b）符号

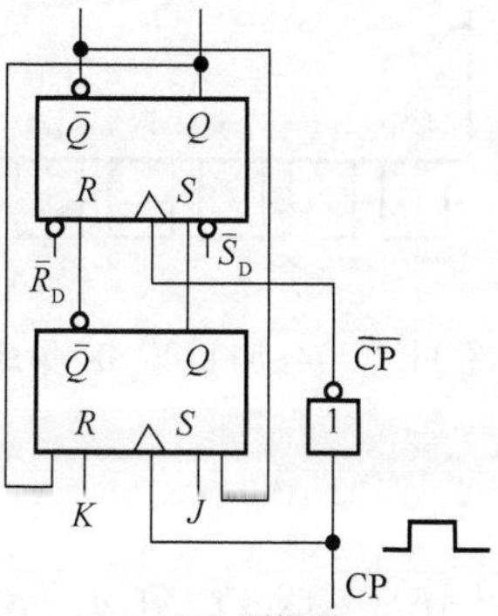

（a）逻辑图

K	J	Q_{n+1}
0	0	Q_n
1	0	0
0	1	1
1	1	$\bar{Q}_n$

（c）真值表

图 11.4　主从型 JK 触发器

当 CP = 1（时钟脉冲到来时），$\overline{CP} = 0$，从触发器被封锁，输出保持原有状态不变；而主触发器则接收 J、K 输入端的信号，并将它保存起来。

当时钟脉冲后沿到来时，CP 由 1 变 0，主触发器被封锁；而 $\overline{CP}$ 由 0 变 1。贮存在主触发器中的信号便送入从触发器。输出的新状态，在下一个时钟脉冲的后沿出现以前，一直保持不变。

如图 11.2 所示的同步 RS 触发器，当 R、S 端全为 1 时，输出状态不定，这种情况必须避免。在图 11.4（a）中利用 Q 和 $\bar{Q}$ 不可能同时为 0 的特点，通过交叉连接的反馈，把输出信号回送到输入端。因此即使 $J=K=1$，主触发器的 R 和 S 也不会同时为 1，这样就避免了输出不定的问题。

JK 触发器的逻辑符号和真值表如图 11.4（b）、图 11.4（c）所示。

图 11.5 是后沿触发的 JK 触发器的状态转换情况。设触发器原来是 1 状态，即 $Q=1$，$\bar{Q}=0$，当 $J=K=1$，反馈使主触发器的 R 输入为 1，S 输入为 0，所以 CP 由 1 变 0 后将使触发器翻转为 0 状态，即 $Q=0$、$\bar{Q}=1$。同理，下一个 CP 的后沿又将使触发器翻转为 1 状态。可见，JK 触发器当 $J=K=1$，在时钟脉冲相继作用下，能来回翻转。这种功能可用于计数。

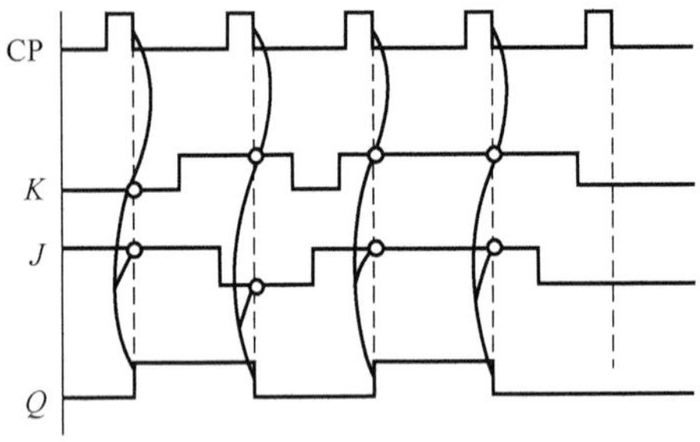

图 11.5　后沿触发 JK 触发器的状态转换情况

当 CP=1 时，主触发器接收 J、K 输入端的信号和触发器输出反馈的现态信号。在 CP 持续期间，触发器的输出维持现状不变。仅在 CP 由 1 变为 0 后，从触发器才根据主触发器状态进行翻转，触发器的输出才变为次态。

JK 触发器也有设计成前沿（上升沿）触发的，其符号如图 11.6 所示。图 11.7 是 74LS112 双 JK 集成触发器的引脚图。

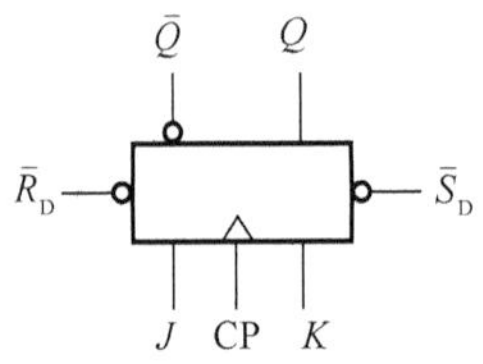

图 11.6　前沿 JK 触发器符号

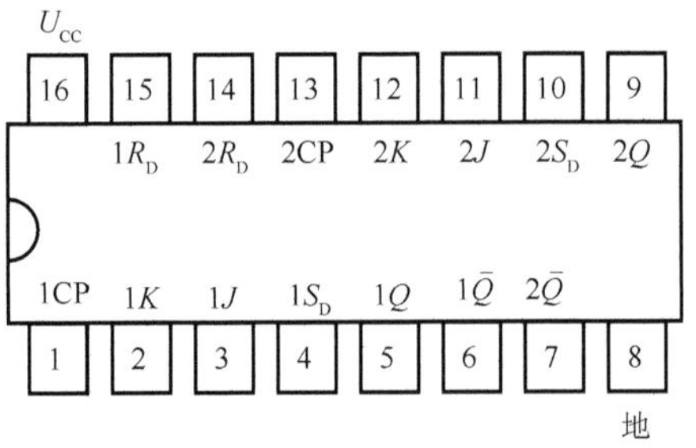

图 11.7　74LS112 双 JK 集成触发器的引脚图

11.1.4　维持阻塞型 D 触发器

图 11.8（a）是维持阻塞型 D 触发器。它由六个与非门组成，其中，A、B 门构成基本 RS 触发器，C、D、E、F 门构成导引电路。其工作原理如下：

当 $CP=0$ 时，C、D 门关闭，C、D 门的输出均为高电平，与输入端 D 的状态无关，由 A、B 门组成的基本 RS 触发器保持原来状态。

若 $D=0$，当 $CP=0$ 时，E 门输出为 1，F 门输出为 0。在 CP 前沿到来时，即 CP 由 0 变为 1 时，C 门的三个输入端全为1，所以 C 门的输出由 1 变 0，而由于 F 门的输出为 0，所以 D 门的输出为 1。这就使 A、B 门组成的基本 RS 触发器置 0。另一方面，C 门输出的低电平又反馈回来关闭了 E 门，在 $CP=1$ 期间，不论输入端 D 的状态如何变

化都能保持 E 门输出为 1，F 门输出为 0，从而保持了 C 门输出为 0，D 门输出为 1，既维持了置 0 信号（C 门输出为 0），又阻塞了置 1 信号（D 门输出为 0）的产生。因此，在 CP = 1 期间，Q 和 $\overline{Q}$ 都不会再变化。当 CP 由 1 变为 0 时，C、D 门又关闭，输出也不会变化。

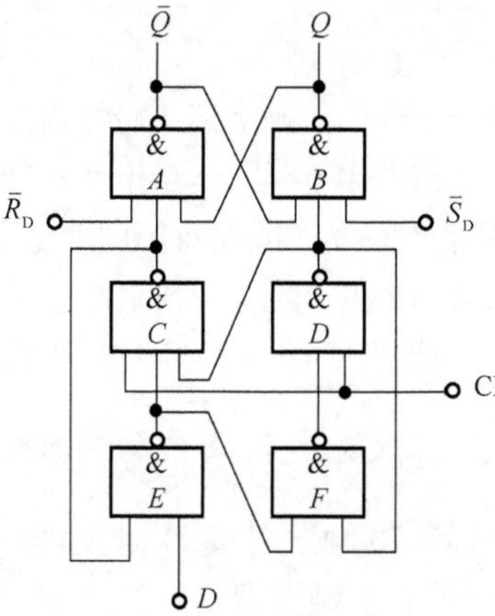

（a）逻辑图

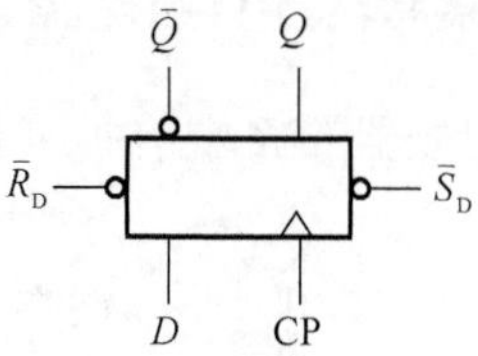

（b）符号

D	Q_{n+1}
0	0
1	1

（c）真值表

图 11.8　维持阻塞型 D 触发器

若 $D=1$，当 CP = 0 时，则 E 门输出为 0，F 门输出为 1。在 CP 前沿到来时，D 门输出由 1 变为 0，而 C 门输出仍保持 1，这就使基本 RS 触发器置 1。另一方面，D 门输出的低电平又反馈到 F 门和 C 门的输入端，关闭了 F、C 门，这样既维持了置 1 信号（D 门输出为 0），又阻塞了置 0 信号（C 门输出为 0）的产生。因此，在 CP = 1 期间，输入端 D 的变化不会使触发器输出端状态发生变化。当 CP 再由 1 变为 0 时，触发器状态也不会改变。

综上所述，D 触发器具有这样的逻辑功能：在 CP 前沿到来以前，若 $D=0$，CP 前沿到来时触发器置 0；在 CP 前沿到来前，若 $D=1$，CP 前沿到来时触发器置 1。即时钟脉冲前沿到来后输出端 Q 的状态和该脉冲前沿到来前输入端 D 的状态一样，可以写成 $Q_{n+1}=D_n$。

维持阻塞 D 触发器的逻辑符号和真值表，如图 11.8（b）、图 11.8（c）所示。

图 11.9 是 D 触发器的状态转换情况。维持阻塞 D 触发器在时钟脉冲的前沿触发翻转。

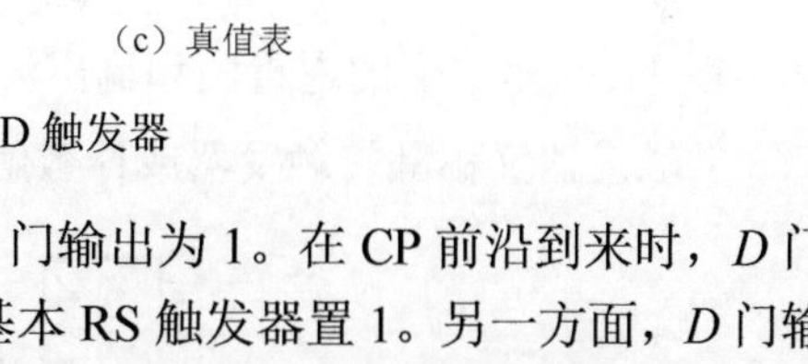

图 11.9　维持阻塞 D 触发器的状态转换情况

上述的主从型触发器和维持阻塞型触发器是从电路结构上来分的，至于 JK 触发器和 D 触发器可以是主从型的，也可以是维持阻塞型的。但常用的 JK 触发器多为主从型，而 D 触发器多为维持阻塞型。

11.1.5　触发器逻辑功能的转换

在实际应用中，某种逻辑功能的触发器经过改接或附加一些门电路后，转换为另一种触发器。

1. 将 JK 触发器转换为 D 触发器

在主从型 JK 触发器的 K 端前面加上一个非门，再接到 J 端称为 D 输入端，如图 11.10 所示。当 $D=0$，即 $J=0$ 和 $K=1$ 时，在 CP 后沿到来时触发器翻转为（或保持）0 状态；当 $D=1$ 时，即 $J=1$ 和 $K=0$ 时，在 CP 后沿到来时触发器翻转为（或保持）1 状态。因此具有 D 触发器的逻辑功能。

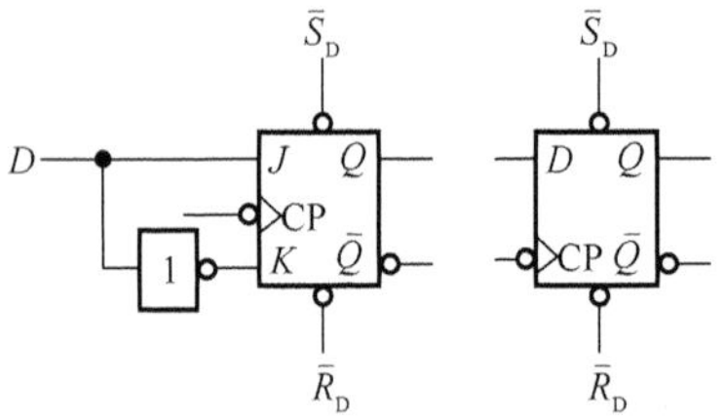

（a）电路图　（b）符号

图 11.10　JK 触发器转换为 D 触发器

2. 将 JK 触发器或 D 触发器转换为 T 触发器

一个 JK 触发器或 D 触发器，经过修改后，就可转换为一个 T 触发器。

图 11.11 是它们的逻辑图和输出波形图。T 触发器的输出状态可用 $Q_{n+1}=\overline{Q_n}$ 表示。T 触发器又称翻转触发器或计数触发器，每来一个时钟脉冲，触发器就翻转一次。

（a）JK触发器转换为T触发器　（b）D触发器转换为T触发器

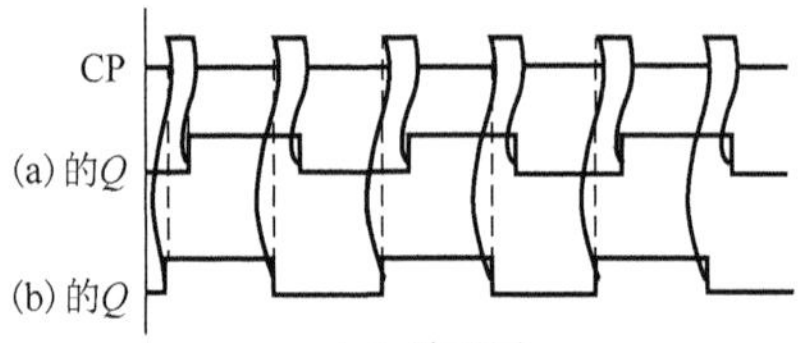

（c）波形图

图 11.11　T 触发器

由于每来一个时钟脉冲触发器的状态都要翻转一次，所以在每两个时钟脉冲到达后，电路的输出将恢复到原来的状态，因此，它可以作为时钟脉冲的 2 分频（时钟脉冲÷2）电路使用。

11.2　时序逻辑电路分析

时序逻辑电路分析就是分析给定逻辑电路的逻辑功能。由于时序电路的逻辑状态是按时间顺序随输入信号的变化而变化，因此，分析时序逻辑电路即找出电路的输出状态随输入变量和时钟脉冲作用下的规律。其一般步骤如下：

（1）分析电路组成，根据各触发器的连接方式，写出各触发器时钟输入端 CP 的逻辑函数式，也称为时钟方程。

（2）根据逻辑图写出各触发器控制输入端（例如，D 触发器的 D 端；JK 触发器的 J 端和 K 端）输入信号的逻辑函数式，也称为驱动方程，即

$$D = F_1(X, Q_n) \tag{11.1}$$

（3）根据所用触发器的特性方程，写出各触发器输出端次态 Q_{n+1} 的表达式，即触发器的状态方程为

$$Q_{n+1} = F_2(D, Q_n) \tag{11.2}$$

（4）根据逻辑图写出输出的逻辑函数式，即输出方程为

$$Z = F_3(X, Q_n) \tag{11.3}$$

（5）列出电路的逻辑状态表、画出状态图或时序图，确定各触发器状态的变化情况，确定电路的逻辑功能。

式（11.1）和式（11.3）一般仍是组合逻辑关系，而式（11.2）是描述触发器次态 Q_{n+1} 与现态 Q_n、控制输入信号 D 的关系，它体现了时序逻辑电路与组合逻辑电路的区别。其中，控制输入 D 因触发器而异，对 D 触发器来说是 D，对 JK 触发器来说是 J 和 K。

时序逻辑电路可分为同步时序逻辑电路和异步时序逻辑电路两类。如果电路中所有触发器的时钟输入端都与同一个时钟脉冲源相连接，所有的触发器状态变化都与输入时钟同步，则称同步时序逻辑电路。而异步时序逻辑电路中，有的触发器时钟输入端不是与时钟脉冲源相连接，而是与前一个触发器的输出端相连，因此它的状态变化必然要迟后一段时间。所以，异步时序逻辑电路的速度比同步时序逻辑电路低。

时序逻辑电路的典型电路有寄存器、计数器等。

11.3　寄　存　器

寄存器是一种重要的数字电路部件，常用它暂时存放数据、指令等。它由若干个触发器组成，一个触发器可以贮存一位二进制代码，存放 n 位二进制代码，用 n 个触发器即可。寄存器常分为数码寄存器和移位寄存器。移位寄存器在存储数码的同时还有移位功能。寄存器还可以按照数据的输入和传送方式不同而分类。全部触发器同时置数的，称为并行寄存器；数据逐位移入的，称为串行寄存器。寄存器的位数称为寄存器长度。

11.3.1　数码寄存器

图 11.12 是一个四位并行的数码寄存器。它包括四个基本 RS 触发器，其输入及输出分别经与非门和与门控制。需要寄存的数据各位同时送至各输入端。接收数据之前，用清 0 负脉冲将全部触发器清 0。数据接收用正脉冲写入信号，它使全部输入门打开，这时凡是输入为 1 的与非门，就会输出一个负脉冲，将相应的触发器置 1，而输入为 0 的与非门输出为 1，即没有负脉冲输出，其对应的触发器保持 0 态不变。例如，输

入的数据为二进制数 1101，当写入脉冲到来时，寄存器就把 1101 接收进去，并保存起来。当需要输出数据时，用读出脉冲将存贮在寄存器中的数据，在输出端以并行方式输出。

由 D 触发器组成的并行寄存器，如图 11.13 所示。在写入脉冲（CP）到来时，寄存器在脉冲的上升沿接收输入信息，新的数据将代替旧数据。

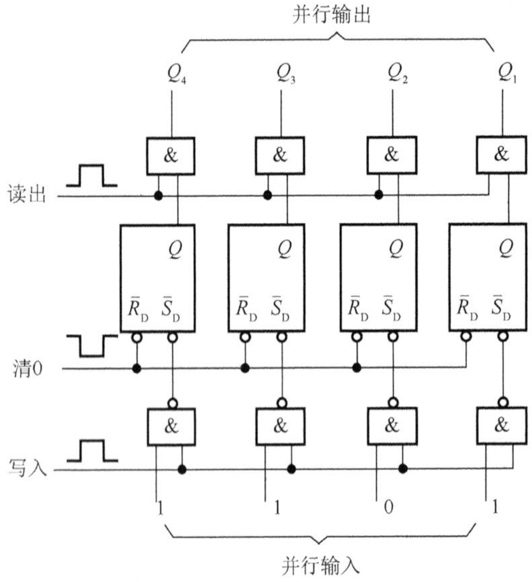

图 11.12　四位数码寄存器

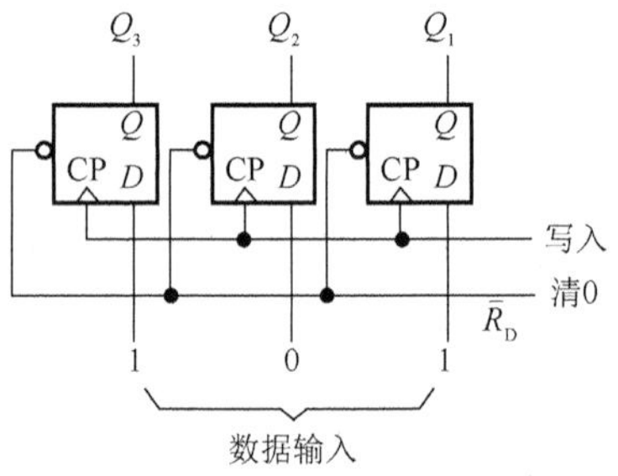

图 11.13　由 D 触发器组成的并行寄存器

11.3.2　移位寄存器

图 11.14（a）是一个由 JK 触发器组成的四位串行输入、并行输出的移位寄存器。图中第一个触发器（FF_1）接成 D 触发器，接收外部数据，其他每一个触发器输入 J 和 K 分别与前一个触发器的输出 Q 和 $\overline{Q}$ 相连。图中的 CP 是移位脉冲，每当 CP 的后沿到来时，输入数码移入 FF_1，同时每个触发器的状态也向左移一位，例如，将四位二进制数 1011 存入寄存器，则把数据 1011 从高位到低位依次送到数据输入端，在 CP 的作用下，数据由低位触发器向高位触发器移动，移动情况如图 11.14（b）所示。可以看出，当来过四个 CP 以后，1011 这四位数码恰好全部移入寄存器中。它可以从 $Q_4Q_3Q_2Q_1$ 输出，即并行输出，也可以从最后一个触发器（FF_4）的 Q_4 端串行输出，只要再用四个移位脉冲，四位数据便可依次地从 Q_4 端送出去。Q_4 端亦称串行输出端。因此，如图 11.14（a）所示电路称为串行输入、串行输出或并行输出的左向移位寄存器。

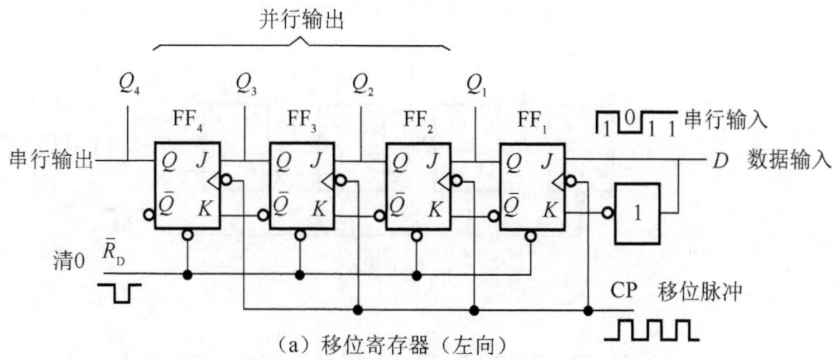

（a）移位寄存器（左向）

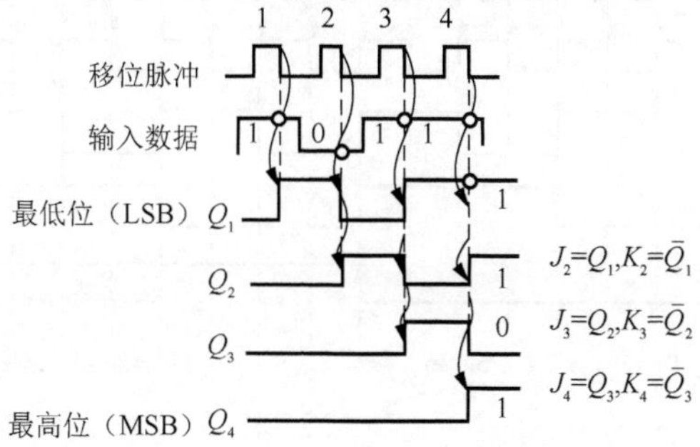

（b）移位寄存器（左向）波形图

图 11.14　由 JK 触发器组成的四位移位寄存器

11.4　计　数　器

计数器是数字设备和计算机中的基本逻辑部件，用途很广，如脉冲计数、分频、模数转换等。计数器的种类繁多，下面只介绍其中的几种。

11.4.1　二进制计数器

因为一个触发器可以表示一位二进制数，如果计数需要计到 n 位二进制数，就需要 n 个触发器。

1. 异步二进制加法计数器

图 11.15（a）是一个四位异步二进制加法计数器，每个触发器的 J 和 K 输入端均为 1，当每个触发器的 CP 端的脉冲后沿到来时，触发器就翻转。时钟脉冲送入第一个触发器 FF_1 的 CP 端，FF_1 的输出 Q_1 接到第二个触发器的 CP 端，其余触发器的接法依此类推。在计数开始之前，用负脉冲信号 $\bar{R}_D$ 使所有的触发器复位（清 0）。当第一个脉冲输入后，FF_1 由 0 态变为 1 态，即 Q_1 由 0 变 1；当第二个脉冲输入后，FF_1 由 1 态变为 0 态，即 Q_1 由 1 变 0，并产生一进位信号使 FF_2 翻转，Q_2 由 0 变 1；其余依此类推。当第 16 个脉冲来到后，四个触发器又都复位到 0 态。从第 17 个输入脉冲起，又进入新的计数周期。其计数工作波形图如图 11.15（b）所示。

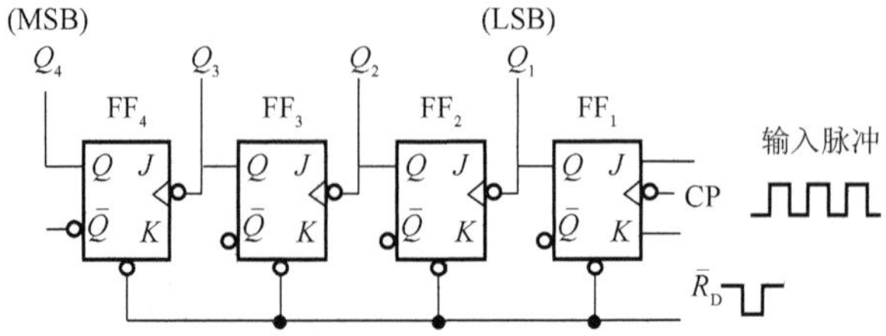

（a）电路

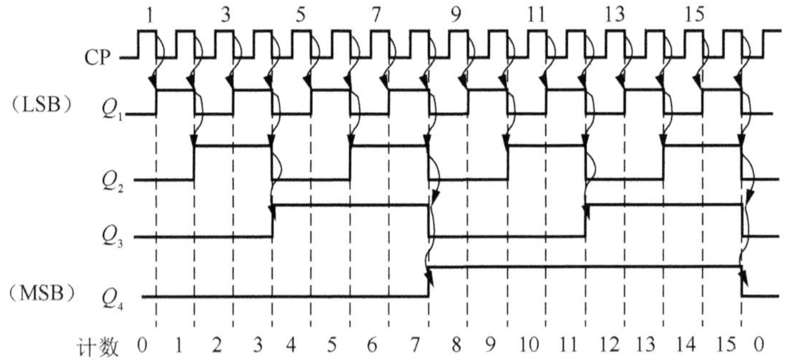

（b）波形图

图 11.15　异步二进制加法计数器

计数器各触发器状态的转换及计数的情况如表 11.1 所示。

表 11.1　各触发器输出状态表

时钟脉冲数	Q_4	Q_3	Q_2	Q_1
0	0	0	0	0
1	0	0	0	1
2	0	0	1	0
3	0	0	1	1
4	0	1	0	0
5	0	1	0	1
6	0	1	1	0
7	0	1	1	1
8	1	0	0	0
9	1	0	0	1
10	1	0	1	0
11	1	0	1	1
12	1	1	0	0
13	1	1	0	1
14	1	1	1	0
15	1	1	1	1
16	0	0	0	0

由于时钟脉冲不是同时加到各触发器的 CP 端，而只加到最低位触发器，其他各触发器则由相邻低位触发器输出的进位脉冲来触发，所以这种计数器称为异步计数器。

从输出波形图可以看到 Q_1 的频率是 CP 的 1/2，Q_2 的频率是 CP 的 1/4，……，因此，这种电路可用作分频电路。

四位二进制加法计数器，能计的最大数为 1111B 或 $2^4-1=15$。n 位二进制加法计数器，能计的最大数为 2^n-1。一个计数器所能计的数的最多个数称为该计数器的模。图 11.15 所示计数器能计 0000 至 1111 十六个数，为模 16 加法计数器。

如图 11.15（a）所示计数器，若将其低位触发器的 $\bar{Q}$ 端连到高位触发器的 CP 端，可以得到减法计数器，如图 11.16 所示。其工作原理自行分析。

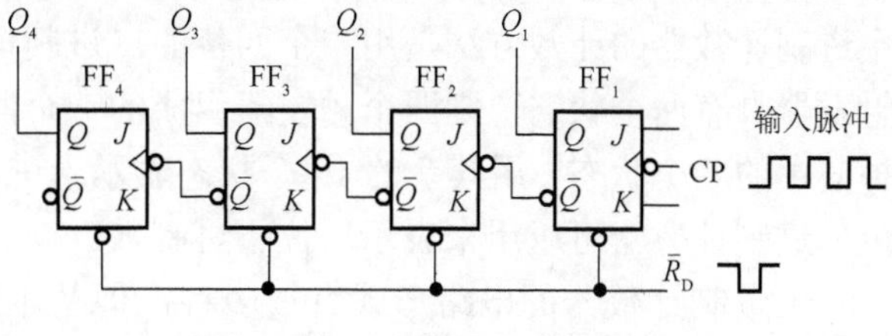

图 11.16　二进制异步减法计数器

前面所述异步计数器，由于它的信号是逐级传送的，后面触发器接收的信号必须通过前面所有的触发器，所以它的计数速度受到了限制。为了提高计数速度，时钟脉冲最好是同时送给各触发器，使各触发器的状态变换与输入脉冲同步，这种形式的计数器称为同步计数器。

2. 同步二进制加法计数器

为了获得与上述异步二进制计数器相同功能的电路及如图 11.15（b）所示的二进制加法计数器输出波形，需先找出二进制计数器的级间连接的逻辑关系。从表 11.1 中可以得到，仍采用 JK 触发器，各触发器的翻转条件及要求如下：

（1）触发器 FF_1 每输入一个时钟脉冲，翻转一次，要求 $J_1=K_1=1$。

（2）触发器 FF_2 是当 $Q_1=1$ 时，再来一个时钟脉冲才翻转，要求 $J_2=K_2=Q_1$。

（3）触发器 FF_3 是当 $Q_1=Q_2=1$ 时，再来一个时钟脉冲才翻转，要求 $J_3=K_3=Q_1Q_2$。

（4）触发器 FF_4 是当 $Q_1=Q_2=Q_3=1$ 时，再来一个时钟脉冲才翻转，要求 $J_4=K_4=Q_1Q_2Q_3$。

据上述分析的 J、K 端逻辑函数式，可以组成四位同步二进制计数器，如图 11.17 所示。

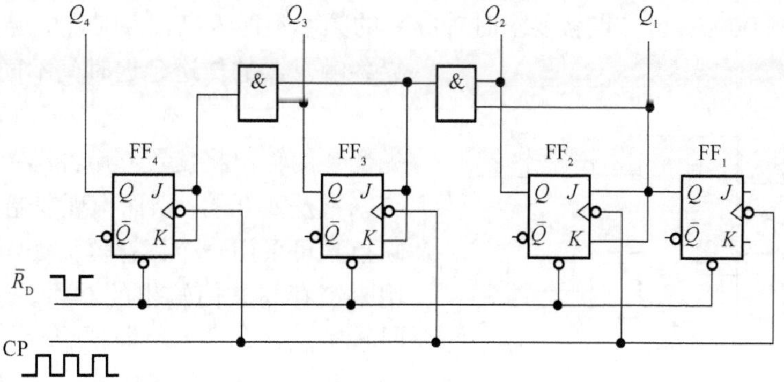

图 11.17　同步二进制计数器

11.4.2　十进制计数器

二进制计数器虽然结构简单，容易实现，但人们对二进制数是不习惯的，因此在一些场合下，特别是在数字装置的终端，都广泛采用十进制计数器计数并将结果加以显示。十进制计数器的计数方法是用一个四位的二进制计数器来表示一位十进制数。由于一个触发器具有两个状态，则四个触发器组成的一个四位二进制计数器具有 16 个状态，去掉其中的 6 个状态，用其余的 10 个状态表示十进制数中的 0～9 十个数字，于是一个四位二进制计数器可以用来表示一位十进制数。

十进制计数器的电路形式有很多种，但基本原理都是在四位二进制计数器的基础上，使其跳过 6 个无效状态以实现十进制计数。

1. 异步十进制加法计数器

如图 11.15（a）所示四位二进制加法计数器的基础上加以修改就可得到一个异步十进制加法计数器。要修改的主要问题是，如何从第一个无效状态 1010 返回到 0000。为达到上述目的，可以在电路中加入一个与非门，如图 11.18 所示。当计数到第一个无效状态时，用这个与非门来检测这一状态，令其输出作为复位信号 $\overline{R}_D$，强制所有的触发器置 0。即当 $Q_4Q_3Q_2Q_1=1010$ 时，这个与非门的输入 Q_4Q_2 全为 1，则其输出为 0，用此低电平作为 $\overline{R}_D$，使计数器复位到 0000。这种计数器称为反馈型十进制计数器。

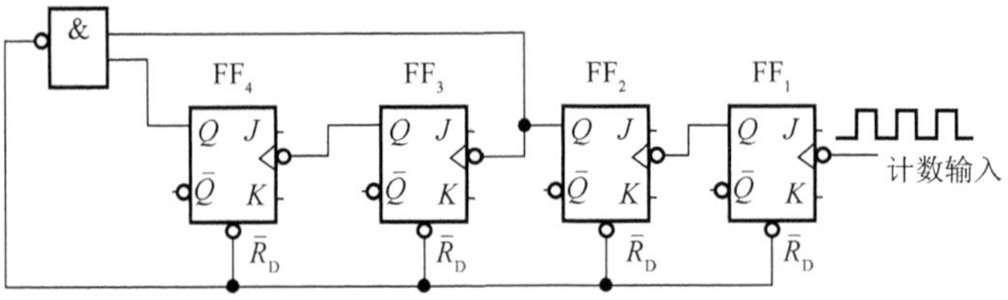

图 11.18　十进制异步加法计数器（反馈型）

该计数器的优点是电路简单，但工作速度较低。因为当检测到第一个无效状态时，还要经过一个与非门的传输延迟时间之后，才发出强制复位脉冲，使各个触发器复位，计数器返回到 0000。这一点就要求时钟脉冲的频率不能太高，否则将出现逻辑错误。如果各触发器的传送延迟时间不同，则置 0 脉冲由与非门送出后，触发器输出由 1 变 0 有先后，先变 0 的输出将使置 0 脉冲结束，这就可能会有来不及变 0 的，从而出现差错。为克服这个缺点，可采用一个锁存器，如图 11.19 所示，用来锁存与非门输出的 0 态。这样，在本次时钟脉冲存在期间，即使 Q_4Q_2 由 1 变 0 有先后，置 0 脉冲也不会结束，从而使全部触发器清零。

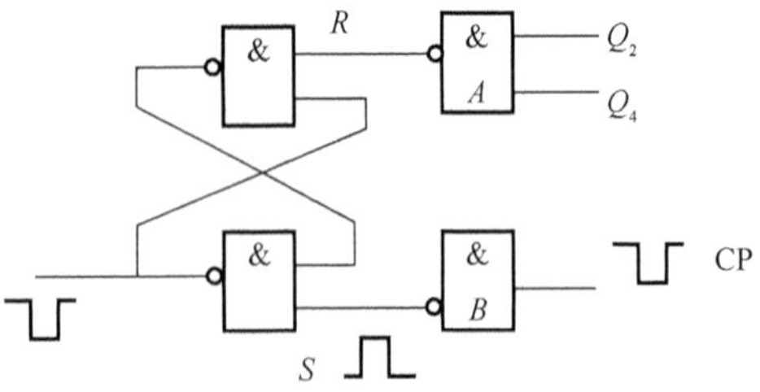

图 11.19　改进后的复位电路

图 11.20（a）是逻辑型十进制异步加法计数器，由四个主从型触发器组成，其工作原理分析如下：

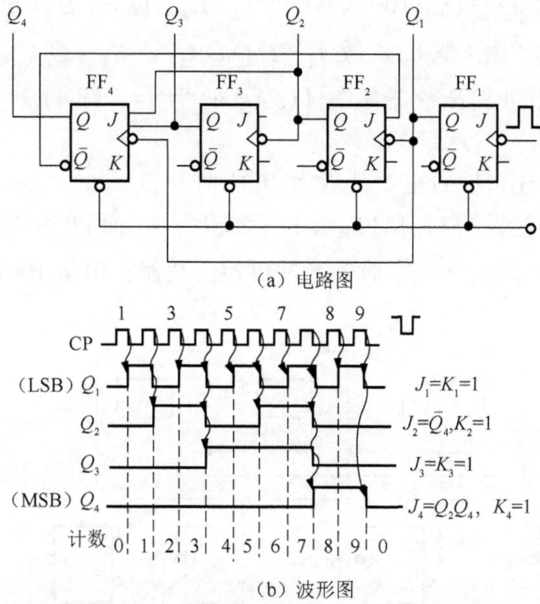

图 11.20　十进制异步加法计数器（逻辑型）

计数从 0 到 7，触发器 FF_4 一直为 0 状态，使 $J_2=\overline{Q_4}=1$，因此，各触发器的翻转情况和异步二进制加法计数器（图 11.15）相同。

在第七个时钟脉冲过后，$Q_4Q_3Q_2Q_1=0111$，此时 $J_4=Q_2Q_3=1$［图 11.20（b）］，为触发器 FF_4 由 0 翻转到 1 准备了条件。当第八个 CP 过后，触发器 FF_1、FF_2、FF_3 相继由 1 状态变为 0 状态，触发器 FF_4 由 0 状态变为 1 状态，即 $Q_4Q_3Q_2Q_1=1000$。此时，$Q_4=1$，$\overline{Q}_4=J_2=0$。第九个 CP 作用后，电路状态为 1001。第十个 CP 过后，由于 $\overline{Q}_4=J_2=0$ 的阻塞作用，即使 FF_1 由 1 状态变为 0 状态，也不能使 FF_2 翻转，仍维持 0 态。但是，FF_1 的 Q_1 输出脉冲下降沿，却能直接去触发 FF_4，使 FF_4 的 Q_4 由 1 变为 0。这样，计数器就从 1001 状态返回到 0000 状态，从而跳过了 1010～1111 六个无效状态。

2. 同步十进制加法计数器

同步十进制加法计数器也是能从 0000 到 1001 计数。在第十个时钟脉冲到来时，计数器返回到 0000。

采用 JK 触发器来构成的同步十进制计数器，必须满足下列条件和要求：

（1）触发器 FF_1，每输入一个 CP 脉冲翻转一次，故 $J_1=K_1=1$。

（2）触发器 FF_2，当 $Q_1=1$ 和 $Q_4=0$ 时，再来一个时钟脉冲 FF_2 才翻转，故 $J_2=K_2=Q_1\overline{Q_4}$。

（3）触发器 FF_3，当 $Q_1=Q_2=1$ 和 $Q_4=0$ 时，再来一个时钟脉冲 FF_3 就翻转，故 $J_3=$

$K_3 = Q_1 Q_2 \overline{Q_4}$。

（4）触发器 FF_4，当 $Q_4Q_3Q_2Q_1 = 0111$、$J_4 = 1$ 时，再来一个时钟脉冲可使 FF_4 翻转一次（由 0 变 1）；当 $Q_4Q_3Q_2Q_1 = 1001$、$J_4 = 0$、$K_4 = Q_1 = 1$ 时，再来一个时钟脉冲，触发器 FF_4 又翻转一次（由 1 变 0），故 $J_4 = Q_1Q_2Q_3\overline{Q_4}$，$K_4 = Q_1$。

由此得到的同步十进制计数器如图 11.21（a）所示，图 11.21（b）是输出状态转换表。

从图 11.21（a）中还可以看出，计数为 1001 时，$\overline{Q_4} = 0$，它封锁了 FF_2 和 FF_3。当第十个时钟脉冲到来，触发器 FF_1 和 FF_4 由 1 态翻转为 0，而 FF_2 和 FF_3 仍保持 0 态不变，这就实现了计数到 1001 后，下一个时钟脉冲可使计数器输出从 1001 返回到 0000。

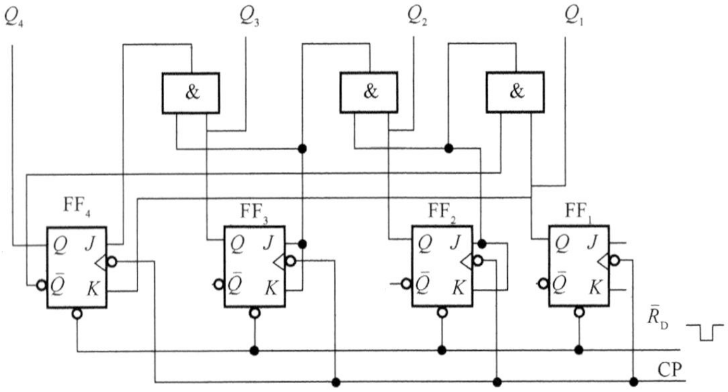

（a）计数器

时钟脉冲	Q_4	Q_3	Q_2	Q_1
0	0	0	0	0
1	0	0	0	1
2	0	0	1	0
3	0	0	1	1
4	0	1	0	0
5	0	1	0	1
6	0	1	1	0
7	0	1	1	1
8	1	0	0	0
9	1	0	0	1
10	0	0	0	0

（b）输出状态表

图 11.21　同步十进制计数器

11.4.3　环形计数器

环形计数器产生的是循环的顺序脉冲，如图 11.22 所示的电路是环形计数器。工作时，先将计数器置为 $Q_4Q_3Q_2Q_1$=0001 状态，而后每当一个时钟脉冲的上升沿来到时，输出状态 $Q_4Q_3Q_2Q_1$ 改变一次，其状态表如表 11.2 所示。当第 4 个时钟脉冲的上升沿来到时，$Q_4Q_3Q_2Q_1$ 恢复为 0001，即循环一次。

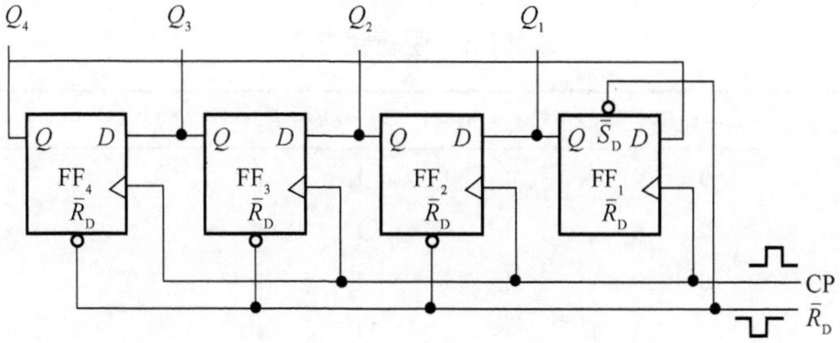

图 11.22　环形计数器

表 11.2　环形计数器状态表

CP	Q_4	Q_3	Q_2	Q_1
0	0	0	0	1
1	0	0	1	0
2	0	1	0	0
3	1	0	0	0
4	0	0	0	1

例 11.1　计数器的逻辑电路图如图 11.23 所示，设其初始状态为 000，试说明其逻辑功能，并画出时序图。

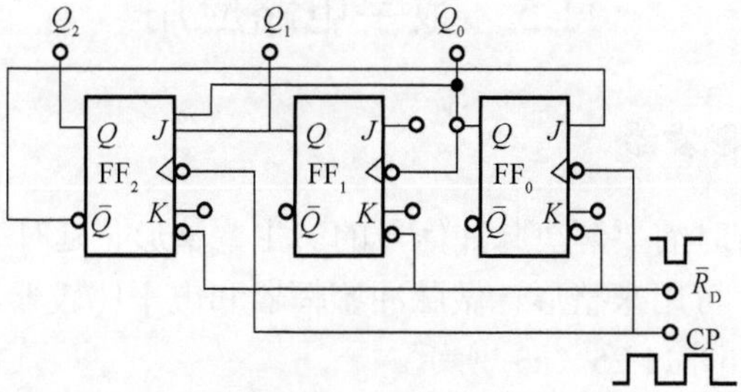

图 11.23　例 11.1 图

解：由如图 11.23 所示的逻辑图可知，输入的时钟脉冲不是同时加在各触发器的输入端，故该计数器为异步计数器。

写出各触发器的逻辑方程（驱动方程）：

$$J_0 = \overline{Q_2}, K_0 = 1, CP_0 = CP$$

$$J_1 = 1, K_1 = 1, CP_1 = Q_0$$

$$J_2 = Q_0 Q_1, K_2 = 1, CP_2 = CP$$

列出逻辑状态表，如表 11.3 所示。

由表 11.3 可知，经 5 个脉冲循环一次，该计数器为五进制异步计数器。其波形图如图 11.24 所示。

表 11.3　逻辑状态表

CP	$J_2=Q_0Q_1$	$K_2=1$	$J_1=K_1=1$		$J_0=\overline{Q_2}$	$K_0=1$	Q_2	Q_1	Q_0
0	0	1	1	1	1	1	0	0	0
1	0	1	1	1	1	1	0	0	1
2	0	1	1	1	1	1	0	1	0
3	1	1	1	1	1	1	0	1	1
4	0	1	1	1	0	1	1	0	0
5	0	1	1	1	1	1	0	0	0

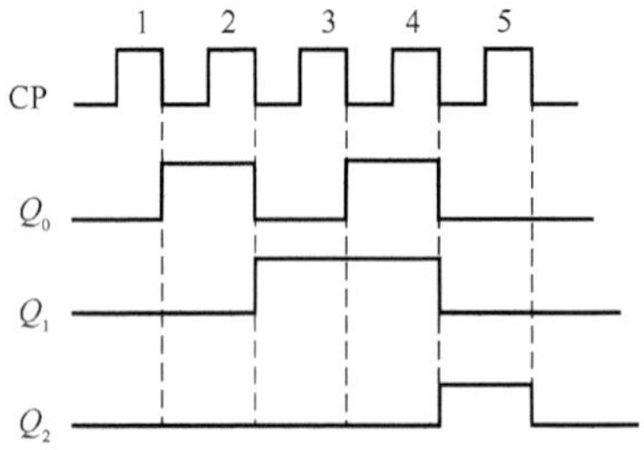

图 11.24　五进制异步计数器波形图

11.5　数字电路应用

11.5.1　施密特双稳态触发器

在数字系统中，有时需要解决脉冲信号的产生、整形、延时等问题，施密特触发器就是常用的电路之一，可用来整形、做脉冲鉴幅器和电平比较器等。由 TTL 与非门组成的施密特触发器，如图 11.25（a）所示。

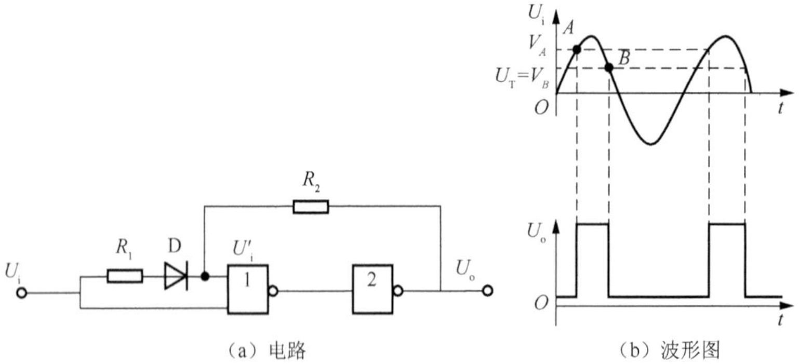

（a）电路　　（b）波形图

图 11.25　施密特触发器

当输入电压 U_i 为负或零时（设 U_i 为正弦波），门 1 输出为高电平，门 2 输出电压 U_o 为低电平，这是一个稳定状态。

U_i 增加到一定值时，二极管 D 导通，此时加到门 1 输入端有两个电压：U_i 和 $U_i' \approx \frac{R_2}{R_1+R_2}(U_i - U_D)$，$U_D$ 为二极管 D 导通管压降。

当输入电压 U_i 增加到门限电压 U_T 时，由于 $U_i' < U_T$，所以门 1 仍然关闭，输出高电平；门 2 开启，输出低电平，第一个稳定状态不变。

当 U_i 继续升高到图 11.25（b）中 A 点电位 V_A 时，$U_i' = U_T$，门 1 开启，输出低电平；门 2 关闭，输出高电平，此时，电路翻转进入第二个稳定状态。

当 U_i 超过峰值又回降时，由于门 2 输出高电平，二极管 D 截止，这时门 1 输入端只有 1 个电压 U_i 起作用。当 U_i 下降到 U_T 之后，门 1 输出高电平，门 2 输出低电平。电路翻转，又返回到第一个稳定状态。如图 11.25（b）中的 B 点，$V_B = U_T$（门限电压）。

改变 R_1 和 R_2 的值，即可改变 A 点位置，所以可以非常方便地调节电路的回差电压（$V_A - V_B$），R_1 越大，R_2 越小，回差电压越小。

11.5.2　555 集成定时器

555 集成定时器是一种模拟电路和数字电路相结合的中规模集成电路，其电路和外引线排列图如图 11.26 所示。

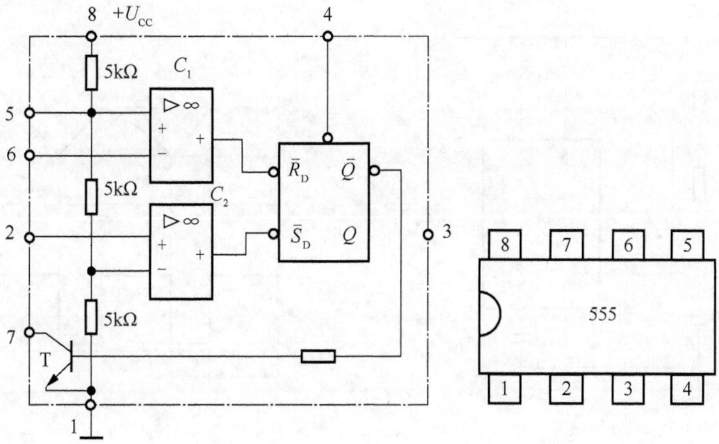

（a）电路　　　　（b）外引线排列图

图 11.26　555 集成定时器

555 定时器含有两个电压比较器 C_1 和 C_2，一个由与非门组成的基本 RS 触发器，一个放电晶体管 T 及由三个 5kΩ 的电阻组成的分压器。比较器 C_1 的参考电压为 $\frac{2}{3}U_{CC}$，加在同相输入端；C_2 的参考电压为 $\frac{1}{3}U_{CC}$，加在反相输入端。两者均由分压器上取得。

各外引线端的用途如下：

引脚 1 为接地端。

引脚 2 为低电平触发端，由此输入触发脉冲。当 2 端的输入电压高于 $\frac{1}{3}U_{CC}$ 时，C_2

的输出为 1；当输入电压低于$\frac{1}{3}U_{CC}$时，C_2的输出为 0，使基本 RS 触发器置 1。

引脚 3 为输出端，输出电流可达 200mA，因此可直接驱动继电器、发光二极管、扬声器、指示灯等。输出高电压约低于电源电压U_{CC} 1～3V。

引脚 4 为复位端，由此输入负脉冲（或使其电位低于 0.7V）而使触发器直接复位（置 0）。

引脚 5 为电压控制端，在此端可外加一电压以改变比较器的参考电压。不用时，经 0.01μF 的电容接地，以防止干扰的引入。

引脚 6 为高电平触发端，由此输入触发器脉冲。当输入电压低于$\frac{2}{3}U_{CC}$时，C_1的输出为 1；当输入电压高于$\frac{2}{3}U_{CC}$时，C_1的输出为 0，使触发器置 0。

引脚 7 为放电端。当触发器的$\overline{Q}$端为 1 时，放电晶体管 T 导通，外接电容元件通过 T 放电。

引脚 8 为电源端，可在 5～18V 范围内使用。

555 定时器应用广泛，通过其外部不同的连接，就可以构成单稳态触发器和多稳态触发器。图 11.27 是由 555 定时器组成的多谐振荡器及波形图，R_1、R_2和C是外接元件。

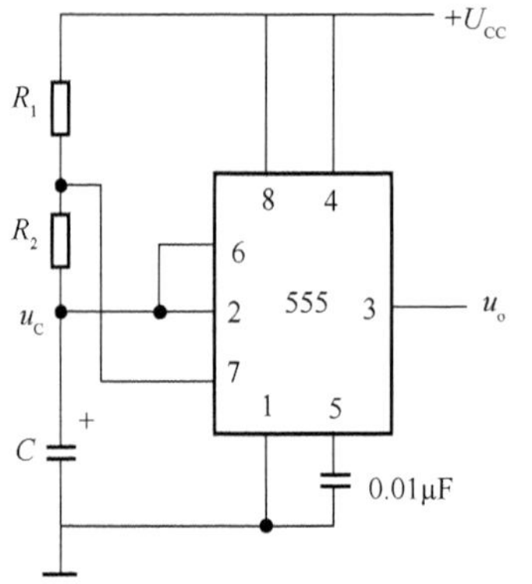

（a）电路

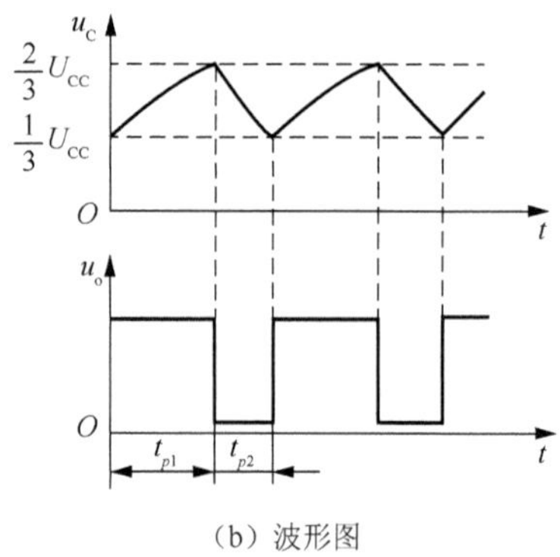

（b）波形图

图 11.27　多谐振荡器

接通电源U_{CC}后，它经电阻R_1和R_2对电容C充电，当u_C上升略高于$\frac{2}{3}U_{CC}$时，比较器C_1的输出为 0，将触发器置 0，u_o为 0。这时$\overline{Q}=1$，放电管 T 导通，电容C通过R_2和 T 放电，u_C下降。当u_C下降略低于$\frac{1}{3}U_{CC}$时，比较器C_2的输出为 0，将触发器置 1。u_o由 0 变为 1。由于$\overline{Q}$=0，放电管 T 截止，U_{CC}又经R_1和R_2对电容C充电。如此重复上述过程，u_o为连续的矩形波，如图 11.27（b）所示。

第一个暂稳状态的脉冲宽度t_{p1}，即u_C从$\frac{1}{3}U_{CC}$充电上升到$\frac{2}{3}U_{CC}$所需的时间为

$$t_{p1} \approx (R_1 + R_2)C\ln 2 = 0.7(R_1 + R_2)C \quad (11.4)$$

第二个暂稳状态的脉冲宽度 t_{p2}，即 u_C 从 $\frac{2}{3}U_{CC}$ 放电下降到 $\frac{1}{3}U_{CC}$ 所需的时间为

$$t_{p2} \approx R_2 C \ln 2 = 0.7 R_2 C \quad (11.5)$$

振荡周期为

$$T = t_{p1} + t_{p2} \approx 0.7(R_1 + 2R_2)C \quad (11.6)$$

11.6　模拟量和数字量的转换

模拟量是随时间连续变化的量，如电压、电流、温度、压力等；而数字量是不连续变化的量，只有“1”和“0”两种状态。模数之间的相互转换有着重要的意义。例如，要采用计算机对生产过程进行控制，必须首先将要求控制的模拟量转换为数字量，才能送到计算机中去进行运算和处理，然后将得到的数字量转换为模拟量，才能实现对被控制参数的控制。再如，在数字测量仪表中，也需要数字化。用数字电压表去测电压时，必须将模拟量电压转换为数字量，然后才能通过数字显示电路把电压的值显示出来。另外现代通讯中，若把模拟信号数字化，具有不易受干扰的优点。还可以实现分时多路通讯。

模拟量和数字量之间可以通过专门的装置进行相互转换。数字量转换为模拟量的装置，通常称为数/模（digital/analogue，D/A）转换器；将模拟量转换为数字量的装置，称为模/数（analogue/digital，A/D）转换器。

首先，为了确保处理结果的准确性，A/D 和 D/A 转换器必须具有足够的精度。其次，为了将数字系统用于快速过程的控制和检测，A/D 和 D/A 转换器还必须具有足够的转换速度。因此，转换精度和速度是衡量 A/D 和 D/A 转换器性能优劣的主要指标。转换器的种类很多，本节对转换器的基本方法和电路作简单介绍。

11.6.1　数/模（D/A）转换器

D/A 转换器的输入端接收数字信息，输出为正比于输入数据的电压或电流。基本的 D/A 转换器电路是把数字码中的二进制数值为 1 的各位都变成一定的电流，然后把这些电流直接求和，或者利用运算放大器来求和。图 11.28 给出了一个完整的 D/A 转换器系统的简化框图。数据寄存器保证控制开关用的各位数码同时送给 D/A 转换器，并在转换期间内保证数码不变。U_{REF} 是一个精度很高的基准电压。在寄存指令的作用下，寄存器各输入端同时接收数码，并由寄存器的输出加到 D/A 转换部分，利用运算放大器求和，最后输出一个正比于输入数据的电压 U_o，从而实现数模转换。

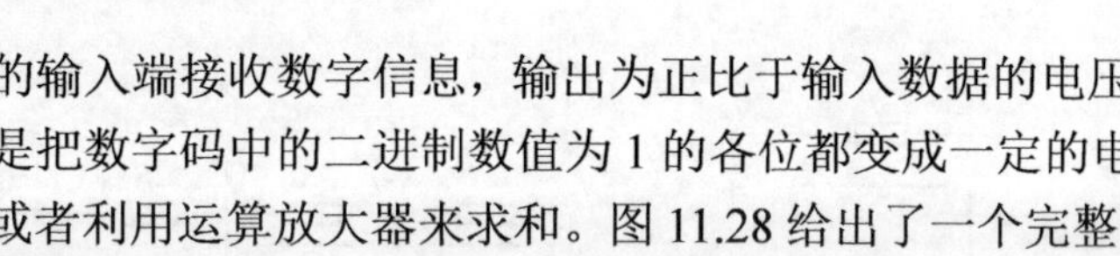

图 11.28　D/A 转换器简化框图

图 11.29 是 T 形电阻网络 D/A 转换器。当二进制代码为 1 时，开关 S 与基准电压 U_R 相接；代码为 0 时，开关 S 与地连接。

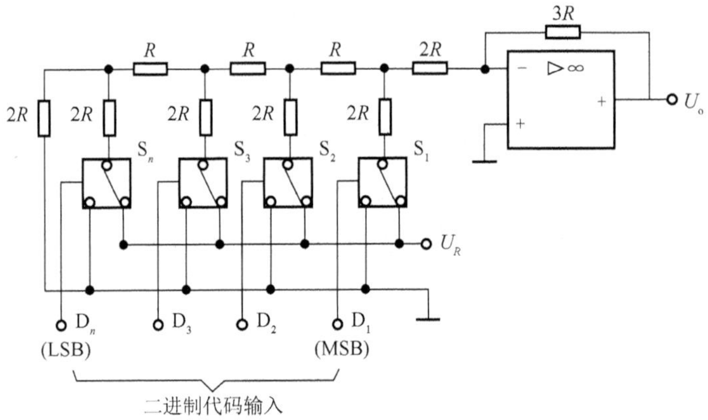

图 11.29　T 形 D/A 转换器

当二进制数最高位为 1（S_1 接 U_R），其他各位为 0（其他 S 均接地）时，它的等效电路如图 11.30（a）所示。从结点（1）向左向右看过去的电阻均为 2*R*，若注意到运算放大器的虚地，则结点（1）的电位为 $\frac{1}{3}U_R$。

图 11.30（b）给出了 S_2 接 U_R，其他 S 均接地的等效电路。从结点（2）向左看过去的等效电阻仍为 2*R*，结点（2）的电位仍为 $\frac{1}{3}U_R$，经过分压传输到结点（1）的电位为 $\frac{1}{6}U_R$。同理，当 S_3 接 U_R，其他 S 都接地时，结点（3）的电位为 $\frac{1}{3}U_R$，传输到结点（1）的电位将成为 $\frac{1}{12}U_R$。如果有 *n* 位，在结点（*n*）的电位同样是 $\frac{1}{3}U_R$，传输到结点（1）的电位将成 $\frac{U_R}{3}\times 2^{-(n-1)}$。

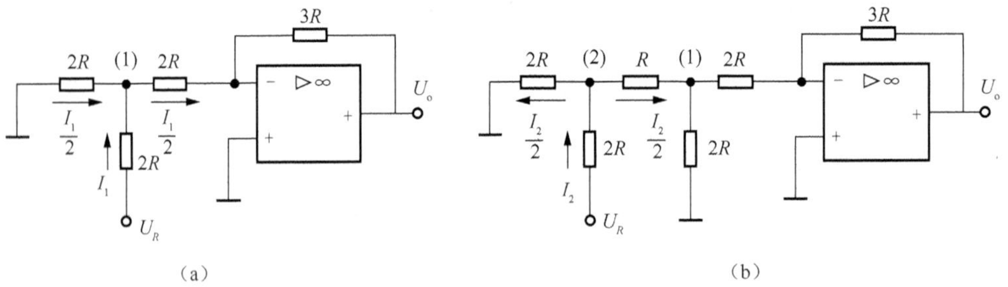

图 11.30　图 11.29 中不同代码时的等效电路

如图 11.29 所示，运算放大器闭环增益为 $\frac{3R}{2R}=\frac{3}{2}$，如果 U_R =10V，二进制各代码相对输出电压如下：

S_1接U_R，其他 S 接地，输出电压为

$$U_{o1} = -\frac{3}{2}\frac{U_R}{3} = -\frac{3}{2}\frac{U_R}{3}2^0 = -\frac{U}{2^1} = -\frac{10}{2} = -5\text{V} \tag{11.7}$$

S_2接U_R，其他 S 接地，输出电压为

$$U_{o2} = -\frac{3}{2}\frac{U_R}{6} = -\frac{3}{2}\frac{U_R}{3}2^{-1} = -\frac{U}{2^2} = -\frac{10}{4} = -2.5\text{V} \tag{11.8}$$

S_3接U_R，其他 S 接地，输出电压为

$$U_{o3} = -\frac{3}{2}\frac{U_R}{12} = -\frac{3}{2}\frac{U_R}{3}2^{-2} = -\frac{U}{2^3} = -\frac{10}{8} = -1.25\text{V} \tag{11.9}$$

S_4接U_R，其他 S 接地，输出电压为

$$U_{o4} = -\frac{3}{2}\frac{U_R}{24} = -\frac{3}{2}\frac{U_R}{3}2^{-3} = -\frac{U}{2^4} = -\frac{10}{16} = -0.625\text{V} \tag{11.10}$$

同理，S_n接U_R，其他 S 接地，输出电压为

$$U_{on} = -\frac{3}{2}\frac{U_R}{24} = -\frac{3}{2}\frac{U_R}{3}2^{-(n-1)} = -\frac{U_R}{2^n} \tag{11.11}$$

运用叠加原理，即可求出 n 位在不同代码控制下的输出电压为

$$U_o = U_{o1} + U_{o2} + \cdots + U_{on} = -U_R(S_1 2^{-1} + S_2 2^{-2} + \cdots + S_n 2^{-n}) \tag{11.12}$$

不同的数字代码（即不同的 S 为 1 或 0），输出电压U_o亦不同。

例如，由五位二进制数代码控制的 D/A 转换器（图 11.29），它的代码为 $D_1D_2D_3D_4D_5$=10011，U_R=10V，运算放大器输出的模拟电压为

$$\begin{aligned} U_O &= -10\times(1\times 2^{-1} + 0 + 0 + 1\times 2^{-4} + 1\times 2^{-5}) \\ &= -10\times(0.5 + 0.0625 + 0.03125) \\ &= -5.9375\text{V} \end{aligned}$$

11.6.2 模/数（A/D）转换器

在 A/D 转换器中，因为输入的模拟信号在时间上是连续量，而输出的数字信号代码是离散量，所以进行转换时必须在一系列选定的瞬间（即时间坐标轴上的一些规定点上）对输入的模拟信号采样，如图 11.31 所示，再把这些采样值转换为输出的数字量。因为数字信号不仅在时间上是离散的，而且在数值上的变化也是不连续的，这就是说，任何一个数字量的大小，都是以某个最小数量单位的整数倍来表示的。因此，在用数字量表示采样电压时，也必须把它化成这个最小数量单位的整数倍，这个转化过程称为量化。所规定的最小数量单位称为量化单位，用Δ表示。显然，数字信号最低有效位中的“1”所表示的数量大小就等于Δ。把量化的数值用二进制代码表示，称为编码。这个二进制代码就是 A/D 转换的输出信号。

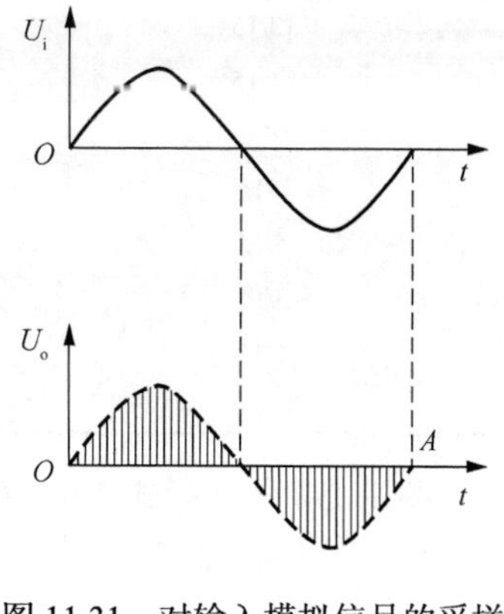

图 11.31　对输入模拟信号的采样

既然模拟电压是连续的，那么它就不一定能被Δ整除，因而不可避免地会引入误差，我们把这种误差称为

量化误差。把模拟信号划分为不同的量化等级时，用不同的划分方法可以得到不同的量化误差。

假定需要把 0～1V 的模拟电压信号转换成三位二进制代码，这时可取量化单位 $\Delta=\frac{1}{8}$V，并规定凡数值在 $0\sim\frac{1}{8}$V 之间的模拟电压都当作 $0\times\Delta$，用二进制代码 000 表示；凡数值在 $\frac{1}{8}\sim\frac{2}{8}$V 之间的模拟电压都当作 $1\times\Delta$，用二进制代码 001 表示等，如表 11.4 所示。

表 11.4　量化电平分配方法之一

模拟电压/V	二进制表示形式	代表的模拟电压/V
1		
	}111	7Δ=7/8
7/8		
	}110	6Δ=6/8
6/8		
	}101	5Δ=5/8
5/8		
	}100	4Δ=4/8
4/8		
	}011	3Δ=3/8
3/8		
	}010	2Δ=2/8
2/8		
	}001	1Δ=1/8
1/8		
	}000	0Δ=0
0		

不难看出，最大的量化误差可达Δ，即 $\frac{1}{8}$V。为了减小最大量化误差，可以改用如表 11.5 所示的划分方法，取量化单位 $\Delta=\frac{2}{15}$V，并将 000 代码所对应的模拟电压规定为 $0\sim\frac{1}{15}$V，即 $0\sim\frac{1}{2}\Delta$。这时，最大量化误差将减小为 $\frac{\Delta}{2}=\frac{1}{15}$V。

表 11.5　量化电平分配方法之二

模拟电压/V	二进制表示形式	代表的模拟电压/V
1		
	}111	7Δ=14/15
13/15		
	}110	6Δ=12/15
11/15		
	}101	5Δ=10/15
9/15		
	}100	4Δ=8/15
7/15		
	}011	3Δ=6/15
5/15		
	}010	2Δ=4/15
3/15		
	}001	1Δ=2/15
1/15		
	}000	0Δ=0
0		

图 11.32 是并行式 A/D 转换器。它由电阻分压器、比较器、寄存器、译码器和基准电压 U_R 等组成。输入模拟电压 U_i 的取值在 $0\sim U_R$ 之间，经过译码器输出三位二进制数字信号。

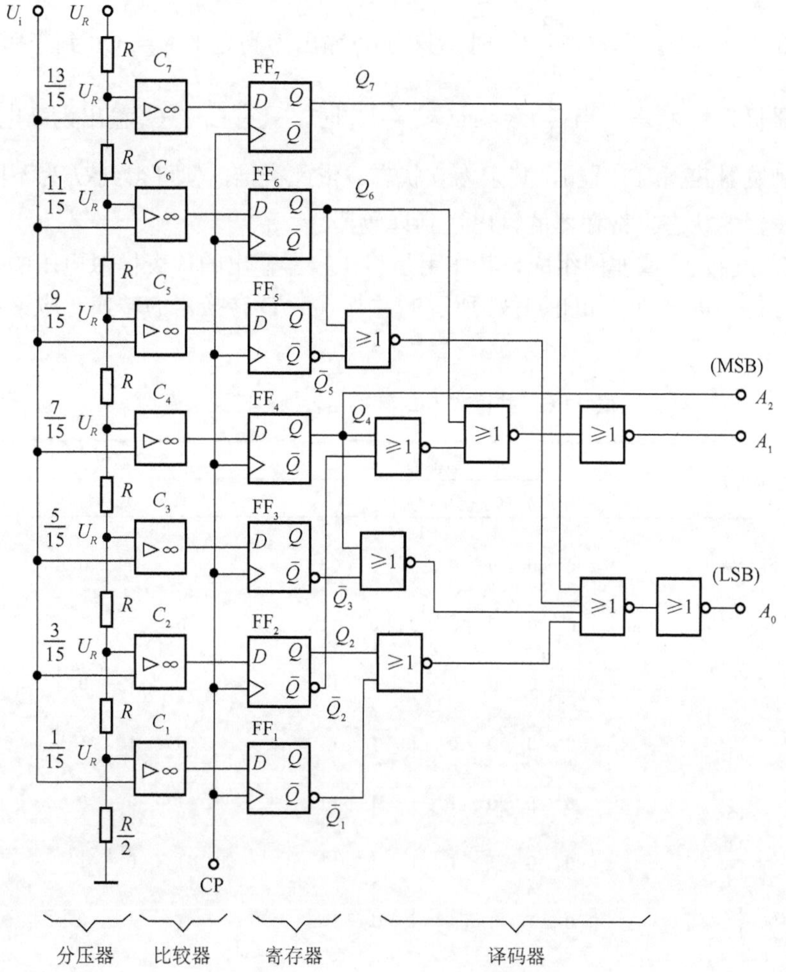

图 11.32　并行式 A/D 转换器

各部分作用简述如下：

分压器：由八个电阻串联而成，通过它将基准电压 U_R 分压。量化电平的分配方法采用表 11.5 中的形式，量化单位为 $\frac{2}{15}U_R$，从而得到从 $\frac{1}{15}U_R$ 到 $\frac{13}{15}U_R$ 共七个比较电压。将这七个比较电压分别接到由运算放大器构成的七个电压比较器 $C_1 \sim C_7$ 的一个输入端，输入模拟信号加到每一个电压比较器的另一个输入端。

比较器：比较基准电压和输入电压 U_i 的大小。当输入电压 U_i 大于某量化部分的比较电压时，相应的比较器输出为 1；输入电压 U_i 小于比较电压时，输出为 0。

寄存器：由七个 D 触发器构成，受 CP 的控制。将比较器输出的数字量存贮在寄存器中，以便供译码器译码。

当 $U_i < \frac{U_R}{15}$ 时，所有比较器的输出全是低电平，当 CP 到来后，寄存器中全部触发

器输出为 0；当$\frac{1}{15}U_R \leqslant U_i < \frac{3}{15}U_R$时，只有$C_1$输出为高电平，当 CP 到来后，$FF_1$置 1，其余触发器仍为 0 状态；当$\frac{3}{15}U_R \leqslant U_i < \frac{5}{15}U_R$时，只有$C_1$、$C_2$输出为高电平，当 CP 到来后，触发器$FF_1$和$FF_2$置 1，其余为 0 状态。依此类推，便可得到$U_i$为不同值时寄存器中各触发器的状态。寄存器的输出送到译码器。

译码器：由八个或非门组成，其作用是将比较器输出的代表模拟电压的数字量，译成相应的三位二进制数。如图 11.32 所示的并行式 A/D 转换器的转换对应关系如表 11.6 所示。

表 11.6　并行式 A/D 转换器转换对应关系表

输入模拟电压 U_i	寄存器输出							数字输出			表示的模拟电压
	Q_7	Q_6	Q_5	Q_4	Q_3	Q_2	Q_1	A_2	A_1	A_0	
$0 \leqslant U_i < \frac{1}{15}U_R$	0	0	0	0	0	0	0	0	0	0	0
$\frac{1}{15}U_R \leqslant U_i < \frac{3}{15}U_R$	0	0	0	0	0	0	1	0	0	1	$\frac{2}{15}U_R$
$\frac{3}{15}U_R \leqslant U_i < \frac{5}{15}U_R$	0	0	0	0	0	1	1	0	1	0	$\frac{4}{15}U_R$
$\frac{5}{15}U_R \leqslant U_i < \frac{7}{15}U_R$	0	0	0	0	1	1	1	0	1	1	$\frac{6}{15}U_R$
$\frac{7}{15}U_R \leqslant U_i < \frac{9}{15}U_R$	0	0	0	1	1	1	1	1	0	0	$\frac{8}{15}U_R$
$\frac{9}{15}U_R \leqslant U_i < \frac{11}{15}U_R$	0	0	1	1	1	1	1	1	0	1	$\frac{10}{15}U_R$
$\frac{11}{15}U_R \leqslant U_i < \frac{13}{15}U_R$	0	1	1	1	1	1	1	1	1	0	$\frac{12}{15}U_R$
$\frac{13}{15}U_R \leqslant U_i < U_R$	1	1	1	1	1	1	1	1	1	1	$\frac{14}{15}U_R$

译码器输出的逻辑函数为

$$A_0 = Q_1\overline{Q}_2 + Q_3\overline{Q}_4 + Q_5\overline{Q}_6 + Q_7 \tag{11.13}$$

$$A_1 = Q_2\overline{Q}_4 + Q_6 \tag{11.14}$$

$$A_2 = Q_4 \tag{11.15}$$

并行式 A/D 转换器的精度主要取决于量化电平的分配，分得越细，精度越高。

11.7　可编程逻辑器件简介

数字电路系统可分为通用集成电路和专用集成电路。通用集成电路属于中小规模集成芯片，这些芯片的功能及引脚排列顺序由器件生产厂商在制造时确定，具有一定的功能；专用集成电路（application specific intergrated circuit，ASIC）属于大规模或超大规模集成芯片，一般由制造厂商根据用户提出的逻辑要求专门设计和制造，也就是面向用户特定用途或特定功能的大规模或超大规模集成电路。这两种集成电路一旦设计完成，逻辑功能都不可以更改。

可编程逻辑器件（programmable logic device，PLD）是 20 世纪 80 年代中期以来推出的大规模和超大规模集成电路，它是一种半定制的集成电路，用户可以借助电子设计自动化软件对其进行配置和编程来实现 ASIC 的要求，达到数字系统集成化的目的。PLD 具有可重复编程能力，随时修改器件的逻辑功能，而无须改变硬件电路。可编程 ASIC 包括可编程逻辑器件和现场可编程门阵列（field programmable gate array，FPGA），它们给数字系统的设计翻开崭新的一页。

11.7.1　可编程逻辑器件的逻辑表示

可编程器件按集成度可分为简单 PLD（simple programmable logic device，SPLD）和复杂 PLD（complex programmable logic device，CPLD）。SPLD 是最基本的可编程逻辑器件，包括若干可配置逻辑门和可编程逻辑点，而且还可以包括存储器、触发器。

典型的 PLD 由一个与门和一个或门阵列组成，由于任意一个组合逻辑都可以用与-或表达式来描述，所以 PLD 能以乘积和的形式完成大量的组合逻辑功能。大部分 SPLD 器件的主体是与阵列和或阵列，其基本结构如图 11.33 所示，它由输入缓冲电路、与阵列、或阵列和输出电路四部分组成。输入缓冲电路可以产生输入变量的原变量和反变量；与阵列由与门构成，用来产生乘积项；或阵列由或门构成，用来产生乘积项之和；输出电路因电路结构不同可产生组合电路或时序电路。

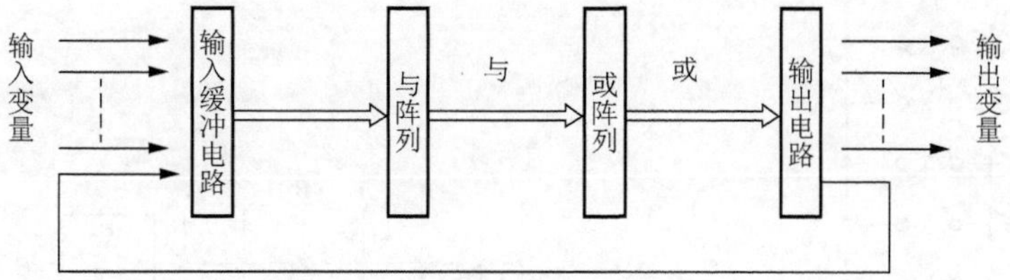

图 11.33　PLD 基本结构框图

随着半导体制造技术的进步，可编程逻辑器件的种类日益增多，PLD 得到广泛应用。

1. PLD 中阵列交叉点的逻辑表示

PLD 逻辑阵列中交叉点的连接方式采用如图 11.34 所示的几种逻辑表示法。图 11.34（a）是实体连接，也就是行线和列线在这个交叉点处实在的连接，这个交叉点是不可编程点，并在交叉点处画上黑实点。图 11.34（b）是可编程连接方式。无论×或⊗都表示该符号所在行线和列线交叉处是个可编程点，具有一个可编程单元。在采用熔丝工艺的 PLD 器件中，器件出厂后用户编程之前，所有可编程点处的熔丝都处于接通状态，习惯上都用×表示熔丝接通，因此可编程点上处处都画有×或⊗。然而，PLD 被用户编程后，可编程点上的熔丝有的烧断，有的接通。编程后在可编程点上仍画有×，这时的×表示可编程点被编程后熔丝接通。熔丝烧断的可编程点上的×消失，行线和列线不相接，这种情况如图 11.34（c）所示。

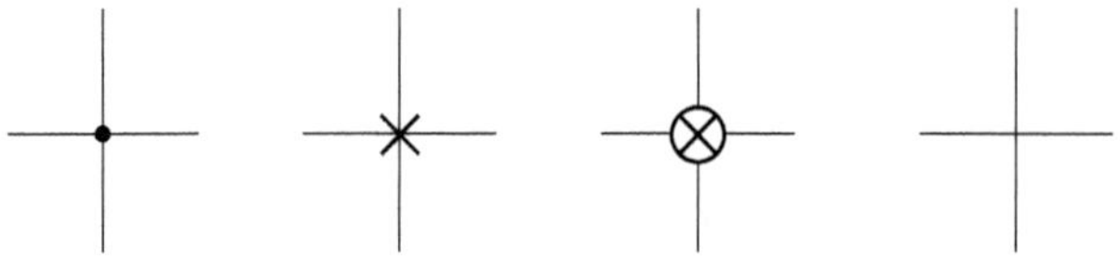

（a）实体连接　　（b）可编程连接　　（c）编程后熔丝烧断

图 11.34　阵列交叉点的 PLD 表示法

实际上对于无实体熔丝的 PLD，编程后带×的行线和列线交叉点同一对 CMOS 管的导通相对应，无×的行线和列线交叉点同一对 CMOS 管的截止相对应。

2. PLD 中与阵列和或阵列的逻辑表示

一个可编程的与阵列如图 11.35（a）所示。由图看出，为实现用户现场编程，在二极管与门的各支路与输出之间接入熔丝，编程者可以有选择地将某支路施加大电流将熔丝烧断。熔丝烧断的支路其输入与输出断开。相反，熔丝保留的各支路的输入才成为有效输入。输出是熔丝保留各支路输入的与逻辑函数，若熔丝烧断，各支路的输入在与函数中消失，从而实现可编程的目的。图 11.35（b）是图 11.35（a）中的与阵列的 PLD 表

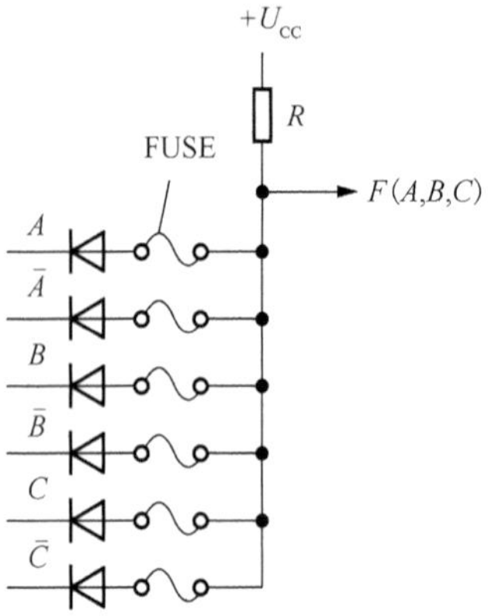

（a）可编程序的与阵列

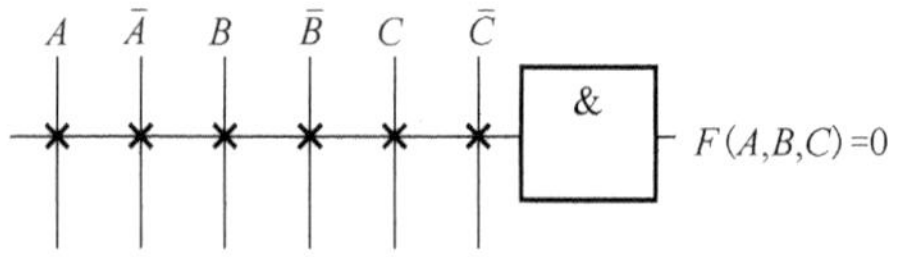

（b）未编程或编程后熔丝全部保留与阵列的PLD表示

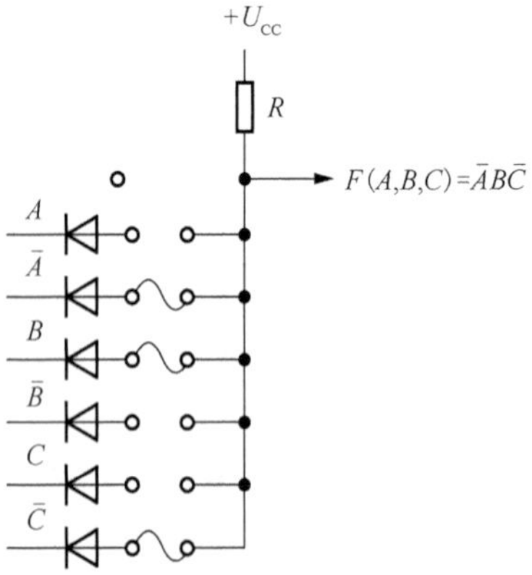

（c）编程后的与阵列

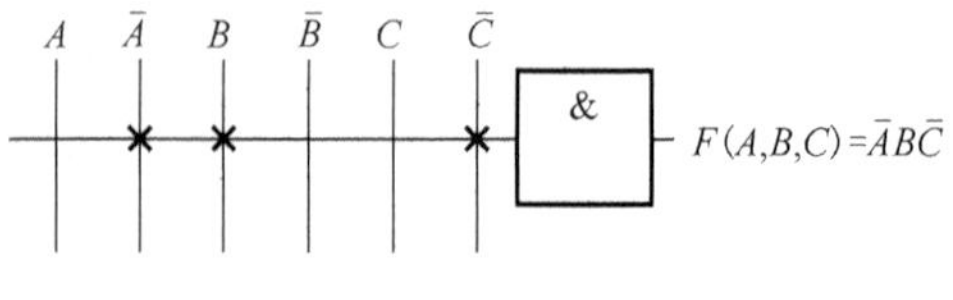

（d）实现$F(A,B,C)=\bar{A}B\bar{C}$的与阵列的PLD表示

图 11.35　与阵列的 PLD 表示

示。图 11.35（b）中有一条行线和六条列线，有六个交叉点，画有六个×。图 11.35（a）和图 11.35（b）是未编程或编程后熔丝全部保留的与阵列表示情况。输出可实现六条列线上的六个输入逻辑变量的与逻辑函数，$F(A,B,C)=A\overline{A}B\overline{B}\,C\overline{C}=0$。图 11.35（c）给出烧断三个熔丝的情况，编程后实现的与逻辑函数是 $F(A,B,C)=\overline{A}B\overline{C}$。图 11.35（d）是图 11.35（c）给出的与阵列的 PLD 表示。

图 11.36（a）是一个可编程或阵列，其构成原理与可编程的与阵列相同。图 11.36（b）是图 11.36（a）给出的或阵列的 PLD 表示。或阵列的输入常常是与阵列的乘积项输出，或阵列的输出是编程后保留熔丝各支路输入乘积项的或逻辑。图 11.36（c）和图 11.36（d）给出实现的可编程或阵列及其 PLD 表示。

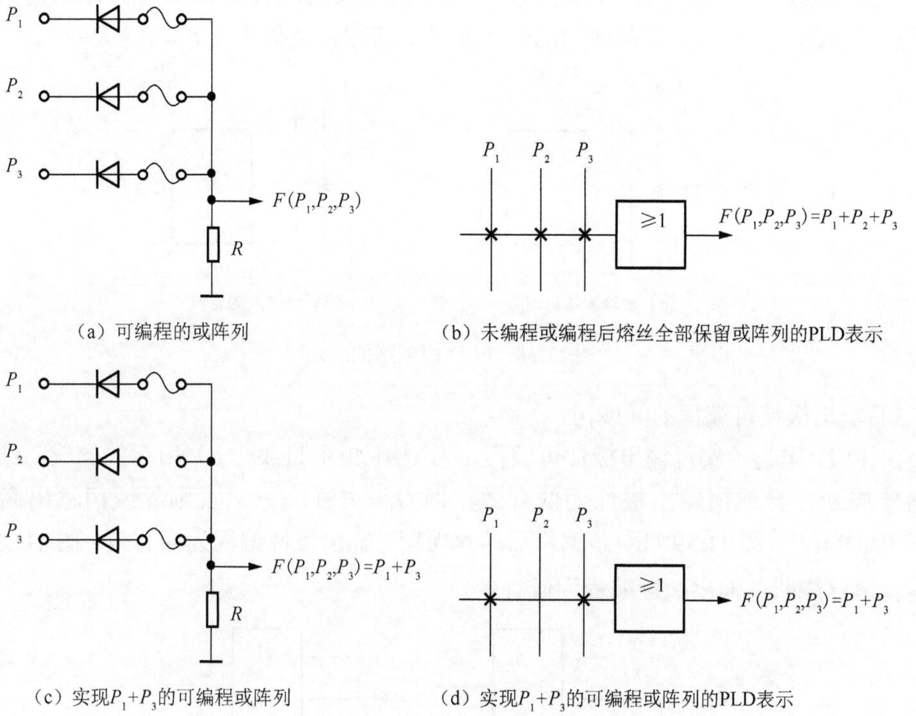

（a）可编程的或阵列　　（b）未编程或编程后熔丝全部保留或阵列的PLD表示

（c）实现P_1+P_3的可编程或阵列　　（d）实现P_1+P_3的可编程或阵列的PLD表示

图 11.36　或阵列的 PLD 表示

一般说来，从阵列中选择熔丝加以摧毁的过程称为编程。编程一般借助 CAD 或 EDA 软件程序将要求的逻辑函数影射成熔丝图，再将熔丝图数据传送到专用编程器，由编程器选择并提供大电流来摧毁熔丝图中所指定的熔丝，进而完成编程。

3. PLD 中基本逻辑单元的表示

1）输入缓冲器和反馈缓冲器

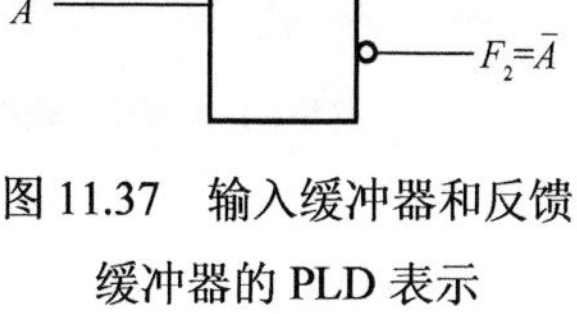

图 11.37　输入缓冲器和反馈缓冲器的 PLD 表示

PLD 的输入和输出一般是由缓冲器组成的，它们是输入缓冲器和反馈缓冲器，这两种缓冲器有相同的电路构成，图 11.37 给出它们的 PLD 表示，它们是单入双出的缓冲器单元，一个是高有效输出端，即同极性输出端。另一个是低有效输出端，即反极性输出端。与曾经学过的输出三态缓冲器不同，虽然输出三态缓冲器也有三个端，但只有一个输入和一个输出端，另一个是使能控制端。原则上说，输出三态缓冲器有两个输入端和一个输出端。注意二者之间的区别。输入缓冲器和反馈缓冲器输出只有 0、1 两个逻辑状态。而输出三态缓冲器的输出除了有 0、1 两个逻辑状态，还有一个称为高阻的状态（Z）。

2）逻辑门

图 11.38 是两种 PLD 逻辑门电路的表示。图 11.38（a）是多输入端与门，输入线只有一条，称为乘积线。输入端与乘积线有交点的，则该输入端对应的变量是与门的输入变量。图 11.38（a）中，A、B 输入端与乘积线有交点，因此，A、B 是与门的输入变量，其逻辑函数式为 $F = AB$。图 11.38（b）是多输入端或门，A、B 和 C 输入端均与乘积线有交点，因此 A、B 和 C 都是或门的输入变量，其逻辑函数式为 $F = A + B + C$。

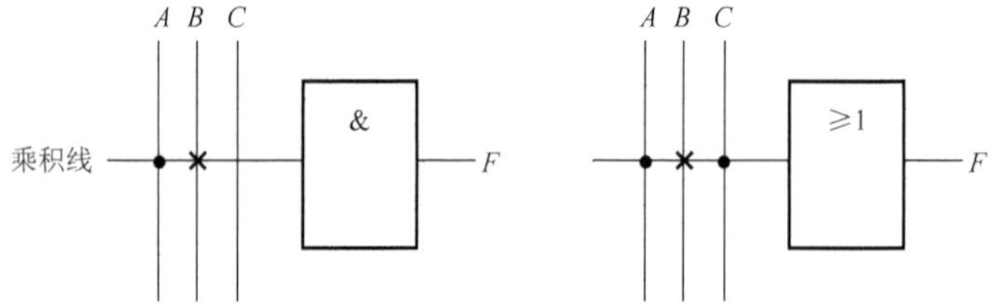

（a）多输入端与门　　（b）多输入端或门

图 11.38　PLD 门电路的表示

3）输出极性可编程的异或门

在 PLD 中为了实现输出极性可编程，常采用如图 11.39（a）所示的异或门结构。当熔丝烧断，异或门输出极性为低有效，即 $Q_0 = P \oplus 1 = \overline{P}$。否则异或门输出高有效 $Q_0 = P \oplus 0 = P$。图 11.39（b）是编程后熔丝保留，输出极性编程为高有效。图 11.39（c）是编程熔丝烧断，输出极性编程为低有效。

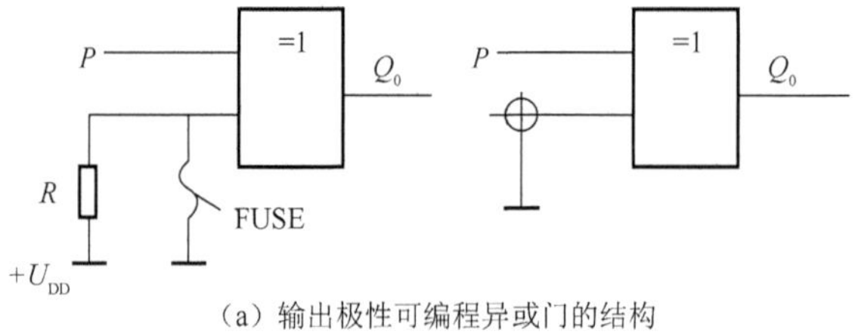

（a）输出极性可编程异或门的结构

（b）编程后熔丝保留、输出高有效的PLD表示　　（c）编程后熔丝烧断、输出低有效的PLD表示

图 11.39　输出极性可编程序异或门的 PLD 表示

4. PLD 中与阵列的省缺表示

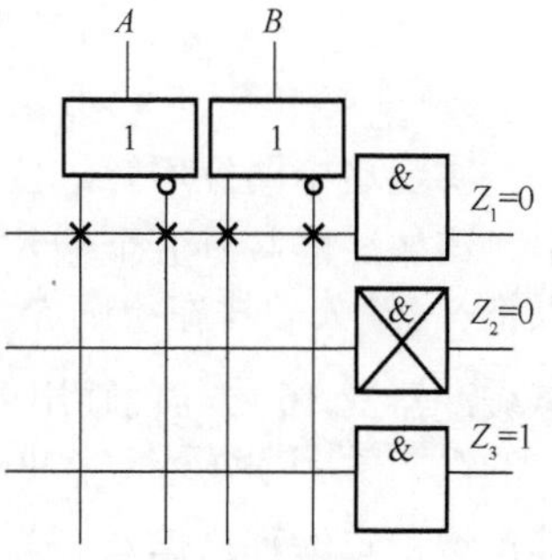

图 11.40　与阵列的省缺 PLD 表示

在 PLD 器件与阵列中常看到如图 11.40 所示的几种表示。输出为 Z_1 的与门四个输入变量也是全部被编程后输入，四个交叉点均画×。因此，$Z_1 = A\bar{A}B\bar{B} = 0$。输出为 Z_2 的与门四个输入变量也是全部被编程后输入，即 $Z_2 = A\bar{A}B\bar{B} = 0$。这时的阵列交叉点上均未画×，而在与门符号内却画有×。这是前一种情况的简化表示，即省缺表示。输出为 Z_3 的与门输入阵列交叉点上无×，与门符号内也无×，这是浮动状态的逻辑表示。浮动输入状态代表与阵列编程后熔丝全部熔断，四个输入全都不同与门相接，相当与门输入悬空，与门输出为高电平，即输出高阻 Z。

5. 逻辑阵列的 PLD 表示法应用举例

实现两位串行进位加法器的原理框图如图 11.41（a）所示。图中设定 A_1、B_1、A_0、B_0、C_{-1} 是输入，其相应引脚号设定为 3、4、1、2、5。C_1、S_1、C_0、S_0 设定为输出，其中，C_0 是第一级加法器的进位输出，也作为第二级加法器的级联输入。相应引脚号设定为 7、9、6、8。C_{-1} 是第一级加法器的级联输入。每一级加法器的标准方程式为

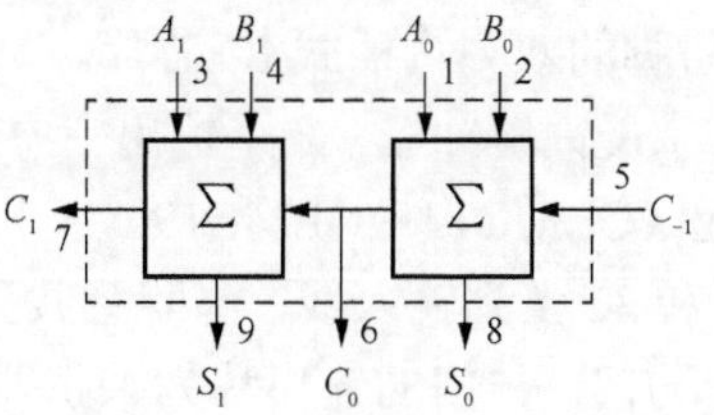

（a）加法器框图

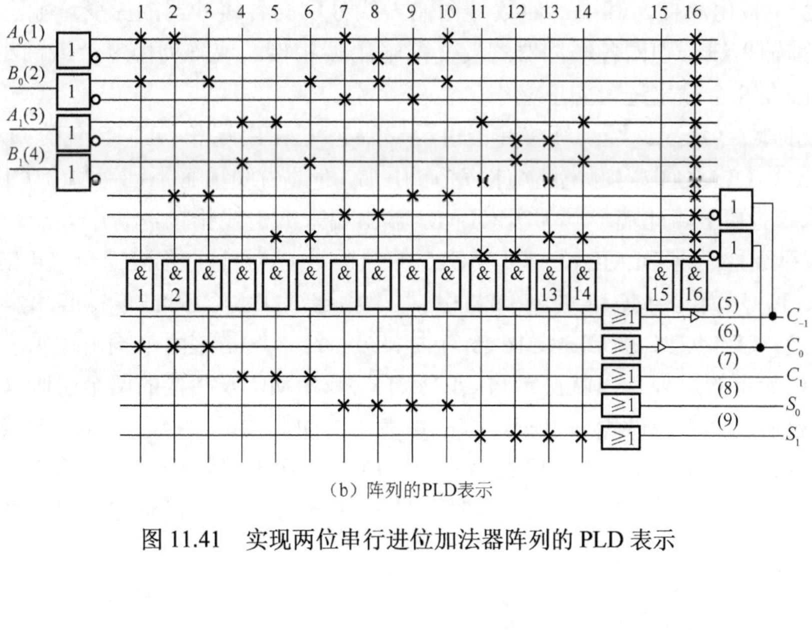

（b）阵列的PLD表示

图 11.41　实现两位串行进位加法器阵列的 PLD 表示

$$S_i = \overline{A_i}\,\overline{B_i}C_{i-1} + \overline{A_i}B_i\overline{C}_{i-1} + A_i\overline{B_i}\,\overline{C}_{i-1} + A_iB_iC_{i-1} \tag{11.16}$$

$$C_i = A_iB_i + A_iC_{i-1} + B_iC_{i-1} \tag{11.17}$$

实现这个两位串行进位加法器的阵列表示如图 11.41（b）所示。由图 11.41（a）看出，该加法器共有五个输入，而图 11.41（b）中作为阵列的专用输入引脚只有四个，所以将 C_{-1} 输入安排在引脚 5 上。引脚 5 表面上看是输出引脚，实际上由于引脚 5 上的三态缓冲器受 16 号与门输出的逻辑“0”驱动而输出高阻，或阵列同引脚 5 断开，引脚 5 上的 C_{-1} 信号借助反馈缓冲器加入到与阵列作为输入。16 号与门输出逻辑“0”是由于其可编程点编程后熔丝全部保留。引脚 6 上的三态缓冲器受 15 号与门输出逻辑“1”驱动而使能，或阵列输出 C_0 信号加到引脚 6。同时，引脚 6 的 C_0 信号又借助反馈缓冲器加入到与阵列，同 A_1 和 B_1 信号逻辑操作后形成 S_1 和 C_1。引脚 6 成为带反馈的输出引脚。

11.7.2　可编程通用阵列逻辑器件简介

通用阵列逻辑（generic array logic，GAL），实现了电可擦除、电可改写，其输出结构是可编程的逻辑宏单元，因而它的设计具有很强的灵活性，至今仍被使用，如 GAL16V8、GAL22V10 等。

GAL 主要由可编程的与阵列、固定（不可编程）的或阵列、可编程的输出逻辑宏单元（output logic macro cell，OLMC）三部分电路构成。下面以 GAL16V8 为例进行说明。图 11.42 是通用型 GAL16V8 的逻辑图和引脚图。

（1）GAL16V8 是 20 个引脚的双列直插式 IC 芯片。

（2）8 个输入缓冲器，8 个反馈缓冲器，8 个输出三态缓冲器。

（3）8 个输出逻辑宏单元（OLMC12～OLMC19）。

（4）与阵列有 64 条行线和 32 条列输入线，与阵列共分 8 个阵列块。每个阵列块有 8 条行线，每条行线各接一个与门。与门的输出称为乘积项（与项）。每一个阵列块中最上面一个与门的输出称为第一与项。32 条列输入线分别同 8 个输入缓冲器和 8 个反馈缓冲器的 32 个输出相接，其中，偶数号列输入线分别同各缓冲器的原变量输出端相接，而奇数号列输入线分别同各缓冲器的反变量输出端相接。或阵列由 8 个或门组成，8 个或门分别画在 8 个输出逻辑宏单元中。

（5）引脚 1（I/CK）经一级缓冲器引至 OLMC 的 CK 端和 OLMC19 的 m 端。

（6）8 个 OLMC 的内部电路结构完全相同，外部引线稍有不同，每个 OLMC 都有一个标有 m 的端子。此端子同邻级 OLMC 输出端来的引线相接，若用 n 表示本级号，用 m 表示邻级号，则 OLMC13～OLMC15 的邻级号 $m=n-1$，OLMC16～OLMC18 的邻级号 $m=n+1$。然而 OLMC12 的 m 端与引脚 11 相连，OLMC19 的 m 端与引脚 1 经一级缓冲器相接。OLMC15 和 OLMC16 没有去邻级引线，这是这两个输出逻辑宏单元与其他 6 个宏单元不同之处。也就决定与 OLMC15 和 OLMC16 相接的两个引脚（15、16）只能做输出引脚而不能做输入引脚。综上可看出，引脚 2、3、4、5、6、7、8、9 是专用输入引脚，引脚 1、11、12、13、14、17、18、19 可通过编程组态为输入引脚。也就是说共有 16 个引脚可设置为输入。这时，只有引脚 15、16 可做输出引脚，其中，引脚

12、13、14、17、18、19 可通过组态设置为输出引脚，加上引脚 15、16 两个专用输出引脚共有 8 个引脚可做输出引脚。这也是 GAL16V8 命名的由来。

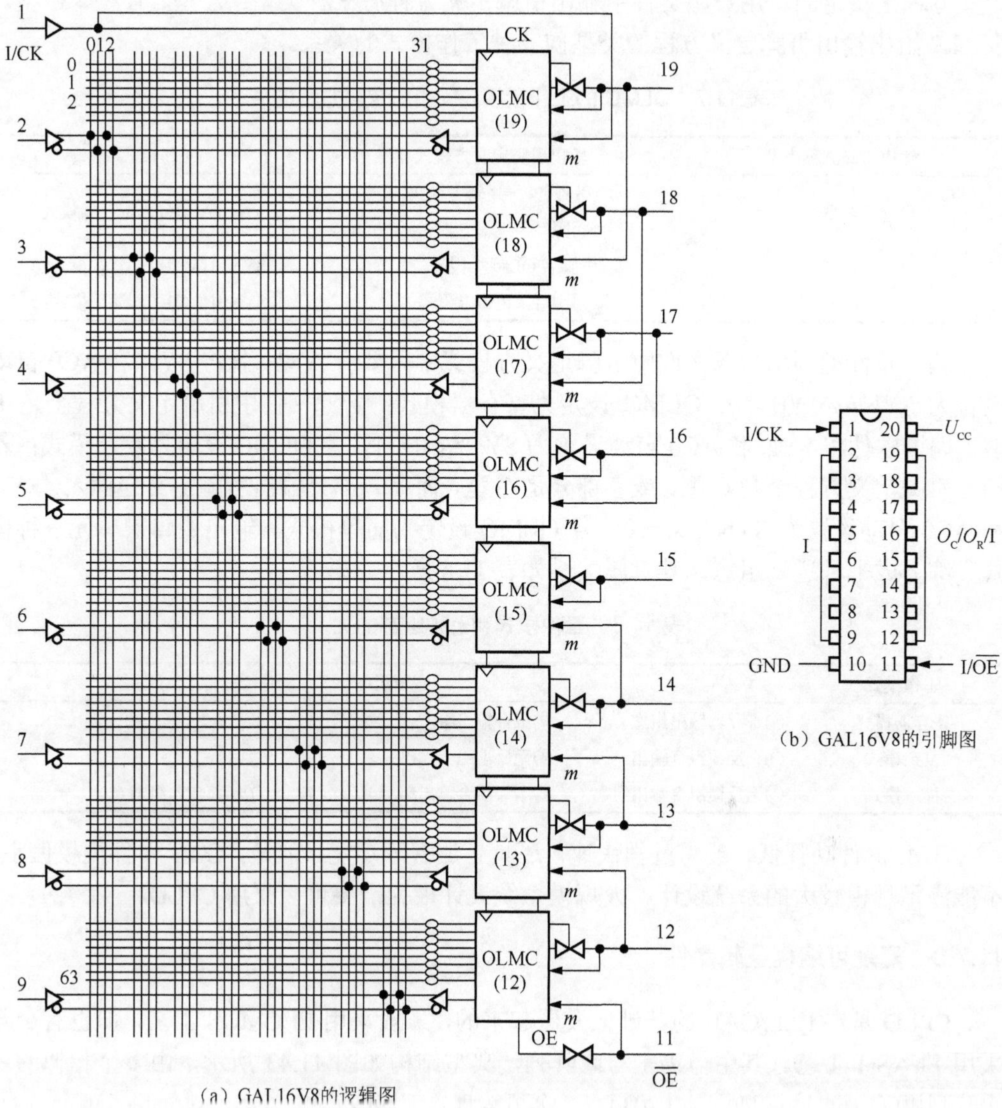

（a）GAL16V8的逻辑图　　（b）GAL16V8的引脚图

图 11.42　GAL16V8 的逻辑图和引脚图

（7）行线是与门的输入线，列输入线是输入信号提供线。与门输出的乘积项受行线和列输入线交叉点处的可编程单元的编程情况决定。应须说明，虽然 GAL 的编程单元不是实体熔丝，但是编程单元 CMOS 管的导通恰好同实体熔丝编程后熔丝保留相对应，CMOS 管截止恰好同实体熔丝熔断相对应。因此，在研究 GAL 编程及有关方面问题时，也借用熔丝这一术语。

GAL16 系列器件的 OLMC 共有三种工作模式，它们是寄存器模式、复杂模式、简单模式。编译软件根据用户源文件中输出引脚定义方程式的类型，自动设置同步控制字

SYN 和结构控制字 AC0 的值。从而设定 OLMC 工作在哪一工作模式。因此，三种工作模式的设定对用户而言是透明的。换句话说，OLMC 工作模式的设定是用户由输出引脚定义方程来决定的。用户源文件中输出引脚定义方程有三种类型：A 型、B 型、C 型。表 11.7 给出输出引脚定义方程的类型同三种工作模式的关系。

表 11.7　OLMC 的工作量模式同引脚定义方程的关系

输出引脚方程类型	输出引脚定义方程式	工作模式
A 型	引脚名：=逻辑方程式 引脚名=逻辑方程式	SYN=0,AC0=1，寄存器模式
B 型	引脚名.OE=逻辑方程式	SYN=1,AC0=1，复杂模式
C 型	引脚名=逻辑方程式	SYN=1,AC0=0，简单模式

编译软件见到用户源文件中引脚定义方程式中只要有 A 型，就将 SYN 和 AC0 自动设置为 SYNAC0=01，各 OLMC 设定为寄存器模式；若原文件中引脚定义方程全是 B 型，编译软件将 SYN 和 AC0 自动设置为 SYNAC0=11，各 OLMC 设定为复杂模式；若输出引脚定义方程全是 C 型，或者部分是 C 型，而另一部分输出引脚定义为输入，SYN 和 AC0 自动设置为 SYNAC0=10，各 OLMC 设定为简单模式。输出逻辑宏单元三种模式又细分成七种逻辑组态，其隶属关系如表 11.8 所示。

表 11.8　三种模式和七种组态的关系

工作模式	逻辑组态		
寄存器模式	①寄存器输出组态	②组合输出组态	
复杂模式	③有反馈组合输出	④无反馈组合输出	
简单模式	⑤无反馈组合输出组态	⑥本级组合输出邻级输入组态	⑦相邻输入组态

GAL 器件功耗低，改写过程快速，还具有加密等功能。但是，GAL 器件规模偏小，不能满足规模较大的系统设计。大规模系统设计根据需要可以采用 CPLD。

11.7.3　复杂可编程逻辑器件

CPLD 是在 PAL/GAL 的基础上发展起来的，一般采用 EECMOS 工艺，但也有少数采用 FLASH 工艺。其主体仍是与或阵列，典型结构如图 11.43 所示，由多个相似的逻辑阵列块（logic array blook，LAB）、一个可编程内部连线阵列（programmable interconnect array，PIA）、多个输入/输出（input/output，I/O）模块三部分组成。CPLD 可以实现较复杂的逻辑功能，如总线控制、接口转换等。

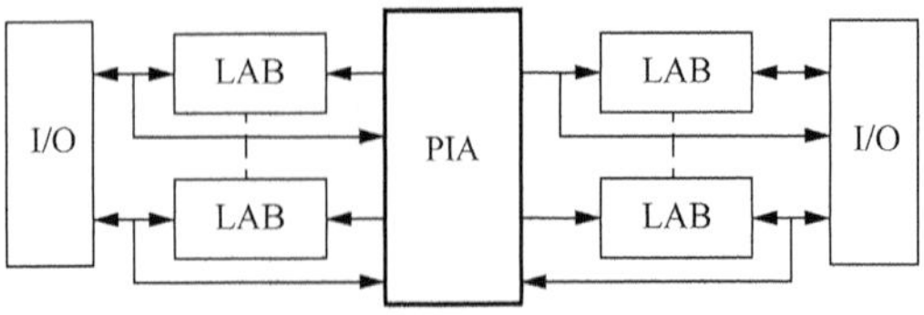

图 11.43　CPLD 结构示意图

LAB 实现基本的逻辑功能，PIA 负责信号的传递，连接所有的宏单元，I/O 模块负责输入/输出的电气特性控制，如设定集电极开路输出、摆率控制、三态输出等。目前，世界上主要的半导体器件公司，如 Altera、Xilinx 和 Lattice 等公司都生产 CPLD 产品。

Altera 是著名的 PLD 生产厂商，可编程逻辑器件产品有多个系列，此外它还提供了功能全面的开发工具和丰富的 IP 核、宏功能库等，以 MAX7000 系列器件为例，对 CPLD 的结构与性能作简单介绍。

MAX7000 系列是一种高性能的采用先进的 0.8μm CMOS EFPROM 技术制造的器件。它可以通过用户编程来容纳各种各样的、独立的组合逻辑和时序逻辑函数，它也可以集成多种可编程逻辑器件，其范围从 PAL、GAL 一直到 FPGA 器件。在设计开发和调整阶段，MAX7000 器件可以快速而有效地重新编程，可编程和擦除次数可达 100 次。

MAX7000 包含 32～256 个宏单元。每 16 个宏单元组成一个称为逻辑阵列块的小组。宏单元能够单独地配置为时序逻辑和组合逻辑工作方式。每个宏单元有一个可编程的与阵列和固定的或阵列，以及一个具有独立可编程时钟、时钟使能、清除和置位功能的可配置触发器。为了能构成复杂的逻辑函数，每个宏单元可使用共享扩展乘积项和高速并联扩展乘项积，它们可向每个宏单元提供多达 32 个乘积项。

因此，宏单元由三个功能块组成，即逻辑阵列、乘积项选择矩阵和可编程触发器。逻辑阵列实现组合逻辑，给每个宏单元提供 5 个乘积项。乘积项选择矩阵分配这些乘积项作为到或门或异或门的主要逻辑输入，以实现组合函数；或者把这些乘积项作为宏单元中触发器的辅助输入，包括清除（clear）、置位（preset）、时钟（clock）和时钟使能控制（clock enable）。每个宏单元的一个乘积项可以反相后回送到逻辑阵列。所有 MAX7000 器件（除 44 脚器件外）的输出驱动能设置在 3.3V 或 5.0V 下工作。允许 MAX7000 器件用在混合电压的系统中。

每一个可编程触发器实现钟控的方式有以下三种：

（1）全局时钟信号。这种方式能实现最快的时钟速度（从全局时钟端到输出端）。

（2）触发器使能。由高电平有效的时钟信号所使能；提供每个触发器的使能信号，并仍然达到全局时钟的快速工作性能。

（3）用乘积项实现阵列的时钟。在这种方式下，触发器由来自隐埋的宏单元或 I/O 引脚的信号进行钟控。

每个触发器也支持异步清除和异步置位功能。乘积项选择矩阵分配乘积项来控制这些操作。虽然乘积项驱动触发器的置位和复位信号是高电平有效，但在逻辑阵列中将信号反相可得到低电平有效的控制。此外，每一个触发器的复位功能可以由低电平有效的、专用的全局复位引脚 GCLRn 信号来驱动。

多个 LAB 通过 PIA 和全局总线连在一起。通过 PIA 布线，将各 LAB 相互连接构成所需的逻辑。这个全局总线是可编程的通道，它把器件中任何信号源连到其目的地。所有 MAX7000 的专用输入、I/O 引脚和宏单元输出均馈送到 PIA，PIA 可把这些信号送到整个器件内的各个地方。

I/O 模块允许每个 I/O 引脚单独地配置为输入、输出和双向工作方式。所有 I/O 引脚都有一个三态缓冲器，它能由全局输出使能信号中的一个控制，或者把使能端直接连到地（GND）和电源（U_{CC}）上。

11.7.4　现场可编程门阵列

FPGA 是在 CPLD 的基础上发展起来的新型高性能可编程逻辑器件，它一般采用 SRAM 工艺，也有一些器件采用 FLASH 工艺或反熔丝工艺。FPGA 的集成度很高，器件密度由数万门到数千万门不等，可以完成极其复杂的时序和组合逻辑电路，适用于高速、高密度的高端数字逻辑电路设计领域。目前，世界上主要的半导体器件公司，如 Altera、Xilinx 和 Lattice 等公司都生产 FPGA 产品。

1. FPGA 典型结构及原理

FPGA 主要由可配置逻辑块、可编程 I/O 模块和可编程内部连线三部分组成，结构如图 11.44 所示。可配置逻辑块是 FPGA 的主要组成部分，实现复杂的逻辑功能；可编程内部连线负责芯片内部信息的传递，连接所有的宏单元；可编程 I/O 模块负责芯片内部逻辑和外部引脚相连的单元电路。

基于查找表技术的 FPGA 是目前的一种主流产品，其可编程逻辑块基本上都是查找表的静态存储器构成的函数发生器，并由它去控制执行 FPGA 应用函数的逻辑。如果有 N 个输入，则将有 N 个输入的逻辑函数表存储在 $2N\times1$ 的静态存储器中。静态存储器的地址线起输入作用，静态存储器的输出作为逻辑函数的值，由此输出状态去控制传输门或多路开关信号的通断，实现与其他功能块的可编程连接。例如，一个 4 输入的逻辑函数表，每一个查找表可以看成一个有 4 位地址线的 16×1 的 RAM，当用户通过原理图或硬件描述语言 VHDL 描述了一个逻辑电路后，软件会自动计算逻辑电路的所有可能的结果，并把结果写入 RAM，这样每输入一个信号进行逻辑运算就等于一个地址进行查表，找出地址对应的内容后输出。

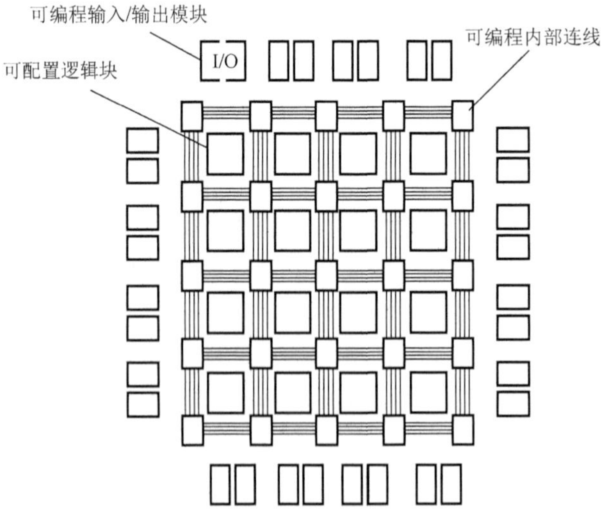

图 11.44　FPGA 基本结构图

2. CPLD 与 FPGA 的异同

FPGA 和 CPLD 都是可编程 ASIC，它们的逻辑规模都比较大，能够实现复杂的数字系统功能。通常，根据结构特点和工作原理，CPLD 和 FPGA 的分类方法是：以乘积项结构方式构成逻辑行为的器件称为 CPLD，以查找表法结构方式构成逻辑行为的器件称为 FPGA。FPGA 和 CPLD 虽然有许多共同的特点，但 CPLD 和 FPGA 在硬件结构上存在差异，使得它们具有各自的特点：

（1）CPLD 和 FPGA 均可无限次编程。CPLD 多为乘积项结构，采用 EECMOS、EEPROM、FLASH 和反熔丝等工艺；FPGA 多为查找表加寄存器结构，实现工艺多为静态存储器。由于 CPLD 主要是基于 EEPROM 或 FLASH 存储器编程，在系统断电时编程信息不丢失，而 FPGA 大部分是基于静态存储器的编程，编程信息在系统断电时会丢失，每次上电时需从器件外部将编程数据重新写入静态存储器中。

（2）CPLD 门资源较多，而触发器数量少，因而 CPLD 更适合于触发器有限而乘积项丰富的结构，即 CPLD 更适合完成组合逻辑的功能；FPGA 触发器数量较多，而门资源较少，这使得 FPGA 更适合完成时序逻辑的功能。相对于 FPGA 而言，CPLD 的规模小，逻辑复杂度低，因而适合于简单电路设计；FPGA 的集成度较高，规模更大，适用于实现复杂电路的设计。并且，一般情况下 FPGA 的功耗比 CPLD 小。

（3）CPLD 采用集总式互连结构，相对布线资源有限，CPLD 的连续式布线结构决定了它的时序延迟是均匀的和可预测的；FPGA 采用分布式互连结构，具有丰富的布线资源，布线比较灵活。但 FPGA 的分布式布线结构决定了其延迟的不可预测性，使时序更难规划，因此，对于 FPGA 而言，时序约束和仿真非常重要。

（4）在编程方面，CPLD 是在逻辑块下通过修改具有固定内部连线电路的逻辑功能来编程，CPLD 的编程无须外部存储器芯片，使用简单，成本较低；而 FPGA 可在逻辑门下编程，主要是通过改变内部连线的布线来编程。FPGA 的编程信息一般存放在外部存储器上，使用相对复杂，但是比 CPLD 具有更大的灵活性。FPGA 价格较高，更适合于高速、高密度的数字逻辑设计领域。

（5）CPLD 和 FPGA 都具有保密特性。通常，CPLD 保密性较好，FPGA 保密性较差。

对于用户而言，尽管 CPLD 和 FPGA 在硬件结构上有一定差异，但是在设计时的流程是相似的。CPLD/FPGA 的设计开发采用功能强大的（EDA）工具，通过符合国际标准的硬件描述语言（如 VHDL 或 Verilog HDL）来进行电子系统设计和产品开发，有很好的兼容性和可移植性。同时它们的编程方式灵活，可轻易地实现红外线编程、超声编程或无线编程，或通过电话线远程编程，编程方式简便、先进。

习　　题

11.1　判断题（正确的画√，错误的画×）：

（1）D 触发器既有前沿（上升沿）触发翻转的，也有后沿（下降沿）触发翻转的。（　　）

（2）异步时序电路的各级触发器时钟输入端的时钟脉冲源不唯一。（　　）

（3）异步计数器电路比同步计数器电路简单，所以同步计数器在实际应用中较少被使用。（　　）

（4）CPLD 与 FPGA 在结构上不同，但编程配置方法相同。（　　）

11.2　填空题：

（1）时序逻辑电路按触发器时钟端的连接方式分为（　　）和（　　）。

（2）设计一个能存放 6 位二进制代码的寄存器需要（　　）个触发器。

（3）十进制加法计数器现时的状态为 0011，经过 3 个时钟输入之后，其内容变为（　　）。

（4）CPLD 主体仍是与或阵列，典型结构由多个相似的（　　）、一个（　　）、多个（　　）三部分组成。

11.3　同步 RS 触发器、JK 触发器和 D 触发器，在不直接置位或复位时，$\bar{S}_D$ 和 $\bar{R}_D$ 端应该处于什么状态？同步 RS 触发器、JK 触发器和 D 触发器，如果 $\bar{S}_D = \bar{R}_D = 1$，并且没有 CP 脉冲，触发器的状态能否改变？

11.4　已知下降沿触发的 JK 触发器和上升沿触发的 D 触发器的输入端波形图如图 11.45 所示，试分别画出它们的输出端 Q 的波形图。

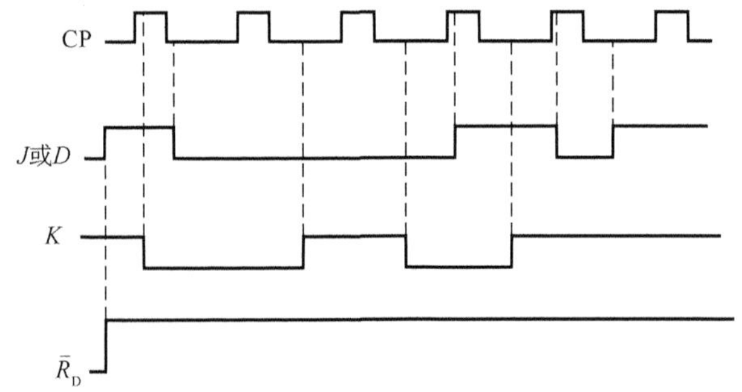

图 11.45　习题 11.4 图

11.5　图 11.46（c）是时钟脉冲的波形图，设触发器初态均为 0。试分别画出图 11.46（a）输出端 Q 的波形图和图 11.46（b）输出端 F_1 和 F_2 的波形图。

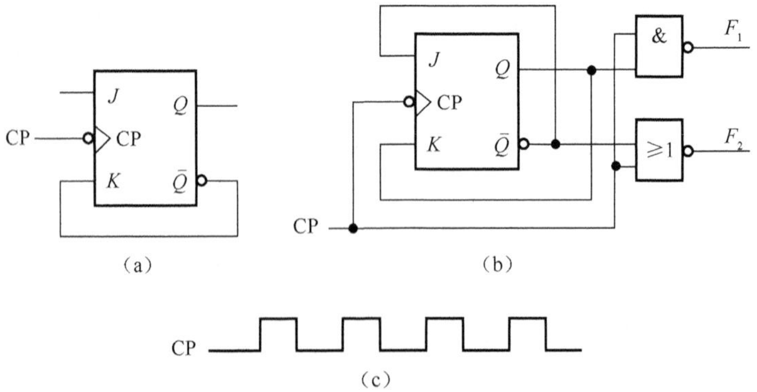

图 11.46　习题 11.5 图

11.6　逻辑电路如图 11.47 所示，各触发器的初始状态均为 0。列出电路的输出状态表，并说明电路的逻辑功能。

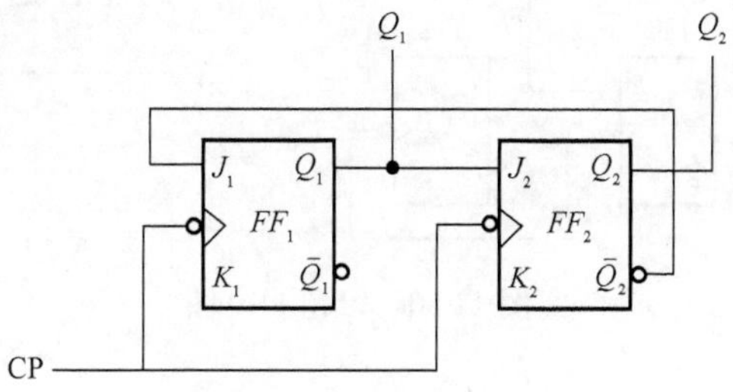

图 11.47　习题 11.6 图

11.7　将如图 11.48（a）所示的波形图加到图 11.48（b）的输入端，试画出 Q_1 和 Q_2 的波形。

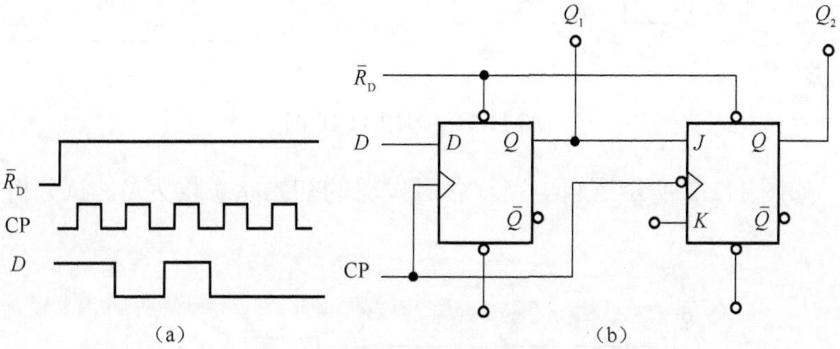

图 11.48　习题 11.7 图

11.8　如图 11.49 所示逻辑电路，各触发器的初始状态均为 0，试画出输出端 Q_1 和 Q_2 的波形图。

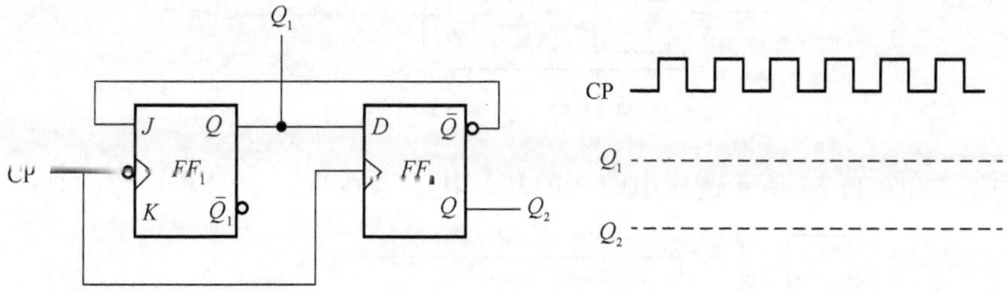

图 11.49　习题 11.8 图

11.9　如图 11.50 所示逻辑电路，触发器的初始状态均为 0。(1) 写出输入状态方程；(2) 画出输出端 Q_1、Q_2、Q_3 的波形图。

11.10　时序逻辑电路如图 11.51 所示，设触发器初态均为 0。列出输出状态表，并确定该电路的逻辑功能；试画出 Q_1、Q_2、Q_3 的波形图。

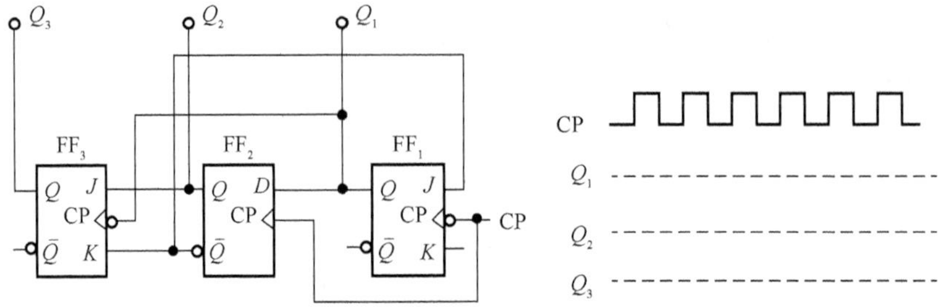

图 11.50　习题 11.9 图

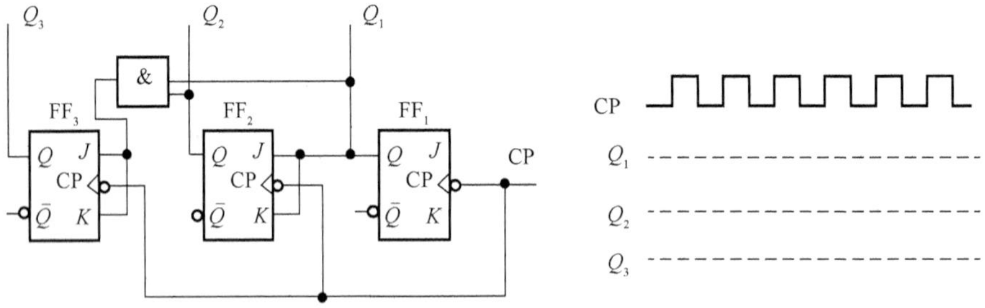

图 11.51　习题 11.10 图

11.11　如图 11.52 所示逻辑电路，各触发器的初始状态均为 0，试分析电路的逻辑功能。

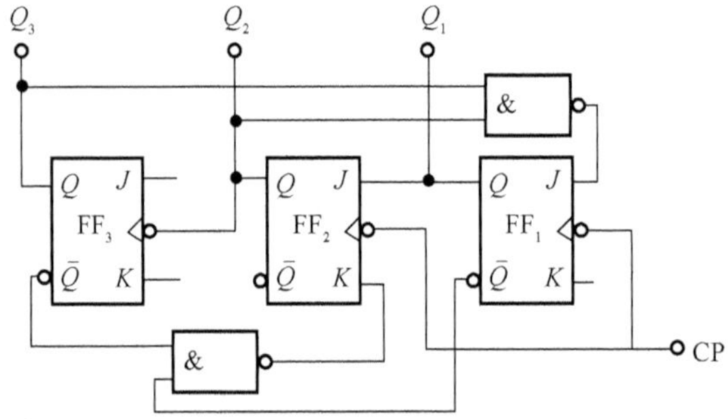

图 11.52　习题 11.11 图

11.12　如图 11.53 所示逻辑电路图的初始状态为 0000，试分析电路的功能。

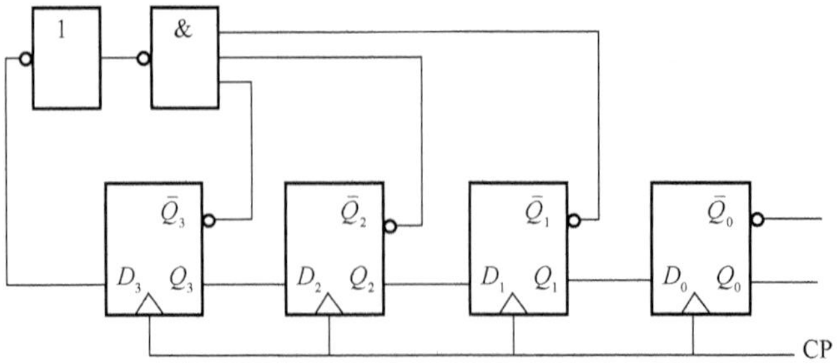

图 11.53　习题 11.12 图

11.13　试用主从型 JK 触发器设计一个自动停止的异步计数器。要求计数器在第八个脉冲停止计数。

11.14　试用主从型 JK 触发器设计一个三位异步二进制减法计数器。计数器的起始状态为 111。

11.15　试用 D 触发器组成一个四位异步二进制减法计数器，并列出计数状态表。

11.16　设计一个自动包装机。要求：一包装箱内装 12 个瓶子，在传送带上检测并给出时钟脉冲。即实现一个每 12 个瓶子给出一个标志的异步计数器。

11.17　用 555 定时器组成的多谐振荡器，已知电阻 $R_1 = 100\text{k}\Omega$, $R_2 = 10\text{k}\Omega$，电容 $C = 10\mu\text{F}$，试计算其输出波形的周期。

11.18　如图 11.54 所示电路，$R = 1\text{k}\Omega, U_R = 10\text{V}$，若输入代码为 $D_1D_2D_3D_4 = 1000$ 时，输出电压 U_o 为多少？

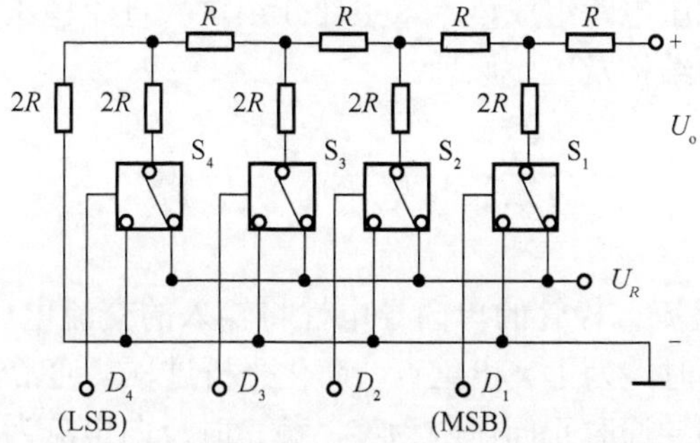

图 11.54　习题 11.18 图

11.19　在 T 形电阻网络 D/A 转换器电路中，设四位二进制输入代码 $D_1D_2D_3D_4 = 1010$，$U_R = 10\text{V}$。求输出端模拟电压 U_o 的值。

11.20　在并行式 A/D 转换器中，若 $U_R = 8\text{V}$，当 $U_i = 3.6\text{V}$ 时，输出二进制数是多少？

第 12 章　直流稳压电源

在工农业生产和实际生活中，一些工业过程或设备使用直流电源供电，例如，蓄电池充电、电解和电镀工艺、直流电动机等，另外，电子电路及设备一般也都使用稳定的直流电源供电，所以需要有将交流电转换成直流电的直流稳压电源。

目前广泛使用的直流稳压电源按其内部结构可以分为两类，一类是开关稳压电源，它具有体积小、重量轻、效率高、技术成熟等特点，目前已在实际中广泛应用，例如，电脑的电源、手机充电器等。另一类是传统的线性直流稳压电源，由变压器、半导体整流电路、滤波电路和稳压电路组成，本章主要介绍这种直流稳压电源，包括整流电路、滤波电路和稳压电路的结构及工作原理。

12.1　整 流 电 路

整流电路是利用整流二极管的单向导电性将输入的交流电压变成单向脉动的输出电压。在分析整流电路时，为了突出重点，简化分析过程，通常假定纯电阻负载，且二极管为理想二极管，即导通时正向压降为零，截止时反向电流为零。

12.1.1　单相半波整流电路

单相半波整流电路如图 12.1 所示。图中，T 为电源变压器，它把交流电源电压 u_1 变成整流电路所需要的交流电压 u_2，u_2 就是整流电路的输入电压。D 为整流二极管，R_L 为负载。

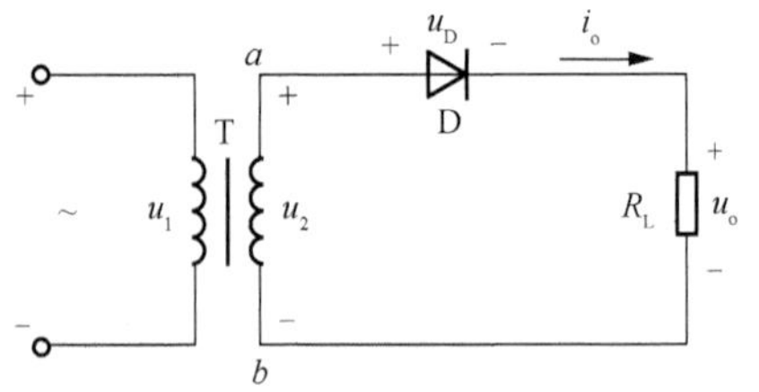

图 12.1　单相半波整流电路

设整流电路输入电压 $u_2=\sqrt{2}U_2\sin\omega t$，单相半波整流电路的工作原理如图 12.2 所示。

u_2 正半周时，其实际极性为 a 点正、b 点负，如图 12.2（a）所示，二极管 D 承受正向电压而导通。电流 i_o 从 a 点流出，经过二极管 D 和负载 R_L 流向 b 点。此时二极管 D 的电压 $u_D=0$，而负载 R_L 两端的电压即整流电路的输出电压 u_o 等于整流电路的输入电压 u_2。

u_2 负半周时，其实际极性为 b 点正、a 点负，如图 12.2（b）所示，二极管 D 承受反向电压而截止。此时电流 i_o 为 0，整流电路的输出电压 u_o 也为 0。二极管 D 的电压 $u_D = u_2$，但二极管实际承受的电压方向与设定的正方向相反。

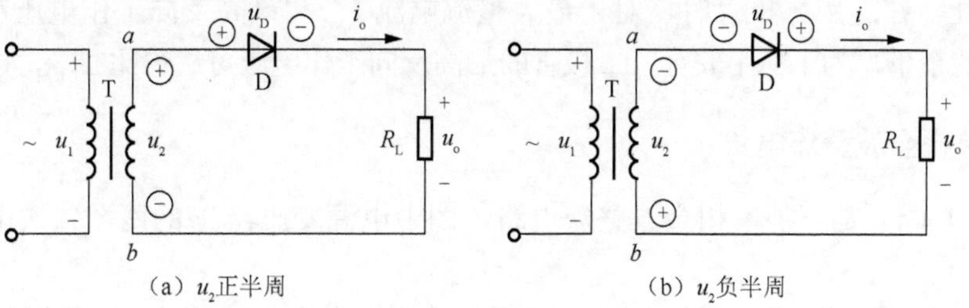

图 12.2　单相半波整流电路的工作原理分析

整流电路输入电压 u_2、输出电压 u_o、输出电流 i_o 及二极管 D 两端电压 u_D 的波形如图 12.3 所示。负载上得到的整流电压 u_o 和电流 i_o 是一种单向脉动电，通常用一个周期的平均值表示其大小。

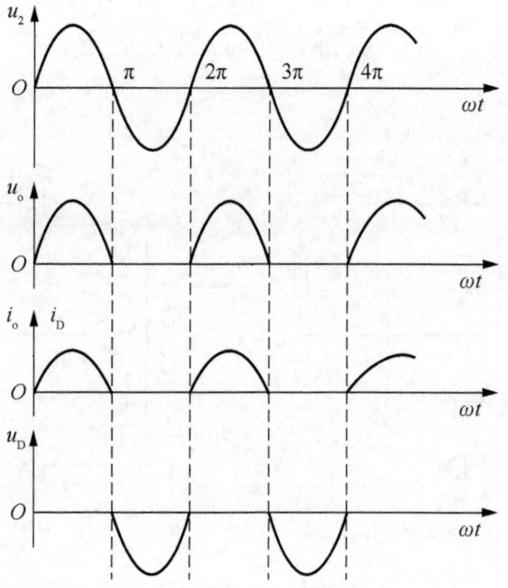

图 12.3　单相半波整流电路电压和电流波形

（1）整流电路输出电压的平均值 U_o 为

$$U_o = \frac{1}{2\pi}\int_0^{\pi} \sqrt{2}U_2 \sin\omega t \mathrm{d}(\omega t) = \frac{\sqrt{2}U_2}{\pi} = 0.45U_2 \tag{12.1}$$

（2）整流电路输出电流的平均值 I_o 为

$$I_o = \frac{U_o}{R_L} = 0.45\frac{U_2}{R_L} \tag{12.2}$$

（3）流过二极管的电流平均值 I_D 为

$$I_D = I_o = \frac{U_o}{R_L} = 0.45\frac{U_2}{R_L} \tag{12.3}$$

（4）二极管承受的最高反向电压 U_{DRM} 为

$$U_{\mathrm{DRM}} = \sqrt{2}U_2 \tag{12.4}$$

根据 I_{D} 和 U_{DRM} 就可以选择合适的整流元件。一般情况下，允许电网电压有 ±10% 的波动，因此，在选用二极管时，对于最大整流电流 I_{OM} 和最高反向工作电压 U_{RM} 应至少留有 10%的余量，为了使用安全，二极管的最高反向工作电压可选得比 U_{DRM} 大一倍左右。

12.1.2　单相全波整流电路

图 12.4（a）是一种单相全波整流电路，图中电源变压器 T 的两个二次电压 u_2 完全相同。

u_2 正半周时，其实际极性为上正、下负，如图 12.4（b）所示，二极管 $\mathrm{D_1}$ 承受正向电压导通，二极管 $\mathrm{D_2}$ 承受反向电压截止，电流 i_{o} 从 a 点经过 $\mathrm{D_1}$ 和负载 R_{L} 流向 b 点。负载 R_{L} 两端的电压 $u_{\mathrm{o}} = u_{ab} = u_2$，实际极性为上正、下负。二极管 $\mathrm{D_2}$ 的电压为 $u_{\mathrm{D2}} = u_{ca} = -2u_2$。

u_2 负半周时，其实际极性为上负、下正，如图 12.4（c）所示，二极管 $\mathrm{D_1}$ 承受反向电压截止，二极管 $\mathrm{D_2}$ 承受正向电压导通，电流 i_{o} 从 c 点经过 $\mathrm{D_2}$ 和负载 R_{L} 流向 b 点。负载 R_{L} 两端的电压 $u_{\mathrm{o}} = u_{cb} = -u_2$，实际极性仍然为上正、下负。二极管 $\mathrm{D_1}$ 的电压为 $u_{\mathrm{D1}} = u_{ac} = 2u_2$。

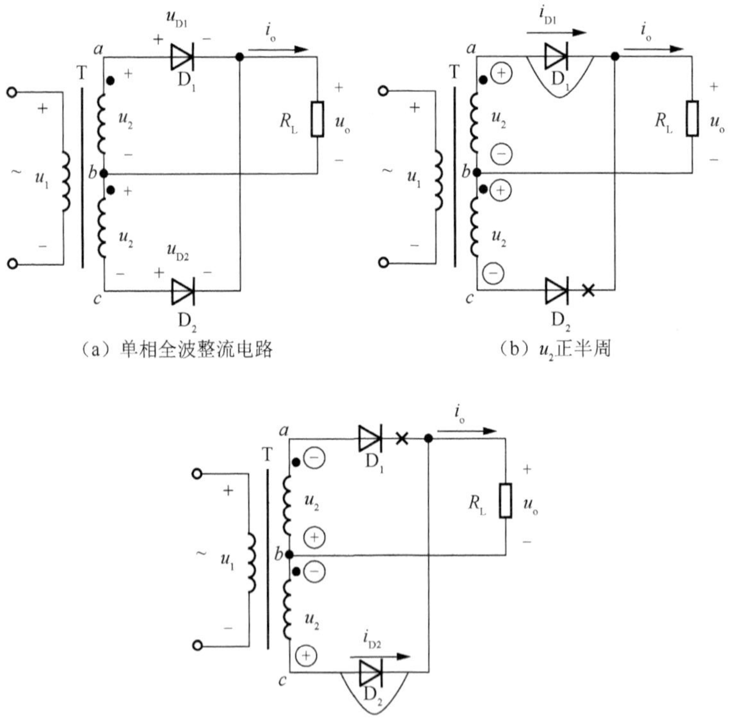

（a）单相全波整流电路　（b）u_2正半周

（c）u_2负半周

图 12.4　单相全波整流电路及其工作原理分析

整流以后的输出电压、输出电流、流过二极管的电流及二极管承受的电压波形如图 12.5 所示。

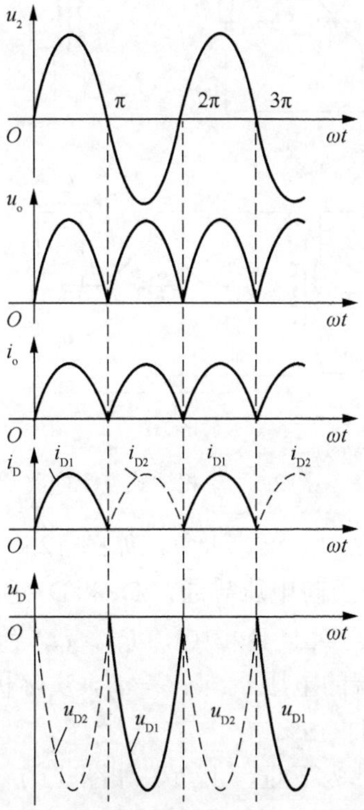

图 12.5　单相全波整流电路电压和电流波形

（1）整流电路输出电压的平均值 U_o 为

$$U_o = \frac{1}{\pi}\int_0^{\pi}\sqrt{2}U_2\sin\omega t\mathrm{d}(\omega t) = \frac{2\sqrt{2}U_2}{\pi} = 0.9U_2 \tag{12.5}$$

（2）整流电路输出电流的平均值 I_o 为

$$I_o = \frac{U_o}{R_L} = 0.9\frac{U_2}{R_L} \tag{12.6}$$

（3）流过二极管的电流平均值 I_D 为

$$I_D = \frac{I_o}{2} = 0.45\frac{U_2}{R_L} \tag{12.7}$$

（4）二极管承受的最高反向电压 U_{DRM} 为

$$U_{DRM} = 2\sqrt{2}U_2 \tag{12.8}$$

12.1.3　单相桥式整流电路

直流稳压电源中最常用的一种全波整流电路是单相桥式整流电路，由四个二极管接成电桥的形式构成，图 12.6 是三种不同画法的单相桥式整流电路。设各二极管电压、电流是关联参考方向，且电压的参考方向为阳极正、阴极负。

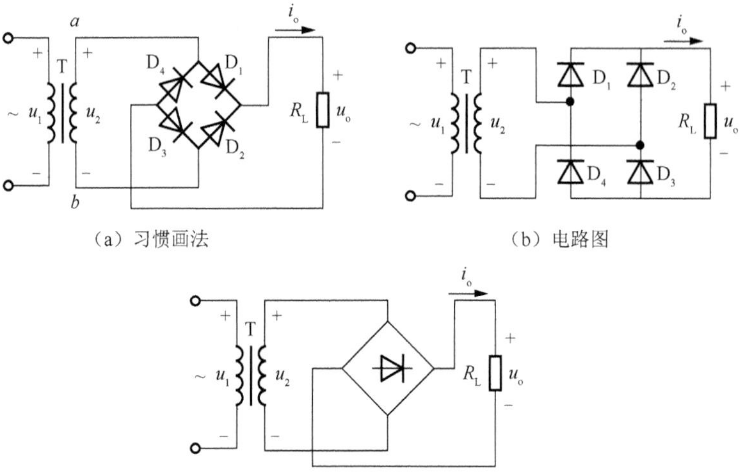

（a）习惯画法　　（b）电路图

（c）简化画法

图 12.6　单相桥式整流电路

u_2 正半周时，其实际极性为上正、下负，如图 12.7（a）所示，即 a 点电位高于 b 点电位，二极管 D_1 和 D_3 承受正向电压导通，D_2 和 D_4 承受反向电压截止，电流的流通路径为 $a \to D_1 \to R_L \to D_3 \to b$。$D_1$、$D_3$ 中电流 i_{D1}、i_{D3} 等于 i_o；D_2、D_4 中电流 i_{D2}、i_{D4} 为零。这时，负载电阻 R_L 两端的电压 $u_o = u_{ab} = u_2$，实际极性为上正、下负。D_2、D_4 承受的电压 u_{D2}、u_{D4} 等于 u_{ba}，即 $-u_2$。

u_2 负半周时，其实际极性为下正、上负，如图 12.7（b）所示，即 b 点电位高于 a 点电位，所以 D_2 和 D_4 承受正向电压导通，D_1 和 D_3 承受反向电压截止，电流的流通路径为 $b \to D_2 \to R_L \to D_4 \to a$。$D_2$、$D_4$ 中电流 i_{D2}、i_{D4} 等于 i_o；D_1、D_3 中电流 i_{D1}、i_{D3} 为零。这时，负载电阻 R_L 上的输出电压 $u_o = u_{ba} = -u_2$，实际极性仍然为上正、下负。D_1、D_3 承受的电压 u_{D1}、u_{D3} 等于 u_{ab}，即 u_2。

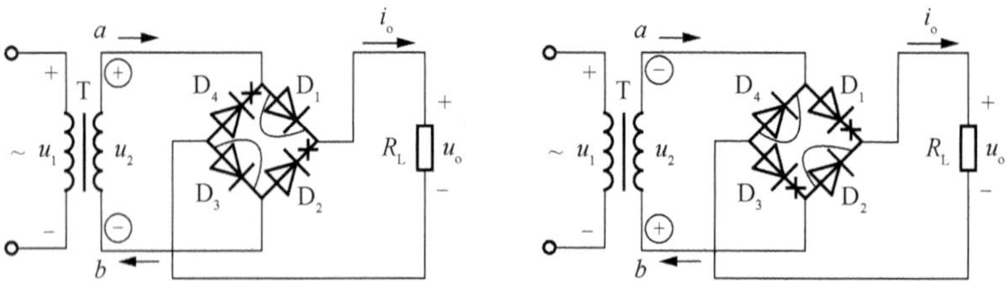

（a）u_2正半周　　（b）u_2负半周

图 12.7　单相桥式整流电路工作原理分析

整流以后的输出电压、输出电流、流过二极管的电流及二极管承受的电压波形如图 12.8 所示。

对比图 12.8 与图 12.5，可知：单相桥式整流电路的输出电压 U_o、输出电流 I_o 及二极管电流 I_D 与单相全波整流电路的结论完全相同，而二极管承受的最高反向电压为 $U_{DRM} = \sqrt{2}U_2$。

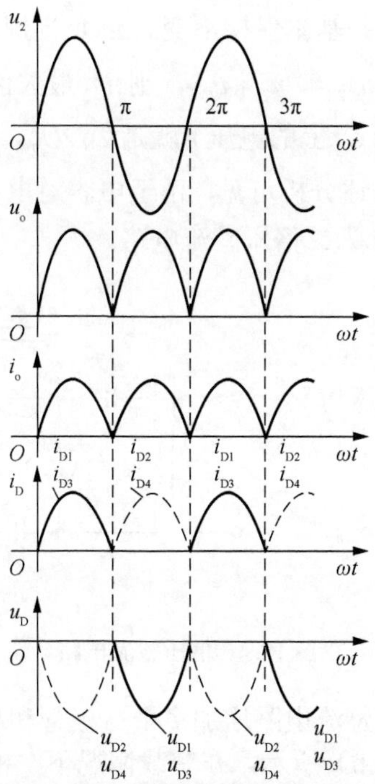

图 12.8　单相桥式整流电路电压和电流波形

实际应用中经常使用二极管整流桥，整流桥就是把四个二极管连接成桥式结构后做成一个器件，也可以看成是一种简单的集成电路，有两个交流输入引脚和两个直流输出引脚，电流和电压有多种规格，一般来说电流越大，体积越大，使用起来比较方便。

例 12.1　一个单相桥式整流电路的负载电阻 $R_L = 20\Omega$，输出电压平均值 $U_o = 80V$。试选择整流二极管。

解：

$$I_o = \frac{U_o}{R_L} = \frac{80}{20} = 4A$$

$$U_2 = \frac{U_o}{0.9} = \frac{80}{0.9} = 88.89V$$

$$I_D = \frac{I_o}{2} = \frac{4}{2} = 2A$$

$$U_{DRM} = \sqrt{2}U_2 = 88.89\sqrt{2} = 125.3V$$

可选择二极管 2CZ56E，其最大整流电流为 3A，最高反向工作电压为 300V。

12.1.4　倍压整流电路

在需用高电压、小电流的地方，经常使用倍压整流电路。倍压整流可以把较低的交流电压用整流二极管和电容器变成较高的直流电压。

图 12.9（a）是二倍压整流电路，电路由变压器 T、两个整流二极管 D_1、D_2 及两个电容器 C_1、C_2 组成。u_2 正半周时，D_1 导通，D_2 截止，电流经过 D_1 对 C_1 充电，u_{C1} 被

充电到接近u_2的峰值$\sqrt{2}U_2$，并基本保持不变。u_2负半周时，D_2导通，D_1截止，电流经D_2对电容C_2充电，此时，$u_{C2}=-u_2+u_{C1}$，则u_{C2}最大值可达$2\sqrt{2}U_2$。因此，负载R_L两端电压即输出电压u_o（等于C_2上的电压）就是$2\sqrt{2}U_2$，而二极管D_1和D_2所承受的最高反向电压均为$2\sqrt{2}U_2$。由上述分析可见，由于电容对电荷的存储作用，使得输出电压是输入电压u_2峰值的二倍，称为二倍压整流电路。

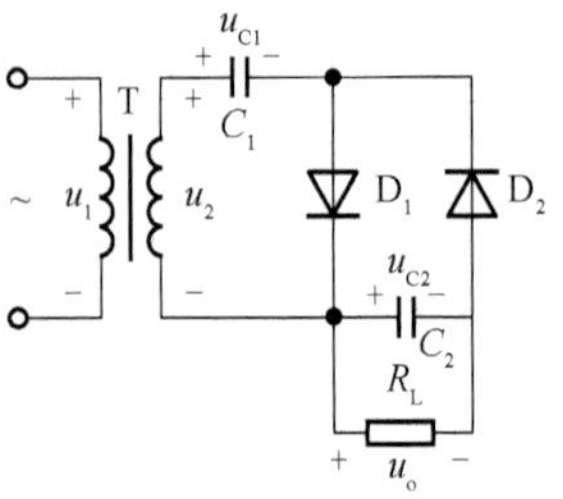

（a）二倍压整流电路

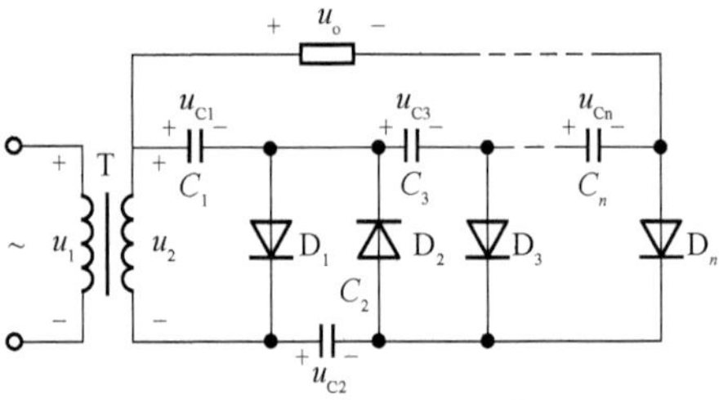

（b）n倍压整流电路

图 12.9　倍压整流电路

利用同样原理，将二倍压整流电路增加多个二极管和相同数量的电容器就可以组成多倍压整流电路。如图 12.9（b）所示，在空载情况下，根据上述分析方法可得，C_1上的电压为$\sqrt{2}U_2$，$C_2 \sim C_n$上的电压均为$2\sqrt{2}U_2$。因此，若以C_1两端作为输出端，输出电压为$\sqrt{2}U_2$；若以C_2两端作为输出端，输出电压为$2\sqrt{2}U_2$；若以C_1和C_3上电压相加作为输出端，输出电压为$3\sqrt{2}U_2$，……以此类推，从不同位置输出，可以获得输入电压u_2峰值的不同倍数的输出电压。多倍压整流电路中各二极管所承受的最高反向电压均为$2\sqrt{2}U_2$。

需要说明的是，为了简便起见，分析时通常假设电路空载且已处于稳定状态，当电路带上负载后，输出电压将不可能达到u_2峰值的倍数，即倍压整流电路只能在负载电流较小的情况下工作，否则输出电压会降低。倍压越高的整流电路，这种因负载电流增大而使输出电压下降的情况越严重。

12.2　滤 波 电 路

整流电路的输出是单方向脉动的，其中含有大量的高次谐波交流分量，这样的单向脉动电在有些场合把它当作直流电来用是可以的，比如给直流电机供电、给蓄电池充电及给其他感性负载供电等，而对于绝大多数电子仪器和设备来说，需要的是一个波动很小的理想的直流电源，这就需要在整流电路的后面再加上滤波电路，用滤波电路来减少整流电路输出电压和输出电流的脉动。这里介绍几种常用的滤波电路。

12.2.1　电容滤波电路

电容滤波电路就是在整流电路的输出端并联一个电容器C，则$u_o=u_C$，利用电容能够储能和电容两端电压不能突变的特点来进行滤波，减小整流电压的脉动程度。单相桥式整流电容滤波电路如图 12.10 所示。

假设电路中 u_2 从 $\omega t=0$ 时开始由零逐渐增大，二极管 D_1、D_3 导通，u_2 给负载 R_L 供电的同时还给电容 C 充电。由于电源内阻和二极管正向导通电阻很小，充电回路时间常数 τ 很小，充电速度很快，所以 u_C 与 u_2 一样按照正弦规律增加。当 u_2 达到最大值时，u_C 也达到最大值，而后 u_2 和 u_C 开始减小，由于 u_2 减小的速度比 u_C 减小的速度快，当 $u_2<u_C$ 时，二极管 D_1、D_3 承受反向电压而截止，电容 C 对负载 R_L 放电，u_C 按照指数规律减小。由于放电回路时间常数 $\tau=R_LC$ 较大，放电速度较慢，u_C 减小的不多，直到 u_2 的值再次大于 u_C 时，二极管 D_2、D_4 导通，u_2 又给电容 C 充电，重复上述过程。通过这种周期性的充电、放电，就可以得到比较平稳的输出电压 u_o，波形如图 12.11 所示。

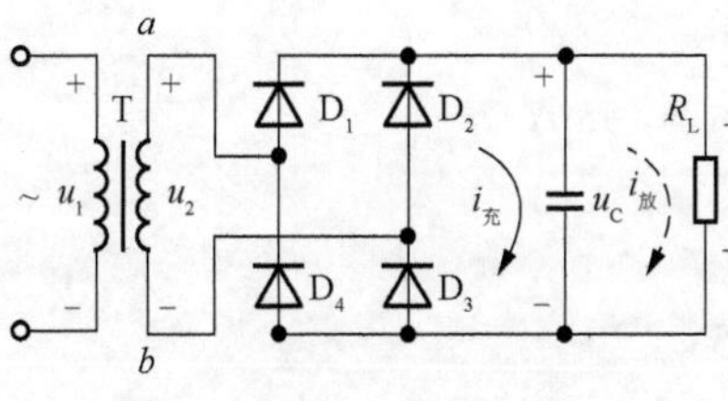

图 12.10　桥式整流电容滤波电路

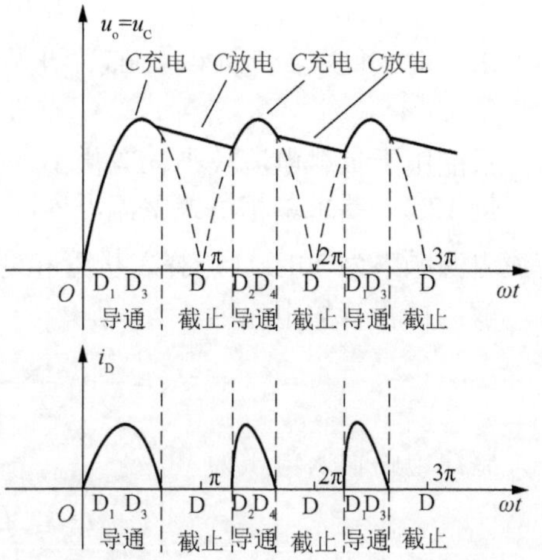

图 12.11　桥式整流电容滤波电路波形

由上述分析和波形可以看出滤波电路有如下几个特点：

（1）输出电压 u_o 的脉动减小，电压平均值增加。

输出电压的大小与时间常数 $\tau=R_LC$ 有关，τ 越大，电容放电速度越慢，输出电压波动越小，输出电压的平均值越大。当电容 C 很大，且负载开路（$R_L=\infty$）时，u_C 充电达到最大值后不放电，输出电压最大，此时输出电压的平均值为

$$U_o=U_C=\sqrt{2}U_2 \tag{12.9}$$

实际中为了得到比较平直的输出电压，一般要求

$$\tau=R_LC\geqslant(3\sim5)\frac{T}{2} \tag{12.10}$$

式中，T 为整流电路输入交流电的周期。此时，输出电压平均值的大小可取

$$U_o=U_2\text{（半波电路）} \tag{12.11}$$

$$U_o=1.2U_2\text{（全波电路）} \tag{12.12}$$

由于电容器 C 的值较大，通常使用的都是电解电容器，电解电容器体积大，引脚有正负之分，耐压要高于输出电压。

（2）二极管的导通角减小。

在一个周期（2π）中，二极管导通时间所对应的角度称为导通角。没有滤波电容时，二极管的导通角为π，而加上滤波电容后，导通角小于π，如图 12.11 所示，而且放电时间常数越大，导通角越小。

此外，由于电容一个周期内的充电电荷等于放电电荷，即通过电容的电流平均值为零，则二极管电流 i_D 的平均值 I_D 近似等于负载电流的平均值 I_o，而二极管导通角小于π，因此 i_D 的峰值较大，在选择二极管时要考虑到这点。

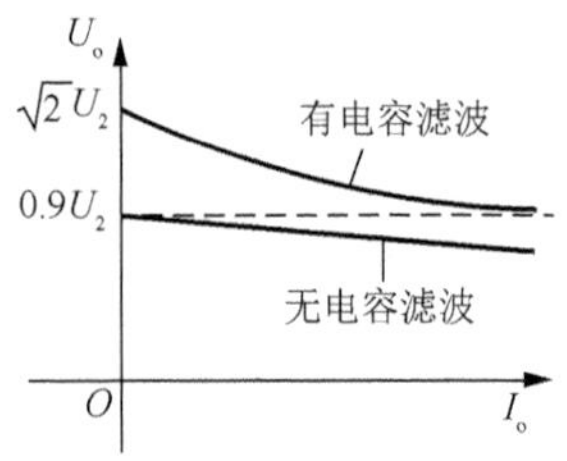

图 12.12　电容滤波电路的外特性曲线

（3）电容滤波电路的外特性比较差。

外特性或输出特性就是滤波电路输出电压 U_o 与输出电流 I_o 之间的变化关系，如图 12.12 所示。由图可见，电容滤波电路的输出电压 U_o 随负载的变化而有较大的变化，这样的外特性比较差，带负载能力较差，只能用于负载电流较小、变化不大的场合。

例 12.2　要求单相桥式整流电容滤波电路的输出电压为 30V，负载电阻 $R_L = 200\Omega$，交流电源频率为 50Hz。选择二极管和滤波电容的参数。

解：二极管的电流为

$$I_D = \frac{I_o}{2} = \frac{1}{2} \times \frac{U_o}{R_L} = 0.075\text{A} = 75\text{mA}$$

整流电路输入电压为

$$U_2 = \frac{U_o}{1.2} = \frac{30}{1.2} = 25\text{V}$$

二极管承受的最高反向电压为

$$U_{DRM} = \sqrt{2}U_2 = 35\text{V}$$

可选用二极管 2CZ52B，参数：$I_{OM} = 100\text{mA}$；$U_{RM} = 50\text{V}$。

根据

$$R_L C \geqslant (3 \sim 5)\frac{T}{2}$$

选择滤波电容器

$$C \geqslant \frac{5T}{2R_L} = \frac{5}{2fR_L} = \frac{5}{2 \times 50 \times 200}\text{F} = 250\mu\text{F}$$

电容电压最大值为

$$U_{DRM} = \sqrt{2}U_2 = 25\sqrt{2}\text{V}$$

可选取标称值 1000μF、耐压为 70V 的电解电容器。

12.2.2　电感滤波电路

电感滤波就是在整流电路与负载之间串联一个铁芯电感线圈 L，电路如图 12.13 所示。滤波电路输出电压 u_o 等于整流电路输出电压 u 减去铁芯电感线圈上的电压 u_L。根据傅里叶级数可以把整流电路输出的单向脉动电压 u 分解为直流和交流谐波分量的和，电感对交流分量有阻碍作用，交流分量基本都落在电感上，直流分量落在负载电阻 R_L 上，因此输出电压 u_o 的脉动大为减小。

电感滤波电路的特点：

（1）输出电压的平均值基本上等于没有滤波时整流电路输出的平均值。

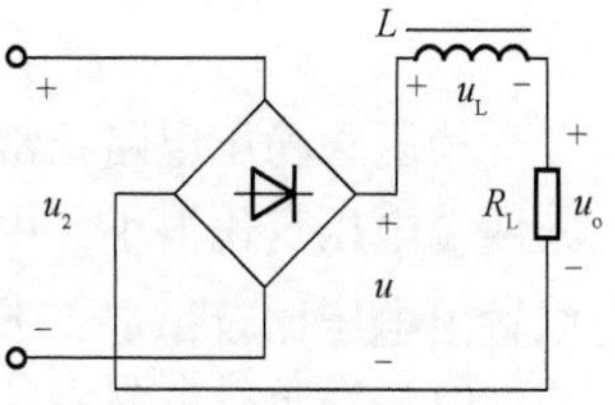

图 12.13　电感滤波电路

（2）外特性比较硬，如果负载电阻 R_L 比电感线圈的电阻大很多，则当负载电阻 R_L 变化时输出电压的平均值变化的就很小。

（3）电感线圈体积大、价格高，适用于负载电流大的场合。

12.2.3　π 形滤波电路

LC 结构的 π 形滤波电路如图 12.14（a）所示。为了达到更好的滤波效果，实际中还可以把电感和电容组合使用，在电感的前面和后面再加上电容滤波，滤波效果更好，输出电压更平稳，但是二极管的电流冲击较大。

电感线圈体积大、价格高，可以用电阻代替电感组成 *RC* 结构的 π 形滤波电路，如图 12.14（b）所示。由于电阻对交流和直流都有减压的作用，所以要求负载电阻 R_L 要比滤波电阻 R 大很多，即这种电路只适用于负载电流较小的场合。

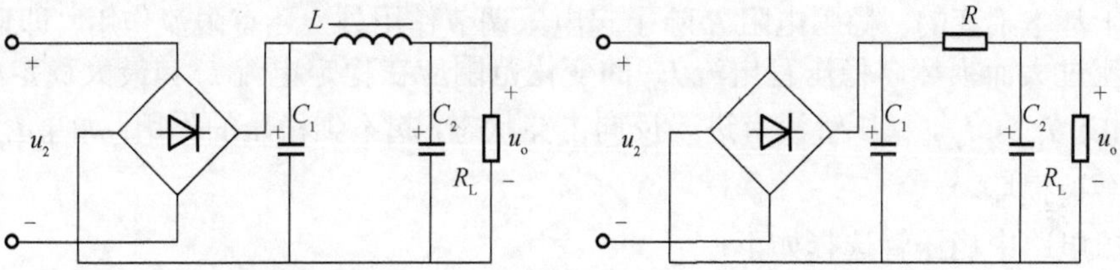

（a）π形*LC*滤波电路　　（b）π形*RC*滤波电路

图 12.14　π 形滤波电路

12.3　稳压管稳压电路

滤波电路的输出脉动减小了，但是输出电压的大小不稳定，输出电压会随着电源电压的波动或者负载变化而变化，在有些要求不高的场合把它当作直流电源来用是可以的，但是在要求比较高的场合，滤波电路后面还要加上稳压电路。最简单的稳压电路就是稳压管稳压电路，电路结构如图 12.15 所示。

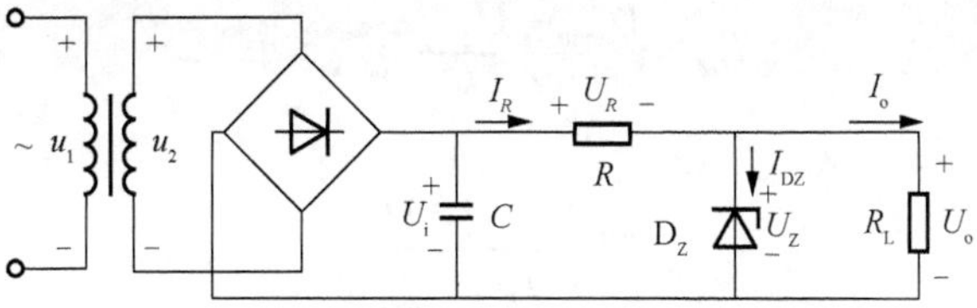

图 12.15　稳压二极管稳压电路

用稳压管 D_Z 和稳压电阻（又称限流电阻）R 组成稳压电路，输出电压为

$$U_o = U_Z = U_i - U_R = U_i - I_R R = U_i - (I_{DZ} + I_o)R \tag{12.13}$$

稳压管稳压电路正常工作时 D_Z 工作在反向击穿状态，此时 D_Z 中电流变化很大，但其两端电压变化很小。由于稳压电路的输出电压 U_o 就是稳压管的反向击穿电压 U_Z，所以输出电压比较稳定。下面分析具体的稳压过程：

（1）当负载电阻 R_L 一定时，交流电源电压 U_2 升高会使 U_o 和 U_Z 稍有升高，如果 U_Z 稍微升高一点，稳压管的反向击穿电流 I_{DZ} 会急剧增加，使 $I_R = I_{DZ} + I_o$ 增大，稳压电阻上的电压 U_R 增加，$U_o = U_i - U_R = U_i - I_R R$，用 U_R 的增加来抵消 U_o 的增加，使输出电压 U_o 基本保持不变。稳压过程如下：

$$U_2 \uparrow \to U_i \uparrow \to U_o \uparrow \to U_Z \uparrow \to I_{DZ} \uparrow \to I_R \uparrow \to U_R \uparrow \to U_o \downarrow$$

交流电源电压 U_2 减小时的稳压过程相反。

（2）当交流电源电压 U_2 一定时，负载电阻 R_L 减小会使负载电流 I_o 增大，$I_R = I_{DZ} + I_o$ 增大，U_R 增加，$U_Z = U_o = U_i - U_R$ 减小，U_Z 稍微减小一点，稳压管的反向击穿电流 I_{DZ} 会急剧减小，使 I_R 减小，U_R 减小，根据 $U_o = U_i - U_R$，可用 U_R 的减小来抵消 U_o 的减小，保持输出电压 U_o 基本不变。稳压过程如下：

$$R_L \downarrow \to U_R \uparrow \to U_o \downarrow \to U_Z \downarrow \to I_{DZ} \downarrow \to I_R \downarrow \to U_R \downarrow \to U_o \uparrow$$

负载电阻 R_L 增加时的稳压过程相反。

可见，稳压电路是通过稳压管反向击穿电流的变化及稳压电阻上电压的变化来保持输出电压基本不变的。稳压电阻 R 除了起电压调节作用外，还有限流作用，即避免稳压管中电流过大而损坏。稳压管电流 I_{DZ} 的变化范围应在稳定电流 I_Z 和最大稳定电流 I_{ZM} 之间，如果 $I_{DZ} < I_Z$，稳压管没有进入反向击穿状态，起不到稳压的作用；如果 $I_{DZ} > I_{ZM}$，稳压管会被损坏。

稳压电路中稳压管选择如下：

（1）稳压电路的输入电压：

$$U_i = (2 \sim 3)U_o \tag{12.14}$$

（2）稳压管的稳定电压与输出电压相同：

$$U_Z = U_o \tag{12.15}$$

（3）稳压管的最大稳定电流要比最大负载电流大：

$$I_{ZM} = (2 \sim 3)I_{omax} \tag{12.16}$$

限流电阻 R 的选择要满足以下两种极端情况：

第一种情况，当输入电压最低（U_{imin}）而负载电流最大（I_{omax}）时，流过稳压管的电流 I_{DZ} 应该大于稳压管的稳定电流 I_Z，即

$$I_{DZ} = \frac{U_{imin} - U_o}{R} - I_{omax} > I_Z$$

由此，可以得出

$$R < \frac{U_{imin} - U_o}{I_Z + I_{omax}} \tag{12.17}$$

第二种情况，当输入电压最高（U_{imax}）而负载电流最小（I_{omin}）时，流过稳压管的电流 I_{DZ} 不能超过稳压管的最大稳定电流 I_{ZM}，即

$$I_{DZ}=\frac{U_{imax}-U_o}{R}-I_{omin}<I_{ZM}$$

由此，可以得出

$$R>\frac{U_{imax}-U_o}{I_{ZM}+I_{omin}} \tag{12.18}$$

因此，限流电阻 R 的取值范围为

$$\frac{U_{imax}-U_o}{I_{ZM}+I_{omin}}<R<\frac{U_{imin}-U_o}{I_Z+I_{omax}} \tag{12.19}$$

可以在此范围内选一个标称阻值的电阻。

另外，选择电阻不仅要选择电阻的阻值，还有选择电阻的功率，稳压电阻的功率应按下式选择

$$P_R=(2\sim3)\frac{(U_{imax}-U_o)^2}{R} \tag{12.20}$$

例 12.3　如图 12.15 所示稳压电路，稳压电路输入电压 $U_i=30V$，稳压二极管的稳定电压 $U_Z=10V$，稳定电流 $I_Z=10mA$，最大稳定电流 $I_{ZM}=30mA$，稳压电阻 $R=0.8k\Omega$，负载电阻 $R_L=1k\Omega$。（1）求电流 I_o、I_{DZ}、I_R；（2）是否允许负载开路？为什么？（3）允许最小的负载电阻值是多少？

解：（1）

$$I_o=\frac{U_o}{R_L}=\frac{10}{1}=10mA$$

$$I_R=\frac{U_i-U_o}{R}=\frac{30-10}{0.8}=25mA$$

$$I_{DZ}=I_R-I_o=25-10=15mA$$

（2）若负载开路，则 $I_o=0$，$I_{DZ}=I_R=25mA<I_{ZM}=30mA$，允许负载开路。

（3）按照

$$I_{DZ}=I_R-I_o=25-\frac{U_o}{R_L}\geqslant I_Z=10mA$$

$$R_L\geqslant\frac{2}{3}k\Omega$$

12.4　串联式稳压电路

串联式稳压电路有多种，图 12.16 是一种简单串联式稳压电路，图中，T 是调整三极管，R_1、R_2 构成采样电路，U_Z 是基准电压，R_3 是稳压管的限流电阻，用运算放大器构成比例放大电路，R_4 是运算放大器输出限流电阻。

当稳压电路输出电压 U_o 升高时，采样电路把 U_o 分压后送到运算放大器的反向输入

端，与基准电压 U_Z 进行比较，运算放大器输出电位降低，调整三极管基极电流减小，调整三极管压降 U_{CE} 增加，用来抵消 U_o 的升高，使 U_o 保持基本稳定。

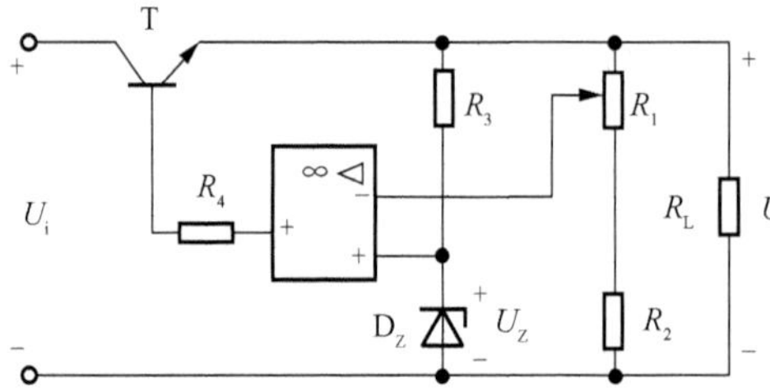

图 12.16　串联式稳压电路

改变电位器可以调节输出电压，因此串联式稳压电路的输出电压具有一定的调节范围。

该串联式稳压电路结构比较简单，缺点是输出电流不大，纹波系数较大，没有保护环节。

12.5　集成稳压电源

集成稳压电源的种类比较多，三端集成稳压电源因具有性能好、体积小、外围元件少、价格低等特点而一直被广泛使用，78××系列三端集成稳压电源是最常用的集成稳压电源。

78××系列三端集成稳压电源的外形（1A 塑封）及引脚如图 12.17 所示，内部是串联型晶体管稳压电路，具有基准电压单元、比较放大环节、调整管及保护单元等电路，将这些电路集成在一个半导体芯片上，芯片只有三个外部引脚，引脚 1 为输入端，引脚 2 为公共端，引脚 3 为输出端。

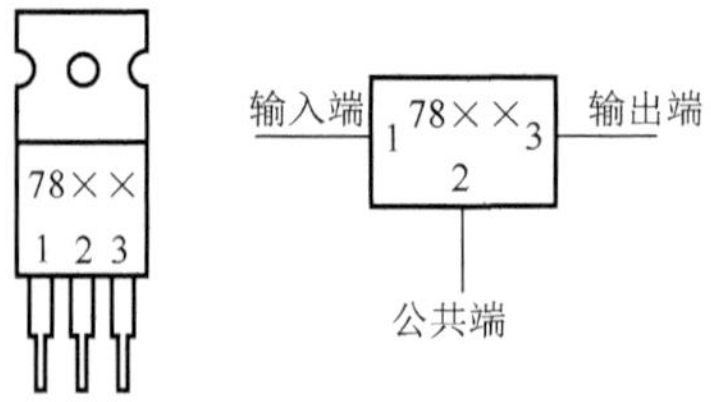

图 12.17　78××系列集成稳压电源外形及引脚

78××系列三端集成稳压电源输出固定的正电压，塑封输出电流为 1A、3A 和 5A 输出型是铁壳封装，数字××表示输出电压的值，分别有 5V、6V、8V、9V、10V、12V、15V、18V、24V 等几种数值，比如 7812 的输出电压是+12V。图 12.18 是 78××系列三端集成稳压电源的应用电路。C 是滤波电容；C_1 用来抵消输入端接线较长时产生的电感效应，防止产生自激振荡，取值在 0.1～1μF 之间；C_2 用来改善输出瞬态响应，防止负载电流瞬间增加引起输出电压有较大的波动，可取 1μF。

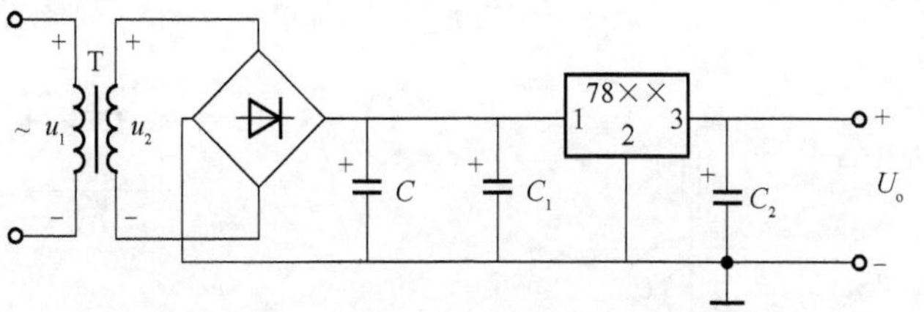

图 12.18　78××系列三端集成稳压电源应用电路

习　题

12.1　如图 12.19 所示单相半波整流电路，交流电源 $u_1 = 220\sqrt{2}\sin\omega t$ V，负载电阻 $R_L = R = 90\Omega$，要求输出电压平均值 $U_o = 18V$。（1）选择整流二极管的参数；（2）画出各电压和电流的波形。

12.2　如图 12.20 所示全波整流电容滤波电路的负载电阻 $R_L = 100\Omega$，变压器二次电压有效值 $U_2 = 20V$，频率 50Hz。（1）求输出电压 U_o 和输出电流 I_o；（2）选择整流二极管和电容的参数；（3）若电容 C 断开，再求 U_o 和 I_o。

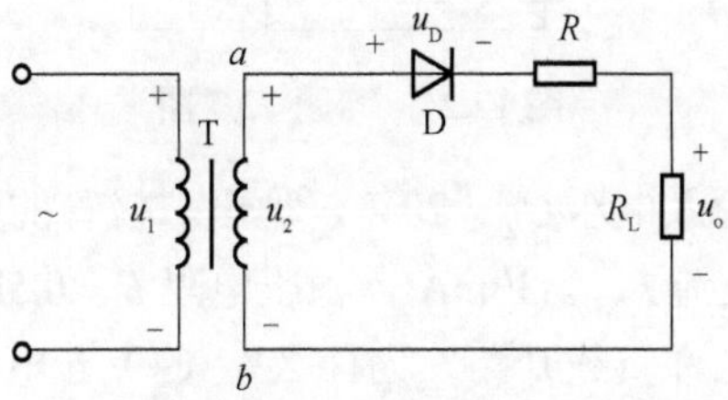

图 12.19　习题 12.1 图

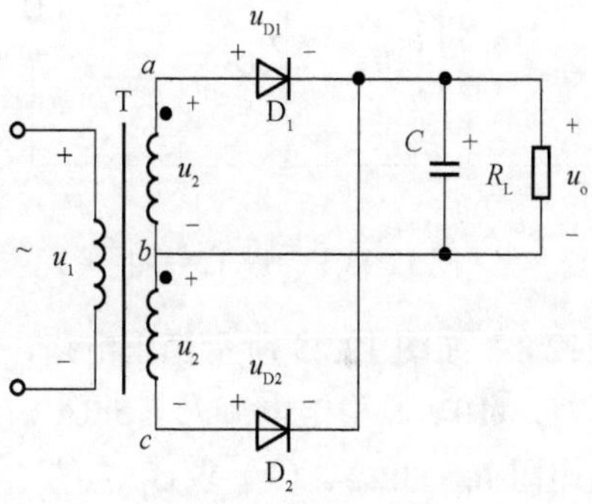

图 12.20　习题 12.2 图

12.3　如图 12.21 所示单相桥式整流电路给电池充电，$u_2 = 20\sqrt{2}\sin\omega t$ V，$U_S = 9V$，电池充电电流最大值为 1A。（1）求整流电路输出电压和电流的平均值；（2）选择限流电阻 R 的阻值；（3）选择整流二极管的参数；（4）画出整流电路输出电压和电流的波形。

12.4　桥式整流电容滤波电路的输入电压有效值 $U_2 = 15V$，负载电阻 $R_L = 50\Omega$，交流电源频率为 50Hz。（1）选择二极管和滤波电容的参数；（2）若其中一个二极管断开，求滤波电路输出电压的平均值；（3）若其中一个二极管和电容断开，求输出电压的平均值。

12.5　如图 12.22 所示电路，交流电压 $u_2 = 20\sqrt{2}\sin\omega t$ V，$R_L = R = 100\Omega$。（1）画出各元件电压和电流的波形；（2）求 u_o 和 u_D 的平均值；（3）选择二极管的参数。

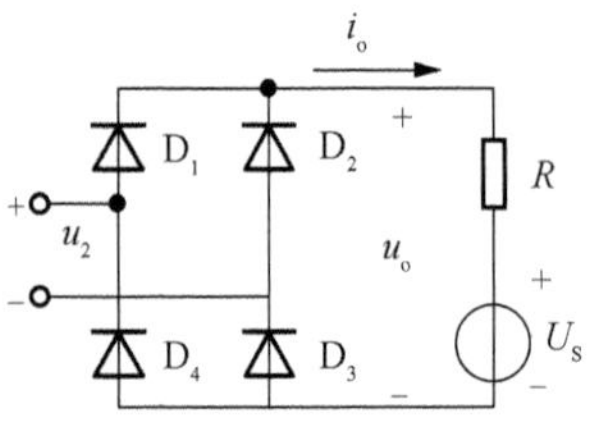

图 12.21　习题 12.3 图

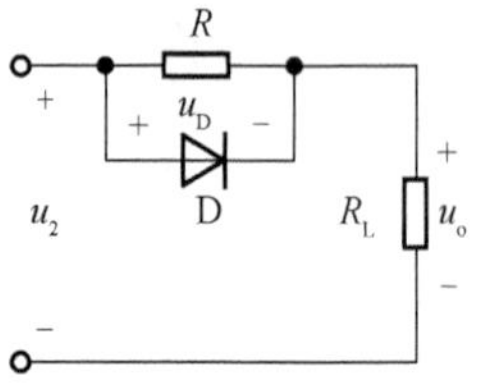

图 12.22　习题 12.5 图

12.6　如图 12.23 所示电路的交流电压 $u_2 = 220\sqrt{2}\sin\omega t$ V, $R_L = 1\text{k}\Omega$。(1) 求 u_o 的平均值；(2) 求二极管的最高反向电压。

12.7　如图 12.24 所示桥式整流电容滤波电路的输出电压 U_o 为 24V，负载电阻 $R_L = 500\Omega$，交流电源频率为 50Hz。(1) 求 U_2；(2) U_2 和电容 C 一定，若 R_L 减小，输出电压 U_o 和二极管的导通角增加还是减小？(3) U_2 和 R_L 一定，若 C 减小，输出电压 U_o 和二极管的导通角增加还是减小？

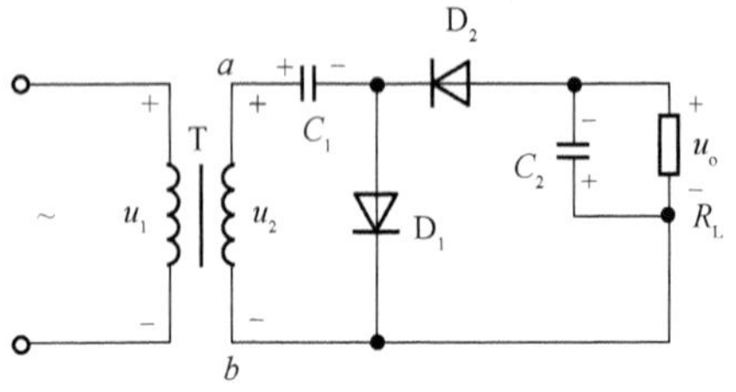

图 12.23　习题 12.6 图

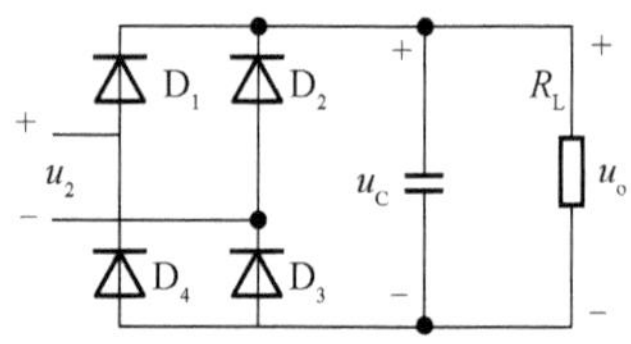

图 12.24　习题 12.7 图

12.8　如图 12.25 所示稳压电路，整流电路输入电压 $U_2 = 20\text{V}$，稳压二极管的稳定电压 $U_Z = 10\text{V}$，稳定电流 $I_Z = 5\text{mA}$，最大稳定电流 $I_{ZM} = 30\text{mA}$，稳压电阻 $R = 0.5\text{k}\Omega$，负载电阻 $R_L = 1\text{k}\Omega$。(1) 求 U_i、I_{DZ}；(2) 是否允许负载开路？为什么？(3) 若电容 C 断开，求 U_i、I_{DZ}；(4) 若电容 C 和稳压管都断开，求 U_i；(5) 若电容 C、稳压管和整流桥中一个二极管都断开，求 U_i。

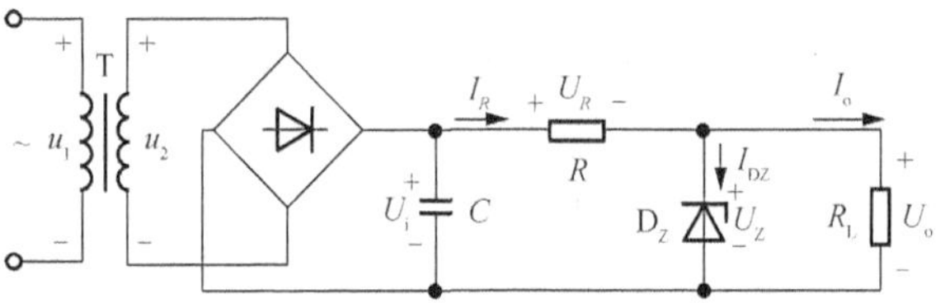

图 12.25　习题 12.8 图

12.9　画出 78××系列三端集成稳压电源的应用电路，要求输出电压+5V。

参 考 文 献

刘润华，2015. 电工电子学（第三版）. 北京：高等教育出版社.
秦曾煌，2009. 电工学（第七版）（上、下）. 北京：高等教育出版社.
荣西林，肖军，2008. 电工与电子技术（第二版）. 北京：冶金工业出版社.
唐介，刘蕴红，王宁，等，2014. 电工学（少学时）（第四版）. 北京：高等教育出版社.
肖军，孟令军，2012. 电子技术. 北京：机械工业出版社.
张石，刘晓志，2012. 电工技术. 北京：机械工业出版社.